Software-Engineering mit der Unified Modeling Language

Springer

Berlin
Heidelberg
New York
Barcelona
Hongkong
London
Mailand
Paris
Singapur
Tokio

Bernd Kahlbrandt

Software-Engineering
mit der
Unified Modeling Language

2. Auflage

Mit 215 Abbildungen

Springer

Professor Dr. Bernd Kahlbrandt

Fachhochschule Hamburg
Fachbereich Elektrotechnik und Informatik
Berliner Tor 3
20099 Hamburg

E-mail: khb@informatik.fh-hamburg.de
http://www.kahlbrandt.de

Das UML-Logo ist ein Warenzeichen der Rational Software Corporation

ISBN 3-540-41600-5 Springer-Verlag Berlin Heidelberg New York

Die Deutsche Bibliothek - CIP-Einheitsaufnahme
Kahlbrandt, Bernd: Software-Engineering mit der Unified modeling language/Bernd Kahlbrandt. -
2. Aufl. - Berlin; Heidelberg; New York; Barcelona; Hongkong; London; Mailand; Paris; Singapur;
Tokio: Springer, 2001
    ISBN 3-540-41600-5

Springer-Verlag Berlin Heidelberg New York
ein Unternehmen der BertelsmannSpringer Science+Business Media GmbH

http://www.springer.de

© Springer-Verlag Berlin Heidelberg 2001
Printed in Germany

Reproduktionsfertige Vorlagen des Autors
Einbandgestaltung: Struve & Partner, Heidelberg
SPIN: 10774415   Gedruckt auf säurefreiem Papier   68/3020hu - 5 4 3 2 1 0 -

Vorwort

Ein Mann, der Herrn K. lange nicht gesehen hatte, begrüßte ihn mit
den Worten: „Sie haben sich gar nicht verändert." „Oh!" sagte Herr
K. und erbleichte.

Bertolt Brecht, [Bre68], S. 143

Zur 2. Auflage

Das einleitende Brecht-Zitat soll darauf hinweisen, dass ich für die 2. Auflage
eine Reihe von Änderungen vorgenommen habe. Neben den obligatorischen
Änderungen, die den Fortschritt in der Entwicklung der UML und des Entwicklungsprozesses berücksichtigen, haben dazu die Erfahrungen in vielen
Kursen für erfahrene Entwickler und mit Studierenden in Vorlesungen beigetragen. Dabei gab es viele konstruktiven Beiträge, für die ich den Teilnehmern
der Kurse und Vorlesungen der letzten Jahre herzlich danke.

Der Teil I wurde überarbeitet und weiter verbessert.

Teil II wurde an den aktuellen Stand der UML angepasst und viele Beispiele und Details aktualisiert und verbessert. Dabei wurden die Entwicklungen bis zur ersten Beta-Version der UML 1.4 berücksichtigt.

Teil III wurde grundlegend überarbeitet. Kapitel 10 wurde vollständig
neugeschrieben. Die folgenden Kapitel wurden entsprechend angepasst. Die
noch aktuellen Inhalte des Kapitels „Strukturierte Analyse und Anwendungsfälle" wurden auf die anderen Kapitel verteilt.

Definitionen, Beispiele und Bemerkungen sind nun innerhalb eines Abschnitts fortlaufend nummeriert. Um sie am Ende vom Text abzugrenzen,
dient das Zeichen ◀.

Über die Internetadresse

http://www.kahlbrandt.de

findet man zusätzliches Material. Das Glossar in Anhang C enthält Erläuterungen aller verwendeten Fachbegriffe. Es enthält allerdings nicht alle Definitionen für Begriffe, die erst in diesen Erläuterungen erscheinen. Diese enthält das umfangreichere Glossar, das im Internet zu finden ist und zur Zeit
ca. 2500 Begriffe enthält. Zusätzlich zu den Fragen zur Kontrolle des Stoffverständnisses am Ende jeden Kapitels findet man über diese Adresse auch

zusätzliche Aufgaben, Lösungsvorschläge und weiteres Material. Dies wird jeweils aktualisiert, wenn ich diesen Stoff präsentiere.

Nach erster Euphorie und der folgenden Ernüchterung scheint der Nutzen objektorientierten Konzepte inzwischen akzeptiert zu sein. Mit der Unified Modeling Language (UML) steht eine allgemein akzeptierte Notation zur Verfügung. Praktisch gleichzeitig mit dem Erscheinen der 1. Auflage wurde die UML 1.1 als Standard Notation für objektorientierte Modellierung von der OMG akzeptiert. Nun liegt Version 1.4 vor und 2.0 ist in Arbeit. Die UML hat somit sowohl breite Herstellerunterstützung als auch ein gewisses „Normierungssiegel". Inzwischen wird die UML darauf vorbereitet, eine ISO-Norm zu werden. Bis sich eine neue Technik in der Praxis ausbreitet, vergehen aber nach meiner Erfahrung viele Jahre

Hier setzt dieses Buch an. Es ist aus Veranstaltungen über Software-Engineering an der Fachhochschule Hamburg hervorgegangen. Die Studierenden trugen durch ihr konsequentes Nachfragen nach der Bedeutung der eingeführten oder einfach so verwendeten Begriffe dazu bei, dass ich mich systematisch um Definitionen und Hinweise auf abweichende Verwendung aller Begriffe bemüht habe.

So ist ein Buch entstanden, das sich an Leser wendet, die aus unterschiedlichen Gründen, aber ohne umfangreiche theoretische Vorbildung, objektorientierte Entwicklung lernen wollen oder müssen:

- Studierende an Universitäten oder Fachhochschulen,
- Software-Entwickler, die Programmiersprachen und klassische Methoden wie Entity-Relationship-Modellierung oder strukturierte Analyse einsetzen und Objektorientierung lernen wollen,
- Entwickler, die objektorientierte Programmierung kennen und nun die UML kennen lernen wollen.

Dabei habe ich versucht, mir wichtig erscheinende Themen mit einigen Akzenten zu behandeln, die ich in anderen Werken vermisst habe. Die wichtigsten Punkte, die behandelt werden, sind:

- Darstellung eines systematischen, qualitätsorientierten Ansatzes.
- Klare Definitionen aller vorkommenden Begriffe und Konzepte.
- Erklärung der benutzten Begriffe, die nicht zum Kernbereich gehören, zumindest im Glossar. Die Basis hierfür bildet ein Glossar zum Software-Engineering, das ich in den letzten Jahren zusammengestellt habe.
- Quellenangaben zu vielen Begriffen und Konzepten, um den Leser zu vertiefender Lektüre und der Beschäftigung mit anderen Konzepten anzuregen. Das Format des Literaturverzeichnisses orientiert sich an [Lor97] unter Berücksichtigung der Wünsche des Verlages.
- Einordnung der Themen in größere Zusammenhänge und in die Methoden-Entwicklung. Daher enthält dies Buch viele Querverweise, Quellenangaben und zu jedem Kapitel historische Anmerkungen.

- Erläuterung der UML Notationen an vielen kleinen überschaubaren, aber praxisnahen Beispielen.
- Diskussion des praxisorientierten Einsatzes der Notation und Methoden.
- Behandlung von Entwurfsmustern.
- Strategien zur Umsetzung von Analyse und Design in qualitativ hochwertigen Code.

Das Buch kann als Begleitmaterial zu einer Vorlesung, als Grundlage von Kursen oder zum Eigenstudium benutzt werden. Allen Kapiteln gemeinsam sind

- eine einleitende Übersicht,
- die Lernziele des Kapitels,
- historische Anmerkungen,
- Fragen zur Überprüfung des Stoffverständnisses und Anregung zu ergänzender Lektüre.

In den Beispielen wird vorwiegend C++ verwendet. Dies hat zwei Gründe, einen subjektiven und einen objektiven:

- C++ ist die objektorientierte Programmiersprache, mit der ich die meiste Erfahrung habe.
- C++ bietet eine Fülle filigraner Ausdrucksmöglichkeiten, mit denen viele Prinzipien des Software-Engineerings auch in einer Implementierung dargestellt werden können.

Folgende Schrifttypen werden durchgehend verwendet:

Computer Modern:	Normaler Text
Computer Modern, fett:	Überschriften
Computer Modern, kursiv:	Begriffe, im Text oder Glossar definiert werden
`Typewriter`:	Programmteile, Schlüsselworte aus Programmiersprachen

Ein Wort zur Sprache

Die Sprache der Informatik ist amerikanisches Englisch. Dieses verändern zu wollen erscheint weltfremd. Die Konsequenz hieraus kann allerdings nicht sein, sich nur noch in dieser Sprache über Informatik-Inhalte zu verständigen. Mindestens wäre es dem Anwender, für den DV-Systeme entwickelt werden, gegenüber grob unhöflich. Ich habe mich deshalb bemüht, folgenden Grundsätzen zu folgen:

- Gibt es ein eingeführtes deutsches Wort oder eines, das ich für geeignet halte, so wird dieses verwendet. Der gängige Anglizismus wird im Text genannt. Er erscheint ferner im Glossar und im Index mit Verweis auf das deutsche Stichwort. Ein Beispiel hierfür sind die Übersetzungen Einsatzdiagramm (für deployment diagram) und Etablierung (für inception).

- Ich habe mich nach bestem Wissen und Gewissen bemüht, Zusammensetzungen aus englischen und deutschen Wortteilen zu vermeiden. Im Zweifelsfall habe ich ein Wort als deutsch angesehen, wenn es im aktuellen Duden [Dud96b] angegeben ist. Insofern erscheint der Stereotyp „Servicepaket" akzeptabel. Der Begriff „service level" wäre aber auch akzeptabel, da beide Teile einwandfreies Amerikanisch sind.

- Die im Juli 1996 vereinbarte Neuregelung der deutschen Rechtschreibung wird benutzt. Im Zweifelsfall aber in der konservativen Form, also „Portemonnaie" und nicht „Portmonee". Bei gründlicher Überprüfung zeigte sich, dass dies bei dem in einem Werk dieser Art vorherrschenden Jargon keine gravierenden Änderungen auslöste.

Dieses Buch wurde komplett in LaTeX bis zur fertigen Photosatz-Vorlage von mir erstellt. Insofern kann ich ruhigen Gewissens schreiben, dass alle Fehler und Ungenauigkeiten zu meinen Lasten gehen. So sehe ich auch noch viele Verbesserungsmöglichkeiten in jeder Hinsicht. Allen guten Vorsätzen zum Trotz wurde diese Version nicht direkt nach Erscheinen der ersten Auflage inkrementell und iterativ weiterentwickelt. Wesentliche Elemente fanden aber Eingang in Vorlesungsskripte und Schulungen und wurden so mehrfach erprobt und hoffentlich verbessert. Da das Glossar kontinuierlich weiterentwickelt wurde, war zumindest der Stand der Begriffsbildung Mitte 2000 sehr aktuell, als der Verlag um eine neue Auflage bat.

Danksagungen

Mein Dank gilt vor allem meiner Familie. Das Schreiben des Buches neben einer Fülle anderer Aufgaben war eine erhebliche Belastung. Meine Frau Katja hat die letzte Version beider Auflagen Korrektur gelesen und ganz wesentlich zur Qualitätsverbesserung beigetragen. Meinem Kollegen Jörg Raasch danke ich für viele interessante Diskussionen.

Studierende verschiedener Semester haben unterschiedliche Zustände dieses Werkes durchlitten und durch ihre Fragen und Anmerkungen zur Verbesserung der Darstellung beigetragen. Ich kann hier nicht alle nennen, die konstruktive Beiträge geliefert haben. Auf jeden Fall zu nennen sind aber Thorsten Gau, Stephan Klanck, Frank Gonschorrek, Sebastian Pohl, Andreas Schumacher, Nils Jensen und Karin Cords.

Dem Springer-Verlag danke ich für die Unterstützung bei der Produktion. Insbesondere sind Gaby Maas zu erwähnen, die mich auf Prinzipien des Schriftsatzes hinwies, und Frank Holzwarth und Danny Lewis, die mir bei LaTeX-technischen Fragen halfen. Kathleen Doege betreute die zweite Auflage auf dem Weg vom Autor in die Produktion. Thomas Lehnert übernahm das Risiko der Zusammenarbeit mit einem neuen Autor.

Hamburg, 01.01.2001   Bernd Kahlbrandt

Inhaltsverzeichnis

Teil II   Modellierung und Notation

Teil I

Grundprinzipien des Software-Engineerings

1 Aufgaben und Probleme der Software-Entwicklung

1.1 Übersicht

Dieses Kapitel gibt einen Überblick über die Aufgaben, die bei der Software-Entwicklung zu lösen sind. Abbildung 1.1 zeigt die wichtigsten Abhängigkeiten zwischen den einzelnen Kapiteln. Die Pfeilspitzen in Abb. 1.1 zeigen jeweils auf Elemente, deren Inhalt in dem jeweils anderen benutzt wird. In diesem Kapitel werden die Aufgaben und Probleme der Software-Entwicklung behandelt. Anschließend werden allgemeine Grundprinzipien des Software-Engineerings eingeführt:

- Objektorientierung (mit den wichtigsten Symbolen der UML),
- Qualitätskriterien aus Anwender- und Entwicklersicht,
- Modularisierung.

Dabei werden einige Kenntnisse der Programmierung vorausgesetzt. Basiswissen in *Java*, *C++* oder einer prozeduralen Programmiersprache (z. B. *COBOL*) sollte hinreichend zum Verständnis der meisten Programmbeispiele sein. Die in Kap. 4 dargestellten Prinzipien sind Verallgemeinerungen von Regeln, die jeder Programmierer kennt oder kennen sollte. Umgekehrt kann man es so ausdrücken: Es gibt bewährte Prinzipien der Software-Entwicklung, die in jedem Stadium der Entwicklung eingesetzt werden sollten. Spezialisiert man sie auf die Programmierung, so erhält man Regeln, die in prozeduralen Programmiersprachen schon lange bekannt sind.

Den Hauptteil dieses Buches bilden objektorientierte Analyse und Design sowie deren Umsetzung unter Verwendung objektorientierter Programmiersprachen oder relationaler Datenbanken. Einer der Schwerpunkte des Software-Engineerings ist die systematische Erstellung qualitativ hochwertiger Software. Dieser Gesichtspunkt wird sich durch alle Kapitel ziehen, die in Abb. 1.1 mit ihren wichtigsten Abhängigkeiten dargestellt sind. Die Präzisierung des Qualitätsbegriffs lässt sich direkt auf die Programmierung anwenden und wird im Kap. 4 „Architektur und Modulbegriff" so entwickelt, dass diese Kriterien in allen Phasen der Entwicklung anwendbar sind. Nach einer knappen Einführung in die Objektorientierung und die Grundlagen der UML („*UML*-light") wird in den Kap. 5 bis 9 systematisch und mit vielen kleinen Beispielen die *UML* eingeführt.

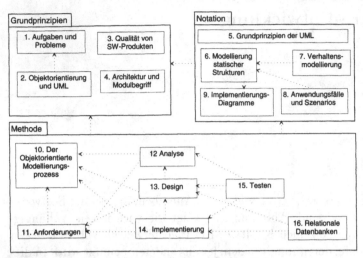

Abb. 1.1. Abhängigkeiten zwischen den Kapiteln

Der gesamte Entwicklungsprozess wird in den Aktivitäten Anforderungen (formulieren), Analyse, Design, Implementieren und Testen präsentiert. Diese logische Gliederung von Entwicklungsaktivitäten stammt aus dem *Unified Process* und wird in Kap. 10 beschrieben. Ein Verständnis der Aufgabenstellung und des Anwendungsbereiches ist notwendig, um kompetent über die Architektur eines Systems entscheiden zu können. Dies wird hier im Kontext des Designs behandelt. Ohne eine Architektur für ein System ist eine konsistente Gestaltung der Objekte und Klassen eines Systems kaum möglich. Unstrittig ist aber heute, dass diese Aktivitäten nicht linear nacheinander mit Aussicht auf Erfolg angeordnet werden können (s. hierzu Kap. 10). Bei den genannten Aktivitäten verschiebt sich die Fragestellung von der ursprünglichen Aufgabe „was" gemacht werden soll hin zum „wie" der Realisierung. Fragen der Realisierung werden im Kap. 14 für objektorientierte Programmiersprachen und relationale Datenbanken behandelt.

1.2 Lernziele

Die Lernziele dieses Buches sind:

- Die Techniken und Methoden kennen, mit denen heute qualitativ hochwertige Software entwickelt wird.
- Insbesondere die Unified Modeling Language (*UML*) kennen und anwenden können.
- Die *UML* als Notation in einem methodisch fundierten Zusammenhang einsetzen können.
- Von weiteren Ansätzen (*OML* etc.) wissen und diese selbstständig erarbeiten können.

Die Lernziele dieses Kapitels sind:

- Erklären können, was an der Software-Entwicklung eigentlich schwierig ist.
- Erklären können, welche Probleme bei der Software-Entwicklung auftreten können.
- Erklären können, warum eine systematische Software-Entwicklung notwendig ist.
- Die Rolle des Software-Engineerings im Entwicklungsprozess einordnen können.
- Hauptlernziele des Buches kennen.
- Den Begriff Software-Engineering charakterisieren können.
- Aufgaben der Software-Entwicklung benennen können.

1.3 Software-Engineering

Das folgende Zitat illustriert die Situation, in der Software-Engineering ansetzt (Edsger Wybe Dijkstra [Dij72], zitiert nach [PB93]):

> Als es noch keine Rechner gab, war auch das Programmieren noch kein Problem, als es dann ein paar leistungsschwache Rechner gab, war das Programmieren ein kleines Problem und nun, wo wir gigantische Rechner haben, ist auch das Programmieren zu einem gigantischen Problem geworden. In diesem Sinne hat die elektronische Industrie kein einziges Problem gelöst, sondern nur neue geschaffen. Sie hat das Problem geschaffen, ihre Produkte zu nutzen.

Ersetzt man der guten Form halber Programmierung durch Software-Entwicklung, so kann man dieses Buch als Darstellung aktueller Lösungsansätze für dieses Problem charakterisieren. Ziel dieses Buches ist es, die theoretischen Kenntnisse zu vermitteln, die der Leser benötigt, um aus der Kenntnis der relevanten Techniken und der Vorgaben des Auftraggebers oder Anwenders ein fachliches und technisches Gesamtkonzept zu entwickeln. Dazu gehört auch die Vermittlung von Fähigkeiten, die bei der laufenden Aktualisierung dieses Wissens helfen. Der Leser soll in die Lage versetzt werden, unter Einsatz von Kenntnissen, die aus anderen Quellen wie z. B. einer Programmier-Ausbildung erworben werden, qualitativ hochwertige Anwendungen zu entwickeln.

Die Fragen am Ende jeden Kapitels sollen bei der Überprüfung des Stoffverständnisses helfen. Die Aufgaben im Anhang dienen dazu, dies an Problemen unterschiedlichen Schwierigkeitsgrades anzuwenden, einzuüben und das Faktenwissen zu festigen. In [AI90] wird Software-Engineering definiert als:

1. The application of a systematic, disciplined, quantifiable approach to the development, operation, and maintenance of software; that is, the application of engineering to software.
2. The study of approaches as in 1.

[GHP85] definiert wie folgt: Software-Engineering umfasst die genaue Kenntnis und gezielte Anwendung von Prinzipien, Methoden und Werkzeugen für die Technik und das Management der Software-Entwicklung und -Wartung auf der Basis wissenschaftlicher Erkenntnisse und praktischer Erfahrungen unter Berücksichtigung des jeweiligen ökonomisch-technischen Zielsystems. Etwas knapper formulieren Pomberger und Blaschek in [PB93], dass es beim Software-Engineering um die praktische Anwendung wissenschaftlicher Erkenntnisse für die wirtschaftliche Erstellung und den wirtschaftlichen Einsatz qualitativ hochwertiger Software geht. Hier sei in Anlehnung daran definiert:

Definition 1.3.1 (Software-Engineering)
Software-Engineering ist

- die Entwicklung,
- die Pflege und
- der Einsatz

qualitativ hochwertiger Software unter Einsatz von

- wissenschaftlichen Methoden,
- wirtschaftlichen Prinzipien,
- geplanten Vorgehensmodellen,
- Werkzeugen und
- quantifizierbaren Zielen.

Mit dem gleichen Begriff wird der Teilbereich der Informatik bezeichnet, der sich mit diesen Themen beschäftigt. ◄

Aus dieser Definition ergeben sich eine Reihe von wünschenswerten bzw. angestrebten Eigenschaften des Software-Engineerings, auf die explizit oder implizit auch in diesem Buch eingegangen wird:

- Konstruktionslehre für Software: Software-Engineering versteht sich als eine *Ingenieurdisziplin*, die sich mit der methodischen Konstruktion von Software aus den Anforderungen beschäftigt.
- Benutzer-Entwickler-Kommunikation: Für erfolgreiche Software-Entwicklung ist die Kommunikation zwischen Benutzer und Entwickler eine wesentliche Voraussetzung. Hier treffen oft zwei Welten aufeinander, deren Verständigung schwierig ist. Verständnisprobleme auf beiden Seiten sind ein häufiger Grund für Frustration und schlimmstenfalls auch für das Scheiterns eines Projekts. Der vielleicht wichtigste Aspekt des Software-Engineerings ist die korrekte Formulierung der Anforderungen an das zu erstellende System aus Hard- und Software (*requirements engineering*).
- Systematische Erarbeitung von Software-Qualität im gesamten Entwicklungsprozess: Ein wichtiges Ziel des Methodeneinsatzes im Software-Engineering ist es, von Anfang an Ergebnisse zu produzieren, die nachprüfbaren Qualitätsansprüchen genügen.

Nicht eingegangen wird auf wirtschaftliche oder organisatorische Fragen und Projektmanagement, wie sie in folgenden Punkten angesprochen werden:

- Einbettung in kommerzielle und soziale Umwelt: Die Software-Entwicklung erfolgt meist im Team und erfordert daher Kenntnisse in Teamsoziologie und Menschenführung. Zur Einhaltung der gesetzten Ziele ist ein Projektmanagement unbedingt notwendig.
- Wirtschaftlichkeitsüberlegungen: Software ist kein Selbstzweck, ihr Einsatz muss wirtschaftlich gerechtfertigt sein. Die klassischen Verfahren der Investitionsrechnung müssen auf Software ebenso wie auf andere Investitionsvorhaben angewandt werden.
- Berücksichtigung von rechtlichen Rahmenbedingungen: Die Software-Entwicklung erfolgt oft in einem juristisch begründeten Auftragsverhältnis. Beim Einsatz von kommerzieller oder technischer Software sind aber auch über Vertragsrecht hinausgehende rechtliche Rahmenbedingungen zu berücksichtigen. Diese sind im Bereich des klassischen Rechnungswesens weitgehend geklärt. In anderen Bereichen bewegt sich der Software-Entwickler aber durchaus auf juristischem Neuland, so dass hier Recherche und juristische Unterstützung notwendig sein können.

Es handelt sich dabei um einen permanenten Kommunikations- und Lernprozess für alle Beteiligten. Besonders wichtig ist dies bei der Software-Erstellung „im Großen", d.h. bei Aufgaben, die nicht von einem Programmierer in weniger als drei Monaten zu lösen sind, aber auch bei letzteren sind die Prinzipien des Software-Engineerings geeignet, die Qualität zu verbessern und den Entwicklungsprozess zu optimieren. Für dieses Buch bedeutet dies, dass Sie an Hand überschaubarer Probleme lernen sollen, Modelle zu entwickeln und diese dann mit Kenntnissen aus anderen Quellen (z. B. Programmiersprachen, Projektmanagement) in qualitativ hochwertigen Code umzusetzen.

1.4 Komplexität von Software

Software-Entwicklung scheint eine sehr schwierige Sache zu sein. Dies gilt sowohl, wenn man auf den Herstellungsprozess sieht, als auch, wenn man das Endprodukt betrachtet. Der Altbundeskanzler Helmut Schmidt wird mit der Bemerkung zitiert, er würde gerne seine Gasrechnung wieder verstehen. Jaron Lanier schrieb Mitte 2000 in [Jan00]: „Während die Prozessoren immer schneller und die Datenspeicher immer billiger werden, wird die Software immer langsamer und umständlicher und verbraucht alle verfügbaren Ressourcen." Die Liste unverständlicher oder schwerfälliger Software-„Produkte" können Sie wahrscheinlich beliebig ergänzen. Schlechte Erfahrungen sind zwar häufig, aber sicher nicht notwendig. Wirtschaftliche Gründe – oder besser Ausreden – für derartige Schlampereien sind Gegenstand des Bereiches, der im amerikanischen „Software Engineering Economics" heißt. In diesem Abschnitt werden die Gründe behandelt, die dafür sprechen, dass die Entwicklung von

Software wirklich schwierig ist. Die Darstellung baut im Wesentlichen auf [Boo94a] auf.

Bemerkung 1.4.1 (Komplexität und Komplexitätstheorie)
Wie in vielen anderen Wissenschaften gibt es auch in der Informatik *Homonyme*. *Komplexität* wird hier im Sinne von „Vielschichtigkeit, Ineinandergreifen vieler Merkmale" (s. [Dud96a]) verwandt. In der Informatik gibt es aber auch den Begriff der *Komplexität* einer berechenbaren Funktion, der mit Aufwand zu tun hat, aber wenig oder nichts mit *Komplexität* im hier gemeinten Sinn. ◄

1.4.1 Komplexität des Anwendungsbereiches

Software ist kein Selbstzweck. Sie dient dazu, Aufgaben einfacher, billiger, eleganter, ggf. auch besser zu erledigen, die sonst „mit der Hand" gemacht werden müssen. Das kann soweit gehen, dass manche Aufgaben durch Software überhaupt erst mit Aussicht auf Erfolg in Angriff genommen werden können. Um Programme zu entwickeln, die zur Lösung der Aufgaben oder bei der Unterstützung des Lösungsprozesses eingesetzt werden können, muss man aber zunächst den Anwendungsbereich verstehen. Der Anwendungsbereich (problem domain) ist dem Informatiker aber zumindest bei einem ersten Projekt in einer neuen Umgebung nicht vertraut. Zu der sozusagen natürlichen Komplexität kommt noch die Neuartigkeit hinzu. Diese drückt sich darin aus, dass die Objekte und ihre Interaktionen sowie die Regeln, nach denen diese erfolgen, nicht vertraut sind. Oft wird dies noch dadurch verstärkt, dass der System-Entwickler sich auch die Terminologie des Anwendungsbereichs erst aneignen muss. Hier nun einige Beispiele:

Beispiel 1.4.2 (Geographisches Positionssystem)
In Flugzeugen und Schiffen kommen schon lange Systeme zur Positionsbestimmung zum Einsatz (GPS, Global Positioning System, s. Abb. 1.2). GPS stützt sich auf 24 Satelliten auf nahezu kreisförmigen Bahnen in ca. 20.000 km Höhe. Inzwischen kommt GPS zunehmend in LKW und in PKW der Oberklasse zum Einsatz. Ein solches System hat mehrere Funktionen. Zum einen erlaubt es dem Fahrer bzw. der Besatzung die Positionsbestimmung, zum anderen kann sich der Eigentümer jederzeit über die Position informieren. Dies mag zur Umleitung auf günstigere Routen wegen geänderter Aufträge sinnvoll sein oder ganz einfach um gestohlene Objekte aufzufinden. Bei neueren Systemen ist auch die Navigation auf ein angegebenes Ziel hin möglich. Bei der Entwicklung solcher Systeme muss Wissen über eine Vielzahl verschiedener Bereiche eingesetzt werden:

1. Telekommunikation: Für die Verbindung zu den Satelliten und zu Bodenstationen.

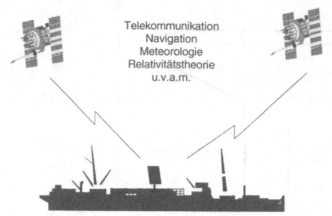

Telekommunikation
Navigation
Meteorologie
Relativitätstheorie
u.v.a.m.

Abb. 1.2. Satelliten-Navigationssystem

2. Relativitätstheorie: Damit ein mit GPS navigierendes Schiff nicht auf das nächste Riff läuft. Die Entfernungen, um die es hier geht, sind so groß, dass relativistische Effekte berücksichtigt werden müssen. So müssen die Gangunterschiede der Uhren in den Satelliten und am Boden korrigiert werden. Ohne deren Berücksichtigung würden bereits nach einer Stunde Laufzeit des Systems Abweichungen von ca. 500 m auftreten.
3. Datenbanken: Zur Speicherung der anfallenden großen Datenmengen.
4. DV-Organisation: Zur Verwaltung der Archive. Meine Kollegen aus der Vermessungstechnik sprechen schon von *PetaBytes*. (Peta bedeutet 10^{15}).
5. Prozesslenkung: Es müssen eine Reihe von eingebetteten Systeme entwickelt oder zumindest integriert werden.

Die hier genannte Relativitätstheorie wird noch von den meisten Menschen als schwierig angesehen. ◄

Beispiel 1.4.3 (Roboter)
Ein selbstständiger Roboter, sei es nun auf Rädern oder Beinen, stellt ein sehr komplexes Gebilde dar. Man betrachte z. B. die „einfache" Aufgabe, einen Roboter mit vier einzeln steuerbaren Rädern durch das in Abb. 1.3 gezeigte „Gelände" zu steuern. Die dünnen Linien stellen dabei die Wände dar, die schwarzen Streifen sind Hilfslinien zur Erleichterung der Orientierung.

Der Roboter startet in einem der beiden mit A gekennzeichneten Punkte, soll sich seinen Weg nach B suchen, dort einen Gegenstand aufnehmen und dann zu seinem Ausgangspunkt zurückkehren. Dabei sind zumindest folgende nicht-triviale Probleme zu lösen:

- Erkennen des Weges,
- Ermitteln der eigenen Position (Selbstlokalisation),
- Finden und Erkennen des Ziels,
- Finden und Erkennen des Startpunktes (auf dem Rückweg),

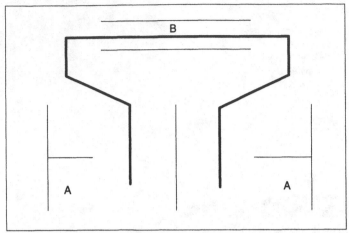

Abb. 1.3. Kurs für einen mobilen Roboter

- Steuern des mobilen Roboters,
- Erkennen von Sackgassen,
- Aufnehmen des Gegenstandes,
- Auskommen mit dem Inhalt des Akkus.

Zu berücksichtigen ist noch, dass diese Aufgabe in einem Wettrennen gegen einen anderen Roboter gelöst werden muss; es kommt also noch ein bewegtes Hindernis hinzu. ◄

Der Umgang mit der inhärenten Komplexität des Anwendungsbereichs wird durch die unterschiedlichen Erfahrungsbereiche von Nutzern und Entwicklern noch erschwert. Nutzer haben es in der Regel sehr schwer, ihre Anforderungen an eine Software präzise zu formulieren. Noch schwieriger ist es für sie, dies in einer Form zu tun, die für Entwickler verständlich ist („impedance mismatch"). Selbst wenn Benutzer dazu in der Lage sind, so hat das Software-Engineering bisher wenig Möglichkeiten gefunden, diese Anforderungen so festzuhalten, dass sie für die Entwicklung genutzt werden können. Den vielversprechendsten Ansatz hierfür liefern die von *Ivar Jacobson* eingeführten Anwendungsfälle. Hinzukommt, dass die Anforderungen sich verändern, wenn die Benutzer im Entwicklungsprozess genauer verstehen, was die Software leisten kann.

1.4.2 Die Organisation des Entwicklungsprozesses

Ein zweiter, allgemein akzeptierter Punkt, der die Software-Entwicklung schwierig macht, ist die Organisation des Entwicklungsprozesses. In noch zunehmendem Maße wird Software in Teams entwickelt, die auch noch geographisch verteilt sein können. Bei der Zusammenarbeit kommen alle aus Psychologie und Soziologie bekannten Konfliktsituationen vor. Auch abgesehen von Konflikten gilt es komplexe Aufgaben der Kommunikation, Koordination und Planung zu lösen, die Lösungen zu „verkaufen" und umzusetzen. Kommunikation erfolgt in Projektteams innerhalb und zwischen Hierarchieebenen, mit Kundenmitarbeitern, die Geldgeber, Entwickler oder Anwender des Systems sein können und von daher unterschiedlichste Interessen verfolgen und verschiedene „Sprachen sprechen". Bei der Koordination sind subjektive und objektive Randbedingungen zu beachten und Planung erfolgt generell unter Unsicherheit. Bereits hier soll aber Folgendes festgehalten werden: Es ist nicht Aufgabe des Software-Engineerings, auf die Komplexität des Anwendungsbereiches auch noch die Komplexität der Informatik „draufzusatteln", sondern im Gegenteil die Illusion der Einfachheit zu schaffen: Die innere Komplexität des Systems soll vor dem Benutzer verborgen sein. Nur die Teile des Systems, die für den Benutzer von direkter Bedeutung sind, sollen für ihn sichtbar sein.

Der Entwicklungsprozess von Software ist typischerweise in Projekten organisiert. Für den Auftraggeber sind solche Projekte oft schwer durchschaubar. Das führt dazu, dass viele Regelungen formuliert werden, die den Fortschritt des Entwicklungsprozesses belegen sollen. Allerdings resultiert aus diesen Regelungen ein erheblicher Teil des Overheads in der Softwareentwicklung. Für ihn besteht auch heute noch oft der Eindruck, ein Entwickler sei nur produktiv, wenn er tatsächlich Code schreibt. Diese Einstellung ist zum Teil mitverantwortlich für das sogenannte „WHISCY-Syndrom": WHy Isn't Sam Coding Yet?! (oder auch Why in Hell Isn't Sam Coding Yet?!). Dabei ist die reine Programmierung in der Regel nicht der größte Teil des Aufwandes für die Entwicklung eines Systems. Einen Eindruck von der Aufwandsverteilung in einem Software-Projekt gibt Abb. 3.3 auf Seite 44, die u. a. diese Tatsache illustriert. Ob ein Projekt erfolgreich war, ist schwer zu entscheiden; einfacher ist es, zu begründen, wann ein Projekt gescheitert ist:

- Der Auftraggeber verlangt Schadenersatz.
- Eine Konventionalstrafe wird fällig.
- Das System wird eingeführt, aber der Benutzer arbeitet mit dem Vorgängersystem weiter.
- Der Benutzer wird nicht angemessen unterstützt, sucht daher „Hilfskonstruktionen".
- Der Anwender ist mit dem Produkt zufrieden, aber Kosten und Termine wurden überschritten.
- Der Anwender ist zufrieden, Kosten und Termine wurden eingehalten, aber das Entwicklerteam (oder nur einer) kündigt.

Legt man diese Kriterien an, so kann man sagen: Fast jedes Projekt scheitert. Die wesentlichen Ursachen hierfür liegen nicht im technischen sondern in folgenden Bereichen:

- Projektmanagement,
- Benutzer-Entwickler–Kommunikation,
- Projektsoziologie,

- Projektplanung,
- Projektleitung.

Die in diesem Buch präsentierten Methoden und Techniken sind also nur ein Faktor für den Erfolg eines Software-Projektes. Leider garantiert der Erfolg in Bezug auf einen Faktor nicht den Erfolg, während das Scheitern in Bezug auf einen Faktor ein gesamtes Projekt gefährden kann.

1.4.3 Flexibilität der Software-Entwicklung

Nicht immer wird sofort eingesehen, dass auch die Flexibilität, die in der Software-Entwicklung möglich ist, die Software-Entwicklung erschwert. Software ist für viele Anwender etwas schwer zu greifendes und alles scheint mit Software möglich zu sein. Darüberhinaus gibt es für jede Aufgabe viele Lösungen, deren Vor- und Nachteile nicht immer einfach zu übersehen sind und noch schwerer konsensfähig bewertet werden können. Mangels Dokumentation sind viele Lösungen nicht bekannt. Dies zusammen führt dazu, dass in der Software-Entwicklung weiterhin sehr häufig das Rad neu erfunden wird, ohne dass es sich um eine Weiterentwicklung handelt.

In vielen Entwicklungs-Organisationen gibt es auch heute noch eine Fertigungstiefe, von der die meisten Unternehmen anderer Bereiche lange abgekommen sind. Welche Baufirma besitzt z. B. Wälder und Sägewerke, um das Bauholz zu produzieren? Die neueste VW-Fabrik in Brasilien scheint so organisiert zu sein, dass VW nur noch das Qualitätsmanagement für die Arbeit der Zulieferer übernimmt, die ihre Teile an Ort und Stelle fertigen und zu einem Auto zusammenbauen. Von einer so geringen Fertigungstiefe ist die Software-Entwicklung noch weit entfernt. Hier werden *Entwurfsmuster* (design patterns) präsentiert, um die Wiederverwendung bewährter Analyse- und Designkonstrukte zu propagieren.

1.4.4 Verhalten diskreter Systeme

Heutige Computer sind Digitalrechner, d.h. Information wird in ihnen diskretisiert. Alle Modelle, die aus realen Situationen zur Darstellung auf einem Rechner entwickelt werden, sind diskret. Ihnen fehlt damit eine Eigenschaft, die das wirkliche Leben im Unterschied zu virtuellem Leben je nach Standpunkt lebenswert oder langweilig macht: Stetigkeit.

In der Mathematik ist Stetigkeit einer Abbildung in einem Punkte x_0 ganz grob so definiert, dass es zu jeder Umgebung V von $f(x_0)$ eine Umgebung U von x_0 gibt, die durch f in V abgebildet wird. Umgangssprachlich kann man das so formulieren: „Es gibt keine verborgenen Überraschungen." Wie Sie vielleicht durch die von Peitgen und anderen (z. B. [PJS92c], [PJS92a]) popularisierten Fraktale wissen, können bereits stetige Prozesse eine erstaunliche Komplexität aufweisen. In nicht-stetigen Systemen gibt es zusätzlich

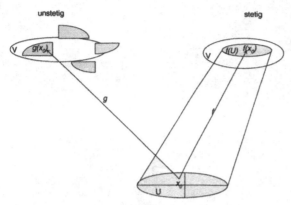

Abb. 1.4. Stetigkeit und Unstetigkeit

verborgene Überraschungen. Alle aktuellen Rechnersysteme sind nicht stetig.

Eine weitere Eigenschaft der diskreten Systeme, mit denen man es in der Informatik zu tun hat, ist die große Zahl von Zuständen und Zustandsübergängen.

1.5 Die Struktur komplexer Systeme

Bevor einige Eigenschaften komplexer Systeme referiert werden, hier einige Beispiele zur Erläuterung.

Beispiel 1.5.1 (Die Struktur eines PC)

Ein PC ist ein Gerät mäßiger Komplexität. Auf den ersten Blick besteht es aus Gehäuse, Monitor, Tastatur, Maus, Mainboard, Controller, Festplatte, Diskettenlaufwerk, CD-ROM-Laufwerk usw. Sieht man sich diese genauer an, so erkennt man, dass auch diese aus weiteren Komponenten bestehen. Auf dem Mainboard befindet sich z. B. die CPU, die typischerweise aus Hauptspeicher, ALU (Arithmetic/Logic Unit) und einem Bus zur Verbindung mit der Peripherie besteht. Die ALU wiederum besteht aus Registern und Steuerlogik, und dies lässt sich bis zu elementaren elektrischen Strukturen weiter treiben. In Abb. 1.5 ist die Struktur einer PC-CPU schematisch und in Abb. 1.6 die Zusammensetzungsstruktur eines PC dargestellt. Das Gesamtsystem ist also hierarchisch aufgebaut, die Komponenten bilden das Ganze, können aber auch unabhängig voneinander betrachtet und analysiert werden. Der hierarchische Aufbau hat aber auch noch einen anderen Aspekt: Verschiedene Hierarchiestufen repräsentieren auch verschiedene Abstraktionsebenen. Auf jeder Ebene findet man Einheiten, die zusammenarbeiten, um Dienste für höhere Ebenen zu leisten. Je nach Aufgabenstellung wird man eine geeignete Abstraktionsebene wählen, um das Problem zu lösen. ◀

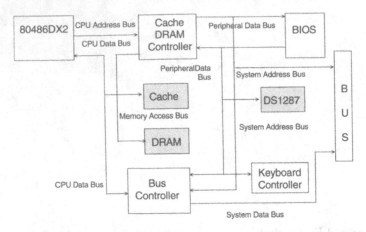

Abb. 1.5. Struktur 80486DX2

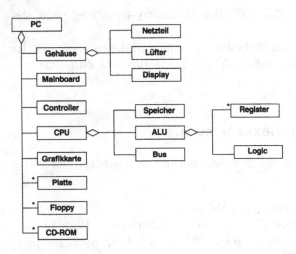

Abb. 1.6. Aggregationsstruktur eines PCs

Beispiel 1.5.2 (Anmerkung zu Beispiel 1.5.1)

Das Beispiel 1.5.1 dient nur der Illustration von Strukturen, nicht als Hinweis für eine Implementierung. Das im Type Object pattern beschriebene Entwurfsmuster spiegelt die bekannte Strategie für relationale Datenbanken wieder, ist also absolut nichts Neues. ◄

Beispiel 1.5.3 (Strukturen in der Biologie)

In der Biologie sind Strukturen nach vielfältigen Gesichtspunkten klassifiziert worden. Ohne Anspruch auf Vollständigkeit z. B.:

1. Anatomie: Untersuchung des inneren Baus der Lebewesen, um Strukturen und Funktionen des Ganzen oder der Teile in ihrem gesetzmäßigen Erscheinen bei Gruppen von Organismen zu erkennen.

2. Biochemie: Untersuchung der Zusammensetzung und der Wirkungsweise chemischer Verbindungen, die an der Struktur der Organismen und am Stoffwechsel beteiligt sind.

3. Genetik: Untersuchung der vererbbaren Eigenschaften von Organismen, ihrer Eigenschaften und Unterschiede.

4. Morphologie: Untersuchung von Gestalt und Bau der Lebewesen und ihrer Organe, um Grundtypen zu finden.

5. Physiologie: Untersuchung der Sinnesfunktionen, der Stoffwechselprozesse etc.

6. Cytologie: Untersuchung der licht- und elektronenoptischen Strukturen der Zelle.

Je nachdem, unter welchem Gesichtspunkt Tiere oder Pflanzen untersucht werden, wird man andere Klassifikationsstrukturen finden und andere Teile als elementar ansehen. ◄

Beispiel 1.5.4 (Struktur von Materie)
In der Materie findet man eine Fülle von komplexen Strukturen. Dachten die Griechen zur Zeit der Naturphilosophen noch, dass alle Materie sich aus den vier Elementen Erde, Wasser, Feuer, Luft zusammensetzt (Empedokles), später, dass sie sich aus kleinsten Teilen, Atomen, zusammensetzt (Demokrit), so sehen heutige Elementarteilchen-Physiker Materie als sehr viel komplexer an. Danach baut sich Materie aus kleinen Teilchen (gibt es noch kleinere?) wie Quarks etc. auf. (Eine auch für Laien verständliche Darstellung findet man z. B. in [Gil95].)

Auf einer ganz anderen Größenordnung bildet Materie als Sterne und Galaxien den Gegenstand der Astronomie. Aber auch hier gibt es unterschiedliche Betrachtungsweisen. Fragestellungen der Astronomie, wie z. B. die Größe oder das Alter des Weltalls werden u.a. mit Methoden der Elementarteilchen-Physik und der Chemie bearbeitet, wobei letztere die Materie unter anderen Gesichtspunkten als die Physik betrachtet. Eine gute Visualisierung dieser Strukturen findet man in [MM94]. ◄

Beispiel 1.5.5 (Struktur sozialer Organisationen)
Menschen leben und arbeiten in unterschiedlichsten Formen sozialer Organisationen (dabei ist nicht primär das DRK, der ASB o. ä. gemeint):

- Familie,
- Schulklasse, Semestergruppe,
- Firma,
- Verein,
- Projekt,
- Reisegruppe,
- ...

Jemand kann in jeder Organisation, an der er beteiligt ist, eine andere Rolle spielen. Wie sich solche Strukturen bilden, ist weiterhin Forschungsgegenstand der Sozialwissenschaften. Wie komplex diese aber bereits (oder gerade?) in kleinen, engen Gruppen sind, ist auch in Literatur und Film zum Stoff geworden, man siehe z. B. Edward Albee's „Wer hat Angst vor Virginia Woolf?" oder Kenneth Loach's Film „Family Life" (vgl. z. B. [WBJ72]). ◄

Die vorstehenden Beispiele illustrieren einige Eigenschaften komplexer Systeme. Zusammenfassend hat man festgestellt, dass komplexe Systeme durch fünf Eigenschaften charakterisiert sind [Boo94a]:

1. Komplexe Systeme sind häufig hierarchisch so organisiert, dass ein solches System sich aus zusammenhängenden Teilsystemen zusammensetzt, die wiederum aus Teilsystemen bestehen, bis hinunter zu Komponenten, die aus der jeweiligen Sicht als elementar angesehen werden („part-of"-Hierarchie).
2. Die Wahl, welche Komponenten eines Systems als elementar (oder primitiv), d.h. nicht weiter zerlegungsbedürftig, angesehen werden, ist weitgehend in das Belieben des Betrachters des Systems gestellt.
3. Der Zusammenhalt innerhalb der Komponenten eines Systems ist im Allgemeinen sehr viel stärker, als die Kopplung zwischen den Komponenten. Diese Tatsache hilft bei der Trennung hochfrequenter Dynamik innerhalb von Komponenten und Dynamik niedrigerer Frequenz zwischen den Komponenten.
4. Hierarchische Systeme bestehen meist aus wenigen Typen von Teilsystemen, die aber in verschiedensten Kombinationen und Anordnungen auftreten. Zwischen diesen gibt es häufig Generalisierungs-Beziehungen („is-a"-Hierarchie).
5. Ein funktionierendes komplexes System hat sich aus einem funktionierenden, aber einfacheren System entwickelt. Ein von Grund auf neu entworfenes System kann nie als Ganzes funktionieren, ohne dass funktionsfähige Vorstufen entwickelt wurden.

Methoden zur Modellierung müssen diese Eigenschaften berücksichtigen, wenn sie Erfolg haben sollen.

1.6 Probleme und ihre Ursachen

In den vorangegangenen Abschnitten wurden Gründe referiert, die dafür verantwortlich sind, dass Software-Entwicklung schwierig ist. Dies sind die rationalen Gründe für viele Mängel bestehender Softwaresysteme. Bei der Entwicklung von Software spielen alle genannten Faktoren eine Rolle; je nach Aufgabenstellung mag der eine oder andere in den Vordergrund treten. Software-Engineering soll dabei helfen, trotzdem erfolgreich Software zu entwickeln. Wie bei anderen technischen Systemen gibt es auch Mängel von

Software-Systemen. Es ist weithin üblich, auf die Qualität von Software zu schimpfen oder organisatorische Pannen mit dem Verweis auf die EDV zu entschuldigen. Beispiele hierfür wird jeder aus eigener Erfahrung kennen, so dass sich Beispiele an dieser Stelle erübrigen. Unbestritten ist aber, dass es Software gibt, die mit erheblichen Mängeln behaftet ist. Ich habe den Eindruck, dass viele dieser Mängel aus einer Diskrepanz zwischen der Sicht des Entwicklers auf das System und den Anforderungen, Prioritäten und Einstellungen des Anwenders entstehen. Der besseren Erfassung der Anforderungen an ein System in einer Form, die von Entwicklern und Anwendern verstanden wird, dienen Anwendungsfälle. Ihr Einsatz in der Analyse hat sich als sehr wirkungsvoll erwiesen. Vor einigen Jahren wurden die Probleme in der Software-Entwicklung als so gravierend angesehen, dass von einer Software-Krise gesprochen wurde. Dies halte ich heute nicht mehr für angemessen. In vielen Projekten wird gute Software termingerecht und innerhalb des geplanten Kostenrahmens erstellt. Es gibt aber eine mehr oder weniger große zeitliche Diskrepanz zwischen der Entwicklung neuer Methoden und ihrer Einführung in der Praxis. Es gilt aber als gesichert, dass die Komplexität von Software sehr schnell wächst. In [Gla97] wird ein Faktor 50 innerhalb von 10 Jahren genannt. Um diese Entwicklung zu beherrschen, ist eine Weiterentwicklung der Methoden notwendig (vgl. z. B. [Boo94a]). In diesem Buch wird deshalb der aktuelle Stand der Methodendiskussion präsentiert.

Die Bedeutung der Software-Qualität nimmt immer mehr zu. Software hat inzwischen sehr viele Lebensbereiche durchdrungen und wird vor allem von Menschen benutzt, die primär nicht mit Datenverarbeitung zu tun haben. Daher sind die Anforderungen an die Qualität von Software viel höher als früher. In Kap. 3 wird deshalb der Qualitätsbegriff für Software systematisch eingeführt. Die dort herausgearbeiteten Merkmale bilden den Leitfaden für das konstruktive Vorgehen in den weiteren Abschnitten.

Für Software-Engineering als Konstruktionslehre für Software bedeutet dies, dass Qualität beginnend mit den ersten Analyseschritten in ein Produkt hineinkonstruiert werden muss. Anwendungsfälle sind ein gutes Hilfsmittel dafür. Sie helfen bei der Erfassung und Präzisierung der Anforderungen, bei der Strukturierung der Anwendung und später bei Tests.

Bevor dies systematisch geschieht, hier eine Glosse aus [FIF90], die auf viele Probleme in überzeichneter Form hinweist. Wie viele Dokumente weist auch dieses einige Inkonsistenzen auf, die dem Leser sicher auffallen werden.

Das Projekt ist der Bau eines Einfamilienhauses mit zwei Stockwerken und Keller mit einer Grundfläche von 100 Quadratmetern. Als Baumaterial werden Ziegelsteine verwendet.

Der Architekt kalkuliert wie folgt: Das letzte Bauvorhaben (eine Doppelgarage) hatte eine Grundfläche von 25 Quadratmetern. Verbraucht wurden 1.000 Ziegel. Die Baukosten betrugen 10.000 DM, was einen Preis von zehn DM pro Ziegel bedeutet. Das Neue Haus hat die vierfache Grundfläche und die doppelte Höhe - dies bedeutet 8.000 Ziegel oder 80.000 DM Baukosten.

Das Angebot von 80.000 DM erhält den Zuschlag, und der Bau beginnt. Da die Maurerkolonne ausgelastet sein will, wird beschlossen immer nur ein Zimmer zu konstruieren und gleich anschliessend zu bauen. Das hat den Vorteil, dass die Planungs- und die Ausführungs- gruppe immer ausgelastet sind. Weiter wird beschlossen, mit den ein- fachsten Sachen anzufangen, um möglichst schnell in die Bauphase einsteigen zu können. Das Schlafzimmer scheint dafür am besten ge- eignet zu sein.

Das Schlafzimmer wird zu schnell fertig, und die Planungen für die Küche müssen unterbrochen werden. Da im Zusammenhang mit der Küche bereits am Esszimmer geplant wurde (Durchreiche zur Küche), wird dieses, um die Bauarbeiten fortführen zu können, als nächstes in Angriff genommen. Schritt drei in der Fertigstellung ist das Wohnzimmer. Als auch dieses fertig ist, stellt sich heraus, dass die Planungen für Küche und Bäder doch mehr Zeit in Anspruch nehmen als geschätzt. Da der Bauherr auch „endlich" mal was Kon- kretes sehen will, wird eine Seite der Fassade komplett hochgezogen, um den Eindruck des fertigen Hauses zu vermitteln. Um das Dach montieren zu können, wird die andere Seite der Fassade ebenfalls hochgemauert. Da hier noch keine Planung vorliegt, können leider keine Fenster oder Türen berücksichtigt werden. Man ist überzeugt davon, diese später ohne größere Probleme herausbrechen zu können.

Leider ist damit auch die Grundfläche des Hauses festgelegt. Da- mit ergibt sich der Zwang, die Küche in den ersten Stock verlegen zu müssen. Statt der geplanten Durchreiche wird nun ein Speiseauf- zug eingebaut, was das Projekt erheblich verteuert. Dadurch haben sich trotz beständigen Arbeitens unter Hochdruck die Bauarbeiten verzögert, so dass der Hausherr (der seine alte Wohnung gekündigt hatte) gezwungen ist, in das erst halbfertige Haus einzuziehen. Als besonders nachteilig erweist sich das Fehlen von Elektro- und Sa- nitäranschlüssen. Letzteres Problem wird durch das Anmieten eines Toilettenwagens (Kosten 170 DM pro Tag) vorläufig endgültig über- brückt.

Alle anderen Arbeiten werden gestoppt, um vorrangig die Elektro- installation vorzunehmen, schon allein wegen der fehlenden Fenster. Mit Hilfe externer Kräfte (1.200 DM pro Tag) wird die Elektrik in kürzester Zeit verlegt, allerdings auf Putz, um „saubere Schnittstel- len" für die noch nicht geplanten Hausteile zu schaffen. Im Alltagsbe- reich stellt sich als nachteilig heraus, dass das Wohnzimmer als zuerst gebauter Hausteil als einziges Zimmer zur Straße hin liegt. Damals war dies die einfachste Lösung (kurzer Transportweg der Ziegelstei- ne), die Haustür hierhin zu legen, so dass das Haus vom Wohnzimmer aus betreten werden muss. Dies erscheint dem Hausherren ganz und gar unerträglich; als Lösung wird ein Teilabriss erwogen. Dagegen spricht, dass bereits 250.000 DM verbaut sind und der Bauherr samt Familie übergangsweise in ein Hotel ziehen müsste. Die Tür nach hinten zu versetzten, erforderte, ein Loch in die Fassade zu brechen. Im Hinblick auf die unsichere Statik wird davon Abstand genommen. So wird das Haus bis zum ersten Stock von außen mit Erde aufgeschüttet. Das ursprünglich geplante Badezimmer wird zum Flur umfunktioniert - die Toilettenwagen-Lösung hat sich inzwischen etabliert. Weiterer Vorteil: Auf den Fensterdurchbruch im ehemaligen Erdgeschoss kann verzichtet werden. Das Erdgeschoss wird zum Keller, der Dachgarten als Wohnzimmer umgebaut und aus Kostengründen (und um eine endgültige Lösung nicht von vornherein zu verbauen) mit Planen provisorisch abgedeckt. Kostengründe sind es auch, die das Projekt an dieser Stelle beenden. Alles weitere wird auf eine spätere Realisierungsphase verschoben.

Fazit: Der Bauherr hat zwar etwas ganz anderes bekommen, als er eigentlich wollte. Aber immerhin hat er überhaupt etwas bekommen, auch wenn er statt der geplanten 80.000 DM nun immerhin ganze 440.000 DM hingelegt hat.

Der Architekt hat seine Truppe ständig ausgelastet und mit Hochdruck und Überstunden gearbeitet. Wie vorgesehen, wurden 8.000 Ziegelsteine verbraucht, was beweist, dass seine Schätzung im Prinzip richtig war. Seine aktualisierte „Cost-Data-Base" weist nun einen Preis von 55 DM pro Ziegel aus, was bei der nächsten Garage einen Angebotspreis von 55.000 DM ergibt.

1.7 Historische Anmerkungen

Der Begriff des Software-Engineerings wurde von Friedrich L. Bauer im Rahmen einer „Study Group on Computer Science" der *NATO* geprägt. In der Folge fand die *NATO*-Konferenz „Working Conference on Software Engineering" vom 7. -10. Oktober 1968 in Garmisch statt, die den Begriff des Software-Engineerings in die Informatik einführte [Bau93]. Die Entscheidung, wie Software-Engineering zu bezeichnen oder zu schreiben sei, ist mir nicht leicht gefallen. Im genannten Artikel von Bauer wird es mal mit, mal ohne Bindestrich geschrieben. Die amerikanische Schreibweise wäre software engineering. Balzert argumentiert in [Bal96] überzeugend für den Begriff „Software-Technik". Meine Entscheidung mag zwar nicht richtig sein, ich hoffe aber zumindest eine einheitliche Schreibweise zu verwenden. In den letzten Jahren hat es verschiedene Versuche gegeben, Software-Engineering nicht ingenieurwissenschaftlich, sondern philosophisch zu begründen. Die Ursache für die Kluft zwischen beiden Ansätzen mag in der Entstehung der Informatik begründet sein. In der weitgehend akzeptierten Gliederung der Teilgebiete der Informatik erscheint die Software-Technik, die hier als Software-Engineering bezeichnet wird, im Bereich „Praktische Informatik". Eine philosophische oder mathematisch-logische Begründung könnte aber nur aus dem Bereich „Theoretische Informatik" kommen. Diese Einteilung wirkt einer gegenseitigen Befruchtung von Theorie und Praxis entgegen. Zumindest ist sie ihr nicht förderlich. Ein Buch, das unter dem Titel „Grundlagen des modernen Software-Engineerings" so etwas bietet, wie Dieudonné's Klassiker „Foundations of Modern Analysis" für die mathematische Analysis, muss noch geschrieben (und ein aufnahmewilliger Leserkreis ausgebildet) werden. Früh in der Methodengeschichte entstanden die strukturierten Methoden (s. [Raa93] für eine aktuelle Darstellung), denen zunächst eine funktionale Zerlegungsstragie zugrunde lag. Später wurde dann die ereignisorientierte oder essentielle Zerlegung populär. Vergleiche der aktuellen Ansätze der objektorientierten Software-Entwicklung findet man in [CF92], [SE94], [Ste93a], [Ste93b] und [NS99]. In den letzten Jahren scheint sich ein weitgehender Konsens über die notwendigen Bestandteile von Software-Engineering Methoden herausgebildet zu haben. Die Unterschiede der vielen verschiedenen Methoden scheinen sich damit verringert zu haben.

1.8 Fragen zu Aufgaben und Problemen

1. Welche Zeitschriften gibt es in den Ihnen zur Verfügung stehenden Bibliotheken, in denen (auch) Themen aus dem Software-Engineering behandelt werden?
2. Nennen und erläutern Sie (mindestens) fünf Themen aus dem Software-Engineering, die Sie im neuesten Jahrgang einer Informatik-Zeitschrift gefunden haben!
3. Welche Newsgroups im Internet beschäftigen sich (auch) mit Software-Engineering?
4. Nennen und erläutern Sie (mindestens) fünf Themen aus dem Software-Engineering, zu denen Sie in diesen Newsgroups Beiträge gefunden haben!
5. Auf welchen www-Servern finden Sie Informationen zum Software-Engineering (nicht nur Marketing für Produkte!)?
6. Nennen Sie (mindestens) fünf Bücher über Software-Engineering, die in den letzten 12 Monaten erschienen sind, mit vollständiger Literaturangabe und geben Sie eine kurze Beschreibung Ihres ersten Eindrucks!
7. Was versteht man unter Software-Engineering?
8. Wie zitiert man korrekt? Wo findet man Informationen zu diesem Thema?
9. Welche typischen Eigenschaften haben komplexe Systeme?
10. Charakterisieren Sie den Unterschied zwischen stetigen und unstetigen Vorgängen!
11. Wie können CASE-Tools bei den damit verbundenen Problemen des Software-Engineerings helfen?

12. Wie sehen Sie das Verhältnis von „part-of"- und „is-a"-Hierarchien in komplexen Systemen?
13. Welche allgemeinen Strategien zum Umgang mit Komplexität kennen Sie?
14. Was macht Software-Entwicklung so komplex?
15. Welche Mittel stehen den Menschen prinzipiell zur Verfügung, um die Kompliziertheit von Systemen zu beherrschen? Geben Sie jeweils eine kurze, stichwortartige Erklärung.
16. Was versteht man unter einem diskreten System?
17. Ist soziale und kommunikative Kompetenz (Peopleware) nicht mindestens ebenso wichtig wie Software-Engineering?

2 Objektorientierung und UML

2.1 Übersicht

Der einfache Grundgedanke objektorientierter Ansätze ist die Darstellung von Systemen als eine Reihe miteinander kooperierender Objekte. Zur Darstellung dieser Kooperation und aller damit verbundenen Einzelheiten wurde die *Unified Modeling Language* entwickelt. Die *Unified Modeling Language*, im folgenden *UML* abgekürzt, enthält Elemente zur Beschreibung der Struktur und des Verhaltens von Objekten in Anwendungsbereichen und IT-Systemen. Die wichtigsten Begriffe der Objektorientierung und der Kern der UML werden in diesem Kapitel eingeführt. Nach Lektüre dieses Kapitels sollte der Leser über einen hinreichend großen Wortschatz sowohl objektorientierter Begriffe als auch der UML (sozusagen „UML-light") verfügen. Dieses Vorgehen bietet eine Reihe von Vorteilen:

- Begriffe der Objektorientierung können sofort mit gängigen Symbolen visualisiert werden.
- Für die Darstellung der vollständigen UML stehen gleich aussagefähige Beispiele zur Verfügung.
- Die Einführung der Grundstrukturen und gemeinsamen Elemente der UML wird besser verständlich.
- Der eilige Leser kann direkt nach diesem Kapitel zum Teil III (Methode) übergehen und den fehlenden Stoff bei Bedarf nachholen.

Alle Methoden im Software-Engineering bemühen sich um einfache und ausdrucksstarke Visualisierung. Bekanntlich sagt ein Bild mehr als 1000 Worte. In diesem Kapitel liegt das Schwergewicht der Darstellung auf „einfacher Visualisierung". Da die Dokumentation von Entwicklungsschritten aber kein Comic sein kann, werden auch die Integration von Text und weitere syntaktische Ausdrucksmöglichkeiten benötigt. Diese werden systematisch in Teil II behandelt.

2.2 Lernziele

- Die Begriffe Objekt und Klasse kennen und sie charakterisieren können.

- Die wichtigsten Arten von Beziehungen zwischen Objekten bzw. Klassen erläutern können.
- Erklären können, was Objektidentität ist.
- Generalisierung und Spezialisierung charakterisieren können.
- Polymorphismus erläutern können.
- Symbole für Klassen, Objekte, Zustände und Beziehungen kennen.

2.3 Objekte, Klassen und Typen

Der Grundgedanke aller objektorientierten Ansätze besteht darin, dass die Welt (auch die wirkliche außerhalb der EDV) aus *Objekt*en besteht. Das Konzept des Objektes ist das einzige, das in diesem Buch als selbsterklärend unterstellt wird. Ein Objekt ist irgend etwas, mit dem man etwas machen kann. Dabei kann es sich um einen ganz konkreten Gegenstand der Erfahrungswelt handeln, wie ein Auto, Fahrrad, Stuhl, Tisch oder ein Weinglas; etwas weniger Konkretes wie einen Auftrag, eine Buchung, einen Leasingvertrag aber auch um etwas abstraktes, wie ein *Lexem*, ein Symbol etc. Die Eigenschaften eines Objektes, die für alles Folgende benötigt werden, sind hier zusammengefasst.

Definition 2.3.1 (Objektidentität)
Ein Objekt hat eine von seinen sonstigen Eigenschaften unabhängige Identität. Diese Eigenschaft nennt man *Objektidentität*. ◀

Beispiel 2.3.2 (Auto)
Das Objekt sei mein früherer Firmenwagen mit dem amtlichen Kennzeichen DA-JZ 261, den ich nach Auslaufen des Leasingvertrages erwarb. Gemäß den deutsche Vorschriften musste ich den Wagen dann an meinen Wohnsitz ummelden, wo er das Kennzeichen HH-DR 1134 erhielt. Dadurch hat sich das Auto aber nicht verändert, es ist weiterhin dasselbe Auto. Das Prinzip der Objektidentität besagt, dass dieses Objekt trotzdem noch genau wie vorher identifiziert werden kann. ◀

Bemerkung 2.3.3 (Objektidentität)
Die Eigenschaft der Objektidentität entspricht dem, was in der deutschen Sprache mit dem Wort „dasselbe" bezeichnet wird. Zwei verschiedene Objekte mit gleichen Werten würden „das gleiche" darstellen, wären aber nicht identisch, also nicht „dasselbe". ◀

Objekte haben weitere wichtige Eigenschaften:

Definition 2.3.4 (Attribut)
Ein *Attribut* b eines *Objekt*s A ist ein Objekt, das Bestandteil von A ist. ◀

Abb. 2.1. Einige Objekte

Das *Objektsymbol* ist ein Rechteck, das mit dem unterstrichenen String „ObjektName" beschriftet ist. Im unteren Teil des Rechtecks können Attribute in der Form AttributName = AttributWert notiert werden.

Bemerkung 2.3.5 (Vollständige Notation)
In diesem Kapitel wird nur ein Teil der Notation präsentiert. Auch im Objektsymbol können und sollen noch weitere Informationen dargestellt werden. Die Einzelheiten hierzu werden im Teil II (Modellierung und Notation) erläutert. Ähnliche Hinweise gelten für andere in diesem Kapitel einzuführende Symbole. ◀

Beispiel 2.3.6 (Einige Objekte)
Abbildung 2.1 zeigt einige Objekte:

1. Zwei Bücher, „Guía dos peixes de Galicia" [RDS83] und „Per Anhalter durch die Galaxis" [Ada81], jeweils mit einigen Attributen.
2. Einige Personen: „Manuel Rodríguez Solórzano", „Sergio Devesa Regueiro", „Lidia Soutullo Garrido", „Ford Prefect".
3. Ein Fenster mit dem Namen „MainWindow".
4. Eine Lampe mit den Attributen Leistung, Spannung, Artikelnr und Hersteller.
5. Eine Warteschlange.
6. Das Auto aus Beispiel 2.3.2.

Bücher erscheinen in mehr oder weniger großen Auflagen. Trotzdem hat jedes Exemplar eine eigene Identität. ◀

Eine weitere Eigenschaft von Objekten ist, dass sie ein bestimmtes Verhalten zeigen.

Definition 2.3.7 (Operation und Methode)
Eine *Operation* ist eine Aktivität oder Aktion, die ein Objekt bei Erhalt einer *Nachricht* ausführt. Eine *Methode* ist die Implementierung einer Operation.
◄

Bemerkung 2.3.8 (Operation und Methode)
Für Operationen gibt es viele Bezeichnungen. Häufig werden Operationen als Methoden bezeichnet. Hier wird die verbreitete Konvention benutzt, den Begriff *Methode* zu verwenden, wenn die Implementierung einer Operation gemeint ist. ◄

Definition 2.3.9 (Nachricht)
Eine *Nachricht* (bzw. das Senden einer *Nachricht* an ein Objekt) ist die Aufforderung an ein Objekt, die entsprechende *Operation* auszuführen, der das Objekt nachkommen muss. ◄

Operationen definieren also, wie Objekte auf Nachrichten reagieren. Das Senden einer Nachricht an ein Objekt ist eine Aufforderung an das Objekt, die entsprechende Operation auszuführen, die das Objekt vertragsgemäß so zu erfüllen hat, wie es in der Operation spezifiziert ist. Nachrichten sind der Verständigungsmechanismus zwischen Objekten. Objekte kooperieren, indem sie über Nachrichten kommunizieren.

Bemerkung 2.3.10 (Nachricht oder Botschaft)
Der Begriff Nachricht bringt nach Ansicht einiger Autoren die Verbindlichkeit, die mit Def. 2.3.9 verbunden ist, nicht zum Ausdruck. Deshalb ist auch der Begriff *Botschaft* hierfür gebräuchlich, der dies nach Ansicht einiger Autoren besser zum Ausdruck bringt. ◄

Bemerkung 2.3.11 (Nachricht, Operation und Ereignis)
Eine Nachricht und die zugehörige Operation werden im Allgemeinen gleich bezeichnet. Das Eintreffen einer Nachricht ist ein *Ereignis*. Ereignisse haben keine Dauer, die Ausführung einer Operation kann Zeit erfordern. In der Regel muss man nicht scharf zwischen einer Nachricht und der ausgelösten Operation unterscheiden. An Stellen, wo dies erforderlich ist, wird extra darauf hingewiesen. ◄

Beispiel 2.3.12 (Operationen)
Für das Auto aus Beispiel 2.3.6 wurde eine Operation bereits erwähnt: „ummelden". Andere sinnvolle Operationen sind z. B. „beschleunigen" und „bremsen", die durch entsprechende Nachrichten angesprochen werden. Diese Operationen wird man kaum in einem Modell gemeinsam finden. Die eine Gruppe von Operationen (wie „ummelden") könnte für ein System für eine Kfz-Zulassungsstelle sinnvoll sein. Operationen wie „bremsen" und „beschleunigen" eher für den Bordcomputer eines Kfz. Für das Objekt Warteschlange wird es Operationen „append" und „remove" geben, um etwas am Ende der

Schlange einzufügen („anzustellen") oder am Anfang zu entfernen („bedienen" oder „aufrufen"). Eine Lampe wird eine Operation „schalten" haben, die sie ein- bzw. ausschaltet. Eine andere Möglichkeiten wären zwei Operationen „einschalten" und „ausschalten". Operationen für Bücher und Personen sind sehr vom Kontext abhängig. Ein Verlag wird für seine Autoren (eine Klasse von Personen, die ihn interessiert) oder Bücher andere Operationen benötigen als eine Bibliothek. ◄

Um sich in der Welt zurechtzufinden, abstrahiert der Mensch und fasst gleichartige Objekte zu Klassen zusammen.

Definition 2.3.13 (Klasse)
Eine *Klasse* ist eine Zusammenfassung von gleichartigen Objekten. ◄

Alle Objekte einer Klasse haben die gleichen Attribute und Operationen. Für jedes Objekt können die Attribute verschiedene Werte haben. Die Operationen sind für jedes Objekt gleich, schließlich wird von jedem Objekt einer Klasse erwartet, dass es sich vereinbarungsgemäß verhält. Gleiche Werte der Attribute bedeuten nicht, dass es sich dann auch um das gleiche Objekt handelt. Gibt es in einer Bibliothek z. B. mehrere Exemplare des in Abb. 2.1 genannten Fischbuches, so kann man diese Exemplare sehr wohl unterscheiden, auch wenn alle genannten Attributwerte gleich sind. Dies ist mit Objektidentität gemeint.

Das Symbol für eine Klasse ist ein Rechteck mit drei Abschnitten:

1. Dem Namen der Klasse, ggf. durch weitere Informationen ergänzt.
2. Einem Abschnitt, der die Attribute in normaler Schrifttype zeigt.
3. Einem Abschnitt, der Operationen in normaler Schrifttype zeigt.

Es ist üblich, den Klassennamen im Klassensymbol in fetter Schrift zu setzen. Die Angabe des Namens der Klasse ist obligatorisch. Die Darstellung der Abschnitte für Attribute oder Operationen kann unterbleiben. Die Darstellung sagt in einem solchen Fall nichts über das Vorhandensein der fehlenden Elemente aus. Wird ein leerer Abschnitt dargestellt, so heißt dies, dass es keine entsprechenden Elemente in der Klasse gibt. Diese Konzepte seien an einigen einfachen Beispielen erläutert.

Beispiel 2.3.14 (Klassensymbole)
Sechs Klassensymbole zu den Objektsymbolen aus Abb. 2.1 zeigt Abb. 2.2. Bei den meisten Klassen sind einige Attribute aufgeführt. Das Symbol für die Klasse „Warteschlange" zeigt zwei Operationen, aber keine Attribute. Da der Attributabschnitt nicht gezeigt wird, kann man nicht schließen, dass die Klasse keine Attribute hat. Die meisten Attributnamen sind so gewählt, dass sie verständlich sind. Die angegebenen Attribute der Klasse „Window" sind Abkürzungen der englischen Begriffe: x, y für die horizontale bzw. vertikale Koordinate des oberen linken Eckpunktes, w und h für Breite (width)

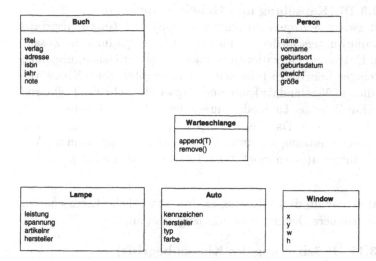

Abb. 2.2. Klassensymbole

und Höhe (height), wie auch der Klassenname englisch ist. Dies ist bei DV-technischen Klassen akzeptabel. Bei der Benennung aller Elemente, die eine Bedeutung im Anwendungsbereich haben, ist dringend zur Verwendung von Namen in der Sprache des Anwendungsbereiches zu raten. ◄

Beispiel 2.3.15 (Patient)
Bei einem Patienten in einer medizinischen Praxis werden persönliche Daten, wie Name und Vorname, Anschrift, Geburtsdatum, Größe, Gewicht von Interesse sein. Ändert ein Patient z. B. durch Heirat seinen Namen, so bleibt es derselbe Patient. Der Zugriff auf die Attribute ist nicht direkt möglich, sondern nur über Operationen. So mag es Operationen geben, wie „aufrufen", die bewirkt, dass der Patient ins Behandlungszimmer gerufen wird (und sich auch dahin begibt) oder „Adressaufkleber drucken", die bewirkt, dass ein Adressaufkleber ausgedruckt wird. ◄

Klassen fassen also Attribute und Operationen so zusammen, dass die Objekte einer Klasse sowohl Daten als auch Verhalten kapseln. Die einzige Möglichkeit, Informationen über Objekte einer Klasse zu bekommen, ist das Senden von Nachrichten. Insofern beinhaltet Objektorientierung eine konsequente konzeptionelle Realisierung des *Geheimnisprinzips*. Auch wenn dieses Prinzip in manchen objektorientierten Programmiersprachen verletzt werden kann, so sollte man in der Regel davon ausgehen, dass die Attribut-Werte eines Objekts für Nutzer einer Klasse nicht sichtbar sind. Es ist die Aufgabe öffentlicher Operationen, bei Bedarf den privaten Inhalt eines Objekts in einer geeigneten Weise zur Verfügung zu stellen: „Publikationsfähige" Werte werden über Operationen zur Verfügung gestellt.

Bemerkung 2.3.16 (Kapselung und Geheimnisprinzip)
Manchmal wird zwischen *Kapselung* (encapsulation) und *Geheimnisprinzip* (information hiding) unterschieden. Dann wird unter Kapselung die Zusammenfassung von Daten und Operationen verstanden. Unter Geheimnisprinzip wird dann die eingeschränkte Sichtbarkeit von Elementen einer Klasse verstanden. Nach diesem Verständnis kann eine Kapsel also sehr wohl „gläserne Wände" haben. Ein Benutzer kann oder muss einen „Blick ins Innere werfen", um sie benutzen zu können. Das Geheimnisprinzip würde dies ausschließen. Es besagt, dass eine Benutzung nur unter Verwendung der allgemein zur Verfügung gestellten Informationen möglich ist. Interna werden nicht publiziert.
◄

Eine Klasse hat innerhalb dieses Kontextes drei wesentliche Eigenschaften, die hier für eine genauere Definition zusammengefasst sind.

Definition 2.3.17 (Präzisierung des Klassenbegriffs)
Der in Def. 2.3.13 eingeführte Begriff der *Klasse* hat drei Aspekte:

1. Eine Klasse ist eine Zusammenfassung von gleichartigen Objekten. In diesem Sinn ist eine Klasse ein Aggregat aller dieser Objekte.
2. Eine Klasse beschreibt die Eigenschaften aller ihrer Objekte. In diesem Sinne ist eine Klasse ein Metaobjekt, wie etwa die Informationen über Tabellen im Katalog eines relationalen DBMSs.
3. Eine Klasse erlaubt das Erzeugen von Objekten („Objektfabrik").

Der zuletzt genannte Aspekt kommt insbesondere in der objektorientierten Programmierung zum Tragen. ◄

Bemerkung 2.3.18 (Klassen und Mengen)
Für Leser mit mathematischer Ausbildung sei darauf hingewiesen, dass es sich bei einer Klasse nicht notwendig um eine Menge handelt. Ausgehend von Def. 2.3.13 kann man eine Menge X als eine Klasse definieren, die Element (irgend) einer Menge Y ist. (vgl. z. B. [Kel55]). Durch diese Einschränkung werden die *Antinomien* der Mengenlehre ausgeschlossen. Da im Zusammenhang mit den hier dargestellten höchstens „halbformalen" Verfahren keine Notwendigkeit für einen mathematisch und logisch exakten Formalismus besteht, ist diese Unterscheidung hier aber nicht weiter von Bedeutung. Der Leser, bei dem die Mengenlehre in der Schule nur eine Menge Leere hinterlassen hat, kann also ganz beruhigt weiterlesen. ◄

Bemerkung 2.3.19 (Typ und Klasse)
Was mich am Anfang der Beschäftigung mit Objektorientierung am meisten irritiert hat, ist der legere Umgang, der in vielen Texten mit den Begriffen *Typ* oder *Klasse* gepflegt wird. Diese werden mal synonym (z. B. [Boo94a]), mal unterschiedlich verwendet; oft werden sie gar nicht definiert, sondern wie hier *Objekt* als umgangssprachlich bekannt vorausgesetzt. Eine mathematisch präzise, z. B. axiomatische, Begründung soll hier auch nicht gegeben werden.

Es macht aber durchaus auch im Kontext des Software-Engineering Sinn, zwischen Klasse und Typ in manchen Fällen zu unterscheiden, wie dies in Def. 2.3.20 getan wird. ◀

Soll zwischen Typ und Klasse unterschieden werden, so wird Typ im Sinn der folgenden Definition benutzt.

Definition 2.3.20 (Typ)
Ein *Typ* ist eine Zusammenfassung von Wertebereichen und Operationen zu einer Einheit. Diese werden als Spezifikation ohne Implementierung betrachtet Die konkreten Ausprägungen eines Typs haben im Unterschied zu Objekten keine Identität und werden *Instanz*en genannt, wenn man sie von Objekten unterscheiden will. Soll der Unterschied zwischen (Schnittstellen-) Spezifikation und Implementierung betont werden, so spricht man im ersten Fall von *Typ* und im zweiten von *Klasse*. Da eine Klasse auch eine Spezifikation hat (dies ist der Gesichtspunkt „Klasse als Metaobjekt" aus Def. 2.3.17), ist eine Klasse auch ein Typ. ◀

Beispiel 2.3.21 (Typen)
Die in Programmiersprachen definierten *Typ*en, wie `int`, `float` in C++, `COMP` oder `COMP-3` in COBOL etc. sind Typen in dem in Def. 2.3.20 eingeführten Sinn. Natürlich handelt es sich hier auch um Klassen. Aber im hier betrachteten Kontext ist die Implementierung dieser Typen in einem Betriebssystem oder Compiler nur am Rande von Interesse. ◀

Ein Standardbeispiel zur Illustration des Unterschieds zwischen Typ und Klasse liefern Container-Klassen.

Beispiel 2.3.22 (Queue: Type und Klasse)
In vielen Anwendungen benötigt man Schlangen, wie sie sich vor Schaltern bilden können. Dort wird immer die Person bedient, die am Kopf der Schlange steht, während neu hinzukommende Personen sich hinten anstellen. Eine solche Struktur wird als *Queue* bezeichnet. Sei nun T ein Typ. Dann ist QT eine Queue, wenn für QT folgende Operationen definiert sind:

- append(T): Füge ein T am Ende von QT ein.
- remove(): Entferne das erste T aus QT und liefere es als Rückgabewert.

Eine Queue ist also ein *FIFO*-Speicher.
Dieses Verhalten kann auf unterschiedliche Arten implementiert werden. So stellt die Borland Klassenbibliothek hierfür Implementierungen als Array und als doppelt verkettete Liste zu Verfügung. Diese verschiedenen Implementierungen sind Klassen, die den Typ Queue realisieren. ◀

In diesem Sinn ist es z. B. zu verstehen, wenn in der Folge an manchen Stellen von Typ die Rede ist.

Bemerkung 2.3.23 (Instanz und Objekt)
Objekte einer Klasse werden oft als *Instanz*en bezeichnet, der Vorgang der Erzeugung eines Objekts einer Klasse als *Instanziierung* (oder Instantiierung).
Ich halte diese Übersetzung des englischen Wortes „instance" für unglücklich.
Wann immer möglich, werde ich deshalb „Objekt" verwenden. Den Begriff
„Instanz" werde ich nur als Gegenstück „Objekt" verwenden, wenn er im Zusammenhang mit „Typ" auftritt. ◄

2.4 Anwendungsfälle und Szenarios

Bereits in der Übersicht zu diesem Kapitel wurden kooperierende Objekte
erwähnt. Diese Kooperation vollzieht sich nach genau definierten Regeln. Was
mit einem Objekt gemacht werden kann, hängt nicht vom einzelnen Objekt,
sondern von seiner Klasse ab. Ob ein Objekt selbst etwas veranlassen kann
oder passiv ist und wartet, bis es eine Nachricht erhält, hängt ebenfalls nur
von seiner Klasse ab.

Definition 2.4.1 (Akteur)
Ein *Akteur* ist eine Klasse von Objekten, die mit dem betrachteten System
Daten oder Nachrichten austauschen können. ◄

Da sich alle Akteure nach gleichen Regeln richten, werden in der Regel Klassen von Akteuren betrachtet und keine individuellen Objekte.

Beispiel 2.4.2 (Akteure)
Typische Akteure aus dem Beispiel 2.3.6 sind:

1. Im Zusammenhang mit Büchern ist für einen Verlag, der ein Buch herausbringt, der Autor ein Akteur, für eine Bibliothek ist ein Benutzer ein
   Akteur.
2. Für ein Unternehmen sind Kunden (die z. B. Artikel bestellen) oder Lieferanten Akteure.
3. Für technische Geräte sind Akteure oft deren Benutzer, aber auch Sensoren etc. können in technischen Systemen Akteure sein.

Dieser intuitive Begriff des Akteurs wird in Kap. 8, Def. 8.3.2, präzisiert. ◄

Für Objekte von Klassen, die selbstständig agieren, können die möglichen Interaktionen mit dem System durch Anwendungsfälle und Szenarios beschrieben werden.

Definition 2.4.3 (Anwendungsfall)
Ein *Anwendungsfall* ist eine Folge von Interaktionen, die *Akteure* mit einem
System ausführen können und die zu einem nützlichen Ergebnis für einen
Akteur führt. ◄

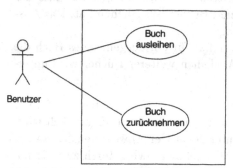

Abb. 2.3. Anwendungsfall-Diagramm

An welchen Anwendungsfällen Akteure beteiligt sind, wird in Anwendungs-fall-Diagrammen dargestellt. Zwei Anwendungsfälle sind in Abb. 2.3 dargestellt. Das Symbol für einen Anwendungsfall ist eine Ellipse, die mit den Klassensymbolen der beteiligten Akteure durch Linien verbunden ist. Akteure werden durch *Klassensymbole* mit dem *Stereotyp* «Akteur» oder durch das „Strichmännchen"symbol dargestellt. Der Rahmen um die Anwendungsfälle symbolisiert die Systemgrenze. Ein solches Diagramm zeigt nur, wer an den Anwendungsfällen beteiligt ist. Ein aussagefähiger Name vermittelt vielleicht schon eine Vorstellung davon, was in einem Anwendungsfall passiert. Da dies eine Klassendarstellung ist, gilt sie für jedes Anwendungsfall-Objekt. Die genaue Spezifikation eines Anwendungsfalles erfolgt durch Beschreibung dieser Objekte.

Definition 2.4.4 (Szenario)
Ein *Szenario* ist eine Beschreibung eines Anwendungsfall-Objekts. ◀

Zur vollständigen Beschreibung eines Anwendungsfalles gehören

- ein Szenario für den typischen Ablauf,
- Szenarios für alle anderen relevanten Abläufe.

Ein Szenario ist also eine Beschreibung einer Folge von Ereignissen und Systemreaktionen, die bei der Ausführung eines Systems oder eines Systemteiles auftreten.

Beispiel 2.4.5 (Szenarios)
Der in Abb. 2.3 dargestellte Anwendungsfall „Buch ausleihen" wird durch folgende Szenarios beschrieben.

1. Normale Ausleihe: Ein Benutzer legt seinen Benutzerausweis und die auszuleihenden Bücher beim Bibliotheksmitarbeiter vor. Die „BenutzerId" und die Signaturen der Bücher werden aufgenommen, das Rückgabedatum errechnet und die Ausleihe verbucht.

2. Maximale Anzahl Bücher überschritten: Es wird festgestellt, dass der Benutzer bereits die maximale Anzahl Bücher ausgeliehen hat. Das Ausleihen weiterer Bücher wird untersagt.
3. Ausleihfrist überzogen: Der Benutzer hat für ein ausgeliehenes Buch die Rückgabefrist überschritten. Das Ausleihen weiterer Bücher wird untersagt.

Dieser Anwendungsfall wird also durch ein Szenario beschrieben, in dem er vollständig bis zum gewünschten Ergebnis für den Benutzer abgewickelt wird. Außerdem gibt es zwei Bedingungen, unter denen der Anwendungsfall anders verläuft. Der Anwendungsfall „Buch zurücknehmen" wird durch zwei Szenarios beschrieben.

1. Buch zurücknehmen: Ein Benutzer gibt ein Buch an einen Bibliotheksmitarbeiter zurück. Die Signatur wird aufgenommen und die Rückgabe verbucht.
2. Buch nach Überschreitung der Leihfrist zurücknehmen: Ein Benutzer gibt ein Buch an einen Bibliotheksmitarbeiter zurück. Die Signatur wird aufgenommen und festgestellt, dass die Leihfrist überschritten wurde. Die Überziehungsgebühr wird berechnet und vom Benutzer kassiert, die Rückgabe und die Zahlung verbucht. Kann der Benutzer nicht zahlen, so muss er ein Pfand hinterlegen und es wird nur die Rückgabe verbucht.

Der Anwendungsfall wurde hier mit „Buch zurücknehmen" bezeichnet, da er aus der Sicht des Bibliothekssystems formuliert wurde. Aus Sicht des Benutzers würde er als „Buch zurückgeben" bezeichnet werden. Die Szenarios ohne Ausnahmen sind hier einfach. Die anderen erfordern eine weitere Untersuchung der Abläufe. Da es hier nur um die Einführung der grundlegenden Begriffe an einfachen Beispielen geht, sei hierfür auf Kap. 12 verwiesen. ◄

Eine präzisere Darstellung des Ablaufes innerhalb eines Szenarios kann durch *Sequenzdiagramme* erfolgen. Das erste Szenario aus Beispiel 2.4.5 kann wie in Abb. 2.4 als Sequenzdiagramm dargestellt werden. Ein solches Diagramm zeigt den Fluss von Nachrichten zwischen Objekten im Zeitablauf. Nachrichten werden als Pfeile dargestellt, die mit dem Namen der Nachricht beschriftet werden. Abbildung 2.4 zeigt ein Sequenzdiagramm, das in Beispiel 2.4.6 erläutert wird.

Beispiel 2.4.6 (Sequenzdiagramm)
Die Objektsymbole in Abb. 2.4 sind bereits in Abschn. 2.3 eingeführt worden. Die senkrechten gestrichelten Linien sind die „Lebenslinien" (lifelines) des Objekts. Die Pfeile zeigen, dass die Klasse Buch die Operationen „ausleihen(BenutzerId)" und „zurücknehmen()" haben muss. Ferner ergibt sich, dass es in der Klasse „Person" eine „BenutzerId" gibt. Das Diagramm zeigt den Ablauf der normalen Szenarios der Anwendungsfälle aus Beispiel 2.4.5. ◄

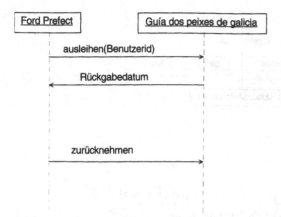

Abb. 2.4. Sequenzdiagramm

2.5 Assoziationen und Kooperationen

Objekte alleine sind meistens nicht von großem Nutzen. Wichtig ist oft, in welchen Verbindungen die Objekte mit anderen stehen, deren Dienste sie benötigen, um ihre Aufgaben zu erledigen. Assoziationen sind eine Art von Beziehungen zwischen Klassen. Unabhängig davon, ob dies in einer konkreten Umgebung implementiert ist, unterscheidet man drei Arten von Beziehungen zwischen Klassen, die im Folgenden definiert werden:

Definition 2.5.1 (Assoziation)
Eine binäre *Assoziation* ist eine Client-Server Beziehung zwischen Objekten zweier Klassen. Wenn keine weitere Spezifikation erfolgt, können dabei Objekte beider Klassen sowohl als Client als auch als Server auftreten. Eine ternäre Assoziation ist eine Beziehung zwischen Objekten von drei Klassen. Eine n-äre Assoziation ist eine Beziehung zwischen Objekten von n Klassen. ◄

Eine binäre Assoziation wird durch eine Linie zwischen den beiden Klassen dargestellt, die mit dem Namen der Assoziation beschriftet wird. Ternäre und n-äre Assoziation werden durch Rauten dargestellt, die durch Linien mit den beteiligten Klassen verbunden werden. Der Name wird in der Nähe der Raute notiert. An den Enden der Assoziation geben Zahlen oder das Symbol * die Multiplizitäten an, d. h. wieviele Objekte der Klasse man an diesem Ende finden kann, wenn man von einem Objekt auf der anderen Seite ausgeht. * bedeutet dabei viele, möglicherweise aber auch keines. Bereiche, wie z. B. ein bis viele, werden durch 1..* etc. angegeben. Betrachtet man vorrangig die Objekte und nicht die Klassen, so interessiert man sich für Objekte von Assoziationen:

Definition 2.5.2 (Objektbeziehung, Link)
Ein Objekt einer Assoziation heißt *Objektbeziehung* oder *Link.* ◄

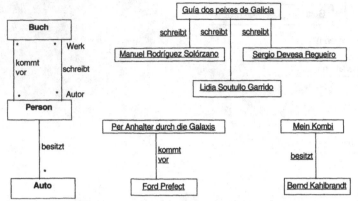

Abb. 2.5. Binäre Assoziationen und Objektbeziehung

Beispiel 2.5.3 (Binäre Assoziationen und Objektbeziehung)
Zwischen den Klassen aus Beispiel 2.3.6 sind verschiedene binären Assoziationen sinnvoll, je nachdem, welcher Aspekt modelliert werden soll. Zwischen
Person und Buch kann es die Assoziation „schreibt" geben. Eine andere denkbare Assoziation zwischen diesen beiden Klassen könnte „kommt vor" sein.
Die linke Seite von Abb. 2.5 zeigt die Klassen und Assoziationen, die rechte
Seite die Objektbeziehungen zwischen den zugehörigen Objekten aus Abb.
2.1. Ein Buch kann mehrere Autoren haben, es gibt aber auch Bücher, die
keinen (bekannten) Autor haben. Eine Person kann viele Bücher geschrieben
haben, aber nicht jede Person hat ein Buch geschrieben. Die Multiplizitäten
an beiden Enden der Assoziation „schreibt" sind deshalb *. Würde man statt
der Klasse Person eine Klasse Autor definieren, die die Personen enthält, die
ein Buch geschrieben haben, so wäre die Multiplizität an dem Ende der Assoziation bei Autor nicht *, sondern 1..*. Da weder jede Person in einem Buch
vorkommt, noch ein Buch von Personen handeln muss, nicht jede Person in
einem Buch vorkommt, aber ein Buch sehr wohl von mehreren Personen handeln kann, sind auch bei der Assoziation „kommt vor" beide Multiplizitäten
*. Die Multiplizitäten der Assoziation „besitzt" zwischen Person und Auto
spezifizieren, dass eine Person mehrere Autos besitzen kann, ein Auto aber
stets einer und nur einer Person gehört. Will man mehrere Besitzer im Modell
zulassen, muss man die Multiplizität entsprechend ändern. Rechts sind die
Objekte mit den Objektbeziehungen dargestellt. Die drei spanischen Autoren
haben das Fischbuch „Guía dos peixes de Galicia" geschrieben, „Ford Prefect"
ist eine der Hauptpersonen in „Per Anhalter durch die Galaxis". Wie Objekte
durch Unterstreichen des Namens gekennzeichnet werden, so sind auch die
Namen der Objektbeziehungen die unterstrichenen Assoziationsnamen. Eine typische binäre Assoziation im kaufmännischen Bereich ist die „erteilt"
Beziehung zwischen Kunde und Auftrag. ◀

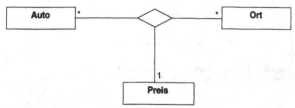

Abb. 2.6. Eine ternäre Assoziation

Beispiel 2.5.4 (Ternäre Assoziation)

Autovermietungen in typischen Urlaubsländern haben manchmal Preise, die sowohl von der Wagenklasse als auch vom Ort abhängen, an dem der Wagen gemietet wird. In diesem Fall handelt es sich um eine ternäre Assoziation zwischen den Klassen Ort, Wagenklasse und Preis. Objekte wären hier Orte wie Málaga oder Cádiz, Wagenklassen wie A (Kleinwagen), B (Mittelklasse) und Preise wie DM 39,00 pro Tag für einen Kleinwagen. Abbildung 2.6 zeigt, wie dies mit den eingeführten Symbolen dargestellt wird. ◄

Definition 2.5.5 (Aggregation)

Eine *Aggregation* ist eine Form der binären Assoziation, die durch folgende Eigenschaften gekennzeichnet ist:

1. Ganzes-Teil Beziehung: Die Objekte an einem Ende werden als „Ganzes" betrachtet, die am anderen als „Teile".
2. Antisymmetrie: Die Assoziation ist antisymmetrisch, d.h. die Umkehrung der Assoziation ist falsch.
3. Transitivität: Steht A in einer Aggregations-Beziehung zu B und B in einer Aggregations-Beziehung zu C, so steht auch A in einer Aggregations-Beziehung zu C.
4. Übertragung von Operationen: Wird eine Nachricht an das „Ganze" geschickt, so bewirkt dies auch die Ausführung der entsprechenden Operationen der „Teile".

Eine Aggregation wird durch ein Assoziationssymbol dargestellt, bei dem am Ende der Klasse, die das „Ganze" repräsentiert, eine Raute angebracht ist. ◄

Beispiel 2.5.6 (Aggregation)

1. Viele technische Geräte weisen Aggregationsbeziehungen auf, wie Teile eines PCs, die in Abb. 1.6 auf S. 12 dargestellt sind.
2. Dokumente bestehen aus verschiedenen Komponenten, z.B. kann man Kapitel oder Text und Graphik als Teile ansehen.
3. Eine Klasse besteht aus Attributen und Operationen.

Die genannten Beispiele zeigt Abb. 2.7 mit den eingeführten Symbolen. Da eine Aggregation eine spezielle Assoziation ist, werden die Multiplizitäten wie dort notiert. Die Multiplizität des Ganzen in einer Assoziation ist meistens eins. Bei Klasse, Attribut und Operation wurde von der Baumdarstellung der Aggregation Gebrauch gemacht. ◄

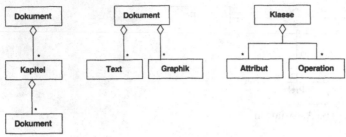

Abb. 2.7. Aggregation

Abb. 2.8. Kollaborationsdiagramm

Wie die Objekte in dem Netz, das durch die Objektbeziehungen gebildet wird, zusammenwirken, kann zum einen durch die in Abschn. 2.4 eingeführten Sequenzdiagramme beschrieben werden. Eine andere Sicht darauf bieten Kollaborationsdiagramme. *Kollaborationsdiagramme* zeigen, wie ein Anwendungsfall oder eine Operation arbeitet und welche Objektbeziehungen dabei benutzt werden. Abbildung 2.8 zeigt ein Beispiel.

2.6 Zustände und Ereignisse

Definition 2.6.1 (Zustand)
Ein *Zustand* eines Objektes ist eine Ausprägung von Eigenschaften dieses Objektes, die über eine gewisse Zeitspanne konstant ist. ◄

Ein Zustand kann auch dadurch gekennzeichnet sein, dass eine Operation ausgeführt wird. Nach Definition ist dies dann eine Operation, die eine gewisse Zeit andauert. Das *Zustandssymbol* ist ein Recht„eck" mit abgerundeten Ecken. Das Symbol enthält mindestens den Namen des Zustands. In den unteren beiden Abschnitten können Zustands-Variable und Operationen angegeben werden. Operationen können bei Eintritt, während oder beim Verlassen des Zustandes ausgeführt werden. Dies wird in Kap. 7 eingehend behandelt. *Zustandsdiagramme* zeigen, bei welchen Ereignissen Objekte einer Klasse ihren Zustand ändern und welche Reaktionen sie dabei zeigen.

Beispiel 2.6.2 (Zustände)
Abbildung 2.9 zeigt einige mögliche Zustände, die Objekte der bereits in

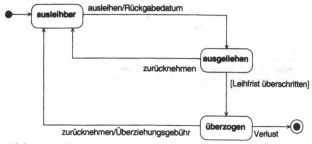

Abb. 2.9. Zustandsdiagramm Buch

Beispiel 2.3.14 eingeführten Klasse Buch haben können, wenn es sich um Bücher in einer Bibliothek handelt. Das Diagramm beginnt oben links, dies wird durch den kleinen schwarzen Kreis symbolisiert. Ein Buch, das neu in die Bibliothek kommt, ist zunächst „ausleihbar". Es kann dann ausgeliehen werden, die Reaktion darauf erscheint durch einen Schrägstrich vom Ereignis getrennt: Rückgabedatum, denn nach dem Szenario aus Beispiel 2.4.5 wird das Rückgabedatum ermittelt und dem Benutzer mitgeteilt. Wird es vor Überschreitung der Leihfrist zurückgegeben, so ist wieder ausleihbar. Dieser Pfad durch das Zustandsdiagramm repräsentiert das normale Szenario. Wird die Leihfrist überschritten, so kommt das Buch in den Zustand „überzogen". Dies ist kein Ereignis, sondern dieser Zustandsübergang tritt automatisch ein, wenn die Wächterbedingung „Leihfrist überschritten", die in eckigen Klammern am Zustandsübergangspfeil notiert wird, wahr ist. Ist das Buch nicht zurückzubekommen, so wird entschieden, dass es sich um einen Verlust handelt, und das „Leben" diese Buch-Objekts ist beendet. In einer realen Bibliothek ist ein solches Zustandsdiagramm komplexer, wie in Kap. 12 gezeigt wird. ◀

Sequenzdiagramme zeigen Ausschnitte aus den Lebenszyklen verschiedener Objekte. Zustandsdiagramme, soweit wie sie bisher eingeführt wurden, zeigen alle möglichen Lebenszyklen, die Objekte einer Klasse durchlaufen können.

2.7 Abstraktion und Polymorphismus

Eine erste Abstraktionsebene wurde bereits angesprochen, als in Abschn. 2.3 von einzelnen Objekten abstrahiert wurde und Klassen betrachtet wurden. Dieser Abstraktionsprozess lässt sich unter Umständen weitertreiben. Der passionierte Ornithologe wird sich z. B. freuen, in Deutschland einen Schwarm Seidenschwänze (Bombycilla garrulus) zu sehen. Er wüsste sicher auch, wie diese in die Systematik des Tierreichs einzuordnen sind. Hier genügt es festzuhalten, dass Seidenschwänze Vögel sind, die wiederum Wirbeltiere sind. Es handelt sich hier um eine „Ist-ein"-Hierarchie (englisch: „Is-a"): Jeder Seidenschwanz ist ein Vogel, jeder Vogel ist ein Wirbeltier. Die Spezialisierungen „erben" alle Eigenschaften der allgemeineren Klassen.

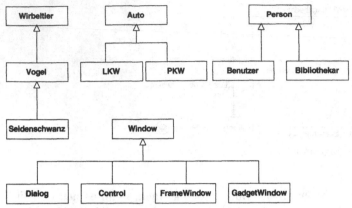

Abb. 2.10. GenSpec-Beziehungen

Definition 2.7.1 (Generalisierung, Spezialisierung, GenSpec)
Eine Klasse B ist eine Spezialisierung einer Klasse A, wenn jedes Objekt aus
B auch ein Objekt aus A ist. A ist dann eine Generalisierung von B. Eine
solche Beziehung zwischen zwei Klassen wird kurz als *GenSpec-Beziehung*
bezeichnet. ◄

Eine GenSpec-Beziehung wird durch eine Linie mit einem kleinen Dreieck an
der allgemeineren Klasse, der Generalisierung, symbolisiert.

Beispiel 2.7.2 (Generalisierung und Spezialisierung)
Abbildung 2.10 zeigt einige GenSpec-Beziehungen, die im Folgenden erläutert
werden.

1. Oben links ist die eingangs erwähnte GenSpec-Hierarchie aus dem Tier-
   reich dargestellt, die keinen Bezug zur DV hat.
2. Für eine Zulassungsstelle oder einen TÜV ist es sinnvoll, Autos in PKW
   und LKW zu differenzieren. PKW und LKW haben hinreichend viele Gemeinsamkeiten, die die Zusammenfassung zu einer Klasse rechtfertigen.
   Sie haben aber auch viele Unterschiede, z. B. verschiedene vorgeschriebe-
   ne Untersuchungen, die das Bilden spezialisierter Klassen rechtfertigen.
   Hier sind die beiden spezialisierten Klassen *disjunkt*, da durch Vorschriften eindeutig geregelt ist, wann ein Auto ein LKW und wann ein PKW
   ist.
3. Die in den Beispielen 2.3.6 und 2.3.14 eingeführte Klasse Person ist für
   eine Bibliotheksanwendung viel zu allgemein. Hier wird man Spezialisierungen benötigen, wie Benutzer und Bibliothekar. Ob es gerechtfertigt ist,
   gemeinsame Eigenschaften dieser Klassen in eine Klasse Person zusammenzufassen, hängt von der konkreten Aufgabenstellung ab. Kriterien,
   die bei der Entscheidung helfen, werden in den folgenden Kapiteln diskutiert. Diese beiden spezialisierten Klassen sind nicht notwendig *disjunkt*.
   Ein Bibliothekar wird auch ein Benutzer der Bibliothek sein können, in

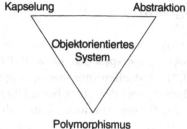

Abb. 2.11. Das objektorientierte Dreieck

der er tätig ist. Derartige Fragestellungen werden detailliert in Kap. 6 behandelt.

4. Als letztes Beispiel zeigt Abb. 2.10 einen Ausschnitt aus der Struktur einer typischen Klassenbibliothek zur Gestaltung von Anwendungen unter MS-Windows.

Eine genauere Diskussion verschiedener Varianten von Generalisierung bzw. Spezialisierung erfolgt in Beispiel 6.6.6 auf S. 148. ◄

Die Differenzierung in Klassen unterschiedlichen Spezialisierungsgrades ermöglicht es, jeweils die Abstraktionsebene zu wählen, die im gegebenen Kontext angemessen ist. Werden nur allgemeine Eigenschaften benötigt, so müssen auch nur die (wenigen) Eigenschaften einer allgemeineren Klasse betrachtet und berücksichtigt werden. Handelt es sich um eine speziellere Aufgabe, so stehen alle Eigenschaften der spezialisierten Klassen zur Verfügung.

Definition 2.7.3 (Polymorphismus)
Polymorphismus bedeutet, dass eine Nachricht unterschiedliche Operationen auslösen kann, je nachdem, zu welcher Klasse das Objekt gehört, an das sie geschickt wird. Bezogen auf Programmiersprachen heißt dies, dass die Methode nicht zur Umwandlungszeit an ein Objekt gebunden werden kann. ◄

Geht eine Nachricht an ein Objekt einer Klasse in einer GenSpec-Hierarchie, so wird die entsprechende Operation der Klasse ausgeführt, die am weitesten „unten" in der Hierarchie steht. Die wesentlichen Aspekte der Objektorientierung kann man damit so zusammenfassen: Ein objektorientiertes System ist durch

- Kapselung,
- Abstraktion (GenSpec-Beziehungen) und
- Polymorphismus

gekennzeichnet, die als objektorientiertes Dreieck in Abb. 2.11 dargestellt sind.

2.8 Modellierung und Programmierung

Nach herrschender Meinung gehört dynamische Bindung zu den wichtigen Eigenschaften objektorientierter Programmiersprachen, kurz OOPLs (Object Oriented Programming Languages). Sie hat allerdings eine geringere Bedeutung in der objektorientierten Analyse. Sie wird wichtig beim Übergang zum Design und bei der Implementierung. Dieser Abschnitt hätte also auch in Kap. 13 gepasst. Um alle objektorientierten Eigenschaften zusammen behandeln zu können, habe ich entschieden ihn in dieses Kapitel aufzunehmen. Dynamische Bindung bedeutet in Programmiersprachen, dass eine Operation nicht zum Zeitpunkt der Umwandlung an ein Objekt gebunden wird, sondern erst zur Ausführungszeit. Zu diesem Zeitpunkt kann es sich bei dem zuständigen Objekt um eines der im Programm kodierten Klasse handeln, es kann sich aber auch um ein spezialisiertes Objekt handeln. Überträgt man dies auf andere Bereiche, so heißt es: Die Entscheidung, was eine Nachricht bewirkt, wird nicht zu dem Zeitpunkt getroffen, an dem das Modell erstellt wird, sondern erst dann, wenn der betreffende Modellteil (in welcher Weise auch immer) ausgeführt wird. Dies ist in Programmiersprachen die Voraussetzung für die Realisierung von Polymorphismus. Spezialisierte Klassen können Operationen ihrer Oberklassen überschreiben. Die in Frage stehenden Operationen haben dann die gleiche *Signatur*, aber eine unterschiedliche Implementierung. Etwas leger kann man sagen „Polymorphismus ist Vererbung plus dynamische Bindung". Vererbung ist der in Programmiersprachen übliche Begriff für *GenSpec-Beziehung*. Während „überschreiben" bedeutet, dass die Implementierung einer Operation ersetzt (überschrieben) wird, versteht man unter „überladen" das Verwenden des gleichen Namens für eine Operation, aber mit einer anderen Signatur. So ist in vielen Programmiersprachen das „+"-Zeichen überladen und kann sowohl für die Addition beliebiger numerischer Datentypen als auch für andere Aufgaben, wie das Zusammenfügen von Strings benutzt werden. Potenzielle Probleme bestehen darin, dass u. U. erst zur Ausführungszeit festgestellt werden kann, dass eine Nachricht nicht interpretiert werden kann.

Die strukturierten Methoden (siehe [Raa93], [Bal96] für eine aktuelle Darstellung) sahen eine strikte Trennung zwischen den Aktivitäten Analyse („Was" soll das System machen?), Design („Wie" soll das System funktionieren?) und Implementierung vor, die wasserfallartig aufeinander folgten. Im Zusammenhang mit objektorientierten Konzepten werden zunehmend iterative und inkrementelle Vorgehensweisen empfohlen. Durch die konsequente Kapselung können Teile, die bereits weitgehend konzeptionell aufbereitet sind, unabhängig von anderen weiter bearbeitet werden. Entsprechende Vorgehensmodelle sind z. B. *STEPS*, Prototyping orientierte Modelle, wie das in [PB93] beschriebene oder das in [HS96] beschriebene *Springbrunnenmodell*.

Die in den weiteren Kapiteln beschriebene Vorgehensweise ist durch folgende Eigenschaften charakterisiert:

- Anwendungsfall gesteuert (use case driven),
- iterativ,
- inkrementell,
- objektorientiert.

2.9 Historische Anmerkungen

Als erste Arbeit über Objektorientierung in der Informatik wird oft die Dissertation von Allan Kay [Kay69] genannt, die den Anstoß zu vielen Arbeiten über objektorientierte Programmierung gab. Abstraktionsebenen wurden in diesem Kontext von Dijkstra [Dij68] im Zusammenhang mit endlichen Automaten eingeführt und das Prinzip der Kapselung von Parnas [Par79] 1979 formuliert. In anderen Wissenschaftsdisziplinen gehören ähnliche Grundprinzipien schon seit langem zum Handwerkszeug, z.B. in der Mathematik.

Von Cardelli und Wegner [CW85] stammt eine vielzitierte Klassifikationen von Systemen, die sich mit Objekten beschäftigen: Danach ist ein System *objektbasiert*, wenn es Klassen und Objekte kennt und *objektorientiert*, wenn es objektbasiert ist und zusätzlich Generalisierung bzw. Spezialisierung unterstützt. Unter Implementierungsgesichtspunkten ist Polymorphismus die Kombination von Generalisierung bzw. Spezialisierung und dynamischer Bindung. Nach [Boo94a] wurde das Konzept des Polymorphismus zuerst von Christopher Stratchey beschrieben. Er unterschied zwischen „adhoc" Polymorphismus („+" kann unterschiedliche Dinge bedeuten) und „parametrischem" Polymorphismus, womit die heute aktuelle Definition gemeint war. Mit zunehmender Vernetzung und stärkerer Nutzung des Internets wächst das Interesse an Anwendungen, die aus lose gekoppelten Objekten bestehen (Schlagwort: Java). Anwendungsfälle sind kein objektorientiertes Konzept. Szenarios und Anwendungsfälle sind aber ein hervorragendes Mittel, das Verhalten von Objekten oder Systemen zu beschreiben. Daher wurden sie in diesem Kontext eingeführt.

2.10 Fragen zur Objektorientierung

1. Was versteht man unter Objekt, was unter Klasse? Was sind die Unterscheidungsmerkmale?
2. Was versteht man unter Klasse?
3. Was versteht man unter Typ?
4. Was versteht man unter Kapselung?
5. Was versteht man unter Polymorphismus?
6. Welche Beziehungen bestehen zwischen Polymorphismus und dynamischer Bindung?
7. Was sind die grundlegenden Konzepte der Objektorientierung?

8. Was bedeutet das „Unified" in Unified Modeling Language?

9. Welche charakteristischen Eigenschaften haben Objekte?

10. Wodurch wird der Zustand eines Objekts beschrieben?

11. Welche Charakteristiken des Anwendungsbereiches lassen sich durch reichhaltige Generalisierungsstrukturen besonders gut beschreiben? Welche Anwendungsbereiche weisen diese Eigenschaften typischerweise auf?

3 Qualität von Software-Produkten

3.1 Übersicht

Der Qualitätsbegriff ist zentral für die moderne Software-Entwicklung und findet sich bereits in der Def. 1.3.1 des Begriffes *Software-Engineering*. Es ist deshalb notwendig, den Begriff der *Qualität* zu präzisieren und so zu charakterisieren, dass qualitativ hochwertige Software systematisch konstruiert werden kann. In diesem Kapitel wird gezeigt, wodurch die Qualität von Software charakterisiert werden kann und welche prinzipiellen Maßnahmen zur Qualitätssicherung notwendig sind. Alle folgenden Themen hängen mit den hier dargestellten Qualitätskriterien eng zusammen. Solche Zusammenhänge bestehen auch dort, wo andere Kriterien, wie z. B. Wirtschaftlichkeit, im Vordergrund stehen.

3.2 Lernziele

- Aspekte des Qualitätsbegriffes bei Software kennen.
- Probleme der Qualitätsmessung benennen können.
- Die Abhängigkeiten zwischen Qualität, Kosten und Zeit in einem Projekt erklären können.
- Qualität von Software aus Benutzersicht beurteilen können.
- Qualität von Software aus Entwicklersicht beurteilen können.
- Zusammenhänge zwischen Qualitätsmerkmalen kennen.
- Grundlegende Anforderungen an kommerzielle Software benennen können.

3.3 Qualität - Kosten - Zeit

Es gibt verschiedene Ansätze, den Begriff der Qualität näher zu charakterisieren (s. z. B. [Bal98], [Gar84] und [Gar88]):

- Der transzendente Ansatz: Qualität ist eine universell erkennbare absolute Eigenschaft eines Objekts.
- Der produktbezogene Ansatz: Qualität ist eine objektiv messbare, genau spezifizierbare Eigenschaft eines Objekts.

- Der benutzerbezogene Ansatz: Die Qualität eines Produkt wird vom Benutzer beurteilt. Die Qualität eines Produkts ist immer relativ zum jeweiligen Benutzer.
- Der prozessbezogene Ansatz: Qualität entsteht durch einen geeigneten Herstellungsprozess.
- Der Kosten/Nutzen bezogene Ansatz: Qualität ist eine Funktion von Kosten und Nutzen. Ein Qualitätserzeugnis bietet einen bestimmten Nutzen zu einem akzeptablen Preis.

Im Folgenden wird in Abschn. 3.4 ein produktbezogener Ansatz genauer beschrieben. Prozessbezogene Aspekte enthält der Entwicklungsprozess, der in diesem Buch beschrieben wird.

Definition 3.3.1 (Qualität)
Unter *Qualität* versteht man die Gesamtheit von Eigenschaften und Merkmalen eines Produkts oder einer Dienstleistung, die sich auf deren Eignung zur Erfüllung festgelegter oder vorausgesetzter Erfordernisse beziehen [Raa93], [Tra93]. ◄

In Deutschland wird der Qualitätsbegriff in den Normen DIN 55 350, ISO 8402, ISO 9126, und DIN 40 041 näher geregelt. Die dort angegebenen Charakteristiken werden hier nicht weiter verfolgt. Für die produktbezogene Charakterisierung der Qualität von Software hat sich die im Folgenden dargestellte Unterteilung in Kriterien aus Benutzersicht und Entwicklung bewährt. Erstere umfassen Funktionserfüllung, Effizienz, Zuverlässigkeit, Benutzbarkeit, Sicherheit, letztere umfassen Erweiterbarkeit, Wartbarkeit, Übertragbarkeit, Wiederverwendbarkeit.

Gemäß Def. 1.3.1 umfasst der Begriff des Software-Engineerings aber die Erstellung qualitativ hochwertiger Software unter Einsatz wirtschaftlicher Prinzipien. Wie alle anderen Teile der Leistungserbringung im Unternehmen muss daher auch die Beschaffung und Erstellung von Hard- und Software und deren Betrieb gemäß dem ökonomischen Prinzip betrachtet werden.

Definition 3.3.2 (Ökonomisches Prinzip)
Das ökonomische Prinzip (vgl. [WD00]) hat zwei Formulierungen:

- Ein vorgegebenes Ziel ist mit dem minimalen Ressourceneinsatz zu erreichen.
- Mit einem vorgegebenen Ressourceneinsatz ist ein maximales Ergebnis zu erzielen.

Dabei sind stets die Gesamtkosten über die Lebensdauer einer Anwendung zu betrachten, im Amerikanischen oft als TCO (Total Cost of Ownership) bezeichnet. ◄

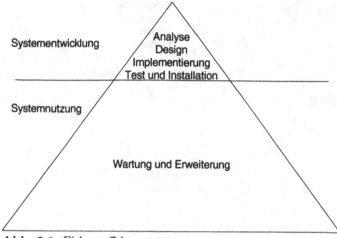

Abb. 3.1. Eisbergeffekt

Bemerkung 3.3.3
Das ökonomische Prinzip bedeutet nicht, dass immer das „billigste" genommen werden muss. Es muss in jedem Fall Aufwand und Ertrag betrachtet werden. In der wirtschaftswissenschaftlichen Literatur findet man umfangreiches Material über die Problematik der Zuordnung von Aufwand und Ertrag. Dass dies nicht trivial ist, sollte unmittelbar klar sein. Oder können Sie z. B. auf die Anschaffung eines Buches oder einer Software während des Studiums oder später im Beruf ein höheres Gehalt zurückführen? Wie lange wäre ein solcher Effekt zu berücksichtigen? ◄

Die Qualität, die eine Software erreicht, und die Kosten, die ihre Erstellung, ihre Einführung und ihr Betrieb verursacht, sind aber nicht unabhängig von einander. Auch ist die Betrachtung unvollständig, denn der Faktor Zeit muss bei allen diesen Überlegungen berücksichtigt werden. Dies ist um so wichtiger, als die Kosten einer Software zum größten Teil nicht während der Entwicklung, sondern während des Einsatzes auftreten. Dieser Eisbergeffekt ist in Abb. 3.1 qualitativ verdeutlicht. Die drei angesprochenen Faktoren Qualität, Kosten und Zeit sind eng miteinander gekoppelt. In der Darstellung als Ecken eines Dreiecks „Qualität - Kosten - Zeit" in Abb. 3.2 kann keiner dieser Faktoren ohne Wirkung auf die anderen verändert werden, ohne dass sich die Fläche des Dreiecks ändert. Die Fläche des Dreiecks kann man dabei als eine zum Aufwand für die Entwicklung proportionale Größe interpretieren. Unter Wettbewerbsgesichtspunkten ist der Faktor Zeit oft besonders wichtig: Im Finanzdienstleistungssektor konnte man mit der Einführung von Online-Diensten (Stichwort: Telebanking) beispielsweise nicht warten, bis das *Internet* oder *CORBA* standardisiert sind. Auch lokale Standardisierungsbemühungen, wie die *HBCI*-Schnittstelle, werden jetzt zwar zunehmend eingesetzt, aber noch nicht flächendeckend. Ferner ist die Lebensdauer der Software zu berücksichtigen: ein erheblicher, meist der überwiegende Teil der

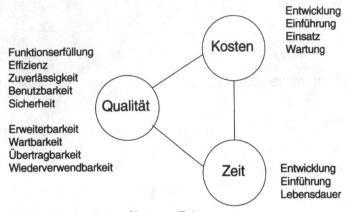

Funktionserfüllung
Effizienz
Zuverlässigkeit
Benutzbarkeit
Sicherheit

Erweiterbarkeit
Wartbarkeit
Übertragbarkeit
Wiederverwendbarkeit

Kosten

Entwicklung
Einführung
Einsatz
Wartung

Qualität

Zeit

Entwicklung
Einführung
Lebensdauer

Abb. 3.2. Qualität - Kosten - Zeit

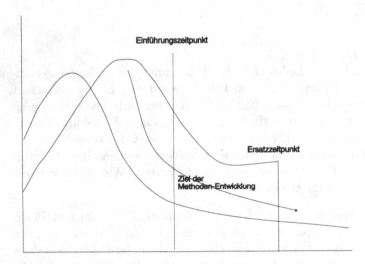

Abb. 3.3. Aufwandsverteilung über die Lebenszeit einer Anwendung

Kosten entsteht erst nach Einführung durch Nutzung, Weiterentwicklung und Anpassungen (vgl. Abb. 3.3). Eines der wichtigsten Ziele der Methodenentwicklung der letzten Jahre war die in Abb. 3.3 angedeutete Veränderung der Kostenkurve: Verlängerung der Lebensdauer von Anwendungen und Reduktion der Kosten in der Wartungphase. Da die Gesamtkosten durch die Fläche unter der Kurve repräsentiert werden, verspricht man sich dadurch eine Senkung der Kosten über die Lebensdauer, auch wenn die Entwicklungskosten höher ausfallen könnten. Berücksichtigt man dann noch, dass die Behebung eines Fehlers um so teurer ist, je später er entdeckt wird (vgl. die qualitative Übersicht in Abb. 3.4), so wird klar, dass Qualität systematisch von den ersten Entwicklungsschritten an in ein Produkt „hineinkonstruiert" werden muss. Qualität kann auf jeden Fall nicht erst durch Abnahmetests in eine

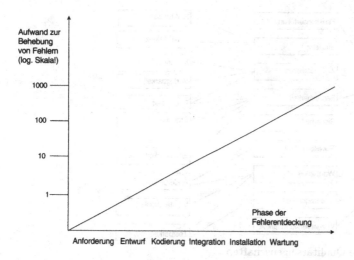

Abb. 3.4. Aufwand der Fehlerbehebung

Software „hineingetestet" werden. Die Abschnitte dieses ersten Teils stellen die allgemeinen Prinzipien dar, die dabei helfen, dies im Entwicklungsprozess systematisch anzustreben und (hoffentlich) zu erreichen.

Bemerkung 3.3.4 (Aufwand der Softwareentwicklung und Pflege)
Es sei aber darauf hingewiesen, dass es meines Wissens keine empirirsche Studie gibt, die den Verlauf der Aufwandskurven in Abb. 3.3 tatsächlich mit konkreten Zahlen untermauert hätte. Es gibt allerdings ernstzunehmende Anhaltspunkte dafür, dass qualitätssteigernde Maßnahmen auch die Produktivität steigern, z. B. die Studien des *SEI* über die in [HZG⁺97], [HYPS97] und [Low97] berichtet wird. ◀

3.4 Der Qualitätsbegriff

Die Abb. 3.5 enthält die Zusammenfassung der im Folgenden vorgestellten Gliederung von Qualitätsmerkmalen in solche aus Benutzer- und aus Entwicklersicht. Diese Klassifikation geht ursprünglich auf [BBK81] zurück, es gibt aber ungefähr so viele Varianten, wie Bücher über Software-Engineering. Ich habe mich im Wesentlichen auf [Raa93], [PB93] und [Tra93] gestützt, da ich die dort angesprochenen Punkte für die wichtigsten halte.

Definition 3.4.1 (Benutzersicht)
Unter *Benutzersicht* versteht man die Sichtweise, die ein Anwender auf das System hat. Die Betrachtung eines Systems aus Benutzersicht stellt die Aspekte in den Vordergrund, die für den Anwender sichtbar oder wichtig sind. ◀

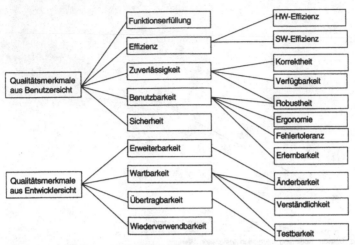

Abb. 3.5. Software-Qualitätseigenschaften

Bemerkung 3.4.2 (Benutzer und Benutzung)

Statt von Benutzerschnittstelle spricht man heute oft von Benutzungsschnitt-stelle. Dies hat den Grund, dass auch andere Systeme und nicht nur mensch-liche Benutzer mit einem System kommunizieren können. In diesem Kapitel wird dies aber nicht scharf unterschieden, da auch die anderen Systeme Ent-wickler haben, die als menschliche Benutzer Systemschnittstellen nutzen. ◄

Beispiel 3.4.3 (Benutzersicht)

Den Benutzer eines Software-Produkts wird interessieren, wie die Oberfläche gestaltet ist, in welcher Sprache das System sich darstellt (z. B. Deutsch oder Englisch). Ferner wird für ihn wichtig sein, dass er effizient arbeiten kann und bei Problemen Hilfe bekommt. Diese Gesichtspunkte werden in diesem Kapitel im Einzelnen behandelt. ◄

Die Benutzersicht auf ein Software-System lässt sich z. B. wie in Abb. 3.5 dargestellt differenzieren.

Definition 3.4.4 (Entwicklersicht)

Unter *Entwicklersicht* versteht man die Sichtweise, die ein Entwickler auf das System hat. Die Betrachtung eines Systems aus Entwicklersicht stellt die Aspekte in den Vordergrund, die für die Entwicklung, die Pflege und den Einsatz des Systems wichtig sind. ◄

Beispiel 3.4.5 (Entwicklersicht)

Für den Entwickler eines Software-Produkts ist im Unterschied zum Benutzer wichtig, dass

- die Oberfläche von der Anwendungslogik entkoppelt ist, oder
- die sprachabhängigen Teile so gekapselt sind, dass eine Übersetzung leicht erfolgen kann;

- Fehlermodule so gestaltet sind, dass eine konsistente Behandlung möglich ist und
- das Hilfe-System so nahtlos wie möglich aus der Spezifikation mit Inhalt gefüllt werden kann.

◄

Wie auch bei der Benutzersicht erleichtert eine Differenzierung der Entwicklersicht die Diskussion.

Bemerkung 3.4.6 (Verantwortung des Entwicklers)
Zur Bedeutung der Entwicklersicht sind zwei Bemerkungen notwendig, die auf jeden Fall ernstgenommen werden sollten.

1. Der Benutzer eines Systems kann in aller Regel die Aspekte, die aus Entwicklersicht von Bedeutung sind, nicht beurteilen. Selbst wenn er dazu ausnahmsweise, z. B. weil er selber Software-Entwickler ist, prinzipiell dazu in der Lage ist, so wird er dieses Wissen nicht einsetzen können, da Entwicklerdokumentation im Regelfall nicht für Anwender zur Verfügung gestellt wird. Außerdem wird er sich meist und vernünftigerweise auf seine Rolle als Anwender zurückziehen und nicht in die Details der Entwicklung einmischen. Es ist die Aufgabe des Entwicklers, sicherzustellen, dass diese Aspekte kompetent berücksichtigt werden!
2. Man kann daraus, dass man selbst Software-Entwickler ist, nicht folgern, dass die Aspekte, die für den Benutzer wichtig sind, für einen selbst eine geringere Bedeutung hätten. Es ist Aufgabe des Entwicklers, dafür zu sorgen, dass der Benutzer Software erhält, die alle hier dargestellten Qualitätsmerkmale besitzt, auch die aus Benutzersicht!

Dies gilt unabhängig davon, ob jemand selbst entwickelt oder eine Entwicklungsgruppe leitet. ◄

Definition 3.4.7 (Funktionserfüllung)
Funktionserfüllung bezeichnet den Grad der Übereinstimmung zwischen geplantem und tatsächlich realisiertem Funktionsumfang eines Systems [Raa93].
◄

Die Funktionen eines Softwaresystems sind das Entscheidende für den Benutzer. Software wird entwickelt um konkrete Funktionen auszuführen. Wie bereits oben festgestellt wurde, ändern sich die Anforderungen an Software oft schon während der Entwicklung. Dies gilt auch nach Einführung, wenn die Benutzer Erfahrungen mit der Software sammeln. Es ist deshalb von entscheidender Bedeutung, den angestrebten Funktionsumfang hinreichend präzise festzuhalten. Ändern sich die Anforderungen, so ändert sich nicht die Funktionsfähigkeit einer existierenden Anwendung. Allerdings kann sie durch stark veränderte Anforderungen nutzlos werden. Bei der Bewertung müssen die Funktionen gewichtet werden. Sowohl die Charakterisierung der

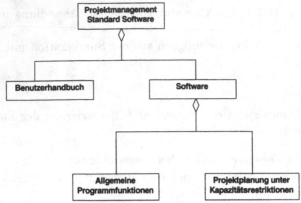

Abb. 3.6. Funktionen einer Projektmanagement-Software

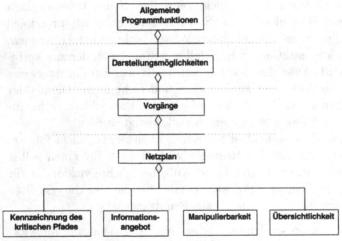

Abb. 3.7. Eigenschaften der Netzplankomponente

Funktionen als auch ihre Gewichtung und der Grad, in dem eine Software diese Funktionen tatsächlich erfüllt, müssen im konkreten Fall gezielt ermittelt werden. Dies sei an einem aktuellen Beispiel dargestellt. Gegenüber der Originaldarstellung in [KH96] wird allerdings erheblich vereinfacht.

Beispiel 3.4.8 (Funktionen von Projektmanagement Software)
Betrachtet werden Programme zur Unterstützung des Projektmanagements. Diese bieten eine Reihe von Funktionen, von denen hier eine herausgegriffen sei. Die Funktion „Projektmanagement-Unterstützung" wird zerlegt in Benutzerhandbuch und Software, letztere wiederum in „Allgemeine Programmfunktionen" und „Projektplanung unter Kapazitätsrestriktionen" (Abb. 3.6). Von der Präzisierung der allgemeinen Programmfunktionen wird nur der in Abb. 3.7 dargestellte Ast betrachtet.

Die Basisfunktionen, die hier konkret bewertet werden können, sind die in der letzten Ebene dargestellten:

1. Kennzeichnung des kritischen Pfades: Ist der kritische Pfad farblich gekennzeichnet?
2. Informationsangebot: Können Vorgangsinformationen direkt im Netzplan dargestellt oder zusätzlich eingeblendet werden?
3. Manipulierbarkeit: Können Vorgänge eingefügt und verschoben werden? Können Anordnungsbeziehungen eingefügt und geändert werden?
4. Übersichtlichkeit: In welchem Maße kommt es zu Überschneidungen von Anordnungsbeziehungen? Kann zwischen mehreren Darstellungsformen gewählt werden?

Am Beispiel der Übersichtlichkeit sei gezeigt, wie man zu einer Bewertung kommen kann. Diese Eigenschaft wurde ausgewählt, weil die Schaffung von Transparenz des Projektverlaufes für das Projektmanagement sehr wichtig ist. Außerdem illustriert dieses Beispiel auch ergonomische Aspekte, vgl. Def. 3.4.22. Ein Maß für die (Un-) Übersichtlichkeit einer *Netzplan*darstellung lässt sich aus der Anzahl der Überschneidungen von Pfeilen herleiten: Man nehme eine Reihe von Projekten als Testobjekte und ermittle die durchschnittliche Anzahl der Überschneidungen von Pfeilen. Die Netzplandarstellung einer Projektmanagementsoftware ist dann übersichtlicher als die einer anderen, wenn die Zahl solcher Überschneidungen kleiner ist. ◄

Funktionserfüllung bedeutet im Kern, dass die Software Arbeitsvorgänge wirkungsvoll unterstützt. Während ein böser Spruch besagt, dass Dinge, die früher sechs Tage dauerten, durch EDV nun in sechs Wochen erledigt werden können, erhofft man sich von funktionserfüllender Software eine Verbesserung des Ablaufs.

Definition 3.4.9 (Effizienz)
Unter *Effizienz* versteht man das Ausmaß der Inanspruchnahme von Betriebsmitteln (Hardware) durch ein Software-Produkt bei gegebenem Funktionsumfang. Manchmal wird dieser Begriff als Hardware-Effizienz bezeichnet und zusätzlich von *Software-Effizienz* oder Performance gesprochen, wenn die Antwortzeiten oder Laufzeiten gemeint sind [Raa93], [Tra93]. ◄

Schematisch wird dies in Abb. 3.8 dargestellt. Die Effizienz von Software scheint gegenüber anderen Merkmalen, wie z. B. Funktionalität oder Benutzbarkeit (s.u) an Bedeutung verloren zu haben. Insbesondere hat sich der Schwerpunkt der Aktivitäten von der Hardware-Effizienz hin zur Software-Effizienz verschoben. Ich möchte deshalb an einigen Beispielen erläutern, warum die Effizienz von Software eine wichtige Eigenschaft ist.

Beispiel 3.4.10 (Hardware-Effizienz)
Die Hardware-Anforderungen moderner Software steigen immer weiter. Bereits innerhalb kurzer Zeit mag eine neue Version eines Betriebssystems und

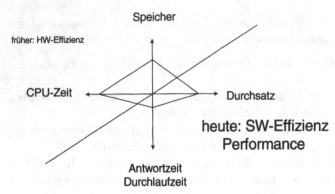

Abb. 3.8. Effizienz - Gesichtspunkte

Office-Pakets viel mehr Hauptspeicher oder CPU-Leistung erfordern. Das ist vielleicht kein Problem, wenn ein Anwender gerade einen neuen Rechner kauft. Aber was ist, wenn diese neuen Versionen auf tausenden von Arbeitsplätzen eingesetzt werden sollen? Das ist dann eine erhebliche Investition, die gut begründet sein will und finanziert werden muss. ◄

Hardware-Effizienz bei kaufmännischen Software-Systemen betrifft also z. B.:

- Wieviel CPU-Leistung wird benötigt?
- Wieviel Hauptspeicher wird für den Betrieb benötigt (differenziert nach dem Bedarf auf Server bzw. Client)?
- Wieviel Plattenspeicher wird benötigt?

Beispiel 3.4.11 (Hardware-Effizienz)
Bei Software mit gleicher Funktion kann man untersuchen, wieviele Instruktionen oder I/Os und wieviel Hauptspeicher für die Ausführung einer Funktion unter sonst gleichen Bedingungen benötigt werden. Da es für die Implementierung eines Algorithmus meist mehrere Möglichkeiten gibt, werden sich hier oft Unterschiede zeigen. Da derart isolierte Maßzahlen eine geringe Aussagekraft haben, wurden standardisierte *Benchmarks* entwickelt. Ursprünglich für den Leistungsvergleich von Hardware-Komponenten entwickelt, werden sie heute auch zur Bewertung von Hardware/Software-Kombinationen eingesetzt. ◄

Beispiel 3.4.12 (Eingebettetes System)
In tragbaren Geräten (CD-Spieler, Messgeräte, Uhren etc.) kommen häufig spezialisierte Chips zum Einsatz. Die beim Design eines solchen Chips verfolgten Ziele sind meist:

- geringes Gewicht,
- niedriger Stromverbrauch,
- niedrige Kosten.

Beim Design eines solchen Systems spielt die Hardware-Effizienz eine viel wichtigere Rolle als beim Design kommerzieller Systeme. ◀

Beispiel 3.4.13 (Software-Effizienz)
Als Beispiel für Software-Effizienz sei die Reorganisationshäufigkeit bei einem *DBMS* betrachtet. Relationale DBMSe verwalten Daten in Tabellen. Eine oder mehrere Tabellen befinden sich in einem physischen Plattenbereich, der oft als *tablespace* bezeichnet wird. Während der Zugriff auf einzelne Sätze über einen Index nur wenig von der physischen Lage der Sätze auf der Platte beeinflusst wird, hängt die Dauer des sequentiellen Zugriffs auf eine größere Anzahl von Sätzen stark davon ab. Dies kommt nicht nur bei Batch-Verarbeitung vor, sondern auch im Dialogbetrieb, wenn z. B. die Positionen eines Auftrags angezeigt werden. Je nachdem, wie ein *tablespace* vom *DBMS* verwaltet wird, ist daher in bestimmten Zeitabständen eine Reorganisation notwendig, um die Sätze wieder in eine optimale physische Reihenfolge zu bringen. Die Software-Effizienz eines DBMSs ist unter diesem Gesichtspunkt dann als besser zu beurteilen als die eines anderen, wenn die Reorganisations-Intervalle länger sind. ◀

Ein weiterer Grund, aus dem bei der Erstellung von Software auf Effizienz geachtet werden muss, ist die Tatsache, dass es immer Anwender gibt, deren Aufgaben nur durch die leistungsfähigste verfügbare Hardware gelöst werden können („power user"). Hier gibt es nicht die Möglichkeit, Ineffizienzen der Software durch leistungsfähigere Hardware auszugleichen.

Bemerkung 3.4.14 („power user")
Man mag darüber streiten, ob sogenannte „power user" tatsächlich hohe Rechnerleistung benötigen oder dies nur vorgeschoben wird, um die eigene Wichtigkeit zu dokumentieren. Sicher ist aber, dass verfügbare Rechnerkapazität in der Vergangenheit immer sehr schnell ausgeschöpft wurde. Der ehemalige IBM-Chef Thomas J. Watson rechnete noch damit, dass weltweit maximal 6 Großrechner benötigt würden. Heute sind „Supercomputer" in fünfstelliger Anzahl installiert. Experimentelle Systeme kommen auf eine Dauerleistung von mehreren *Teraflops*. Es gibt erste Überlegungen zum Design von Systemen mit einer Leistung von *Petaflops* [Bai97]. ◀

Definition 3.4.15 (Zuverlässigkeit)
Ein Softwaresystem ist zuverlässig, wenn es die geforderten Leistungen erbringt ohne in gefährliche oder andere unerwünschte Zustände zu geraten [Raa93]. Wesentliche Charakteristiken der *Zuverlässigkeit* sind *Korrektheit*, *Robustheit* und *Verfügbarkeit*. Eine andere Definition sieht Zuverlässigkeit als Oberbegriff von Sicherheit und Verfügbarkeit. In Deutschland definiert DIN 40 041 die Zuverlässigkeit von Software (und andere Qualitätsmerkmale). [Raa93]. ◀

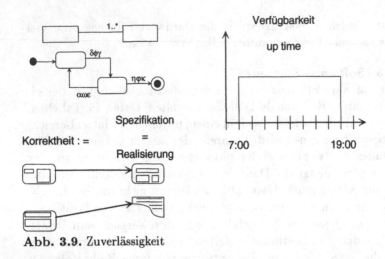

Abb. 3.9. Zuverlässigkeit

Zuverlässigkeit von Software ist heute unverzichtbar. In vielen Wirtschafts-bereichen sind die Kosten eines Softwareausfalls oder wesentlichen Fehlers existenzbedrohend. Es hat Anfang der neunziger Jahre einen Fall gegeben, in dem eine amerikanische Bank einen kurzfristigen Kredit der Zentralbank in Höhe von ca. 10 $ Mrd. zur Überbrückung eines durch ein fehlerhaftes Programm verursachten „Verlustes" benötigte. Finanzdienstleistungsunter-nehmen können bei Ausfall der Datenverarbeitung innerhalb Stunden, maxi-mal weniger Tage, in Konkursgefahr geraten.

Definition 3.4.16 (Korrektheit)
Software ist *korrekt*, wenn ihr Verhalten mit der Spezifikation übereinstimmt.
◄

Bereits hier zeigt sich, dass es zum Erstellen qualitativ hochwertiger Soft-ware nie genügt, ein gutes Programm zu schreiben. Um im Zweifelsfall die Korrektheit einer Software zu belegen, benötigt man eine Spezifikation, die hinreichend präzise ist, um das fertige Produkt daran zu überprüfen. Dies geschieht am besten, indem bereits die ersten Anforderungen systematisch erfasst werden und ein präzises Modell sowohl des relevanten Anwendungs-bereiches als auch des zu erstellenden Systems entworfen wird.

Bemerkung 3.4.17 (Korrektheit)
Mit den in diesem Buch präsentierten Methoden ist ein Korrektheitsbeweis nicht möglich. Die hier eingesetzten Techniken zur Spezifikation sind besten-falls halbformal und nicht geeignet, daraus beweisbar korrekte Software ab-zuleiten. Dazu dienen Verfahren wie Z oder VDM (Vienna Development Me-thod), die in den letzten Jahren an Bedeutung gewonnen haben. ◄

Die hier vermittelten Techniken der Qualitätssicherung sind allerdings durch-aus geeignet, den Grad der Korrektheit von Software zu erhöhen.

Definition 3.4.18 (Robustheit)
Für *Robustheit* gibt es verschiedene Definitionen in der Literatur:

1. Ein Softwaresystem ist *robust*, wenn die Folgen eines Fehlers in der Bedienung, der Eingabe oder der Hardware umgekehrt proportional zu der Wahrscheinlichkeit des Auftretens dieses Fehlers sind [PB93].
2. Eine System ist *robust*, wenn es auf alle Eingaben eine definierte Reaktion hat [Raa93].

Diese Definitionen sind nicht äquivalent! Die erste betrachtet Robustheit als eine Eigenschaft eines IT-Systems in Bezug auf korrektes Verhalten unter Berücksichtigung des ökonomischen Prinzips. Die zweite verzichtet auf den wirtschaftlichen Aspekt und fordert eine definierte Reaktion in jeder Situation. ◄

Beispiel 3.4.19 (Robustheit)
Wenn man Presseberichten glauben kann, so könnte die Software, mit der die erste Ariane V Rakete gesteuert wurde, nicht robust im Sinne der ersten Definition gewesen sein. Dieser Flug mit einer Nutzlast im Wert von ca. 1 Mrd. DM wurde dem Vernehmen nach abgebrochen, weil ein Programm irrtümlicherweise einen technischen Fehler meldete. Dies ist ein so erheblicher Schaden, dass die Wahrscheinlichkeit für sein Eintreten durch Qualitätssicherungsmaßnahmen sehr niedrig gedrückt worden sein sollte. Dies ist natürlich Spekulation, da ich die Wahrscheinlichkeit für diese Vorfälle nicht kenne. Das System zeigt allerdings robustes Verhalten im Sinne der zweiten Definition: Das System meldete einen Fehler und der Benutzer konnte darauf reagieren. In diesem Fall wurde sicherheitshalber die Zerstörung des Systems gewählt, da andernfalls Schäden durch einen Absturz über bewohnten Gebieten befürchtet wurden. ◄

Definition 3.4.20 (Verfügbarkeit)
Unter *Verfügbarkeit* eines Systems versteht man die Wahrscheinlichkeit, es zu einem gegebenen Zeitpunkt in funktionsfähigem Zustand anzutreffen. In der Praxis wird Verfügbarkeit häufig als Verhältnis von mittlerer Betriebsdauer und mittlerer Ausfalldauer bezeichnet:

$$V = \frac{MTBF}{MTBF + MTTR}.$$

Dabei bedeuten die Abkürzungen Folgendes:

V	Verfügbarkeit,
MTBF	Mean Time Between Failures, d.h. mittlere Zeit zwischen Ausfällen bzw. Fehlern
MTTR	Mean Time To Repair, d.h. mittlere Zeit bis zur Wiederinbetriebnahme des Systems.

Die durchschnittliche Zeit zwischen Fehlern, die dazu führen, dass ein System nicht verfügbar ist, steht im Zähler. Im Nenner steht die Gesamtzeit, die sich ergibt, indem man die durchschnittliche Zeit zur Behebung der Fehlers (MTTR) hinzuaddiert [Tra93]. ◄

Bemerkung 3.4.21 (Verfügbarkeit)
In der Praxis wird die Verfügbarkeit meist getrennt für verschiedene Zeiträume ermittelt, z. B. für Kernzeiten, in denen 100% Verfügbarkeit angestrebt wird und für Randzeiten, in denen nur eine geringere Verfügbarkeit möglich und angestrebt ist. ◄

Die Geschäftsprozesse vieler Unternehmen sind so weitgehend mit DV durchdrungen, dass ein Ausfall erhebliche, eventuelle katastrophale Folgen haben kann. Ausfallkosten können sich je nach Branche und Unternehmensgröße auf bis zu mehreren hunderttausend US $ belaufen. Die Schätzungen, wie lange ein Unternehmen bei einem EDV-Totalausfall überleben kann, schwanken zwischen wenigen Stunden (Finanzdienstleistungen) und einer Woche für Branchen, die von Informationstechnologie weniger abhängig sind.

Definition 3.4.22 (Benutzbarkeit)
Unter *Benutzbarkeit* versteht man alle Software-Eigenschaften, die dem Anwender oder Bediener ein einfaches, angenehmes, effizientes und fehlerarmes Arbeiten gestatten. Dazu gehören *Ergonomie, Fehlertoleranz* und *Robustheit* [Raa93]. ◄

Definition 3.4.23 (Ergonomie)
Ergonomie ist die Wissenschaft von den Leistungsmöglichkeiten und -grenzen des arbeitenden Menschen sowie von der optimalen wechselseitigen Anpassung zwischen dem Menschen und seinen Arbeitsbedingungen [Raa93]. ◄

Definition 3.4.24 (Hardware-Ergonomie)
Hardware-Ergonomie befasst sich mit der Anpassung der Arbeitsgeräte (Bildschirm, Tastatur, ...) und der Arbeitsumgebung (Tisch- und Stuhlgestaltung, Arbeitsbeleuchtung, ...) an die körperlichen und physiologischen Eigenschaften des Menschen [Dud93]. ◄

Hardware-Ergonomie wird hier nicht näher behandelt, einige wichtige Grundregeln seien aber beispielhaft angegeben.

Beispiel 3.4.25 (Hardware-Ergonomie)
1. Zu große Kontraste und störende Lichtreflexe vermeiden.
2. Die Anordnung von Arbeitstisch und -stuhl muss der Größe des Menschen angepasst werden können.
3. Tastatur und Maus oder Trackball müssen so untergebracht sein, dass sie ohne Unterarm- oder Ellenbogenauflegen benutzt werden können. Andernfalls besteht die Gefahr sich einen „Tennisellenbogen" zuzuziehen.
4. Die mittlere Tastenreihe der Tastatur sollte 10 cm von der Tischvorderkante entfernt und 75 cm über dem Fußboden bzw. auf der Höhe des waagerecht angewinkelten Unterarms liegen.

5. Der Abstand vom Bildschirm sollte 45 - 60 cm (günstigste Entfernung ca. 50 cm) betragen.
6. Der oberste Darstellungsbereich sollte unter Augenhöhe liegen.
7. Das Raumklima (Temperatur, Luftfeuchtigkeit) muss angemssen sein (Temperatur $20 - 26°$ C, relative Luftfeuchtigkeit $30 - 60\%$).
8. Geräuschbelastung (< 55 db).

Für die Hintergründe sei auf die Literatur, z. B. [Her94] verwiesen. ◀

Definition 3.4.26 (Software-Ergonomie)
Software-Ergonomie befasst sich mit der Gestaltung interaktiver Programm-systeme und entwickelt Kriterien und Methoden, diese den menschlichen Bedürfnissen nach einer ausgeglichenen Verteilung der geistigen, körperli-chen und sozialen Belastungen weitgehend entgegenkommend zu gestalten [Dud93]. ◀

Software-ergonomische Gesichtspunkte werden hier nicht systematisch be-handelt. Ich beschränke mich hier auf wenige Beispiele und verweise anson-sten auf die umfangreiche Literatur. Als Einstieg können z. B. [Her94] oder [ZZ94] dienen. Aktuell und etwas theoretischer ist [Shn98]. Pragmatische Hin-weise zur Gestaltung von Oberfächen von MS-Windows Anwendungen findet man in [Wes98].

Beispiel 3.4.27 (Einsatz von Farben)
Beim Einsatz von Farben bei der Bildschirmgestaltung sind viele Punkte zu beachten, von denen hier einige herausgegriffen sind:

1. Ungefähr 5% aller Menschen sind in irgendeiner Weise farbenblind. Farbe darf nie das einzige Merkmal sein, durch das etwas hervorgehoben oder mitgeteilt wird.
2. Licht unterschiedlicher Farben hat unterschiedliche Wellenlängen und wird unterschiedlich gebrochen (chromatische Aberation). Abbildung 3.10 zeigt dies qualitativ für die Farben Blau und Rot am kurzen bzw. langen Ende des sichtbaren Spektrums ($380nm$ - $760nm$). Die Konsequenz hieraus ist, dass das menschliche Auge blaue Schrift auf rotem Hinter-grund (oder umgekehrt) nur unter großer Anstrengung fixieren kann.
3. Beim täglichen Arbeiten hat sich schwarze Schrift auf weißen Grund als am besten lesbar erwiesen.
4. Rote Farbe signalisiert Gefahr. Man sollte aber trotzdem gefährliche (fol-genreiche) Aktionen *nicht* durch Rot kennzeichnen, da hierdurch das Au-ge angezogen wird [PB93].
5. Man kann zwar heute davon ausgehen, dass an Farb-Bildschirmen gear-beitet wird. Aber es wird nicht immer auf Farbdruckern gedruckt, die meisten Fax-Geräte und Kopierer kopieren schwarzweiß usw. Man muss daher darauf achten, dass Darstellungen, die sowohl am Bildschirm als

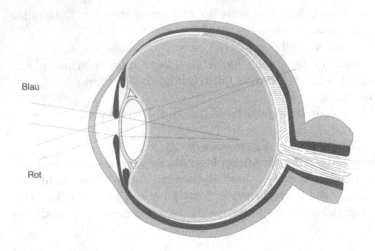

Blau

Rot

Abb. 3.10. Farbsehen

auch auf anderen Medien erscheinen sollen, durch die verschiedenen Medien nicht zu unterschiedlich dargestellt werden. Dies ist ein weiterer Grund dafür, Farbe nur nach sorgfältiger Überlegung einzusetzen.

Die Beantwortung ergonomischer Fragen erfordert oft interdisziplinäres Arbeiten. ◄

Definition 3.4.28 (Fehlertoleranz)
Fehlertoleranz ist Eigenschaft eines Systems, auch dann noch korrekt zu arbeiten, wenn einige seiner Komponenten fehlerhaft sind oder der Benutzer sich fehlerhaft oder unvorhergesehen verhält. Dazu gehört es, dass das System in solchen Situationen mit verständlichen Fehlermeldungen und sinnvollen Hinweisen reagiert [Tra93]. ◄

Beispiel 3.4.29 (Fehlertoleranz)
Als Beispiel für ein fehlertolerantes System wird eine einfache Textverarbeitung betrachtet. Wurde ein Teil des Textes irrtümlich geändert, z. B. gelöscht, so wird man eine „undo" Funktion schätzen, die den oder die letzten Befehle rückgängig macht. Eine deutschsprachige Textverarbeitung, die ich kenne, „korrigiert" automatisch Großbuchstaben im Innern eines Wortes in Kleinbuchstaben. Hier sind die Grenzen zwischen Fehlertoleranz und Ärgernis fließend. Ein Beispiel für ungenügende Fehlertoleranz liefert das Präsentationsprogramm, mit dem die meisten Grafiken in diesem Buch erstellt wurden. Druckt man diese in eine Datei mit einem ungültigen Namen, etwa mit mehr als acht Zeichen vor der DOS-Dateiendung, erhält man die Fehlermeldung: „Cannot transfer to output device." Als Zusatzinformation erhält man noch: „Error Code: 107:001:003". Es gibt dazu aber keine Dokumentation, weder gedruckt, noch in der Online-Hilfe. ◄

Definition 3.4.30 (Erlernbarkeit)
Unter *Erlernbarkeit* werden alle Eigenschaften zusammengefasst, die das Erlernen des Umgangs mit einer Anwendung erleichtern:

- Unterstützung des Erlernens der Programmfunktionen durch neue Benutzer.
- Hilfen für gelegentliche Benutzer, sich schnell wieder einzuarbeiten.
- Den geübten Benutzer dabei unterstützen, weitere Möglichkeiten kennenzulernen oder seine Arbeitsweise zu verbessern.

Hierzu kann sowohl Software als auch Dokumentation eingesetzt werden. ◀

Beispiel 3.4.31 (Maßnahmen zur Unterstützung der Erlernbarkeit)
Elementare Maßnahmen, um das Erlernen einer Software zu erleichtern, umfassen:

- einhalten von Quasi-Standards, also z. B. der üblichen Mechanismen in Betriebssystemen der MS-Windows Familie,
- kontextsensitive Hilfe,
- Lernprogramm,
- unterschiedliche Modi für neue und für erfahrene Benutzer (Novice-, Intermediate-, Expert-Mode).

Als Erweiterung dieser Konzepte findet man heute auch schon Software, die den Benutzer nach wiederholter Verwendung der gleichen Befehlsfolge ggf. auf Abkürzungen hinweist. ◀

Beispiel 3.4.32 (Generisches oder Visuelles Markup)
Benutzbarkeit ist eine Eigenschaft, die entscheidend davon abhängt, für welchen Benutzer eine Software gedacht ist. Dieses Dokument ist z. B. mit LATEX erstellt worden. LATEX ist kein *WYSIWYG*-System (What You See Is What You Get). Man muss eine Reihe von Formatierungsbefehlen beherrschen, um mit LATEX Text zu erstellen. Diese Art von genenerischem Markup findet man auch in HTML. Die Arbeit mit solchen Befehlen ist in einem Sekretariat, in dem vor allem individuelle Briefe von ein bis zwei Seiten geschrieben werden, nicht zuzumuten. Dort wird man zu Textverarbeitungen mit visuellem Markup greifen. Will man aber komplexere Dokumente erstellen, so muss man sich entweder tief in die Makrosprache der jeweiligen Textverarbeitung einarbeiten – oder doch zu einem Satzsystem wie LATEX greifen. Ich habe mich entschieden, letzteres für mich benutzbarer zu finden. Die hier eingeführten Charakteristiken von Benutzbarkeit sind aber keineswegs in hinreichendem Maße erfüllt:

- Von Ergonomie kann man bei einem solchen Batch-System kaum sprechen.
- In der Software gibt es keine direkte Unterstützung der Erlernbarkeit. Eine gewisse Hilfestellung bieten Editoren wie emacs, die einen TEX-Modus oder LATEX-Modus bieten. Ansonsten ist man im Wesentlichen auf die (allerdings zahlreiche und gute) Literatur angewiesen.

- Zum Finden von Fehlern benötigt man schon Erfahrung. Manche Fehler-meldungen sind ausgesprochen anthropomorph, z. B. „I'm in trouble here .... My plan ist to forget the whole thing and hope for the best."
- Kleine Änderungen können zu erheblichen Veränderungen im Umbruch und ungünstigerem Layout führen.

Andererseits sei darauf verwiesen, dass behauptet wird, WYSIWYG sei auch (oder vor allem) WYSIAYG (What You See Is All You Get). ◄

Definition 3.4.33 (Sicherheit)
Ein System ist *sicher*, wenn unter vorgegebenen Bedingungen in einem vor-gegebenen Zeitraum unzulässige Ereignisse nicht möglich sind [Tra93]. ◄

Für eine genauere Diskussion des Sicherheitsbegriffes ist wesentlich mehr er-forderlich als diese kurze Definition. Sie fasst auch noch zwei Dinge zusam-men, für die es im Amerikanischen jeweils einen eigenen Begriff gibt:

Safety Sicherheit der Datenintegrität auch bei Systemfehlern.
Security Sicherheit vor unbefugter Nutzung oder anderem Missbrauch.

Immer noch aktuell sind in diesem Zusammenhang Sicherheitsfragen bei In-ternetanwendungen. Die große Einsatzbreite von Software erfordert eine wei-tergehende Klassifikation der Systeme nach ihren Sicherheitsanforderungen. Dabei sind ggf. gesetzliche Vorschriften zu beachten.
    Nach dieser Diskussion von Qualitätskriterien aus Benutzersicht werden nun die Qualitätskriterien aus Entwicklersicht erläutert.

Definition 3.4.34 (Erweiterbarkeit)
Unter *Erweiterbarkeit* versteht man die Eigenschaft eines Softwaresystems, die es erlaubt, neue Objekte oder Funktionalität einzufügen, ohne es in seinen wesentlichen Eigenschaften verändern zu müssen, insbesondere ohne größere Codeänderungen [Raa93]. ◄

Erweiterbarkeit ist eine Eigenschaft von Software, die Einfluss auf verschiede-ne andere Qualitätsmerkmale hat. Die Erstellung erweiterbarer Software ist meistens mit höheren Kosten verbunden, als die von Software, die zukünftige Erweiterungen nicht antizipiert. In Anbetracht des in Abb. 3.3 schematisch dargestellten Kostenverlaufs wird man aber ein solches Maß an Erweiterbar-keit anstreben, dass sich die zusätzlichen Kosten während der Lebensdauer der Anwendung amortisieren. Einfache Erweiterbarkeit kann negative Aus-wirkungen auf die Effizienz (genauer: Software-Effizienz) haben, vgl. Kap. 13; allerdings tritt dieser Gesichtspunkt heute oft in den Hintergrund. Es sei dahingestellt, ob letzteres als positiv oder negativ zu werten sei.

Beispiel 3.4.35 (Erweiterbarkeit)
Ein Standard-Beispiel hierfür liefert [Str94a] bei der Darstellung geometri-scher Formen. Abbildung 3.11 zeigt ein Klassenmodell, das kaum wartbar

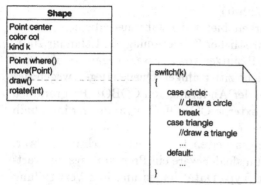

Abb. 3.11. Schlecht erweiterbares Modell

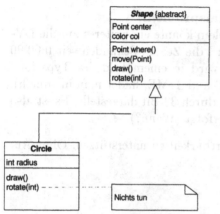

Abb. 3.12. Besser erweiterbares Modell

ist, Abb. 3.12 eine sinnvolle Verbesserung. In der letztgenannten Version können beliebige Klassen, die von „Shape" (Form) abgeleitet sind, einfach hinzugefügt werden. In der ersten Version müssen bei jeder neuen Form alle betroffenen Operationen von „Shape" geändert werden, da die member functions von „Shape" in Abhängigkeit des Attributs kind operieren. ◄

Bemerkung 3.4.36
Beispiel 3.4.35 illustriert auch einen weiteren Aspekt objektorientierter Systeme. Durch das Zerlegen der einen Klasse in mehrere werden diese einfacher und überschaubarer. Auch die Benutzung wird einfacher: Durch Polymorphismus ist es möglich, dass Nutzer die Oberklasse ansprechen und das System zur Laufzeit erkennt, zu welcher Unterklasse das betreffende Objekt gehört und die entsprechende Operation aktiviert. ◄

Definition 3.4.37 (Wartbarkeit)
Unter *Wartbarkeit* versteht man die Eigenschaft eines Systems, Fehlerursachen mit geringem Aufwand erkennen und beheben zu lassen [Tra93], [Raa93].
◄

Beispiel 3.4.38 (Das Problem 2000)
Ein aktuelles Beispiel zur Wartbarkeit bietet der Jahrtausendwechsel. Zwar begann das 3. Jahrtausend nach christlicher Zeitrechnung am 1. Januar 2001. Für die Software-Industrie und die Benutzer von Software begann es aber mit dem 1. Januar 2000. Nach einer nicht zitierfähigen Quelle stiegen wegen des damit verbundenen Aufwandes bei der Änderung von COBOL Programmen in Australien die Stundensätze für externe COBOL Programmierer innerhalb weniger Monate von ca. 30 $ auf ca. 70 $. Heute fragt man sich, ob die Höhe der Investitionen in die Umstellungsarbeiten tatsächlich gerechtfertigt war. Unter dem Gesichtspunkt der Datumsfelder wäre ein Programmsystem wartbar, wenn alle Datumsfelder einen Typ „Date" haben und ihre Verwendung z. B. aus einem Data Dictionary zu ersehen wäre. ◄

Bemerkung 3.4.39 (Ein neues Datumsproblem)
Außer dem eben genannten Datumsproblem könnte ein weiteres auf die DV-Welt zukommen: In UNIX-Systemen wird die Zeit in Sekunden seit 0:00:00 des 01.01.1970 gerechnet. Dieser Wert wird in einem Feld des Typs long gespeichert (ANSI Standard: 4.12 DATE and TIME, findet man in time.h). In heutigen Systemen wird der Typ long durch 32 Bit dargestellt. Es ist also absehbar, wann auch hier ein Overflow erfolgt (Wann?). ◄

Viele Maßnahmen sind geeignet, die Wartbarkeit zu unterstützen. Ohne Anspruch auf Vollzähligkeit seien genannt:

- vollständige Dokumentation,
- sinnvoll kommentierter Sourcecode,
- aussagefähige Fehlermeldungen, die es dem Benutzer ermöglichen, einen Fehler mit sinnvollen Informationen zu melden,
- Speicherung von Fehlerinformationen, die dem Entwickler die Lokalisierung ermöglichen,
- konsequente Modularisierung (vgl. Kap. 4).

Viele - wenn nicht sogar alle - Prinzipien des Software-Engineerings, die in diesem Buch behandelt werden, dienen zumindest auch der Verbesserung der Wartbarkeit.

Definition 3.4.40 (Übertragbarkeit)
Unter *Übertragbarkeit* oder *Portabilität* versteht man die Eignung eines Software-Produkts zum Einsatz in einer geänderten technischen Umgebung [Tra93], [Raa93]. ◄

Beispiel 3.4.41 (Window Systeme)
Wenn man eine Anwendung für ein Windowsystem (Microsoft Windows Familie, X-Windows, ...) entwickelt, so tut man gut daran, eine saubere Schnittstelle zwischen der Anwendungslogik und der Darstellung zu schaffen, damit die Anwendung leicht von einem System auf das andere übertragen werden kann (oder auch nur eine neue Version des Systems). Dazu wird man

die Anwendung entsprechend strukturieren (vgl. auch Kap. 4). Darüberhinaus wird man zur Entwicklung der Oberfläche portable Werkzeuge einsetzen, wie etwa WX-Windows, Tcl/Tk, OpenInterface, o. ä. ◄

Bemerkung 3.4.42 (Übertragbarkeit)
Übertragbarkeit erfordert die Beachtung vieler Randbedingungen. Unter *MS-Windows* ist z. B. die „undo"-Funktion auf die Tastenkombination „alt+←" gelegt. In dem unter Unix verbreiteten Editor emacs (eigentlich ein LISP Interpreter) liegt sie auf „ctrl+↑+_". Wie soll sich nun ein emacs für MS-Windows verhalten? Sicher ist, dass er dem Benutzer Konfigurationsmöglichkeiten bieten muss. Ganz analoge Überlegungen sind anzustellen, wenn man ein ISPF für Unix oder Windows betrachtet. Es sei denn, man möchte dies ausschließlich Menschen anbieten, die das Großrechner-Produkt kennen und schätzen, aber nun unter Unix bzw. Windows arbeiten, was hier allerdings anzunehmen ist. ◄

Definition 3.4.43 (Wiederverwendbarkeit)
Unter *Wiederverwendbarkeit* versteht man die Eignung eines Software-Produkts als Funktionsbaustein in verschiedenen Problemlösungen. Ein Software-System hat ein hohes Maß an Wiederverwendbarkeit, wenn ein hoher Prozentsatz seiner Bausteine wiederverwendbar ist [Tra93]. ◄

Manchmal wird zwischen der Wiederverwendung von Bausteinen innerhalb einer Anwendung (Intra Application Re-use) und der anwendungsübergreifenden Wiederverwendung (Inter Application Re-use) unterschieden.

Beispiel 3.4.44 (Einfache Formen der Wiederverwendung)
Die ersten Formen der Wiederverwendung fanden auf ganz elementarem Niveau statt:

1. Kopieren: Jeder Entwickler wird schon einmal Sourcecode Teile von einem eigenen oder fremden Programm kopiert haben, um ein neues Programm zu schreiben. Die Nachteile dieses Verfahrens liegen auf der Hand: Es besteht keine Verbindung zwischen diesen z. T. redundanten Codestücken. Bei einer Änderung müssen also mühsam alle Verwendungen gefunden werden.

2. Dateien einfügen: In vielen Fällen fügt man durch geeignete Befehle in eine Datei andere ein. Dies geschieht bei der Verwendung von Copybooks in Sprachen wie *COBOL* oder *PL/I*. Bei der Verwendung von #include Präprozessor Direktiven in C oder C++ Programmen fügt man typischerweise Header Dateien mit Deklarationen ein. In LATEX stehen dafür \include und \input Anweisungen zur Verfügung.

3. Unterprogramme, Prozeduren, Funktionen: Eine weitere Art der Wiederverwendung auf ganz elementarer Ebene ist der Einsatz von Unterprogrammen, Prozeduren, Funktionen. In der objektorientierten Entwicklung entspricht diesem der Einsatz von mehreren Operationen.

◀

Alle die genannten Beispiele bewegen sich auf einer sehr elementaren Ebene.
Die aktuelle Diskussion konzentriert sich auf die Möglichkeit, Wiederverwendung auf höherer Ebene zu erreichen. Dazu gehören die Überlegungen, Teile
einer Analyse oder eines Designs wiederzuverwenden. Diese Themen werden
in den Kap. 12, 13 und 14 besprochen. Insbesondere die dort vorgestellten
Entwurfsmuster (design pattern) stellen eine gewisse Steigerung der Qualität
der Wiederverwendung dar.

Definition 3.4.45 (Änderbarkeit)
Ein Software-System ist *änderbar*, wenn es einfach zu ändern ist. Einfach
heißt dabei, dass Änderungen durch eng lokalisierte Maßnahmen und ohne
ungewollte Fernwirkungen möglich sind. ◀

Definition 3.4.45 ist von der Art, die ich gerne vermieden hätte: Dieser Begriff
entspricht dem, was man umgangssprachlich erwartet. Ich habe sie trotzdem
aufgenommen, da Änderbarkeit ein wichtiges Designziel ist, dass explizit verfolgt werden sollte.

Bemerkung 3.4.46 (Änderbarkeit: Voraussetzungen)
Die wichtigsten Voraussetzungen dafür, dass eine Software änderbar ist, sind:

1. Das System ist verständlich, denn sonst könnte man kaum feststellen,
   was man zu ändern hat.
2. Das Geheimnisprinzip (vgl. Def. 4.5.19) muss befolgt worden sein, damit
   eine Änderung keine unbeabsichtigten Fernwirkungen hat.

Hierzu müssen auf allen Modellebenen Beiträge geleistet werden. ◀

Definition 3.4.47 (Verständlichkeit)
Ein Softwaresystem ist *verständlich*, wenn ein fachkundiger Betrachter jede
Komponente in kurzer Zeit verstehen kann. ◀

Zur Verständlichkeit gehört also, dass das ganze System, von der Analysedokumentation bis zum implementierten Sourcecode, verständlich ist.

Beispiel 3.4.48 (Kryptischer Code)
Das folgende legendäre Code-Segment

```
inline void copy(char* p, const char* q)
{
    while (*p++ = *q++);
}
```

(vgl. [Str97], S. 125) ist für den nicht C-Programmierer mehr als obskur. Die
vernünftige Form ist die Verwendung der Funktion:

```
int     strcpy(char*, const char*);
```

die sowohl für jeden sachkundigen Leser sofort verständlich ist, als auch für die jeweilige Maschine die effizienteste Implementierung liefern sollte. (Sie kopiert den string q auf den string p.) ◀

Bemerkung 3.4.49 (Fachkundiger Betrachter)
Wer ein fachkundiger Betrachter ist, hängt vom Modell-Element ab. Beispiele sind unter Vorgriff auf später einzuführende Terminologie:

1. Szenario: Jemand, der den Anwendungsbereich gut kennt, z. B. ein Anwender.
2. Klassenmodell: Ein Informatiker, der zumindest eine Form der objektorientierten Software-Entwicklung beherrscht.
3. Sourcecode: Ein Programmierer, der die eingesetzte Programmiersprache beherrscht (oder eine verwandte).

◀

Bemerkung 3.4.50 (Kurze Zeit)
„Kurze Zeit" ist kein präziser Begriff. Optimal wäre es, wenn eine Komponente durch einfache Ansicht (z. B. Lektüre, Benutzung) sofort verständlich wäre. Dies erscheint unrealistisch. Deshalb sei „kurze Zeit" auf ca. eine viertel Stunde für den durchschnittlichen fachkundigen Betrachter präzisiert. ◀

Neben der Komplexität des darzustellenden Sachverhalts muss auch die menschliche Aufnahmefähigkeit berücksichtigt werden. Untersuchungen von Miller in [Mil56] und [Mil75] zeigten dabei sowohl deren Grenzen, als auch Möglichkeiten, sie positiv zu beeinflussen. Viel zitiert wird die 7±2-Regel.

Definition 3.4.51 (7±2-Regel)
Die meisten Menschen sind können nicht mehr als 7±2 Informationseinheiten auf einmal im Kurzzeitgedächtnis aufnehmen. Die Aufnahmefähigkeit läßt sich durch Strukturierung steigern. Optimal scheint eine Anordnung in Gruppen von 3×3 Einheiten zu sein. ◀

Beispiel 3.4.52 (Aufnahmefähigkeit)
Betrachten sie die Ziffernfolge:

$$494052985226$$

Können Sie sich diese leicht merken (es ist immerhin eine 12-stellige Zahl)? Nun sehen Sie diese Zahl etwas anders gruppiert:

$$494\ 052\ 985\ 226$$

oder

$$4940\ 5298\ 5226$$

Auch damit dürften viele noch Schwierigkeiten haben, sind es doch immerhin vier dreistellige bzw. drei vierstellige Zahlen. Bei der zweiten Darstellung bemerken Sie aber, dass es sich wohl um eine Telefonnummer handelt: 49 ist die Nummer für Deutschland, 40 für Hamburg und gruppieren Sie die Ziffern in der üblichen Weise

$$+49\ 40\ 5298\ 5226$$

oder

$$+49\ 40\ 52\ 98\ 52\ 26$$

so werden Sie die Zahl sehr viel schneller erkennen, ggf. sogar merken können.
◄

Als letztes Qualitätsmerkmal von Software aus Entwicklersicht sei die Testbarkeit erwähnt. Maßnahmen während der Entwicklung zur Erreichung von Qualitätssoftware machen dies nicht überflüssig. Zur Software-Entwicklung gehört auch das *Test*en, seine Planung und das Ableiten von Konsequenzen.

Definition 3.4.53 (Testbarkeit)
Ein Softwaresystem ist *testbar*, wenn

- seine Komponenten separat getestet werden können,
- Testfälle systematisch ermittelt und wiederholt werden können und
- die Ergebnisse von Tests festgestellt werden können.

[PB93] ◄

Diese Eigenschaften sind in kaum einem System automatisch gegeben. So benötigt man, um Komponenten zu testen, Testtreiber; um Testfälle sicher und systematisch zu wiederholen, benötigt man Software, die diese ausführt (z. B. an Stelle des Menschen an der Tastatur); insbesondere Nebenwirkungen, die nicht spezifiziert wurden, sind in vielen Systemen nur schwer zu entdecken. Wie bereits im Zusammenhang mit Korrektheit bemerkt, kann man eine Software nur dann testen, wenn man eine Spezifikation hat: Wie sollte man sonst überprüfen, ob das Ergebnis der Spezifikation entspricht?

Bemerkung 3.4.54 (Testen und Nebenläufigkeit)
Besonders schwierig ist das Testen nebenläufiger Programme. Dies liegt unter anderem daran, dass Tests nicht notwendig wiederholt werden können: Bei erneuter Ausführung kann der Ablauf ein anderer sein. ◄

Für Einzelheiten zum Testen sei auf die Literatur, z. B. den Klassiker [Mye89] von Glenford J. Myers verwiesen.

3.5 Systematisches Erarbeiten von Qualität

In diesem Buch soll vermittelt werden, wie man Qualität systematisch erreichen kann. Dazu gehören:

1. Eine Konstruktionsphilosophie, die
   - eine adäquate Modellierung des Anwendungsbereichs unterstützt;
   - zeigt, wie man Erkenntnisse gewinnt (Erkenntnistheorie);
   - Leitbilder und Metaphern zur Verfügung stellt;
   - die Komplexität (und insbesondere die Kompliziertheit) zu beherrschen hilft.
2. Der Einsatz bewährter Architekturen, Muster, Vorbilder.
3. Die ernsthafte Beteiligung des Benutzers, um Systeme nach dessen wahren Anforderungen zu entwickeln.
4. Inhaltlich und wirtschaftlich konsequente Projektführung und Qualitätssicherung.

Um festzustellen, ob ein Qualitätsziel erreicht wurde, muss man einen Maßstab zur Beurteilung haben. Die Definition eines Qualitätsziels muss also skalierbar oder durch eine Metrik bewertbar sein.

Für die hier formulierten Qualitätskriterien gibt es keine besonders gut geeigneten allgemein einsetzbaren Metriken. Andererseits gibt es in der Literatur mehr als 100 Software-Metriken, deren Nutzen in vielen Fälle umstritten ist. Trotzdem schafft bereits das Bemühen um einen geeigneten Maßstab „Qualitätsbewusstsein" und oft lässt sich lokal, d.h. im Rahmen eine Umgebung z. B. in einem Unternehmen oder einem Arbeitsbereich, ein geeigneter Maßstab finden. Dies wurde bereits in Beispiel 3.4.8 illustriert.

Die klassischen Verfahren der *Qualitätssicherung* sind analytisch und stammen aus der industriellen Massenproduktion. Sie sind dadurch charakterisiert, dass

- eine Stichprobe untersucht wird,
- die Prüfung am Ende des Fertigungsprozesses erfolgt.

Die entsprechenden Verfahren in der Software-Entwicklung lassen sich wie folgt charakterisieren:

Zu definierten Zeitpunkten, sogenannten Meilensteinen, wird das Entwicklungsergebnis auf die angestrebten Qualitätsmerkmale hin überprüft (s. hierzu auch Kap. 10). Insbesondere werden fertiggestellte Teilprodukte (Unterprogramme, Klassen etc.) gegen die Spezifikation mehr oder weniger ausführlich getestet.

Wie in der industriellen Fertigung bemüht man sich seit geraumer Zeit auch in der Software-Entwicklung um konstruktive Qualitätssicherung. Geht es bei der analytischen Qualitätssicherung (fast) ausschließlich um Eigenschaften des Endproduktes, so geht es bei der konstruktiven Qualitätssicherung darum, bereits in den frühesten Stadien der Produktentstehung die

Entwicklung eines qualitativ hochwertigen Produktes wenn nicht zu gewährleisten so doch zumindest zu fördern. Konstruktive Qualitätssicherung ist
gekennzeichnet durch

- frühest möglichen Einsatz,
- Kontinuität im Entwicklungsprozess,
- Einbeziehung des Entwicklungsprozesses.

Insbesondere werden also Merkmale in

- Entwicklung,
- Analyse,
- System-Design,
- Objekt-Design,
- Implementierung,
- Nutzung,

gesucht bzw. identifiziert, die einem qualitativ hochwertigen Gesamtergeb-
nis zuträglich bzw. abträglich sind. Gelingt es letztere zu vermeiden, so ist
zwar nichts garantiert, erfahrungsgemäß aber bereits eine Menge gewonnen.
Um die Entwicklung bzw. den Entwicklungsprozess auf Qualität auszurich-
ten, muss man beim Projekt- und Konfigurationsmanagement ansetzen. Die
Ermittlung der Anforderungen in der Analysephase ist ein Erkenntnisprozess
und wesentlich soziologisch und psychologisch konditioniert. Um die heute z. B. durch EG-Norm geforderte Ergonomie zu realisieren, sind weitere
Spezialkenntnisse erforderlich. Für Analyse- Design- und Implementierungsmodell sind die klassischen Kriterien Kopplung und Zusammenhalt anwendbar, auch wenn diese ursprünglich aus einer anderen Umgebung stammen.
Der Einsatz bewährter Musterarchitekturen und Entwurfsmuster, wie z. B.
in [GHJV94] beschrieben, steigert die Qualität von System- und Objekt-
Design. Mit modernen Software-Entwicklungsumgebungen erhofft man sich
eine Übertragung dieser Eigenschaften auf die Implementierung. Techniken
der formalen Spezifikation wie VDM oder Z zielen auf die Erstellung beweisbar korrekter Software. Folgende Dinge müssen also in den Aktivitäten des
Software-Engineerings angestrebt werden:

- In der Analyse: Sachlich korrektes Erkennen der Anforderungen. Vorberei-
  tung eines adäquaten Designs.
- Im Design: Stabiles, adäquates System-Design. Vorbereitung einer adäqua-
  ten Implementierung im Objekt-Design.
- Bei der Nutzung: Verfahren, um zu überprüfen, ob die Qualitätsziele aus
  Benutzer- und Entwicklersicht erreicht wurden.

3.6 Qualitätsmanagement

Qualitätsmanagement ist seit vielen Jahren als Schlagwort in aller Munde:
Total Quality Management, Baldrich Award, ISO 9000 ff u.v.a.m. Große Un-

ternehmen und Behörden verlangen von Lieferanten häufig bereits die Zertifizierung nach ISO 9000. Eine solches Zertifikat wird heute bereits von einigen Unternehmen in ihrer Werbung benutzt. Qualitätmanagement umfasst für die Software-Entwicklung den Einsatz und die Steuerung aller Ressourcen im Entwicklungsprozess mit dem Ziel der qualitativ hochwertigen Software-Erstellung. Die genaue Definition von Management ist nicht einfach. Alleine das Standardwerk von Staehle [Sta85] nennt neun Definitionsversuche. Für eine systematische Darstellung des Qualitätsmanagements sei auf [Tra93] verwiesen.

3.7 Historische Anmerkungen

Die Gliederung produktbezogener Qualitätsmerkmale stammt in ihrer ursprünglichen Form von [BBK81], wurde aber zwischenzeitlich von vielen Autoren an andere Anforderungen angepasst. Statt des Dreiecks Qualität – Kosten – Zeit ist auch ein sog. „Teufelsquadrat" aus Qualität, Quantität, Kosten und Zeit zur Illustration der Zusammenhänge beliebt.

3.8 Fragen zum Qualitätsbegriff bei Software

1. Nehmen Sie zu folgender Aussage Stellung: „Man kann nur ein System bauen, wenn man den Anwendungsbereich voll verstanden und erst informell, dann formal modelliert hat."!
2. Beschreiben Sie je ein Software-Produkt, das Ihrer Ansicht nach gute bzw. schlechte ergonomische Eigenschaften aufweist. Begründen Sie Ihre Einschätzung auch durch das Heranziehen weiterer Literatur, z. B. [Her94], [ZZ94]!
3. Entwickeln Sie für zwei vergleichbare Produkte (z. B. Textverarbeitungen) Kriterien, um sie bzgl. der Hardware-Effizienz zu vergleichen und führen Sie diesen Vergleich durch!
4. Wie kann man den Begriff der Qualität für Software präzisieren?
5. Nach welchen Kriterien kann man die Qualität eines Designs oder einer Implementierung charakterisieren?
6. Was versteht man unter Eisbergeffekt?
7. Welche Grundforderungen sind an die Benutzungsschnittstelle eines Software-Systems zu stellen?
8. Was versteht man unter Modularisierung? Nach welchen Kriterien beurteilt man ihre Qualität?
9. Wie gehen Sie vor, um die genannten Qualitätsziele in einem Software-Entwicklungsprojekt zu erreichen?
10. Was ist Portabilität und wie kann man sie im Entwicklungsprozess erreichen?

11. Was versteht man unter Robustheit?
12. Worin sehen Sie den Unterschied der beiden hier gegebenen Definitionen von Robustheit?
13. Wann ist eine Software korrekt?
14. Was versteht man unter Zuverlässigkeit?
15. Unter welchen Aspekten ist die Erlernbarkeit von Software von Bedeutung?
16. Dokumentieren Sie einen Fehler, Mangel oder sonstige Schwäche eines Software-Produktes, die Sie besonders ärgert! Warum ärgern Sie sich gerade darüber? Was würden Sie tun, um sicher zu sein, dass Ihnen ein solcher Fehler nicht passiert?
17. Weshalb sollte man Qualität messbar definieren ?
18. Welche Zusammenhänge zwischen Qualität, Kosten und Zeit gibt es?
19. Was versteht man unter Verständlichkeit? Wer ist in diesem Zusammenhang ein fachkundiger Betrachter?
20. Was ist konstruktive Qualitätssicherung ?
21. Wie sieht konstruktive Qualitätssicherung im Ansatz aus?
22. Wie wird konstruktive Qualitätssicherung in der Realität umgesetzt?
23. Welche Folgen in Hinblick auf die Qualität hat das *NIH*-Syndrom (Not Invented Here)?
24. Wie kann ein Auftraggeber die Qualität eines Produktes beurteilen?
25. Was versteht man unter Wiederverwendbarkeit? Welche Ergebnisse des Entwicklungsprozesses sind wiederverwendbar? Wie?
26. Wann findet in 32 Bit Unix-Systemen ein Überlauf des Datumsfelds statt (s. Bem. 3.4.39 auf S. 60)?

4 Architektur und Modulbegriff

4.1 Übersicht

Verschiedene Prinzipien sind universell in der Software-Entwicklung einsetzbar. Einige davon werden hier in allgemeiner Formulierung präsentiert, um sie bei Bedarf später zur Verfügung zu haben. Weitere Gesichtspunkte für die frühe Präsentation sind:

- Die Modularisierungsprinzipien können sofort bei jeder Programm-Entwicklung, sogar beim Schreiben der einfachsten Programme, nutzbringend angewandt werden. Der programmierende Leser kann also direkt einen Nutzen realisieren.
- Abstraktion ist eines der Grundprinzipien der Objektorientierung. Dies ist aber ganz und gar nichts Neues und kann gar nicht früh genug auch im Zusammenhang mit Software-Entwicklung eingeübt werden.
- Es spart dem Leser und dem Autor Zeit, wenn Dinge einmal allgemein dargestellt werden können, und nicht an mehreren Stellen in den Verkleidungen unterschiedlicher Spezialisierungen auftreten.

Viele der erläuternden Beispiele stammen aus objektorientierten Bereichen. Eine Reihe anderer Beispiele wurde gewählt, um für Leser mit anderem Vorwissen zu illustrieren, dass diese Dinge gar nicht so neu sind. Vieles ist aus der prozeduralen oder strukturierten Programmierung bekannt. Es wird hier nur in objektorientierter Übersetzung präsentiert.

4.2 Lernziele

- Grundbegriff von Architekturen kennen.
- Grundlegende Architekturen beschreiben können.
- Den Modulbegriff kennen.
- Elementare Qualitätskriterien für Module kennen.
- Qualitätskriterien beim Programmentwurf einsetzen können, insbesondere für C++, Java oder eine andere dem Leser bekannte Sprache.
- Bedeutung von Architekturen als Gliederungsprinzip für die Systementwicklung kennen.

4.3 Der Architekturbegriff

Es ist heute modern, den Architekturbegriff für Software auf den Begriff der Architektur im Bauwesen zurückzuführen. Dies scheint diesem Begriff eine Reife zu geben, die aus dem Bauwesen als einer der ältesten[1] Ingenieurwissenschaften abgeleitet ist. Gerne zitiert werden dabei die Werke [AIS+77] und [A+79] von Christopher Alexander.

Definition 4.3.1 (Architektur)
Unter der *Architektur* eines Systems versteht man seine logische und physische Struktur, wie sie durch die strategischen und taktischen Entscheidungen in Analyse, Design und Implementierung geformt wird. Dazu gehören seine Unterteilung in Teilsysteme und deren Zuordnung zu *Tasks* und *Prozessoren*. Sie beschreibt die wesentlichen strukturellen Elemente, deren Schnittstellen und Zusammenarbeit. Eine Softwarearchitektur beschreibt nicht nur Struktur und Verhalten eines Systems, sondern umfasst auch Aspekte seiner Nutzung, Funktionalität, Performance, Robustheit, Wiederverwendbarkeit, Verständlichkeit. Sie berücksichtigt wirtschaftliche und technische Randbedingungen, hilft beim finden von Kompromissen und berücksichtigt ästhetische Gesichtspunkte. ◄

Bemerkung 4.3.2 (Kritik am Bau-Architekturbegriff)
Die aktuellen Arbeiten über Entwurfsmuster sind weitgehend enthusiastisch aufgenommen worden. Es gibt aber auch kritische Sichten, die man nicht einfach vom Tisch wischen sollte:

• Muster in der Architektur haben auch zu monotonen Massensiedlungen mit vielen sozialen Problemen geführt.
• In der Architektur ist es oft nicht gelungen, weiterentwicklungsfähige Muster zu finden und umzusetzen, die veränderten Lebensstilen, Baumaterialien oder Umgebungen einfach anpassbar sind.
• Zu vage Muster sind von geringem praktischen Nutzen.

Christopher Alexander ist auch nicht der einzige Architektur-Theoretiker. Wie in anderen Disziplinen gibt es auch unter Architekten unterschiedliche Meinungen. ◄

---

[1] Der folgende Witz aus [Boo94a] illustriert dies: Welcher Beruf der älteste ist, ist umstritten: Ein Arzt, ein Bauingenieur und ein Systemanalytiker streiten sich darüber. Der Arzt argumentiert, dass es in der Schöpfungsgeschichte heiße, Gott habe Eva aus einer Rippe von Adam erschaffen; dies sie die erste ärztliche Tätigkeit gewesen. Der Bauingenieur argumentiert dagegen, es heiße am Anfang der Schöpfungsgeschichte, Gott habe die Erde aus dem Chaos erschaffen (zumindest steht „chaos" in der englischen Genesis), dies sei zweifelsfrei eine Ingenieurleistung. Da lehnt sich der Systemanalytiker (im Original eine Systemanalytikerin) zurück und meint, „und wer, glaubt ihr, hat das Chaos geschaffen?"

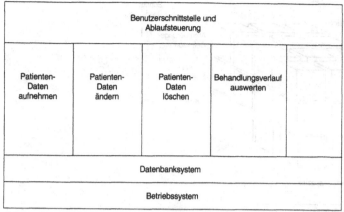

Abb. 4.1. Horizontale und vertikale Schichtung

Definition 4.3.1 reicht für die meisten praktischen Überlegungen aus (vgl. Kap. 13-15). Eine systematische, mehr formalisierte Betrachtung erfordert aber einige weitere Begriffe (vgl. hierzu zum Teil [HS93]).

Beispiel 4.3.3 (Eine einfache Architektur)
Abbildung 4.1 zeigt einen Ausschnitt der Architektur eines einfachen Patientenverwaltungssystems. Es enthält zwei systemnahe Schichten (Betriebssystem, DBMS). Die eigentliche Anwendungsschicht ist horizontal in verschiedene Funktionsbausteine aufgeteilt. Die oberste Schicht bildet sowohl die Benutzerschnittstelle als auch die Klammer für eine Integration mit anderen Anwendungskomponenten. ◄

Architekturen werden systematisch in Kap. 13 behandelt. Hier nur eine kurze Vorstellung zweier populärer Software-Architekturen.

Beispiel 4.3.4 (OSA)
OSA, die „Open System Architecture for CIM" wurde als Bericht des Projektes 688 vom ESPRIT Konsortium AMICE veröffentlicht. Dieses Modell hat folgende „Dimensionen"

- Schrittweise Instanziierung (Typ - Exemplar - Sicht).
- Schrittweise Generierung (Architekturmuster).
- Schrittweise Ableitung (von Exemplaren).

Abbildung 4.2 zeigt die OSA Architektur schematisch [HS93]. Die drei Dimensionen des OSA Raumes repräsentieren verschiedene Sichten auf die Architektur. Die verschiedenen Aspekte dieser Sichten zerlegen den Architektur-Raum in 36 Teilräume (dies ist mathematisch nicht korrekt), die einzelne Aspekte der Architekturmodellierung zeigen, z. B. Generische-Funktions-Anforderungs Definition oder Partielle-Informations-Design Spezifikation. Diese einzelnen Komponenten werden zum Erreichen von Zielen kombiniert. In jeder Dimension gibt es Abhängigkeiten zwischen den Komponenten. ◄

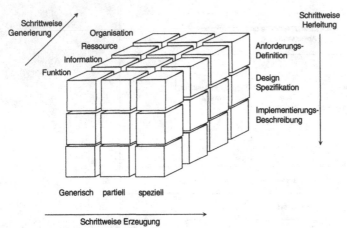

Abb. 4.2. OSA-Architektur

	Local
Systems Management	
Presentation Services / User Interface	Applications and Development Tools	Data Access Services / File
Print/View	Applicationservices	Database
Multimedia	TP-Monitor	Workflow Manager	Mail	
Communication Services	OMS	Distribution Services	
Conversational	RPC	Msg & Queuing	OM	Directory	Security	
			Time	Transaction	
Common Transport Semantics	
SNA/APPN	TCP/IP	OSI	NETBIOS/IPX	
LAN	WAN	Channel	...	
Physical Network	

Abb. 4.3. IBMs Open Blueprint

Beispiel 4.3.5 (IBMs Open Blueprint)

Die aktuelle Architektur der IBM und damit die Generation nach *SAA* wird unter dem Namen *Open Blueprint* vermarktet. Eine Übersicht gibt Abb. 4.3. Diese Architektur definiert einen Rahmen, in dem Produkte entwickelt werden, die Firmenstandards oder auch internationalen Standards genügen. So wird eine Komponente „Common Transport Semantics" für den Transport von Daten über Netze benutzt. Es ist die Verantwortung dieser Komponente, Protokolle wie *SNA/APPN* oder *TCP/IP* zu unterstützen. Nutzer verwenden die Services der „Common Transport Semantics" und benötigen keine Kenntnisse der einzelnen Protokolle. Weitere Informationen über IBM-Architekturen und deren aktuellen Stand findet man unter http://www.ibm.de/go/osc/blue/cover.html im Internet. ◄

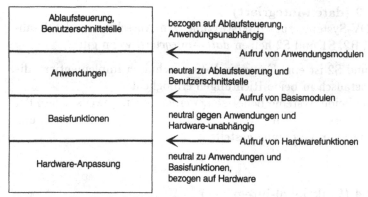

Abb. 4.4. Vertikale Schichtung

4.4 Konstruktive Architekturmaßnahmen

Die im letzten Abschnitt als Beispiele präsentierten Architekturen sind Beispiele für Schichtenarchitekturen.

Definition 4.4.1 (Vertikale Schichtung)
Unter *vertikaler Schichtung* versteht man eine Zerlegung der Funktionalität eines Systems in übereinander liegende Komponenten, bei denen die jeweils „höhere" Schicht Funktionen der unteren Schicht nutzt. Eine vertikal geschichtete Zerlegung (oder Architektur) heißt *offen*, wenn eine Schicht die Dienste aller unter ihr liegenden nutzt, sie heißt *geschlossen*, wenn jede Schicht nur die Dienste der direkt darunter liegenden nutzt. ◀

Definition 4.4.2 (Horizontale Schichtung)
Unter *horizontaler Schichtung* versteht man eine Zerlegung der Funktionalität eines Systems in Komponenten, die unabhängige Aufgaben innerhalb einer Schicht der vertikalen Schichtung wahrnehmen. ◀

Vertikale Schichtung verwendet man oft bei der Zerlegung (von unten nach oben) von Hardware-bezogenen über betriebssystemspezifische bis zur Steuerung und Präsentation für den Nutzer. Ein Beispiel für horizontale Schichtung ist die Zerlegung eines Patientenverwaltungssystems (u. a.) in je eine Komponente zum Anzeigen, Ändern, Löschen und Aufnehmen von Patientendaten. Schematisch ist dies in den Abb. 4.4 und 4.1 dargestellt. Jede vertikale Schicht kann als eine virtuelle Maschine angesehen werden, „auf" der die jeweils direkt darüberliegende Schicht „läuft". Die Verwendung von Schichtenarchitekturen wirkt auf die meisten Qualitätsmerkmale positiv. Nur die Performance kann hierdurch beeinträchtigt werden. Insbesondere für die Portierbarkeit einer Anwendung ist eine vertikale Schichtung förderlich. Eine sorfältig entworfene Architektur ist eine wichtige Voraussetzung, um integrierte Anwendungen erstellen zu können.

Definition 4.4.3 (daten-integriert)
Seien S1, S2 EDV-Systeme zur Unterstützung von Ausschnitten der Realitätsbereiche R1, R2. S1 und S2 heißen *daten-integriert*, wenn gilt:

- Zwischen S1 und S2 ist eine Kommunikation technisch implementiert, die einen Datenaustausch in beide Richtungen ermöglicht.
- Alle Daten, die beide Systeme benötigen, werden nur in jeweils einem der Systeme gespeichert und dem jeweils anderen System über die Kommunikation bei Bedarf zur Verfügung gestellt.

[Raa93] ◄

Definition 4.4.4 (funktional-integriert)
Zwei EDV Systeme S1 und S2 heißen *funktional-integriert*, wenn gilt:

- S1 und S2 sind *daten-integriert*.
- S1 und S2 sind in eine Softwarearchitektur eingebunden.
- Es gibt keine Coderedundanz im Gesamtsystem S1, S2.
- Beide Systeme haben einheitliche Benutzerschnittstellen.
- Zentrale Systemfunktionen stehen beiden Systemen einheitlich zur Verfügung.
- S1 und S2 übergreifende Verfahren werden als integrierte Teilverfahren implementiert.

[Raa93] ◄

Beispiel 4.4.5 (funktional-integriert)
Ein frühes Beispiel für weitgehende funktionale Integration und deren mögliche ökonomische Bedeutung gibt [Sap90]. Nach der als Folge eines Kartellverfahrens erfolgten Zerlegung von AT&T in mehrere Gesellschaften verblieb das Geschäft mit Ferngesprächen bei AT&T. Die Firma erhielt aber das Recht, in anderen Geschäftsfeldern aktiv zu werden. Eines der neuen Geschäftsfelder wurden Finanzdienstleistungen, u. a. wurde eine Kreditkarte herausgebracht. Kreditkarten-Gesellschaften verdienen üblicherweise auf (mindestens) drei Arten: An den Jahresgebühren für die Karte, an den Zinsen für nicht sofort ausgeglichene Zahlungen und an den prozentualen Abschlägen, die sie von den Unternehmen kassieren, die Karten akzeptieren. AT&T brachte nun eine Kreditkarte, AT&T Universal, auf den Markt, für die keine Jahresgebühr verlangt wurde. AT&T war eines der ersten Unternehmen, die Rechner einführten und verfügte über eine sehr lange Zahlungshistorie aller US-Telefonkunden, die Ferngespräche führten (auch aus der Zeit vor dem Kartellverfahren). Diese Zahlungshistorie wurde bei Anträgen auf eine Karte für die Entscheidung herangezogen, ob dieser Antrag akzeptiert werden sollte (Datenintegration). So wurde das Kreditrisiko gemindert. In einer weiteren Ausbaustufe wurde das System weiterentwickelt. Der größte Teil aller Kommunikation mit (potenziellen) Kunden erfolgte telefonisch. Ging ein Anruf wegen eines Kreditkarten-Antrages ein, so wurde die Nummer, von der

aus angerufen wurde, benutzt, um dem Sachbearbeiter am Telefon direkt die Zahlungshistorie auf den Bildschirm zu bringen, so dass diese bereits bei den ersten Worten mit dem Kunden verfügbar war (funktionale Integration). ◄

In Projekten ist die Anwendungsklasse oft sehr frühzeitig bekannt, so dass man dazu passende bekannte Architekturen finden kann. Diese können dann als globaler Bauplan für die Strukturierung verwandt werden. Für die Komponenten werden Schnittstellen definiert und je Komponente eine Methode für die Realisierung gewählt oder die Auswahl für eine Kaufentscheidung durchgeführt. Von einem systematischen Gesichtpunkt aus kann man über die Systemarchitektur erst entscheiden, wenn die Aufgabenstellung hinreichend genau analysiert worden ist. Aus diesem Grund folgt im Teil III das System-Design auf die Analyse. An dieser Stelle (Kap. 13) werden dann auch Kriterien für die Auswahl von Architekturen vorgestellt.

4.5 Modularisierung

Dieser Abschnitt enthält eine Charakterisierung des Modulbegriffes und der Ziele der Modularisierung, die hinreichend abstrakt ist, um alle Anwendungsfälle im allgemeinen Software-Engineering zu erfassen. Um die Einsatzbreite dieser Prinzipien zu verdeutlichen, werden sie an vielen Beispielen erläutert, von denen zumindest einige dem Leser aus eigener Erfahrung verständlich sein werden. Andere Beispiele benutzen Begriffe, die erst später eingeführt werden.

4.5.1 Charakterisierung des Modulbegriffs

Darüber, was ein Modul ist, scheint im deutschen Software-Engineering besonders schwierig Einigkeit zu erzielen zu sein. Es fängt damit an, dass die deutsche Sprache im Unterschied zum Englischen einen Genus kennt: Heißt es „das" Modul mit dem Plural Module oder „der" Modul mit dem Plural Moduln? Ich verwende hier die Konvention des Duden [Dud96b] und schreibe „das" Modul und die Module für Module in der Informatik. Dieser Modulbegriff stammt ursprünglich aus Programmiersprachen, lässt sich aber verallgemeinern. Dies ist kein esoterisches Vorgehen, sondern erspart dem Leser (und dem Schreiber) viel Arbeit: Es gibt viele Gesichtspunkte, die in Analyse, Design und Programmierung gleichermaßen berücksichtigt werden sollten. Es lohnt sich, diese einmal zu formulieren und nicht immer wieder übersetzen zu müssen.

Definition 4.5.1 (Modul)
Ein *Modul* ist eine logische oder physische Einheit mit klar umgrenzter Aufgabe in einem Gesamtzusammenhang, die folgende Bestandteile hat:

1. Exportschnittstelle: Ressourcen, die andere Module benutzen können.

2. Modulrumpf: Die Realisierung der Aufgabe des Moduls.
3. Importschnittstelle: Vom betrachteten Modul benutzte andere Module.

Der Rumpf wird in der Regel gekapselt sein, so dass die Interna vor der Umwelt verborgen sind. Dies wird in dieser Definition aber nicht gefordert, damit auch abstrakte Datentypen, die in vielen Programmiersprachen ihre interne Struktur offenbaren, unter diese Definition fallen. ◄

Aus dieser Definition ergeben sich weitere Eigenschaften von Modulen:

1. Ein Modul repräsentiert eine Entwurfsentscheidung: Es ist nicht ohne weiteres klar, wie Module zu bilden sind. Der Entwickler hat hier viele Freiheiten bei der Entscheidung. Die im Folgenden angegebenen Kriterien (vgl. Abschnitte 4.6 - 4.8) erleichtern in Zweifelsfällen eine sinnvolle Entscheidung.
2. Ein Modul kann als Baustein eingesetzt werden, der eine gewisse Komplexität kapselt. Da ein Modul nur über seine Exportschnittstelle benutzt werden kann, kann es immer dann herangezogen werden, wenn seine Funktionalität benötigt wird und der Aufwand seiner Nutzung gerechtfertigt werden kann.
3. Ein Modul soll keine Nebeneffekte zulassen. Diese Forderung erscheint aus der Definition als eine selbstverständliche Eigenschaft. Dies ist leider nicht der Fall. Wir werden in Beispiel 4.6.18 sehen, dass diese Forderung (leicht) verletzt werden kann.
4. Wird die vorstehende Forderung von zwei Modulen erfüllt, die die gleiche Exportschnittstelle haben, so können diese gegeneinander ausgetauscht werden, ohne dass dies einen Einfluss auf die Semantik des Programmsystems hat.
5. Für die Nutzung eines Moduls ist ausschließlich die Kenntnis der Exportschnittstelle erforderlich und es wird auch nur diese benutzt.
6. Die Implementierung eines Moduls nutzt nur die in der Importschnittstelle angegebenen Ressourcen.
7. Korrektheit des Moduls ist ohne Kenntnis seiner Verwendung in einem Programmsystem nachweisbar. Dabei wird die Realisierung gegen die Spezifikation unter ausschließlicher Verwendung der Import- und Exportschnittstelle geprüft (*Blackbox Test*).
8. „Korrektheit" der Entwurfsspezifikation eines Programmsystems ist ohne Kenntnis der Implementierung der einzelnen Module nachweisbar. Ein formaler Beweis ist allerdings meist nicht möglich, da weder die Anforderungsdefinition noch die Entwurfsspezifikation formal festgelegt sind.
9. Ein Modul ist unabhängig von anderen entwickelbar. Modularisierung ist also auch ein Hilfsmittel bei der Strukturierung von Projekten.
10. In der Implementierung sind Module oft unabhängig und getrennt übersetzbar.

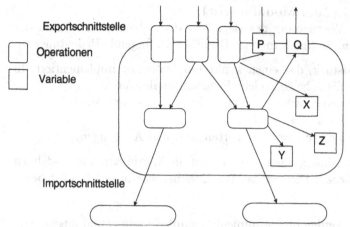

Exportschnittstelle

☐ Operationen

☐ Variable

Importschnittstelle

Abb. 4.5. Schnittstellen und Komponenten eines Moduls

11. Module sind die wesentlichen Einheiten der Wiederverwendbarkeit. Viele
    Module können in anderen Zusammenhängen eingesetzt werden als in
    dem, für welche sie entwickelt wurden.

Beispiel 4.5.2 (Module)
Module in dem hier definierten Sinn sind z. B.:

- Programme und Unterprogramme,
- Funktionen und Prozeduren (COBOL, Pascal),
- Programmdateien, wie Header- und Implementierungsdateien in C oder
  C++,
- Prozesse in der strukturierten Analyse,
- Klassen,
- Operationen,
- Methoden (als Implementierung von Operationen),
- Pakete (in dem in Def. 5.5.5 einzuführenden Sinne oder in dem von *Ada*),
- Module im Sinne des strukturierten Designs,
- Module im Sinne von *OMT*,
- Module im Sinne von Hardware-Bausteinen,
- Teilsysteme (vgl. auch Pakete),
- Komponenten im Sinne von Def. 9.3.1 (die Umkehrung gilt nicht, eine
  Klasse ist in aller Regel keine Komponente),
- ActiveX Controls,
- *EJB*s und JavaBeans im Allgemeinen.

Konkrete Beispiele werden implizit und explizit in fast allen Kapiteln erscheinen. ◀

Eine graphische Darstellung der Komponenten eines Moduls gibt Abb. 4.5.

Bemerkung 4.5.3 (Zum Modulbegriff)
Die hier gewählte Verwendung des Begriffes *Modul* basiert auf der in der Informatik üblichen: So findet man in [Dud93] z. B. folgende Bedeutungen:

1. Ein Programmstück, das einen konkreten Datentyp implementiert. In *SIMULA* oder *C++* heißen solche Programmteile *Klasse*.
2. Bausteine, aus denen sich ein Software-System zusammensetzt.
3. Realisierung eines abstrakten Datentyps.
4. Hardware-Baustein mit wohldefinierten Ein- und Ausgängen.

Es erscheint daher zulässig, diesen Begriff auf die Spezifikation auszudehnen und zu vereinheitlichen. Dies ist das Wesentliche, was mit Def. 4.5.1 beabsichtigt ist. ◄

Konkrete Beispiele werden im Zusammenhang mit Kopplung und Zusammenhalt behandelt (und in allen folgenden Kapiteln). Bereits in der Definition steht, dass Module andere benutzen können. Dabei können auch Informationen übergeben werden. Der Mechanismus dafür wird an dieser Stelle nicht spezifiziert, es sollen aber einige Beispiele gegeben werden:

Beispiel 4.5.4 (Informationsaustausch zwischen Modulen)
Module können auf unterschiedliche Weise Informationen austauschen:

1. In Programmiersprachen, die Module wie Unterprogramme, Prozeduren oder Funktionen kennen, erfolgt die Kommunikation über (Aufruf-) Parameter (die u.U. modifiziert werden können und dadurch auch Informationen zurückgeben) und Rückgabewerte. Je nach Programmiersprache ist dabei noch zwischen *Wert-Semantik* und *Referenz-Semantik* zu unterschieden.
2. Prozesse in der strukturierten Analyse kommunizieren über Datenflüsse.
3. Objekte in objektorientierten Systemen kommunizieren über Nachrichten.
4. Programmdateien, wie .h und .cpp Dateien in C++ tauschen keine Informationen wie Programme und Unterprogramme. Informationen werden aber übergeben, wenn Konstanten verwendet werden. Die wichtigsten hier übergebenen Informationen haben aber den Charakter von Metainformationen: Klassen-, Variablen oder Funktions-Definitionen bzw. Deklarationen.

Die wichtigsten Formen des Informationsaustauschs zwischen Modulen sind synchrone oder asynchrone Programmaufrufe bzw. Nachrichten. ◄

4.5.2 Modularität und Methoden

Ziel der Modularisierung ist bessere Erweiterbarkeit und Wiederverwendbarkeit, nicht die Modularität als solche. In diesem Abschnitt werden einige allgemeine Prinzipien vorgestellt und in den folgenden Abschnitten einige speziellere, sowohl systematische als auch heuristische. Zunächst einige Kriterien zur Bewertung von Entwurfsmethoden in Bezug auf Modularität (s. auch [Mey88b]).

Definition 4.5.5 (Modulare Zerlegbarkeit)
Eine Methode genügt dem Kriterium der *modularen Zerlegbarkeit*, wenn sie die Zerlegung des Problems in Teilprobleme unterstützt. ◄

Bemerkung 4.5.6
Modulare Zerlegbarkeit bedeutet, dass die Methode in dieser Hinsicht den Eigenschaften der komplexen Systeme entspricht, die mit ihrer Hilfe modelliert werden sollen. ◄

Beispiel 4.5.7 (SA und UML)
1. In der strukturierten Analyse werden verschiedene Zerlegungsstrategien unterstützt. Insbesondere ist hier die *essentielle Zerlegung* zu erwähnen. Essentielle Prozesse werden weiter funktional zerlegt. Die Darstellung erfolgt in einer Hierarchie von *Datenflussdiagrammen*. Insofern genügt die strukturierte Analyse dem Prinzip der modularen Zerlegbarkeit.
2. Die hier dargestellte Methode der objektorientierten System-Entwicklung unter Verwendung der UML unterstützt das Prinzip der modularen Zerlegbarkeit durch folgende Komponenten:
   - Eine objektorientierte Zerlegungsstrategie.
   - Einen universellen Gruppierungsmechanismus in der Notation (Paket).
   - Verschiedene Sichten auf ein Modell, z. B. *Klassendiagramme* zur Darstellung statischer Strukturen und *Zustandsdiagramme* zur Darstellung des Verhaltens.

◄

Definition 4.5.8 (Modulare Kombinierbarkeit)
Eine Methode genügt dem Kriterium der *modularen Kombinierbarkeit*, wenn sie die Herstellung von Software-Elementen, die frei miteinander zur Herstellung neuer Systeme kombiniert werden können, unterstützt. ◄

Beispiel 4.5.9 (SA und UML)
Dieses Kriterium wird nicht von allen bekannten Methoden unterstützt.

1. Die strukturierte Analyse unterstützt das Prinzip der modularen Kombinierbarkeit nur eingeschränkt: Es gibt keinen Ansatz zur Wiederverwendung von Prozessen in anderen Kontexten.
2. Die Modell-Objekte in objektorientierten Methoden sind im Rahmen ihrer Spezifikation beliebig kombinierbar.

◄

Definition 4.5.10 (modulare Verständlichkeit)
Eine Methode genügt dem Kriterium der *modularen Verständlichkeit*, wenn sie die Herstellung von Modulen, die für den menschlichen Leser verständlich sind, unterstützt. ◀

Beispiel 4.5.11
Die Verständlichkeit von Methodenergebnissen wird maßgeblich durch die Notation bestimmt. Bei Entity-Relationship-Modellen, Modellen der strukturierten Analyse oder der UML ist davon auszugehen, dass dies erfüllt ist. Für Beteiligte aus dem Anwendungsbereich dienen Szenarios zur verständlichen Darstellung der Anforderungen an ein System. ◀

Definition 4.5.12 (Modulare Beständigkeit/Stetigkeit)
Eine Methode genügt dem Kriterium der *modularen Stetigkeit*, wenn eine kleine Änderung in der Spezifikation des Problems sich als Änderung in nur einem Modul oder höchstens wenigen Modulen auswirkt, die mit Hilfe der Spezifikationsmethode gefunden werden können. ◀

Bemerkung 4.5.13 (Modulare Beständigkeit)
Wird die Zerlegung eines Problems in Teilprobleme nicht unterstützt, so ist auch das Kriterium der modularen Beständigkeit nicht erfüllt. Eine Änderung in der Problemspezifikation ist dann in der Regel nicht lokal begrenzbar und führt zu Änderungen in vielen Modulen des Analyse- oder Designmodells. ◀

Definition 4.5.14 (modulare Geschütztheit)
Eine Methode genügt dem Kriterium der *modularen Geschütztheit*, wenn sie zu Architekturen führt, in denen die Auswirkungen einer zur Laufzeit in einem Modul auftretenden Ausnahmesituation auf dieses Modul beschränkt bleiben oder sich höchstens auf wenige benachbarte Module auswirken. ◀

Beispiel 4.5.15
Sowohl Prozesse in der strukturierten Analyse als auch Klassen oder Pakete der UML sind Konstrukte, die die Prinzipien der modularen Beständigkeit und Geschütztheit unterstützen, wenn die Prinzipien der minimalen Kopplung und des maximalen Zusammenhalts eingehalten wurden. Die gezielt einzusetzende Sichtbarkeit von Elementen von Klassen unterstützt dies ebenfalls. ◀

4.5.3 Allgemeine Modularisierungs-Prinzipien

Der hier präsentierte Modulbegriff ist sehr allgemein. Bei der Anwendung auf konkrete Fälle ist es daher wichtig, darauf zu achten, den jeweiligen Kontext zu berücksichtigen. In den hier betrachteten Bereichen geht es dabei um Analyse, Design und Implementierung. Für die Darstellung der Modelle wird die einheitliche Notation („Sprache") UML benutzt. Hat man es mit anderen Darstellungsformen oder Zusammenhängen zu tun, so ist es wichtig, das folgende Prinzip zu beachten:

Definition 4.5.16 (Sprachliche Moduleinheiten)
Module müssen zu syntaktischen Einheiten der benutzten „Sprache" passen.
◄

Beispiel 4.5.17 (Sprachliche Moduleinheiten: C++)
Aktuelle C++ Compiler unterstützen *RTTI* (Run-Time Type Information).
Eine Klasse „Shape" (auch das ist ein Modul im hier definierten Sinn) könnte
eine Methode (= Operation) `rotate` mit folgender Implementierung haben
(vgl. [Str94a]):

```
void Shape::rotate(const Shape& r)
{
    if(typeid(r) == typeid(Circle){}//tunix
    if(typeid(r) == typeid(Triangle)
    {
        //rotate triangle
    }
    ...
}
```

Stroustrup berichtet, dieser Stil sei als „Kombination der syntaktischen Eleganz von C mit der Laufzeit-Effizienz von Smalltalk" charakterisiert worden.
Dem ist nichts hinzuzufügen. Betrachtet man nur die Exportschnittstelle des
Moduls, so fällt einem nicht auf Anhieb etwas Kritisches auf. Der nähere
Blick zeigt aber Kopplungseigenschaften, die sich in Abschn. 4.6 als ungün-
stig erweisen werden. Hier liegt *Hybridkopplung* vor, wo man *Datenkopplung*
erwarten würde: Der Parameter Shape liefert sowohl die Information, welches Objekt gedreht werden soll, als auch eine Information für den Ablauf
des Moduls. ◄

Beispiel 4.5.18
In einem Datenflussdiagramm (DFD) (vgl. [Raa93]) kann man zwischen
Prozessen keine Generalisierungs-Spezialisierungs-Hierarchie darstellen. Man
wird deshalb häufig zum Mechanismus der *Delegation* (vgl. Def. 14.6.4) greifen. Das heißt, man wählt dann eine andere Syntax als die Problemstellung
nahelegen würde. Das Prinzip der sprachlichen Moduleinheiten unterstützt
dieses. Das ist auch vernünftig. Denn wenn die Darstellung mit SA-Mitteln
angemessen ist, so wird es sich entweder um einen batchartigen Vorgang handeln oder die Implementierung mit einer klassischen imperativen Programmiersprache wie COBOL ist vorgegeben. Es würde wenig Sinn machen, hier
ohne triftigen Grund „Vererbung" nachzubilden. ◄

Definition 4.5.19 (Geheimnisprinzip)
Das *Geheimnisprinzip* (information hiding) besagt, dass alle Informationen
über ein Modul intern sind, es sei denn, sie sind ausdrücklich als öffentlich
erklärt. ◄

Definition 4.5.20 (Offen-Geschlossen-Prinzip)
Jedes Modul verkörpert eine Entwurfsentscheidung, also eine in sich abgeschlossene Aufgabe. Ein Modul heißt offen, wenn es für Erweiterungen zur Verfügung steht. Modul heißt geschlossen, wenn es von anderen ohne Kenntnis seiner internen Konstruktion benutzt werden kann. ◄

Ein Ziel des Modul-Designs ist es, Module zu erzeugen, die sowohl offen als auch geschlossen sind.

Bemerkung 4.5.21
Die Bezeichnung „geschlossen" in „Offen-Geschlossen-Prinzip" kommt daher, dass ein Modul benutzt werden kann, ohne seine innere Konstruktion zu kennen, d.h ohne es zu „öffnen". Die Bezeichnung „offen", daher, dass es dem Benutzer offen steht, das Modul durch Spezialisierung zu verändern. ◄

Definition 4.5.22 (Schmale Schnittstelle)
Wenn ein Modul ein anderes benutzt, so sollten dabei so wenig Informationen wie möglich ausgetauscht werden. ◄

Bemerkung 4.5.23
Nach Def. 4.5.1 ist ein Modul eine logische Einheit, die eine spezifizierte Aufgabe hat. Je enger und präziser diese Aufgabe abgegrenzt ist, um so kleiner wird das Modul in der Regel sein. In den Abschnitten über Kopplung und Zusammenhalt werden konkretere Kriterien für dieses Prinzip dargestellt. Es besagt in keiner Weise, dass ein Modul nicht oft benutzt werden sollte, dies wird vielmehr angestrebt (s. Fan-In/Fan-Out in Abschn. 4.8). ◄

Aus dem Vorangehenden geht klar hervor, dass es sinnvoll ist zu modularisieren. Hier nochmals die wichtigsten Gründe in Kürze:

1. Modularisierung erhöht die Übersichtlichkeit.
2. Durch Kapselung werden Fernwirkungen von Fehlern begrenzt oder ganz vermieden.
3. Die Wiederverwendbarkeit wird erhöht.
4. Ein komplexes System muss in Module zerlegt werden. Sonst ist es weder in der Entwicklung noch in der Wartung beherrschbar.
5. Innerhalb eines Systems werden Redundanzen vermieden. Redundanz führt automatisch zu Wartungsproblemen.

4.6 Kopplung

In diesem und dem nächsten Abschnitt werden einige nachprüfbare Kriterien für gutes Modul-Design beschrieben.

Definition 4.6.1 (Kopplung)
Kopplung ist der Grad der Abhängigkeit zwischen Modulen. ◄

Im Zusammenhang mit Kopplung ist das Ziel stets, diese zu minimieren. Die Gründe hierfür sind:

1. Vermeidung von Fernwirkungen und unerwünschten Seiteneffekten.
2. Verbesserung der Wartbarkeit.
3. Details der Implementierung verstecken (information hiding).
4. Möglichst einfache und verständliche Systemstruktur (Lokalität).

Dieses Ziel entspricht den vorstehend genannten Kriterien. Insbesondere bedeutet geringe Kopplung, dass ein Modul immer nur die Informationen erhält, die es für seine Aufgabenerledigung benötigt. Man unterscheidet normale Kopplung (in der Anwendung meist unproblematisch) und gefährliche Kopplung. Normale Kopplung geht davon aus, dass nach Beendigung des gerufenen Moduls die Kontrolle an den Aufrufer zurückgegeben wird und die gesamte Kommunikation durch explizite lokale Parameter erfolgt.

Definition 4.6.2 (normale Kopplung)
Zwei Module A und B heißen *normal gekoppelt*, wenn die Kommunikation von A zu B durch die Übergabe von lokalen Parametern erfolgt und B nach Beendigung die Kontrolle an A zurückgibt. ◄

Bemerkung 4.6.3
Der Begriff der normalen Kopplung spezialisiert zum einen den oben eingeführten allgemeinen Kommunikationsbegriff zwischen Modulen auf die klassische Situation von sich gegenseitig aufrufenden Programmen bzw. Programmteilen. Er ist zum anderen aber genauso auf alle anderen Fälle anwendbar, in denen Informationen übergeben werden. Die Rückgabe der Kontrolle an das aufrufende Modul kann dann aber auch unmittelbar erfolgen, zum Beispiel beim Aufruf asynchroner Tasks. Diese Problematik wird hier nicht weiter verfolgt. Die dargestellten Prinzipien sind aber auch auf diese Situation anwendbar. Für die Einzelheiten sei auf die Literatur, z. B. [Lap93a] oder [HH94] verwiesen. ◄

Hier einige Beispiele normaler Kopplung, um den Begriff mit Leben zu füllen.

Beispiel 4.6.4 (Unterprogrammaufruf)
Eine Programm soll u.a. aus dem Nettopreis eines Artikels die Mehrwertsteuer berechnen. Es ist häufig sinnvoll, dies in folgender Weise zu realisieren: Es wird ein Unterprogramm aufgerufen:

```
BerechneMwSt(Artikelnr)
```

Dieses Unterprogramm wird den MwSt. Betrag zurückliefern. Wie dies geschieht (ermitteln des MwSt.-Satzes, anschließend berechnen), ist im Unterprogramm gekapselt. ◄

Beispiel 4.6.5 (Operationsaufruf)
Im Rahmen des Composite pattern (s. Abschn. 12.9.1) hat man oft folgende
Situation: Elementare, nicht zusammengesetzte Klassen (Blattklassen) implementieren eine Operation op. Composites nutzen die Defaultimplementierung
von op:

Für alle x, aus denen c besteht, führe x.op aus.

◀

Beispiel 4.6.6 (C++ Klassen)
Bei C++ Klassen haben wir es mit Kopplung unter verschiedenen Gesichtspunkten zu tun. Als Beispiel betrachten wir eine Klasse Auftrag und einige
damit zusammenhängende Klassen. Wie es sich gehört, sind deren Interface
und Implementierung auf .h bzw. .cpp Dateien verteilt, von denen hier aber
jeweils nur das Interface betrachtet wird:

```
// auftrag.h Deklarationen der Klasse Kunde
#include "kunde.h"
class Auftrag
{
public:
    Auftrag(const Kunde&);
private:
    Date  _erteilungsdatum;
    Date  _liefertermin;
    Kunde _kunde;
}
// kunde.h Deklarationen der Klasse Kunde
#include <string.h>
#include "adresse.h"
class Kunde
{
public:
    Kunde(const string&, const Adresse&)
private:
    string _name;
    Adresse _adresse
}
```

Zwischen diesen Klassen besteht zunächst einmal eine Kopplung zwischen
den Dateien. Unter diesem Gesichtspunkt besteht die Import-Schnittstelle
von auftrag.h aus kunde.h und die von kunde.h aus string.h und adresse.h.
Parameter werden dabei nicht übergeben und nach dem include Statement
geht die Kontrolle wieder an die jeweilige Datei zurück, es handelt sich um
normale Kopplung. Diese kann so auch nicht durch forward Deklarationen

reduziert werden (warum nicht?). Ändert sich etwas am Interface oder der Implementierung dieser importierten Klassen, so muss Auftrag bzw. Kunde neu umgewandelt werden. Dass eine Änderung des Interfaces eine Umwandlung erfordert, ist einsichtig und nicht zu umgehen. Dass aber auch eine Änderung der Implementierung einer importierten Klasse (hier Adresse) die importierende beeinflusst, kann kaum im Sinne des Klassen-Designers gewesen sein. Die erste Idee, die man haben könnte, besteht darin, nicht mehr die Objekte im privaten Teil der Klasse zu haben, sondern Pointer. Dies mag aber nicht im Sinne des Gesamtdesigns sein. Andere Möglichkeiten sind die Verwendung von Konstruktionen, die als handle/body Idiom, Envelope/Letter pattern oder ähnlich in der Literatur beschrieben sind oder von sogenannten Protokollklassen. In der einen Variante enthält Auftrag nur noch einen pointer auf ein Objekt der Klasse AuftragsImplementierung, die dann nur noch im Headerfile deklariert werden muss. In der anderen Variante wird eine abstrakte Klasse Auftrag definiert und von dieser eine Klasse KonkreterAuftrag abgeleitet, die einen pointer auf die Implementierung AuftragsImplementierung enthält. Vgl. hierzu z. B. [Mey92], [Cop93] sowie das Kap. 13 über Design. ◄

Beispiel 4.6.7 (Normale Kopplung in DFDen)
Prozesse in DFDen, die durch Datenflüsse verbunden sind, sind in der Regel normal gekoppelt. Hier ist aber zu beachten, dass eine Rückgabe der Kontrolle nicht erfolgt, wenn die Auslösung eines verbundenen Prozesses die letzte Aktivität eines Prozesses ist. Dies ist insbesondere der Fall, wenn ein Prozess zu sequenziell nacheinander ablaufenden Prozessen verfeinert wird. ◄

Definition 4.6.8 (Datenkopplung)
Zwei normal gekoppelte Module heißen *datengekoppelt*, wenn alle Übergabeparameter nur Objekte von einfachen Datentypen bzw. Klassen sind. ◄

Definition 4.6.9 (Datenstrukturkopplung)
Datenstrukturkopplung von Modulen liegt vor, wenn beim Aufruf ein Modul dem anderen eine zusammengesetzte Datenstruktur (ein Objekt von zusammengesetztem Typ) übergibt. ◄

Beispiel 4.6.10 (Daten- und Datenstrukturkopplung)
Wir betrachten eine public member function f einer C++ Klasse X. A, B, C seien weitere Klassen. Ist die Deklaration von f von der Form

```
int f(const A, const B, C);
```

so besteht zwischen dem Modul X::f und seinen Nutzern Datenkopplung. Ist Set<T> eine Template-Klasse, die Sets von Objekten abbildet und g eine public member function einer Klasse X von der Form

```
int g(const Set<A>);
```

so liegt keine Datenkopplung, sondern Datenstrukturkopplung (siehe Def. 4.6.9) vor. ◄

Bemerkung 4.6.11 (Daten- und Datenstrukturkopplung)
Kopplungsarten wurden u. a. in [PC72] klassifiziert. Im Zusammenhang mit Objektorientierung scheinen die Begriffe „Datenkopplung" und „Datenstrukturkopplung" auf den ersten Blick zu verschwimmen. Dies hat keine wichtigen Konsequenzen, da beide Kopplungsarten zu den positiv bewerteten gehören. Ein Container wie das Set in Beispiel 4.6.10 ist ein Objekt einer Containerklasse. Die Übergabe eines Containers an ein Modul bedeutet aber in aller Regel, dass das empfangende Modul ein oder mehrere Operationen auf den Elementen des Containers ausführt. Die Ausführung dieser Operationen wird an die Art des Containers gekoppelt sein. Die Wiederverwendbarkeit ist daher eingeschränkt. Die Wiederverwendbarkeit wird mit großer Wahrscheinlichkeit erhöht, wenn ein Modul den Container traversiert (ein Iterator) und von dort aus Bearbeitungsoperationen initiiert werden. ◄

Mitunter gerät man in Versuchung, eine Datenstruktur nur deshalb zu bilden, weil sie die Übergabe von Parametern erleichtert („universelle Parameterschnittstelle", „Bündelung"). Wenn eine solche Datenstruktur außerhalb der Kommunikation keine Bedeutung hat, so ist dies gefährlich. Es sollen immer problemadäquate Datenstrukturen definiert werden, keine künstlichen, die nur durch die Implementierung (schlecht) motiviert sind. Insbesondere ist es natürlich kein Problem, ein Objekt (oder einen pointer oder Referenz auf ein Objekt) als Parameter zu übergeben (Siehe auch *Law of Demeter*). Dieser Gesichtspunkt wird in Kap. 14 genauer behandelt.

Definition 4.6.12 (Kontrollkopplung)
Kontrollkopplung liegt vor, wenn ein Modul einem anderen ein Kontrollelement (einen Schalter) als Parameter übergibt. Diese Kontrollelemente beeinflussen den Ablauf des anderen Moduls. ◄

Die Gefahr der Kontrollkopplung liegt nicht so sehr im Typ des Parameters. Sie strahlt aber auf die Zusammenhaltsstruktur des anderen Moduls aus. Es benötigt implizit Kenntnisse über das interne Verhalten des aufgerufenen Moduls. Besonders unerfreulich sind Kontrollparameter, die als Schalter dienen, dem aufgerufenen Modul mitzuteilen, wie es sich verhalten soll. Die andere Form der Kontrollkopplung, in der ein Modul einen Returncode zurückgibt, ist eher harmlos. Es ist oft der einzige Weg, wie das aufgerufene Modul einen Auftrag als unlösbar zurückgeben kann („Kunde zur Kundennummer nicht gefunden"). Kontrollkopplung gilt als gefährlich und ist nur in der Form des Returncodes akzeptabel.

Beispiel 4.6.13 (Kontrollkopplung)
Ein Beispiel für Kontrollkopplung liefert die folgende C++-Klasse, die für
eine Anwendung den Zugriff auf eine Kundentabelle in einer relationalen
Datenbank kapselt:

```
class Kunde
{
public:
// Konstruktor etc.
    int maintain(char activity, // Art der Aktivität
            ...                 //die Attribute von Kunde
            );
};
int Kunde::maintain(char activity, // Art der  Aktivität
            ...                     //die Attribute von Kunde
            )
{
    switch(activity)
    {
    case 'R': read(//die Attribute von Kunde);
            break;
    case 'U': update(//die Attribute von Kunde);
            break;
    case 'D': delete(//die Attribute von Kunde);
            break;
    case 'I': insert(//die Attribute von Kunde);
            break;
    }
}
```

Hier wird gleich noch gegen weitere Prinzipien verstoßen: Mindestens in dem
Fall des Löschens werden zu viele Parameter übergeben. Das switch statement hat keinen „sonstigen" Ausgang. ◄

Definition 4.6.14 (Hybridkopplung)
Hybridkopplung von Modulen liegt vor, wenn wenigstens einer der Übergabeparameter sowohl Daten- als auch Kontrollcharakter hat. ◄

Dies tritt manchmal auf, wenn ein Datenfeld je nach Ausprägung qualitativ
unterschiedliche Bedeutung hat. Ein Beispiel hierfür sind Nullwerte, wie z. B.
Alter = 0 bedeutet: Das Alter ist unbekannt. Ein solches Datenelement kann
man nicht einfach verarbeiten, sondern muss erst den Returncode (0) vom
Dateninhalt separieren. Abgesehen von dieser Schwäche ist Alter fast immer
ein *abgeleitetes Attribut*. Besser ist es, das Geburtsdatum, Fertigungsdatum
o. ä. zu speichern und das Alter bei Bedarf zu berechnen. Hybridkopplung
ist gefährlich und zu vermeiden. Ein erstes Beispiel für Hybridkopplung gab
bereits Beispiel 4.5.17.

Beispiel 4.6.15 (Hybridkopplung)
1. Ein elementares Beispiel für Hybridkopplung liefert der **new** Operator in C++. Sein Rückgabewert ist im Erfolgsfall die Adresse des neu angelegten Objekts, andernfalls 0.
2. Hybridkopplung beseitigt man durch Aufspalten der Parameter in Kontroll- und Datenwerte.
◄

Bemerkung 4.6.16 (Hybridkopplung und Exceptions)
Wie schon bemerkt, kommt Hybridkopplung häufig dadurch zustande, dass ein Modul keine andere Möglichkeit hat, einen Fehler zu melden. So gibt z. B. **new** eine Adresse und im Fehlerfalle 0 zurück. In vielen Fällen ist ein solches Verfahren aber nicht akzeptabel. Auch im Fall von **new** handelt es sich um einen Fall von Hybridkopplung. Dass 0 keine gültige Adresse ist, ist einsichtig. In jedem Fall muss bei jeder Nutzung des Moduls der Rückgabewert auf Gültigkeit geprüft werden, was das nutzende Modul unnötig aufbläht und unübersichtlich macht. Eine Lösung für dieses Problem in C++ sind Exceptions, die unter anderem eingeführt wurden, um dieses Problem zu lösen (vgl. [Str91],[Str94a]). ◄

Definition 4.6.17 (Globale Kopplung)
Module heißen *global gekoppelt*, wenn sie den gleichen externen, global definierten Speicherbereich benutzen. ◄

Diese Art der Kopplung findet man sehr häufig. Insbesondere in systemnahen Anwendungen und Programmiersprachen mit schwacher Typisierung wird dies gerne gemacht, ist aber nicht zu rechtfertigen. Die besonderen Gefahren, die mit globaler Kopplung verbunden sind, sind vor allem (z. B. [Raa93]):

- Ein Fehler oder eine Fahrlässigkeit in irgendeinem Modul, das globale Daten benutzt, kann sich in jedem anderen Modul auswirken, das diese Daten verwendet.
- Die Benutzung vieler globaler Variabler führt zu unverständlichen Modulen.
- Es ist schwierig, sicherzustellen, dass eine globale Variable nur ihrer Zweckbestimmmung entsprechend verwendet wird.
- Durch globale Variable werden Namen festgelegt und damit der globale Namensraum „verschmutzt".
- Systeme mit globalen Variablen sind wegen der mit einer Änderung globaler Strukturen verbundenen Fernwirkungen schlecht zu warten.

Beispiel 4.6.18 (Globale Kopplung)
1. In FORTRAN Programmen gibt es einen sogenannten COMMON Bereich. In diesem werden Variable definiert, die vom Hauptprogramm und allen seinen Unterroutinen benutzt und verändert werden können. Das Finden eines Fehlers ist hier sehr schwer, da kaum nachvollziehbar ist, welche Prozedur die Änderung vorgenommen hat.

2. In C++ können Konstanten deklariert werden. Dies sollte wenn immer möglich über das **const** geschehen und nicht über C-Präprozessor Direktiven, da nur so Typsicherheit gegeben ist. Diese Form der globalen Kopplung ist ebenfalls nicht erstrebenswert, aber nicht so gefährlich wie im vorstehenden FORTRAN Beispiel, da Konstanten nicht geändert werden können. Eine weitere Form der globalen Kopplung in C++ ist die Verwendung von Variablen, die mit **external** verfügbar gemacht werden. ◀

Definition 4.6.19 (Inhaltskopplung)
Inhaltskopplung besteht, wenn ein Modul das Innere eines anderen adressiert und sich damit auf die Art der Codierung direkt bezieht. ◀

Bemerkung 4.6.20
Diese Form der Kopplung ist kriminell und sollte wie das Verbreiten von Viren (die diese Form der Kopplung implementieren) behandelt werden. Auf die Angabe von (konstruierten) Beispielen sei daher verzichtet. In C++ gibt es aber die Möglichkeit, Inhaltskopplung ungewollt zu produzieren: Werden data member einer C++ Klasse **protected** deklariert, so haben alle abgeleiteten Klassen Zugriff auf diese. Eine abgeleitete Klasse kann damit die protected data member aller Objekte der Oberklasse ändern. ◀

Datenkopplung, Datenstrukturkopplung und *Kontrollkopplung* in der Ausprägung des Returncodes sind akzeptabel. *Bündelung, Kontrollkopplung* mit Kontrollparametern, *Hybridkopplung, globale Kopplung* und *Inhaltskopplung* sind nicht akzeptabel.

Bemerkung 4.6.21 (Kopplung und C++ Headerfiles)
Bei der Umsetzung eines Designs in C++ hat eine Minimierung der Kopplung zwischen Sourcecodedateien einen ganz pragmatischen Nebeneffekt: Je geringer die Kopplung zwischen den Dateien ist, die durch **#include** Präprozessor Direktiven verbunden sind, um so kürzer sind die Compile-Zeiten nach einer Änderung. ◀

4.7 Zusammenhalt

Definition 4.7.1 (Zusammenhalt)
Zusammenhalt (englisch: cohesion) ist der Grad der funktionalen Zusammengehörigkeit der Elemente (Anweisungen oder Gruppen von Anweisungen, Funktionen, Module) eines Moduls. ◀

In Bezug auf den Zusammenhalt ist es ein Design-Ziel, diesen zu maximieren. Jedes Modul soll eine definierte Aufgabe erfüllen, dies aber komplett. Dann ist es dem Modul auch möglich, Fertigprodukte weiterzugeben und mit anderen Modulen schwach gekoppelt zu kommunizieren. Das ist ganz analog zur

Fertigung technischer Produkte zu sehen: Bekommt man statt eines fertigen Produktes einen Bausatz, so wird man eine Bauanleitung erwarten und der Lieferant wird vielleicht mehr Personal zur telefonischen Beantwortung von Fragen einsetzen müssen.

Bemerkung 4.7.2 (Kopplung und Zusammenhalt)

Bei dem hier verwendeten Modulbegriff mag es auf den ersten Blick schwierig sein, die Ziele *schwache Kopplung* und *starken Zusammenhalt* zu verstehen: Fasst man Modellelemente zu Modulen zusammen, so wird man Gruppen von Elementen zusammenfassen, die mit Elementen anderer Gruppen keine oder geringe Kopplung aufweisen, um die Kopplung zwischen den so entstehenden Modulen gering zu halten. Anderseits werden die so zusammengefassten Module untereinander oft stärker gekoppelt sein; sie sind ja auch gemeinsam für eine (zusammengesetzte) Aufgabe verantwortlich. Dies ist kein Widerspruch. Die Definition des Zusammenhalts bezieht sich auf die Aufgabe, die ein Modul erfüllt und die der Kopplung auf die Art, wie diese Aufgabe gelöst wird. Allerdings gibt es einen Zielkonflikt zwischen Minimierung der Kopplung und Maximierung des Zusammenhalts, auf den am Ende dieses Abschnitts eingegangen wird. ◄

Man unterscheidet normalen und gefährlichen Zusammenhalt.

Definition 4.7.3 (normaler Zusammenhalt)

Ein Modul besitzt *normalen Zusammenhalt*, wenn es eine oder mehrere Funktionen umfasst, die inhaltlich eng zusammenarbeiten, und die mindestens auf einer gemeinsamen Datenstruktur operieren, die lokal definiert ist oder die explizit als Parameter übergeben wird. ◄

Andere Formen des *Zusammenhalt*s werden „gefährlich" genannt, weil sie zu schlechter Wartbarkeit und geringer Wiederbenutzbarkeit führen.

Beispiel 4.7.4 (Normaler Zusammenhalt)

Bei den in Beispiel 4.5.2 auf S. 77 genannten Beispieltypen von Modulen findet man typischerweise folgende Arten von Zusammenhalt:

- Programme, Unterprogramme, Funktionen oder Prozeduren können normalen Zusammenhalt haben.
- Klassen haben typischerweise normalen Zusammenhalt.
- Operationen haben typischerweise normalen Zusammenhalt.
- Pakete im Sinne von Def. 5.5.5 haben meist keinen normalen Zusammenhalt, da ihre Elemente nicht auf einer gemeinsamen Datenstruktur operieren. Die Operationen in Paketen arbeiten aber meist eng zusammen.

Bei den folgenden Überlegungen stehen die Grundprinzipien im Vordergrund, nicht die technische Realisierung zusammenhaltender Module. ◄

Definition 4.7.5 (Funktionaler Zusammenhalt)
Ein Modul besitzt *funktionalen Zusammenhalt*, wenn das Modul nur Elemente enthält, die zusammen eine einzige Funktion ausführen. ◄

Bemerkung 4.7.6 (Funktionaler Zusammenhalt)
Guter funktionaler Zusammenhalt schließt nicht das Aufrufen anderer Module aus: Funktionen können auf unterschiedlicher Abstraktionsstufe betrachtet werden. ◄

Beispiel 4.7.7 (Funktionaler Zusammenhalt)
Ein Modul „Auftragswert berechnen" könnte aus folgenden Bestandteilen bestehen (ein einheitlicher MwSt.-Satz unterstellt):

- Positionswerte aufsummieren,
- Rabattsatz ermitteln,
- Auftragssumme rabattieren,
- Mehrwertsteuer berechnen.

Die einzelnen Bestandteile werden typischerweise von anderen Modulen erledigt. ◄

Definition 4.7.8 (Sequentieller Zusammenhalt)
Ein *sequentiell zusammenhaltendes* Modul besteht aus einer Folge von Elementen, die nacheinander in fester Reihenfolge bearbeitet werden und bei denen die Ausgaben des einen Elements die Eingaben des nächsten sind. ◄

Sequentiell zusammenhaltende Module weisen häufig gute Kopplungseigenschaften auf. Allerdings ist ihre Wiederverwendbarkeit eingeschränkt.

Beispiel 4.7.9 (Sequentieller Zusammenhalt)
Sequentiellen Zusammenhalt findet man häufig in Batch-Programmen. Das Beispiel eines Compilers zeigt Abb. 13.1 auf S. 304. Auch beim Hoch- und Herunterfahren von Systemen findet man oft sequentiell zusammenhaltende Module. ◄

Bemerkung 4.7.10 (Sequentieller Zusammenhalt)
Sequentieller Zusammenhalt tritt häufig auf, wenn eine Aufgabe aus mehreren Schritten besteht, die alle zu ihrer Erledigung gehören, aber nicht von Bedingungen abhängen. In solchen Fällen ist es (fast) immer richtig zu faktorisieren, d.h. diese Schritte in einzelne Module auszulagern. Operationen mit sequentiellem Zusammenhalt haben ein einfaches *Aktivitätsdiagramm*, das die sequentiell nacheinander ablaufenden Aktivitäten zeigt. Dies macht ferner ein charakteristisches Merkmal des Zusammenhaltsbegriffs deutlich: Er bezieht sich auf die elementaren Bestandteile eines Moduls. In anderen Modulen gekapselte Elemente, die über die Exportschnittstelle dieser Module genutzt werden, zählen bei der Betrachtung des Zusammenhalts nicht mit. ◄

Definition 4.7.11 (Kommunizierender Zusammenhalt)
Ein *kommunizierend zusammenhaltendes* Modul führt verschiedene Aktivitäten aus, die alle dieselben Eingabe- oder Ausgabedaten benutzen. Ansonsten haben die Aktivitäten jedoch wenig miteinander zu tun. Insbesondere ist die Reihenfolge nicht durch inhaltliche Erfordernisse festgelegt. ◄

Dies ist eine noch vertretbare Art des Zusammenhalts. Durch Faktorisieren lässt sich der Zusammenhalt aber meist verbessern.

Beispiel 4.7.12 (Kommunizierender Zusammenhalt)
Die *4GL* CA-*IDEAL* kennt bei der Definition von Unterprogrammen Input- und Update-Parameter. Ein Input-Parameter kann vom Unterprogramm nicht verändert werden, Update Parameter werden mit den gegebenenfalls veränderten Werten an den Aufrufer zurückgegeben. In dem folgenden Programm GETKDINF ist KDNR ein ganzzahliger Input-Parameter, alle folgenden Parameter sind Update-Parameter, die beim Aufruf leer sind.

```
FOR EACH KUNDE
    WHERE KUNDE.ID = KDNR
*   Fülle Update-Parameter mit entsprechenden Kunden-Daten
    ...
ENDFOR
FOR EACH KONTO
    WHERE KONTO.KUNDE = KDNR
*   Fülle Update-Parameter mit entsprechenden Konten-Daten
    ...
ENDFOR
```

Dises Modul hat kommunizierenden Zusammenhalt. Es ist eine Zerlegung in zwei Module für den Zugriff auf Kunde bzw. Konto zu empfehlen, da diese sicher sinnvoll separat eingesetzt werden können. So wie dieses Modul jetzt gestaltet ist, werden oft unnötige Daten gelesen oder redundanter Code vorgehalten. ◄

Definition 4.7.13 (Prozeduraler Zusammenhalt)
Werden in einem Modul verschiedene, möglicherweise unabhängige Funktionen zusammengefasst, bei denen die Kontrolle von einer an die nächste übergeben wird, so liegt *prozeduraler Zusammenhalt* oder *problembezogener Zusammenhalt* vor. ◄

Bei dieser Art des Zusammenhalts gibt es kaum Beziehungen zwischen den Eingangs- und Ausgangsparametern des Moduls. Oft werden halbfertige Ergebnisse von einem Teil des Moduls zum nächsten weitergereicht.

Bemerkung 4.7.14 (Halbfabrikate)
Mit prozeduralem Zusammenhalt verhält es sich ähnlich, wie mit Halbfabrikaten oder Bausätzen. Wenn man die entsprechende Zeit hat, so wird man

vielleicht gerne am Kaufpreis etwas einsparen und ein Möbel oder einen PC als Bausatz kaufen. Man wird dann aber auch eine entsprechende Anleitung zum Zusammenbau erwarten. Der Hersteller hat es in solchen Fällen mit dem Produkt einfacher, muss aber ggf. für Bauanleitungen und verstärkte Unterstützung sorgen. ◄

Beispiel 4.7.15 (Prozeduraler Zusammenhalt)
In Dialog Anwendungen findet man manchmal folgende Form des prozeduralen Zusammenhalts: Über eine Reihe von Dialogen wird eine Reihe von Feldern abgefragt und kann vom Benutzer gefüllt werden. Erst mit dem letzten Dialog sind die Daten komplett. Oft wird dabei das erreichte Zwischenergebnis als Parameter weitergereicht. Dabei wird fast immer auch gegen andere wichtige Prinzipien, z. B. der *Ergonomie* verstoßen. ◄

Definition 4.7.16 (Zeitlicher Zusammenhalt)
Ein Modul führt verschiedene unabhängige Aktivitäten aus, deren einziger Zusammenhang darin besteht, dass sie zur gleichen Zeit oder zu einem bestimmten Zeitpunkt unmittelbar nacheinander in festgelegter Reihenfolge ausgeführt werden (z. B. Initialisierung, Terminierung). ◄

In der Frühzeit der strukturierten Programmierung wurden sogar Richtlinien ausgegeben, die dies bis zu den Namen regelten, z. B. (xx steht für eine Zahl 01, 02, . . .):

- Axx: Initialisierungsroutinen
- . . .
- Zxx: Terminierungsroutinen

Beispiel 4.7.17 (Zeitlicher Zusammenhalt)
Ein konkretes Beispiel hierfür liefert der Ausschnitt eines Konstruktors für eine Windows Anwendung (Realisiert mit Borland C++)

```
#include "myapp.h"
MyApp::MyApp() : TApplication()
{
    ...
    m_session    =    Session::Instance();
}
```

Beim Starten der Anwendung muss eine Reihe Session bezogener Daten angelegt werden. Diese sind in einem Singleton-Objekt (vgl. Kap. 13) gekapselt, das weitere Klassen zum Zugriff auf eine Datenbank etc. benutzt. Würde man alle Aufgaben, die hierbei anfallen, direkt im Konstruktor erledigen, so würde man sowohl den Zusammenhalt schwächen als auch unnötige Kopplungen einführen. Der obige Code würde dann etwa so aussehen:

```
#include "myapp.h"
#include <rdbms.h> //Schnittstelle zum DBMS
....

MyApp::MyApp() : TApplication()
{
    ...
    EXEC SQL
        CONNECT TO DIDB;
    user = new Benutzer();
}
```

Damit würden Kopplungen zu Modulen unterer Schichten erfolgen (DB, Betriebssystem). Die einzige Rechtfertigung diese Aufgaben gemeinsam zu behandeln, ist der gemeinsame Zeitpunkt, zu dem sie anfallen. Dieses Beispiel zeigt ferner, dass Verstärkung des Zusammenhalts und Verminderung der Kopplung oft gleichzeitig realisiert werden können. ◄

Module mit zeitlichem Zusammenhalt bestehen meist aus unabhängigen Funktionen oder Funktionsfragmenten. Diese stehen oft zu Aktivitäten anderer Module in engerer Beziehung als untereinander. Als Resultat ergibt sich meist eine starke Kopplung zum Aufrufer.

Definition 4.7.18 (Programmstruktureller Zusammenhalt)
Beim Aufruf des Moduls wird eine Funktion oder eine Menge von miteinander verflochtenen Funktionen gesteuert über einen Parameter ausgeführt. ◄

Beispiele für programmstrukturellen Zusammenhalt illustrieren oft (immer?) auch die Kontrollkopplung, sind also sozusagen doppelt schlecht.

Beispiel 4.7.19 (Programmstruktureller Zusammenhalt)
Ein typisches Beispiel sind Assemblermodule mit verschiedenen entry points. Dies sind Punkte im Programm, die beim Aufruf angegeben können. Zum Beispiel hat das Modul DBINFPR des Datenbanksystems CA-DATACOM (u.a. aus Gründen der Kompatibilität mit älteren Releases) die entry points DATACOM, DBNTRY und noch einige weitere, z. T. nicht für höhere Programmiersprachen wie COBOL oder C, sondern nur aus Assembler zugängliche. ◄

Definition 4.7.20 (Zufälliger Zusammenhalt)
Ein Modul besitzt *zufälligen Zusammenhalt*, wenn es aus mehreren nicht zusammengehörigen Codefragmenten besteht. ◄

Funktionaler, sequentieller und kommunizierender Zusammenhalt sind akzeptabel. Problembezogener, zeitlicher, programmstruktureller und zufälliger Zusammenhalt sind nicht akzeptabel.

Die hier angestellten Überlegungen zu Kopplung und Zusammenhalt hängen eng zusammen. Die Forderungen nach starkem Zusammenhalt und loser

Kopplung lassen sich leicht gemeinsam erfüllen: Module mit funktionalem, sequentiellem oder kommunikativem Zusammenhalt besitzen einfache Schnittstellen und können mit ihren Aufrufern datengekoppelt, datenstrukturgekoppelt oder kontrollgekoppelt (vorzugsweise Returncodes, die den Aufrufer über Eigenschaften von Daten informieren) kommunizieren. Entscheidende Eigenschaften sind:

- Jedes Modul sollte immer nur die Informationen erhalten, die es für seine Aufgabenerledigung auch tatsächlich benötigt.
- An Module sollten Informationen stets als explizite Parameter mit einfachen Datenstrukturen übergeben werden.
- Die inneren Details von Modulen sollten vor jedem Nutzer verborgen werden (Geheimnisprinzip).
- Jedes Modul soll eine präzise definierte Aufgabe erfüllen. Diese sollte vollständig erledigt werden. Weder sollten Zwischenprodukte erzeugt werden, noch von anderen Modulen erzeugte Zwischenprodukte verarbeitet werden müssen.

Die Eigenschaften der in den Abschn. 4.6 und 4.7 eingeführten Kopplungs- und Zusammenhaltsarten lassen sich wie in Abb. 4.6 und 4.7 folgt zusammenfassen. Dabei bedeuten die Bewertungen in den Abb. 4.6 und 4.7:

++   Ok
+   mittel
−   schwach
−−   schlecht

Kopplungsart	Bewertung	Maßnahmen
Datenkopplung	++	Anzahl Parameter überprüfen
Datenstrukturkopplung	+	Alle Felder benutzt?
Kontrollkopplung	−	Ggfs. Empfängermodul überprüfen
Hybridkopplung	−−	Faktorisieren
Globale Kopplung	−−	Faktorisieren
Inhaltskopplung	−−	Faktorisieren

Abb. 4.6. Eigenschaften der Kopplungsarten

Auch wenn die Verfolgung der Ziele „starker Zusammenhalt" und „lose Kopplung" sich gegenseitig unterstützt, so besteht doch ein Zielkonflikt zwischen maximalem Zusammenhalt und minimaler Kopplung. Schafft man ein (großes) Modul, so ist die Kopplung minimal (es gibt kein weiteres Modul, mit dem es gekoppelt sein könnte). Bildet man für jede atomare Operation ein Modul, so ist der Zusammenhalt maximal (atomare Operationen wie eine Zuweisung oder eine einzelne Berechnung lassen sich nicht weiter zerlegen). Schematisch ist dies in Abb. 4.8 illustriert. Beides ist offenbar unsinnig. Unabhängig von Eigenschaften des konkreten Problems kann bei der Vermei-

Zusammenhaltsart	Bewertung	Maßnahmen
funktional	++	ok
sequentiell	+	Ggfs. weiter Faktorisieren
kommunizierend	–	Ggfs. Faktorisieren
problembezogen	– –	Faktorisieren
zeitlich	– –	Faktorisieren
programmstruktureller	– –	Faktorisieren, meist
zufällig	– –	neue Analyse/Design erforderlich

Abb. 4.7. Eigenschaften der Zusammenhaltsarten

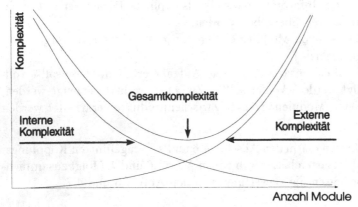

Abb. 4.8. Interne und externe Komplexität

dung von Extremen das Prinzip der sprachlichen Moduleinheiten aus Def. 4.5.16 helfen.

4.8 Weitere Kriterien

Hier werden Regeln und Empfehlungen aufgeführt, die bei kompetenter Nutzung zu einer Verbesserung von Analysemodellen oder des Programm-Designs führen können. Diese Regeln sind z. B. in Kap. 7.3.3 von [Raa93] mit vielen Beispielen erläutert, deswegen beschränkt sich dieser Text auf ganz kurze Definitionen und Hinweise.

Definition 4.8.1 (Faktorisieren)
Unter *Faktorisieren* versteht man das Herauslösen einer Funktion aus einem Modul und die Bildung eines neuen eigenständigen Moduls, das über eine Schnittstelle benutzt werden kann. ◄

Durch Faktorisieren wird der Zusammenhalt jedes einzelnen Moduls verbessert und es entstehen neue Module mit schwacher Kopplung. Faktorisieren ist die einfachste und wirkungsvollste Maßnahme zur Verbesserung des Modul-Designs. Faktorisieren wird auch mit dem Ziel verbunden, die Architektur des Systems durch lokale Maßnahmen zu verbessern. Die horizontale Schichtung (Gliederung der Funktionalität in Eingabe, Ausgabe, Verarbeitung) und die vertikale Schichtung (Gliederung der Funktionalität zunächst grob in Ablaufsteuerung, Verarbeitung, Basisfunktionen) führen zu Architekturblöcken, die eine grobe Gliederung der Anwendung aufzeigen und die wesentlichen Aufgaben trennen. Faktorisieren wird also auch mit dem Ziel betrieben, die Aufgaben der Benutzerkommunikation und der Funktionalität zu separieren. In anderen Kontexten ist hier das Muster MVC (Model-View-Controller) ein wesentliches Leitbild für das Design. Gerade mit Blick auf Erleichterung möglicher Migrationen macht es Sinn, die Softwarearchitektur auf klare Gliederung und Trennung der unterschiedlichen Anwendungsaspekte zu entwerfen.

Beispiel 4.8.2 (Standardmechanismen der Faktorisierung)
Praktisch bedeutet Faktorisierung:

1. Ausgliederung von Programmteilen in Unterprogramme oder Prozeduren.
2. Bildung von Klassen, an die Aufgaben delegiert werden.
3. Bildung von Oberklassen, die gemeinsame Eigenschaften repräsentieren.
4. Spezialisierung von Klassen, um spezifische Eigenschaften zu separieren.

◄

Definition 4.8.3 (Decision-Split)
Eine Entscheidung hat stets einen Erkennungsteil und einen Ausführungsteil. Ein *Decision-Split* ist die Trennung beider Teile einer Entscheidung in verschiedene Module. ◄

Decision-Splits sind soweit möglich zu vermeiden. Nur eine Situation ist akzeptabel: ein Ausführungsteil einer Entscheidung wird in ein direkt gerufenes Modul ausgelagert. Es ist aber nicht akzeptabel, Kontrollparameter durch das ganze System zu reichen, damit irgendwo anders auf eine erkannte Bedingung reagiert wird.

Definition 4.8.4 (Balanciertes System)
Abbildung 4.9 zeigt schematisch die Aktivitäten innerhalb eines Systems, das man als *balanciert* bezeichnet. Die Module in den oberen Ebenen der Aufrufhierarchie sollen nur logische Daten handhaben und nicht Daten in ihrem physischen, externen Format. In unteren Ebenen der Hierarchie müssen dazu Module konstruiert werden, die physikalische Datenformate in logische umsetzen. ◄

Durch Balancieren eines Systems werden Datenunabhängigkeit und Geräteunabhängigkeit begünstigt. Abbildung 4.9 zeigt schematisch die „Zigarrenform", die *Aktivitätsdiagramme* für Operationen oder Interaktionen in solchen Systemen oft aufweisen.

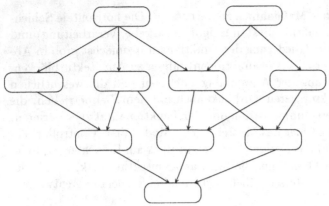

Abb. 4.9. Balanciertes System

Trotz aller Sorgfalt in der Entwicklung können in Systemen Fehler auftreten oder der Benutzer sich anders verhalten, als es in der Entwicklung angenommen wurde. Für jedes System ist daher eine konsistente Fehlerverarbeitung zu entwerfen.

Bemerkung 4.8.5 (Fehlerverarbeitung)
Die Fehlerverarbeitung muss folgenden Grundsätzen genügen:

- Fehler sollten stets durch das Modul gemeldet werden, das den Fehler erkennt und die Ursache beurteilen kann.
- Die Fehlerbehandlung soll für das gesamte System einheitlich sein.
- In eine Datenbank dürfen nur geprüfte Daten eingefügt werden.
- Ein Dialogsystem darf niemals abbrechen, auch bei schwersten Fehlern muss das System bedienbar bleiben und den Benutzer mit sinnvollen Meldungen unterstützen.
- Die Formulierung der Fehlermeldungen muss mit ganz besonderer Sorgfalt erfolgen. Dem Benutzer müssen klare Hilfen an die Hand gegeben werden. Falls ein Systemfehler vorliegt, muss der Benutzer so informiert werden, dass er die Ursache nicht bei sich selber sucht und die richtige Stelle kontaktieren kann.

◀

Daten sind soweit wie möglich lokal zu halten, globale Datenkopplung ist zu vermeiden (s.o.). Falls mehrere Funktionen exklusiv auf eine gemeinsame Datenstruktur zugreifen müssen, ist eine sorgfältige Beschränkung der Sichtbarkeit der Datenstruktur auf die legitimierten Funktionen vorzunehmen.

Definition 4.8.6 (Information Cluster)
Ein *information cluster* ist ein Modul, das über seine Exportschnittstelle anderen Modulen den kontrollierten Zugriff auf eine Datenstruktur ermöglicht.

◀

Ein information cluster (auch *data hiding module* genannt) ist fast immer globalen Datenstrukturen vorzuziehen. In Kap. 6 wird der Begriff *utility* eingeführt, der dieses Konzept in der UML repräsentiert.

Bemerkung 4.8.7 (Initialisierung und Terminierung)
Im Unterschied zu vielfach praktizierter Vorgehensweise sollte die Deklaration und Initialisierung von Ressourcen (Datenfelder, Geräte etc.) nicht blind einfach am Programmanfang erfolgen, sondern so spät wie möglich, unmittelbar vor der Nutzung. Ebenso sollten Ressourcen nicht etwa erst am Programmende freigegeben werden, sondern so früh wie möglich, sobald sie nicht mehr benötigt werden. Ausnahmen von dieser Faustregel gibt es, wenn es wichtig ist Speicherfragmentierung zu vermeiden. ◄

Definition 4.8.8 (Fan-In und Fan-Out)
Der *Fan-In* gibt die Anzahl der Nutzer eines Moduls an. Mit Blick auf die Wiederbenutzbarkeit eines Moduls sollte diese Anzahl so groß wie möglich sein. *Fan-Out* ist die Anzahl der von einem Modul direkt aufgerufenen anderen Module. Aus Gründen der Übersichtlichkeit sollte diese Anzahl auf höchstens 10 beschränkt sein. Diese Forderung wird aus der Millerschen *7±2-Regel* abgeleitet. ◄

Definition 4.8.9 (Semantische Konsistenz)
Die *semantische Konsistenz* eines Moduls ist gegeben, wenn es für den Aufrufer in allen Aspekten verständlich ist und den Grundprinzipien der jeweiligen Umgebung genügt. ◄

Die Übergabeparameter müssen alle zu der Aufgabe des Moduls passen, sie dürfen nicht einer anderen für den Aufrufer unverständlichen Problemebene angehören. Eine standardisierte Schnittstelle muss alle unter ihr liegenden Schichten verbergen. Der Benutzer darf von diesen Schichten nichts merken. Insbesondere müssen alle Eigenschaften realisiert sein, die nach der Aufgabenstellung des Moduls zu erwarten sind.

Beispiel 4.8.10 (Semantische Konsistenz in C++)
Ein C++ Entwickler erwartet, dass eine Klasse, die einen „+"-Operator hat, auch einen „+ ="-Operator hat. Dies ist eine sinnvolle Erwartungshaltung, die am besten dadurch erfüllt wird, dass + durch += implementiert wird (und die anderen entsprechenden Operatoren analog). Ist X die Klasse, so implementiere man zunächst:

```
X& operator+=(const X&)
```

und dann:

```
const X operator+(const X& lhs, const X& rhs)
{
    return X(lhs) += rhs;
}
```

So ist sichergestellt, dass die Objekte der Klasse sich so verhalten, wie man es in C++ erwartet und die Redundanzen minimiert werden. ◄

Auf die Arbeiten von Karl Lieberherr et al. (s. u. a. [LHR89]) gehen einige Regeln zurück, die auf die Begrenzung der Sichtbarkeit und strikte Lokalisierung zielen. Assoziationen zwischen Klassen werden benötigt, um Objekte anderer Klassen bei Bedarf erreichen zu können. Ein menschlicher Leser kann dabei die Pfade durch ein ganzes Diagramm oder mehrere verfolgen. Ein Objekt einer Klasse sollte diese Möglichkeit in der Regel nicht haben. Man stelle sich ein Klassen-Symbol dazu als eine Figur in einer Ebene vor, wie es z. B. in dem Buch [Abb86] beschrieben ist.

Definition 4.8.11 (Law of Demeter)
Unter dem Namen *Law of Demeter* werden die folgenden Regeln zusammengefasst:

- Eine Operation soll *Objektbeziehung*en zu direkt benachbarten Objekten verfolgen können und deren öffentliche Operationen aufrufen können. Sie soll keine *Objektbeziehung*en verfolgen, die von benachbarten Objekten ausgehen.

Um „entferntere" Objekte zu erreichen, müssen die entsprechenden Operationen in den benachbarten Klassen definiert werden. Außer von benachbarten Objekten sollen nur Operationen folgender Art aufgerufen werden:

- Operationen von Attributen der Klasse.
- Operationen von Parametern einer Operation.

Operationen der Objekte, die als Rückgabewerte solcher Operationen erscheinen, sollen nur aufgerufen werden, wenn sie zu den genannt Arten von Objekten gehören. Statt mit dem Aufruf von Operationen kann man das Law of Demeter ebensogut mit dem Senden von Nachrichten formulieren. ◄

4.9 Historische Anmerkungen

Der Modulbegriff wurde in Programmiersprachen eingeführt, um Programmkomponenten logisch zu gruppieren [Sta95]. Ziel dieses Vorgehens ist, genügend Informationen zu liefern, um die Funktionen eines Moduls nutzen zu können und nichts über deren Implementierung zu verraten. Systematisch für das Software-Engineering verwandt wurde der Modulbegriff zunächst für das strukturierte Design von Anwendungen auf von-Neumann-Rechnern. Die frühesten Ansätze, diese Modularisierungskriterien auf objektorientierte Systeme anzuwenden, die ich kenne, finden sich in [Boo91]. Für die logische Gruppierung von Modellelementen wurden verschiedenste Begriffe geprägt. So verwandte Booch in [Boo91] und [Boo94a] den Begriff der Kategorie, um Klassen zu gruppieren; in OMT [RBP+91] wurde der Begriff des Moduls

und der des Sheets verwandt; Coad benutzt in[CY90a] und [CY94] dafür den
Begriff „subsystem"; in der Version 0.8 von UML [BR96] wurden noch die
Begriffe „Kategorie" (für logische Gruppierung) und „Teilsystem" (für physische Gruppierung) benutzt. Der in diesem Kapitel benutzte Modulbegriff entspricht der in UML [Rat97b] erfolgten Vereinheitlichung. Er hat lediglich die
Funktion, einige Eigenschaften für viele Modellelemente zu formulieren und
kann als lokaler Begriff benutzt werden. Er ist aber nicht identisch mit dem
Begriff des Pakets. Die Kriterien für Kopplung und Zusammenhalt wurden
zunächst von Parnas in [PC72] formuliert. Zusammenhalt wurde von Myers
in [Mye76] genauer diskutiert. Die Einschränkung dieser Eigenschaften auf
Systeme mit von-Neumann-Architektur erscheint nicht zwingend und wird
hier deshalb auch nicht gemacht. Wichtig ist aber der Hinweis auf die Unterschiede zwischen Realität und Modell: Es kann sehr wohl Realitätsbereiche
geben, die massiv gegen die hier vorgestellten Kriterien verstoßen (wenn dies
aufgrund der Überlegungen in Kap. 1 auch nicht wahrscheinlich ist). Bei der
Modellierung eines Anwendungsbereiches helfen diese Kriterien, das Modell
einfach und übersichtlich zu gestalten. Sie helfen dabei zu verhindern, dass
das Modell (gegenüber dem Problemraum) unnötig kompliziert wird.

4.10 Fragen zur Modularisierung

1. Nach welchen Kriterien kann man die Qualität eines Designs oder einer
   Implementierung charakterisieren?
2. Was versteht man unter Modularisierung? Nach welchen Kriterien beurteilt man ihre Qualität?
3. Welche Kopplungstypen kennen Sie? Erläutern Sie diese bitte!
4. Mit welchen Techniken kann man die Qualität eines Modul-Designs verbessern?
5. Welche einfachen Maßzahlen helfen bei der Bewertung eines Modul-
   Designs?
6. Welche Nachteile/Gefahren hat globale Kopplung?
7. Was versteht man unter Kapselung?
8. Was ist ein information cluster oder data hiding module?
9. Was ist ein Entwurfsmuster?
10. Was leisten Entwurfsmuster?
11. Wie sehen Sie das Verhältnis zwischen Architekturen und Entwurfsmu-
    stern?
12. Warum wird die Kopplung verstärkt, wenn ein Modul „Halbfabrikate"
    zurückgibt?
13. Was genau versteht man unter „gefährlicher" Kopplung?
14. Wie kann man Kopplung erkennen und messen?
15. Welche Möglichkeiten kennen Sie, um die Kopplung zwischen Modulen
    zu reduzieren? Nennen Sie einfache Beispiele!

Teil II

Modellierung und Notation

5 Grundprinzipien der UML

5.1 Übersicht

Die UML, deren Grundelemente bereits in Kap. 2 vorgestellt wurden, enthält Elemente zur präzisen Beschreibung von Anwendungsbereichen und IT-Systemen. Dieses Kapitel gibt eine Übersicht über die Diagramm-Typen der UML und die Grundprinzipien, an denen sich die Notation orientiert. Die UML soll Modellierungsmöglichkeiten für eine große Zahl unterschiedlichster Probleme zur Verfügung stellen. Sie bietet daher umfangreiche Ausdrucksmöglichkeiten, von denen bei Bedarf Gebrauch gemacht werden kann. In vielen Fällen wird man aber nur einen Teil der Notation benötigen. In diesem und den folgenden Kapiteln wird die UML (fast) vollständig an vielen kleinen Beispielen erläutert. Die Reihenfolge, in der die einzelnen Möglichkeiten präsentiert werden, orientiert sich an der Häufigkeit ihres Einsatzes und an ihrem Auftreten im Entwicklungsprozess.

5.2 Lernziele

- Die Diagramm-Typen der UML nennen können.
- Den Zusammenhang zwischen der Diagramm-Organisation und Komplexitätsbeherrschung erläutern können.
- Die Aufgaben und Einsatzmöglichkeiten der Diagramm-Typen nennen können.
- Das Darstellungsprinzip für Typen und Instanzen kennen.
- Namen, Eigenschaften, Ausdrücke, Bedingungen und Stereotypen kennen.
- Grundprinzipien der Object Constraint Language OCL kennen.

5.3 Die Diagramm-Typen der UML

Definition 5.3.1 (Diagramm)
Ein *Diagramm* ist eine Projektion des *Modell*s, in der einzelne Aspekte im jeweils angemessenen Detaillierungsgrad dargestellt werden. ◀

Folgende Diagramm-Typen sind in der UML definiert:

Klassendiagramm und Objektdiagramm (class diagram): Darstellung von Klassen, Objekten und deren statischen Beziehungen. Klassendiagramme dienen sowohl der Darstellung von Klassen aus dem Anwendungsbereich als auch von Klassen von DV-Objekten.

Anwendungsfalldiagramm (use case diagram): Darstellung der Interaktionen zwischen externen Objekten (Akteuren) und dem System. Anwendungsfälle werden durch Szenarios näher beschrieben.

Verhaltensdiagramme (behavior diagrams): Beschreiben das Verhalten von Objekten des Systems. Die Verhaltensdiagramme der UML sind:

> **Sequenzdiagramm** (sequence diagram): Darstellung von Folgen von Nachrichten zwischen Objekten einer oder mehrerer Klassen.

> **Kollaborationsdiagramm** (collaboration diagram): Beschreiben das Zusammenwirken von Objekten beim Ausführen von Operationen. Sequenz- und Kollaborationsdiagramme werden zusammenfassend als *Interaktionsdiagramme* bezeichnet.

> **Zustandsdiagramm** (statechart diagram): Darstellung der Zustände und Zustandsübergänge der Objekte einer Klasse oder einer Operation.

> **Aktivitätsdiagramm** (activity diagram): Eine spezielle Form des Zustandsdiagramms, in der die meisten Zustände durch die Ausführung einer Aktivität gekennzeichnet sind. Die meisten Zustandsübergänge erfolgen automatisch nach Beendigung einer Aktivität.

Implementierungsdiagramme (implementation diagrams): Diese beschreiben die Struktur eines Hard- und Software-Systems. Die Implementierungsdiagramme der UML sind:

> **Komponentendiagramm** (component diagram): Darstellung der physischen Komponenten eines Systems, wie Sourcecode, ausführbare Module etc.

> **Einsatzdiagramm** (deployment diagram): Darstellung der Einsatzumgebung eines Systems, wie Prozessoren und darauf existierenden Objekten, Software-Komponenten und Prozessen.

Die in der UML gebotenen Sichten auf ein Modell sind eine Konsequenz der Eigenschaften komplexer Systeme, die in Abschn. 1.5 beschrieben wurden. Die Entscheidung, welche Komponenten eines Systems als elementar anzusehen sind, ist weitgehend dem Betrachter (oder Benutzer) überlassen. Die Wahl der angemessenen Abstraktionsebene für die jeweilige Teilaufgabe hat einen entscheidenden Einfluss auf die Lösung. Je nachdem, welcher Aspekt modelliert wird, muss der Entwickler die geeignete Sicht, d. h. den passenden Diagramm-Typ der UML wählen. So dienen Klassendiagramme zur präzisen Beschreibung der Klassen und der Beziehungen zwischen ihnen, zeigen aber keine Dynamik. Anforderungen der Benutzer an ein System werden unabhängig von den Klassen im Innern des Systems beschrieben, hierzu dienen Anwendungsfälle. Soll beschrieben werden, wie Objekte des Systems bei der Erfüllung von Aufgaben zusammenwirken, werden Kollaborationsdiagramme eingesetzt. In deren Objektform sind aber z.B. GenSpec-Beziehungen nicht darzustellen. Diese Konzentration der Diagramme auf Teilaspekte hilft dabei, sie übersichtlich zu halten und sich auf das jeweils Wesentliche zu beschränken.

5.4 Symbole für Modellelemente

Für einige Elemente gibt es eine *Dichotomie* wie bei Typ und Instanz, Klasse und Objekt. Die Symbole der UML für Typ und Instanz werden nach einem einheitlichen Schema gebildet.

Definition 5.4.1 (Typen- und Instanzsymbole)
*Typ*en und *Instanz*en eines Modellelements werden durch das gleiche Symbol dargestellt. Zur Unterscheidung dienen drei Merkmale:

1. Der Name eins Typs wird fett dargestellt, der einer Instanz durch normalen Schrifttyp.
2. Die Bezeichnung im Instanzsymbol wird unterstrichen.
3. Im Instanzsymbol kann ein Instanzname und ein Zustand vorkommen:

InstanzName:TypName [Zustand]

Der Teil „TypName" kann dabei zusammen mit dem Doppelpunkt entfallen oder unterdrückt werden. Fehlt der InstanzName, so handelt es sich um eine anonyme Instanz, der Name spielt im betrachteten Kontext keine Rolle. Zusätzlich kann der Zustand (oder eine Liste nebenläufiger Zustände) des Objekts in eckigen Klammern angegeben werden. ◄

Ein erstes Beispiel dafür gaben bereits das Klassen- und das Objektsymbol. Führt man eine völlig neue Art von Ding (deshalb mit einem Namen aus einer Sprache, die wenigen Lesern vertraut sein dürfte) ein, wie z.B. „Etxe" (baskisch: Haus) mit dem in Abb. 5.1 dargestellten Symbol, so ist dort der Typ „Zortzi" und eine Instanz „berria". Durchgängig durch alle Darstellungen der UML wird ein Mechanismus zum Ein- und Ausblenden von Informationen geboten.

Definition 5.4.2 (Bedeutung nichtdargestellter Elemente)
Wird ein Teil eines Symbols in einem Diagramm nicht dargestellt, so gibt dieses Diagramm keine Informationen über diesen Teil. Insbesondere kann aus dem Fehlen eines Teils nicht geschlossen werden, dass es über diesen Teil keine relevanten Informationen gibt. Wird dagegen ein Teil eines Symbols leer dargestellt, so bedeutet dies, dass dieses Modellelement keine Eigenschaften dieser Art hat. ◄

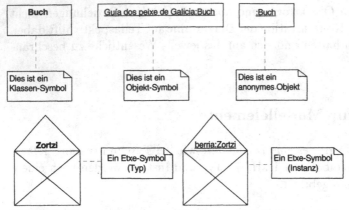

Abb. 5.1. Typ- und Instanzsymbol

Beispiel 5.4.3 (Bedeutung nichtdargestellter Elemente)

Eine Klasse, die globale Variable zusammenfasst (s. Def. 6.8.2), könnte unter Verstoß gegen das *Geheimnisprinzip* nur Attribute haben, auf die direkt zugegriffen werden kann, und keine Zugriffsoperationen. Das vollständige Klassensymbol für eine solche Klasse würde einen leeren Abschnitt für die Operationen zeigen. Enthält ein Klassensymbol außer dem Namen nur noch einen Attributabschnitt, so kann man daraus aber nicht schließen, dass diese Klasse keine Operationen hat, sondern nur, dass diese hier nicht dargestellt sind. ◄

In jedem Diagramm können Notizen angebracht werden, die das Diagramm oder die dargestellten Elemente näher beschreiben.

Definition 5.4.4 (Notizsymbol)

Das Symbol für eine *Notiz* (note) ist ein Rechteck, mit einem „Eselsohr (dog ear)" an der rechten oberen Ecke wie in Abb. 5.1 dargestellt. Eine Notiz bezieht sich auf das ganze Diagramm oder einzelne Elemente. Eine Notiz, die sich auf Elemente bezieht, wird mit jedem dieser Elemente durch eine gestrichelte Linie verbunden. Eine Notiz kann verschiedene Arten von Elementen enthalten:

• Erläuternden Text,
• Spezifikationen von Operationen,
• Bedingungen an ein oder mehrere Modellelemente (vgl. Def. 5.5.1).

Eine Notiz kann den *Stereotyp* «constraint» (Bedingung) oder einen der Stereotypen von Bedingung (constraint) haben (s. Abschn. 5.6 und B.1). Das Notizsymbol wird in vielen der Abbildungen für erläuternden Text benutzt.

◄

5.5 Bedingungen und Eigenschaften

Bedingungen und Eigenschaften präzisieren Modelle. Beide sind eng verwandt. Eigenschaften haben dabei mehr informativen Charakter, während Bedingungen Zusicherungen sind, die wesentlich für die Konsistenz des Modells sind.

Definition 5.5.1 (Bedingung)
Eine *Bedingung* (constraint) ist eine Beziehung zwischen Modellelementen, die Bedingungen spezifiziert, die zu jedem Zeitpunkt erfüllt sein müssen. Bedingungen können in verschiedenen Sprachen formuliert werden, z. B. in *OCL* oder natürlicher Sprache. Eine Bedingung ist mit der *Zusicherung* verbunden, dass das Modell sie stets gewährleistet. Bedingungen werden in geschweiften Klammern beim oder im betreffenden Symbol notiert: {Bedingung}. Für Bedingungen gibt es drei Stereotypen: «invariant»(Invariante), «precondition»(Vorbedingung) und «postcondition»(Nachbedingung). ◀

Bemerkung 5.5.2 (OCL)
In diesem Buch werden in Abschn. 5.7 wesentliche Elemente der *OCL, Object Constraint Language*, präsentiert. Für eine vollständige Beschreibung sei auf [OMG00b] (oder neuere Versionen dieses Dokuments) verwiesen. ◀

Eine Bedingung wird nach folgenden Regeln Modellelementen zugeordnet:

- Bei Text-Elementen wie Attributen, Operationen etc. wird eine Bedingung hinter das Element geschrieben.
- Bei Listen von Text-Elementen wie im Attribut-Teil eines Klassensymbols bezieht sich eine Bedingung auf alle folgenden Elemente bis zur nächsten Bedingung.
- Bedingungen an Elemente, die durch ein graphisches Symbol dargestellt werden, wie z. B. Klasse, wird eine Bedingung in das Symbol (nahe des Namens) oder neben das Symbol geschrieben.
- Eine Bedingung, die sich auf zwei Modellelemente bezieht, wird an eine gestrichelte Linie geschrieben, die die beiden Elemente verbindet.
- Eine Bedingung, die sich auf drei oder mehr Elemente bezieht, wird in ein Notizsymbol geschrieben, das sich auf die Elemente bezieht.

Definition 5.5.3 (Eigenschaft)
*Eigenschaft*en von Modellelementen, für die es kein graphisches Symbol gibt, werden durch Strings beschrieben. Solche Eigenschaften werden in geschweiften Klammern beim oder im betreffenden Symbol notiert: {Eigenschaft}. ◀

Beispiel 5.5.4 (Bedingungen und Eigenschaften)
Häufig vorkommende Arten von Bedingungen und Eigenschaften sind:

1. Schlüsselwort: Schlüsselworte, wie „abstract". Eine Eigenschaft, die durch {Schlüsselwort} angegeben wird, bedeutet, dass das Element die durch das Schlüsselwort beschriebene Eigenschaft hat, z. B. dass eine Klasse abstrakt ist. Fehlt das Schlüsselwort, so hat es diese Eigenschaft nicht. In Abb. 6.24 auf S. 151 sind die Klasse Geschäftspartner und die Operation getIterator() von Composite abstrakt.

2. Schlüsselwort=Wert (tagged value): Eine solche Angabe gibt eine Eigenschaft über ein Schlüsselwort-Wert Paar an. So könnte {Autor=Bernd Kahlbrandt} den Designer einer Klasse bezeichnen. In Abb. 6.24 auf S. 151 ist dies bei der Klasse Singleton benutzt worden.

3. Funktionen von Modellelementen: In Bedingungen können Funktionen von Modellelementen enthalten sein. Zwischen Verein und Person gibt es die Assoziationen Vorsitzender und Mitglied. Zwischen diesen Assoziation besteht die Abhängigkeit Teilmenge (subset). Dies ist eine Bedingung an die Assoziationen. Ebenso die Bedingung an die Assoziation zwischen Personen: Der Chef muss im gleichen Unternehmen beschäftigt sein wie der Mitarbeiter.

4. Vor- und Nachbedingungen: Für Operationen können Bedingungen als *Vorbedingung*en oder *Nachbedingung*en auftreten.

Andere Eigenschaften, die durch Symbole dargestellt werden, sind in Abb. 6.24 auf S. 151 die Sichtbarkeiten der Elemente der Klasse Singleton und deren Klassenattribut. ◀

Eine Aufstellung der Standard-Elemente, die die UML für Stereotypen, Schlüsselwort-Wert-Paare (tagged values) und Bedingungen vorsieht, findet man im Anhang in den Abschn. B.1-B.4.

Der universelle Gruppierungsmechanismus in der UML ist das Paket.

Definition 5.5.5 (Paket)
Ein *Paket* ist eine Zusammenfassung von Modellelementen. Das Symbol für ein Paket ist ein Rechteck, mit einem kleinen, oben links angesetzten Rechteck (Karteikarte mit „Reiter"), wie in Abb. 5.2 dargestellt. Beziehungen zwischen Paketen werden durch gestrichelte Pfeile dargestellt, die mit dem *Stereotyp* der Beziehung beschriftet sind. Ein Paket definiert einen Namensraum. Elemente eines Pakets können bei Bedarf mit dem Namen des Pakets kombiniert werden. Die Namen werden dabei durch „::" verbunden: PaketName::KlassenName. Ein Modellelement gehört direkt zu genau einem Paket.
◀

Außerhalb ihres Gültigkeitsbereiches werden Elemente durch Pfadnamen spezifiziert.

Definition 5.5.6 (Pfadnamen)
Eine *Pfadname* ist eine Folge von Namen geschachtelter Pakete und Klassen, die durch „::" verbunden sind. ◀

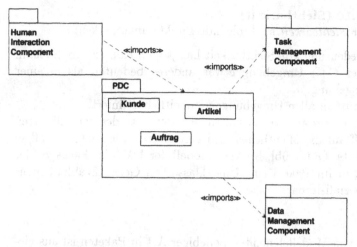

Abb. 5.2. Pakete - Schachtelungsform

Beispiel 5.5.7 (Pfadnamen)
Die Klassen aus der Problem Domain Component (PDC) in Abb. 5.2 können
außerhalb der PDC durch PDC::Kunde, PDC::Auftrag, PDC::Artikel angesprochen werden.

Je nach dem System und der Sicht, um die es sich handelt, kann „::" verschiedenes modellieren, z. B. „/" (Unix), „\" (MS-Windows) oder „." (Java).
◄

Bemerkung 5.5.8 (Pfadnamen und OCL)
Die hier eingeführten Pfadnamen sind ein Element der in Abschn. 5.7 einzuführenden OCL. ◄

Wie andere Modellelemente können Pakete Stereotypen haben, die über dem
Paketnamen notiert werden.

Definition 5.5.9 (Sichtbarkeit)
Die *Sichtbarkeit* von Elementen eines Pakets wird durch folgende Symbole
dargestellt:

+ Öffentlich (public): Das Element ist für alle Elemente außerhalb des Pakets
  zugänglich.
Geschützt (protected): Das Element ist für Elemente des Pakets und von
  ihm spezialisierte Elemente bzw. Elemente spezialisierter Pakete zugänglich.
− Privat (private): Das Element ist nur für Elemente dieses Pakets zugänglich.

Analog wird die Sichtbarkeit von Elementen von Klassen in Def. 6.3.6 auf S.
128 definiert. ◄

Bemerkung 5.5.10 (Sichtbarkeit)

Zur Definition der *Sichtbarkeit* sind folgende Punkte anzumerken:

1. Die genaue Bedeutung von Sichtbarkeit hängt vom Kontext ab. So kann privat in einer C++-Umgebung etwas anderes bedeuten als in einer Smalltalk-Umgebung.
2. Nur öffentlich ist in allen Umgebungen einheitlich definiert.
3. Wird ein Paket spezialisiert, so haben die Elemente des spezialisierten Pakets Zugriff auf die öffentlichen und geschützten Elemente des allgemeineren Pakets [OMG00b]. Im Metamodell der UML ist Package (der englische Begriff für Paket) eine Unterklasse von GeneralizableElement und damit spezialisierbar.

◀

Die Organisation von Modellelementen beliebiger Art in Paketen ist aus vielen Gründen notwendig oder sinnvoll:

- In Abschn. 1.5 wurde festgehalten, dass komplexe Systeme häufig aus einer Hierarchie von Teilsystemen aufgebaut sind, deren Zusammenhalt höher ist als die Kopplung zwischen ihnen. Pakete ermöglichen es, eine solche Struktur auf natürliche Weise nachzubilden.
- Große Modelle benötigen eine interne Organisation, um überschaubar und verständlich zu bleiben. Verständlichkeit ist eines der in Abschn. 3.4 definierten Qualitätsmerkmale aus Entwicklersicht. Pakete dienen also auch der Erhöhung der Qualität eines Modells.
- Lose gekoppelte Pakete können von verschiedenen Entwicklerteams bearbeitet werden. Pakete sind also auch ein elementares Hilfsmittel bei der Organisation des Entwicklungsprozesses.
- Pakete können zur Darstellung von Teilsystemen verwendet werden. Dazu gibt es weitere Abschnitte des Paketsymbols, siehe Abschn. 9.5 auf S. 206.

5.6 Stereotypen

Alle Arten von Modellelementen können durch Stereotypen weiter klassifiziert werden.

Definition 5.6.1 (Stereotyp)

Ein *Stereotyp* ist eine Klassifikation von Elementen des Metamodells. Stereotypen erweitern die Bedeutung, aber nicht die Struktur eines Metamodellelements. Stereotypen werden in französischen Anführungszeichen „«»", sogenannten *Guillemets*, über den Namen des Elements geschrieben. Statt durch den Namen in Guillemets kann ein Stereotyp auch durch ein Symbol wie das „Strichmännchen" für *Akteur* gekennzeichnet werden. Das Symbol kann ggf. das des Basistyps (hier Klasse) ersetzen. ◀

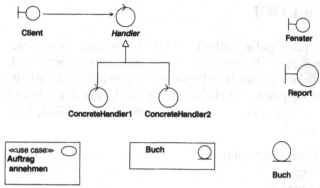

Abb. 5.3. Stereotypsymbole

Stereotypen sind einer der Erweiterungsmechanismen der UML. Im Anhang sind in Abschn. B.1 alle in der UML definierten Stereotypen zusammengestellt.

Beispiel 5.6.2 (Stereotypsymbole)
Abbildung 5.3 zeigt einige Beispiele von Symbolen für Stereotypen. Das inzwischen bekannte „Strichmännchen", das bereits in Abschn. 2.4 eingeführt wurde, repräsentiert einen Akteur. Die folgenden Symbole stammen aus der Objectory Erweiterung der UML:

- ○̇: Der Stereotyp «control» charakterisiert Klassen, deren Objekte Interaktionen innerhalb einer Reihe von Objekten initiieren oder steuern.
- ○: Der Stereotyp «entity» charakterisiert Klassen passiver Objekte, die an Anwendungsfällen beteiligt sind, sie aber nicht initiieren. Sie überleben meistens die einzelnen Interaktionen.
- ⊢○: Der Stereotyp «boundary» («interface» in *OOSE*) charakterisiert Objekte an der Systemgrenze, die für die Kommunikation mit der Systemumgebung verantwortlich sind.

Oben links ist in Abb. 5.3 das Chain of Responsibility pattern mit diesen Symbolen dargestellt: „Client" wird hier oft eine Klasse sein, die mit der Systemumgebung interagiert, die „Handler" sind mit dem Symbol für «control» gekennzeichnet. Die Klasse „Handler" ist eine *abstrakte Klasse* (s. 6.3.2 auf S. 126). Deshalb ist der Name kursiv gesetzt. Ferner ist ein Anwendungsfall als Klasse dargestellt. Dies ist aus den allgemeinen Grundprinzipien der UML abgeleitet: Ein Anwendungsfall ist eine Klasse, also kann auch das Klassensymbol benutzt werden. Der Stereotyp «use case» oder «Anwendungsfall» ist hier naheliegend, ebenso die Verwendung des Anwendungsfallsymbols als Icon. Diese Darstellung ist nützlich, wenn man Pakete von Anwendungsfällen darstellen will und findet sich z. B. in [JGJ97]. ◀

5.7 Spezifikation mit OCL

Die UML-Diagramme können vieles festhalten und übersichtlich darstellen. Für weitere Aspekte einer Spezifikation werden darüberhinaus einfache und trotzdem präzise Ausdrucksmöglichkeiten benötigt. Seit Version 1.1 enthält die UML eine Spezifikationssprache für Bedingungen, die hier in den Grundzügen. Diese *Object Constraint Language*, im Folgenden *OCL* abgekürzt, bietet Ausdrucksmöglichkeiten für:

- Bedingungen (constraints, invariants),
- Eigenschaften (properties),
- Wächterbedingungen (guards),
- Navigation durch das Modell (navigation),
- Vor- und Nachbedingungen von Operationen (precondition, postcondition).

In OCL können solche Dinge präzise formuliert werden, die umgangsprachlich meist Spielraum für Interpretationen lassen: „Liefere alle Auftragsobjekte zu einem Kunden, die neuer als 3 Monate sind", „Zu einem Objekt gibt es genau ein Objekt der Klasse X oder eines der Klasse Y", „Führe eine Operation für alle Objekte aus, die bestimmten Bedingungen genügen",...Die OCL wird hier in ihren Grundzügen beschrieben. Eine vollständige Spezifikation in der Version 1.4 Beta enthält [OMG00b]. Die jeweils aktuelle Version findet man auf den Internetseiten der OMG http://www.omg.org.

In OCL können Ausdrücke gebildet werden, in denen Objekte und ihre Eigenschaften referenziert werden, Assoziationsketten verfolgt werden und verschiedene Boolesche und Mengen-Operationen verwendet werden. Gemeinsam sind allen OCL-Ausdrücken folgende beiden Eigenschaften:

- Ein OCL-Ausdruck hat keine Seiteneffekte, beeinflusst also den Zustand des Systems nicht.
- Die Ausführung von OCL-Ausdrücken erfolgt unmittelbar, erfordert also keine Zeit. Insbesondere können sich die Zustände von Objekten im betrachteten System während der Ausführung eines OCL-Ausdrucks nicht ändern.

Eine OCL-Spezifikation wird im Kontext eines Objekt formuliert. Steht sie in einer Notiz zu einem Modellelement mit dem entsprechenden Stereotyp, so ist wird der Kontext hierdurch definiert. Der Kontext kann aber auch explizit spezifiziert werden.

Definition 5.7.1 (Kontextdeklaration)
Der Kontext eines OCL Konstrukts wird durch

```
context k: Kontext Stereotyp KontextName:
```

deklariert. **context** ist dabei ein Schlüsselwort und **Stereotyp** ist **inv**, **pre**, **post** oder **def** für die Stereotypen «invariant», «precondition», «postcondition» bzw. «definition». Kontext ist entweder eine Klassifizierung (meist eine

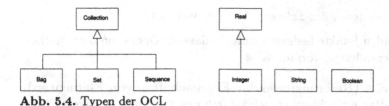

Abb. 5.4. Typen der OCL

Klasse) oder eine Operation. Das Schlüsselwort **self** bezeichnet das Objekt bzw. die Instanz des Kontexts. **k**, gefolgt von einem „:" und **KontextName** sind optionale Bezeichnungen für das Kontextobjekt bzw. den Constraint (Stereotyp **inv**), der durch diese Deklaration eingeleitet wird.

Die Kontextdeklaration kann entfallen, wenn der Kontext sich auf andere Weise ergibt, z. B. weil der OCL-Ausdruck in einem Diagramm direkt mit dem Element verbunden ist, auf das er sich bezieht. Das Kontextelement, in den meisten Fällen ein Objekt einer Klasse, wird durch das Schlüsselwort **self** angesprochen. ◄

Innerhalb des Kontexts, d. h. nach der Kontextdeklaration, können alle Elemente des Kontexts gemäß Spezifikation genutzt werden.

Alle in einem UML-Modell definierten Klassifizierungen (Klassen, Schnittstellen, . . .) sind auch Typen der OCL. Ferner sind in der OCL einige Basistypen definiert, die Abb. 5.4 mit ihren Zusammenhängen zeigt.

Die folgenden Typen und Operationen sind in der OCL vordefiniert:

Name	Operation
Boolean	$and, or, xor, not,$
	$implies, if - then - else$
Integer	$*, +, -, /, abs$
Real	$*, +, -, /, floor$
String	$toUpper, concat$

Darüber hinaus kennt die OCL Aufzählungstypen.

Definition 5.7.2 (Aufzählungstypen)
In der OCL werden neue Aufzählungstypen durch einen Ausdruck der Form

enum {wert1, wert2, wert3}

definiert. Kommt ein solcher Wert bereits als Attribut vor, so wird er durch ein vorgestelltes Nummernzeichen # unterschieden: **#wert1**. ◄

Definition 5.7.3 (Eigenschaften (OCL))
*Eigenschaft*en (properties) im Sinne der OCL sind:

- Attribute,
- Assoziationsenden (Rollen),
- Operationen, bei denen das **isQuery** Attribut wahr ist,

- Methoden, bei denen das **isQuery** Attribut wahr ist.

Die letzten beiden Punkte bedeuten einfach, dass die Operation bzw. Methode keinerlei Veränderung vornimmt. ◀

Definition 5.7.4 (Referenzieren der Eigenschaften von Elementen)
Auf Eigenschaften eines Elements wird durch den Operator „." zugegriffen:

```
einElement.eigenschaft
```

◀

Beispiel 5.7.5 (Referenzieren von Elementen)
Die folgende Spezifikation bezieht sich auf die Abb. 2.5 auf S. 32.

```
context Buch inv
    self.Titel
    self.Autor
    self.Autor.Buch
```

Die erste Zeile gibt an, dass es sich um ein Objekt der Klasse „Buch" handelt. Die zweite gibt das Attribut „Titel" an, die dritte Zeile die Menge der Personen, die dieses Buch geschrieben haben. Hier wird also die Rolle Autor der Assoziation „schreibt" aus Abb. 2.5 benutzt. Die vierte liefert zu jedem Autor eines Buches alle Bücher, die dieser Autor geschrieben hat. ◀

Definition 5.7.6 (Invariante)
Eine Aussage über eine Bedingung oder Beziehung, die immer wahr sein muss. Bezogen auf *Objekte* ist eine Invariante eine Eigenschaft, die gewährleistet, dass der *Zustand* eines *Objekts* wohldefiniert ist. Eine Invariante wird als *Einschränkung* (constraint) mit dem *Stereotyp* «invariant» formuliert, der angibt, dass es sich bei dieser Einschränkung um eine Invariante handelt. ◀

Beispiel 5.7.7 (Invariante)
Nach §56 BGB kann ein Verein nur dann in das Vereinsregister eingetragen werden, wenn er mindestens sieben Mitglieder hat. Für eine Klasse Verein, die eingetragene Vereine modellieren soll, kann es daher sinnvoll sein, folgende Invariante zu formulieren:

```
context Verein inv:
    self.anzahlMitglieder>=7
```

◀

Definition 5.7.8 (Vor- und Nachbedingung)
Vor- und Nachbedingungen werden für Operationen oder Methoden formuliert:

```
context TypeName::operation(param1:Type1,...):ReturnType
    pre preName: param1 oclAusdruck
    post postName: result = oclAusdruck
```

pre bezeichnet dabei die Vorbedingung, post die Nachbedingung. Das Schlüsselwort result bezeichnet das Ergebnis der Operation, so vorhanden. Werden in der Nachbedingung Werte benötigt, die zum Zeitpunkt der Vorbedingung gelten, so werden sie mit dem Suffix @pre versehen. Die Namen preName bzw. postName sind optional. ◄

Der letzte OCL-Ausdruck in Beispiel 5.7.5 liefert eine Menge von Objekten. Um solche Ergebnisse systematisch zu behandeln, sind in der OCL vier Arten von Containern definiert. Die einzelnen Container sind wie in der Informatik üblich definiert:

Definition 5.7.9 (OCL Container)
1. Collection: Eine beliebige Sammlung von Elementen. Collection ist eine abstrakte Klasse, der Operationen zur Verfügung stellt, die für alle drei folgenden Untertypen sinnvoll sind.
2. Set: Eine Menge, d.h. eine Collection ohne doppelte Elemente.
3. Bag (Sack): Eine Collection, in der Elemente mehrfach vorkommen können.
4. Sequence (Folge): Eine abzählbare geordnete Collection. In einer Sequence können Elemente mehrfach vorkommen.

OCL Container werden in der Form Typ {Liste der Elemente} geschrieben. ◄

Dies Operationen auf diesen Containern sind im Anhang in Abschn. B.5 zusammengestellt.

Bemerkung 5.7.10 (Aufgabe der Container)
Diese Container liefern genau das, was hier benötigt wird. Verfolgt man ausgehend von einem Objekt eine Assoziation, so erhält man eine Menge von Objekten, das Ergebnis ist also ein Set. Verfolgt man nacheinander mehrere Assoziationen und fasst das Ergebnis zusammen, so erhält man einen Bag, da Duplikate hier in der Regel als solche erhalten bleiben sollen. Ist die Assoziation geordnet, so erhält man eine Sequenz. ◄

Beispiel 5.7.11 (OCL Container)
Unter Rückgriff auf bereits verwendete Beispiele folgt hier ein Beispiel für jede Art von Container.

1. Set {"Rubio","Sardiña","Xurel"} spezifiziert eine Menge von drei Fischarten (genauer deren Namen) aus dem schon mehrfach benutzten Buch [RDS83].
2. Bag {1, 1, 1, 1, 1} ist ein Bag, der fünf Einsen enthält.
3. Sequence {[BR96], [BRJ96a], [BRJ96b], [Rat97a], [Rat97c], [Rat97b], [OMG00a], [OMG00b]} ist eine Sequence, die die Dokumente zur UML in der Erscheinungsreihenfolge enthält.

◄

Definition 5.7.12 (Zugriff auf Eigenschaften von Collections)
Auf die Eigenschaften von Collections wird mittels -> zugegriffen:
    `collection->eigenschaft` ◄

Beispiel 5.7.13 (Operationen auf Collections)
Für die Menge `self.Autor.Buch` aus Beispiel 5.7.5 sind `self.Autor.Buch->size()` und `self.Autor.Buch>select(jahr>2000)` Beispiele für Operationen. ◄

Bemerkung 5.7.14 (-> oder →)
In handschriftlichen Notizen kann man natürlich „→" statt „->" verwenden. ◄

Die Bildung von Containern in der OCL ist „flach". Ein Set aus Sets ist nicht ein Set mit Sets als Elementen wie in der Mathematik, sondern die Vereinigungsmenge, ein Bag von Bags ist ein Bag mit allen Elementen aus den einzelnen Bags usw.

Soll ein Teilausdruck häufiger verwendet werden, so kann man ihn entsprechend definieren.

Definition 5.7.15 (Variable, let)
Durch
    `let variablenName:Typ = oclAusdruck`
wird eine Variable namens `variablenName` definiert, die im betrachteten Kontext in OCL-Ausdrücken verwendet werden kann.

Durch
    `context Kontext def`
    `let variablenName:Typ = oclAusdruck`
wird eine Variable definiert, die in jedem OCL-Ausdruck für „Kontext" verwandt werden kann. ◄

Definition 5.7.16 (Kommentar)
Ein Kommentar in OCL beginnt mit zwei Minuszeichen `--` und geht bis zum Ende der Zeile. ◄

Die Auswertungsreihenfolge (precedence) der verschiedenen OCL Operatoren wird in [OMG00b] auf S. 7-9, 7-10 definiert. Da diese Reihenfolge auch durch das Setzen von Klammern angegeben werden kann, sei hier nur auf diese Quelle verwiesen.

Definition 5.7.17 (Eigenschaften aller Objekte)
Für alle Objekte sind die folgenden Eigenschaften definiert:

Operation	Rückgabetyp	Erläuterung
`oclIsTypeOf(t:OclType)`	Boolean	Typ gleich t?
`oclIsKindOf(t:OclType)`	Boolean	Unterklasse von t?
`oclInState(s:OclState)`	Boolean	In Zustand s?
`oclIsNew`	Boolean	Neues Objekt?
`oclAsType(t:OclType)`	t	Typkonvertierung in t

◄

Definition 5.7.18 (Eigenschaften aller Klassen)
Für alle Klassen definiert die OCL die Eigenschaft `allInstances`, die die
Menge aller Objekte dieser Klasse liefert. ◄

Bemerkung 5.7.19 (allInstances)
Sogar in der Dokumentation [OMG00b] wird von der Verwendung von allIn-
stances abgeraten, da es u. a. im Zusammenhang mit Typen wie Integer oder
Real zu Problemen kommen kann. Siehe hierzu auch Bem. 2.3.18. ◄

Definition 5.7.20 (Default Rollennamen)
Ist für ein Assoziationsende kein Rollennamen definiert, wo wird der Name
der Klasse verwendet, aber mit einem kleinen Anfangsbuchstaben. Ist dies
nicht ausreichend, um das Assozationsende eindeutig zu charakterisieren, so
muss ein Name angegeben werden. Dies ist z. B. bei rekursiven Assoziationen
notwendig, siehe Bem. 6.4.6. ◄

Beispiel 5.7.21 (Ein einfacher OCL-Ausdruck)
Im Zusammenhang mit dem obersten Klassendiagramm in Abb. 6.8 auf S.
136 kann das folgende OCL-Konstrukt formuliert werden:

```
context Firma inv
  self.Arbeitnehmer.Mitarbeiter.Arbeitgeber = self
```

Dieser Ausdruck formuliert die Bedingung, dass Mitarbeiter eines Chefs
beim gleichen Arbeitgeber beschäftigt sind wie dieser: Von links nach rechts
gelesen liefert er zunächst zur Firma die Menge der Mitarbeiter, zu jedem
Mitarbeiter dessen Mitarbeiter (die Menge wird also „größer") und zu jedem
dieser Mitarbeiter wieder den Arbeitgeber. Dieser muss gleich dem Ausgangs-
objekt sein. ◄

Zur Auswahl aus Mengen von Elementen stellt die OCL boolesche Ausdrücke
zur Verfügung. Ist eine Menge von Objekten gegeben, so kann mit einem
select Befehl spezifizieren, welche Elemente daraus ausgewählt werden sollen:
Menge−>select(boolescher Ausdruck).

Beispiel 5.7.22 (Auswahl)
In Fortsetzung von Beispiel 5.7.5 werden nun aus einer Menge von Objekten
einige ausgewählt:

```
Context Person inv:
  self.Gewicht>=100
```

```
self.schreibt->select(Jahr>=1997)
```
Mit der ersten Zeile wird ein Personen-Objekt spezifiziert. Zeile 2 spezifiziert alle schwergewichtigen Personen, hier die mit einem Gewicht von mindestens 100 (kg als Einheit unterstellt). Mit diesem Ausdruck werden alle Bücher spezifiziert, die diese Person seit 1997 veröffentlicht hat. Dies geschieht über die Assoziation „schreibt". ◄

Soll zwischen Werten zur Zeit der Vorbedingung und zur Zeit der Nachbedingung unterschieden werden, so wird folgende Postfix-Notation benutzt:

Beispiel 5.7.23 (Nachbedingung)
Eine Klasse „Artikel" habe ein Attribut „Preis" und eine Operation „PreisErhöhen(p:real)", deren Parameter einen Prozentsatz angibt. Diese Operation kann so spezifiziert werden:
```
context Artikel::PreisErhöhen(p)
   post: Preis = Preis@pre * (1+p).
```
Hiermit wird gleichzeitig illustriert, dass in der OCL die elementaren Rechenarten benutzt werden können. ◄

Um aus einer Menge (oder anderen Kollektionen) Elemente auszuwählen, dient die **collect** Operation, die in den Formen
```
collection->collect(v|Ausdruck)
collection->collect(v|Ausdruck in v)
collection->collect(v:Typ|Ausdruck in v)
```
geschrieben werden kann.

Beispiel 5.7.24 (collect)
```
self.Buch->collect(bJahr>="1994")
```
Dieser OCL-Ausdruck spezifiziert alle Bücher, die die Person geschrieben hat, die 1994 oder später erschienen sind. ◄

Da die Navigation über Objekte und Objektbeziehungen oft benötigt wird, gibt es auch eine Kurzschreibweise der **collect** Operation.

Beispiel 5.7.25 (Kurzform des collect)
Beispiel 5.7.24 lautet in der Kurzschreibweise:
```
self.Buch.Jahr>="1994"
```
Hier wird also der „."-Operator „überladen". ◄

Eine der häufigsten Aufgaben in Analyse und Design ist das Verfolgen von Assoziationen von einem Objekt zu einem oder mehreren anderen Objekten.

Definition 5.7.26 (Navigation von Assoziationen)
Ausgehend von einem bestimmten Objekt o (in der Regel dem Kontextobjekt) erhält man die Menge der Objekte am Ende einer Assoziation mit der Bezeichnung **rolle**, an der o beteiligt ist, durch
```
o.rolle ◄
```

Beispiel 5.7.27 (Navigation von Assoziationen)
Als Beispiel dient wieder Abb. 6.8 auf S. 136.

- Im Kontext einer Firma erhält man alle ihre Mitarbeiter durch:
  `self.Arbeitnehmer`
  Durch diesen OCL-Ausdruck wird eine Menge (Set) von Personen spezifiziert. Ist die Assoziation am Ende slangArbeitnehmer geordnet ({ordered}), so erhält man auf diese Weise kein Set sondern eine Sequenz.
- Im Kontext von Person erhält man durch
  `self.chef`
  eine oder keine Person.

Sind für eine Assoziation keine Rollennamen definiert, so kann man die default Namen aus Def. 5.7.20 verwenden. ◄

Eine Besonderheit tritt bei Assoziationsklassen auf. Hier will man im Rahmen einer Spezifikation nicht nur zu Objekten am anderen Assoziationsende gelangen, sondern ggf. auch auf Attribute und Operationen der Assoziationsklasse zugreifen.

Definition 5.7.28 (Navigation nach/von Assoziationsklassen)
Von einem Objekt o aus wird zu einer Assoziationsklasse `Assoklasse` navigiert, indem der erste Buchstabe klein geschrieben wird:
  `o.assoklasse` ◄

Beispiel 5.7.29 (Navigation nach/von Assoziationsklassen)
Im Klassendiagramm aus Abb. 6.11 auf S. 139 erhält man zu einem Studierenden-Objekt s der Klasse Student alle Ergebnisse durch den folgenden OCL-Ausdruck:
  `s.ergebnis` ◄

5.8 Historische Anmerkungen

Erste objektorientierte Modellierungsmethoden, insbesondere graphische Notationen, entstanden Mitte der 70er Jahre. Ende der 80er Jahre experimentierten verschiedene Methodiker bereits mit vielen unterschiedlichen Ansätzen für objektorientierte Analyse und Design. In dem Vergleich [CF92] von Dennis de Champeaux und Penelope Faure werden 12 Methoden genannt, Wolfgang Stein untersucht in [Ste93a] 41 Verfahren, [Ste93b] berichtet über eine Auswahl von 12 Verfahren. Harald Schaschinger und Andreas Erlach vergleichen in [SE94] 14 Verfahren. Noch immer werden neue Vorschläge gemacht und unter Berücksichtigung verschiedener Varianten gibt es sicher mehr als 50 Methoden oder Notationen.

Der Begriff „Stereotyp" stammt von Rebecca Wirfs-Brock. Die Gruppierung von Modellelementen in Pakete übernimmt den Begriff aus Ada. In der Notation von *Grady Booch* in [Boo94a] hießen diese „Kategorien", in OMT (vgl. [RBP+91]) wurden diese als „Modul" bezeichnet. Der Begriff der Kategorie hat als Stereotyp für Pakete von Klassen nur bis UML 0.8 überlebt. Im CASE Tool Rational Rose (Enterprise Edition Version 2000.02.10) wird in den Petal Files, die die Modellinformationen speichern, das Schlüsselwort Class_Category für Paket verwendet. Dies ist nicht weiter verwunderlich, da das Tool ursprünglich die Booch Methode unterstützte.

Mit dem OADTF *RFP*-1 der *OMG* begann ein (vorläufiges) Ende der Methodenkriege. Eingeleitet wurde es durch die Zusammenarbeit der drei „Amigos" *Grady Booch*, *Ivar Jacobson* und *James Rumbaugh* bei Rational. Bis zum 17.01.1997 wurden bei der OMG die folgenden Vorschläge zur Standardisierung eingereicht:

- UML (Rational, Microsoft, Hewlitt-Packard, Oracle, Texas Instruments, MCI Systemhouse, Unisys, ICON Computing, Intellicorp),
- IBM, Object Time,
- Softeam,
- Platinum Technology,
- Ptech.

Alle haben sich später dem UML Vorschlag angeschlossen. Im November 1997 wurde die UML 1.1 von der OMG angenommen. Die *OCL* ist einer der Beiträge der Firma *IBM* zur UML. Bei IBM verantwortlich für das Design der OCF ist Jos Warmer von IBM's European Object Technology Practice, EMEA. OCL wurde aus der Modellierungssprache IBEL (Integrated Business Engineering Language) abgeleitet, die im Rahmen eines objektorientierten *Framework*s für die Versicherungsbranche entwickelt wurde. IBEL wiederum entwickelte sich aus der Syntropy Methode von Steve Cook und John Daniels. Weitere Methoden, von denen Teile in UML 1.1 eingingen, sind ROOM (Real time Object-Oriented Modeling), OORam und Catalysis. Das Notizsymbol wurde zuerst systematisch in [GHJV94] benutzt.

Die eingesetzte „Revision Task Force (RTF)" unter Leitung von Chris Kobryn erarbeitete eine redaktionelle Überarbeitung (Version 1.2), über die nicht abgestimmt wurde, und die Version 1.3 mit dem Stand letzten Stand vom 01.03.2000.

Die hier beschriebene Version 1.4 ist im Wesentlichen eine redaktionelle Überarbeitung der Version 1.3. In Version 2.0 sollen die folgenden Themen adressiert werden:

- Architektur
- Erweiterbarkeit
- Komponenten
- Beziehungen
- Zustands- und Aktivitätsdiagramme
- Modellverwaltung
- Mechanismen für Versionierung und Diagrammaustausch.

5.9 Fragen zu den Grundprinzipien der UML

1. Welche Diagramm-Typen bietet die UML? Wofür wird welcher verwendet?
2. Wie werden Begriffspaare wie Typ - Instanz, Klasse - Objekt in der UML dargestellt?
3. Was ist ein Stereotyp?
4. Welche charakterischen Unterschiede sehen Sie zwischen Bedingung und Eigenschaft?
5. Was ist eine Metaklasse?
6. Was versteht man unter powertype?
7. Wozu dienen Stereotypen in der UML?
8. Welche Zusammenhänge sehen Sie zwischen den Darstellungsmöglichkeiten in UML-Diagrammen und den Eigenschaften komplexer Systeme?
9. Sie navigieren via OCL von einem Objekt einer binären Assoziationsklasse zu einem der Assoziationsenden. Wieviele Objekte enthält das Ergebnis? Wie Formulieren Sie dies in OCL?

6 Modellierung statischer Strukturen

6.1 Übersicht

Klassen- und Objektdiagramme zeigen die statische Struktur eines Systems. Dazu gehören die beteiligten Klassen, ggf. Objekte, die Beziehungen zwischen ihnen, Attribute und Operationen. Je nach Größe des Systems wird dieses weiter in Pakete zerlegt. In der Analyse liegt das Interesse auf der Darstellung der Strukturen im Anwendungsbereich und der Erfassung der Anforderungen an das System. Später verschiebt sich der Interessenschwerpunkt auf IT-spezifische Objekte. Die Darstellungsform bleibt während des ganzen Entwicklungsprozesses erhalten. Sie wird aber um DV-spezifische Elemente ergänzt und nach Bedarf angepasst. Die Darstellung beginnt aus mehreren Gründen mit den statischen Strukturen:

- Statische Strukturen sind im Zeitablauf im Wesentlichen stabil und daher einfacher zu identifizieren als veränderliche, dynamische Strukturen.
- Diagramm-Arten, wie Sequenzdiagramme oder Zustandsdiagramme bauen auf den statischen Modellelementen auf oder beziehen sich auf diese.
- Dem Leser, der *Entity-Relationship-Modelle* kennt, fällt der Einstieg hier wahrscheinlich am leichtesten.

Da die Darstellung der Diagramme einen erheblichen Umfang einnimmt, sei auf Folgendes besonders hingewiesen:

> Das Analysieren von Problemen und der Entwurf von Software besteht nicht im Zeichnen von Diagrammen. Diagramme halten Erkenntnisse nur in präziser und übersichtlicher Form fest.

6.2 Lernziele

- Die Begriffe Klasse, Assoziation und Aggregation kennen.
- Basisnotation für Objekte, Klassen und Beziehungen kennen.
- Syntax und Semantik des Klassenmodells kennen.
- Klassen und Objekte sicher identifizieren können.
- Einfache Klassenmodelle entwickeln können.
- Multiplizitäten verstehen.

Abb. 6.1. Schema eines Klassensymbols

- Unterschied zwischen Assoziation und Aggregation kennen.
- Verallgemeinerung und Spezialisierung kennen.

6.3 Klassen und Objekte

Klassen und Objekte sind die Dreh- und Angelpunkte jeder objektorientierten Methode.

Definition 6.3.1 (Klassensymbol)
Das *Klassensymbol* ist ein Rechteck mit dreiAbschnitten:

1. Einem Abschnitt mit dem Namen der Klassen in fetter Schrift, ggf. durch weitere Informationen ergänzt.
2. Einem Abschnitt, der die Attribute in normaler Schrifttype zeigt.
3. Einem Abschnitt, der Operationen in normaler Schrifttype zeigt.

Weitere optionale Abschnitte können als Ergänzung hinzukommen, etwa um die Verantwortung der Klasse wie bei *Klassenkarten* zu beschreiben. ◄

Die Angabe des Namens der Klasse kann durch folgende Elemente ergänzt werden:

1. Stereotyp: Ein Beispiel hierfür ist «actor»(Akteur).
2. Eigenschaften oder Bedingungen: Ein Beispiel hierfür ist {abstrakt} oder {Autor = Bernd Kahlbrandt}.

Die Elemente eines vollständig ausgefülltes Klassensymbols zeigt Abb. 6.1. An die Stelle des Rechtecks kann das Symbol für den Stereotyp der Klasse treten. Die Angabe des Namens der Klasse ist obligatorisch. Die Darstellung der Abschnitte für Attribute oder Operationen kann unterbleiben. Die Darstellung sagt in einem solchen Fall nichts über das Vorhandensein der fehlenden Elemente aus. Wird ein leerer Abschnitt dargestellt, so heißt dies, dass es keine entsprechenden Elemente (Attribute bzw. Operationen) in der Klasse gibt.

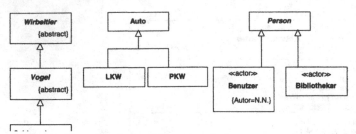

Abb. 6.2. Namensteil des Klassensymbols

Definition 6.3.2 (Abstrakte und konkrete Klassen)

Eine *abstrakte Klasse* ist eine, die keine direkten Objekte haben kann, z. B. weil die Implementierung von Operationen an Unterklassen delegiert wurde. Eine *abstrakte Klasse* wird durch die Eigenschaft {abstrakt} oder einen kursiv gesetzten Klassennamen gekennzeichnet. Soll bei einer Klasse betont werden, dass sie nicht abstrakt ist, so nennt man sie *konkrete Klasse*. ◄

Beispiel 6.3.3 (Namensteil des Klassensymbols)

Abbildung 6.2 zeigt Klassen aus den vorangehenden Beispielen 2.3.6, 2.3.14 und 2.7.2 mit möglichen Eigenschaften und Stereotypen, die gegenüber Abb. 2.10 auf S. 36 hinzukommen.

1. Wirbeltier und Vogel: Abstrakte Klassen, gekennzeichnet durch kursive Klassennamen und die Eigenschaft {abstrakt}. Diese Hierarchie unterstellt, dass jedes Objekt einer konkreten Klasse am Ende der Hierarchie angehört.
2. Seidenschwanz: Eine konkrete Klasse.
3. Kunde: Eine Klasse mit dem Stereotyp «Actor», der in Def. 2.4.1 auf S. 28 eingeführt wurde.
4. Auto, PKW, LKW: Konkrete Klassen ohne Stereotypen. In dieser Hierarchie kann es also Objekte der Klasse Auto geben, die weder PKW noch LKW sind.
5. Person, Benutzer und Bibliothekar: Die Klasse Person ist abstrakt. Das heißt, in dem betrachteten Kontext eines Bibliothekssystems gibt es keine Person, die weder Benutzer noch Bibliothekar ist. Benutzer und Bibliothekar sind konkrete Klassen mit dem Stereotyp «Akteur», die Objekte dieser Kassen können also in Interaktionen mit dem System kommunizieren. Bei der Klasse Benutzer ist noch der Autor N.N. (Nomen Nominator oder Norbert Nolte ...) notiert.

Da es hier um den Namensteil geht, sind die Teile mit Attributen und Operationen nicht dargestellt. ◄

Definition 6.3.4 (Objektsymbol)

Entsprechend des in Def. 5.4.1 auf S. 107 angegebenen Schemas ist das *Objektsymbol* ein Rechteck, das mit dem unterstrichenen String

Abb. 6.3. Einige Objektsymbole

ObjektName:KlassenName

beschriftet ist. Wenn der *Zustand* des Objekts von Bedeutung ist, so kann er in eckigen Klammern angegeben werden:

ObjektName:KlassenName[ZustandsName].

Im zweiten Abschnitt des Objektsymbol können die Attribute in der Form:

AttributName : Typ = AttributWert

angegeben werden. An die Stelle des Rechtecks kann das Symbol für den Stereotyp der Klasse treten. Der Name wird dann unter das Symbol geschrieben. ◄

Hier nun einige Beispiele für diese Symbole.

Beispiel 6.3.5 (Beispiele für Objekte)
Einige Objekte aus Beispiel 2.3.6 auf S. 22 sind mit unterschiedlichen Bezeichnungen aus Objektname und Klassenname in Abb. 6.3 gezeigt. Gegenüber der entsprechenden Darstellung in Abb. 2.1 auf S. 22 sind einige Elemente hinzugekommen. Die Bücher sind mit Objekt- und Klassenname, getrennt durch einen Doppelpunkt beschriftet. Bei den drei Autoren des Fischbuchs „Guía dos peixes de Galicia" ist kein Klassenname angegeben. So wird man verfahren, wenn noch nicht entschieden ist, zu welcher Klasse diese Objekte gehören sollen. In Frage kämen z. B. Autor oder Person. Das Objekt „Ford Prefect" ist jetzt zusätzlich mit dem Klassennamen versehen, ebenso das Auto und die Schreibtischlampe. „Warteschlange" und „Fenster" sind anonyme Objekte, d.h. nur mit „:Klassenname" beschriftet. ◄

Definition 6.3.6 (Sichtbarkeit)
Die *Sichtbarkeit* von Elementen (Attributen oder Operationen) einer Klasse wird durch folgende Symbole dargestellt:

+ Öffentlich (public): Das Element ist für Objekte aller anderen Klassen zugänglich.

\# Geschützt (protected): Das Element ist für Objekte dieser und aller von ihr spezialisierten Klassen zugänglich.

− Privat (private): Das Element ist nur für Objekte dieser Klasse zugänglich.

Statt der Symbole können auch die Schlüsselworte `public`, `protected` oder `private` verwendet werden. Dies ist insbesondere üblich, wenn die Sichtbarkeit für eine ganze Liste von Elementen angegeben wird. Weitere, implementierungsabhängigen Sichtbarkeiten sind möglich. ◄

Bemerkung 6.3.7 (Sichtbarkeit)
Die hier getroffene Klassifikation der Sichtbarkeit von Elementen (Attributen oder Operationen) einer Klasse entspricht der Klassifikation in C++. Für die Einzelheiten der Sichtbarkeit in C++ sei auf die Literatur verwiesen, insbesondere [Str91], [Mey92] und [Mey96]. ◄

Für die Darstellung gilt analog zu Attributen und Operationen: Ist keine Sichtbarkeit angegeben, so wird über die Sichtbarkeit nichts ausgesagt.

Bemerkung 6.3.8 (privat)
Dass ein Element einer Klasse privat ist, heißt nicht, dass nur das jeweilige Objekt dieses Attribut sehen und verändern kann, sondern alle Objekte der jeweiligen Klasse. Betrachten wir zwei Objekte einer Klasse Person, Pascal und Marcel, in C++ oder Java. Beide mögen eine Reihe von CDs haben. Diese seien als „privat" deklariert, da sie diese als Eigentum ansehen, an das der jeweils andere nicht herankommen soll. Trotzdem können die beiden gegenseitig an die CDs gelangen. Die Sichtbarkeit besagt nur etwas über den Zugang von Objekten anderer Klassen. Diese können auf die privaten Elemente einer anderen Klasse nicht zugreifen. Innerhalb der Klasse Person kann man aber sehr wohl eine „Diebstahls-Operation" „NimmVon" schreiben, die als Parameter eine Person und eine CD bekommt. Innerhalb dieser Funktion sind dann Zugriffe auf beliebige Attribute des als Parameter übergebenen Personen-Objekts möglich. Innerhalb des schützendes „Mantels" der Klasse Person sind also Zugriffe möglich, die Objekten anderer Klassen verwehrt werden. ◄

Definition 6.3.9 (Attribut-Spezifikation)
Die vollständige Spezifikation eines Attributs ist:

Sichtbarkeit Name[Multiplizität]:Typ=DefaultWert{Eigenschaften}

Die Multiplizität gibt dabei an, wie oft das Attribut auftritt. Ist keine Mutliplizität angegeben, so ist sie eins. *Klassenattribute*, d.h Attribute, die einmal

in der Klasse und nicht mit unterschiedlichen Wertausprägungen in jedem
Objekt existieren, werden entsprechend der Konvention aus Def. 5.4.1 auf S.
107 durch Unterstreichen gekennzeichnet:

Sichtbarkeit EinKlassenAttribut[Multiplizität]:Typ=DefaultWert

Dabei sind „Typ" und „DefaultWert" sprachabhängige Spezifikationen zur
Implementierung des Attributs. Weitere *Eigenschaft*en des Attributs können
in geschweiften Klammern hinter einem Attribut oder vor einer Liste von
Attributen notiert werden. In letzterem Fall gelten sie bis zur nächsten Eigenschaftsangabe. ◀

Beispiel 6.3.10 (Attribut-Spezifikation)
Die Ausdrücke „kundenNummer:int", „name:string" und „plz:string="20000'"
sind Beispiele für Attribut-Darstellungen. ◀

Bemerkung 6.3.11 (Angaben zu Attributen)
Für die Spezifikation von Attributen gelten folgenden Regeln:

• Mindestens der Name des Attributs wird spezifiziert.
• Die Sichtbarkeit von Attributen ist in der Regel privat.
• In der Analyse ist von der sprachabhängigen Spezifikation von Typ und
  Initialwert sparsam Gebrauch zu machen. Festlegungen für die Implemen-
  tierung sollten hier vermieden werden.

Da die Spezifikation des Typs sprachabhängig ist, kann sie im Laufe der
Entwicklung in die der Implementierungssprache überführt werden. ◀

Definition 6.3.12 (Operations-Spezifikation)
Die vollständige Spezifikation einer Operation ist:

Sichtbarkeit OpName(Art Parameter1:Typ1=default,...):RückgabeTyp.

Art ist dabei in, out oder inout. Der default ist in. Wie auch Klassenattribu-
te, werden Klassenoperationen durch Unterstreichen gekennzeichnet. Weitere
*Eigenschaft*en der Operation können in geschweiften Klammern hinter einer
Operation oder vor einer Liste von Operationen notiert werden. In letzterem
Fall gelten sie bis zur nächsten Eigenschaftsangabe. ◀

Beispiel 6.3.13 (Operationen)
Für Personen, die mit einer Firma zu tun haben, mag es die Operationen
„einstellen", „befördern" und „entlassen" geben. Diese werden als Eingabe-
Parameter (**in**) u. a. ein Datum haben, zu dem die Operation wirksam wird.
◀

Bemerkung 6.3.14 (Angaben zu Operationen)
Der Rückgabe-Typ einer Operation und die Typen der Parameter werden in
einer großen Zahl der Fälle ein implementierungsabhängiger Typ wie **int**,
string, **void** etc. oder eine Klasse des Modells sein. Nicht berücksichtigt

sind dabei Unterschiede wie *Wert-Semantik* oder *Referenz-Semantik*. Hierbei handelt es sich um Optimierungen in der Implementierung. Da die Typ-Ausdrücke sprachspezifisch formuliert werden können, kann dies hier aber dargestellt werden, wenn eine solche Entscheidung getroffen wurde. Ähnlich wie bei Attributen gilt:

- Mindestens der Name der Operation wird notiert.
- Die Sichtbarkeit kann unterdrückt werden, wenn sie keine entscheidende Bedeutung hat. Eine generelle Empfehlung wie bei Attributen gibt es nicht (s. aber Bem. 6.3.15).

Auch wenn die Spezifikation hier selten gezeigt wird, müssen Operationen in jedem Fall präzise beschrieben werden. Es ist aber üblich und sinnvoll, dass technische Details entsprechend dem Entwicklungsfortschritt präzisiert werden. ◄

Bemerkung 6.3.15 (Sichtbarkeit von Operationen)
In vielen Fällen wird es genügen, Attribute als privat zu deklarieren und Operationen als öffentlich. Weitere Abstufungen werden meistens erst im Design oder in der Implementierung benötigt. Andererseits hat es sich vielfach bewährt, die Sichtbarkeit restriktiv zu handhaben und dies erst bei entsprechendem Bedarf zu lockern. ◄

Bemerkung 6.3.16 (Definitionsbereich von Operationen)
Die Objekte der betreffenden Klasse sind genaugenommen eine Projektion des Definitionsbereiches einer Operation. Eine Operation kann beliebige weitere Parameter haben. Um den Unterschied hervorzuheben, werden die Objekte auch vor den Operationsnamen geschrieben und die anderen Parameter wie Variable bei mathematischen Funktionen oder Programmen geschrieben. ◄

Definition 6.3.17 (Signatur)
Die *Signatur* einer Operation besteht aus:

1. dem Namen der Operation,
2. den Klassen bzw. den Typen und der Reihenfolge der Parameter,
3. dem Typ bzw. der Klasse des Rückgabewertes der Operation.

Sprachabhängige Eigenschaften, wie const in C++, können ebenfalls zur Signatur gehören. ◄

Beispiel 6.3.18 (Operationen)
Einige Beispiele für die Spezifikation der Signaturen von Operationen sind für die Klasse Singleton aus Abschn. 12.9.2 auf S. 284:

1. Singleton:
    - #Singleton(). Ein geschützter Konstruktor. Dies verhindert, dass andere Klassen direkt Singleton-Objekte erzeugen können.

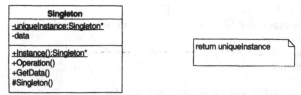

Abb. 6.4. Spezifikation von Operationen

- +createObject():Singleton &. Eine öffentliche Operation, die eine Referenz auf das einzige Objekt dieser Klasse liefert. Siehe auch Abb. 6.4 auf S. 131.

Zur Spezifikation von Operationen kann die OCL eingesetzt werden. Hat eine Klasse „Person" ein Attribut „geburtsDatum" und eine Operation „alter()", so wird diese folgende Spezifikation haben:

```
context Person::alter()
    post: result = aktuelles Datum - Geburtsdatum
```
◄

Eine Operation kann über Vor- und Nachbedingungen spezifiziert werden. Eine Vorbedingung enthält Informationen über den Zustand des Systems, der beim Start der Operation bestehen muss. Eine Nachbedingung beschreibt den Zustand des Systems nach Abschluss der Operation. Vor- und Nachbedingungen sind hervorragend geeignet, Operationen formal zu spezifizieren; in den meisten Fällen reicht es aber aus, die Bedingungen in präziser Sprache zu formulieren. Eine Möglichkeit Vor- und Nachbedingungen zu spezifizieren, ist es zwei Objektdiagramme anzugeben, eines vor und eines nach der Operation. Dies kann z. B. für komplizierte Datenstrukturen sinnvoll sein. Das Design einer Operation kann in einem oder mehreren Sequenzdiagrammen dargestellt werden (s. Kap. 7) oder auch einem Aktivitätsdiagramm. Der tatsächliche Code kann in Form einer Notiz an der Operation im Klassendiagramm dargestellt werden (s. Abb. 6.4). Eine vollständige Spezifikation könnte aussehen wie in Abb. 6.3.

Bemerkung 6.3.19 (Signatur, Polymorphismus und Überladen)
Eine Operation wird nicht durch ihren Namen, sondern erst durch ihre ganze Signatur festgelegt. Es kann also sehr wohl mehrere Operationen in einer Klasse mit dem gleichen Namen geben, die sich durch unterschiedliche Parameter-Listen unterscheiden. Da in Programmiersprachen der Rückgabewert meist nicht mit zum Überladen von Operationen (s. Abschn. 2.8) verwandt werden kann, wird beim Überladen nur der Name und die Parameter-Liste herangezogen. Hiervon wird in der Programmierung ausgiebig Gebrauch gemacht. ◄

Der Gültigkeitsbereich eines Klassennamens ist das Paket, zu der die Klasse gehört (s. Def. 5.5.5 auf S. 110). Gleiche Namen sollten allerdings nur verwandt werden, wenn die Semantik wirklich identisch ist. Namen sollten in

Operation:	Sort (Elemente: Array von T)
Verantwortung:	Anordnung der Elemente im Array in aufsteigender Sortierfolge
Eingaben:	Elemente, ein Array von Objekten der Klasse T
Rückgabe:	Elemente
Veränderte Objekte:	Keine
Vorbedingungen:	Alle Objekte aus Elemente sind von der Klasse T. T besitzt einen Vergleichsoperator, der für den Vergleich zwei Objekte auf „größer oder gleich" wahr oder falsch liefert.
Nachbedingungen:	Elemente enthält die Objekte in aufsteigender Reihenfolge. Das Array enthält die gleiche Anzahl von Objekten wie vor der Operation. Zwei Objekte, die bzgl. des Vergleichoperators gleich sind, behalten relativ zueinander die Position.

Abb. 6.5. Spezifikation einer Operation

jedem Fall aber so gewählt werden, dass sie Elemente (hier Klassen) klar und unmissverständlich bezeichnen. Klassen können in anderen Paketen als in dem, welches die Klasse direkt umfasst, benutzt werden, wenn dies über die Sichtbarkeit der Klassen und die Zugriffsrechte anderer Pakete entsprechend spezifiziert ist. Auf der Ebene von Paketen zeigen die import- und die access-Beziehung, dass ein Paket ein anders benutzt. Diese Beziehungen werden durch einen gestrichelten Pfeil, das Abhängigkeitssymbol, mit dem Stereotyp «import» bzw. Stereotyp «access» bzw. dargestellt.

Ein Element eines Pakets kann importiert werden, wenn es in dem deklarierenden Paket exportiert wird. Hierfür gibt es keine besondere Notation, sondern dies wird durch eine Sicht, die die öffentlich zugänglichen Elemente zeigt, dargestellt. Der Unterschied zwischen «import» und «access» besteht darin, dass bei «import», die Namen der Elemente dem importierenden Paket direkt hinzugefügt werden, während sie bei «access» voll qualifiziert werden müssen. Der qualifizierte Name einer Klasse wird in der Form `PaketName::KlassenName` angegeben, wobei `PaketName` der Name des umfassenden Pakets der Klasse ist.

In vielen Fällen wird man sich auf die Angabe des Klassennamens beschränken, um ein Diagramm übersichtlich zu gestalten. Dies ist in verschiedenen Situationen besonders sinnvoll:

- Wenn es auf die Darstellung der Beziehungen zwischen den Klassen ankommt.
- Wenn die Attribute oder Operationen einer Klasse noch nicht hinreichend sicher feststehen.

Bei Einsatz eines *CASE-Tool*s sind die ausgeblendeten Informationen stets zugänglich und sollten bei Bedarf eingeblendet werden können.

Bemerkung 6.3.20 (Namensschreibweisen)
Ein „Problem" tritt auf, wenn Klassen- oder Attributnamen Umlaute enthalten. So werden sich diese in keiner Programmiersprache umsetzen lassen. Diese Schwierigkeit tritt in allen Sprachen mit (aus amerikanischer Sicht) „funny characters" auf. Vorschläge zur Lösung dieses Konflikts sind:

- Von Anfang an auf Englisch modellieren. Dies ist in multinationalen Projekten die Regel. Es stellt den Anwender und Entwickler aber oft vor Probleme, wenn kein „native speaker" aus dem Anwendungsbereich zur Hand ist, um mit geeigneten Fachbegriffen auszuhelfen. Was heißt z. B. „Ohrenanlegemaschine" auf Englisch?

- Schreiben der nicht-ASCII Zeichen mit ihren Ersatzzeichen, wie „ae" für „ä" etc. Dies führt beim Anwender und Auftraggeber leicht zur skeptischen Frage: „Kann Ihr System keine Umlaute?"

Ich sehe die Lösung darin, in der jeweils adäquaten Sprache des Anwendungsbereichs zu formulieren und Alias-Namen für die anderen Bereiche zu vergeben. So können neben dem Klassen- oder Attributnamen aus dem Anwendungsbereich bei Bedarf ein DV-spezifischer Name zur Verwendung bei der Code-Generierung oder Programmierung vergeben werden. Zum Teil könnten diese sogar automatisch generiert werden. ◄

Bemerkung 6.3.21 (Klassen-Dokumentation)
Zur Dokumentation einer Klasse gehört außer den Informationen, die im Klassensymbol enthalten sein können, unbedingt noch Folgendes:

- Eine kurze Beschreibung der Verantwortlichkeiten der Klasse.
- Eine Angabe, wer für den Entwurf oder die Implementierung verantwortlich ist.
- Eine Änderungshistorie mit kurzer Beschreibung, was, warum, wann, wer geändert hat.

Eine Versionsführung ist von Anfang an sinnvoll, um eine Basis für ein systematisches Konfigurationsmanagement zu haben. Die verfügbare Werkzeugunterstützung in diesem Bereich ist allerdings noch verbesserungsfähig. ◄

Bemerkung 6.3.22 (Benennung von Elementen)
Für die Benennung der bisher in diesem Kapitel eingeführten Modellelemente Klasse, Attribut und Operation haben sich verschiedene Konventionen eingebürgert, die auch in der UML sinnvoll sind. Es gibt hier aber Unterschiede zwischen Deutsch und Englisch. Sowohl im Deutschen als auch im Amerikanischen sind folgende Konventionen verbreitet:

- Klassennamen beginnen mit Großbuchstaben.
- Die Namen von Attributen und Operationen beginnen mit einem Kleinbuchstaben.

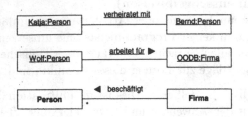

Abb. 6.6. Beispiele für Objektbeziehung und Assoziation

- An Wortgrenzen werden Großbuchstaben werwendet, wie in EierLegende-
  WollMilchSau oder TheKandyKoloredTangerineFlakeStreamlineBaby. (Diese Konvention stammt aus Smalltalk und ist auch in C++ und Java gebräuchlich.)

Vorschläge für detaillierte Empfehlungen für C++ findet man u. a. in [Bal96]
oder für Java in der Java Spezifikation [GJSB00]. Im Zweifelsfall wähle man
in Analysemodellen Namen, die vom Anwender akzeptiert werden. ◄

6.4 Assoziationen und Objektbeziehungen

Die wenigsten Objekte existieren für sich alleine. Sie wären für eine Anwendung dann auch ziemlich uninteressant. Sie stehen auf unterschiedlichste
Weise mit anderen in Beziehung. Bereits in Def. 2.5.2 auf S. 31 wurden Objektbeziehungen und ihre Bezeichnungen eingeführt. Eine Objektbeziehung
wird durch eine Linie dargestellt, die zwei Objekte verbindet. Handelt es sich
um mehr als zwei Objekte, so wird wie bei Assoziationen eine Raute benutzt.
Die Leserichtung kann wie bei Assoziationen durch ein kleines schwarzes Dreieck angegeben werden, das in Leserichtung zeigt: „▶".

Beispiel 6.4.1 (Beispiele für Objektbeziehungen)
Abbildung 6.6 enthält zwei Objektbeziehungen:

1. verheiratet mit: Zwei Personen, Katja und Bernd, können verheiratet
   sein. In diesem Fall besteht eine Objektbeziehung, die man als „ist verheiratet mit" bezeichnen kann. Eine Leserichtung ist nicht angegeben, da
   diese Beziehung *symmetrisch* ist, also in beiden Richtungen gleich gelesen
   werden kann.
2. arbeitet für: Eine Person Wolf kann in einer Firma OODB beschäftigt
   sein. In diesem Fall besteht zwischen den beiden Objekten eine Objektbeziehung, die man in der Richtung von Wolf zu OODB als „arbeitet
   für" und in der anderen als „beschäftigt" lesen kann. Dies wird durch die
   Leserichtung angegeben. Die Objekte spielen also je nach der Richtung,
   in der die Objektbeziehung betrachtet wird, unterschiedliche Rollen.

Abb. 6.7. Darstellung von Attributen und Operationen

Die Bedeutung von Rollen wird später in diesem Abschnitt erläutert. Der unterste Teil in Abb. 6.6 zeigt die zur darüber dargestellten Objektbeziehung gehörende Assoziation. ◄

Bemerkung 6.4.2
Die Darstellung von Objekten und Objektbeziehungen wird für statische Zwecke selten benötigt. Sie ist dort manchmal nützlich, um komplexe oder zunächst kompliziert erscheinende Zusammenhänge zu durchdringen. Interessant wird sie bei der Modellierung von Kollaborationen, siehe Kap. 7. ◄

Wenn Attribute und Operationen dargestellt werden, so werden im Minimum die Namen angegeben, wie in Abb. 6.7 an einfachen Beispielen gezeigt. Dies illustriert auch die Verwendung einiger der in Abschn. 5.5 erwähnten Eigenschaften.

Definition 6.4.3 (Assoziationssymbol)
Eine *Assoziation* ist eine Beziehung zwischen Objekten einer oder mehrerer Klassen, die eine Klasse von Objektbeziehungen zwischen diesen Objekten beschreibt. Eine Assoziation zwischen zwei Klassen heißt binär, zwischen drei Klassen ternär und zwischen n Klassen n-är. Eine binäre Assoziationen wird durch eine Linie dargestellt, die die beiden beteiligten Klassensymbole verbindet. Mehrstellige (n-äre, speziell ternäre) Assoziationen werden durch eine Raute dargestellt, die mit den beteiligten Klassensymbolen durch Linien verbunden sind. Der Name der Assoziation wird an das Symbol geschrieben. Wie bei Objektbeziehungen wird die Leserichtung bei Bedarf durch ein kleines schwarzes Dreieck „▶", das in die Leserichtung zeigt, gekennzeichnet. ◄

In Abb. 6.8 ist die Beziehung zwischen „arbeitet für" von Person zu Firma zu lesen.

Bemerkung 6.4.4 (Benennung von Assoziationen)
Manche Assoziationen sind bereits durch die beteiligten Klassen und den Kontext, in dem diese stehen, klar bezeichnet. In einem solchen Fall könnte man auf die Angabe eines Namens verzichten. Ein Beispiel hierfür bilden einfache Aggregationen. Davon ist abzuraten. Die Faustregel ist, Assoziationen oder deren Enden zu benennen. Um die Übersichtlichkeit zu erhöhen, kann ein CASE-Tool allerdings die Option bieten, diese in der Anzeige zu unterdrücken. ◄

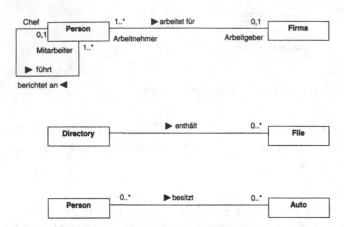

Abb. 6.8. Binäre Assoziationen

Bei weitem am häufigsten sind binäre Assoziationen, von denen einige in Abb.
6.8 dargestellt sind und in Beispiel 6.4.8 diskutiert werden.

Definition 6.4.5 (Rolle)
Eine Klasse kann in einer Assoziation eine bestimmte *Rolle* spielen. Der Name
dieser Rolle wird an das Assoziationsende bei dieser Klasse geschrieben. ◄

Einige Beispiele von Rollen sind in Abb. 6.8 dargestellt und in Beispiel 6.4.8
diskutiert. Die Raute an einer Aggregation ist ein Symbol für eine Rolle:
Die Klasse, an der die Raute steht, spielt die Rolle des „Ganzen" in der Aggregation. Objektbeziehungen können auch zwischen Objekten einer Klasse
bestehen, es gibt also rekursive Assoziationen.

Bemerkung 6.4.6 (Rollennamen bei rekursiven Assoziationen)
Bei rekursiven Assoziationen sind Rollen obligatorisch, vgl. Abb. 6.8. Ohne
diese Angaben könnte man die Navigation von einem Mitarbeiter zum anderen entlang der Assoziation „führt" bzw. „berichtet an" nicht spezifizieren.
◄

Definition 6.4.7 (Kardinalität und Multiplizität)
Die *Kardinalität* einer Rolle gibt an, wieviele Objekte der Klasse in dieser
Rolle mit den anderen in Beziehung stehen. Die *Multiplizität* einer Rolle bezeichnet die Bereiche der möglichen Kardinalitäten. Diese werden als Zahlen
(0, 1, 3, ...), als Bereiche (2..4) oder bei Bedarf als eine Kombination von
beidem angegeben. Ist die Anzahl Objekte nicht spezifiziert, so wird dies
durch einen ∗ dargestellt. Es bedeutet also:

> keine Angabe: Genau ein.
> ∗ oder 0..∗:   Viele (auch Null zulässig).
> n..m: n bis m.
> Auch eine Liste derartiger Angaben ist möglich. ◄

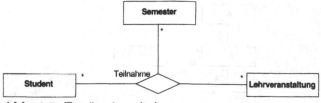

Abb. 6.9. Ternäre Assoziation

Beispiel 6.4.8 (Binäre Assoziationen)
Da noch sehr viele weitere Beispiele vorkommen werden, hier nur eine Illustration der Notation an ganz einfachen Beispielen, die in Abb. 6.8 dargestellt sind. Die Assoziation „arbeitet für" wird von Person zu Firma gelesen. In der anderen Richtung würde man sie als „beschäftigt" lesen. In dieser Assoziation spielen Personen die Rolle des Mitarbeiters und Firmen die des Arbeitgebers. Personen können in keiner oder einer Firma arbeiten. Dieses Modell unterstellt, dass keine Person mehrere Arbeitsverhältnisse eingehen kann. Ob dies so ist, hängt davon ab, was modelliert wird. Die Multiplizitäten unterstellen, dass eine Firma mindestens einen Mitarbeiter hat (1..*) und dass eine Person für maximal eine Firma arbeitet. Zwischen Personen gibt es die rekursive Beziehung „führt", in der maximal ein Chef mehrere Mitarbeiter hat. Jede Person kann einen oder keinen Chef haben. Letzteres ist bei nicht Berufstätigen oder bei dem Eigentümer einer Firma der Fall. In der anderen Richtung ist diese Assoziation als „berichtet an" zu lesen. In der Assoziation „arbeitet für" kann auf die Angabe der Rollennamen verzichtet werden. Ein Directory in einem Dateisystem (UNIX oder MS-DOS) kann keine oder mehrere Dateien enthalten. Eine Person kann kein oder viele Autos besitzen, es können aber auch mehrere Personen gemeinsam ein Auto besitzen. Aufgrund der Objektidentität kommt ein und dasselbe Objekt höchstens einmal am Ende der Objektbeziehung vor, die von einem Objekt ausgehen. Es kann also nicht sein, dass eine Person ein Auto zu einem gegebenen Zeitpunkt mehrmals besitzt. Multiplizitäten sind keine nichtssagende „Dekoration" sondern wesentlich für das Modell. Das Modell in Beispiel 2.5.3 auf S. 32 modelliert z. B. eine Situation, in der ein Auto genau einen Besitzer hat. ◀

Beispiel 6.4.9 (Ternäre Assoziationen)
Abbildung 6.9 zeigt ein Beispiel einer ternären Assoziation: Mehrere Studierende nehmen pro Semester an Lehrveranstaltungen teil. Semester sei dabei das Semester, in dem die Veranstaltung angeboten wird, also z. B. das SS 2001. Studierende können mehrfach an einer Lehrveranstaltung teilnehmen.
◀

Bemerkung 6.4.10 (Ternäre und binäre Assoziationen)
Jede ternäre Assoziation kann durch eine Klasse und drei binäre Assoziationen dargestellt werden. Seien nämlich A, B und C Klassen und X eine ternäre Beziehung zwischen diesen dreien. Nach Def. 2.5.1 auf S. 31 ist X ei-

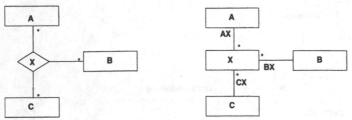

Abb. 6.10. Umformung einer ternären Assoziation

ne (spezielle) Klasse, nämlich die der Objektbeziehungen zwischen Objekten aus A, B und C. Man kann also ein Klassensymbol für X verwenden. Um den Beziehungsaspekt darzustellen, benötigt man dann noch die drei binären Assoziationen AX, BX und CX. Graphisch ist dies in Abb. 6.10 dargestellt. ◄

Das allgemeine Geheimnisprinzip aus Def. 4.5.19 ist für Klassen ganz einfach zu formulieren.

Definition 6.4.11 (Geheimnisprinzip)
Die internen Eigenschaften einer Klasse sind nach außen nicht sichtbar, nur die Signaturen von öffentlichen Operationen sind nach außen bekannt. ◄

Es ist nicht in allen objektorientierten Umgebungen so, dass dieses Geheimnisprinzip immer erfüllt ist. Es ist aber in jedem Fall anzustreben. Das Geheimnisprinzip ist ein akzeptiertes Grundprinzip jedes guten Modells. Es hat nicht nur den Aspekt der Sicherheit, sondern auch den der Übersichtlichkeit: Es soll jeweils nur das sichtbar sein, was tatsächlich zur Nutzung notwendig ist.

Bemerkung 6.4.12 (Klasse oder Attribut)
Es ist nicht immer von vorn herein klar, ob es sich bei einem Objekt um eine Klasse oder ein Attribut handelt. Zu diesem Zeitpunkt können hierzu noch keine wesentlichen Hinweise gegeben werden. Dazu ist es notwendig, zunächst einige weitere Begriffe einzuführen. Damit wird es dann in Kap. 12 möglich, Kriterien hierfür zu nennen. In vielen Fällen wird es sich dabei um Design-Entscheidungen handeln. Zum Beispiel ist in der Sprache Smalltalk entschieden worden, dass alle Elemente Objekte sind. So sind auch die elementaren Datentypen in Smalltalk Klassen. In C++ sind diese zwar im Wesentlichen gleichberechtigt mit Klassen, aber man kann z. B. **int** nicht weiter spezialisieren. ◄

Definition 6.4.13 (Assoziationsklasse)
Eine *Assoziationsklasse* ist eine Assoziation, die auch die Eigenschaften einer Klasse hat. Eine Assoziationsklasse wird durch eine gestrichelte Linie mit der Assoziation verbunden. Das Symbol für eine Assoziationsklasse besteht aus

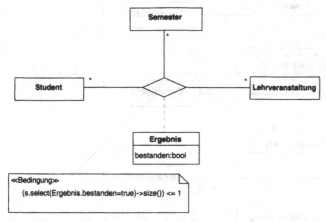

Abb. 6.11. Ternäre Assoziationsklasse

dem Klassensymbol, dem Assoziationssymbol und der verbindenden, gestrichelten Linie. ◀

Assoziationsklassen können in Verbindung mit jeder Art von Assoziation vorkommen.

Beispiel 6.4.14 (Assoziationsklasse)
Abbildung 6.11 ist eine Erweiterung der Abb. 6.9 aus Beispiel 6.4.9. Zu jedem Tripel gehört nun ein Ergebnis. Der Name der Assoziationsklasse ist jetzt „Ergebnis" und im Klassensymbol, nicht am Assoziationssymbol notiert. Mit statischen Symbolen kann nicht abgebildet werden, dass es nur ein positives („bestanden") Ergebnis pro Student und Lehrveranstaltung geben kann. Dies kann aber über eine in OCL geschriebene Bedingung formuliert werden, die in der Notiz dargestellt wird. ◀

Wann verwendet man nun welches Modellierungskonstrukt? Hier ein weiteres Beispiel zur Erläuterung.

Beispiel 6.4.15 (Assoziationen)
Ein Unternehmen lässt seine Dienstleistungen dem Zug der Zeit folgend von unabhängigen Tochtergesellschaften (Business Units) erbringen. Die Zentrale fungiert nur noch als steuernde Holding, die u.a. die gemeinsamen IT-Systeme anbietet. Dort sollen nun die Beziehungen zwischen (Tochter-) Gesellschaft, Kunde und Dienstleitung korrekt abgebildet werden. Die erste Variante zeigt der 1. Teil von Abb. 6.12. Die zweite Variante ist nur eine andere Darstellung der ersten: Der Name der Assoziationsklasse steht jetzt im Klassensymbol. Hier sind Kunde und Gesellschaft als Klassen modelliert (die Attribute und Operationen werden nicht gezeigt) und Dienstleistung ist als Attribut der Assoziationsklasse „bezieht" modelliert. Deshalb ist der Namensteil des Klassensymbols in der ersten Variante leer. Diese Variante modelliert die Situation, dass ein Kunde von einer Gesellschaft eine Dienstleistung abnimmt. Es

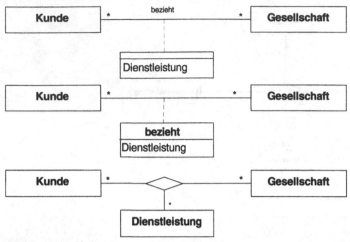

Abb. 6.12. Varianten von Assoziationen

Abb. 6.13. Eine weitere Variante

unterstellt ferner, dass eine Dienstleistung nicht unabhängig von der Assoziation zwischen Kunde und Gesellschaft existiert. Dies mag der Fall sein, wenn individuelle Dienstleistungen angeboten werden, die auf einen Kunden gezielt ausgerichtet sind. Häufiger wird es sich aber um Dienstleistungen handeln, die wiederholt angeboten werden. Eine weitere Schwäche dieses Modells besteht darin, dass ein Kunde von einer Gesellschaft maximal eine Dienstleistung abnehmen kann: Zu jedem Paar aus Kunde und Gesellschaft gibt es eine Objektbeziehung. Es erscheint darum sinnvoll, dies als eine ternäre Assoziation zu modellieren, wie es im unteren Teil von Abb. 6.12 gezeigt wird. Das löst das Problem der Existenz von „Dienstleistungsobjekten" über die Abnahme vom Kunden hinweg, da diese jetzt eine eigenständige Klasse sind. Ein Kunde kann nun auch mehrere Dienstleistungen von einer Gesellschaft erhalten. Gemäß Bem. 6.4.10 kann man jede ternäre Beziehung durch eine Klasse und drei binäre Beziehungen ersetzen. Dies ist hier in Abb. 6.13 geschehen. Es bietet sich hier eine Klasse Auftrag an. Das dort beschriebene schematische Vorgehen entspricht hier also auch der typischen Sicht im Anwendungsbereich. Im Anschluss an diese Diskussion könnte man noch viele weitere führen: Was ist, wenn ein Auftrag sich an mehrere Tochtergesellschaften richten kann? Kann ein Auftrag nur über eine oder über mehrere Dienstleistungen abgeschlossen werden? Hier kommt man auf ein Gebiet, wo nach gründlicher Recherche die Erfahrung und das Wissen des System-Entwicklers einfließen müssen: Es lohnt sich nicht, über diese Details ohne konkreten Hintergrund lange zu diskutieren. Sicher ist nur: Wenn sie nicht pleite geht, wird sich die Firma Markterfordernissen anpassen, selbst wenn diese heute als völlig abwegig abgetan werden. Entscheidend ist nicht, dass in diesem statischen Modell genau das aktuelle Verfahren dokumentiert wird. Wichtig ist, dass die Verhältnisse im Problemraum erfasst werden und das aktuelle Verfahren durch das Modell unterstützt wird. Es ist Aufgabe des Entwicklers, dies so zu tun, dass Erweiterungen schmerzlos möglich sind. ◄

Um Pfade in Klassendiagrammen zu beschreiben, kann die OCF benutzt werden. Ein Punkt „." zeigt die Verwendung eines Attributwertes oder die Verfolgung einer Assoziation: In Abb. 6.25 z. B. „Person.firma". Je nach Multiplizität der Assoziation bezeichnet dies einen skalaren Wert oder eine Menge von Werten. Zur Erinnerung: „." ist die Kurzform der „collect" Operation. Für die Navigation zu den Assoziationsenden wird die in Def. 5.7.20 eingeführte Konvention verwendet: Klassenname mit kleinem Anfangsbuchstaben als Rollenname.

Bemerkung 6.4.16 (Multiplizitätsschreibweise)
Über die Schreibweise von Multiplizitäten gibt es viele verschiedene Ansichten, von denen einige hier referiert werden sollen.

1. contra ∗: Für C++ Programmierer ist ∗ ein Multiplikationssymbol, leitet eine pointer Deklaration ein oder bezeichnet den Indirektionsoperator. Deshalb ist Kritik gegen seine Verwendung als Multiplizitätssymbol vorgebracht worden. Booch argumentierte gegen diese Kritik, dass ∗ einen Unterschied zu einer variablen Kardinalität mit Namen „n" zum Ausdruck bringt und aus mathematischer Sicht üblich sei. Ich kenne dieses Zeichen aus der Mathematik als Bezeichnung für den Faltungsoperator, als Symbol um einen Dualraum oder eine konjugierte Abbildung zu kennzeichnen, nicht aber im Zusammenhang mit Kardinalitäten.

2. pro ∗: Das Symbol „∗" ist ein übliches Zeichen, um andere zu „maskieren". Buchstaben wie „n" können nun als Variable genutzt werden, die an anderer Stelle im Modell definiert und durch Bedingungen eingeschränkt werden.

3. Rollenzuordnung: Andere Autoren wie Coad (z. B. [CY94]) und Scheer (z. B. [Sch90]) notieren die Multiplizitäten genau anders herum. Als Argument hierfür wird Folgendes vorgetragen: Eine Multiplizität stellt eine Restriktion oder Bedingung an die Assoziation dar. Im Beispiel in Abb. 6.13 gehören zu einem Kunden 1 bis n Aufträge. Dies wird nun interpretiert als Bedingung an einen Auftrag: Er gehört zu genau einem Kunden. Aus der anderen Sicht hat ein Kunde 1 bis n Aufträge. Dies ist eine Aussage über den Kunden. Also sollten die Multiplizitäten auch an die in diesem Sinne dadurch näher spezifizierten Klassen geschrieben werden.

Ich neige aufgrund meiner Ausbildung zu der UML Notation für die Multiplizitäten, die in diesem Buch verwendet wird. Coad und Carmichael haben in einem Beitrag für den Coad Letter 1996 darauf aufmerksam gemacht, dass es nicht nur um die Multiplizitäten, sondern auch um die Abhängigkeiten geht: Welche Klasse hat die Verantwortung für die Assoziation, welche pflegt sie? Dieser Aspekt wird im Zusammenhang mit dem Design in Abschn. 13.14.1 besprochen.

Es ist zwischen den Multiplizitäten und den Verantwortungen zu unterscheiden. Die Multiplizität spezifiziert eine Bedingung: Eine Kardinalität 1 besagt, dass es an diesem Ende der Assoziation stets genau ein Objekt gibt. Damit ist aber noch nicht entschieden, wo die Verantwortung dafür liegt, dies auch sicherzustellen. Diese Frage wird im Kap. 13 behandelt. ◄

6.5 Aggregation und Komposition

Definition 6.5.1 (Aggregationssymbol)
Eine *Aggregation* ist nach Def. 2.5.5 auf S. 33 eine Spezialform einer binären Assoziation, in der die Objekte der einen Klasse ein Ganzes und die dazu in Beziehung stehenden Objekte der anderen Klasse dessen Teile bilden. Eine Aggregation wird durch eine Raute am Ende der Assoziation bei der Klasse, deren Objekte als „Ganzes" fungieren, dargestellt. ◄

Beispiel 6.5.2 (Stücklisten)
Ein typisches Beispiel für Aggregationen sind Stücklisten-Strukturen, wie z. B. in Abb. 1.6 gezeigt. Eine gute Möglichkeit diese darzustellen, ist das sogenannte Composite pattern, das nach der Einführung der Generalisierung und Spezialisierung skizziert wird. ◄

Beispiel 6.5.3 (Assoziation und Aggregation)
Ein Menü kann sich aus mehreren Gängen zusammensetzen, z. B. Vorspeise, Hauptgericht, Nachspeise. Zu jedem Gang gehören verschiedene Lebensmittel, die entweder direkt diesen Gang ausmachen, wie z. B. ein Stück Obst als Nachspeise. Es kann sich aber auch um ein Gericht handeln, zu dem es dann Zubereitungshinweise gibt, die hier als Rezept bezeichnet seien. Ein Rezept besteht aus verschiedenen Lebensmitteln (den Zutaten) und Hinweisen, wie diese zu verarbeiten sind. Letztere bezeichnen wir als Zubereitung. Abbildung 6.14 zeigt ein exemplarisches Objektdiagramm, Abb. 6.15 das Klassendiagramm. Die Beziehung „besteht aus" zwischen „Menü" und „Gang" wird als Aggregation modelliert. In diesem Modell ist ein Menü etwas, was man bestellen kann. Das Zubereiten eines Menüs umfasst das Zubereiten aller Gänge. Das Servieren eines Menüs besteht aus dem Servieren der einzelnen Gänge. Ein Gang besteht nicht wiederum aus Menüs. Wenn ein Gang aus mehreren Teilen besteht, so gehören diese ganz selbstverständlich auch zum Menü,

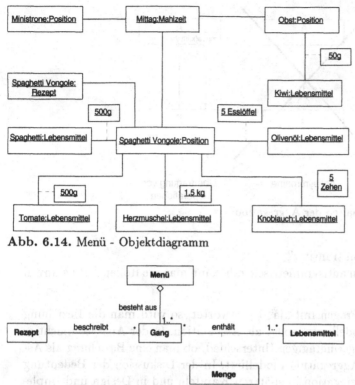

Abb. 6.14. Menü - Objektdiagramm

Abb. 6.15. Menü - Klassendiagramm

die Beziehung ist also auch transitiv. Die Assoziation „beschreibt" zwischen Rezept und Gang ist keine Aggregation. Die Assoziation „enthält" zwischen „Gang" und „Lebensmittel" könnte auf den ersten Blick auch als Aggregation modelliert werden. Hier wurde aus folgenden Gründen dagegen entschieden: Ein Lebensmittel kann in mehreren Gängen vorkommen. Eine Multiplizität * bei der Raute einer Aggregation ist möglich, aber selten sinnvoll. Das Modell sagt aus, dass in einem Gang eine gewisse Menge eines Lebensmittels enthalten ist. Es muss also nicht das ganze Objekt sein, wenn es sich bei dem Objekt um so etwas wie einen Salatkopf, eine Lammkeule etc. handelt. ◀

Bemerkung 6.5.4 (Assoziation vs Aggregation)
Ist man im Zweifel, ob es sich um eine Assoziation oder speziell eine Aggregation handelt, so sollte man konsequent die Eigenschaften abprüfen (s. Abb. 6.16):

- Neigt man dazu, die Assoziation mit Bezeichnungen wie: „ist Teil von" zu benennen?
- Werden Operationen auf dem Ganzen typischerweise auch (automatisch) auf das Ganze angewandt?
- Gibt es Eigenschaften, die sich vom Ganzen auf die Teile übertragen?

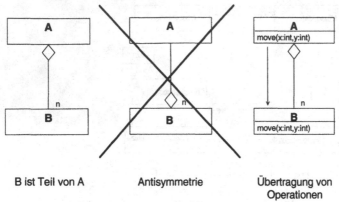

| B ist Teil von A | Antisymmetrie | Übertragung von Operationen |

Abb. 6.16. Eigenschaften der Aggregation

- Ist die Assoziation transitiv?
- Ist die Assoziation antisymmetrisch, d.h. kann man die Rollen nicht sinnvoll vertauschen?

Werden alle diese Fragen mit „ja" beantwortet, so wird man die Beziehung als Aggregation modellieren, sonst als Assoziation. In der Analyse macht es zunächst nur einen geringfügigen Unterschied, ob man eine Beziehung als Assoziation oder als Aggregation modelliert. In der Diskussion der Bedeutung (Semantik) der Aggregation in späteren Kapiteln und in Design und Implementierung wird sich zeigen, dass dies sehr wohl eine Entscheidung ist, die bewusst getroffen werden muss. Dies gilt insbesondere, wenn es sich um eine Komposition handelt. Ist dies nicht der Fall, so kann man in Zweifelsfällen bedenkenlos als Assoziation modellieren. ◄

Definition 6.5.5 (Komposition, Kompositionssymbol)
Die *Komposition* (composition) ist eine Form der Aggregation, bei der die Existenz der Teile von der des Ganzen abhängt. Die Multiplizität der Kompositionsrolle kann nicht größer als eins sein. Die Komposition kann nach dem Erzeugen nicht mehr verändert werden. Teile mit Multiplizität > 1 können hinzugefügt werden; sie existieren dann genau so lange wie das Ganze. Wird das Ganze zerstört, so werden auch alle Teile zerstört. Innerhalb einer Komposition können zusätzliche Assoziationen definiert werden, die außerhalb der Komposition keine sinnvolle Interpretation haben. Das *Kompositionssymbol* ist ein ein *Aggregationssymbol* mit ausgefüllter (schwarzer) Raute. ◄

Komposition kann statt über binäre Assoziationssymbole auch über die Schachtelung der Symbole der beteiligten Elemente in dem Klassensymbol des Ganzen dargestellt werden. Die Rolle eines so geschachtelten Elements wird durch die Notation

Rollenname:Klassenname

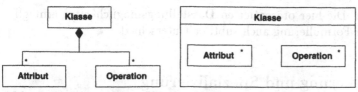

Abb. 6.17. Komposition: Klasse und Elemente

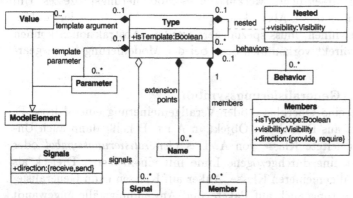

Abb. 6.18. Einige Kompositionen

angegeben. Komposition kann auf alle „klassenartigen" Modellelemente wie Klassen, Typen, Knoten, Prozesse ... angewandt werden. Ein Objekt kann in einer gewissen Anzahl in einem zusammengesetzten Objekt vorkommen (Multiplizität am Aggregationsende beim Teil). Abbildung 6.17 zeigt beide Darstellung an einem kleinen Ausschnitt aus dem Metamodell der UML. Klassen bestehen aus Attributen und Operationen. Anzahl wird als ganze Zahl in kleiner Schrifttype in der oberen rechten Ecke des Klassensymbols notiert etwa 3, 5, 7..13, 19..*. Dies zeigt, wieviele Instanzen der Klasse zu einem Zeitpunkt innerhalb einer Komposition existieren können. Das Symbol * bedeutet, dass es keine obere Grenze gibt; alleine bedeutet es keines oder beliebig viele. Der default ist „viele". Es gibt eine natürliche Kompositions-Klasse, die das ganze Modell umfasst, das System also der Welt gegenüber repräsentiert. Ein weiteres Beispiel liefert Abb. 6.18 aus dem Metamodell der UML.

Bemerkung 6.5.6 (Komposition: by value oder by reference)
In einer Programmiersprache, die *Wert-Semantik* und *Referenz-Semantik* kennt, wird eine Komposition meist über Werte realisiert, während Aggregationen und Assoziationen über pointer realisiert werden. Insofern gibt die Entscheidung, wie eine Situation modelliert wird, bereits einen Implementierungshinweis. Andererseits ist es Aufgabe einer Implementierung, die Regeln des Anwendungsbereiches korrekt und effizient abzubilden. Eine entscheidende Voraussetzung dafür ist die korrekte Modellierung der Verhältnisse im An-

wendungsbereich. Die hier präsentierten Darstellungsmöglichkeiten ermöglichen eine präzise Formulierung auch subtiler Unterschiede. ◄

6.6 Generalisierung und Spezialisierung

Abstraktion ist ein wesentliches Merkmal jedes Modellierungsprozesses. Um aus einem allgemeinen durch Abstraktion gewonnenen Modell wieder konkrete Aussagen zu gewinnen, muss spezialisiert werden. Abstraktionen können im Problemraum direkt vorkommen oder bei der Modellierung herausgearbeitet werden.

Definition 6.6.1 (Generalisierungssymbol)
Eine Klasse A ist eine Oberklasse oder Verallgemeinerung einer Klasse B, wenn jedes Objekt aus B auch ein Objekt in A ist. B heißt dann auch Unterklasse oder abgeleitete Klasse von A. Das *Generalisierungssymbol* oder *GenSpecsymbol* ist eine durchgezogene Linie mit einem leeren Dreieck als Pfeilspitze an der allgemeineren Klasse. Außer auf Klassen kann Generalisierung und Spezialisierung auch auf Pakete und Anwendungsfälle angewandt werden. ◄

Eine Unterklasse hat also alle Attribute und alle Operationen ihrer Oberklasse(n).

Bemerkung 6.6.2 (Verallgemeinerung und Vererbung)
Man sagt häufig, dass eine Oberklasse ihre Eigenschaften an die spezialisierteren Unterklassen „vererbt". Diesen Aspekt der Vererbung wird aber erst beim Design und bei der Behandlung der Implementierung in den Vordergrund treten. In der Analyse geht es nicht in erster Linie um Wiederverwendung mittels Vererbung, sondern um das Identifizieren gemeinsamer Eigenschaften. Im Metamodell der UML ist ein Klasse GeneralizableElement definiert, die Oberklasse aller UML-Elemente ist, die diesem Mechanismus unterliegen. ◄

Beispiel 6.6.3 (GenSpecsymbol)
So kann es sein, dass in einem Unternehmen von „Geschäftspartnern" gesprochen wird, wenn von „Kunden" oder „Lieferanten" die Rede ist. Abbildung 6.19 zeigt diese Beziehung einmal mit zwei Verallgemeinerungspfeilen und einmal als Baumdarstellung. Die Beziehung wird durch eine durchgezogene Linie mit einer nicht ausgefüllten, dreieckigen Pfeilspitze an der Oberklasse dargestellt. ◄

Beispiel 6.6.4 (Das Composite pattern)
Aggregationen, wie sie z. B. in Stücklisten Anwendungen vorkommen, gehen in manchen Fällen über viele Ebenen. Solche Strukturen können oft hervorragend durch das sogenannte „Composite pattern" dargestellt werden (s.

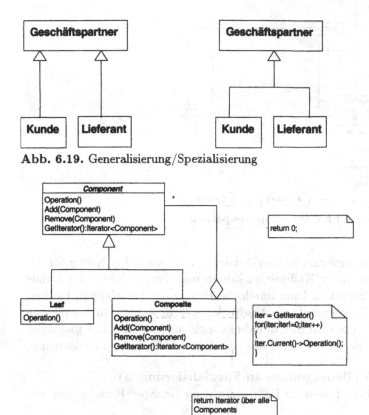

Abb. 6.19. Generalisierung/Spezialisierung

Abb. 6.20. Das Composite pattern

[GHJV94] und Abschn. 12.9). Das allgemeine Schema zeigt Abb. 6.20. Ein Beispiel einer solchen Struktur wurde bereits in Beispiel 1.5.1 vorgestellt. Nun wird die in Abb. 1.5 auf S. 12 dargestellte Struktur auf dieses pattern abgebildet. Das Ergebnis zeigt Abb. 6.21. Ohne weitere Vorkehrungen gehen dabei allerdings einige der Restriktionen verloren. ◄

Die vorstehenden Beispiele zeigen die Art von GenSpec-Beziehung, die am einfachsten zu verstehen ist. Die Klasse „Geschäftspartner" enthält alle Attribute und Operationen, die sowohl Kunden als auch Lieferanten haben. Kunden und Lieferanten haben aber auch Unterschiede, die verschiedene Klassen rechtfertigen. So wird man Kunden wegen der Überschreitung eines Zahlungsziels mahnen, Lieferanten wegen Überschreiten eines Zahlungstermins. Unterstellt ist hier eine „oder"-Spezialisierung: Ein Geschäftspartner ist entweder ein Kunde oder ein Lieferant, die geht so aus der Notation aber nicht hervor. Dies kann aber durch eine Bedingung {disjoint} (disjunkt) spezifiziert werden. Spezialisierungen können sich auch überlappen. So kann ein Geschäftspartner sowohl ein Kunde als auch ein Lieferant sein. Kaffeefirmen verkaufen inzwischen nicht nur (auch noch?) Kaffee, sondern auch noch viele

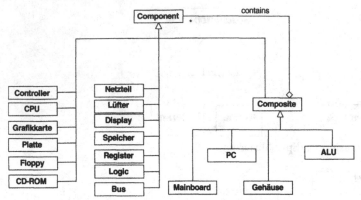

Abb. 6.21. Ein Beispiel für das Composite pattern

andere Waren. Ein Lieferant solcher Artikel könnte auch den Kaffee für seine Firma bei eben dieser Kaffeefirma kaufen und damit gleichzeitig Kunde sein. Eine solche Situation kann durch die Bedingung {overlapping} (überlappend) am GenSpecsymbol zum Ausdruck gebracht werden. In den meisten Programmiersprachen wird dies allerdings nicht unterstützt. Die möglichen Bedingungen an Spezialisierungen fasst die folgende Definition zusammen.

Definition 6.6.5 (Bedingungen an Spezialisierungen)
In der UML sind die folgenden Bedingungen an GenSpec-Beziehungen vordefiniert:

1. overlapping (überlappend): Ein Objekt der Oberklasse kann Objekt mehrerer Spezialisierungen sein.
2. disjoint (disjunkt): Ein Objekt der Oberklasse kann Objekt höchstens einer Spezialisierung sein. Wird nichts spezifiziert, so sind die Spezialisierungen disjunkt.
3. complete (vollständig): Alle Spezialisierungen sind spezifiziert, unabhängig davon, ob sie in diesem Diagramm gezeigt werden oder nicht.
4. incomplete (unvollständig): Es ist bereits bekannt, dass es weitere Spezialisierungen gibt, diese sind aber noch nicht spezifiziert oder hier nicht dargestellt.

◀

Neben der bisher behandelten „oder"-Spezialisierung kann es aber auch vorkommen, dass eine Klasse gleichzeitig in verschiedene Richtungen spezialisiert wird. Diese Situation tritt in verschiedenen „Verkleidungen" auf und wird deshalb im folgenden Beispiel ausführlich diskutiert.

Beispiel 6.6.6 („und"-Spezialisierung)
Fortbewegungsmittel können (u. a.) nach Antriebsart und Einsatzgelände unterschieden werden. Eine Möglichkeit hierzu zeigt Abb. 6.22. Nach Einsatz-

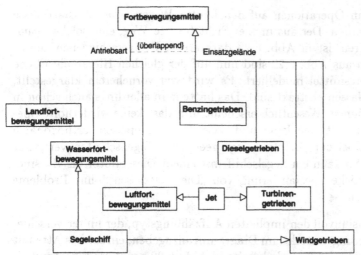

Abb. 6.22. „und"-Spezialisierung von Fortbewegungsmitteln

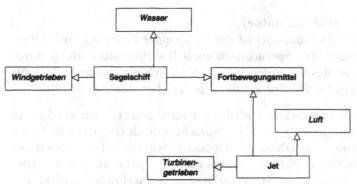

Abb. 6.23. Rekonstruktion konkreter Klassen

gelände kann man z. B. Land-, Luft- und Wasserfortbewegungsmittel unterscheiden. Mögliche Antriebsarten sind Benzin- oder Dieselmotor, Windkraft oder Turbine. Nach welchem Kriterium die Spezialisierung erfolgt, wird durch den Diskriminator (s. Def. 6.6.7) am GenSpecsymbol dargestellt. Hier ist die Situation ganz anders als bei der „oder"-Spezialisierung. Zwar gilt auch hier: Jedes Schiff ist ein Fortbewegungsmittel etc. Aber jede Unterklasse enthält nur einen Teil der Attribute und Operationen, die ein konkretes Fortbewegungsmittel benötigt. Jede Unterklasse repräsentiert einen obligatorischen Aspekt eines Fortbewegungsmittels. Eine konkrete Klasse muss aus mehreren dieser Aspekte rekonstruiert werden. Dies ist für einige Fälle in Abb. 6.23 geschehen. Die Klasse Fortbewegungsmittel ist von diesen *Blattklassen* des Spezialisierungsbaumes auf zwei Wegen zu erreichen. Die Konvention in der UML ist, dass die Attribute und Operationen von Fortbewegungsmittel in diesen *Blattklassen* nur einmal vorkommen. Dies entspricht dem C++ Begriff der virtuellen Vererbung. Nicht spezifiziert ist, wie Konflikte aufgelöst werden, wenn Operationen auf den beiden Wegen zu einer Blattklasse überschrieben werden. Der aus meiner Sicht bessere Weg, eine solche Situation zu modellieren, ist in Abb. 6.23 dargestellt. Die verschiedenen „und"-Spezialisierungen aus Abb. 6.22 sind nun auf der gleichen Hierarchie-Ebene wie Fortbewegungsmittel modelliert. Es wird von vornherein klargestellt, dass alle diese Klassen abstrakt sind. Das hätte man allerdings auch schon in Abb. 6.22 tun können. Wesentlich erscheint mir, dass keine wiederholte Spezialisierung mehr auftreten kann und dass die entkoppelten, orthogonalen Oberklassen flexibel zur „Beimischung" geeigneter Eigenschaften verwandt werden können. So kann ein Segelschiff mit einem Dieselmotor als Hilfsmotor durch zusätzliche Spezialisierung von „Dieselgetrieben" ohne Probleme konstruiert werden. ◄

Manchmal ist es sinnvoll den impliziten Aufzählungstyp, der hinter verschiedenen Spezialisierungen steckt, im Diagramm anzugeben; ein solches Attribut ist ein Diskriminator und wurde bereits in Abb. 6.22 benutzt: „Einsatzgelände" und „Antriebsart".

Definition 6.6.7 (Diskriminator)
Ein *Diskriminator* (discriminator) ist der Name einer Zerlegung einer Oberklasse in Unterklassen. Die Spezifikation eines Diskriminators erfolgt durch einen String, der an das GenSpecsymbol oder durch eine gestrichelte Linie über die entsprechenden GenSpecsymbole geschrieben wird. ◄

Eine gemeinsame Vorgängerklasse wird nur einmal geerbt, auch wenn sie in verschiedenen Pfaden auftritt (im C++ Sprachgebrauch eine virtuelle Basisklasse). Verschiedene sprachabhängige Optionen, wie wiederholte Vererbung oder virtuelle Vererbung, **public**, **protected** oder **private** in C++ können als Textanmerkungen an der Vererbungslinie angebracht werden. Für überlappende Vererbung gibt es kein spezielles Symbol, da sie bei Mehrfachvererbung implizit vorliegt und ansonsten ohne Bedeutung ist. Mehrfachspezialisierung kann auch so auftreten, dass eine Unterklasse zwei Oberklassen ohne gemeinsame Vorgänger hat, wie in Beispiel 6.6.6 gezeigt wird. Die dort benutzte Form des „mixins" (vgl. [Boo94a]), auch *Aspekt* genannt (z. B. in [KGZ93]), ist ein häufig nützlicher Einsatz von Mehrfachspezialisierung. Ein häufig praktizierter Stil strebt an alle nicht-Blattklassen als abstrakte Klassen zu modellieren. Gibt es doch eine konkrete Klasse auf einer anderen Ebene, so kann dies leicht behoben werden, indem eine neue Unterklasse im Sinne von „keine der anderen Unterklassen" eingefügt wird, die ehemals konkrete Klasse wird dann als abstrakte definiert.

Die bisher beschriebenen Symbole, zusammen mit den Notizen für verschiedene Programmiersprachen, reichen aus, um Klassenspezifikationen in den meisten Sprachen zu generieren. Manchmal möchte man aber auch die Werte, die Objekte oder Objektbeziehungen annehmen können, einschränken. Eine Bedingung ist eine Restriktion an Werte, die durch einen beliebigen Ausdruck an einer Klasse oder Assoziation formuliert werden kann.

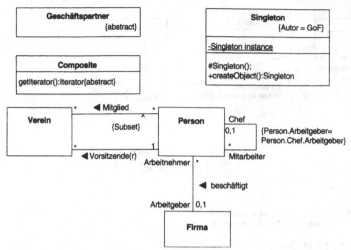

Abb. 6.24. Klassenattribute und Bedingungen

Eine Bedingung kann als Text in geschweiften Klammern neben die Objekte oder in einer Notiz für die betroffenen Elemente geschrieben werden. Für binäre Bedingungen kann eine gestrichelte Linie zwischen den betroffenen Elementen gezogen werden, die mit der Bedingung in geschweiften Klammern beschriftet wird. Navigations-Ausdrücke sind gut geeignet, um Bedingungen auszudrücken (s. Abb. 6.24). Notizen können auch für beliebige Kommentare in Diagrammen benutzt werden oder um den Implementierungs-Code für Operationen zu zeigen.

6.7 Abhängigkeiten und weitere Beziehungen

Definition 6.7.1 (Abhängigkeit)
Eine *Abhängigkeit* (dependency) ist eine Beziehung zwischen Modellelementen, die sich direkt auf die Elemente bezieht und im Unterschied zu Assoziationen keine Objekte benötigt, um eine Bedeutung zu haben. Sie zeigt eine Situation, in der eine Änderung des Ziel-Elements eine Änderung der Quelle erforderlich machen kann. Abhängigkeiten werden durch einen gestrichelten Pfeil dargestellt. Der Pfeil kann mit einem Stereotyp wie z. B. «friend» oder einem Namen beschriftet werden. ◄

Abbildung 5.2 zeigt die «import»-Beziehung zwischen Paketen. Der Pfeil zeigt bei Abhängigkeiten immer in der Richtung, in der man die Bezeichnung liest, hier also in Richtung von „importiert". Im Allgemeinen sind Redundanzen in Klassenmodellen zu vermeiden; manchmal ist es aber nützlich, redundante Werte oder Assoziationen zu zeigen, die aus anderen rekonstruiert werden können.

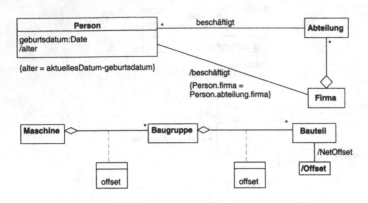

Abb. 6.25. Abgeleitete Elemente

Definition 6.7.2 (Abgeleitetes Element)

Ein *abgeleitetes Element* ist ein Modellelement, das zu jedem Zeitpunkt aus anderen rekonstruiert werden kann. Ein *abgeleitetes Element* wird durch den Prefix „/" vor dem Namen gekennzeichnet. In einer Bedingung wird beschrieben, wie das Element hergeleitet wird. Die Elemente, aus denen das Element rekonstruiert werden kann, können durch Abhängigkeiten dargestellt werden, die mit dem *Stereotyp* «derived» (abgeleitet) beschriftet sind. Die wichtigsten Elemente, die in dieser Art vorkommen, sind Attribute, Assoziationen und Klassen. ◄

Beispiel 6.7.3 (Abgeleitete Elemente)

Abbildung 6.25 zeigt Beispiele für abgeleitete Klasse, Attribut und Assoziation. Die Assoziation „/beschäftigt" im oberen Teil ist redundant, sie kann aus der Assoziation „beschäftigt" zwischen „Person" und „Abteilung" rekonstruiert werden. Im unteren Teil sind die Klasse „/Offset" und die Assoziation „/NetOffset" abgeleitet: Sie lassen sich jederzeit aus den relativen Offsets innerhalb der übergeordneten Klassen rekonstruieren. Ein Beispiel für ein abgeleitetes Attribut kam bereits früher vor: Das Alter einer Person kann jederzeit aus dem Geburtsdatum und dem aktuellen Datum ermittelt werden.
◄

Eine Verfeinerungs-Beziehung zwischen zwei Elementen A und B zeigt, dass B durch A genauer oder vollständiger spezifiziert wird. Dies ist eine spezielle Abhängigkeit. Beispiele für Verfeinerungen sind:

- Eine Klasse, die einen Typ realisiert.
- Eine Klasse im Design, die eine Klasse aus der Analyse genauer spezifiziert.
- Die genauere Spezifikation von Import-Beziehungen zwischen Paketen durch Zusammenarbeitsdiagramme der beteiligten Klassen.

- Ein Konstrukt, wie z. B. ein Entwurfsmuster oder ein Typ und seine Implementierung.
- Die Implementierung eines allgemeines Konstruktes durch eine im Kontext besonders effiziente Implementierung.

Verfeinerungen werden durch ein Abhängigkeitssymbol mit dem Stereotyp «Verfeinerung» oder «refinement» dargestellt.

Bemerkung 6.7.4 (Konfigurationsmanagement)
Abhängigkeiten können auch zur Darstellung von Konfigurationen verwendet werden. Der Stereotyp «become» stellt z. B. eine zeitliche Entwicklung dar. So kann die Entwicklung von Versionen oder ein Status wie Entwicklung, Integration oder Produktion dargestellt werden. ◄

Die Organisation großer Klassendiagramme erfolgt durch Pakete. Im hier betrachteten Kontext statischer Strukturen gehören zu einem Paket Klassen und Beziehungen (Assoziationen, Aggregationen, GenSpec-Beziehungen, Abhängikeiten). Pakete organisieren aber nicht nur die Sicht, in der sie zuerst erscheinen (hier das Klassendiagramm), sondern das ganze Modell. Auch Zustandsdiagramm und nach entsprechender Realisierung der Code einer Klasse gehören also zu dem Paket, in dem sich die Klasse befindet.

Bemerkung 6.7.5 (Paket und Assoziation)
Die Zusammenfassung von Klassen zu einem Paket stellt keine neuen Assoziationen zwischen den beteiligten Klassen her. ◄

Pakete können geschachtelt werden. Jede Klasse hat aber ein Paket, zu dem sie direkt gehört. Um eine Klasse in einem anderen Paket anzusprechen, wird ein Pfadname „Paketname::Klassenname" benutzt. Der Name einer Klasse ist pro Paket eindeutig. Ein Paket definiert einen Gültigkeitsbereich, in C++ Terminologie einen *Namensraum* (namespace). Wie Pakete gebildet werden, hat keinerlei syntaktische Bedeutung. Sinnvolle Pakete haben aber im Modell eine Bedeutung. Sie bilden Teile des Anwendungsbereiches oder der Architektur des Systems ab. Die in Kap. 4 entwickelten Kriterien Kopplung und Zusammenhalt müssen bei der Bildung von Paketen beachtet werden.

Bemerkung 6.7.6 (Konfigurationsmanagement)
Pakete sind oft gut geeignete Einheiten für ein Konfigurationsmanagements. Durch die enge Kopplung zwischen den Klassen eines Pakets wird man diese oft nur gemeinsam ändern. ◄

Pakete werden oft dazu benutzt die Grobstruktur eines Systems darzustellen. Jedes Paket kann dann in einem Klassendiagramm detailliert dargestellt werden. Eine erste Strukturierung dieser Art kann bereits bei der Analyse von Anwendungsfällen erfolgen. Klassen, die Anwendungsfälle aus einem Paket

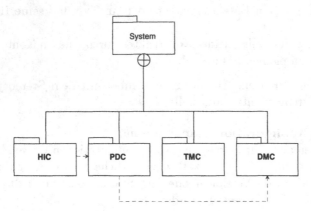

Abb. 6.26. Pakete (Baumdarstellung)

von Anwendungsfällen unterstützen, werden dann im Klassenmodell ebenfalls diesem Paket zugeordnet. Diese Struktur kann sich aber im Laufe der
Entwicklung noch mehr oder weniger stark verändern.

Abhängigkeiten zwischen Paketen werden wie alle Abhängigkeiten durch
gestrichelte Pfeile dargestellt; dabei zeigt der Pfeil vom nutzenden Paket auf
das genutzte, siehe Abb. 5.2. Ein Paketdiagramm ist ein Klassendiagramm,
das nur Pakete zeigt. Die Anzeige der Klassen unterbleibt in diesem Fall. Die
Zerlegung eines Paketes in kleinere Pakete kann in zwei Weisen dargestellt
werden: Abbildung 5.2 auf S. 111 zeigt die Schachtelung von Paketen, Abb.
6.26 verwendet eine Baumdarstellung. Da Pakete nicht notwendig Instanzen
haben, wird dazu keine Aggregation verwendet, sondern an die Stelle der
Raute tritt das Zeichen ⊕. Die Art eines Pakets wird durch seinen Stereotyp
(z. B. facade, framework, system) spezifiziert. Ein Paketsymbol, in dem die
Bestandteile detailliert als Klassendiagramm etc. dargestellt werden, ist eine
Form der Darstellung der Teilsystems (s. Abb. 9.5 auf S. 207).

6.8 Weitere Notationen für Klassen

In Kap. 2 wurden bereits Akteure von anderen Klassen unterschieden und
mit dem *Stereotyp* «Akteur» gekennzeichnet. In diesem Abschnitt werden
einige weitere Modellierungsmöglichkeiten vorgestellt.

Definition 6.8.1 (Template-Klasse)
Eine *Template-Klasse* oder kurz Template ist eine durch Typen oder Klassen
parametrisierte Klasse. Für jede als Parameter eingesetzte Typenkombination
liefert ein Template eine Klasse. Das Symbol für eine Template-Klasse ist ein
Klassensymbol, das auf der rechten oberen Ecke ein gestricheltes Rechteck
mit den Template-Parametern enthält, wie in Abb. 6.27 gezeigt. ◄

Abb. 6.27. Template- oder parametrisierte Klasse

Die Container-Klasse TSet in Abb. 6.27 ist ein typisches Beispiel für eine Template-Klasse. Aufgrund der immer unterstellten Objektidentität können für jede Klasse oder elementaren Datentyp spezielle Container aus TSet<T> erzeugt werden, wie dies im Beispiel für **int** und Kunde dargestellt ist. Die gestrichelten Pfeile deuten die Abhängigkeit an: TSet<Kunde> und TSet<int> sind aus TSet<T> erzeugt worden. Man kann dies als Instanziierung oder Verfeinerung lesen.

Definition 6.8.2 (utility)
Ein *utility* (Versorger) ist eine Zusammenfassung globaler Variabler und Funktionen zu einer Klasse. Die Attribute und Operationen eines utilities sind Klassenattribute bzw. Klassenoperationen. Ein utility wird durch den Stereotyp «utility» gekennzeichnet. ◀

Beispiel 6.8.3 (utility)
Eine Klasse in C++, die nur statische data member und member functions hat, ist ein utility. Ein typisches Beispiel ist die Klasse „Task" aus [Str94a]:

```
class Task
{
public:
    static void schedule(int);
    // ...
private:
    static Task* chain;
    // ...
}
```

Auf diese Weise wird vermieden, den globalen Namensraum unnötig zu füllen. Namenskonflikte werden vermieden. Außerdem kann der Zugriff auf die Variablen durch geeignete Operationen sicher kontrolliert werden. ◀

Der durch utilities beschriebene Stil ist auch in Smalltalk üblich und verbreitet.

Definition 6.8.4 (Classifier)
Im Metamodell der UML ist *Classifier* die Generalisierung von *Klasse, Typ, Schnittstelle, Komponente,* und *Teilsystem.* ◀

Der Begriff „Classifier" wird in der Dokumentation der UML oft benutzt, um Aussagen über alle diese Arten von Modellelementen zu formulieren. In diesem Buch wird er fast nur im Abschn. B verwandt.

6.9 Weitere Notationen für Assoziationen

In verschiedenen Situationen benötigt man weitere Notationen, um bestimmte Eigenschaften von Assoziationen zum Ausdruck zu bringen. In Def. 6.4.7 wurden die Kardinalitäten und Multiplizitäten von Rollen in einer Assoziation eingeführt. Ist die Kardinalität größer als 1, so können die Objektbeziehungen eine Ordnung haben.

Definition 6.9.1 (Geordnete Assoziation)
Eine Rolle einer Assoziation heißt *geordnet*, wenn die Objekte an diesem Ende der Assoziation eine spezifizierte Reihenfolge haben. Dies wird durch die Bedingung {ordered} (oder auch deutsch {geordnet}) gekennzeichnet. Eine Assoziation mit einer geordneten Rolle heißt *geordnete Assoziation*. ◄

Objekte erscheinen in der Praxis häufig sortiert. Das heißt nicht, dass es dann zwingend eine geordnete Assoziation gibt. Die {ordered} Eigenschaft bezieht sich auf eine Eigenschaft der Menge der Objekte am jeweiligen Ende der Assoziation, die im Anwendungsbereich identifiziert wurde.

Beispiel 6.9.2 (Geordnete Assoziation)
Die Assoziation zwischen einem Hauptfenster einer *MDI* Anwendung unter MS-Windows und dessen child windows ist geordnet: Die Fenster können sich überlappen, und so wird festgehalten, welches oben ist. Selbst wenn die child windows dann angeordnet werden, bleibt diese Reihenfolge und das aktive Fenster i.d.R. erhalten und wird weiter benötigt (z. B. wenn sie wieder überlappend dargestellt werden, oder wenn mit Funktionstasten von einem in das nächste gewechselt werden soll). Wenn festgelegt wird, dass die Aufträge eines Kunden nach Eingang abgearbeitet werden sollen, so kann dies Anlass zu einer geordneten Assoziation zwischen Kunde und Auftrag geben. ◄

Definition 6.9.3 (Qualifizierte Assoziation)
Seien X und Y Klassen, A eine binäre Assoziation zwischen X und Y. Eine *qualifizierte Assoziation* ist ein Attribut oder eine Attributkombination einer binären Assoziation A, durch die die Menge der Objekte aus Y, die mit einem Objekt aus X durch A verbunden sind, partitioniert wird. Häufig wird durch einen Qualifier zu jedem x aus X und jedem Wert des Qualifiers höchstens ein Objekt aus Y identifiziert. In diesem Fall ist der Qualifier also eindeutig innerhalb des Kontextes, der durch ein Objekt aus X definiert wird. Eine Assoziation mit Qualifier wird *qualifizierte Assoziation* genannt. ◄

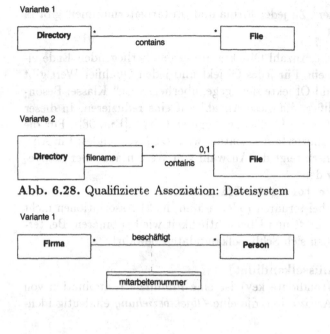

Abb. 6.28. Qualifizierte Assoziation: Dateisystem

Abb. 6.29. Qualifizierte Assoziation Firma - Mitarbeiter

Dieses Konzept lässt sich auch auf n-äre Assoziationen verallgemeinern, es ist dort aber meist von geringem Nutzen. Das Konzept der qualifizierten Assoziation sei an einigen Beispielen erläutert:

Beispiel 6.9.4 (Beispiele für Qualifier)

In einem *UNIX*-System kann es eine Datei unter verschiedenen Namen in verschiedenen Verzeichnissen geben (links). Welcher dieser Namen ist nun der Name der Datei? Die Beziehung zwischen Verzeichnis (Klasse Directory) und Datei (Klasse File) würde man in einem ersten Entwurf vielleicht wie in Abb. 6.28, Variante 1, modellieren. Durch Einführen eines Qualifiers „filename" erhält man eine *:0,1 Assoziation in Variante 2. Der Qualifier „filename" ist eindeutig innerhalb eines Verzeichnisses. Innerhalb eines Verzeichnisses wird durch „filename" eine Datei eindeutig identifiziert. Verzeichnisübergreifend ist dies falsch. Eine ganz analoge Rolle spielt eine Mitarbeiternummer in dem Diagramm in Abb. 6.29. Eine Person kann in mehreren Firmen beschäftigt sein. Eine Mitarbeiternummer ist daher weder ein Attribut von Firma noch von Mitarbeiter, sondern ein Attribut der Assoziation „beschäftigt", wie in Variante 1 dargestellt. Variante 2 zeigt die Modellierung mit einem Qualifier „mitarbeiternummer". Zu jeder Firma und „mitarbeiternummer" gibt es maximal eine Person. ◄

Ein Qualifier schränkt die Anzahl Objekte am gegenüberliegenden Ende einer binären Assoziation ein: Für jedes Objekt und jeden Qualifier-Wert gibt es die spezifizierte Anzahl Objekte der „gegenüberliegenden" Klasse. Besonders nützlich sind Qualifier, die diese Anzahl auf eins reduzieren. In dieser Situation werden Qualifier am häufigsten eingesetzt (vgl. [Rum96]). Für die Navigation über eine qualifizierte Assoziation wird *OCL* verwendet: Ein Ausdruck in eckigen Klammern zeigt die Auswahl von Werten aus einer Menge

```
context directory def:
    let aFile = directory.files[filename].
```

Multiplizitäten sind bei ternären (oder n-ären, n>2) Assoziationen nicht von der gleichen Aussagekraft und Übersichtlichkeit wie bei binären. Bei ternären Assoziationen haben sich Schlüsselkandidaten bewährt.

Definition 6.9.5 (Schlüsselkandidat)
Ein *Schlüsselkandidat* (candidate key) ist eine minimale Kombination von Rollen in einer n-ären Assoziation, die eine *Objektbeziehung* eindeutig identifiziert. ◄

Bemerkung 6.9.6 (Schlüsselkandidaten und RDBMS)
Der Begriff Schlüsselkandidat aus Def. 6.9.5 ist eine natürliche Übertragung des entsprechenden Begriffes für relationale Datenbanken: Dort ist ein Schlüsselkandidat eine minimale identifizierende Attributkombination. Eine n-äre Assoziation wird in einer relationalen Datenbank als Tabelle abgebildet. Für diesen Fall sind die Begriffe identisch. Analoge Überlegungen gelten für die Abbildung von Klassen auf Tabellen (vgl. auch Kap. 16). ◄

Beispiel 6.9.7 (Schlüsselkandidat)
In der ternären Assoziation „nimmt teil" aus Beispiel 6.4.9 gibt es (bis auf die Reihenfolge) nur den Schlüsselkandidaten (Student, Lehrveranstaltung, Semester). In der Abb. 6.30 wird folgende Situation modelliert: Ein Jockey reitet in einem Rennen ein Pferd. Er kann in einem Rennen maximal ein Pferd reiten, allerdings mit diesem oder anderen Pferden an mehreren Rennen teilnehmen. Die Rollen hier mit Multiplizitäten zu versehen ist schwierig: Liest man „Lauf" als „An einem Rennen nehmen viele Pferde teil, ein Pferd kann in vielen Rennen starten", so gibt es zu jeder Kombination von Pferd und Rennen einen Jockey. Interpretiert man Lauf als: „An einem Rennen nehmen viele Jockeys teil", so gibt es zu jedem Jockey genau ein Pferd. Sinnvoller ist hier die Angabe von Schlüsselkandidaten: (Rennen, Pferd) und (Rennen, Jockey) bestimmen jeweils eindeutig eine Objektbeziehung, denn es gibt zu den Schlüsselkandidaten-Werten jeweils genau einen Jockey bzw. Pferd. (Jockey, Pferd) ist kein Schlüsselkandidat, da diese Kombination aus Jockey und Pferd an mehreren Rennen teilnehmen kann [Rum96]. ◄

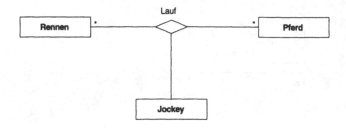

Schlüsselkandidaten:
(Rennen, Pferd), (Rennen, Jockey)

Kein Schlüsselkandidat: (Pferd, Jockey)

Abb. 6.30. Schlüsselkandidaten

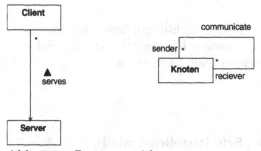

Abb. 6.31. Benutzungsrichtung

So wie Assoziationen bisher eingeführt wurden, sind sie in beiden Richtungen benutzbar. Nun gibt es aber auch Einbahnstraßen: Assoziationen, die nur in einer Richtung benutzt werden können. Es kann auch sein, dass in einem System eine Assoziation nur in einer Richtung benutzt wird und deshalb auch nur in dieser implementiert wird.

Definition 6.9.8 (Benutzungsrichtung)
Ist nichts anderes angegeben, so kann eine binäre Assoziation kann in beiden Richtungen benutzt werden. Ist sie nur in einer Richtung benutzbar, so wird diese durch eine Pfeilspitze in Benutzungsrichtung am Ende des Assoziationssymbols gekennzeichnet. ◀

Beispiel 6.9.9 (Benutzungsrichtung)
In Client-Server-Strukturen besteht typischerweise eine Beziehung zwischen Client und Server, die vom Client zum Server benutzt werden kann. Die Rückgabe eines Ergebnisses vom Server zum Client ist keine Benutzung einer Assoziation. Dieses Szenario zeigt der linke Teil von Abb. 6.31. In Peer-to-Peer Beziehungen wird die Assoziation zwischen zwei Knoten typischerweise in beiden Richtungen genutzt. Dementsprechend ist in Abb. 6.31 die Assoziation „serves" mit einem Pfeil in Richtung Server gezeichnet, die Assoziation

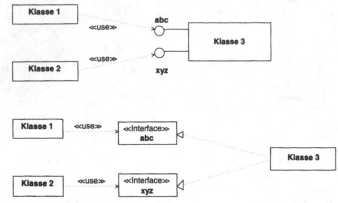

Abb. 6.32. Schnittstellensymbole

„communicate" ohne, da letztere in beiden Richtungen benutzbar sein soll. Da die „communicate" Assoziation zwischen Knoten rekursiv ist, sind die Rollennamen, hier „sender" und „reciever" obligatorisch. ◀

6.10 Schnittstellen

Definition 6.10.1 (Schnittstelle, Schnittstellensymbol)
Eine *Schnittstelle* (interface) ist eine Spezifikation des nach außen sichtbaren Verhaltens einer Klasse, Komponente oder anderen Klassifizierung (einschließlich von Teilsystemen). Eine Schnittstelle spezifiziert für eine Klasse die Signaturen von Operationen. Eine Schnittstelle wird durch ein *Klassensymbol* ohne Attributabschnitt und dem Stereotyp «interface»oder durch einen kleinen Kreis dargestellt, der mit dem Namen der Schnittstelle beschriftet ist, wie in Abb. 6.32 gezeigt wird. Eine Schnittstelle hat keine Attribute und keine Zustände. Eine Schnittstelle kann Ziel einer grichteten Assoziation sein, aber keinen Assoziationen folgen. ◀

Beispiel 6.10.2 (Schnittstelle)
Abbildung 6.32 zeigt diese Notation. Das gestrichelte Genspecsymbol zwischen Interface und Klasse und die durchgezogene Linie zwischen Interface und Klasse sind äquivalente Darstellungen. Die Abhängigkeit ist eine benutzt-Beziehung und deshalb durch den Stereotyp «use» gekennzeichnet. Ein Beispiel für Schnittstellen sind die Interfaces aus Java:

```
interface Component
{
    public operation();
    // ...
}
class Composite implements Component
```

```
{
    public operation();
    // ...
}
```

Ein anderes Beispiele für eine Schnittstelle liefert eine *DLL*, die bestimmte Funktionen exportiert. ◄

Definition 6.10.3 (Realisierung, Realisierungssymbol)
Wenn eine Klasse eine Schnittstelle realisiert, so wird dies in Abhängigkeit von der Darstellung der Schnittstelle visualisiert. Wird der Kreis als Kurzschreibweise für eine Schnittstelle verwendet, so wird der Kreis durch eine durchgezogene Linie mit der realisierenden Klasse verbunden. Wird das Klassensymbol für die Darstellung der Schnittstelle verwendet, so wird die Schnittstelle durch ein gestricheltes *GenSpecsymbol* mit der realisierenden Klasse verbunden. Realisierung bedeutet, dass die Klasse mindestens die Operationen der Schnittstelle implementiert. ◄

Klassen, die eine Schnittstelle benutzen werden, mit dem Schnittstellensymbol durch einen gestrichelten Pfeil mit dem Schlüsselwort «use» verbunden.

Bemerkung 6.10.4 (Klasse, Typ und Schnittstelle)
Bereits im Vorwort wurde auf eine vielfältig verwobene Begriffswelt hingewiesen. Es erscheint daher sinnvoll einige der eingeführten Begriffe zu vergleichen. Was ist der Unterschied zwischen Klasse, Typ, Schnittstelle und abstrakter Klasse? Mit den hier getroffenen Definitionen ist das (hoffentlich) einfach. Ein Typ ist eine Klasse, die nur spezifiziert, welche Attribute und Operationen sie hat. Ein Typ hat also ein spezifiziertes Verhalten, enthält aber keine Informationen darüber (weder öffentlich noch privat), wie dieses Verhalten realisiert wird. Eine abstrakte Klasse leistet das Gleiche. Sie kann darüberhinaus aber auch spezifizieren, wie das Verhalten realisiert werden soll. Von der Art der Spezialisierung hängt die Wirkung einer solchen Spezifikation ab. Sie kann obligatorisch sein, dann müssen spezialisierte Klassen diese Spezifikation oder Implementierung übernehmen. Dies ist der Fall, wenn in Java eine Operation als **final** deklariert ist. In C++ können Operationen in spezialisierten Klassen überschrieben werden, wenn sie als **virtual** deklariert sind. Sie kann aber auch einen default zur Verfügung stellen, den Spezialisierungen verwenden oder verändern können. Eine Schnittstelle spezifiziert einen Ausschnitt des Verhaltens einer Klasse oder eines Pakets. Dieses kann von einer oder mehreren Klassen unterstützt werden. Wie das Verhalten realisiert wird, ist der Schnittstelle nicht zu entnehmen. Einer abstrakten Klasse kann dies zwar nicht ein Benutzer, wohl aber der Entwickler entnehmen. Die unterschiedlichen Begriffe haben also auch unterschiedliche Zielgruppen. So wird man häufig von einer Klasse nur eine Schnittstelle, nämlich die öffentlichen Operationen, für alle Benutzer publizieren, während die Internas den Entwicklern der Klasse vorbehalten bleiben. ◄

Für die Abgrenzung von Paketen sind zunächst einmal die Verhältnisse im Anwendungsbereich ausschlaggebend. Diese können dem Entwickler aber nicht immer hinreichende Anhaltspunkte für eine Zerlegung des Systems, insbesondere des Klassenmodells, in Pakete geben. Dann sind die Regeln für Modularisierung, insbesondere Kopplung und Zusammenhalt nützlich. Deshalb hier eine Übersicht, die bei der Identifikation von Kopplung und Zusammenhalt helfen soll:

1. Zusammenhalt: Indizien für Zusammenhalt von Klassen, die (potenziell) ein Paket bilden, sind:
   - Aggregationen zwischen den Klassen, insbesondere Kompositionen.
   - Assoziationen.
   - Gemeinsames Auftreten mit direkter Nachrichtenverbindung in Kollaborationsdiagrammen.
2. Kopplung: Indizien für eine Kopplung zwischen (potenziellen) Paketen sind:
   - Assoziationen oder Aggregationen, die über Paket-Grenzen gehen.
   - Importbeziehungen und deren „Breite".

6.11 Historische Anmerkungen

Für Klassen gibt es in der Literatur eine Reihe von Symbolen. Populär waren und sind z.B. die Wolken von Booch. Die Wolken hatte Grady Booch ursprünglich aus der Dokumentation von Intels objektorientierter Architektur iAPX432 übernommen [Boo94a]. Das Symbol sollte andeuten, dass die Grenzen einer Abstraktion oder eines Konzepts nicht notwendig eben sind oder nur einfache Ecken haben. Man könnte zur Motivation auch an fraktale Gebilde denken. Das Klassensymbol in der hier benutzten Form stammt aus der OMT Methode von James Rumbaugh et al. (s. [RBP+91]) und steht in der Tradition sowohl der Entity-Relationship-Modellierung als auch der bewährten Diagrammtechniken, die für statische Objekte eckige Symbole und für dynamische Objekte runde oder abgerundete Symbole vorsehen [MO92]. Beispiele für dieses Prinzip sind auch die Kreise für Prozesse in der strukturierten Analyse und die Symbole für Zustände und Anwendungsfälle in diesem Buch. Das Sechseck als Symbol für ein Objekt, das in UML 0.8 vorgesehen war, kann als strukturierte Wolke angesehen werden [BR96]. Die in der UML benutzte Form des Klassensymbols eignet sich auch gut für die Zeichnung auf Tafel oder Papier. Die Bezeichnung „utility" geht meines Wissens auf [Boo94a] zurück. Die Praxis, freie Unterprogramme (free subprograms) nach den Klassen zu gruppieren, aus denen sie aufgebaut sind, stammt wohl aus C++ und ist eine Standardanwendung der in Kap. 4 dargestellten Prinzipien. Der Verzicht auf eine Formalisierung des „semantischen Hintergrundes" folgt dem Stil der Booch Notation, in der für jedes Element eine derartige, nicht weiter formalisierte Spezifikation vorgesehen ist. Die Spezifikation von Operationen lehnt sich an die *Ada* Syntax an. Für die Darstellung von GenSpec-Beziehungen wurden verschiedenste Symbole benutzt: Pfeile in verschiedenen Formen, die mal auf die Spezialisierung [Mey92], mal auf die Generalisierung zeigen, z. B. [Boo94a]; ein Dreieck, dessen Spitze auf die Generalisierung zeigt und etwa in der Mitte einer Linie zwischen Spezialisierung und Generalisierung angebracht ist (*OMT*, z. B. [RBP+91]); ein Halbkreis in der Mitte einer solchen Linie, dessen „Schnittfläche" zur Spezialisierung gerichtet ist. Eine Umrahmung der Spezialisierungen, die durch eine Linie mit der Generalisierung verbunden sind [MO95],[Fow96]. In der erweiterten Entity-Relationship Notation wurde dies durch einen Bogen bei der Generalisierung ausgedrückt. Die UML übernimmt eine Form, die sich nach meinem Eindruck im Wesentlichen bereits durchgesetzt hatte. Das Symbol für Schnittstelle stammt aus der *Microsoft* Dokumentation zu *DCOM*. Booch unterscheidet zusätzlich eine Sichtbarkeit „Implementierung". Öffentliche Sichtbarkeit wird dort nicht weiter markiert. Geschützt, privat und Implementierung wird durch ein, zwei bzw. drei senkrechte Striche markiert. Klassenattribute und -operationen werden in OMT durch den Präfix $ gekennzeichnet. Diese Notation ist eine Weiterentwicklung der Notationen der genannten Autoren, wie der folgende Text anekdotisch zeigt (zumindest für Booch und OMT). Nach den vorstehenden Erläuterungen sollte er für Leser mit etwas Englisch Kenntnissen verständlich sein.[1]

Both Sides Now
by Jim Rumbaugh
with apologies to Joni Mitchell

Blobs with writing in their hair
And small adornments in the air
And has-relations everywhere
I've looked at clouds that way.

But now I've purged them from my Sun
Eliminated every one
So many things I would have done
To drive the clouds away.

I've looked at clouds from both sides now
Both in and out, and still somehow
It's clouds' delusions I appall
I really can't stand clouds at all.

Balls for multiplicity
Black and white for clarity
And data flows arranged in trees

---

[1] Fowler berichtet in [FSM97], die Party von Rational auf der *OOPSLA* 1995 sei trotz des Gesangs von Jim Rumbaugh sehr lustig gewesen.

Were part of OMT.

But now I've had to let them go
We'll do it differently, you know
'Cause Grady said, they've got to go
We can't use OMT.

I've seen OMT from both sides now
Both good and bad, and still somehow
It's my notation I recall
I really like OMT best of all.

Talks in June to write it down
And document just what we've found
And bring it here to Austin town
To give it all away.

But now our fans are acting strange
Hey, Jim and Grady, you've both changed.
Well, something's lost, but something's gained
In building unity.

We've seen OO from both sides now
Both his and mine, and still somehow
It's OO's strengths we'll still pursue
We've tried to bring the best to you.

6.12 Fragen zur Klassenmodellierung (UML)

1. Erläutern Sie Gemeinsamkeiten/Unterschiede von Assoziation und Aggregation!
2. Wann modelliert man eine Beziehung als Aggregation, wann als Assoziation?
3. Wie kann man virtuelle Methoden aus C in einem Klassenmodell ausdrücken?
4. Wie macht man deutlich, dass es sich bei einer Klasse um eine abstrakte (Basis-)Klasse handelt, von der es keine Instanzen geben soll bzw. darf?
5. Nach welchen Kriterien kann man sich richten, wenn man sich entscheiden muss, ob man eine Klasse bilden oder diese in mehrere aufsplitten soll oder nicht? (Kopplung contra Zusammenhalt)
6. Wie entscheidet man, ob Attribute in eine Klasse gehören oder Bestandteil einer Oberklasse sind?
7. In wieweit lässt die Anzahl der Attribute eines Objektes darauf schließen, dass dieses Objekt evtl. gesplittet werden sollte?
8. Was ist der Definitionsbereich einer Operation?
9. Was versteht man unter einer Rolle?

10. Was sind bei Assoziationen Rollennamen? Was genau unterscheidet die Rolle von einer Benennung einer Assoziation?
11. Was ist ein Diskriminator?
12. Wann sollten ternäre Assoziationen verwendet werden? Was sagen sie aus und wie sollten sie spezifiziert werden?
13. Nennen und diskutieren Sie einige Kriterien, nach denen Klassen in einem Analysemodell sinnvoll zu Paketen zusammengefasst werden können!
14. Welche Klassen sind Kandidaten für Singletons? Wann sollten sie vermieden werden, bzw. sind sie überflüssig?
15. Welche Methoden gibt es, um eine Kopplung zwischen bzw. Zusammenhalt innerhalb von Objekten zu erkennen und zu analysieren?
16. Was ist ein Qualifier? Wann benutzt man diese?
17. Welche Beziehungen gibt es zwischen Schnittstelle und Klasse bzw. Schnittstelle und Paket?
18. Was gibt die Benutzungsrichtung einer Assoziation an?
19. Wie sind Assoziationen zu verstehen, wenn keine Benutzungsrichtung angegeben ist?
20. Beschreiben Sie die Unterschiede und Gemeinsamkeiten von Zusammensetzungs-Strukturen (Aggregation, Is a-) und Verallgemeinerungs-Beziehungen (Is a-, Gen/Spec) in einem komplexen System!
21. Was ist der Unterschied zwischen Aggregation und Zusammensetzung (Komposition)?
22. Vergleichen Sie das Objektmodell aus OMT mit dem Entity-Relationship-Modell!
23. Wie sollte man die Kardinalitäten in einem Objektmodell notieren? Was spricht für und was gegen die verschiedenen Möglichkeiten?
24. Was versteht man unter Abhängigkeit?
25. Wie unterscheidet man Assoziation und Abhängigkeit?
26. Wozu setzt man Utility-Klassen ein?
27. Gibt es sinnvolle Assoziationen, in denen ein Assoziationsende die Kardinalität 0 hat?
28. Hat man eine gerichtete Assoziation von einer Klasse A zu einer Klasse B, kann man dann zu einem Objekt aus B das oder die zugehörigen Objekte der Klasse A finden?
29. Es gibt keine (?) Programmiersprache, in der sich Aggregation abbilden lässt. Ist es also interessant in der Analyse zwischen Assoziation, Aggregation und Komposition zu unterscheiden?
30. Klassische Verfahren der Wiederverwendung erlauben nur das Wiederverwenden von Elementen, die genau auf die andere Aufgabenstellung passen. Objektorientierung tritt mit dem Anspruch auf, dies auch zu ermöglichen, wenn die Elemente nur „ungefähr" passen. Wie ist das möglich und welche Vor- und Nachteile sehen Sie darin?

7 Verhaltensmodellierung

7.1 Übersicht

Im Rahmen der Strukturen, die durch Assoziationen, Aggregationen und GenSpec-Beziehungen gebildet werden, spielen sich die eigentlich interessanten Dinge ab: Das Verhalten, das die Objekte zeigen, die Kooperationen, die sie eingehen, um die Aufgaben des Systems zu erledigen. Je nachdem, welcher Aspekt gerade betrachtet wird, ist die eine oder andere Darstellungsform geeigneter oder zumindest suggestiver.

Zustandsdiagramme für Klassen bilden alle Möglichkeiten ab, wie das „Leben" eines Objekts verlaufen kann. Aus vollständigen Zustandsdiagrammen können alle Sequenzdiagramme abgeleitet werden, die Objekte der jeweiligen Klassen betreffen.

Aktivitätsdiagramme werden typischerweise für Operationen erstellt, um deren genaueren Ablauf zu spezifizieren. Sie zeigen für ein Objekt aus einem Kollaborationsdiagramm den genauen Ablauf der eigenen oder importierten Operationen.

Sequenzdiagramme zeigen den zeitlichen Ablauf von Nachrichten zwischen Objekten. Sie sind zur Präzisierung von Szenarios oder zur schrittweisen Herleitung von Zustandsdiagrammen geeignet. Etwaige Objektbeziehungen zwischen den Objekten sind hier nicht zu sehen.

Kollaborationsdiagramme zeigen Gruppen von Klassen oder Objekten, die in einem Kontext, z.B. einer Operation oder der Realisierung eines Anwendungsfalls, zusammenwirken. Hier sind die Objektbeziehungen zu sehen, die dabei verfolgt werden. Kollaborationsdiagramme geben einen guten Eindruck von der Komplexität der durchzuführenden Aufgaben. Da sie keine Zeit-Dimension haben, muss die Reihenfolge der Nachrichten durch Nummern gekennzeichnet werden.

Dieses Kapitel beschreibt also Sichten auf dynamische Aspekte des Systems, oft kurz als das „dynamisches Modell" bezeichnet. Genau genommen ist es kein gesondertes Modell, sondern lediglich eine wichtige Sicht auf das Gesamtmodell. Verhalten ist nur dann zu modellieren, wenn es signifikante Eigenschaften hat. Für Klassen etwa, deren Objekte nur erzeugt und später wieder zerstört werden, ist ein Zustandsdiagramm so einfach, dass darauf in der Regel verzichtet werden kann.

7.2 Lernziele

- Sequenzdiagramme lesen und formulieren können.
- Den Zustandsbegriff charakterisieren können.
- Zustandsübergänge und Ereignisse kennen.
- Zustands- und Aktivitätsdiagramme Klassen oder Operationen zuordnen können.
- Unterschiede zwischen Zustandsdiagrammen und Aktivitätsdiagrammen charakterisieren können.
- Nebenläufigkeit charakterisieren können.
- Kollaborationsdiagramme lesen und formulieren können.

7.3 Elementare Zustandsdiagramme

Nach Def. 2.6.1 auf S. 34 ist ein Zustand eine Ausprägung von Eigenschaften eines Objekts, die über eine gewisse Zeit erhalten bleibt. Die Modellierung von Zuständen, ist aber nur dann sinnvoll, wenn diese sich ändern.

Definition 7.3.1 (Zustandsübergang, Transition)
Ein *Zustandsübergang* oder eine *Transition* ist der Übergang eines Objektes von einem Zustand in einen anderen. Ein Zustandsübergang wird durch ein Ereignis ausgelöst, von dem das Objekt durch eine Nachricht erfährt, durch ein zeitliches Ereignis oder durch das Beenden einer Operation. ◄

Zustandsübergänge werden durch Pfeile dargestellt, die vom Startzustand zum Zielzustand führen. Die Pfeile werden mit dem Ereignis, das den Zustandsübergang auslöst, und den damit verbundenen Aktionen beschriftet. Beides wird durch einen Schrägstrich getrennt. Ein Zustandsübergang, der nicht mit einem Ereignis beschriftet ist, tritt ein, wenn die Aktivität des Zustandes beendet ist.

Definition 7.3.2 (Verhalten)
Ein Objekt zeigt ein *Verhalten*, das sich in seiner Reaktion auf interne oder externe Ereignisse zeigt. ◄

In den oben eingeführten Beispielen kommen einige Zustandsübergänge vor. In Beispiel 2.3.2 auf S. 21 wird das amtliche Kennzeichen durch ein externes Ereignis, das Ummelden, geändert und in Beispiel 2.3.15 (S. 25) der Name durch ein internes Ereignis, nämlich die Entscheidung des Objekts, bei der Heirat die Entscheidung für eine der Optionen des deutschen Namensrechts zu treffen. Ob diese Änderungen wesentlich sind und als unterschiedliche Zustände in einem Modell berücksichtigt werden müssen, sei zunächst einmal offen gelassen. Diese Frage wird im Zusammenhang mit einer genaueren Diskussion von Zuständen und Zustandsübergängen besprochen. Der Zustand kann aber auch durch ein Verhalten gekennzeichnet sein, wie das folgende Beispiel zeigt.

Beispiel 7.3.3 (Fahrscheinautomat)
An einem Fahrscheinautomaten kann eine Preisstufe ausgewählt und anschließend bezahlt werden. Wird mit einem Geldschein bezahlt, so führt der Automat folgende Aktivitäten aus

- Geldschein erkennen und prüfen.
- Wechselgeld bzw. noch zu zahlenden Betrag berechnen.
- Fahrschein ausgeben.
- Wechselgeld ausgeben.

In diesen Zustand kommt ein solcher Automat durch das Einführen des Geldscheins, der Zustand ist beendet, wenn die Aktivitäten durchgeführt worden sind. Allerdings können diese Aktivitäten unterbrochen werden, wenn der Benutzer den Knopf zum Abbrechen drückt, bevor der Fahrschein ausgegeben wurde. ◄

Definition 7.3.4 (Aktivität)
Eine *Aktivität* ist eine Operation mit einer Dauer. ◄

Definition 7.3.5 (Aktion)
Eine *Aktion* ist eine nicht unterbrechbare Operation ohne Dauer. ◄

Bemerkung 7.3.6 (Dauer)
Wenn von einer Operation ohne Dauer die Rede ist, so ist damit die Dauer im Zeitrahmen des betrachteten Systems gemeint. „Ohne Dauer" heißt dabei im Vergleich mit anderen Operationen so schnell, dass die Dauer bei den weiteren Überlegungen vernachlässigt werden kann. ◄

Definition 7.3.7 (Interaktion)
Eine *Interaktion* (interaction) ist ein Austausch von *Nachricht*en zwischen *Objekt*en zum Erreichen eines bestimmten Ziels. ◄

Definition 7.3.8 (Zustandsdiagramm, Zustandssymbol)
Ein *Zustandsdiagramm* zeigt die Zustände von Objekten einer Klasse oder einer *Interaktion* und die Zustandsübergänge. Die in Def. 2.6.1 eingeführten Zustände werden in Diagrammen mit einem Kasten mit abgerundeten Ecken wie in Abb. 7.1 dargestellt. Das *Zustandssymbol* enthält, soweit vorhanden, den Namen des Zustandes, Zustandsvariable und deren Werte sowie die im Zusammenhang mit dem Zustand ausgelösten Operationen. Dies sind insbesondere folgende:

- Eintrittsaktivität (entry action): Eine Aktion oder Aktivität, die beim Eintritt in den Zustand immer ausgeführt wird, wird durch entry/Aktivitätsname angegeben.
- Austrittsaktivität (exit action): Eine Aktion oder Aktivität, die beim Verlassen des Zustands immer ausgeführt wird, wird durch exit/Aktivitätsname angegeben.

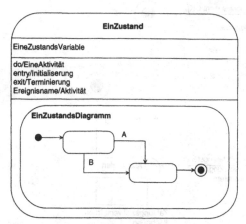

Abb. 7.1. Ein vollständiges Zustandsymbol

- Eine Aktivität oder Aktivitätenfolge (do action), die den Zustand charakterisiert, wird durch do/Aktivitätsname angegeben. Ein unbeschrifteter Zustandsübergang tritt ein, wenn diese Aktivität (bzw. Aktivitätenfolge) beendet ist.
- Aktivitäten, die durch ein Ereignis ausgelöst werden, ohne dass der Zustand verlassen wird, werden durch Ereignisname/Aktivitätsname angegeben.

Ein Zustandsdiagramm kann ein weiteres Zustanddiagramm enthalten (geschachteltes Zustandsdiagramm). Darauf wird durch zwei kleine Zustandssymbole in der rechten unteren Ecke, die durch eine Linie verbunden sind, hingewiesen. Ein solches Zustandssymbol kann also weiter expandiert werden. Ein Zustandsdiagramm hat einen Anfangszustand, der durch einen ausgefüllten Kreis dargestellt wird. Es kann keinen, einen oder mehrere Endzustände haben, die durch einen Kreisring (bulls eye, Ochsenauge) dargestellt werden. In einem Zustandssymbol kann in einem weiteren optionalen Abschnitt ein weiteres Zustandsdiagramm dargestellt werde (geschachteltes Zustandsdiagramm). ◄

Beispiel 7.3.9 (Zustandsdiagramm: Auftrag)
Ein einfaches Beispiel für ein Zustandsdiagramm zeigt Abb. 7.2. Ein Auftrag von einem neuen Kunden wird aufgenommen und erst nach erfolgter Bonitätsprüfung mit einem Lieferdatum bestätigt. Ist die Bonitätsprüfung negativ, so wird der Auftrag höflich, aber bestimmt abgelehnt. Bei bekannten Kunden wird der Auftrag direkt und ohne Bonitätsprüfung angenommen. Wird die Auslieferungsfähigkeit gemeldet, so wird der Auftrag ausgeliefert und die Rechnung geschickt. Erfolgt die Zahlung fristgerecht, so ist der Auftrag beendet; andernfalls wird nach Verstreichen der Zahlungsfrist eine Mahnung geschickt. ◄

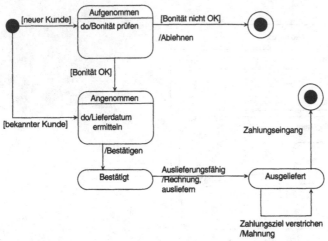

Abb. 7.2. Zustandsdiagramm Auftrag

Zustandsübergänge sind oft mit Bedingungen versehen, sogenannten Wächterbedingungen.

Definition 7.3.10 (Wächterbedingung)
Eine *Wächterbedingung* (guard condition) ist eine Bedingung, von der ein Zustandsübergang abhängt: Er findet statt, wenn die Bedingung wahr ist. Eine Wächterbedingung wird in eckigen Klammern am Zustandsübergangspfeil notiert: [Bedingung]. Eine Wächterbedingung ist ein boolescher Ausdruck in den Parametern des Auslösers, den Zustandsvariablen und Operationen des betrachteten Objekts. ◀

Ein Beispiel für Wächterbedingungen gibt Beispiel 7.3.11.

Beispiel 7.3.11 (Wächterbedingung)
In Anlehnung an ein Beispiel aus [RBP+91] zeigt Abb. 7.3 schematisch eine Kreuzung mit Ampeln. Die Linksabbiegerspur bekommt nur Grün, wenn dort ein Auto steht (und bis zum Haltebalken vorgefahren ist). In diesen Fällen bekommt der Gegenverkehr Rot, bevor die andere Richtung grün bekommt. Die Einzelheiten sind in dem Zustandsdiagramm in Abb. 7.4 gezeigt. ◀

Ein Zustandsübergang ist die Reaktion eines Objekts auf ein externes Ereignis. Zustandsübergänge können Operationen auslösen und eine Zustandänderung bewirken. Ein externer Zustandsübergang führt zu einem neuen Zustand und kann eine Operation auslösen. Ein interner Zustandübergang löst eine Operation aus, ohne einen Zustandswechsel zu bewirken. Die Reaktionen auf Ereignisse, bei denen der Zustand nicht verlassen wird, wird mit dem des Ereignisses, gefolgt von einem Schrägstrich „/" und der Liste der Reaktionen im Zustandssymbol angegeben, vgl. Abb. 7.1 auf S. 169.

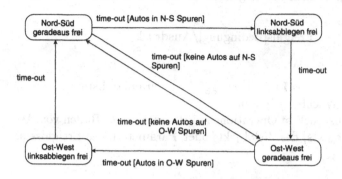

Abb. 7.3. Eine Kreuzung mit Ampeln und Sensoren

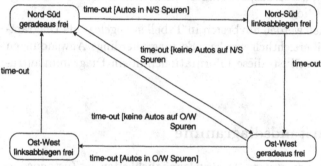

Abb. 7.4. Zustandsdiagramm: Kreuzung

Zustandsübergänge, die aus dem aktuellen Zustand eines Objektes heraus-
führen, können durch Nachrichten ausgelöst werden, die vom Objekt empfangen werden. Der Auslöser eines Ereignisses enthält den Namen des Ereignisses
und eine optionale Wächterbedingung. Konzeptionell werden Zustandsübergänge durch Ereignisse ohne Zeitverzögerung ausgelöst. In der Realität dauert dies jedoch eine (wenn auch kurze) Zeit, so dass Ereignisse nur auf einer
hinreichend hohen Abstraktionsebene als atomar und nicht unterbrechbar
anzusehen sind. Es ist eine nützliche Vereinbarung Zustandsübergänge ohne
Ereignisnamen zuzulassen. Wenn ein solcher unbeschrifteter Zustandsübergang eine Wächterbedingung hat, so wird er ausgelöst, wenn die Bedingung
wahr wird; in der Praxis braucht diese Bedingung allerdings nur bei Ereignissen ausgewertet zu werden, da eine Änderung eine Ursache haben muss.

Ein Zustand kann höchstens einen unbeschrifteten Zustandsübergang ohne Wächterbedingung haben; dies bedeutet, dass der Zustandsübergang stattfindet, wenn die interne Aktivität des Zustandes abgeschlossen ist. Diese
Übergänge werden lambda-Transitionen genannt.

Definition 7.3.12 (Zustandsübergangsbeschreibung)
Zustandsübergänge können mit folgenden Elementen beschriftet werden, die alle optional sind:

$$\text{Ereignis[Bedingung]/Ausdruck}$$

Dabei sind

- Ereignis der Name eines Ereignisses, ggf. mit Parameterliste,
- Bedingung eine Wächterbedingung,
- Ausdruck ein Ausdruck in Operationen, Attributen oder Rollen von Assoziationen des Objekts, des Zielobjekts oder Parametern des Ereignisses.

◀

Während des Designs können zusätzliche Informationen spezifiziert werden, wie das Protokoll (Prozeduraufruf, I/O-Ereignis, Prozesskommunikation, Hardware Signal), der Transport Kanal, die Zeitrestriktionen für Ereigniszustellung und Reaktion etc.

Solche Informationen werden am besten in Tabellen abgelegt, da Diagramme dadurch sonst unübersichtlich werden. Es mag allerdings Anwendungen geben, in denen es sinnvoll ist, diese Informationen in ein Diagramm aufzunehmen.

7.4 Komplexe Zustandsdiagramme

Als einfaches Beispiel, um weitere Ausdrucksmöglichkeiten in Zustandsdiagrammen zu erläutern, dient ein Gerät der Unterhaltungselektronik.

Beispiel 7.4.1 (Kompaktanlage)
Eine Kompaktanlage habe Radio, CD-Spieler, Kassettenteil (mit zwei Laufwerken) und Verstärker wie in Abb. 7.5 dargestellt. Die einzelnen Teile können nach folgenden Regeln genutzt werden, die später noch präzisiert werden.

- Der CD-Spieler und der Radioempfänger können nicht gleichzeitig laufen.
- Der Kassettenteil kann gleichzeitig mit CD-Spieler oder Radioempfänger aktiv laufen.
- Nur der Output von einer Tonquelle wird verstärkt.
- Eine Aufnahme ist nur entweder vom Radio, von einer CD oder einer anderen Kassette zur Zeit möglich.

Abbildung 7.6 zeigt ein erstes Zustandsdiagramm für diese Kompaktanlage. Die Zustandssymbole stehen für Zustandsdiagramme der einzelnen Komponenten. Die Teilzustände sind hierin gekapselt. Die Zustände des Verstärkers sind nicht eingezeichnet, da er nur ein- und ausgeschaltet werden kann und keine weiteren Zustände hat. Die Beschriftungen an den Zustandsübergängen entsprechen den Funktionstasten der Anlage:

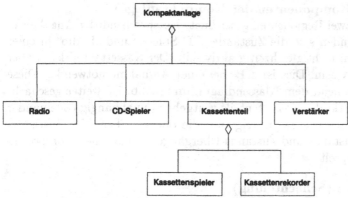

Abb. 7.5. Klassendiagramm: Kompaktanlage

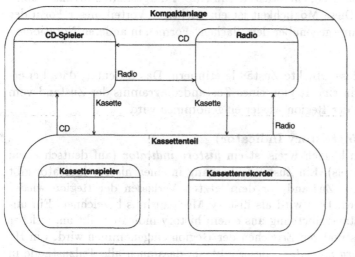

Abb. 7.6. Zusammengesetztes Zustandsdiagramm

CD   Auf CD-Spieler schalten
Radio   Auf Radio schalten
Kassette   Auf Kassettenteil schalten

Die Zustandsnamen zeigen, welche Komponente aktiv ist. Nicht berücksichtigt sind Zustandsübergänge, wie sie durch das Betätigen der Aufnahmetaste ausgelöst werden. ◄

Definition 7.4.2 (Nebenläufige Zustände)
Ein Zustandsdiagramm kann durch gestrichelte Linien in mehrere *Region*en aufgeteilt werden. Jede Region bildet ein Zustandsdiagramm, dessen Zustände gleichzeitig mit denen anderer Regionen aktiv sein können. Derartige Zustände heißen nebenläufig (concurrent). ◄

Beispiel 7.4.3 (Komponenten der Kompaktanlage)
In Abb. 7.6 sind zwei Regionen eingezeichnet. Entsprechend der Angaben in
Beispiel 7.4.1 befinden sich die Zustände „CD-Spieler" und „Radio" in einer
Region. Sie können nicht gleichzeitig aktiv sein. Der Kassettenteil kann aber
parallel dazu aktiv sein. Dies ist z. B. bei einer Aufnahme notwendig. Diese
Region ist entsprechend dem Klassendiagramm in Abb. 7.5 weiter geschachtelt, da bei Laufwerke des Kassettenteils weitgehend unabhängig voneinander
funktionieren. Dieses Diagramm zeigt nur die oberste Ebene der Zustandsübergänge. Die Zustände und Zustands-Übergänge der einzelnen Komponenten sind hier gekapselt. ◄

Bemerkung 7.4.4 (Schachtelung)
Die von David Harel in [Har87] eingeführt Möglichkeit, Zustandsdiagramme
hierarchisch aufzubauen, entspricht der in Kap. 1 dargestellten Struktur komplexer Systeme. Diese Möglichkeit ist ein wichtiger Vorteil dieser Form der
Zustandsdiagramme gegenüber den „flachen" Formen in anderen Notationen.
◄

Es kommt vor, dass Objekte Zustände erinnern. Das bedeutet, dass bei er-
neutem Eintritt in eine Region eines Zustandsdiagramms der Zustand vom
letzten Verlassen der Region wieder eingenommen wird.

Definition 7.4.5 (History Indicator)
Ein „H" in einem kleinen Kreis ist ein *history indicator* (auf deutsch etwa:
Erinnerungs-Hinweis). Ein Zustandsübergang in einen history indicator gibt
an, dass der letzte Zustand vor dem letzten Verlassen der Region wieder
eingenommen wird. Dies wird als history Mechanismus bezeichnet. Ein unbeschrifteter Zustandsübergang aus einem history indicator gibt an, welcher
Zustand beim erstmaligen Erreichen der Region eingenommen wird. Ein H*
ist ein *deep history indicator*. Dieser gibt an, dass auch alle Teilzustände in
einem geschachtelten Zustandsdiagramm wieder eingenommen werden. ◄

Beispiel 7.4.6 (History Indicator)
Das Konzept des history indicators ermöglicht es, die Funktionsweise der
Kompaktanlage weiter zu präzisieren. Abbildung 7.6 gibt noch kein korrektes Bild der Funktionsweise. Unter Verwendung einiger history indicators
gibt Abb. 7.7 ein genaueres Bild. Beim ersten Einschalten der Anlage ist
das Radio aktiv. Dies wird durch den unbeschrifteten Zustandsübergang aus
dem history indicator rechts oben in Abb. 7.7 auf der obersten Diagramm-
ebene symbolisiert. Beim Umschalten von Radio auf CD-Spieler wird der
letzte Zustand des CD-Spielers nicht erinnert. Der CD-Spieler beginnt in seinem Anfangszustand. Falls eine CD eingelegt ist, steht er am Anfang der
CD. Beim Umschalten von CD-Spieler auf Radio wird der history Mechanismus ausgelöst. Beim Umschalten auf Kassette und beim Schalten zwischen
CD und Kassette wird ebenfalls der history Mechanismus ausgelöst. Beim
Umschalten auf Kassettenbetrieb gehen die Übergänge in einen deep history

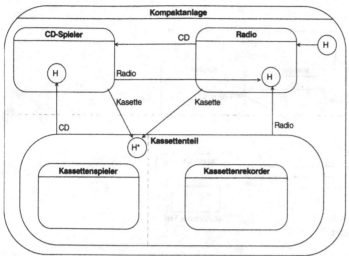

Abb. 7.7. History indicator

indicator. Das hießt hier z. B. : Liegen bei Kassettenbetrieb in beiden Kasset-
tenlaufwerken Kassetten und wird vom Kassettenspieler auf den Kassetten-
rekorder etwas aufgenommen, so passiert beim Umschalten auf Radiobetrieb
Folgendes: Nun wird das Programm des zuletzt eingestellten Senders aufgenommen. Auch die Kassette im Kassettenspieler läuft weiter, es handelt sich
um nebenläufige Regionen. Wird dann von Radio auf CD umgeschaltet und
auf „spielen" gedrückt, so wird nun von der CD aufgenommen. Wird nun
wieder auf Kassettenbetrieb umgeschaltet, so wird weiter von der im Kassettenspieler laufenden Kassette aufgenommen. Dies ist nicht unbedingt der
sinnvollste Mechanismus, aber so funktioniert z. B. die Anlage auf meinem
Schreibtisch. ◀

Die Zustände der einzelnen Komponenten können in weiteren Diagrammen
spezifiziert werden. Dies geschieht hier exemplarisch für den CD-Spieler.

Beispiel 7.4.7 (CD-Spieler)
Der Einfachheit halber wird hier ein CD-Spieler mit folgenden Bedienungs-
elementen betrachtet: Eine Taste zum Öffnen bzw. Schließen des Laufwerks,
die hier mit „laden" bezeichnet wird. Dies ist eine Umschaltfunktion: Ist das
Laufwerk geschlossen, so wird es geöffnet, ist es offen, so wird es geschlossen.
Eine Taste um das Abspielen einer CD zu starten, hier als „start" bezeichnet.
Diese Taste hat nur eine Funktion, wenn eine CD im Laufwerk liegt. Ist das
Laufwerk geöffnet, so wird es bei Betätigen der „start"-Taste geschlossen. Eine
„stopp"-Taste ermöglicht das Anhalten einer laufenden CD, die „start"-Taste
setzt dann das Abspielen fort. Eine „Ende"-Taste beendet das Abspielen, der
CD-Spieler ist dann wieder im Zustand „bereit". Mit der „Tab"-Taste wird
zum nächsten Titel gesprungen. Die möglichen Übergänge zeigt Abb. 7.8.
Ein Ende-Zustand ist nicht eingezeichnet. Das Ausschalten der Anlage oder

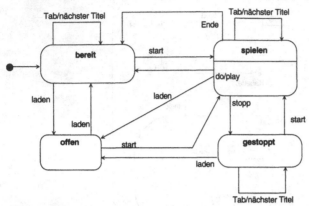

Abb. 7.8. CD-Spieler

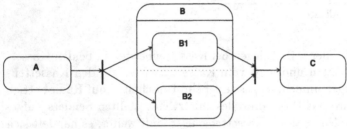

Abb. 7.9. Komplexe Zustandsübergänge

das Umschalten auf eine andere Komponente wird auf der Ebene darüber modelliert. ◀

Ein Zustandsübergang kann mehrere Start- oder Zielzustände haben.

Definition 7.4.8 (Komplexer Zustandsübergang)
Ein komplexer Zustandsübergang ist ein Zustandsübergang mit mehreren Start- oder mehreren Zielzuständen. Er wird durch einen Balken als Synchronisations-Symbol dargestellt, wie in Abb. 7.9 schematisch gezeigt wird. ◀

Das korrekte Erfassen des Synchronisationsbedarfs ist bei nebenläufigen Objekten entscheidend.

Bemerkung 7.4.9 (Menschliches Synchronisationsvermögen)
Was der Mensch an Synchronisation ständig leistet, sieht man z. B., wenn man versucht, mit der linken und der rechten Hand gleichzeitig zu schreiben. Für die meisten rechtshändigen Menschen ist die einfachste Möglichkeit Spiegelschrift zu schreiben, mit der rechten Hand auf einem Blatt wie üblich zu schreiben und auf einem anderen die linke Hand einfach „mitmachen" zu lassen. Das Gehirn synchronisiert die Bewegungen spiegelbildlich. Für die

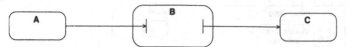

Abb. 7.10. Zustandsübergangsrumpf

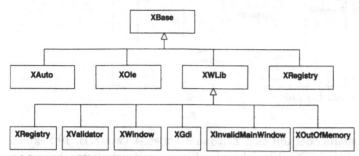

Abb. 7.11. Hierarchie von exceptions

Überlegungen, die zur Entwicklung von Anwendungen mit komplexen nebenläufigen Aufgaben notwendig sind, sei auf die Literatur verweisen, z. B. [HH94]. ◀

Sollen auf einer oberen Ebene Zustandsübergänge in Zustände tieferer Ebenen dargestellt werden ohne alle Details dieser Ebenen zu zeigen, so werden Zustandsübergangsrümpfe benutzt.

Definition 7.4.10 (Zustandsübergangsrumpf)
Ein *Zustandsübergangsrumpf* (stubbed transition) ist ein Balken innerhalb eines geschachtelten Zustandsdiagramms. Die Zustandsübergänge in Teilzustände enden an dem Balken. Schematisch ist dies in Abb. 7.10 dargestellt. Ein Zustandsübergangsrumpf steht für einen Übergang in einen Zustand innerhalb eines geschachtelten Diagramms, der nicht dargestellt ist. ◀

Ein Zustandsübergangsrumpf, der in einen geschachtelten Zustand führt, wird wie üblich beschriftet. Einer, der aus einem geschachtelten Zustand kommt, wird nicht beschriftet. Die Beschriftung ist nur in Verbindung mit dem Zustand aussagekräftig, der hier nicht dargestellt ist.

Ereignisse können klassifiziert und durch ein Klassendiagramm dargestellt werden.

Beispiel 7.4.11 (Ereignishierarchie)
Abbildung 7.11 zeigt ein Beispiel einer Hierarchie von Ereignissen. Dort sind exceptions aus einer Klassenbibliothek für MS-Windows in einer Art Ereignisbaum dargestellt. ◀

Die Parameter des Ereignisses (so vorhanden) treten hier als Attribute der entsprechenden Klasse auf. Ein spezialisiertes Ereignis erbt die Parameter seiner übergeordneten Ereignisse und fügt ggf. weitere hinzu. Ein solches Ereignis löst jeden Zustandsübergang aus, der von seinen „Vorgängern" ausgelöst

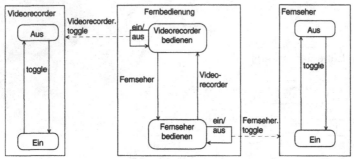

Abb. 7.12. Senden von Ereignissen

wird. Ein Ereignisname, der auf eine Zeitdauer verweist (wie z. B. 10 Sekunden später) ist lediglich eine Vereinbarung für ein zeitgesteuertes Ereignis. Dies bedeutet, dass ein Ereignis nach einem bestimmten Zeitraum stattfindet. Der Zeitraum beginnt nach dem Eintritt in den jeweils relevanten Zustand. Ein solches Ereignis würde mittels des Setzens und Zurücksetzens entsprechender Timer implementiert werden, es gibt aber keinen Grund sich bei der Spezifikation mit dieser internen Komplexität zu beschäftigen, da solche Ereignisse nach einem bekannten Schema implementiert werden. Der Sender eines solchen, zeitgesteuerten Ereignisses ist die „Systemumgebung" und kein individuelles Objekt. Hier ist generell anzumerken, dass die Zeit nur in speziellen Problemstellungen, z. B. in Echtzeitanwendungen, modelliert wird und in den meisten anderen Aufgaben als eine Systemfunktion einfach benutzt werden kann.

Objekte können Nachrichten an andere Objekte schicken. Ganz allgemein kann eine Nachricht an eine beliebige Menge von Objekten geschickt werden, die dem sendenden Objekt bekannt sind. Für das empfangende Objekt ist das Eintreffen einer Nachricht ein Ereignis, so dass man auch vom Senden von Ereignissen spricht. Das Senden eines Ereignisses an ein einzelnes bestimmtes Objekt (der häufigste Fall) und das Senden an das gesamte System (Broadcast) sind Spezialfälle dieses allgemeinen Falles. Das Senden eines Ereignisses ist eine Aktion, die von einem Objekt ausgeführt werden kann, Abb. 7.12 zeigt ein Beispiele hierfür aus [Rat97b]. Meist genügt es, zu notieren, dass ein Ereignis geschickt wird, und Text am Zustandsübergang anzubringen. Das Senden eines Ereignisses kann also graphisch sowohl in einem Sequenz- als auch einem Zustandsdiagramm ausgedrückt werden.

7.5 Aktivitätsdiagramme

Ein Aktivitätsdiagramm ist ein spezialisiertes Zustandsdiagramm.

Definition 7.5.1 (Aktivitätsdiagramm)
Ein *Aktivitätsdiagramm* (activity diagram) ist ein *Zustandsdiagramm*, das durch folgende Eigenschaften gekennzeichnet ist:

- Die meisten Zustände sind dadurch charakterisiert, dass eine Aktivität ausgeführt wird.
- Die meisten Zustandsübergänge werden durch das Ende eine Aktivität ausgelöst.

Aktivitätsdiagramme eignen sich für die genauere Spezifikation einer komplexen Operation und in Situationen, bei denen die Mehrzahl der Ereignisse durch intern verursachte Aktionen ausgelöst werden. ◄

Bemerkung 7.5.2 (Semantik des Aktivitätsdiagrams)
Nach Def. 7.5.1 ist ein Aktivitätdiagramm einer Klasse des Modells zugeordnet. Nach Beispiel 5.6.2 auf S. 113 kann man auch Anwendungsfälle als Klassen auffassen und somit Aktivitätsdiagramme zur Beschreibung von Anwendungsfällen einsetzen. Diese Sicht erscheint aber noch nicht befriedigend um Aktivitätsdiagramme adäquat in das Gesamtsystem der UML zu integrieren und der gebräuchlichen Praxis gerecht zu werden. Die weitere Ausformulierung der Semantik des Aktivitätsdiagramms ist daher Gegenstand der Arbeiten für UML 1.4 und 2.0 [Kob99]. ◄

Ein Beispiel eines Aktivitätsdiagramms für die Zubereitung von Getränken zeigt Abb. 7.13. Es handelt sich um eine Version eines Diagramms aus [Rat97b], das meinem Geschmack angepasst und praktikabler gestaltet wurde. Manchmal ist es nützlich, den genauen Arbeitsablauf einer Operation (die ein Objekt ausführt) darzustellen. Dabei werden die einzelnen Arbeitsschritte gezeigt, mit denen die Operation implementiert wird, einschließlich aller Verzweigungen und parallelen Vorgänge. Aktivitätsdiagramme werden in diesem Zusammenhang eingesetzt, um zu spezifizieren, wie eine Operation implementiert werden soll. Sie beschreiben die Methode, die die Operation implementiert. Eine Operation kann also bei mehreren Klassen vorkommen, eine Methode bei genau einer Klasse. Ein Aktivitätsdiagramm ist ein spezieller endlicher Automat, der die Implementierung einer Operation durch Teiloperationen zeigt (Abb. 7.13). Um die Darstellung des prozeduralen Ablaufs einer Implementierung darzustellen, zeigt ein Aktivitätsdiagramm Instanzen von Zuständen. Entsprechend der Notation bei Objekten werden diese mit einem unterstrichenen Namen beschriftet. In Zustandsdiagrammen gibt es zwei Arten von Zuständen:

- „Aktive" Zustände, die dadurch gekennzeichnet sind, dass sie so lange andauern, wie eine Aktivität;
- „Wait" Zustände, die andauern, bis ein Ereignis eintritt.

Dagegen zeigen Aktivitätsdiagramme (fast) ausschließlich aktive Zustände. Aktivitätsdiagramme können z. B. benutzt werden, um den Zustand der

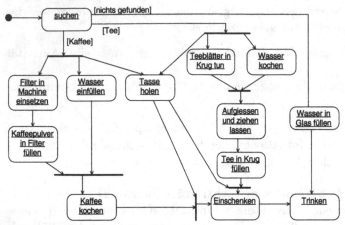

Abb. 7.13. Aktivitätsdiagramm

Methodenausführung zu spezifizieren oder zu dokumentieren. Aktivitätsdiagramme helfen beim Entwurf des Algorithmus, der in einer Methode (hier als Implementierung von Operation zu verstehen) benutzt wird. Aktivitätsdiagramme bieten weitere Ausdruckmöglichkeiten, die in der Zusammenfassung der Notation auf den letzten Seiten mit angegeben sind. Diese umfassen u. a. Verzweigungen des Kontrollflusses und Bahnen, um das Diagramm zu strukturieren.

7.6 Sequenzdiagramme

Aktionen und Aktivitäten treten nicht von sich heraus auf, sie werden durch Ereignisse ausgelöst.

Definition 7.6.1 (Ereignis)
Ein *Ereignis* ist ein definiertes Geschehen, das im betrachteten Kontext eine Bedeutung hat. Ein Ereignis ist räumlich und zeitlich begrenzt und kann Parameter haben. ◀

Bemerkung 7.6.2 (Nachricht)
Das Eintreffen einer Nachricht ist ein Ereignis. Nachrichten können viele verschiedene Charakteristiken haben, u. a. können sie synchron oder asynchron sein. Im Laufe des Fortschritts der Entwicklung kann die Art der Nachricht genau spezifiziert werden. Die häufigsten Situationen werden aber durch synchrone und asynchrone Nachrichten hinreichend modelliert. ◀

Definition 7.6.3 (Sequenzdiagramm)
Ein *Sequenzdiagramm* (sequence diagram) zeigt eine Folge von Nachrichten zwischen Objekten. Ein Objekt wird durch ein *Objektsymbol* und eine senk-

rechte, gestrichelte Linie (die *Lebenslinie* des Objekts) dargestellt. Nachrichten werden durch Pfeile zwischen den Objekten dargestellt. Der Name der zugehörigen Operation wird an den Pfeil geschrieben. Eine Nachricht kann von einer *Wächterbedingung* abhängig sein. Die senkrechte Achse in einem Sequenzdiagramm repräsentiert die Zeit. ◄

Ein einfaches Beispiel für ein Sequenzdiagramm zeigt Abb. 2.4 auf S. 31.

Bemerkung 7.6.4 (Sequenzdiagramm)
Sequenzdiagramme können für verschiedene Zwecke eingesetzt werden:

1. Sequenzdiagramme können zur Präzisierung von Szenarios herangezogen werden. Die beteiligten Objekte haben dann eine direkte Entsprechung im Problemraum, die ausgetauschten Nachrichten entsprechen realen Vorgängen.
2. Das Design von Interaktionen im IT-System kann durch Sequenzdiagramme dargestellt werden. Hier treten dann Objekte auf, deren Klassen zur Unterstützung von Anwendungsfällen entworfen werden. Die Nachrichten-Pfeile entsprechen dann dem Aufruf von Operationen des Zielobjekts.

In der ersten Form können diese Diagramme auch bei der IT-unabhängigen Modellierung von Geschäftsprozessen benutzt werden (s. [JEJ94], [JGJ97]). ◄

Sequenzdiagramme bieten über die in Def. 7.6.3 eingeführten Elemente hinaus weitere Ausdrucksmöglichkeiten, die im Folgenden erläutert werden. Viele Szenarios können bereits frühzeitig durch solche Sequenzdiagramme präzisiert werden. Während des Ablaufes können Objekte erzeugt und zerstört werden. Dies kann gezielt ausgedrückt werden.

Definition 7.6.5 (Erzeugung und Zerstörung)
Die Erzeugung eines neues Objekts wird dadurch dargestellt, dass seine Lebenslinie mit dem Objektsymbol an der Spitze des Pfeils der Nachricht, die es erzeugt, beginnt. Die Zerstörung wird dargestellt, indem die Lebenslinie zu diesem Zeitpunkt mit einem × Zeichen endet. ◄

Beispiel 7.6.6 (Erzeugung und Zerstörung)
Abbildung 7.14 zeigt folgenden Ablauf: Ein Kunde erteilt einen Auftrag. Vor Annahme des Auftrags wird die Bonität geprüft. Dieses übernimmt ein Mitarbeiter der Controlling Abteilung, hier als anonymes Objekt „:Controller" dargestellt. Nach erfolgreicher Bonitätsprüfung wird ein Auftrags-Objekt angelegt. Der Auftrag wird dann abgewickelt und nach Eingang der Zahlung wird das Auftragsobjekt gelöscht. Bei diesem Sequenzdiagramm handelt es sich um die erste in Bem. 7.6.4 genannte Form. ◄

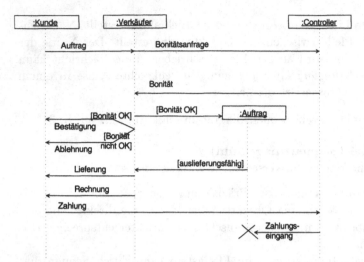

Abb. 7.14. Sequenzdiagramm mit Erzeugung und Zerstörung

Der waagerechte Verlauf der Pfeile in Sequenzdiagrammen symbolisiert, dass das Senden einer Nachricht nur eine vernachlässigbar kurze Zeit dauert. Kurz heißt dabei, dass diese Dauer im Kontext des Systems vernachlässigt werden kann und während des Sendens kein weiteres Ereignis auftreten kann.

Definition 7.6.7 (Senden mit Dauer)
Ein schräg von links oben nach rechts unten (oder von rechts oben nach links unten) verlaufender Pfeil symbolisiert eine Nachricht, deren Senden eine Dauer erfordert. ◄

Beispiel 7.6.8 (Senden mit Dauer)
Nachrichten, bei denen das Senden eine Dauer > 0 hat, sind z. B. :

- Das Versenden von Informationen, wie einer Mahnung per Post. Will man modellieren, dass die Mahnung nicht weiter verfolgt wird, wenn nach Absenden der Mahnung und vor dem Ende der üblichen Postlaufzeit die Zahlung eingeht, so wird dies wie in Abb. 7.15 dargestellt. Hier ist unterstellt, dass ein Kunde eine Rechnung erhält. Ein Mitarbeiter aus der Controlling-Abteilung (das Objekt „:Controller") veranlasst eine Mahnung die ebenfalls ein Postlaufzeit hat. Vor Ablauf der Postlaufzeit erfolgt ein Zahlungeingang auf einem Konto des Unternehmens und die Mahnung wird nicht weiter verfolgt.
- In vielen *Echtzeitsysteme*n muss die Dauer des Sendens einer Nachricht berücksichtigt werden.

In manchen Fällen kann in der Analyse die Dauer eines Ereignisses vernachlässigt werden, auch wenn sie später im Design eine Rolle spielt. ◄

Der bisher benutzte Nachrichtenbegriff aus Def. 2.3.9 ist abstrakt. Spätestens im Design wird man festlegen, wie Nachrichten konkret realisiert werden.

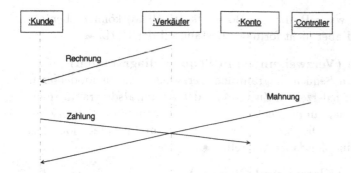

Abb. 7.15. Senden von Nachrichten mit Dauer

Aber auch viele Kommunikationen zwischen Objekten in einem Problemraum können und müssen differenziert werden. Typische Varianten werden in Sequenzdiagrammen durch unterschiedliche Pfeilformen dargestellt.

Definition 7.6.9 (Nachrichtenarten)
Zur Darstellung spezieller Kommunikationsformen, die Nachrichten realisieren können, werden folgende Symbole benutzt:

1. Aufruf: Eine Nachricht besteht im synchronen Aufruf einer Operation (und damit im Ausführen der zugehörigen Methode). Dies wird durch eine ausgefüllte Pfeilspitze dargestellt: —▶.
2. Flacher Kontrollfluss (flat flow of control): Jede Pfeil zeigt den Übergang zu einem weiteren Schritt der Verarbeitung. Üblicherweise sind alle diese Nachrichten asynchron: —→.
3. Asynchron: Eine Nachricht, die ein Sender an einen Empfänger schickt, der dann unabhängig vom Sender agiert und letzterer nicht auf einen Rückgabewert wartet, wird durch durch eine halbe Pfeilspitze dargestellt: —⇀.
4. Nebenläufig: Sind Objekte nebenläufig, so zeigt eine ausgefüllte Pfeilspitze, dass beide Objekte gleichzeitig aktiv sind. Eine halbe ausgefüllte Pfeilspitze symbolisiert, dass der Sender seine Aktivitäten erst fortsetzt, wenn der Empfänger seine Aktivität abgeschlossen hat.
5. Iteration: Ein mehrfaches Senden einer Nachricht kann durch einen *, ggf. ergänzt durch einen Bereich wie [1..n] vor der Nachricht dargestellt werden.
6. Verzweigung: Eine Verzweigung von Nachrichten kann durch mehrere Pfeile, die in einem Punkt beginnen, dargestellt werden.
7. Rückgabewert: Bei prozeduralen Aufrufen ist ein Rückgabewert implizit unterstellt und muss nicht durch einen Pfeil dargestellt werden. Der Rückgabewert wird wie im Operationsabschnitt eines Klassensymbols am Nachrichtenpfeil notiert. Bei nebenläufigen oder asynchronen Nachrichten muss der Rückgabewert angegeben werden. Das Symbol hierfür ist ein gestrichelter Pfeil: ←− −.

Weitere Notationen, wie z. B. die von Booch (s. [Boo94a]) können ebenfalls benutzt werden, sind aber nicht formaler Bestandteil der UML. ◄

Bemerkung 7.6.10 (Verzweigungen in Sequenzdiagrammen)
Ich rate davon ab, in Sequenzdiagrammen Verzweigungen zu modellieren. Dies kann bei Bedarf jederzeit in Zustands- oder Aktivitätsdiagrammen geschehen. In Sequenzdiagrammen entstehen dadurch zumindest teilweise geneigt verlaufende Pfeile. Dies steht in Widerspruch zur Interpretation, dass ein solcher Verlauf eine Zeitdauer darstellt. ◄

Bemerkung 7.6.11 (Klassen und Objekte)
Da in Sequenzdiagrammen Objekte auftreten und keine Klassen, können mehrere Objekte einer Klasse in einem Diagramm vorkommen. Manche Autoren (z. B. [Bal96]) lassen in Sequenzdiagrammen auch Klassen zu, um das Senden von Nachrichten, die Klassenoperationen ansprechen, abzubilden. Ferner werden auch Pakete in Sequenzdiagrammen eingesetzt, um eine Schachtelung zu erreichen. Pfeile für Rückgabewerte bei prozeduralen Aufrufen sollten nur dann eingesetzt werden, wenn sie das Verständnis erleichtern. Meist machen sie ein Diagramm unübersichtlicher. ◄

Szenarios und Sequenzdiagramme können sowohl zur näheren Spezifikation von Anwendungsfällen als auch zur Herleitung von Zustandsdiagrammen eingesetzt werden. Ein Zustandsdiagramm wird dabei durch eine Reihe von Szenarios exemplarisch beschrieben. Aus vollständigen Zustandsdiagrammen lassen sich alle Szenarios herleiten.

Andere Synchronisationssymbole sind erlaubt wie in Kollaborationsdiagrammen (s. Abschn. 7.7). An den Enden des Nachrichtenpfeils können Zeitmarken notiert werden, die angeben, wann die Nachricht geschickt bzw. empfangen wird. Zeitmarken können in Zeitbedingungen verwandt werden. Dies sind boolesche Ausdrücke, die in eckigen Klammern im Diagramm angegeben werden. Verzweigungen des Kontrollflusses werden in Sequenzdiagrammen durch einen sich teilenden Pfeil dargestellt. Die Pfeile werden mit der Bedingung der Verzweigung als Wächterbedingung beschriftet. Rekursion wird durch mehrere überlagerte Aktivitäten dargestellt, wie in Abb. 13.12 auf S. 335 gezeigt wird. Die Zeitspannen, in denen ein Objekt die Kontrolle hat, werden in Sequenzdiagrammen als „dicke" Linie (an Stelle der gestrichelten Lebenslinie) dargestellt. Derartige Sequenzdiagramme werden manchmal Kontroll-Fokus-Diagramme genannt. Die übliche gestrichelte Linie markiert die Zeiten, in denen das Objekt auf eine Nachricht wartet. Ein Beispiel zeigt Abb. 13.12 auf S. 335.

Diese Art der Darstellung eignet sich gut, um Aufrufreihenfolgen darzustellen, wenn der Kontrollfluss serialisiert ist; sie sind weniger gut für parallele Systeme geeignet, bei denen alle Objekte gleichzeitig aktiv sind. In einem prozeduralen Szenario werden nur die Aufrufe dargestellt. Die Rückgaben werden implizit unterstellt. Aber auch die Rückgaben können dargestellt werden; dies kann hilfreich sein, wenn viele Rekursionen vorkommen.

7.7 Kollaborationsdiagramme

Definition 7.7.1 (Kollaboration)
Eine *Kollaboration* (collaboration) ist eine Menge von Beteiligten und Beziehungen zwischen ihnen, die zum Erreichen eines bestimmtes Ziels zusammenwirken. Innerhalb einer Kollaboration finden *Interaktion*en statt. ◄

Bemerkung 7.7.2 (Kollaboration)
Die wörtliche Übersetzung von „collaboration" ins Deutsche ist „Kollaboration". Nach [Dud96a] bedeutet kollaborieren: „1. mit dem Gegner, der Besatzungsmacht gegen die Interessen des eigenen Landes zusammenzuarbeiten. 2. (bildungssprachlich selten) zusammenarbeiten." Im Französischen hat das entsprechende Wort ebenfalls einen negativen Klang. Da die erste Definition mir geläufiger ist, habe ich mich in der ersten Auflage für die neutrale Übersetzung Kooperation entschieden. Inzwischen gibt es aber einen Konsens der deutschsprachigen UML-Autoren, in dem Kollaboration als Übersetzung festgelegt wurde. ◄

Ein Kollaborationsdiagramm ist eine Sicht auf einen Kontext von Objekten, in die im Unterschied zu Sequenzdiagrammen nicht die Zeitachse gezeigt wird. Kollaborationsdiagramme zeigen dagegen auch die Objektbeziehungen zwischen den Objekten.

Definition 7.7.3 (Kollaborationsdiagramm)
Ein *Kollaborationsdiagramm* (collaboration diagram) ist ein Objektdiagramm oder ein Klassendiagramm. Als Objektdiagramm zeigt es die Reihenfolge der Nachrichten, die eine Operation oder einen Anwendungsfall implementieren. Die Objektbeziehungen sind mit Nachrichten beschriftet. Nachrichten werden durch Operationen mit Pfeilen, die die Richtung der Nachricht zeigen, dargestellt. Für die Arten von Nachrichten gelten die Konventionen aus Def. 7.6.9 auf S. 183. Als Klassendiagramm zeigt es einen Kontext, in dem Objekte agieren, z. B. ein Entwurfsmuster. ◄

Der Namensabschnitt des Symbols kann folgende Informationen enthalten:

C	Anonymes Objekt der Klasse C
/R	Anonymes Objekt in der Rolle R
/R:C	Anonymes Objekt der Klasse C in der Rolle R
O/R	Ein Objekt O in der Rolle R
O:C	Ein Objekt O der Klasse C
O/R:C	der Klasse C der Klasse C in der Rolle R
O	Ein Objekt O

Ein Kollaborationsdiagramm kann sowohl „permanente" Objekte und Objektbeziehungen enthalten, d.h. solche, die Assoziationen entsprechen, als auch „temporäre" Objektbeziehungen, d.h. solche, die lokalen Variablen oder Argumenten von Operationen entsprechen.

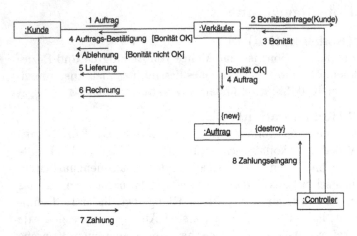

Abb. 7.16. Kollaborationsdiagramm Auftrag

- Durch das Schlüsselwort {new} im Objektsymbol oder an Objektbeziehungen wird gekennzeichnet, dass dieses Element innerhalb der betrachteten Interaktion neu erzeugt wird und nach ihrem Ende weiter besteht.
- Durch das Schlüsselwort {destroyed} im Objektsymbol oder an Objektbeziehungen wird gekennzeichnet, dass dieses Element innerhalb der betrachteten Interaktion zertört wird.
- Durch das Schlüsselwort {transient} im Objektsymbol oder an Objektbeziehungen wird gekennzeichnet, dass dieses Element innerhalb der betrachteten Interaktion erzeugt und wieder zerstört wird.

Beispiel 7.7.4 (Kollaborationsdiagramm Auftrag)
Abbildung 7.16 zeigt das Sequenzdiagramm aus Abb. 7.14 als Kollaborationsdiagramm. Die Objektbeziehungen zwischen den Objekten Controller, Kunde und Auftrag sind temporär. ◄

Ein Kollaborationsdiagramm zeigt die Interaktionen zwischen Objekten als Knoten in einem Graphen, was sich besonders gut zum Verständnis der Softwarestruktur eignet, da die Ereignisse und Nachrichten, die ein Objekt betreffen, bei diesem konzentriert sind. Letztendlich haben beide Formen der Darstellung die gleiche Aussagekraft, und die beiden Darstellungen können ohne Informationverlust ineinander überführt werden. Während Sequenzdiagramme den zeitlichen Ablauf des Verhaltens zeigen, heben Kollaborationsdiagramme die Beziehungen hervor.

Bemerkung 7.7.5 (Inhalt von Kollaborationsdiagrammen)
Ein Kollaborationsdiagramm ist eine Zeitlupenaufnahme des Objektverhaltens: Es zeigt die Objekte und Verbindungen, die bei Beginn der Operation existieren und die Objekte oder Verbindungen, die während der Operationen

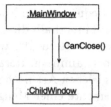

Abb. 7.17. Ein Kollaborationsdiagramm mit Multiobjektsymbol

erzeugt oder zerstört werden. Es werden aber auch Informationen ausgeblendet. Es werden nur die Objektbeziehungen und die Operationen gezeigt, die in der jeweiligen Kooperation eine Rolle spielen. ◄

Verzweigt der Kontrollfluss in einem solchen Diagramm, so werden die entsprechenden Nachrichten mit Wächterbedingungen beschriftet. Meistens geht eine Verbindung zu genau einem Objekt.

Im Fall, dass eine Nachricht ein Objekt aus einer Menge auswählt oder eine Menge von Objekten nach einem geeigneten Empfänger durchsucht, kann ein Multiobjektsymbol verwendet werden.

Definition 7.7.6 (Multiobjektsymbol)
Eine Menge von Objekten wird durch ein *Multiobjektsymbol* dargestellt, das aus einem „Stapel" von Objektsymbolen besteht. ◄

Beispiel 7.7.7 (Multiobjektsymbol)
Wird eine MS-Windows Anwendung beendet, so schickt typischerweise das Hauptfenster eine Nachricht der Art „CanClose()" an alle Child-Windows. Diese ist in Abb. 7.17 dargestellt. ◄

Die Bezeichnung an einer Nachricht kann verschiedene Bestandteile haben, von denen einige optional sind. Sie sind hier der Vollständigkeit halber aufgelistet:

1. Eine Folgenummer mit einer Liste von Folgeelementen, getrennt durch Punkte. Diese repräsentieren eine geschachtelte Aufrufhierarchie der Nachrichten der übergeordneten Transaktion. Jeder Elementabschnitt hat die folgenden Teile:

   1.1. Ein Buchstabe (oder Name), der einen parallelen Thread bezeichnet. Alle Buchstaben auf einer Schachtelungsebene repräsentieren parallele Threads, d.h. 1.2a und 1.2b laufen gleichzeitig. Weglassen der Buchstaben ist äquivalent zu einem Dummy-Buchstaben und meint meistens die Hauptfolge. Mit prozeduraler Steuerung können parallele Threads in jeder Reihenfolge ausgeführt werden.

   1.2. Eine positive ganze Zahl. Die Nummern zeigen die Position der aktuellen Nachricht in der Folge. Die gesamte Darstellung der geschachtelten Aufruffolge erfolgt in Dezimal-Schreibweise. Zum Beispiel ist

Nachricht 2.1.4 ein Teil der Prozedur, die von Nachricht 2.1 ausgelöst wurde, und folgt Nachricht 2.1.3 innerhalb dieser Prozedur.

  1.3. Ein Iterationssymbol. Dies ist ein Stern „*", wahlweise mit einem Iterations-Ausdruck in eckigen Klammern. Iteration bedeutet, dass verschiedene Nachrichten der gleichen Art nacheinander an ein Zielobjekt oder gleichzeitig an Elemente einer Menge geschickt werden. Gibt es einen Iterations-Ausdruck, so zeigt er die Werte, die der Iterator oder die Iteratoren annehmen, wie „[i=1..n]"; andernfalls müssen die Einzelheiten der Iteration durch Text spezifiziert oder auf die Implementierung verschoben werden.
  1.4. Ein Verzweigungssymbol. Verzweigungen des Nachrichtenflusses werden durch Wächterbedingungen dargestellt.
  2. Eine durch Kommata getrennte Liste von Folgenummern in eckigen Klammern: [seqno1, seqno2]. Die Folgenummern weisen auf Nachrichten von anderen Threads hin, die erfolgen müssen, bevor die aktuelle Nachricht versandt bzw. empfangen bzw. auf sie reagiert werden kann. Diese Bezeichnungsweise wird nur bei parallelen Zuständen benötigt.
  3. Ein Rückgabewert gefolgt von einem Zuweisungszeichen („:="). Wenn vorhanden, besagt ein Rückgabewert, dass die Prozedur einen Wert mit einem bestimmten Namen zurückliefert. Die Benutzung des gleichen Namens im gleichen Diagramm bezeichnet den gleichen Wert. Wenn kein Rückgabewert angegeben ist, operiert die Prozedur über Seiteneffekte.
  4. Der Name der Nachricht. Dies ist der Name eines Ereignisses oder einer Operation. Es ist unnötig, die Klasse einer Operation anzugeben, da diese durch das Zielobjekt gegeben ist.
  5. Die Argumentliste der Nachricht. Die Argumente werden als Ausdrücke von Eingabewerten der Prozedur, lokaler Rückgabewerte anderer Prozeduren und Attributen des Objekts, das die Nachricht sendet, formuliert.

Diese Bezeichnungen können auch in Sequenzdiagrammen benutzt werden, aber die dort offensichtliche zeitliche Reihenfolge macht die Folgenummern überflüssig.

Nebenläufige Kollaborationsdiagramme zeigen den Kontrollfluss in Situationen, in denen Objekte parallel agieren. In einem solchen Diagramm kann es mehrere „Kontrollzentren" gleichzeitig geben; jedes ist ein eigenständiges aktives Objekt:

Definition 7.7.8 (Aktives Objekt)
Ein *aktives Objekt* ist ein Objekt, das einen eigenen Thread besitzt und Nachrichten initiieren kann. Ein *passives Objekt* kann auf Nachrichten reagieren, aber Nachrichten ohne einen solchen Auslöser nicht senden. Ein aktives Objekt kann durch eine entsprechende Eigenschaft (s. Kap. 5) charakterisiert werden. Graphisch kann es durch eine dicken Rahmen des Objektsymbols gekennzeichnet werden. ◄

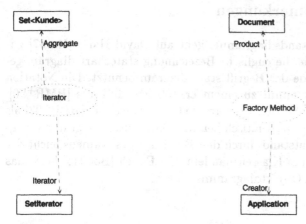

Abb. 7.18. Iterator- und Factory Method pattern

Ein aktives Objekt ist im Wesentlichen eine Zusammensetzung, die andere Objekte (auch andere aktive Objekte) enthalten kann; der Zugriff auf die Teilobjekte erfolgt über Operationsaufrufe, nicht über echte asynchrone Ereignisse zwischen unabhängigen Objekten. Nachrichten zwischen aktiven Objekten folgen Objektbeziehungen, genauso wie Nachrichten zwischen passiven Objekten.

Kollaborationen dienen der Realisierung von Anwendungsfällen und können ggf. wiederverwendet werden. Es ist deshalb nützlich ein Symbol für eine Kollaboration zur Verfügung zu haben, um zu zeigen, welchen Anwendungsfall oder welche Anwendungsfälle sie unterstützt etc.

Definition 7.7.9 (Kollaborationssymbol)
Eine Kollaboration wird als Ellipse mit gestricheltem Rand dargestellt. Diese Ellipse wird mit den Klassen, die an der Kollaboration partizipieren, durch gestrichelte Pfeile verbunden, die mit der Rolle der Klasse beschriftet werden.
◀

So kann z. B. die Verwendung eines Entwurfsmusters dokumentiert werden, ohne die gesamte Struktur des Muster (erneut) darstellen zu müssen. Ein Beispiel zeigt Abb. 7.18. Am Iterator pattern sind ein Aggregat, hier Set<Kunde> und ein Iterator beteiligt. Die Struktur des Iterator pattern ist in Abb. 13.9 dargestellt. Beim Factory Method pattern sind Creator und Product Klassen beteiligt (vgl. Abb. 13.16), hier Document und Application. Einem Entwickler wird so knapp und präzise sehr viel über diese Klassen mitgeteilt, da Entwurfsmuster eine sehr wirkungsvolle Erweiterung des Modellierungsvokabulars darstellen.

7.8 Historische Anmerkungen

Die Darstellung der Zustandsdiagramme geht auf David Harel [Har87] zurück. Seit UML 1.1 wurde die englische Bezeichnung statechart diagram gewählt. Bis UML 1.0 wurde der Begriff state diagram benutzt. Die Notation in Sequenzdiagrammen stammt zu einem erheblichen Teil aus [BMR+96]. Auch in OMT-91 wurden Sequenzdiagramme (event trace) (in [RBP+93] als Ereignispfade bezeichnet) systematisch benutzt. Auch diese Diagramme zeigten Objekte, allerdings entstand durch den Fettdruck des Namens leicht der Eindruck, es würde sich um Klassen handeln. Bei Booch [Boo94a] heißt das Kollaborationsdiagramm Objektdiagramm.

7.9 Fragen zur Verhaltensmodellierung (UML)

1. Was wird durch das dynamische Modell verdeutlicht?
2. Welche Beziehungen zwischen Klassenmodell und dynamischem Modell gibt es?
3. Macht ein *Zustandsdiagramm* für eine Utility-Klasse Sinn? Wenn ja, warum? Wenn nicht, warum nicht?
4. Was sind die Unterschiede und Gemeinsamkeiten von Zustands- und Aktivitäts-diagrammen?
5. Wie werden Erzeugung und Zerstörung von Objekten in Sequenz- und in Kollaborationsdiagrammen dargestellt?
6. Wie wird die Parallelität von Nachrichten-Folgen in Kollaborationsdiagrammen dargestellt?
7. Was versteht man unter einem aktiven Objekt?
8. Was ist eigentlich ein Ereignis?
9. Warum kann es aus einem Zustand nur höchstens einen unbewachten, unbeschrifteten Zustandsübergang geben?
10. Wie modelliert man Nebenläufigkeit in der UML?
11. Wodurch ist ein Aktivitätsdiagramm charakterisiert?
12. Erläutern Sie die Unterschiede und Gemeinsamkeiten von Aktionszustand und Aktivitätszustand!
13. Für welche Aufgaben setzt man Aktivitätsdiagramme ein?

8 Anwendungsfälle und Szenarios

8.1 Übersicht

In diesem Kapitel werden die von Ivar Jacobson eingeführten Anwendungsfälle im Kontext der UML eingeführt. Diese haben sich in den letzten Jahren als wirkungsvolles Mittel zur Formulierung funktionaler Anforderungen erwiesen. Durch den Erweiterungsmechanismus der Eigenschaften ermöglicht es die UML, auch die nicht-funktionalen Anforderungen als Eigenschaften von Anwendungsfällen und (Teil-) Systemen zu formulieren. Die Aufgabe von Anwendungsfällen und Szenarios ist die Erfassung der Anforderungen an ein System in einer Form, die vom Anwender oder Auftraggeber nachvollzogen werden kann. Gleichzeitig sollen sie den Entwicklern notwendige Informationen für die Modellierung geben. Diese müssen dann im Einzelnen weiter präzisiert werden. Die Ergebnisse dieser Präzisierung finden sich in überarbeiteten Anwendungsfällen und Szenarios, vor allem aber im Klassen- und Verhaltensmodell. Später dienen Anwendungsfälle dann zur Überprüfung des Modells. Es kann an Hand von Anwendungsfällen geprüft werden, ob diese vom Modell unterstützt werden. In vielen Fällen ist es auch möglich Performance-Fragen zu klären. Sobald Programme entwickelt werden, liefern Anwendungsfälle viele der notwendigen Testfälle.

8.2 Lernziele

- Beschreiben können, was ein Anwendungsfall ist.
- Beziehungen zwischen Anwendungsfällen kennen und erläutern können.
- Anwendungsfälle formulieren können.
- Den Unterschied zwischen Anwendungsfall und Szenario erläutern können.
- Funktionale und nicht-funktionale Anforderungen charakterisieren können.

8.3 Anwendungsfälle

Bereits in Kap. 2 wurde (in Def. 2.4.3 auf S. 28) der Begriff des Anwendungsfalls eingeführt. Hier wird nun systematisch die Darstellungen von Anwendungsfällen, den Beziehungen zwischen ihnen und den Szenarios diskutiert.

Anwendungsfälle beschreiben Funktionen, die ein System ausführen kann, d.h. die funktionalen Anforderungen an ein System.

Definition 8.3.1 (Anforderung, funktional, nicht-funktional)
Die Anforderungen an ein System kann man in zwei Arten einteilen:

1. Durch *funktionale Anforderungen* wird beschrieben, welche Funktionen ein System ausführen können soll und welche Leistungen es dadurch erbringt.
2. Durch *nicht-funktionale Anforderungen* werden Rahmenbedingungen beschrieben, unter denen die Funktionen erbracht werden müssen, Anforderungen die unabhängig von einem speziellen Anwendungsfall sind, oder die aus anderen Gründen nicht als Funktionen beschrieben werden können.

◀

In Def. 2.4.1 wurde bereits der Begriff des Akteurs eingeführt. In dieser Form reicht der Begriff für viele Fälle aus. Diese Definition trägt aber weiter und vermeidet unnötige Schwierigkeiten beim Beschreiben von Akteuren.

Definition 8.3.2 (Akteur)
Ein *Akteur* (actor) ist eine kohärente Menge von Rollen, die Benutzer dem System gegenüber in einem Anwendungsfall spielen. ◀

Bemerkung 8.3.3 (Akteur und Rolle)
In vielen kaufmännischen Anwendungsfällen kommt eine Klasse Kunde vor. Ein Kunde tritt dem System gegenüber in verschiedenen Rollen auf. Er kann Auftraggeber, Lieferungsempfänger oder Rechnungsempfänger sein. Für jede dieser Rollen kann in der Umgebung des Kunden eine andere Person oder Abteilung verantwortlich sein. Diese Tatsache ist für das zu modellierende System zunächst nicht von Bedeutung. Oft wird man davon abstrahieren. Dann ist man bei der Def. 2.4.1 von Akteur. Andererseits kann es für das System nützlich sein, diese Verhältnisse aus der Systemumgebung zu erfassen. Dies kann bereits sehr früh in der Entwicklung geschehen, wenn man Anwendungsfälle mit den genannten Rollen formuliert, die Akteure im Sinn von Def. 8.3.2 sind. Damit wird die Entscheidung, innerhalb des Systems eine oder mehrere Klassen zu modellieren, zunächst offen gehalten. Trotzdem können alle relevanten Informationen unterschiedlichster Natur für die verschiedenen Rollen präzise festgehalten werden. Die Kommunikations-Beziehung zwischen Anwendungsfall und Akteur ist eine Assoziation. Insofern ist die Benutzung des Begriffs „Rolle" in diesem Zusammenhang konsistent mit der Bedeutung von Rolle im Zusammenhang mit Assoziationen. ◀

Definition 8.3.4 (Anwendungsfalldiagramm)
Anwendungsfälle werden als Ellipsen dargestellt, die beteiligten Akteure werden durch durchgezogene Linien mit den Anwendungsfällen verbunden. Dies

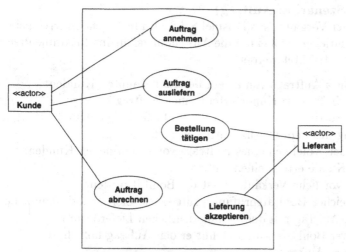

Abb. 8.1. Anwendungsfälle - Auftrag

stellt eine Kommunikationsbeziehung da. Der Name des Anwendungsfalls kann in die Ellipse oder daneben geschrieben werden. Der Rahmen um die Anwendungsfälle symbolisiert die Systemgrenze. Zu einem Anwendungsfall gehört immer eine kurze Textbeschreibung. ◄

Eine erfolgversprechende Strategie zur Identifikation der Anwendungsfälle besteht darin, zunächst die Akteure zu identifizieren und dann zu analysieren, welche Anwendungsfälle diese mit dem System ausführen können bzw. können sollen. Die Beziehungen zwischen den Anwendungsfällen dienen der Strukturierung des Modells und sind für die Diskussion mit dem Anwender von nachrangiger Bedeutung. Zur Illustration der eingeführten Begriffe wird ein ganz einfaches Beispiel benutzt.

Beispiel 8.3.5 (Anwendungsfall: Auftrag)
Betrachtet wird ein Handelsunternehmen, das von Kunden Aufträge erhält, Bestellungen an Lieferanten vergibt, und Aufträge ausliefert und abrechnet. Diese Anwendungsfälle sind in Abb. 8.1 dargestellt. Die Akteure sind hier Kunden und Lieferanten. Zu diesen Akteuren wird es auch eine entsprechende Klasse im System geben. ◄

8.4 Szenarios

Szenarios wurden bereits in Def. 2.4.4 eingeführt und an einem ersten Beispiel erläutert. Hier werden Organisationsmöglichkeiten für Szenarios und die Verbindungen zu anderen Modellelementen beschrieben.

Beispiel 8.4.1 (Szenarios: Auftrag)

Die Abwicklung der Vorgänge aus Beispiel 8.3.5 wird in folgenden trivialisierten Szenarios beschrieben, wobei nur die Anwendungsfälle im Zusammenhang mit dem Auftrag betrachtet werden:

1. Annehmen eines Auftrags von einem bereits bekannten Kunden:
   - Ein bereits bekannter Kunde erteilt einen Auftrag.
   - Der verantwortliche Verkäufer prüft die Lieferfähigkeit und bestätigt den Auftrag mit dem voraussichtlichen Lieferdatum.
2. Annehmen oder Ablehnen eines Auftrags von einem neuen Kunden:
   - Ein neuer Kunde erteilt einen Auftrag.
   - Der verantwortliche Verkäufer lässt die Bonität prüfen.
   - Bei erfolgreicher Bonitätsprüfung prüft er die Lieferfähigkeit und bestätigt den Auftrag mit dem voraussichtlichen Lieferdatum.
   - Bei negativer Bonitätsprüfung lehnt er den Auftrag höflich ab.
3. Ausliefern eines Auftrages:
   - Sind die bestellten Waren verfügbar, so wird der Auftrag ausgeliefert und abgerechnet.
4. Abrechnen eines Auftrages:
   - Die Preise der Auftragspositionen werden aufaddiert.
   - Sind mit dem Kunden besondere Konditionen, z. B. ein volumenabhängiger Rabatt vereinbart, so wird dieser berücksichtigt.
   - Das Zahlungsziel wird ermittelt.
   - Die Rechnung wird ausgedruckt.

Die Bonitätsprüfung wird von der Controlling Abteilung extern vergeben und daher hier nicht näher spezifiziert. ◄

Ist ein Anwendungsfall hinreichend verstanden, so wird er durch einen knappen aber präzisen Text in der Terminologie des Anwenders beschrieben. Folgende Bestandteile können dabei nützlich sein und seien hier empfohlen:

- Der Name des Anwendungsfalls.
- Eine Kurzbeschreibung.
- Die beteiligten Akteure.
- Eine präzise, detaillierte Beschreibung des Hauptablaufs.
- Eine präzise, detaillierte Beschreibung anderer Abläufe.
- Auslöser. Dies kann ein Akteur sein; besonders nützlich ist dieses Beschreibungselement aber bei zeitlich ausgelösten Anwendungsfällen.
- Erweiterungspunkte.
- Vorbedingungen (preconditions).
- Nachbedingungen (postconditions).
- Eigenschaften, die nicht-funktionale Eigenschaften festhalten.
- Autor.
- Datum.
- Status.
- Version.

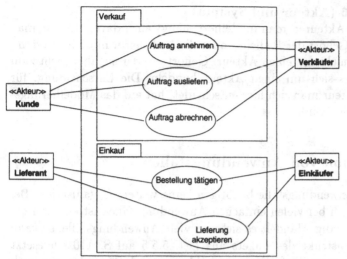

Abb. 8.2. Anwendungsfalldiagramm

Die letzten vier Eigenschaften werden oft für ein Dokument festgehalten, das mehrere Anwendungsfälle beschreibt.

Auch fehlerhafte Abläufe, in denen das System reagieren muss, können als Anwendungsfälle formuliert werden. Dies wird aber beim ersten Formulieren der Anforderungen selten hinreichend präzise möglich sein.

Bei der Formulierung von Anwendungsfällen hat man viele Variationsmöglichkeiten. Beispiel 8.3.5 kann man auch mit anderen Akteuren darstellen.

Beispiel 8.4.2 (Anwendungsfälle Auftrag)
Für die Abwicklung von Aufträgen und Bestellungen seien Verkäufer bzw. Einkäufer verantwortlich. Diese kommen im Anwendungsfalldiagramm in Abb. 8.2 als Akteure vor. Hier sind die Anwendungsfälle zu zwei Paketen gruppiert worden. ◄

Welche Darstellung sinnvoller ist, hängt von der Situation der Aufgabenstellung ab. In Beispiel 8.3.5 wurde von den handelnden Personen im Unternehmen abstrahiert. Dies ist sinnvoll, wenn diese keine wesentliche Rolle im betrachteten Kontext spielen. Dies mag in einer telefonischen Auftragsannahme in einem Versandhandelsunternehmen der Fall sein. Die explizite Modellierung der Rollen der handelnden Personen eignet sich aber gut zur Erfassung von Informationen über Geschäftsprozesse. Ferner ist dadurch sichergestellt, dass frühzeitig Informationen erhoben werden, die man benötigt, wenn die Benutzer des Systems erfasst werden müssen. Dies kann notwendig sein, um Bearbeitungsschritte nachvollziehen zu können, Provisionen zu berechnen etc.

Bemerkung 8.4.3 (Akteur und System)
Welche Arten von Akteuren man modelliert, hängt auch davon ab, wie man
das System sieht: Gehört der Bediener oder die Bedienerin mit zum System,
so handelt es sich nicht um einen Akteur. Gehört er oder sie aber nicht zum
System, so kann es sich um einen Akteur handeln. Die Entscheidung, für
welche Art von Akteur man sich hier entscheidet, hat auf das Modellierungs-
ergebnis meist keinen Einfluss. ◀

8.5 Organisation von Anwendungsfällen

Wenige einfache Anwendungsfälle benötigen keine weitere Organisation. Bei
komplexen oder auch bei vielen einfachen Anwendungsfällen ist eine weitere
Organisation notwendig. Handelt es sich um viele Anwendungsfälle, so kann
das universelle Konstrukt des Pakets aus Def. 5.5.5 auf S. 110 eingesetzt
werden. Dadurch können große Systeme in kleinere zerlegt werden, die nach
den Kriterien von Kopplung und Zusammenhalt (s. Kap. 4) gebildet werden.
Diese Strukturierung schafft eine besserer Übersicht, gibt aber keine Hilfe bei
der Vermeidung von Redundanzen. Sie leistet auch keine Abbildung von Zusammenhängen zwischen Anwendungsfällen. Eine weitere Strukturierung von
Anwendungsfällen erfolgt durch die Entscheidungen, welche Interaktionsfolge als die typische ohne Ausnahmen anzusehen ist und welche Ausnahmen
modelliert werden. Stellt man dabei fest, dass es Teile gibt, die in mehreren Szenarios vorkommen und einen selbstständigen Teilnutzen erbringen, so
wird man faktorisieren und weitere Anwendungsfälle bilden.

Da Anwendungsfälle im Metamodell der UML eine Unterklasse von Classifier (s. Def. 6.8.4) sind, können sie wie Klassen spezialisiert bzw. generalisiert
werden.

Beispiel 8.5.1 (Generalisierung von Anwendungsfällen)
Am Kundenterminal einer Bank kann man mit einer Kundenkarte oder EC-
Karte u. a. Überweisungen vornehmen, Geld auszahlen lassen oder einen Kon-
toauszug drucken. Diese Anwendungsfälle lassen sich zu einem Anwendungsfall Kartentransaktion verallgemeinern, der die Gemeinsamkeiten dieser drei
Anwendungfälle zusammenfasst. Abbildung 8.3 zeigt, wie dies mit dem bereits in Kap. 6 eingeführten Generalisierungssymbol dargestellt wird. ◀

Bei der Generalisierung untersucht manGemeinsamkeiten und Unterschiede
zwischen Anwendungsfällen. Dabei kann man auch Teile von Anwendungsfällen identifizieren, nur unter bestimmten Bedingungen ausgeführt werden.

Definition 8.5.2 (extend (erweitert))
Ein Anwendungsfall D *erweitert* (extends) einen Anwendungsfall B (in Diagrammen: D--→B), wenn er an einem Erweiterungspunkt zusätzliches spezialisiertes Verhalten einfügt. Das Symbol für diese Beziehung ist ein *Abhängigkeitssymbol*, das mit dem einer Beschreibung der Art

Abb. 8.3. Generalisierung von Anwendungsfällen

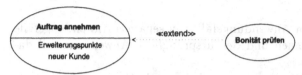

Abb. 8.4. «erweitert»-Beziehung zwischen Anwendungsfällen

«extend»[Bedingung]Erweiterungspunkt

beschriftet wird. ◄

Definition 8.5.3 (Erweiterungspunkt)
Im *Anwendungsfallsymbol* kann ein Abschnitt mit *Erweiterungspunkt*en (extension points) dargestellt werden, der die Überschrift „Erweiterungspunkte"
und eine Liste dieser Punkte enthält. Ein Erweiterungspunkt markiert eine Stelle, an der Interaktionsfolgen aus anderen Anwendungsfällen eingefügt
werden können. Ein Erweiterungspunkt hat einen Namen und eine Beschreibung der Position an der er sich im Ablauf des Anwendungsfalls befindet.
◄

Beispiel 8.5.4 (Erweiterung)
In Beispiel 8.4.1 wird beim Eingang eines Auftrags von einem neuen Kunden vor Annahme des Auftrags die Bonität geprüft. Mittels der «erweitert»-
Beziehung kann ein Anwendungsfall „Bonität prüfen" formuliert werden, der
„Auftrag annehmen" im Erweiterungspunkt „neuer Kunde" erweitert. Abbildung 8.4 zeigt diese Situation. Die Bonitätsprüfung wird von einer anderen
Abteilung extern vergeben. Akteure, die mit diesem neuen Anwendungsfall
kommunizieren, können ein Controller im Unternehmen und eine Firma wie
Creditreform sein. Den letzteren Akteur kann man „Auskunftei" oder englisch „rating agentur" nennen. Handelt es sich um einen neuen Kunden, so
wird am Erweiterungspunkt das Verhalten von „Bonität prüfen" eingefügt.
Wird später entschieden, dass dieses Verhalten auch in anderen Situationen
benötigt wird, so kann es auch dort benutzt werden. ◄

Die «erweitert»-Beziehung ist in folgenden Situationen besonders sinnvoll
einzusetzen (vgl. [JCJØ92], [JEJ94]):

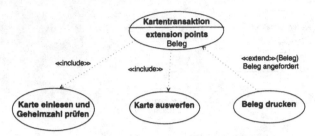

Abb. 8.5. «include»- und «extend»-Beziehung

- Wenn optionale Teile von Anwendungsfällen in separate Anwendungsfälle ausgegliedert werden können und der ursprüngliche Anwendungsfall dadurch einfacher wird.
- Wenn komplexe, vielleicht nur selten vorkommende Varianten in Anwendungsfällen existieren. Man kann sich dann in der Entwicklung u. U. zunächst auf die einfacheren Anwendungsfälle konzentrieren und die selten vorkommenden später realisieren.
- Wenn im Verlauf eines Anwendungsfalls weitere Anwendungsfälle auftreten können. Ein Beispiel hierfür sind verschiedene Aktivitäten, die ein Anwender in einer integrierten Büroanwendung ausführen kann, sobald er sich einmal autorisiert hat.

Eine weitere Strukturierung von Anwendungsfällen kann über die «include» (enthält) Beziehung erfolgen.

Definition 8.5.5 (include (enthält))
Ein Anwendungsfall B *enthält* (includes) einen Anwendungsfall D (in Diagrammen: B--→D), wenn er dessen Verhalten beinhaltet. Das Symbol für diese Beziehung ist ein *Abhängigkeitssymbol*, das mit dem Stereotyp «include» beschriftet wird. ◀

Beispiel 8.5.6 (Enhält)
Aus den Anwendungsfällen aus Beispiel 8.5.1 kann man Gemeinsamkeiten heraus faktorisieren, wie Abbildung 8.5 zeigt. In jedem Fall wird beim Beginn einer Kartentransaktion die Karte gelesen und die Geheimzahl geprüft und am Ende einer Kartentransaktion die Karte wieder ausgeworfen. Dies wird über eine «include»-Beziehung modelliert. Ein Beleg wird nicht in jedem Fall gedruckt, sondern nur, wenn dies angefordert wurde. Dies ist ein Fall für eine «extend»-Beziehung. ◀

Die «include»-Beziehung faktorisiert gemeinsames Verhalten aus Anwendungsfällen heraus, um es in verschiedenen anderen Fällen benutzen zu können. „Erweiternde" Anwendungsfälle sind u. U. nicht selbstständig ausführbar. Auch „enthaltene" Anwendungsfälle sind nicht immer selbstständig sinnvoll. Jacobson bezeichnet beide deshalb manchmal als „abstrakte" Anwendungsfälle.

Bemerkung 8.5.7 (Anwendungsfälle und Modularisierung)
Anwendungsfälle sind nach den in Kap. 4 zusammengestellten Modularisierungsprinzipien zu strukturieren. Danach soll (u. a.) ein Modul eine klar spezifizierte Aufgabe vollständig erledigen. Das gilt nach Def. 2.4.3 auf S. 28 auch für Anwendungsfälle. Das Netz der Beziehungen zwischen Anwendungsfällen ist aber „flach". Ein Anwendungsfall, der durch andere erweitert wird, erfüllt auch alleine eine sinnvolle Aufgabe, was bei einem Modul, das Teile an andere Module delegiert, nicht notwendig so ist. ◄

Die Strukturierung von Anwendungsfällen orientiert sich an den Verhältnissen im Anwendungsbereich. Oft wird man aber durch Zerlegung gefundener Anwendungsfälle zur Strukturierung kommen und nicht schon die Struktur schon im Anwendungsbereich direkt erkennen.

Ich rate dazu, die Verwendung von «include» und «extends» kritisch zu prüfen. Es gibt verschiedene Faustregeln, wann «include» und wann «extend» verwendet werden sollte. Die meisten Zweifelsfälle lassen sich klären, indem man überprüft, ob es sich um gemeinsame Abläufe oder um unterschiedliche Ereignisfolgen handelt. Werden gemeinsame Handlungsstränge in verschiedenen Anwendungsfällen identifiziert, die in eigene Anwendungsfälle ausgegliedert werden, so handelt es sich um eine «include»-Beziehung. Gibt es in einem Anwendungsfall unterschiedliche Abläufe je nachdem, welche Situation vorliegt, so handelt es sich um eine «extend»-Beziehung. Es gibt immer wieder Zweifelsfälle, in denen beide Beziehungen in Frage kommen. Meist hilft dabei das konsequente Überprüfen der angegebenen Faustregeln. Die Strukturierungselemente für Anwendungsfälle sollten sparsam eingesetzt werden. Ein mögliches Kriterium ist, ob die herausfaktorisierten Teile als Anwendungsfälle nach außen in Erscheinung treten. Dies ist aber nicht notwendig und eine Strukturierung des Systeminneren wird hier nicht angestrebt. Zu einem Anwendungsfall gehören zunächst einmal die Szenarios, die ihn spezifizieren. Szenarios werden durch Sequenzdiagramme präzisiert. Wie Objekte zusammenwirken, wird durch Kollaborationsdiagramme dargestellt. Zwischen Anwendungsfällen und Kollaborationsdiagrammen besteht also eine Beziehung: Aufgabe eines Kollaborationsdiagrammes ist es, zu zeigen, wie ein Teil eines Anwendungsfalles realisiert wird. Die Dokumentation muss also so organisiert sein, dass diese Zuordnung nachvollziehbar ist. CASE-Tools sollten die Möglichkeit bieten, ausgehend von einem Anwendungsfall in die Szenarios und Kollaborationen „hineinzuzoomen".

Bemerkung 8.5.8 (Richtung der Pfeile)
Die Richtung der Abhängigkeitspfeile bei «include» und «extend» kann man sich leicht merken, wenn man sich die Sätze mit dem aktiven Verb vergegenwärtigt: Der Anwendungsfall B enthält den Anwendungsfall D: Pfeil von B nach D. Der Anwendungsfall D erweitert den Anwendungsfall B: Pfeil von D nach B. ◄

Die Strukturierung von Anwendungsfällen dient ausschließlich der Vermeidung von Redundanzen. Sie dient ausdrücklich nicht der Strukturierung des Systeminnern.

Bemerkung 8.5.9 (Anzahl von Anwendungsfällen)
Ein sehr großes System hat ca. 70–80 Anwendungsfälle (Ivar Jacobson auf der OOPSLA, zitiert nach [KG00]). Die meisten Systeme werden also deutlich weniger Anwendungsfälle haben. Dies zeigt, dass ein Anwendungsfall wichtiges Verhalten eines Systems beschreibt. Er kann aber viele Beschreibungen von Abläufen enthalten, zu denen es noch mehr Szenarios gibt. ◄

8.6 Historische Anmerkungen

Anwendungsfälle sind von Ivar Jacobson in [JCJØ92] eingeführt worden. Ein Unterschied in der Darstellung sei erwähnt: Jacobson notierte den Namen des Anwendungsfalles neben dem Ellipsensymbol, damit die Größe des Symbols unabhängig von der Bezeichnung ist. Erweiterungspunkte (extension points) wurden in UML 1.1 neu eingeführt. Anwendungsfälle greifen ein bereits in der strukturierten Analyse mit essentieller Zerlegung erfolgreich eingesetztes Grundprinzip auf: Das Gesamtsystem wird in seine wesentlichen Funktionen zerlegt, die es für den Benutzer erbringt. In OMT wurden diese Modellelemente in einem funktionalen Modell formuliert. Szenarios sind in der deutschsprachigen Literatur vor allem durch [KGZ93] und die Gruppe um Heinz Züllighoven propagiert worden, die diesen Begriff auf den entsprechenden der italienischen Commedia dell'Arte zurückführt. Diese Autoren unterscheiden zwischen Szenario und Systemvision. Ein Szenario stellt einen bestehenden Ablauf dar, eine Systemvision den zukünftigen Ablauf nach Einführung des neuen Systems. Das Konzept des Akteurs ist auf den ersten Blick einfach. Trotzdem - oder vielleicht gerade deshalb - hat die präzise Fassung dieses Begriffs einige Varianten durchlaufen. Wurde ein Akteur bei Jacobson [JCJØ92] einfach als etwas nicht näher Spezifiziertes betrachtet, das sich außerhalb des Systems befindet und mit ihm interagiert, so wandelte sich diese Auffassung in Laufe der Methodenentwicklung. In UML 0.8 wurden Akteure als Objekte betrachtet. Dies war ein Rückfall in die Zeit vor der strukturierten Analyse und wurde in UML 0.9 korrigiert: Akteure waren nun Klassen und wurden durch den Stereotyp «Akteur» gekennzeichnet. In UML 1.1 wurde die in Def. 8.3.2 gegebenen Charakterisierung gewählt. Die jetzt in der UML gewählte Definiton von Akteur entspricht der des „abstrakten Akteurs" in [JCJØ92]. War Actor zunächst eine stereotypisierte Klasse, so ist Actor jetzt eine eigene Klasse im Metamodell der UML.

8.7 Fragen zu Anwendungsfällen

1. Wer oder was kommt als Akteur bei einem Anwendungsfall in Frage?

2. Wie werden Anwendungsfälle beschrieben?
3. Was versteht man unter einem Szenario?
4. Welche Arten von Beziehungen gibt es in Anwendungsfalldiagrammen?
5. Wie können Anwendungsfälle organsiert werden?
6. Was unterscheidet die «extend»-Beziehung von der «include»-Beziehung?
7. Welche Bedeutung hat die Benutzungsrichtung bei der Assoziation zwischen Akteur und Anwendungsfall?

9 Implementierungsdiagramme

9.1 Übersicht

Hardware- und Software-Objekte spielen eine besondere Rolle in der Entwicklung von Systemen. Ihre Funktionalität ist durch Anforderungen der Nutzer bestimmt, ihre interne Arbeitsweise durch die Arbeitsweise der Plattformen, auf denen oder in Verbindung mit denen sie zum Einsatz kommen. Diese läßt sich durch die bisher eingeführten Diagramm-Typen sehr wohl darstellen. Die Struktur von Sourcecode oder Objectcode muss wenig mit den darin abgebildeten Objekten oder Klassen zu tun haben. Zum Teil handelt es sich hierbei um reine Konfigurationsfragen. Daher ist es sinnvoll, dafür passende Diagramme und Symbole vorzusehen, die sich insbesondere von den Klassen- und Objektsymbolen unterscheiden. Implementierungsdiagramme zeigen die Konfiguration des Systems und der Software. Durch Kombination können differenziert auch komplexe Situationen modelliert werden.

9.2 Lernziele

- Erläutern können, was mit Einsatzdiagrammen sinnvoll dargestellt werden kann.
- Erläutern können, was mit Komponentendiagrammen sinnvoll dargestellt werden kann.
- Einsatz- und Komponentendiagramme lesen können.
- Konfigurationen von Systemen mit Einsatz- und Komponentendiagrammen darstellen können.

9.3 Komponentendiagramme

Komponentendiagramme zeigen die Software-Komponenten und die Beziehungen zwischen ihnen.

Definition 9.3.1 (Komponente)
Unter *Komponente* (component) wird jede Form von Software verstanden:

- Sourcecode Dateien,
- binäre Dateien („objects"),
- ausführbare Dateien,
- *DLLs*,
- ...

Bei Bedarf können auch Hardwarebausteine als Komponenten dargestellt werden, etwa wenn Software durch spezialisierte Hardware ersetzt wird. Das Komponentensymbol wird in Abb. 9.1 dargestellt. Dieses hat keine „Objektform", sondern nur die „Klassenform". ◀

Definition 9.3.2 (Komponentendiagramm)
Ein *Komponentendiagramm* (component diagram) zeigt die Komponenten eines Systems und die Beziehungen zwischen ihnen. Die Beziehungen werden als Abhängigkeiten, also mit gestrichelten Pfeilen, dargestellt. Die Art der Abhängigkeit ist sprachabhängig und wird über Stereotypen spezifiziert. ◀

Beispiel 9.3.3 (Abhängigkeiten zwischen Komponenten)
Typische Abhängigkeiten zwischen Komponenten, neben der Verwendung von Schnittstellen, sind:

- include-Beziehungen zwischen C++ Dateien,
- compile-Beziehungen zwischen Source- und Objectcode,
- link-Beziehungen zwischen Objects und ausführbaren Dateien.

Diese Stereotypen von Abhängigkeit sind sprachabhängig und deshalb nicht als Standard-Elemente (s. Anhang Abschn. B.1) definiert. ◀

Beispiel 9.3.4 (Doc/View-Modell)
Das in Abschn. 13.17.2 beschriebene Beobachter Muster kann auf verschiedene Arten umgesetzt werden. Eine in C++-Klassenbibliotheken für Windows benutzte Variante zeigt Abb. 9.1. ◀

Die Entwicklungssicht auf das System kann über Komponentendiagramme spezifiziert und visualisiert werden, die die physischen Komponenten darstellen, mit denen die logischen Elemente tatsächlich instanziiert werden. Jede solche Komponente bezeichnet eine Datei, in der die Realisierung einer Klasse oder eines anderen Elements des logischen Modells definiert wird. Man kann dabei unterscheiden, ob eine Komponente eine Deklaration oder eine Implementierung enthält. Umwandlungsabhängigkeiten unter Komponenten werden durch einen gestrichelten Pfeil, also das in Def. 6.7.1 auf S. 151 eingeführte Abhängigkeitssymbol, dargestellt. Dieses Symbol wurde bereits im Zusammenhang mit der Abhängigkeitsrelation in Klassendiagrammen eingeführt. Wie im logischen Modell Pakete zur Gliederung großer Systeme eingeführt wurden, werden auch Komponenten zu Paketen zusammengefasst, um große Modelle zu strukturieren. In vielen (nicht allen) Systemen wird man

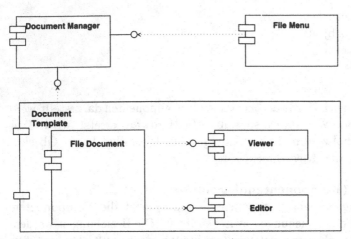

Abb. 9.1. Komponentendiagramm: Doc/View-Model

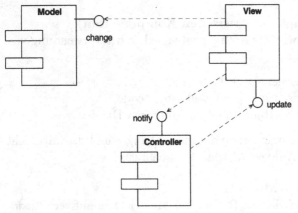

Abb. 9.2. Ein Komponentendiagramm

eine Entsprechung von Paketen im logischen Modell und denen im physischen Modell finden; letztere repräsentieren aber meist andere Kriterien zur Zusammenfassung und so wird man sie dann auch anders abgrenzen. Dies führt dazu, dass unterschiedlich große Pakete gebildet werden. Man wird es aber vermeiden, Komponenten zu bilden, die die Grenzen von Paketen im logischen Modell aus der Analyse überschreiten. Auch in diesem Zusammenhang können bei Bedarf die Schnittstellen von Paketen gezeigt werden. In Abb. 9.2 ist ein einfaches Komponentendiagramm dargestellt. Schnittstellen von Komponenten werden durch das Schnittstellensymbol dargestellt.

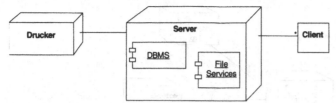

Abb. 9.3. Einsatzdiagramm mit Komponenten

9.4 Einsatzdiagramme

Einsatzdiagramme dienen der Darstellung der Konfiguration, in der Hard-
und Software-Komponenten zum Einsatz kommen.

Definition 9.4.1 (Knoten, Knotensymbol)
Ein *Knoten* ist eine physische Ressource mit Speicher und oft auch Verarbeitungskapazität. Das *Knotensymbol* ist ein Würfel. Knoten können als *Klassen*
oder *Objekte* dargestellt werden. ◄

Beispiel 9.4.2 (Knoten)
Je nach Anwendungssystem sind unterschiedliche Arten von Knoten von Be-
deutung. In vielen Client-Server Anwendungen hat man es mit folgenden
Arten von Knoten zu tun mit:

Server: Ein Rechner, der als File-, Datenbank-, oder Anwendungsserver eingesetzt wird. Diese Komponenten sind passiv, sie reagieren auf Anforderungen von Clients.
Client: Mehrere Rechner, auf denen Anwendungen eingesetzt werden, die sich
der Dienste des Servers bedienen. Oft wird es sich dabei um PCs handeln.

Bei diesem Beispiel macht sowohl eine Darstellung in Klassen-Form als auch
in Objekt-Form Sinn. Abbildung 9.3 zeigt eine allgemeine Darstellung einer Anwendungsumgebung. Man sieht, dass ein Server zum Einsatz kommt,
der gleichzeitig als Datenbank- und File-Server dient. Der Server versorgt
mehrere Clients, auf denen Datenerfassung und statistische Auswertungen
durchgeführt werden. Ferner gibt es Drucker. Hierzu wird die „Klassenform"
des Symbols benutzt. Auf der rechten Seite ist eine kleine konkrete Installation dargestellt. Hierzu wird die „Objektform" benutzt. Weitere Beispiele für
Knoten sind:

Prozessrechner: Beispielsweise zur Verarbeitung und Weiterleitung von Mess-
werten.
Sensoren: Zum Erfassen von Temperaturen, Luftfeuchtigkeit, Rauch.
Drucker, Scanner, Terminals: Jede Form von Endgerät.
Geldautomaten: Wie sie im Standard Beispiel für Software-Engineering Me-
thoden, dem ATM-Beispiel, auftreten.

◄

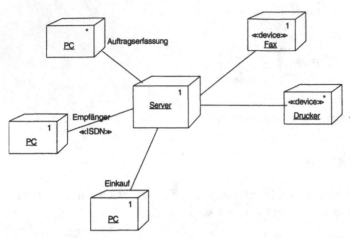

Abb. 9.4. Einsatzdiagramm in Objektform

Definition 9.4.3 (Einsatzdiagramm)
Ein *Einsatzdiagramm* (deployment diagram) zeigt die *Knoten* eines Systems
mit ihren Kommunikationsbeziehungen. Eine Kommunikationsbeziehung zwischen Knoten wird durch eine durchgezogene Linie dargestellt. ◀

Ein Beispiel zeigt Abb. 9.3. Ein Knoten kann Komponenten-Objekte enthalten. Dies bedeutet, dass das jeweilige Objekt auf diesem Knoten existiert
(läuft, gespeichert ist, etc.). Komponenten in Einsatzdiagrammen können
Objekte enthalten. Dies bedeutet, dass die Objekte Bestandteil der Komponente sind. Die physische Topologie, innerhalb der ein Softwaresystem läuft,
wird durch ein Einsatzdiagramm (deployment diagram) spezifiziert und visualisiert. Ein solches Diagramm, von dem es meistens nur eines pro System
gibt, enthält alle Prozessoren (die die Rechenleistung liefern) und Einheiten (die keine Rechenleistung liefern), verbunden durch Verbindungen, über
die Informationen fließen. Threads können mit einem bestimmten Prozessor
verbunden werden; sie repräsentieren dann Objekte, die in einem gemeinsamen Adressraum existieren. Prozesse können ebenfalls mit einem Prozessor
verbunden werden und repräsentieren dann aktive Objekte, die in verschiedenen Adressräumen existieren. In Abb. 9.4 wird ein Beispiel eines einfachen
Einsatzdiagramms in Objekt-Form gezeigt. Sowohl Prozessoren als auch Einheiten bezeichnen wir als Knoten und stellen sie durch einen Quader dar.
Verteilung kann durch die Angabe einer „location" in Einsatzdiagrammen
zum Ausdruck gebracht werden.

9.5 Zusammenhänge

Knoten und Komponenten sind voneinander abhängig. Ein „nackter" Knoten
ohne Software-Komponenten ist im Kontext des Software-Engineerings nicht

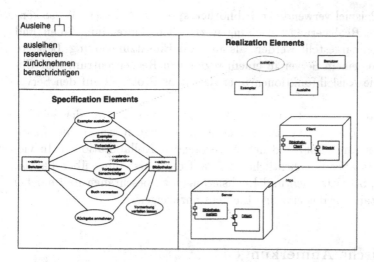

Abb. 9.5. Teilsystemdarstellung

interessant. Komponenten sind auch alleine sinnvoll herzustellen. Aber Nutzen für den Anwender bringen Software-Komponenten nur, wenn sie auf einer geeigneten Plattform zum Einsatz kommen. Von daher werden die Elemente aus Einsatz- und Komponentendiagrammen oft kombiniert.

Durch Abhängigkeiten zwischen Komponenten und Knoten kann dargestellt werden, auf welchen Knoten eine Komponente zum Einsatz kommen kann. Abbildung 9.3 zeigt ein Beispiel hierfür.

Sind die Entscheidungen über den Einsatz getroffen, so kann man diese durch Komponenten innerhalb von Knoten dokumentieren.

Die so entstandenen Teilsysteme können durch ein Paketsymbol dargestellt werden.

Definition 9.5.1 (Teilsystemdarstellung)
Ein Teilsystem wird durch ein Paketsymbol mit dem Schlüsselwort «subsystem» oder einem „Gabelsymbol" dargestellt. Ein solches Paketsymbol hat bis zu drei Abschnitten:

1. Einem Abschnitt für die Operationen der Schnittstellen, die das Teilsystem implementiert.
2. Einem Abschnitt für Elemente der Spezifikation des Teilsystems, wie Anwendungsfälle, Klassendiagramme, Zustandsdiagramme, etc.
3. Einem Abschnitt für Elemente der Realisierung des Teilsystems, wie Kollaborationen, Komponenten, Knoten etc.

Zu einem Teilsystem gehören alle seine Elemente aus den verschiedenen Sichten der UML. ◄

Die Abb. 9.5 zeigt einen Ausschnitt des Ausleiheteilsystems des bereits

mehrfach als Beispiel verwendeten Bibliothekssystems. Auf diese Weise können sowohl die Realisierungsbeziehungen zwischen Anwendungsfällen und
Kollaborationen dargestellt werden, als auch die Einsatzumgebung. Letztere
besteht hier aus einem Server in einem regionalen Rechenzentrum und Clients, die für die Ausleihfunktionen über das https-Protokoll auf den Server
zugreifen.

Diese Darstellung liefert auf einen Blick sowohl Einzelheiten der Schnittstelle (Abschnitt oben links) als auch Zusammenhänge zwischen Spezifikation (z. B. Anwendungsfälle) und den realisierenden Kollaborationen. In vielen Fällen ist es aber übersichtlicher sich auf die Darstellung über Pakete,
Komponenten, Schnittstellen und Realisierungen zu beschränen und nur bei
Bedarf die Details für das einzelne Element anzuzeigen.

9.6 Historische Anmerkungen

Die Implementierungsdiagramme der UML sind vor allem durch die *Booch
Methode* beeinflusst, der seit langem gute Eigenschaften für objektorientiertes Design zugeschrieben werden. Die Symbole stammen im Wesentlichen
aus deren *Moduldiagramm*en und *Prozessdiagramm*en. In der Notation von
Booch wird zwischen zwei Arten von Knoten unterschieden: Prozessoren und
Einheiten. Prozessoren haben im Gegensatz zu Einheiten eigene Verarbeitungskapazität. Die obere und rechte Seitenfläche des Würfels werden bei
Booch für Prozessoren schattiert. Das Symbol für Einheiten entspricht dem
hier eingeführten Knotensymbol.

9.7 Fragen zu Implementierungsdiagrammen

1. Was ist der Unterschied zwischen Komponenten- und Einsatzdiagrammen?
2. Welche Arten von Knoten kommen in aktuellen Anwendungen zum Einsatz?
3. Welchen Einfluss hat die Wahl von Knoten auf die Portierbarkeit von
   Anwendungen?
4. Wann ist ein Einsatzdiagramm in Objektform und wann eines in Klassenform sinnvoll einzusetzen?

Teil III

Methode

10   Der objektorientierte Modellierungsprozess

10.1 Übersicht

In diesem Kapitel wird der Softwareentwicklungsprozess so beschrieben, wie er von den meisten Methodikern gesehen, in zunehmend mehr Unternehmen (oder *SPU*s, Software Producing Units, Software Produzierenden Einheiten) durchgeführt und u. a. in [JBR99] dokumentiert wird. Dieser Entwicklungsprozess hat vier charakteristische Merkmale. Er ist

- anwendungsfallorientiert (use case driven),
- architekturzentriert (architecture centered),
- iterativ und
- inkrementell.

Das Augenmerk liegt dabei darauf, die größten Risiken für das Scheitern eines Entwicklungsprojekts frühzeitig zu erkennen und zu adressieren. Darüberhinaus ist der Prozess komponentenbasiert und verwendet die *UML*. Er bildet den Kontext für die vier P der Softwareentwicklung, Personen, Projekte, Produkte und Prozesse, die die wichtigsten Rollen bei der Entwicklung von Software spielen. Die Entwicklungszyklen, Phasen, Arbeitsschritte und Produkte steuern den Entwickler systematisch auf das Entwicklungsziel hin. Die hierbei anfallenden Entwicklungsaufgaben sind Gegenstand dieses Buches. Der Entwicklungsprozess bildet auch den Rahmen, in dem Techniken, wie

- Projektmanagement
- Aufwandsschätzung
- Softwaremetriken
- Testen

systematisch und wirkungsvoll eingesetzt werden. Diese systematisch darzustellen, ist im Rahmen dieses Buches nicht möglich. Hier muss auf die entsprechende Literatur verwiesen werden.

10.2 Lernziele

- Die Probleme nennen können, die ein Softwareentwicklungsprozess adressieren muss.

Abb. 10.1. Der Entwicklungsprozess als Blackbox

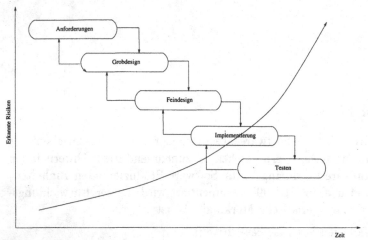

Abb. 10.2. Wasserfallmodell

- Die Phasen, Aktivitäten, Arbeitsschritte und Produkte des Softwareentwicklungsprozesses nennen können.
- Einfache Entwicklungsaufgaben strukturieren können.

10.3 Die Struktur des Entwicklungsprozesses

10.3.1 Motivation

Aus der Sicht eines Außenstehenden wie dem Auftraggebers eines Entwicklungsprojekts mag sich der Softwareentwicklungsprozess als Blackbox darstellen, wie er in Abb. 10.1 dargestellt wird. Man „steckt" die Anforderungen hinein und erhält anschließend ein fertiges Softwareprodukt. Im Inneren dieser Blackbox gibt es aber Strukturen, die unter verschiedenen Gesichtspunkten klassifiziert werden können.

Die unterschiedlichen Zerlegungen des Softwareentwicklungsprozesses charakterisieren die verschiedenen bekannten Vorgehensmodelle, wie etwa das Wasserfallmodell. Die verschiedenen Artefakte, die während der Entwicklung produziert werden, charakterisieren die verschiedenen Methoden.

Beispiel 10.3.1 (Wasserfallmodell)

Abbildung 10.2 zeigt das Wasserfallmodell, wie es 1970 in [Roy70] beschrieben wurde, am Beispiel einer typischen Phaseneinteilung. Die entscheidenden Punkte dabei sind:

- Die Phasen folgen einander sequentiell.

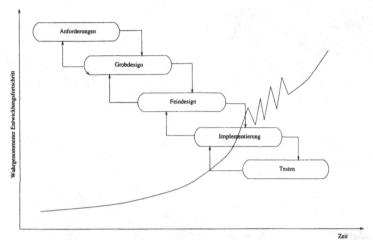

Abb. 10.3. Wahrgenommener Entwicklungsfortschritt im Wasserfallmodell

- Am Ende einer Phase steht ein Meilenstein, an dem überprüft wird, ob die Phase erfolgreich beendet wurde.
- Ein Zurückgehen ist nur auf die jeweils vorangehende Phase vorgesehen.

Dieses Modell ist wahrscheinlich das in der Theorie am besten kritisierte und in der Praxis am häufigsten eingesetzte (letzteres scheint sich aber in den letzten Jahren geändert zu haben). Von den vielen Kritikpunkten (s. z. B. [Raa93]) seien hier vor allem drei angesprochen:

- Perfect Understanding Assumption (Die Annahme perfekten Verstehens): Am Ende der Phase Anforderungen wird unterstellt, dass diese vollständig verstanden sind und sich nicht mehr ändern.
- Die Entwicklung einer Software über mehrere Versionen wird nicht systematisch unterstützt.
- Risiken werden zu spät erkannt, wie Abb. 10.2 qualitativ suggeriert.

Der im Wasserfallmodell wahrgenommene Entwicklungsfortschritt täuscht in vielen Fällen. Wie Abb. 10.3 illustriert, kommen gegen Ende der Implementierung viele Probleme zu Tage, die auch zu wesentlichen Architekturveränderungen Anlass geben können. Dies wirft die Entwicklung manchmal erheblich zurück. ◄

Beispiel 10.3.2 (Artefakte strukturierter Methoden)
Typische Artefakte der strukturierten Methoden sind:

- Datenflussdiagramme,
- Entity Relationship Diagramme,
- Structure Charts,
- Module.

◄

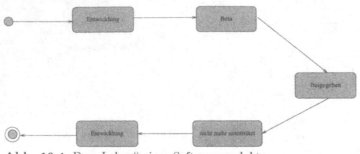

Abb. 10.4. Das „Leben" eines Softwareprodukts

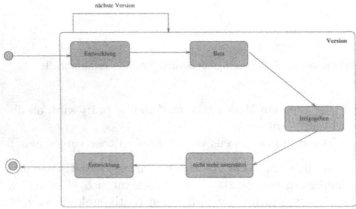

Abb. 10.5. Lebenszyklus mit Versionen

Die Darstellung in Abb. 10.1 vereinfacht die Darstellung des Entwicklungsprozesses sehr stark, insbesondere ist hier die Dynamik von Ein- und Ausgaben nicht zu erkennen. Betrachtet man das „Leben" eines Softwareprodukts,
so wird man vielleicht die in Abb. 10.4 dargestellten Stadien identifizieren.
Nach dem Abschluss der wesentlichen Entwicklung liegt die Software in einem
Beta-Zustand vor, in dem sie bei ausgewählten Anwendern testweise eingesetzt werden kann. Sind die wesentlichen Fehler behoben, die im Beta-Test
gefunden wurden, so wird die Software allgemein zur Lizenzierung (oder Einsatz) freigegeben. Nach einer gewissen Zeit wird die Software vom Hersteller
nicht mehr unterstützt und irgendwann ganz eingestellt werden. Betrachtet man die Situation noch genauer, so sieht man, dass sich der Lebenszyklus einer Software meist über mehrere Versionen erstreckt. Abbildung 10.5
visualisiert diese Sicht. Es gibt immer wieder neue Versionen. Jede Version
durchläuft die Zustände Beta, freigegeben und nicht mehr unterstützt.
Irgendwann wird ein Produkt als solches eingestellt.

Auch die „Eingabe" für den Entwicklungsprozess stellt sich bei näherer
Betrachtung komplexer dar, als es in Abb. 10.1 erscheint. Abbildung 10.5
kommt der Realität schon näher. Anforderungen werden vom Auftraggeber

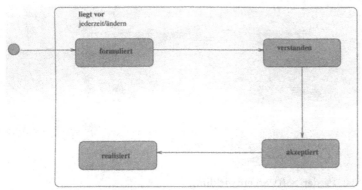

Abb. 10.6. Die Entwicklung der Anforderungen

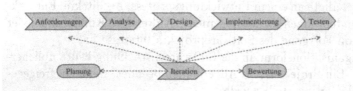

Abb. 10.7. Iteratives Vorgehen

oder Anwender **formuliert**, durch harte Arbeit von Anwender und Entwickler **verstanden** und u. U. **akzeptiert**. Akzeptierte Anforderungen werden dann (manchmal?) auch **realisiert**.

Eine Anforderung, die in einem der genannten Zustände vorliegt, kann sich zudem jederzeit ändern. Dies kann unterschiedliche Gründe haben.

- Der Anwender hat im Laufe des Projekts dazugelernt, kann jetzt insbesondere die Möglichkeiten der IT besser einschätzen.
- Die Rahmenbedingungen haben sich durch Unternehmensentscheidungen geändert.
- Die Rahmenbedingungen haben sich durch äußere Einflüsse geändert. Der Gesetzgeber zeigt sich hier häufig sehr innovativ.
- Der Anwender oder Auftraggeber hat es sich einfach anders überlegt. („Was interessiert mich mein Gewäsch von gestern.")

Als eine Konsequenz aus dieser Dynamik ergibt sich ein iteratives Vorgehen, das Abb. 10.7 illustriert: Die Anforderungen (und deren Änderung) werden in jeder Iteration berücksichtigt. Auch die anderen Arbeitsschritte finden in angemessenem Umfang in jeder Iteration statt.

10.3.2 Die vier P der Softwareentwicklung

Im Zusammenhang mit der Entwicklung von Software sind vier Begriffe, die mit „P" beginnen, von entscheidender Bedeutung:

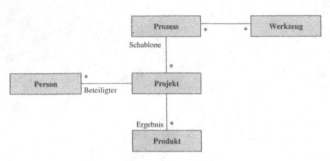

Abb. 10.8. Die vier Ps der Softwareentwicklung

Person Jeder Beteiligte an einem Entwicklungsprozess, Architekte, Entwickler, Tester, unterstützendes Management, Anwender, Kunde und jeder andere, der am Fortgang des Softwareprojekts Interesse hat.

Projekt Die Organisationsform, in der Softwareentwicklung heute üblicherweise erfolgt. Ein Projekt ist im Allgemeinen beendet, wenn ein freigegebenes Produkt fertiggestellt wurde.

Produkt Jedes *Artefakt*, das während eines Projekts erstellt wird, wie ein *Modell*, Sourcecode, eine ausführbare *Komponente* und Dokumentation.

Prozess Ein Softwareentwicklungsprozess definiert eine vollständige Folge von Aktivitäten, die geeignet erscheinen, Anforderungen von Anwendern in ein Produkt umzusetzen.

Werkzeug Dient dazu, Aktivitäten in einem Prozess zu automatisieren und zu unterstützen.

Wesentliche Beziehungen zwischen diesen Klassen zeigt Abb. 10.8. Das Projekt ist die typische Organisationsform, in der Software entwickelt wird.

Definition 10.3.3 (Projekt)
Ein *Projekt* ist ein Vorgang mit folgenden Hauptmerkmalen:

- Einmaligkeit (nicht notwendig Erstmaligkeit) für das Unternehmen,
- Zusammensetzung aus Teilaufgaben,
- Beteiligung mehrerer Stellen unterschiedlicher Fachrichtungen („Interdisziplinarität"),
- Teamarbeit,
- Konkurrieren mit anderen Projekten um Betriebsmittel (Personal, Sachmittel, Gerätebenutzung u. a.),
- Mindestdauer bzw. Mindestaufwand,
- Höchstdauer bzw. Höchstaufwand,
- definierter Anfang und definiertes Ende.

◀

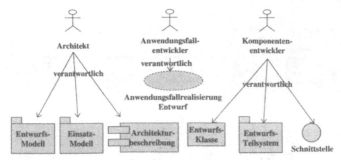

Abb. 10.9. Verantwortlichkeiten und Ressourcen

Die Organisation eines Projekts und die des Softwareentwicklungsprozesses hat wesentlichen Einfluss auf die beteiligten Personen. Dabei sind viele Faktoren zu berücksichtigen, die viel mit Psychologie, Teamarbeit und Management und weniger mit softwaretechnischen Gesichtspunkten zu tun haben.

Machbarkeit Mitarbeit in einem Projekt, das als nicht-machbar gilt, ist hochgradig frustrierend. Es ist entscheidend, die Machbarkeit eines Projekts frühzeitig zu beurteilen und ggf. Maßnahmen zu ergreifen, die zu einem machbaren Projekt führen.

Risikomanagement Frühzeitiges Erkennen von und Reagieren auf Risiken vermeidet Unruhe und Stress im Projekt.

Teamstruktur Ein Prozess, der zur frühzeitigen Definition einer Architektur und hinreichend kleinen Teilsystemen führt, ermöglicht die Bildung von kleinen effizienten Teams von maximal 10 Personen.

Projektplan Ein Prozess muss die Entwicklung eines realistischen Projektplans unterstützen.

Einsicht Um den Nutzen und den Sinn ihrer Arbeit zu verstehen, müssen Menschen Einsicht in die Gesamtzusammenhänge haben. Die Architektur bildet die Verbindung zwischen den Arbeitsergebnissen Einzelner und dem Ganzen.

Erfolgserlebnisse Iterationen sorgen für regelmäßige Rückkopplung und Erfolgserlebnisse. Diese steigern Arbeitsintensität und Arbeitstempo.

Innerhalb eines Projektes übernehmen Mitarbeiter – dies sind in Software-Projekten die wichtigsten Ressourcen – genau definierte Verantwortlichkeiten[1]. Wie in Abb. 10.9 illustriert, haben Personen (Ressourcen) bestimmte Verantwortlichkeiten. Das Ergebnis eines Projekts ist eine neue Version eines Produktes. Jede Version ist das Ergebnis einer Folge von Änderungen und wird iterativ und inkrementell entwickelt. Die Entwicklung erfolgt in einer Teamstruktur, die die Realisierung des Entwicklungsprozesses unterstützt.

---

[1] Der Begriff der „Rolle" wäre hier ebenfalls angemessen. Es wird aber der Begriff der Verantwortlichkeit (im amerikanischen Original: worker) gewählt, da „Rolle" in der UML bereits eine andere Bedeutung hat.

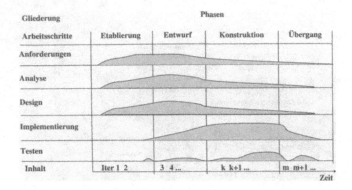

Abb. 10.10. Software-Entwicklungsprozess: Arbeitsschritte und Phasen

10.4 Phasen, Iterationen und Entwicklungszyklen

Ein erster Schritt zur Gliederung des Entwicklungsprozesses ist eine Zerlegung in Phasen.

Definition 10.4.1 (Phase)
Eine *Phase* ist der Zeitraum zwischen zwei größeren Meilensteinen, in dem wohldefinierte Ziele erreicht, Ergebnisse vervollständigt und Entscheidungen über den Eintritt in die nächste Phase getroffen werden. ◀

Definition 10.4.2 (Meilenstein)
Ein *Meilenstein* bezeichnet einen Zeitpunkt, an dem überprüft wird, ob vorher festgelegte Kriterien erreicht wurden. Zu einem Meilenstein gehören auch die Verfahren zur Überprüfung der Kriterien. ◀

Hier werden die Phasen

- *Etablierung* (inception),
- *Entwurf* (elaboration),
- *Konstruktion* (construction) und
- *Übergang* (transition)

unterschieden. Abbildung 10.10 illustriert diese Zerlegung: Etablierung und Entwurf bilden die ingenieurmäßigen Aktivitäten des Entwicklungslebenszyklus, Konstruktion und Übergang machen die Fertigung aus. Am Ende einer Phase steht ein großer Meilenstein.

Definition 10.4.3 (Großer Meilenstein)
Ein *großer Meilenstein* ist ein *Meilenstein* am Ende einer *Phase*, an dem über den weiteren Fortgang des Projektes, Budgets etc. entschieden wird. ◀

Eng verbunden mit dem des Meilensteins ist der Begriff der Referenzlinie.

Definition 10.4.4 (Referenzlinie)
Eine *Referenzlinie* (baseline) ist eine Zusammenstellung von geprüften und abgenommenen *Artefakt*en, die eine abgestimmte Basis für weitere Aktivitäten darstellt und nur durch ein definiertes Vorgehen im Rahmen eines Konfigurations- und Änderungsmanagements verändert werden kann. ◄

Eine Referenzlinie wird häufig im Rahmen eine Meilensteins festgelegt und überprüft. Jede Phase endet mit einem Meilenstein, an dem überprüft wird, ob die Ziele der einzelnen Arbeitschritte erreicht wurden. Innerhalb einer Phase können mehrere Iterationen notwendig werden. Aufgabe einer Iteration ist es einen erkennbaren Entwicklungsfortschritt zu liefern. Ein Durchgang durch alle vier Phasen liefert eine neue Generation eines Softwareprodukts.

10.4.1 Etablierung

In der Etablierungsphase will man ein Projekt starten. Das Hauptziel ist es, zu einer Aussage über die technische und wirtschaftliche Machbarkeit des Projekts zu kommen. Spricht das Ergebnis für eine Realisierung, so muss dies den Entscheidungsträgern überzeugend vermittelt werden. Schlagwortartig kann man diese Phase so charakterisieren: „Von der Vision zur Spezifikation".

Dazu muss der Umfang des Projekts bestimmt werden, um festlegen zu können, welche Eigenschaften das System haben soll. Ohne den Umfang zu kennen, ist eine Aufwandsschätzung unmöglich, die für eine Beurteilung der Wirtschaftlichkeit erforderlich ist. Es muss soweit über eine Architektur Klarheit bestehen, dass man die Realisierbarkeit des Systems im Rahmen dieser Architektur für sicher hält.

Ganz wichtig für den Projekterfolg ist es, die Risiken zu erkennen, die in dem Projekt stecken. Das heißt nicht, dass für alle möglichen eventuell auftretenden Probleme hier und jetzt eine Lösung gefunden werden muss. Entscheidend ist es zu erkennen, an welchen Stellen Probleme auftreten können. Hierfür müssen dann Ressourcen in Form von Zeit, Geld, Knowhow (z. B. Einkauf externer Beratungsleistung) vorgesehen werden.

Für die Entwicklung muss eine Umgebung bereitgestellt werden, mit der das Projektteam die Entwicklung durchführen kann.

10.4.2 Entwurf

In der Entwurfsphase geht es darum, eine stabile Architektur zu entwerfen und zu einer zuverlässigen Schätzung des Entwicklungsaufwands zu kommen.

Dazu werden die meisten bisher noch nicht erfassten funktionalen Anforderungen in Anwendungsfällen festgehalten.

Es wird eine *Referenzlinie* für die Architektur entwickelt, die den Rahmen für die Aktivitäten in den folgenden Phasen der Konstruktion und des Übergangs bildet.

Die verbleibenden Risiken werden weiter beobachtet und die kritischen soweit identifiziert, dass ihre Auswirkung auf die termin- und budgetgetreue Projektdurchführung abgeschätzt werden kann.

Hierbei wird der Projektplan fortgeschrieben und zunehmend detaillierter.

10.4.3 Konstruktion

In der Phase der Konstruktion wird eine erste operativ einsetzbare *Version* entwickelt. Diese kann bei ausgewählten Kunden zum Einsatz im *Beta-Test* kommen.

In dieser Phase wird der Projektplan entsprechend den Prioritäten der Anwendungsfälle vorangetrieben, so dass mit jedem *Build* ein erkennbarer Fortschritt erreicht wird, bis am Ende einer Folge von Iterationen eine *Beta-Version* steht.

Die Liste der offenen Risiken wird fortgeschrieben. Bis zum Ende dieser Phase sollen alle beherrscht sein, bis auf die, die erst während des Betriebs auftreten können und in der Übergangsphase behandelt werden.

10.4.4 Übergang

Die Aufgabe der Übergangsphase ist es, aus einem Produkt im Beta-Status ein auslieferbares Produkt zu machen.

Damit soll gezeigt werden, dass die Anforderungen zur Zufriedenheit der Benutzer erfüllt wurden und dass alle für den Betrieb des Systems notwendigen Teile vorhanden sind. Je nach Art des Produkts werden die Ergebnisse des Beta- oder Abnahmetest aufgenommen, Fehler beseitigt oder Aufgaben auf die Liste der Anforderungen für die nächste Version gesetzt. In der Übergangsphase noch anfallende Entwicklungsaufgaben können ein Installationsprogramm und ergänzende Komponenten für den operativen Betrieb umfassen.

10.4.5 Iterationen

Innerhalb jeder Phase gibt es eine Reihe von Iterationen. Innerhalb einer Iteration werden die jeweils angemessenen Arbeitsschritte von Anforderungen über Analyse, Design, Implementierung und Testen durchlaufen, die zu einem messbaren Entwicklungsfortschritt führen. In jeder Phase und jeder Iteration versucht man die Risiken zu verringern und schließt mit einem wohldefinierten Meilenstein. Die Meilensteinüberprüfung gibt Anlass zur Bewertung, wie weit die zentralen Ziele erreicht wurden und ob das Projekt auf dem weiteren Weg neu strukturiert werden muss. Jede Phase des Entwicklungsprozesses kann weiter in Iterationen zerlegt werden.

Definition 10.4.5 (Iteration)

Eine *Iteration* ist eine Folge von Prozessarbeitsschritten, die als Ergebnis eine (oft interne) Version eines Produkts liefert, die spezifizierten Anforderungen genügt. Dies ist eine Teilmenge des endgültig zu entwickelnden Produkts, die inkrementell von Iteration zu Iteration wächst, bis das endgültige System fertig ist. ◄

Eine Iteration kann als eine Art Miniprojekt angesehen werden. Jede Iteration durchläuft verschiedene Arbeitsschritte, allerdings mit unterschiedlichen Schwerpunkten, abhängig von der jeweiligen Phase. Während der Etablierung liegt der Schwerpunkt auf der Erhebung der Anforderungen. Während des Entwurfs verschiebt sich der Schwerpunkt in Richtung Analyse und Design. In der Konstruktion ist die Implementierung die zentrale Aktivität und die Übergangsphase dreht sich um den Einsatz.

Am Ende einer *Iteration* steht eine interne oder externe *Version* und oft eine *Referenzlinie*. Eine besonders wichtige Referenzlinie ist die Architekturreferenzlinie am Ende der Entwurfsphase.

Am Ende einer Iteration steht ein *kleiner Meilenstein*.

Definition 10.4.6 (kleiner Meilenstein, „Zentimeterkiesel")

Ein *kleiner Meilenstein* oder *„Zentimeterkiesel"* ist ein *Meilenstein* zwischen zwei großen Meilensteinen, z. B. am Ende einer *Iteration*. ◄

Jeder kleine Meilenstein ist ein geplanter Schritt hin zu einem großen Meilenstein.

Die folgende Tabelle zeigt einige typische Anzahlen für Iterationen in den einzelnen Phasen in Abhängigkeit von einer groben Klassifizierung des Umfangs des Systems.

Phase	klein	Anzahl Iterationen mittelgroß	großes System
Etablierung	1	2	2
Entwurf	1	2	3
Konstruktion	1	2	3
Übergang	1	1	2
Summe	4	7	10

Ein „normales" System wird also 7±3 Iterationen pro Entwicklungszyklus durchlaufen.

10.4.6 Entwicklungszyklen

Definition 10.4.7 (Entwicklungszyklus)

Ein Durchgang durch die vier großen Phasen heißt *Entwicklungszyklus*. ◄

Definition 10.4.8 (Softwaregeneration)

Das Ergebnis eines *Entwicklungszyklus* heißt *Softwaregeneration*. ◄

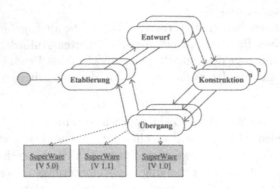

Abb. 10.11. Entwicklungszyklen und Versionen

Abbildung 10.11 zeigt schematisch einige Entwicklungszyklen des hypothetischen Produkts „Super Ware". Sofern das Leben des Produkts damit nicht endet, wird ein einmal existierendes Produkt sich zu einer nächsten Generation weiterenwickeln, indem die gleiche Folge von Etablierungs-, Entwurfs-, Konstruktions- und Übergangsphase durchlaufen wird. Dies ist die Evolution des Systems, so dass die Entwicklungszyklen, die dem ersten folgen, evolutionäre Zyklen heißen. Der hier beschriebene Entwicklungsprozess ist in vielen Projekten einsetzbar, wie das folgende Beispiel zeigt.

Beispiel 10.4.9 (Schulungsmaterial)
Die Darstellung des Entwicklungsprozesses entstand mit dem Ziel, möglichst viele Umgebungen mit Material zu versorgen:

- Vorlesungsskript,
- eventuell ein Buch,
- Präsentationsfolien für die Vorlesung,
- bei Bedarf Folien für andere Veranstaltungen.

In der Etablierungsphase wurde in einer Iteration eine Gliederung festgelegt. Als Realisierungsumgebungen bietet sich nach bisherigen Erfahrungen (mehrere Skripten, dieses Buch) LATEX für die Erstellung von Druckwerken als einzige ernstzunehmende Umgebung an. Für die Entwicklung von Folien- oder Bildschirmpräsentationen ist dieses Medium schlechter geeignet. Lediglich bei Verwendung vieler Folien mit Texten, die bereits in LATEX-Format vorliegen oder mathematische Inhalte haben, erscheint LATEX als sinnvolle Umgebung.

Für die Erstellung von Folien hat sich Powerpoint von Microsoft am Markt durchgesetzt. Mit der im September 1999 erfolgten Übernahme von Visio durch Microsoft wird diese Stellung noch verstärkt. Lediglich für Randbereiche, in denen besonders statistische Auswertungen oder technisch/wissenschaftliche Inhalte präsentiert werden sollen, gibt es sinnvolle Alternativen. Auch die Zielsetzung, bei Bedarf mit minimalem Aufwand Folien für andere

Veranstaltungen produzieren zu können, spricht ganz entschieden für Power-point.

Ein weiteres Argument für Powerpoint (das aber auch für andere Produkte gültig ist) besteht in der flexiblen Nutzung von Präsentationsvorlagen. Die Folien können in Powerpoint einfach erstellt werden. Als Schwäche mag man die graphischen Möglichkeiten der angebotenen „Add-ins", wie MS-Draw oder MS-Graph ansehen. Hier sollte man wohl doch zu einem Werkzeug wie dem oben genannten greifen, das bessere Möglichkeiten bietet. Diese Grafiken kann man dann gut in Powerpoint-Präsentationen einbetten. Bei Einhaltung einiger Grundregeln gelingt es, eine Präsentationsvorlage durch eine ande-re zu ersetzen. Benötigt man nur die Grafiken aus einer Folie, etwa um sie als Abbildung in ein LATEX-Dokument einzubetten, so verwendet man eben nur die entsprechende eingebettete Abbildung. Diese Entscheidung und ei-ne textuelle Skizze des Kapitels („ein bisschen Fleisch auf die Knochen" der Gliederung) schließen nach einer Iteration die Phase der *Etablierung* ab.

In der folgenden Entwurfsphase wurden zwei Iterationen durchlaufen: Im ersten Schritt wurden die Inhalte näher spezifiziert, die in dem Kapitel über den Entwicklungsprozess behandelt werden sollten. Als Material wurden hier-zu vor allem [JBR99], [Kru98] und der Anhang C von [BRJ99] herangezo-gen. Es wurden verschiedene Visualisierungsmöglichkeiten verglichen (z. B. Aktivitäts- und Kollaborationsdiagramme) und das Foliengerüst mit verschie-denen Präsentationsvorlagen ausgestattet (zum Drucken der Grafik, für die Vorlesung an der FH-Hamburg und für eine kommerzielle Verwendung).

Dabei ergaben sich einige sinnvolle Umgestaltungen der Gliederung. So wird der Entwicklungsprozess jetzt nicht zunächst gegen das *Wasserfallm-odell* abgegrenzt. Statt dessen wird er aus den Eigenschaften von Software und den Anforderungen der Anwender motiviert. Hieraus ergab sich in der zweiten Iteration eine auch im Weiteren veränderte und hoffentlich verbes-serte Gliederung. Deren weitere Tragfähigkeit wurde durch weitergehende Strukturierung tieferer Gliederungsebenen und teilweise Ausfüllung des In-halts erhärtet.

Zum Abschluss der Entwurfsphasen lagen damit folgende Bestandteile ei-ner Architektur vor, die als tragfähig auch für eine längerfristige Entwicklung angesehen wurde:

- Gliederungen für Skript und Folienpräsentation
- Grundzüge des Inhalts
- Grundprinzipien der Visualisierung (einzubringen in eine Präsentations-vorlage)
- Techniken der Implementierung (Powerpoint, LATEX, PostScript)

Zu diesem Zeitpunkt wurde dieses Beispiel begonnen.

Die nun folgende Konstruktionsphase verlief über zwei Iterationen inner-halb derer die Materialien vervollständigt und auslieferungsfertig gemacht wurden. Der „Beta-Test" fand in einer speziell auf den Kunden zugeschnitte-nen inhouse Schulung statt. Aufgrund der Art dieses „Software-Produkts" war

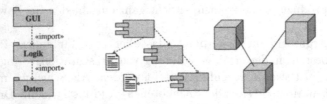

Abb. 10.12. Elemente einer Architektur

die Übergangsphase einfach. In einer weiteren Iteration wurden im Anschluss darin Schreibfehler korrigiert und einige weitere (kleinere) Verbesserungen vorgenommen und dann die offizielle Version freigegeben. Für die Publikation wurden noch einige weitere Dokumente erstellt, insbesondere eine Anleitung für die Zusammenstellung der Kursunterlagen und einige Hinweise für Referenten über die Vortragsnotizen hinaus. Inzwischen haben diese Materialien einige weitere Iterationen durchlaufen. ◄

10.4.7 Architektur

Anwendungsfälle sind sehr wirkungsvoll, um die Entwicklung den Anforderungen entsprechend voranzutreiben. Sie reichen aber zur zielgerichteten Steuerung der Entwicklung nicht aus. Um eine zuverlässige Basis für die Entwicklung zu haben, benötigt man frühzeitig eine tragfähige Architektur (s. auch Def. 4.3.1 auf S. 70). Zur Beschreibung einer Architektur gehören z. B. wie in Abb. 10.12 illustriert:

- Eine Gliederung des Systems in horizontale und vertikale Schichten. Abbildung 10.12 zeigt links eine einfache 3-Schichtenarchitektur, in der zwischen Benutzungsoberfläche, Anwendungslogik und der Speicherung unterschieden wird.
- Grundprinzipien der Zerlegung des Systems in Teilsysteme und Komponenten sowie deren wichtigsten Kommunikationsprinzipien.
- Die Grundstruktur der Topologie des Systems und der Verteilung der Komponenten auf die beteiligten Knoten.

Die Architektur dient als Leitlinie der Entwicklung und unterstützt so die einzelnen Iterationen. Sie muss allen Entwicklern bekannt sein und bildet so das Bindeglied zwischen verschiedenen Teilsystemen und Entwicklungsgruppen. Zusammen mit der Forderung, dass jede Iteration einen Entwicklungsfortschritt bringt, sichert die Architektur den zielgerichteten Fortgang des Entwicklungsprozesses ab.

Bemerkung 10.4.10 (Konfiguration des Entwicklungsprozesses)
Die hier vorgestellten Komponenten eines Entwicklungsprozesses müssen der jeweiligen Situation entsprechend kombiniert werden. Dies steht in Übereinstimmung mit bewährten Prinzipien des „strukturierten Projektmanagements", siehe z. B. [Raa93]. ◄

10.5 Artefakte und Arbeitsschritte

Bestandteil jedes Prozess-Arbeitsschritts ist eine definierte Menge zugehöriger Artefakte und Aktivitäten.

Definition 10.5.1 (Artefakt)
Ein *Artefakt* ist ein Dokument, Bericht oder ausführbares Modul etc., das erstellt, verändert oder verbraucht wird. ◄

Definition 10.5.2 (Aktivität)
Eine *Aktivität* beschreibt Aufgaben - planende, durchführende und überprüfende Schritte - die von Mitarbeitern durchgeführt werden, um Artefakte zu erzeugen oder zu verändern, zusammen mit den Techniken und Richtlinien, um diese Aufgaben durchzuführen, möglicherweise auch die Werkzeuge, mit denen einige dieser Aufgaben automatisiert werden können. ◄

Bemerkung 10.5.3 (Aktivität)
Definition 10.5.2 ist ein Spezialfall der allgemeineren Def. 7.3.4 von Aktivität auf S. 168. ◄

Jede Aktivität des Entwicklungsprozesses hat zugehörige Artefakte, die entweder als notwendige Voraussetzung dienen oder als Ergebnis erzeugt werden. Einige Artefakte dienen direkt als Eingabe für folgende Aktivitäten, werden als Beleg für das Projekt aufbewahrt oder in einem vertraglich festgelegten Format erzeugt.

Wichtige Verbindungen zwischen den Artefakten stehen in Beziehung zu einigen dieser Arbeitsschritte. So wird z.B. das Anwendungsfallmodell, das während der Anforderungserhebung erstellt wird, durch das Designmodell aus Analyse und Design realisiert, durch das Implementierungsmodell aus dem Implementierungsprozess implementiert und durch das Testmodell aus dem Testprozess überprüft.

10.5.1 Modelle

Modelle sind die wichtigste Art von Artefakten des Entwicklungsprozesses.

Definition 10.5.4 (Modell)
Ein *Modell* ist ein Objekt, das auf der Grundlage einer Struktur-, Funktions- oder Verhaltensanalogie zu einem entsprechenden Original von einem Subjekt eingesetzt und genutzt wird, um eine bestimmte Aufgabe lösen zu können, deren Durchführung mittels direkter Operationen am Original zunächst oder überhaupt nicht möglich bzw. unter gegebenen Bedingungen zu aufwendig ist [PB93]. In der UML stellt ein Modell ausgewählte Aspekte des physischen Systems dar und wird durch ein Paketsymbol mit einem kleinen Dreieck △ in der rechten oberen Ecke gekennzeichnet. ◄

Modelle dienen dazu, das zu entwickelnde System besser zu verstehen. Für den hier beschriebenen Entwicklungsprozess werden neun Modelle definiert, die gemeinsam alle wichtigen Entscheidungen behandeln, die in die Visualisierung, Spezifikation, Konstruktion und Dokumentation eines softwareintensiven Systems einfließen.

1. Unternehmensmodell bildet eine Abstraktion der Organisation.
2. Anwendungsbereichsmodell bildet den Kontext des Systems.
3. Anwendungsfallmodell legt die funktionalen Anforderungen an das System fest.
4. Analysemodell (optional) bildet eine Idee vom Entwurf des Systems.
5. Designmodell legt das Vokabular des Problems und der Lösung fest.
6. Prozessmodell (optional) legt die nebenläufigen und die Synchronisationsmechanismen des Systems fest.
7. Einsatzmodell legt die Hardware-Topologie fest, auf der das System zum Einsatz kommt.
8. Implementierungsmodell legt die Teile fest, die benutzt werden, um das physische System zusammenzustellen und auszuliefern.
9. Testmodell legt die Verfahren fest, mit denen das System validiert und überprüft wird.

Eine Sicht ist eine Projektion eines Modells. Während des Entwicklungsprozesses wird die Architektur eines Systems in fünf ineinandergreifenden Sichten festgehalten: Der Entwurfssicht, Prozesssicht, Einsatzsicht, Implementierungssicht und Anwendungsfallsicht.

Der hier beschriebene Entwicklungsprozess besteht aus fünf Kernarbeitsschritten (core workflows), die mit unterschiedlichen Schwerpunkten in allen Phasen eingesetzt werden:

1. *Anforderungen* beschreibt die anwendungsfallbasierte Methode zum Herausfinden der Anforderungen und deren präziser Spezifikation.
2. *Analyse* und
3. *Design* beschreiben die verschiedenen architektonischen Sichten.
4. *Implementierung* umfasst Software-Entwicklung, Modultest und Integration.
5. *Testen* beschreibt Testfälle, Testverfahren und Fehlerverfolgungsmetriken.

Zu diesen wesentlichen Arbeitsschritten müssen weitere hinzukommen. Ein Beispiel hierfür liefert der Rational Unified Process, der in Abschn. 10.10 skizziert wird.

Die Artefakte des Entwicklungsprozesses werden in Management-Artefakte oder technische Artefakte unterschieden. Die technischen Artefakte des Entwicklungsprozesses können den Arbeitschritten zugeordnet werden.

1. Anforderungsartefakte beschreiben, was das System tun muss.

2. Analyseartefakte beschreiben, detailliert was System leisten muss und welche Eigenschaften der Anwendungsbereich hat.
3. Entwurfsartefakte beschreiben, wie das System entwickelt werden soll.
4. Implementierungsartefakte beschreiben die Zusammensetzung der entwickelten Softwarekomponenten.
5. Testartefakte entstehen im Zusammenhang mit der Überpüfung der Implementierungsergebnisse.

Management-Artefakte sind Bestandteile der bewährten Projektmanagementverfahren.

10.5.2 Anforderungen

Dieser Teil umfasst alle Informationen, die beschreiben, was das System tun muss. Dies kann das Anwendungsfallmodell umfassen, ein nicht-funktionales Anforderungsmodell, ein Anwendungsbereichsmodell, ein Analysemodell und andere Formen, die die Bedürfnisse des Anwenders zum Ausdruck bringen. Ohne Anspruch auf Vollständigkeit gehören hierzu Prototypen, Schnittstellenentwürfe, rechtliche Rahmenbedingungen usw.

10.5.3 Analyse

Die Analysearbeitschritte dienen dem genaueren und besseren Verstehen der Anforderungen und des Anwendungsbereichs. Hierzu können verfeinerte und weiter strukturierte Anwendungsbereichsmodelle gehören, Studien zu Realisierungsmöglichkeiten für Anwendungsfälle oder Kollaborationsdiagramme. Auch das Anwendungsfallmodell wird hier weiter strukturiert.

10.5.4 Entwurf

Dieser Teil umfasst Informationen, die beschreiben, wie das System konstruiert werden soll, und hält Entscheidungen fest, wie das System entwickelt werden soll, unter Berücksichtigung aller Randbedingungen bzgl. Zeit, Budget, Altlasten, Wiederverwendung, Qualitätszielen usw. Dies kann ein Entwurfsmodell umfassen, ein Testmodell und weitere Ausdrucksformen in Abhängigkeit von der Art des Systems, ohne Anspruch auf Vollständigkeit Prototypen und ausführbare Architekturmodelle.

10.5.5 Implementierung

Dieser Teil umfasst alle Aktivitäten bei denen Elemente der Software erstellt werden, die das System bilden. Ohne Anspruch auf Vollständigkeit seien hier Sourcecode in verschiedensten Programmiersprachen, Konfigurationsdateien, Softwarekomponenten usw., genannt. Selbstverständlich gehört dazu auch eine Anleitung, wie das System zusammenzustellen ist.

10.5.6 Testen

Die globale Aufgabe des Testens besteht darin, die Übereinstimmung der Implementierung mit der Spezifikation zu überprüfen. Zu den Testartefakten gehören also Testfälle, die die Anwendungsfälle überprüfen, weitere Blackbox oder Whitebox Testfälle für den Komponenten- und Teilsystemtest. Für viele Tests wird es notwendig sein Testkomponenten oder Testtreiber zu entwickeln. Auch diese gehören zu den Testartefakten.

Diese Arbeitsschritte werden in allen Phasen der Entwicklung in angemessener Weise ausgeführt. Die Kapitel 11 bis 15 erläutern sie im Detail.

Die Phasen der Entwicklung werden in den folgenden Abschnitten skizziert.

10.6 Etablierung

10.6.1 Übersicht

In der Etablierungsphase wird der Geschäftszweck des Systems begründet und der Rahmen des Projekts abgesteckt. Zur Begründung des Geschäftszwecks gehören die Festlegung von Erfolgskriterien, Risikoeinschätzung, Abschätzung der benötigten Ressourcen und ein Phasenplan mit einem Terminplan für die wichtigsten Meilensteine. Während der Etablierung ist es üblich, einen ausführbaren Prototyp zu entwickeln, der als Bestätigung des Konzepts dient. Dies gilt insbesondere für neuartige Entwicklungen. Am Ende der Etablierungsphase werden die Ziele festgelegt, die während des ersten Lebenszyklus der Software erreicht werden sollen, und es wird entschieden, ob mit der vollständigen Entwicklung begonnen wird.

10.6.2 Kernarbeitsschritte

Die größte Intensität kommt in dieser Phase den Anforderungsarbeitsschritten zu. Auch Analyse- und Designarbeitsschritte sind bereits mit nennenswerten Anteilen vertreten. Abbildung 10.13 zeigt durch die Höhe der Balken ganz grob die Intensität der einzelnen Arbeitsschritte in der Phase der Etablierung. An Abb. 10.13 sieht man gut, wie mit Visualisierungen manipuliert werden kann. Die Wörter „Anforderungen" und „Implementierung" sind (zumindest im Deutschen) die längsten. Zufälligerweise kommt beiden Arbeitsschritten auch eine große Bedeutung zu. Nichts desto trotz ist dies zufällig. Entscheidend sind die Höhen der Balken, nicht die Fläche. Das ist aber nicht so tragisch: Die Angaben sind sowieso nur qualitativ. Sie quantitativ zu erheben, wäre eine durchaus interessante Untersuchung.

Es sei aber ausdrücklich darauf hingewiesen, dass auch Implementierungs- und Testarbeitsschritte bereits hier ins Spiel kommen. Implementiert werden

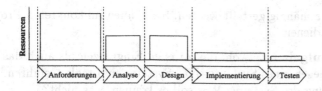

Abb. 10.13. Intensität der Arbeitsschritte in der Etablierung

in dieser Phase vor allem Prototypen. Ein typisches Beispiel ist ein Prototyp der Benutzerschnittstelle, der entwickelt wird, um die Anforderungen der Benutzer präzise erfassen zu können. An Hand eines solchen Prototyps können Anwender ihre Anforderungen und Wünsche oft leichter artikulieren als nur theoretisch oder an Hand von Skizzen. Auch ein solcher Prototyp wird einige Tests durchlaufen, um unerwünschtes Verhalten bei der Präsentation für Anwender rechtzeitig zu erkennen und korrigieren zu können. Dies gilt insbesondere, wenn dieser Prototyp iterativ weiterentwickelt wird und nicht nur der Präzisierung der Anforderungen dient. Unabhängig von Implementierungen, die in dieser Phase erfolgen, beginnen aber bereits in dieser Phase die Testarbeitsschritte. Zu den Anwendungsfällen werden bereits jetzt konkrete Testfälle entwickelt. Als absolutes Minimum sind je ein Testfall für jedes Szenario anzusehen. Diese sind zu entwickeln sobald über die Realisierung des Projekts entschieden ist, also spätestens in der Entwurfsphase.

10.6.3 Artefakte und Bewertungskriterien

Wesentliche Ergebnisse einer Etablierungsphase enthält die folgende Liste. Die Einzelheiten sind projektspezifisch und müssen zu Beginn dieser Phase festgelegt werden.

- Liste der Systemeigenschaften (Feature list).
- Erstes Modell des Anwendungsbereichs.
- Erste Version der verschiedenen Modelle, teilweise rudimentär (Implementierungs- und Testmodell) insbesondere aber des Anwendungsfallmodells.
- Erster Architekturentwurf.
- Möglicherweise ein Prototyp, der zeigt, dass das System so realisierbar ist.
- Liste der Risiken.
- Priorisierung der Anwendungsfälle.
- Erster Entwurf der wirtschaftlichen und technischen Begründung.

Um am Ende einer Phase deren Erfolg zu beurteilen, benötigt man Kriterien dafür, ob der Erfolg eingetreten ist oder nicht. Um nicht Gefahr zu laufen, sich etwas vor zu machen, muss die zu Beginn der Phase festgelegt werden. Es muss also festgelegt werden, was erreicht wwerden soll und wie festgestellt wird, ob dies erreicht wurde. Für die Etablierung können folgende

Fragen projektunabhängig gestellt werden. Sie können im konkreten Projekt zur Orientierung dienen

Umfang und Aufgaben Sowohl das zu enge Eingrenzen als auch das viel zu weite Auslegen eines Systems eines Systems sind reale Gefahren.

1. Abgrenzung des Systems: Was soll es können, was nicht?
2. Wurden alle Akteure identifiziert?
3. Ist die Art der Schnittstellen zu den Akteuren klar?
4. Kann das so abgegrenzte als eigenständiges System funktionieren?

Die Art der Schnittstellen zu den Akteuren kann sehr wichtig sein. So ist es etwas sehr verschiedenes, ob Aufträge

- in kleiner Anzahl
- von sachkundigen Fachkräften in großer Anzahl
- in Call-centern von angelernten Kräften
- vom Kunden selber

eingegeben werden. Der gelegentliche Benutzer ist schon als die Herausforderung für die Systementwicklung bezeichnet worden.

Anforderungen Im abgegrenzten Rahmen müssen die Anforderungen so beschrieben werden, dass sich alle Beteiligten über die Ergebnisse klar sind.

1. Wurden die Anforderungen dieser Phase, die durch Anwendungsfälle beschrieben werden, identifiziert und hinreichend detailliert beschrieben?
2. Wurden die nicht-funktionalen Anforderungen identifiziert und hinreichend detailliert beschrieben?

Architektur Der Nachdruck auf eine frühzeitige aber trotzdem sachgerechte Festlegung der Architektur ist bereits zu Beginn dieses Kapitels als eines der vier charakteristischen Merkmale des modernen Software-Entwicklungsprozesses herausgearbeitet worden.

1. Ist die Architektur funktionsfähig?
2. Genügt die Architektur den Anforderungen der Nutzer?

Risiken Es ist unmöglich alle Risiken sofort zu entschärfen. Um so wichtiger ist es, sie klar zu identifizieren und nicht zu verdecken.

1. Wurden alle kritischen Risiken erkannt?
2. Wurden alle Risiken angegangen oder zumindest ein Plan zu ihrer Beseitigung entwickelt?

Wirtschaftlichkeit Ohne ökonomische Ziele werden Softwareprojekte kaum in Angriff genommen.

1. Macht es wirtschaftlich Sinn, dass Projekt weiter zu verfolgen?
2. Welche wirtschaftlichen Risiken gibt es?

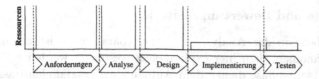

Abb. 10.14. Intensität der Arbeitsschritte im Entwurf

10.7 Entwurf

10.7.1 Übersicht

Die Ziele der Entwurfsphase bestehen darin, den Anwendungsbereich zu analysieren, eine tragfähige architektonische Grundlage zu schaffen, einen Projektplan zu entwickeln und die risikoreichsten Elemente des Projekts zu beseitigen. Architektonische Entscheidungen müssen mit einem Verständnis für das Gesamtsystem getroffen werden. Daraus folgt, dass zunächst die meisten Anforderungen an das System beschrieben werden müssen. Um die Architektur zu überprüfen, wird ein System implementiert, das die architektonischen Entscheidungen demonstriert und wichtige Anwendungsfälle ausführt. Am Ende der Entwurfsphase werden die detaillierten Ziele und der Umfang des Projekts, die Wahl der Architektur und die Beherrschung der größten Risiken überprüft, und es wird entschieden, ob mit der Konstruktion fortgefahren werden kann.

10.7.2 Kernarbeitsschritte

Wie schon in der Etablierungsphase stehen hier die Anforderungen im Zentrum des Interesses. Da nun aber die Entscheidung für die Durchführung des Projekts gefallen ist, werden diese jetzt weitgehend vollständig (80:20 Regel) erhoben. Die nähere Analyse der Aufgabenstellung und des Anwendungsbereichs wird ebenso vorangetrieben wie das Design, um zu einer tragfähigen Architekturreferenzlinie zu kommen. Die Bedeutung und den Umfang der Arbeitsschritte in dieser Phase zeigt Abb. 10.14 schematisch.

Implementierungsschritte erfolgen in dieser Phase vor allem, um die Tragfähigkeit der Architektur zu erhärten. Ein solcher Architekturprototyp wird Anwendungsfälle implementieren, die unter den nicht-funktionalen Anforderungen als kritisch angesehen werden. Eine solche Implementierung wird sich auf eine rudimentäre Realisierung des Normalablaufs beschränken. Diese Aktivitäten dienen auch der Eingrenzung bisher erkannter Risiken und werden durch deren Einschätzung mit gesteuert.

Aus der vollständigen Formulierung der Anforderungen und den Erfahrungen der eventuell vorgenommenen Implementierungen erhält man eine Grundlage für die Schätzung des Aufwands und damit die Planung des Projekts in den nächsten Phasen.

10.7.3 Artefakte und Bewertungskriterien

Ein „Steckenbleiben" in der Analyse — Analyseparalyse — ist ein häufig beobachtetes Phänomen, dem hier explizit gegengesteuert werden soll. Die Artefakte der Entwurfsphase dienen dem Aufbau einer tragfähigen Basis für die Konstruktion des geplanten Systems.

- Vollständiges Modell des Anwendungsbereichs. Dieses Modell wird soweit vorangetrieben, das der abgegrenzte Bereich des Systems hinreichend genau dargestellt wird, aber nicht weiter. Randbereiche werden nur soweit untersucht, wie es als notwendig erscheint, um antizipierte Anforderungen später leicht erfüllen zu können.
- Neue Versionen aller Modelle
- Anwendungsfall- und Analysemodell fast vollständig (80:20 Regel)
- Design, Einsatz und Implementierungsmodell noch rudimentär und auf Architektur beschränkt
- Eine erwiesenermaßen funktionsfähige Architekturreferenzlinie
- Architekturbeschreibung
- Aktualisierte Risikoliste
- Projektplan für Konstruktion und Übergang
- Vollständige Projektbegründung, einschließlich Angebot

Wie in der Etablierung werden zu zu beginn dieser Phase die zu erreichenden Ziele und anzuwendenden Bewertungskriterien festgelegt.

Vervollständigung der Anforderungen Quantitative und qualitative Details der Anforderungen bleiben in der Etablierung häufig offen und müssen im Entwurf formuliert werden.

1. Wurden alle Anforderungen, Akteure und Anwendungsfälle identifiziert, die ausschlaggebend für die Architekturreferenzlinie sind?
2. Wurden diese soweit detailliert, dass der Entwurf durchgeführt werden kann?

Architekturreferenzlinie Die in der Etablierung als tragfähig angesehene Architektur muss durch eine Architekturreferenzlinie untermauert werden.

1. Ist die Architekturreferenzlinie in der Lage, auch antizipierte Anforderungen zu unterstützen, die sich jetzt andeuten, aber noch nicht explizit formuliert werden? (Hierbei achte man aber auch darauf, nicht in „spekulative Allgemeinheit" zu verfallen, die später vielleicht nie benötigt wird.)
2. Ist die Architektur robust genug, um zukünftige Änderungen (in der Konstruktionsphase oder in weiteren Entwicklungszyklen) zu unterstützen?

Eingrenzung bedeutender Risiken Für die wesentlichen Risiken, die bisher erkannt wurden, ist Vorsorge zu treffen.

1. Wurden alle kritischen Risiken beseitigt oder wurde ein Notfallplan erstellt, um sie ggf. aufzufangen?

2. Wurden alle bedeutenden Risiken identifiziert (d.h. gibt es keine Zweifel mehr, dass das Projekt realisierbar ist)?
3. Wurden alle bedeutenden Risiken soweit untersucht, das (trotzdem) ein Angebot abgegeben werden kann?
4. Ist abzusehen, das sich die weiteren Risiken während der Konstruktion bewältigen lassen?

Bewertung des Projekts Dies ist der letzte Punkt, an dem noch ohne ernsthafte Konsequenzen auf die Durchführung des Projekts verzichtet oder bei Bedarf um weiter Mittel geworben werden kann.

1. Kann ein Angebot über Preis, Zeitplan und Qualität abgegeben werden?
2. Wird der erwartete Ertrag erzielt (ROI), oder eine andere Ertragskennzahl, die das Unternehmen (der Kunde) anwendet?
3. Könnte ein Festpreisgebot abgeben werden?

10.8 Konstruktion

10.8.1 Übersicht

Während der Konstruktionsphase wird ein vollständiges Produkt iterativ und inkrementell entwickelt, das bereit zur Übergabe an die Anwender ist. Dies erfordert, die übrigen Anforderungen und Abnahmekriterien zu beschreiben, den Entwurf auszufüllen, die Implementierung zu vervollständigen und die Software zu testen. Am Ende der Konstruktionsphase wird entschieden, ob die Software, die Einsatzumgebung und die Anwender bereit sind, um in Produktion zu gehen.

10.8.2 Kernarbeitsschritte

Der Fokus liegt in der Konstruktion ganz eindeutig auf der forcierten Realisierung der Anwendungsfälle entsprechend der festgelegten Prioritäten. Im Rahmen einer konsequenten Organisation der *Build* wird ein klar erkennbarer Fortschritt der Entwicklung angestrebt, der in kurzen Abständen verifiziert wird.

Komponenten werden u. U. von den Entwicklern selbst getestet, bevor sie von einem Testteam übernommen werden. Es werden systematische Teilsystem und Integrationstests mit weiter ausgearbeiteten Testfällen durchgeführt. Gefundene Fehler werden analysiert und behoben. In Regressionstests wird versucht, den Erfolg der Korrektur zu überprüfen und unerwünschte Nebenwirkungen zu erkennen. Ein Zwischenergebnis wird bei größeren Projekten eine *Alpha-Version* sein. Als Hauptergebnis wird in der Konstruktionsphase eine *Beta-Version* erreicht. Eine solche Version kann in der Anwenderorganisation kontrolliert eingesetzt werden, ohne diese oder die Entwicklungsorganisation zu gefährden.

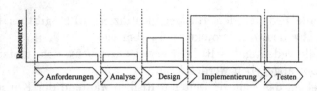

Abb. 10.15. Intensität der Arbeitsschritte in der Konstruktion

10.8.3 Artefakte und Bewertungskriterien

In der Konstruktion werden die noch ausstehenden Desingfragen geklärt und die eigentlichen Softwareartefakte erstellt. Hier sind jetzt auch ablauffähige Komponenten vorhanden, deren Funktionsfähigkeit und Qualität mit klassischen Verfahren der analytischen Qualitätssicherung, insbesondere dynamischen Tests, einer Prüfung unterzogen werden kann. Dies prägt die Artefakte dieser Phase. Neu mag die enge und systematische Verknüpfung mit Artefakten vorangegangener Phasen sein.

- Projektplan für die Übergangsphase
- Die ausführbare Software als Beta-Version
- Alle Artefakte, inklusiver der Modelle des Systems
- Aktualisierte Architekturbeschreibung
- Vorläufige Anwender Handbücher für die Beta-Tester
- Aktualisierte Projektbegründung

Die genauen Kriterien, nach den Konstruktionsergebnisse beurteilt werden können, sind projektspezifisch. Diese hängen sowohl von der Art der Anwendung, der Architektur als auch der Programmiersprache ab. Was in in einer Programmiersprache als guter Stil gilt mag in einer anderen exotisch erscheinen. Insofern können hier nur einige Anregungen gegeben werden.

- Soll/Ist-Vergleich realisierter Anwendungsfälle.
- Fehlerentdeckungsrate oder Fehlerbehebungsrate bei den Tests.
- Rechtfertigt die Liste der verbliebenen Risiken eine Beta-Version?
- Anwendermaterialien: Sind diese hinreichend, um damit in die Übergangsphase einzutreten?
- Existiert einsetzbares Schulungsmaterial?
- Können diese in der Übergangsphase eingesetzt werden?
- Sind die Dozenten ausgebildet?
- Generell: Kann eine Beta-Version herausgebracht werden, ohne die Entwickler- oder Anwenderorganisation ernsthaft zu gefährden?

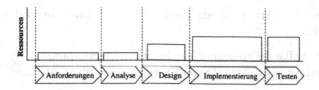

Abb. 10.16. Intensität der Arbeitsschritte im Übergang

10.9 Übergang

10.9.1 Übersicht

Während der Übergangsphase wird die Software bei den Anwendern einge-setzt. Sobald das System in die Hände der Endanwender gelegt worden ist, ergeben sich oft Dinge, die zusätzlichen Entwicklungsaufwand erfordern, um das System zu justieren, nicht entdeckte Probleme zu beheben oder einige Funktionen fertigzustellen, die zurückgestellt wurden. Diese Phase beginnt typischerweise mit einer Beta-Version des Systems, die später durch das Pro-duktionssystem ersetzt wird. Am Ende der Übergangsphase wird entschieden, welche Lebenszusziele des Projekts bis jetzt erreicht wurden und festge-legt, ob ein weiterer Entwicklungszyklus begonnen werden soll. Dies ist auch der Zeitpunkt, an dem man die Erfahrungen aus dem Projekt auswertet, um den Entwicklungsprozess zu verbessern, der dann im nächsten Projekt angewandt wird.

10.9.2 Kernarbeitsschritte

Der Schwerpunkt in der Übergangsphase liegt auf den letzten Implemen-tierungsarbeiten und Tests. Neue Anforderungen werden höchstens noch in seltenen Ausnahmefällen jetzt realisiert werden, sondern werden in spätere Entwicklungszyklen delegiert. Dinge, die jetzt noch realisiert werden sind, für die Funktionalität des Systems zweitrangig und betreffen eher dessen opera-tiven Betrieb. Typische Beispiele sind

- Installationsprogramme und -Prozeduren,
- Skripte oder Programme zur Einbindung in Jobsteuerungssysteme (Sche-duler) wie cron, CA-7, OPCS,
- Sicherungs- und Wiederanlaufverfahren.

Das Ergebnis ist ein vollständiges Produkt, das dem Stand der Technik gemäß vertrieben, installiert und unterstützt werden kann.

10.9.3 Artefakte und Bewertungskriterien

Am Ende dieser Phase liegen Ergebnisse vor, die „marktfähig" sein sollen. Je nach Markt variieren die Erfordernisse stark. Das hat sowohl Einfluss auf die zu erstellenden Artefakte als auch die weiter unten beschriebenen Bewertungskriterien.

- Die ausführbare Software einschließlich Installationsprogramm
- Begleitdokumente, wie Lizenzverträge, Zusicherungen und Garantien, Wartungsverträge
- Vollständige und korrigierte Versionsreferenzlinie mit allen Modellen des Systems
- Vollständige und aktualisierte Architekturbeschreibung
- Endgültige Anwender, Operator, Systemadminstrator Handbücher und Schulungsmaterialien
- Kundenunterstützungsinfrastruktur (Help Desk, Web Site, ...)

So projekt- und produktspezifisch wie die Artefakte sind hier die Bewertungskriterium. Trotzdem gibt es gerade für diesen Teil bewährte Verfahren. Dies gilt vor allem für Massenprodukte und Software für unternehmenskritische Anwendungen (s. z. B. [CS97]).

- Überdeckte der Beta-Test die Schlüsselfunktionen?
- Wurden die Abnahmetests durch den Kunden bestanden?
- Haben die Materialien für den Anwender eine akzeptable Qualität?
- Sind die Kursmaterialien (Folien, Dozenteninformationen etc.) fertig zum Einsatz?
- Ist der Kunde und sind die Anwender mit dem Produkt zufrieden?

10.10 Konfigurationen des Entwicklungsprozesses

Es gibt verschiedenste Ausgestaltungen des Softwareentwicklungsprozesses, auf die hier im Wesentlichen nur hingewiesen werden kann. Eine knappe Übersicht über einige solcher Methoden gibt [NS99]. Auf jeden Fall erwähnt werden muss aber der Rational Unified Process, kurz RUP genannt. Hinter ihm steht die Firma Rational und vor allem die drei „Amigos" *Grady Booch*, *Ivar Jacobson* und *James Rumbaugh*. Der Rational Unified Prozess ist eines Spezialisierung des in diesem Kapitel behandelten Entwicklungsprozesses (Unified Process). Er zeichnet sich zum einen durch die unterstützenden Arbeitsschritte aus, die die bisher skizzierten fünf Kernarbeitsschritte unterstützen.

6. *Einsatz* behandelt die auszuliefernde Systemkonfiguration.
7. *Konfigurationsmanagement* verwaltet Änderungen an den Ergebnissen des Projekts und sichert deren Integrität.
8. *Projektmanagement* beschreibt die verschiedenen Strategien, um mit einem interaktiven Prozess zu arbeiten.
9. *Umgebung* behandelt die notwendige Infrastruktur, um ein System zu entwickeln.

10. *Unternehmensmodellierung* beschreibt die Struktur und das Verhalten der Organisation.

Zum anderen basiert der RUP auf eine Reihe von Softwareprodukten der Firma Rational, wie Rational Rose, SoDA etc. Näheres findet man im Internet unter www.rational.com und in [Kru98]. Um verschiedene Vorgehensmodelle zu vergleichen, werden in [NS99] einige Vergleichskriterien vorgeschlagen.

1. Die Phasenabdeckung beschreibt den Umfang bzw. die Vollständigkeit, mit der die Phasen des (objektorientierten) Entwicklungsprozesses behandelt werden.
2. Prozessabdeckung gibt an, ob außer den Aktivitäten zur Erstellung und Konstruktion der Software weitere, ergänzende Prozesse in den Vorgehensmodellen unterschieden werden. Dazu gehören Dinge wie Änderungs- und Konfigurationsmanagement, Projektmanagement, Qualitätsmanagement u. a.
3. Der Beschreibungsumfang gibt an, wie weitgehend die Aktivitäten und Teilaktivitäten beschrieben werden. Die reine Anzahl ist hier kein Gütemerkmal.
4. Die Prozessarchitektur beschreibt die Anordnung der Prozesselemente in sachlicher oder zeitlicher Reihenfolge.
5. Bei der Prozesssteuerung wird zwischen aktivitätsorientierten, ergebnisorientierten und vertragsorientierten Vorgehensmodellen unterschieden.
6. Adaptierbarkeit gibt an, ob und wie ein Vorgehensmodell an projekt- und organisationsspezifische Anforderungen und Randbedingungen angepasst werden kann.
7. Werkzeugunterstützung gibt an, wie weit ein Vorgehensmodell durch verfügbare Werkzeuge unterstützt wird.

10.11 Historische Anmerkungen

Der hier beschriebene Softwareentwicklungsprozess hat sich in den letzten Jahren aus einer Reihe von Vorläufern entwickelt. Die prominentesten unter diesen sind

- Die Booch Methode [Boo94a],
- Objectory [JCJØ92],
- OMT [RBP+91].

Sie haben nennenswert Verbreitung gefunden und ihre Autoren haben sie (und sich) publikumswirksam dargestellt. Alle drei arbeiten inzwischen bei der Firma Rational. Um die Überwindung der früheren Differenzen heraus zu streichen „firmieren" die Drei als sog. „amigos" und sind unter dieser E-Mail Adresse acuh vei Rational zu erreichen. Das gemeinsame Projekt, eine Unified Method zu entwickeln [BR96], wurde bald darauf neu positioniert und

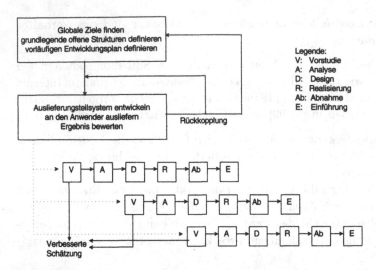

Abb. 10.17. Ein Modell des Entwicklungsprozesses

führte zur Entwicklung der UML [BRJ98], [RJB99] und des Unified Software
Development Process [JBR99].

Das Vorgehensmodell wurde dabei von dem Spiralmodell beeinflusst, dass
Barry Boehm 1986 in [Boe86] formulierte. Der von der Firma Rational pro-
pagierte „Rational Unified Process" (RUP, siehe Abschn. 10.10) kann als Spezialisierung des hier beschriebenen Softwareentwicklungsprozesses angesehen
werden. Ein anderes Modell, dass diesen Prozess beeinflusst hat, ist das der
evolutionären Auslieferung, dass in Abb. 10.17 skizziert ist.

Die hier vorgestellte Gliederung (Anforderungen, Analyse, Design, Implementierung, Testen) basiert auf der Darstellung des „Unified Process" in
[JBR99].

10.12 Fragen zum Modellierungsprozess

1. Welche wesentlichen Eigenschaften hat der objektorientierte Entwicklungsprozesses?
2. Charakterisieren Sie die wesentlichen Komponenten des Entwicklungsprozesses!
3. Nennen Sie die Ziele der einzelnen Arbeitsschritte!
4. Begründen Sie, warum diese Schritte iterativ und nicht strikt sequentiell
   durchlaufen werden!
5. Welche Konzepte müssen von objektorientierten Analysemethoden unterstützt werden?
6. Welche Darstellungsmöglichkeiten sollten objektorientierte Analyse- und
   Designmethoden haben?
7. Welche Rolle spielt Prototyping in der objektorientierten Entwicklung?

8. Welche Auswirkungen hat die Einführung einer objektorientierten Entwicklungsmethode auf das Projektmanagement?

9. Welche Auswirkungen hat die Einführung einer objektorientierten Entwicklungsmethode auf das Testen der Anwendung?

10. Hat der Einsatz objektorientierter Methoden und Tools Einfluss auf den Aufwand und die Aufwandsschätzung in der Software-Entwicklung? Welche oder warum nicht?

11. Sehen Sie Performanceprobleme beim Einsatz objektorientierter Entwicklung bis zur Programmierung? Wenn ja, welche und wie kann ihnen begegnet werden?

12. Wieviele Iterationen sind in einem Projekt sinnvoll? Wovon hängt die Anzahl der Iterationen ab?

13. Gibt es einen Zusammenhang zwischen der Anzahl Iterationen und dem Aufwnad in einem Projekt. Wenn ja, welchen und wie kann dieser Zusammenhang begründet werden?

14. Manche der Elemente der UML können geschachtelt werden (z. B. Pakete). Können auch Iterationen geschachtelt werden?

11 Anforderungen

11.1 Übersicht

Ziel der Anforderungsarbeitsschritte ist ein vollständiges Modell der Anforderungen des Benutzers an das System. Diese werden für den Benutzer verständlich formuliert und im Laufe der Entwicklung weiter präzisiert, bei Bedarf modifiziert, und in einer auslieferungsfähigen Version der Software (hoffentlich) realisiert.

Die Anwendungsfälle und Szenarios dienen vor allem der Kommunikation mit dem Anwender und zur Detaillierung der Anforderungen. Die Erarbeitung von Anwendungsfällen mit den zugehörigen Szenarios liefert die Basis für das Identifizieren der relevanten Klassen und Beziehungen aus dem Anwendungsbereich. Diese werden dann so weiter präzisiert, dass sie auch als Vorgabe für die Softwareentwicklung dienen können.

Der Anwendungsbereich muss dazu bereits soweit modelliert werden, dass die Anforderungen hinreichend präzise in der Sprache der Anwender formuliert werden können. Software-Engineering wird hier als „requirements engineering" gesehen. Bereits beim Erheben der Anforderungen werden daher die ersten Versionen des Klassenmodells für den Anwendungsbereich skizziert.

Gleichzeitig werden mit der Formulierung der Anforderungen die Grundlagen für die systematische Konstruktion von Testfällen geschaffen. Dies wirkt direkt auf die Qualität der Anforderungsdefinition: Konkrete Testfälle können nur formuliert werden, wenn die Anforderungen präzise und konkretisierbar formuliert wurden.

11.2 Lernziele

- Funktionale Anforderungen als Anwendungsfälle formulieren können.
- Nicht-funktionale Anforderungen als Eigenschaften von Anwendungsfällen und Teilsystemen formulieren können.
- Die Aufgaben der Anwendungsfallsicht eines Systems nennen können.
- Die Möglichkeiten der Strukturierung von Anwendungsfällen sinnvoll einsetzen können.

11.3 Aufgaben der Anforderungsarbeitsschritte

Dieser Arbeitsschritt dient vier Hauptzwecken. Dem Namen dieser Arbeitsschritte entsprechend müssen die möglichen Anforderungen an das System zusammengestellt werden.

Die Funktion der ursprünglichen Aufgabenstellung (initial problem statement) wird in der Literatur unterschiedlich gesehen. Bei Coad [CY90a], [CY94] sollen hier möglichst knapp ($\leq$ 25 Worte) die Ziele des Systems beschrieben werden. In OMT [RBP+91] bildet die Aufgabenstellung den Einstieg zum Finden von Klassen. Mit nur 25 Worten wäre das zwar einfach, aber wenig Erfolg versprechend. Hier wird unterstellt, dass die Aufgabenstellung einen ersten Rahmen der Problemdefinition bietet. Insbesondere wird angenommen, dass keine Lösungskomponenten vorgegeben werden, die nicht mehr in Frage gestellt werden können.

Während der Entwicklung eines Systems kommen Beteiligte (Anwender, Entwickler, usw.) mit vielen guten Ideen, aus denen sich wahre Anforderungen an das System ergeben können. Die Liste dieser Ideen wird während des gesamten Entwicklungsprozesses fortgeschrieben. Sinnvolle Elemente einer Beschreibung eines solchen Eintrags sind ohne Anspruch auf Vollständigkeit:

- Kurzbezeichnung
- Kurze Beschreibung oder Definition
- Status, wie vorgeschlagen, angenommen, terminiert, realisiert, ...
- Kostenschätzung in Ressourcenarten oder Personenzeit
- Priorität
- Risikograd

Die Anforderungen können nur in ihrem Kontextes verstanden werden. Zum Verständnis des Kontextes dienen insbesondere die Modellierung der Objekte, Klassen und ihrer Beziehungen in Klassenmodellen und der Abläufe und Geschäftsprozesse in Aktivitätsdiagrammen.

Zur Erfassung der funktionalen Anforderungen an ein System haben sich Anwendungsfälle bewährt und sind inzwischen Bestandteil der meisten Methoden geworden. Nicht-funktionale Anforderungen, die sich einem Anwendungsfall zuordnen lassen, wie die Anzahl Fälle, die pro Zeiteinheit mit dem System bearbeitet werden können müssen, können ebenfalls als Eigenschaftswerte bei den Anwendungsfällen festgehalten werden.

Nicht-funktionale Anforderungen, die sich keinem einzelnen Anwendungsfall zuordnen lassen, betreffen Systemeigenschaften wie Bedingungen an die Systemumgebung oder Implementierungsrandbedingungen oder Performanceanforderungen. Bindung an eine Plattform oder Portierbarkeit und Qualitätskriterien wie Wartbarkeit, Erweiterbarkeit, Zuverlässigkeit etc. wie in Kap. 3 vorgestellt.

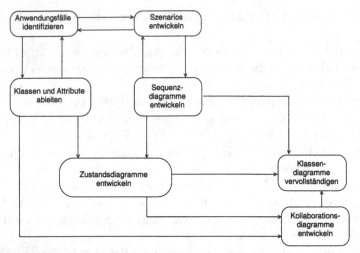

Abb. 11.1. Aktivitäten: Anforderungen und Analyse

11.4 Anforderungsdefinition

Zu Beginn eines Projekts hat man fast nie eine genaue Definition der Anforderungen. Häufiger hat man aber ein Vision des zu entwickelnden Systems vor Augen. Die Anforderungsarbeitschritte kann man deshalb plakativ auch mit der Formulierung „Von der Vision zur Anforderungsdefinition" beschreiben. Diese Vision besitzt zwar meist nicht die notwendige Präzision, gibt aber zumindest eine erste Idee vom Umfang des Anwendungsbereiches und den Erwartungen der Benutzers.

Da es nicht sinnvoll ist, sich über die genauen Abläufe z. B. der Benutzereingaben einer interaktiven Anwendung Gedanken zu machen, bevor man verstanden hat, welche sachlich begründeten Aufgaben damit unterstützt werden sollen, wird bewusst von der konkreten Implementierung der betrachteten Vorgänge abstrahiert.

Durch dieses Vorgehen wird die Komplexität auf die des Anwendungsbereichs beschränkt. Zusätzliche Komplexität, die durch aktuelle Verfahren hineingebracht wird, die keine zwingende Regeln widerspiegeln, muss hier herausgehalten werden. Aus dem gleichen Grund haben IT-technische Details hier nichts zu suchen. Abbildung 11.1. zeigt einige Aktivitäten, die bei der Formulierung der Anforderungen beginnen und bis in die Analysearbeitsschritte hineinreichen. Man sieht hieran nochmals, dass die Arbeitsschritte nicht sequentiell ablaufen, sondern sich durch alle Phasen ziehen.

Die zu Anfang oft noch vagen Anforderungen sind am Ende eines Entwicklungszyklus dann (hoffentlich) korrekt erkannt und dokumentiert. Hier werden Hilfsmittel angegeben, die dabei eingesetzt werden können. Die notwendige Erfahrung wird man aber kaum aus Büchern lernen können.

11.5 Anwendungsfälle identifizieren

Gemäß Def. 2.4.3 auf S. 28 ist ein Anwendungsfall eine Folge von Interaktionen mit dem System, die für einen beteiligten Akteur ein nützliches Ergebnis liefert. An einem Anwendungsfall können Objekte innerhalb oder außerhalb des Systems beteiligt sein. Ausgehend von der Aufgabenstellung werden in enger Zusammenarbeit mit Benutzern und Auftraggeber die Anwendungsfälle

1. identifiziert,
2. beschrieben und
3. spezifiziert,

die für die Anwendung von Bedeutung sind. Als Informationsquellen stehen hierfür üblicherweise zur Verfügung:

1. Interviews mit Benutzern und Auftraggeber,
2. Dokumentation von Geschäftsvorfällen,
3. interne Organisationsanweisungen, Formulare, Organigramme, ...
4. extern eingesetzte Dokumente wie Preislisten, Formulare, Kataloge . . .
5. existierende IT-Systeme, deren Anwenderhandbücher und eventuell auch Entwicklerdokumentation.

Beispiel 11.5.1 (Interview)
In einem Interview mit dem Auftraggeber wird man vor allem die Ziele des Systems präzisieren können. Diese können allerdings auf einer Ebene formuliert werden, die weit über dem Abstraktionsniveau liegt, das der Entwickler bei der Analyse des Anwendungsbereiches einnehmen kann. So werden auf Geschäftsleitungs- oder Vorstandsebene mit der Einführung eines neuen IT-Systems Ziele verbunden sein wie:

• Verbesserung der Wettbewerbsfähigkeit,
• Verringerung der Kosten,
• Senkung des Lagerbestandes,
• Verkürzung der Lieferzeiten.

Derartige Ziele oder Erwartungen müssen systematisch durch Fragen operationalisiert werden. Über das Ziel „Verbesserung der Wettbewerbsfähigkeit" wird man z. B. zu folgenden Fragen kommen:

• Worin zeigt sich mangelnde Wettbewerbsfähigkeit?
• Was machen Mitbewerber besser?
• Was wurde bisher unternommen, um die Wettbewerbsfähigkeit zu verbessern?
• Welche Abteilungen sind für die genannten Aufgaben verantwortlich?
• Wer sind die Ansprechpartner, mit denen diese Aufgaben im Detail besprochen werden können?
• Wer hat Kundenkontakt?
• Welche Informationen über die Kundenzufriedenheit gibt es?

● ...

Alle gewonnenen Erkenntnisse werden dokumentiert. ◄

Beispiel 11.5.2 (Geschäftsvorfall)
Ein Groß- und Einzelhandelsunternehmen für DV-Artikel (vor allem PCs und
Komponenten) hat Vorschriften über den Umgang mit einem neuen Großhan-
delskunden. Ein Anwendungsfall „Neuen Kunden bedienen" wird wie folgt beschrieben: „Vom Kunden den Gewerbeschein vorlegen lassen. Bei erfolgreicher
Prüfung den Auftrag annehmen und den Kunden darauf hinweisen, dass bei
diesem ersten Kauf bar bezahlt werden muss." Über einen solchen Vorgang
wird man die Kopie des Gewerbescheins, die Anfrage des neuen Kunden und
das Angebot, aufgrund dessen der Auftrag erteilt wurde, vorfinden. Durch
Nachfragen wird man diesen Anwendungsfall verifizieren und ggf. detaillie-
ren. ◄

Beispiel 11.5.3 (Formulare)
Ein Auftragsformular zeigt, welche Informationen für die Annahme eines Auftrages vorliegen müssen. Formulare abgewickelter Aufträge zeigen vielleicht
Einträge (Stempel), die es erlauben, die Abwicklung des Auftrages nachzu-
vollziehen und die Akteure zu identifizieren. ◄

Bemerkung 11.5.4 (Existierendes System)
Die vollständige Durchdringung eines existierenden Systems wird zum Verständnis eines Anwendungsbereiches nicht empfohlen (vgl. z. B. [Raa93]), da
die Herleitung der wesentlichen Eigenschaften des Anwendungsbereiches aus
einem IT-System höchstens den Kenntnisstand zum Zeitpunkt der Entwicklung des Systems (oder der letzten Anpassung) liefern kann und neue Anforderungen so nicht erfasst werden. Insbesondere wird kein Anwender bereit sein, für eine Anwendung viel Geld auszugeben, die „nur" die bisherige
Funktionalität liefert. Dies gilt unabhängig davon, ob es sich um den Einsatz
in einer anderen Umgebung oder eine „schönere" Gestaltung der Oberfläche
handelt.

Liegen über ein solches System verständliche zuverlässige Informationen
vor, so gibt es aber (mindestens) zwei Gründe, sich z. B. mit dem System und
dem Benutzerhandbuch auseinanderzusetzen:

1. Der Entwickler lernt die Umgebung kennen, die die Anwender bisher
   gewohnt sind, und kann dies für eine erfolgreiche Einführung einer neuen
   Lösung berücksichtigen.
2. Aus guten Benutzer- und Entwicklerdokumentationen lassen sich einige
   Informationen gewinnen, die bei der Planung des Projekts nützlich sein
   können.

Generell ist zu empfehlen, sich auf die aktuellen Anforderungen zu konzentrieren. ◄

Beispiel 11.5.5 (E-Mail)
Will ein Unternehmen, dem aktuellen Trend folgend, sein E-Mail System auf
ein *Intranet* mit *Internet*-Technik umstellen, so kann man aus dem bestehenden System erfahren, wie die Organisationsstruktur des Unternehmens dort
abgebildet wurde und dies als Basis für eine Überarbeitung nehmen. ◄

Für die Identifizierung von Anwendungsfällen gibt es verschiedene Strategien,
die nach Bedarf kombiniert werden können und sollen:

1. Systemgrenzen: Welche Objekte sind Bestandteil des Systems und welche
   sind externe Akteure, die mit dem System kommunizieren? Die Akteure
   zu identifizieren, die dem System Nachrichten schicken oder vom System
   erhalten, gibt Anlass zu Anwendungsfällen.
2. Auf welche Nachrichten muss das System reagieren und für welche Nachrichten trägt es die Verantwortung? Das Eintreffen einer Nachricht ist ein
   Ereignis, auf das das System reagieren muss. Die Frage, woher Nachrichten kommen und wohin Nachrichten gehen, kann dabei helfen relevante
   Akteure zu identifizieren.
3. Ereignisse (s. Def. 7.6.1 auf S. 180), auf die das System reagieren soll,
   geben Anlass zu Anwendungsfällen. Externe Ereignisse haben einen Auslöser, der von einem Akteur verursacht wird. Als Folge ändert sich der
   Zustand des Systems, Speicher (persistente Objekte) werden fortgeschrieben oder es reagiert mit einer Antwort. An der Erarbeitung dieser Antwort können weitere Akteure beteiligt sein.
4. Rollen: Externe Objekte können unterschiedliche Rollen spielen. Jede
   Rolle kann einen Akteur definieren. Letzterer Punkt kommt in der erweiterten Definition von Akteur in Def. 8.3.2 zum Ausdruck.

Integraler Bestandteil der Entwicklung von Anwendungsfällen ist die im nächsten Abschnitt behandelte Entwicklung von Szenarios.

11.6 Szenarios entwickeln

Szenarios sind ein inzwischen häufiger propagiertes Hilfsmittel zur informellen Beschreibung von Abläufen im Anwendungsbereich und zur Kommunikation zwischen System-Entwickler und (zukünftigem) Anwender bzw. Auftraggeber. Hier werden Szenarios zur Beschreibung von Anwendungsfällen
benutzt. Während Anwendungsfälle Klassen sind, handelt es sich bei Szenarios um Objekte. Ein Szenario ist ein Objekt des zugehörigen Anwendungsfalles. Szenarios beschreiben typische Objekte von Anwendungsfällen. Dabei
ist es sinnvoll, für einen Anwendungsfall verschiedene typische Szenarios zu
formulieren. Meistens wird es ein Szenario geben, das einen typischen Ablauf
des Anwendungsfalls beschreibt und mehrere Szenarios, die andere Abläufe
behandeln. In den Szenarios muss insbesondere die Interaktionsfolge präzise
herausgearbeitet werden: Mit welchem Ereignis beginnt der Anwendungsfall?
Welcher Akteur ist dafür verantwortlich?

Bemerkung 11.6.1 (enthält und erweitert)
Bei der Formulierung von Anwendungsfällen ist die Strukturierung mittels
«enthält»-, «erweitert»-Beziehungen und Generalisierung sorgfältig abzuwägen. Anwendungsfälle sind ein wichtiger Teil des *Umgebungsmodells* des Systems. Mit ihnen wird nicht das System selber, sondern es werden Interaktionen mit dem System strukturiert. Ein Versuch, nur mittels «enthält»-,
«erweitert»-Beziehungen und Generalisierung ein System strukturieren zu
wollen, wird fast immer scheitern. Man kann mit diesen lediglich dafür sorgen, dass die Redundanzen unter Kontrolle bleiben. Dies ist allerdings auch
schon eine durchaus nicht triviale Leistung. ◀

Ist ein Anwendungsfall hinreichend verstanden, so wird er durch die in Abschn. 8.4 empfohlenen Elemente beschrieben.

Bei der Abgrenzung von Anwendungsfällen hilft es oft, sich zu fragen, ob
der jeweilige Anwendungsfall einen Nutzen bringt. Ist das nicht der Fall, so
ist er meist zu allgemein oder zu speziell. Hierzu einige Beispiele.

Beispiel 11.6.2 (Abgrenzung von Anwendungsfällen)
Anwendungsfälle werden für konkrete Aufgaben formuliert. Ein Anwendungsfall „Geschäftsprozess abwickeln" ist in fast jeder denkbaren Situation viel zu
allgemein. Würde man in dieser Weise ansetzen, so würde man weit hinter
den erreichten Entwicklungsstand sogar der strukturierten Methoden zurück-
fallen, denn dieser Anwendungsfall müsste funktional weiter zerlegt werden.
Stattdessen sind Anwendungsfälle für konkrete Geschäftsprozesse zu formulieren: „Auftrag annehmen", „Auftrag ausliefern", „Auftrag abrechnen", „Bestellung aufgeben", ... Die drei auftragsbezogenen Anwendungsfälle kann man
bei Bedarf wiederum zu einem Fall kombinieren, der diese drei enthält. ◀

Beispiel 11.6.3 (Abhängigkeiten zwischen Anwendungsfällen)
Für eine Tonträgerverwaltung, die CDs, MCs, LPs usw. verwaltet, wird es
Anwendungsfälle geben, die das Erfassen einer CD (Fall 1) und das Erfassen
einer Aufnahme (Fall 2) beschreiben. Eine Aufnahme ist dabei ein Stück auf
einer CD. Dies wird vom Titel unterschieden, da es von einem Titel viele
Aufnahmen geben kann. So gibt es z.B. von dem Titel „Toms's Diner", der
ursprünglich auf „Solitude Standing" von Suzanne Vega erschien, eine CD mit
12 Cover-Versionen. Das sind dann 12 Aufnahmen eines Titels. Gehört es zum
Erfassen einer CD stets, dass auch die Aufnahmen darauf erfasst werden, so
enhält der Fall 1 den Fall 2. Ist dies eine Option, die genutzt werden kann
oder auch nicht, so erweitert Fall 2 den Fall 1. ◀

Beispiel 11.6.4 (Generalisierung von Anwendungsfällen)
In einem System, das Anwendungsfälle, wie „CD erfassen", „MC erfassen",
... enthält, kann man diese zu einem Anwendungsfall „Tonträger erfassen"
generalisieren. ◀

Auch wenn erst im nächsten Kapitel darauf eingegangen wird, wie Klassen identifiziert werden, so läuft dieser Prozess doch parallel mit dem Identifizieren von Anwendungsfällen. Man wird also bereits jetzt zumindest Klassenkandidaten identifiziert haben. Zur Präzisierung der Interaktionsfolgen können daher bereits jetzt sinnvoll Sequenzdiagramme oder Aktivitätsdiagramme eingesetzt werden. Es wird Anwendungsfälle geben, bei denen es ausschließlich um die Modellierung von Geschäftsprozessen geht. In anderen Fällen muss man sich bei der Ausarbeitung der Szenarios eine erste Vorstellung von der Benutzerschnittstelle des Systems verschaffen. Es kann sich dabei um erste Skizzen der Oberfläche handeln. Hier ist es meistens sinnvoll, bereits einen Editor für Bildschirmmasken zu verwenden. Da zu diesem Zeitpunkt aber in vielen Fällen noch keine Entscheidung über die Implementierungstechnologie getroffen werden kann, ist das vorrangige Kriterium, dass dieser Editor einfach und schnell benutzbar sein soll. Beachtet werden muss dabei aber, dass kein falscher Eindruck der künftigen Benutzerschnittstelle entsteht, der später kaum noch zu korrigieren ist. In jedem Fall ist eine Überspezifikation an dieser Stelle zu vermeiden. Zum Abschluss nun ein einfaches Beispiel zur Identifikation von Anwendungsfällen. Es ist nicht besonders originell, hat sich aber als Übungsaufgabe zur Hilfe beim Stoffverständnis sehr bewährt. Zudem dürfte der Anwendungsbereich vielen Lesern hinreichend vertraut sein.

Beispiel 11.6.5 (Bibliothek)
Eine Bibliothek besitzt Exemplare von Büchern, Zeitschriften etc. Die meisten Buchexemplare können ausgeliehen werden. Nicht ausgeliehen werden können sogenannte Präsenzexemplare von Büchern. Zeitschriften können ebenfalls nicht ausgeliehen werden. Sind von einem Buch alle Exemplare ausgeliehen, so kann es vorgemerkt werden. Wird ein Exemplar eines vorgemerkten Buches zurückgegeben, so wird der erste Vorbesteller benachrichtigt. Holt er das Buch nicht binnen einer Woche ab, so verfällt die Vormerkung. Wird die Leihfrist überschritten, so wird der Benutzer gemahnt. Er wird solange von der Ausleihe ausgeschlossen, bis das Exemplar zurückgegeben wird.

Bei Beschränkung auf die eigentlichen Aufgaben der Bibliothek ergeben sich folgende Anwendungsfälle, die jeweils kurz erläutert sind. Die Einzelheiten, die über obige Formulierung hinausgehen, wurden durch Fragen geklärt.

1. Exemplar ausleihen: Ein Benutzer kommt mit einem ausleihbaren Exemplar zum Schalter.
   Er legt seinen Ausweis vor.
   Ist der Benutzer nicht gesperrt, so wird die Ausleihe registriert.
2. Exemplar zurücknehmen: Ein Benutzer liefert ein Exemplar am Schalter ab. Die Rückgabe wird vermerkt. Es wird geprüft, ob für dieses Buch Vormerkungen vorhanden sind.
   Wenn ja, wird der Vorbesteller, von dem die älteste Vormerkung stammt, benachrichtigt, das Exemplar reserviert und in das hierfür vorgesehene Regal gelegt. Liegt keine Vormerkung vor, so wird das Exemplar wieder

an der richtigen Stelle ins Regal einsortiert. In einem weiteren Szenario zu diesem Anwendungsfall wird dargestellt, wie bei verspäteter Rückgabe verfahren wird.

3. Buch vormerken: Ein Benutzer möchte ein Exemplar eines Buches ausleihen, es ist aber keine ausleihbares Exemplar vorhanden, da alle ausgeliehen sind. Der Benutzer autorisiert sich und lässt das Buch vormerken.

4. Vorbesteller benachrichtigen: Der Benutzer, der ein Buch hat vormerken lassen, wird darüber informiert, welches Buch für ihn bis wann reserviert wurde.

5. Vormerkung verfallen lassen: Wird ein reserviertes Exemplar nicht binnen einer Woche abgeholt, so wird am Tag nach Ablauf der Reservierungsfrist geprüft, ob eine weitere Vormerkung vorliegt. Ist dies der Fall, so wird der nächste Vorbesteller benachrichtigt, anderfalls wird das Exemplar wieder ausleihbar und an der richtigen Stelle ins Regal einsortiert.

6. Benutzer mahnen: Ist ein Exemplar bis zum Tag nach Ablauf der Leihfrist nicht wieder zurückgegeben worden, so erhält der Benutzer eine Mahnung und wird von der Ausleihe ausgeschlossen, bis das letzte von ihm ausgeliehene Exemplar zurückgegeben ist.

Eine graphische Übersicht über diese Anwendungsfälle gibt Abb. 11.2. Der Anwendungsfall „Vormerkung verfallen lassen" fällt etwas aus dem Rahmen: Er ist nur mit dem Akteur „Bibliothekar" verbunden. Es ist nicht sofort klar, welchen Nutzen dieser Anwendungsfall für diesen Akteur erbringt. Nutzen bringt er für Bibliotheksbenutzer, die das Exemplar jetzt wieder ausleihen können. Er wird auch nicht vom Bibliothekar ausgelöst, sondern durch Zeitablauf. Er ist mit dem Akteur „Bibliothekar" verbunden, da ein Bibliotheksmitarbeiter dafür verantwortlich ist, reservierte Exemplare wieder dem Bestand zur Verfügung zu stellen. Der Auslöser für diesen Anwendungsfall wird im Anwendungsfall notiert. In diesem Fall handelt es sich um einen Zeitpunkt, nämlich das Datum, das dem Vorbesteller genannt wurde, bis zu dem er das Exemplar abholen müsse. Bei weiterer Analyse dieser Anwendungsfälle wird man einen weitergehenden Modellierungsbedarf erkennen. Bisher ist z. B. formuliert, dass ein Benutzer von der Ausleihe ausgeschlossen wird, wenn er für ein Buch die Leihfrist überschritten hat. Bei der Rücknahme von Exemplaren muss also ein Erweiterungspunkt vorgesehen werden, an dem im Fall einer verspäteten Rückgabe das Aufheben einer Sperre geprüft und ggf. durchgeführt wird. ◀

Bemerkung 11.6.6 (Granularität von Anwendungsfällen)
Hier werden fünf Anwendungsfälle formuliert, um auch Beziehungen zwischen Anwendungsfällen an einem einfachen Beispiel zu illustrieren. Bei Problemen praktischer Größenordnung würde man nur einen Anwendungsfall mit verschiedenen Szenarios schreiben. ◀

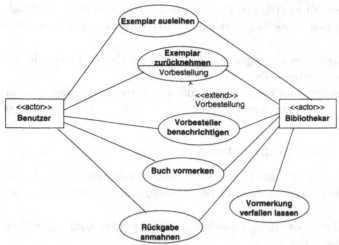

Abb. 11.2. Bibliothek: Anwendungsfälle

Bemerkung 11.6.7 (Akteure)

In Abb. 11.2 wird der Akteur „Benutzer" verwendet. Mit der Def. 8.3.2 kann man in diesem Beispiel auch Akteure „Ausleiher" und „Vorbesteller" verwenden. Beides sind Rollen, die ein Benutzer spielen kann. Nicht jeder mögliche Akteur gibt also Anlass zu einer Klasse.

Ferner wird oft darüber diskutiert, ob Bediener des Systems als Akteure erscheinen sollen: Ist der Benutzer der Bibliothek der Akteur oder der Bibliothekar, der das System bedient? Das hängt zunächst davon ab, ob man den Bediener als Bestandteil des Systems betrachtet. Sieht man das Gesamtsystem als bestehend aus der IT-Anwendung und den Anwendern an, so kommt der Bediener nach Definition nicht als Akteur in Frage, andernfalls doch. Wichtiger als diese eher philosophische Frage ist aber das korrekte Erfassen der Anforderungen. Im Bibliotheksbeispiel wurde der Benutzer als Akteur betrachtet, denn er soll Vormerkungen selbst vornehmen können. Dass ein Bibliotheksmitarbeiter den Ausweis des Benutzers und die Signatur z. B. mit einem Barcode-Leser erfasst und so die Ausleihe registriert, ist eine Frage der technischen Realisierung, die hier noch nicht betrachtet wird. Entscheidend ist, welche Funktionen das System erbringen soll. ◄

Beispiel 11.6.8 (Nicht-funktionale Anforderungen Bibliothek)

Für das in Beispiel 11.6.5 skizzierte Bibliothekssystem sind folgende nicht-funktionalen Anforderungen erhoben worden, die das Gesamtsystem betreffen:

1. Es handelt sich um sieben Bibliotheken einer Hochschule, die über ein Netzwerk der Hochschule verbunden sind, das hier genutzt werden soll. Es gibt einen Anschluss an das Deutsche Hochschulnetzwerk, das G-WiN.
2. Es gibt ca 16.000 Benutzer der Bibliothek.

3. Der Bestand enthält ca. 100.000 Bände, pro Jahr werden ca. 1000 Bände neu beschafft. Etwa ebensoviele werden als veraltet aussortiert oder gehen verloren.

4. In den Bibliotheken sind insgesamt 25 MitarbeiterInnen tätig, die mit diesem System arbeiten sollen.

5. Die Benutzer sollen vom Internet aus auf das System zugreifen können, um im Bestand zu recherchieren, Vormerkungen zu tätigen und Ausleihen zu verlängern.

Auch für einige Anwendungsfälle gibt es Anforderungen:

1. An die Teile der Anwendung, die den Bibliotheksbenutzern direkt zur Verfügung stehen, werden besondere ergonomische Anforderungen gestellt.

2. Es sollen pro Woche ca. 2500 Ausleihen getätigt werden können, in Spitzenzeiten 250 pro Stunde.

3. Ebensoviele Rücknahmen sollen pro Zeiteinheit erledigt werden können.

◄

Bemerkung 11.6.9 (Zeitliche Auslöser)
Es gibt verschiedene Ansichten darüber, wie man Anwendungsfälle, die zu einem bestimmten Zeitpunkt ausgelöst werden, am besten modelliert. Ich bin der Ansicht, dies geschieht am besten dadurch, dass die zeitliche Bedingung im Anwendungsfall angegeben wird. Ich habe aber auch die Ansicht gehört, man solle dies über eine Assoziation zu einem Akteur „Zeit" modellieren. Abgesehen davon, dass eine darüber hinausgehende Spezifikation weiterhin notwendig ist, habe ich Schwierigkeiten die Definition von Akteur konsistent auf die „Zeit" auszudehnen. Uhren oder andere „Zeitnehmer" bzw. „Zeitgeber" kommen allerdings als Akteure insbesondere in Echtzeitsystemen vor. ◄

Beispiel 11.6.10 (Glossar)
Bei der Diskussion dieser Anwendungsfälle taucht eine Fülle von Begriffen auf, die präzise definiert werden müssen, damit es nicht zu Missverständnissen kommt. So ist z. B. nicht unmittelbar klar, was für einen Ausweis der Benutzer vorlegt (Anwendungsfall „Exemplar ausleihen" u.a.). Deshalb wird mit einem Glossars am besten gleich mit Start eines Projektes begonnen:

Ausweis: Kurzform von Bibliotheksausweis.
Bibliotheksausweis: Ein Karte mit Nummer in Ziffern und als Bar-Code Aufdruck, mit der sich der Benutzer ausweist.
Buch: Ein Buch, von dem die Bibliothek mindestens ein Exemplar besitzt, wird durch einen Eintrag im Katalog repräsentiert, der alle relevanten bibliographischen Angaben enthält.
Exemplar: Ein Exemplar ist ein Buch, das sich im Bestand der Bibliothek befindet.

Leihfrist: Der Zeitraum, für den ein Exemplar ausgeliehen werden kann. Die Leihfrist beginnt mit dem Tag der Ausleihe.

Benutzer: Eine natürliche Person, die berechtigt ist, die Bibliothek zu benutzen. Benutzer weisen sich durch einen Bibliotheksausweis aus.

Präsenzexemplar: Präsenzexemplare, die durch das Zeichen „L" auf dem Rücken gekennzeichnet sind, sind Exemplare, die nicht ausgeliehen werden können.

Vorbesteller: Ein Benutzer, für den eine Vormerkung existiert.

Vormerkung: Durch eine Vormerkung erreicht ein Benutzer, dass er informiert wird, wenn das nächste Exemplar eines Buches für ihn verfügbar ist. Wird ein Buch zurückgegeben, so wird der erste Vorbesteller benachrichtigt. Dies wird dann eine Woche für ihn reserviert. Holt er es innerhalb dieser Zeit nicht ab, so verfällt die Vormerkung.

Zeitschrift: Eine Zeitschrift ist eine periodisch erscheinende Publikation, die sich ab einer bestimmten Ausgabe in der Bibliothek befindet, und dort eingesehen werden kann. Zeitschriften sind nicht ausleihbar.

Dieses Glossar wird im Projektverlauf kontinuierlich fortgeschrieben. ◀

Bemerkung 11.6.11 (Werkzeuge)
Ein in Beispiel 11.6.10 nachdrücklich empfohlenes Glossar kann mit den unterschiedlichsten Werkzeugen geführt werden. Geeignet hierfür sind u. a. CASE-Produkte, die es ermöglichen, Klassen, Akteure und deren Attribute und Operationen auch über IT-Dinge hinaus zu beschreiben. Auch Datadictionaries oder Repositories können hierfür verwandt werden. Erscheint einem keine dieser Möglichkeiten im Projekt einsetzbar, so kann man auch einfach eine Textverarbeitung verwenden. ◀

11.7 Anforderungsartefakte

Es gibt eine Reihe von Artefakten, die als Ergebnisse der Anforderungsarbeitsschritte anzusehen sind:

1. Eine Liste der Systemeigenschaften bildet oft den Ausgangspunkt und wird im Laufe der Entwicklung fortgeschrieben, reduziert, oder ergänzt.

2. Das Anwendungsfallmodell liefert eine statische Sicht auf das System und bildet für Anwender die verbindliche Beschreibung der Leistungen, die das System erbringen wird. Für Entwickler ist diese Sicht der Ausgangspunkt für eine genauere Spezifikation, die dann tatsächlich in Software umgesetzt werden kann. Hier finden sie sowohl die funktionalen Anforderungen aus Anwendersicht als auch die anwendungsfallbezogenen nichtfunktionalen Anforderungen.

3. Eine erste Version eines Unternehmens- oder Anwendungsbereichsmodells legt die Terminologie fest und verknüpft die Anwendungsfälle mit der Realität.

4. Auf der Ebene der Teilsysteme oder des Gesamtsystems werden die systembezogenen nicht-funktionalen Anforderungen beschrieben.
5. Eine Gruppierung der Anwendungsfälle zu lose gekoppelten Paketen gibt erste Anhaltspunkte für die Systemarchitektur.
6. Ein Glossar erläutert alle Begriffe, die für das System von Bedeutung sind.
7. Ein Prototyp der Benutzungsschnittstelle hilft sicher zu stellen, dass die Vorstellungen der Anwender und der Entwickler über die Gestaltung der Oberfläche konsistent sind.

Bemerkung 11.7.1
Der Begriff des Lastenhefts und des Pflichtenhefts fehlt in dieser Aufstellung. Diese Funktion wird von der an zweiter Stelle genannten „abgestimmten Spezifikation des Funktionsumfangs" übernommen. Sie ist systematisch sowohl in den Entwicklungsprozess als auch in die Notation integriert. So wird es erleichtert, neuere Projektmodelle wie eine evolutionäre Auslieferung und iterative Entwicklung zu unterstützen. Gegenüber dem klassischen Pflichtenheft hat diese Form der Spezifikation den Vorteil, dass sie die Herleitung überprüfbarer Abnahmekritierien erleichtert. Wenn man eine Analogie zum Pflichtenheft erstellen will, so liefern die Anwendungsfälle die Grobgliederung und die Szenarios die Feingliederung. Details werden über die zugehörigen Dokumente wie Data Dictionary und bei Bedarf Sequenz- oder Kollaborationsdiagramme geliefert. ◄

Im traditionellen Verständnis entsprechen diese Artefakte am ehesten einem Lastenheft.

Definition 11.7.2 (Lastenheft)
Ein *Lastenheft* ist ein Dokument, das die geforderten Leistungen eines Systems in der Sprache des Anwenders so präzise formuliert, dass es als Basis einer Auftragsvergabe dienen kann. ◄

Das Lastenheft beschreibt das Wünschenswerte, während das *Pflichtenheft* das Machbare beschreibt. In Deutschland ist das Lastenheft in der VDI/VDE-Richtlinie Nr. 3694 vorgeschrieben, bevor ein *Pflichtenheft* erstellt wird [SH99]. Ein Lastenheft wird dann mittels der Aktivitäten, die hier unter dem Titel „Analyse" in Kap. 12 beschrieben werden, zu etwas, das mit dem traditionellen Pflichtenheft vergleichbar ist.

Definition 11.7.3 (Pflichtenheft)
Ein *Pflichtenheft* ist ein Dokument, das die Art und Weise, wie die Leistungen eines Systems erbracht werden sollen, so präzise beschreibt, dass es als Vorgabe für Entwickler dienen kann. ◄

Die Aktivitäten und Artefakte dieses Arbeitsschrittes sind in der folgenden Tabelle zusammengefasst.

Aktivität	Artefakt
Zusammenstellen möglicher Anforderungen	Liste der Systemeigenschaften
Verstehen des Systemkontexts	Geschäfts- oder Anwendungs-bereichsmodell
Funktionale Anforderungen erheben	Anwendungsfallmodell, Akteure, Anwendungsfälle
Anwendungsfälle priorisieren	Prioritäten für die Entwicklung
Anwendungsfallmodell strukturieren	Weitere Anwendungsfälle und Beziehungen zwischen Anwendungs-fällen
Exploratives Prototyping	Prototyp der Benutzungsschnittstelle
Nicht-funktionale Anforderungen erheben	Ergänzende Anforderungen an das System oder an einzelne Anwendungsfälle
Architektur skizzieren	Architekturbeschreibung evtl. Architekturprototyp
Alle	Glossar

11.8 Qualitätssicherung der Anforderungsdefinition

Bereits in Abschn. 10.6.3 wurden Bewertungskriterien für den Meilenstein am Ende der Etablierungsphase vorgeschlagen. Diese beziehen sich zum großen Teil auf Fragen der Anforderungen und können und sollen auch für die Beurteilung der Artefakte der Anforderungsarbeitsschritte herangezogen werden. Diese Artefakte müssen aber für Fachleute im Anwendungsbereich verständlich sein. Diese müssen beurteilen, ob die Anforderungen korrekt erfasst wurden. Dazu können Methoden und Techniken aus dem Anwendungsbereich herangezogen werden, nicht aber IT-Techniken. Außer den genannten Kriterien ist deshalb ein regelmäßiger Kontakt zum Auftraggeber eine der wichtigsten Empfehlungen. Dieser reicht vom Gespräch zwischen Entwickler und zukünftigem Anwender des Systems über einzelne Anwendungsfälle bis zu formellen Reviewsitzungen in denen über Teilsysteme oder das gesamte System beraten wird.

11.9 Historische Anmerkungen

Die von Ivar Jacobson eingeführten Anwendungsfälle greifen die essentielle Zerlegung aus der strukturierten Analyse auf (vgl. [Raa93]). Sie dienen hier aber nicht der Spezifikation des Systeminneren sondern ausschließlich der Formulierung der Anforderungen. Während in der strukturierten Analyse dann aber weiter funktional zerlegt wird und eine Integration mit der

Datenmodellierung nur indirekt über *Kapselprozesse* erfolgt, werden bei der objektorientierten Zerlegung sowohl die Daten als auch das Verhalten zur Zerlegung und damit zur Modularisierung des Systems herangezogen.

Die Betrachtung von Lebenszyklen von Entities wurde bereits in den strukturierten Methoden eingesetzt, unter anderem um von einem *Entity-Relationship-Modell* möglichst einfach zu einem SA-Modell zu kommen. Kilberth und andere führen den Begriff des Szenarios in [KGZ93] auf die italienische Commedia dell'Arte zurück. Dem theaterinteressierten Leser mögen in dieser Richtung Stücke von Dario Fo und Franca Rame bekannt sein, in denen diese Technik der Vorgabe von Handlungsrastern an Darsteller, die diese dann ausgestalten, häufig zum Einsatz kommt.

11.10 Fragen zur Anforderungsanalyse

1. Was versteht man unter einem Anwendungsfall?
2. Was ist ein Akteur?
3. Wofür verwendet man Anwendungsfälle?
4. Wie organisiert man Anwendungsfälle?
5. Welche Szenarios formuliert man für Anwendungsfälle?
6. Welche UML-Modellelemente verwendet man zur Realisierung von Anwendungsfällen?
7. Welche Rolle spielen Anwendungsfälle im Entwicklungsprozess?
8. Was enthält eine gute Darstellung eines Anwendungsfalls?
9. Wie stellt man optionale Beziehungen zwischen Anwendungsfällen dar?
10. Modellieren Ausnahmeszenarios eines Anwendungfalls Störfälle des Systems?

12 Analyse

12.1 Übersicht

Ziel der Analyse ist es, aus den Anforderungen der Benutzer an das System
ein hinreichend vollständiges Modell des Anwendungsbereiches zu entwickeln.
Der Dreh- und Angelpunkt des gesamten Modells ist dabei das Modell der
Klassen und ihrer Beziehungen: Assoziationen, Aggregationen und Generalisierungen. Diese Sicht auf die statische Struktur des Modells bildet die Basis
aller weiteren Überlegungen. Die Anwendungsfälle und Szenarios dienen vor
allem der Kommunikation mit dem Anwender und zur Detaillierung der Anforderungen. Auch Aktivitätsdiagramme können eingesetzt werden, um aus
den Anwendungsfällen eine präzise Vorgabe in der Sprache der Entwickler zu
gewinnen. Die in den Anforderungsarbeitschritten erarbeiteten Anwendungsfälle mit den zugehörigen Szenarios bilden eine Quelle, um die relevanten
Klassen und Beziehungen für das System zu identifizieren. Sequenz- und Zustandsdiagramme dienen der Beschreibung des dynamischen Verhaltens des
Systems und helfen bei der Spezifikation der Operationen. Die korrekte Analyse des sinnvoll abgegrenzten Anwendungsbereiches ist Voraussetzung für erfolgreichen Software-Einsatz. Das ist unabhängig davon, ob Software erstellt
werden oder Standard-Software zum Einsatz kommen soll. Genaugenommen
kann eine solche Entscheidung erst nach einer hinreichend sorgfältigen Analyse getroffen werden. Das interne funktionale Verhalten des Systems, d. h.
wie die bereits erkannten Operationen benutzt werden, wird in Interakti-
onsdiagrammen dargestellt. Aktivitätsdiagramme werden nicht nur zur Modellierung der Anwendungsfälle im Sinne einer Geschäftsprozessmodellierung
eingesetzt, sondern auch um komplexe Operationen zu spezifizieren.

12.2 Lernziele

- Einfache Probleme analysieren und in der UML darstellen können.
- Analysemodelle verstehen können.
- Zwischen Klassen, Attributen und Assoziationen unterscheiden können.
- Qualitätskriterien in der Analyse kennen und überprüfen können.
- Die vorgestellten Entwurfsmuster kennen, ihre Einsatzmöglichkeiten erken-
  nen und sie darauf anwenden können.

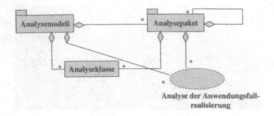

Abb. 12.1. Grundzüge des Analysemodells

12.3 Aufgaben der Analysearbeitsschritte

Ziel der Analyse ist ein genaues Verständnis der Anfordungen und die Beschaffung der Informationen, die zum Entwurf einer robusten Architektur notwendig und hinreichend sind.

Ein Analysemodell im Unterschied zu Anforderungs-, Entwurfs- oder Implementierungsmodellen ist aus verschiedenen Gründen sinnvoll und wichtig:

- Das Analysemodell liefert eine präzisere Beschreibung der Anforderungen aus dem Anwendungsfallmodell.
- Das Analysemodell wird in der Sprache der Entwickler formuliert und kann deshalb auch formalere Beschreibungsmittel verwenden.
- Im Analysemodell werden die Informationen so strukturiert, dass sie leicht zu verstehen sind, sich ändern und pflegen lassen.
- Das Analysemodell ist ein erster Schritt hin zu einem Entwurfsmodell, aber noch ohne technische Details, die das Verständnis der Gesamtzusammenhänge erschweren.

Abbildung 12.1 zeigt die wichtigsten Bestandteile des Analysemodells. Klassen können direkt in dem Modell vorkommen oder aber in Paketen, die hier Analyseteilsysteme darstellen. Wie in Kap. 5 beschrieben wird, können Pakete beliebig tief geschachtelt werden, sich allerdings nicht überlappen. Die Elemente des Analysemodells dienen wie alle Artefakte des Entwicklungsprozesses der Realisierung von Anwendungsfällen. In den Analysearbeitsschritten wird daher auch untersucht, ob die Anwendungsfälle im Rahmen dieses Modells unterstützt werden können. Diese laufende Orientierung auf die zu realisierenden Anwendungsfälle sorgt dafür, dass auch in der Analyse immer auf das wichtigste Ziel der Entwicklung hingearbeitet wird: die Anwendung, die dem Anwender einen Nutzen bringt.

Während die Darstellungen, die in den Anforderungsarbeitsschritten entwickelt werden, sich vorrangig an Anwender richten, dienen die Ergebnisse der Analysearbeitsschritte vor allem den Entwicklern als ein wichtiger Schritt hin zum Designmodell.

Einige wichtige Unterschiede zwischen Anwendungsfallmodell und Analysemodell enthält die folgende Tabelle.

Merkmal	Anforderungsmodell	Analysemodell
Sprache	des Anwenders	des Entwicklers
Sicht	Externe Sicht des Systems	Interne Sicht des Systems
Struktur	durch Anwendungsfälle bestimmt	bestimmt durch stereotypisierte Klassen und Pakete
Nutzung	Basis für Vertrag zwischen Kunde und Entwickler	durch Entwickler um Aufgabe und Funktion des Systems zu verstehen
Redundanz	kann vorkommen	sollte nicht vorkommen
Inkonsistenz	kann vorkommen	sollte nicht vorkommen
Inhalt und Umfang	hält die Funktionalität fest, einschließlich architektonisch wichtiger Anwendungsfälle, die im Analysemodell weiter untersucht werden	skizziert, wie die Funktionalität realisiert wird. Ist ein erster Schritt zum Entwurf. Realisierungen von Anwendungsfällen, die den Fällen aus dem Anwendungsfallmodell entspricht

Die Aktivitäten und die zugehörigen Artefakte der Analyseschritte sind in der folgenden Übersicht zusammengestellt.

Aktivität	Artefakt
Analyemodell entwickeln	Analysemodell
Klassen identifizieren	Analyseklasse Boundary-Klasse Entity-Klasse Control-Klasse
Anwendungsfälle analysieren	Anwendungsfallrealisierung
Beziehungen analysieren	Klassendiagramm Interaktionsdiagramm
Architekturanalyse	Analysepaket
Gemeinsamkeiten von Paketen identifizieren	Servicepaket Architekturbeschreibung (Analysesicht)

Ausgangspunkt für die Analyse ist die Aufgabenstellung. Diese wird sich zwar mit dem Projektfortschritt weiterentwickeln, grenzt aber zumindest den Anwendungsbereich ab. Dieser wird in den Analysearbeitsschritten soweit modelliert, bis seine statischen Strukturen und dynamisches Verhalten adäquat beschrieben sind. Dabei wird von der konkreten Implementierung der betrachteten Vorgänge abstrahiert. Dieses Vorgehen wird durch folgende Argumente gerechtfertigt:

1. Einfachheit: Der Anwendungsbereich ist schon komplex genug. Zusätzliche Komplexität, die durch aktuelle Verfahren hineingebracht wird ohne dass diese zwingende Regeln widerspiegeln, muss hier herausgehalten wer-

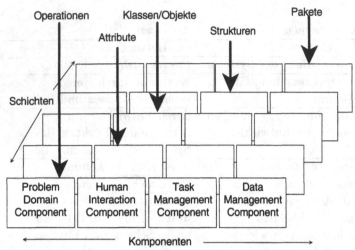

Abb. 12.2. Komponenten und Schichten

den. Aus dem gleichen Grund haben DV-technische Details hier nichts zu suchen.

2. Einfluss des Systems: Die Einführung eines neuen Systems verändert die bisherige Umgebung. Sie ist nach Einführung nicht mehr mit der zum Zeitpunkt des Analysebeginns identisch. Alle Dinge, die sich auf die aktuelle Implementierung (mit oder ohne EDV) beziehen, sind dann nicht mehr gültig und auch deshalb aus der Analyse herauszuhalten.

In diesen Arbeitsschritten wird daher der untere bzw. rechte Teil der Abb. 11.1 auf S. 242 im Vordergrund stehen. Die Kollaborationsdiagramme dienen hier aber vor allem dazu, die prinzipielle Realisierbarkeit der Anwendungsfälle zu zeigen. Änderungen können hier später sehr wohl noch erfolgen.

Auf Coad [CY90b] geht die in Abb. 12.2 gezeigte Strukturierung eines Systems in Komponenten und Schichten zurück. Der Schwerpunkt in der Analyse liegt dabei auf der Untersuchung des Anwendungsbereiches (Problem Domain Component, *PDC*) mit einem gewissen Anteil auch der Interaktionskomponente (Human Interaction Component, *HIC*). Die Task Management Component (*TMC*) und die Datenhaltungkomponente (Data Management Component, *DMC*) spielen bei der Analyse kaufmännischer Systeme eine untergeordnete Rolle. Sie werden durch Basis-Software, wie Betriebssystem, *TP-Monitor* und *DBMS* unterstützt. Diese Basis-Software wird benutzt und ist nicht Gegenstand der Entwicklung. In *Echtzeitsystem*en sind allerdings beide oft explizit zu entwickeln und dann auch Gegenstand der Analyse. Die eigentliche Aufgabe in der Analyse besteht darin, die Informationen zu beschaffen, die hinreichend für die Spezifikation des System sind, und diese sachgerecht zu strukturieren.

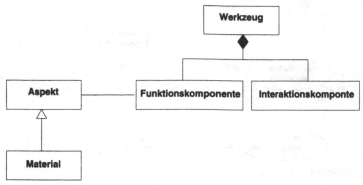

Abb. 12.3. Material und Werkzeug

12.4 Klassen und Beziehungen

Aus der Aufgaben und den Anwendungsfällen werden systematisch Klassen
und Beziehungen hergeleitet.

12.4.1 Identifizieren von Klassen und Beziehungen

Um die Verständigung zwischen System-Entwickler und Anwender zu vereinfachen, wird in [KGZ93] das Leitbild von Material und Werkzeug empfohlen. Es sei an dieser Stelle erläutert, da es aus meiner Sicht insbesondere
den Übergang von den informellen Szenarios zum formal genau definierten
Klassenmodell erleichtert. Die zu erstellenden Softwarekomponenten werden
dabei als Werkzeuge angesehen, mit denen Materialien des Anwendungsbereiches bearbeitet werden. Ein erstes Schema hierfür zeigt Abb. 12.3. Die
Anwendungsfälle und Szenarios zeigen, welche Werkzeuge benutzt und welche Materialien bearbeitet werden. Materialien geben Anlass zu Klassen in
der Problem Domain Component, Werkzeuge zu Klassen in der Problem Domain Component (Funktionskomponente), der Human Interaction Component (Interaktionskomponente) und zu Operationen auf geeigneten Klassen.
Welches Material mit welchem Werkzeug bearbeitet werden kann, wird am besten über sogenannte Aspekte, auch mixin-classes[1] genannt, festgelegt. Ein
Aspekt ist eine abstrakte Klasse, die die Schnittstelle beschreibt, die zur Bearbeitung mit einem bestimmten Werkzeug benötigt wird. Materialien, die
bearbeitet werden können, sind (unter anderem) Spezialisierungen der jeweiligen Aspektklasse. Das Leitbild von Material und Werkzeug hilft bei der
Identifikation von Klassen und ihrer Strukturierung. Die Suche nach gemeinsamen Aspekten gibt eine Strategie zum Herausfaktorisieren gemeinsamer
Eigenschaften von Klassen.

---

[1] Nach [Boo94a] und [Str94a] entstand die Bezeichnung „mixin" (angeblich) in
der Umgebung eines Eisstandes nahe des *MIT*, bei dem das mixin z. B. Nüsse,
Rosinen, Gummibären waren.

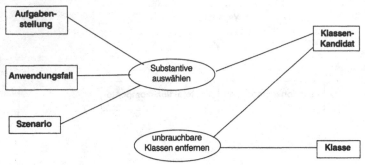

Abb. 12.4. Klassenkandidaten finden

Es gibt viele heuristische Verfahren Klassen zu bestimmen. Gemeinsam ist allen, dass sie nur eine erfolgversprechende Strategie beschreiben, aber keines eine Gewähr zum Finden aller oder auch nur der richtigen Klassen bietet. Der aktuelle Stand der Methodenentwicklung bietet aber immerhin einen soliden Rahmen, der dies wirkungsvoll unterstützt.

Erste Kandidaten für Klassen sind die identifizierten Akteure. Aus den Szenarios erhält man Kandidaten für Klassen, in dem man alle Substantive betrachtet. Schematisch ist dies in Abb. 12.4 dargestellt. Lässt man dabei etwas Gespür für substantivierte Verben zu oder nimmt es mit der Grammatik nicht so ganz genau, so stellt dies Verfahren einen Weg dar, erste Klassen zu finden, wenn man sonst gar keine Idee hat. Dies ist bewusst so formuliert. Wenn man sich in einem Anwendungsbereich auskennt, wird man schnell eine ganze Reihe von Klassenkandidaten nennen können. Sehr viel schwieriger wird es aber sein, exakt zu begründen, warum man gerade auf diese kommt. Die schematischen Verfahren sind für Situationen gedacht, in denen man über ein solches Wissen nicht verfügt. Hier nun einige Kriterien, deren Überprüfung dabei hilft, aus diesen sinnvolle Klassen herauszufinden und zwischen Klassen und Attributen zu unterscheiden:

1. Gattungsnamen: Dies sind in aller Regel sinnvolle Klassen.
2. Eigennamen: Diese bezeichnen Objekte und können zu Klassen Anlass geben, wenn im System viele dieser Objekte vorkommen, die für das System eine Bedeutung haben und eine eigenständige Behandlung erfahren.
3. Abstrakte Objekte: Hiermit sind Objekte gemeint, die keine physischen Objekte sind, sondern ein Konzept darstellen, das durch physische Objekte lediglich repräsentiert wird, die in der Regel eine Sicht auf das abstrakte Objekt darstellen. Ein Beispiel hierfür wäre ein Auftrag, der durch ein Auftragsformular repräsentiert wird.
4. Attribute: Ein Klassenkandidat, der keine Attribute hat, ist oft keine Klasse, sondern ein Attribut einer anderen Klasse; ein Klassenkandidat, der eigene Attribute hat, ist oft eine Klasse.
5. Verhalten: Klassenkandidaten, deren Objekte ein wohldefiniertes Verhalten haben, sind meist Klassen.

6. Physische Objekte: Klassenkandidaten, die auf physische Objekte wie
Artikel, Mitarbeiter oder Kunden verweisen, sind meist Klassen. Physische Objekte wie ein Auftragsformular repräsentieren einen abstrakten
Begriff und sind oft *abgeleitete Klassen*. Für diese werden Operationen
spezifiziert, die sie erzeugen.

Bemerkung 12.4.1 (Physische und abstrakte Objekte)
Häufig (z. B. [WBWW93]) werden als Beispiele für physische Objekte, die
Anlass zu Klassen geben, Dinge wie Drucker, PC etc. genannt. Dies ist meines Erachtens in dieser Entwicklungsphase nur in wenigen Fällen sinnvoll.
Sinnvolle physische Objekte sind die, die eine Rolle im Anwendungsbereich
spielen wie im Bibliotheks-Beispiel ein Exemplar. Im Zusammenhang mit Objekt bedeutet „abstrakt" nur, dass es sich um etwas konzeptionelles handelt,
etwa im Gegensatz zu einem Gegenstand, den man anfassen kann. ◄

Als Faustregel sollte man sich auf Klassen mit einer direkten Bedeutung im
Problemraum konzentrieren. Gemeinsamkeiten dieser Klassen, die Anlass zu
Verallgemeinerungen geben, können notiert werden. Systematisch wird die
Strukturierung der Klassen in Abschn. 12.8 behandelt werden. Findet sich
eine Verallgemeinerung oder Spezialisierung direkt im Problemraum, so wird
sie aber in jedem Fall auch so modelliert.

Bemerkung 12.4.2 (Akteure, Klassen, Systemgrenzen)
Eine der Hauptschwierigkeiten, mit denen Anfänger in der Analyse zu kämp-
fen haben, scheint die sachgerechte Modellierung von Klassen unter Berücksichtigung der Systemgrenzen zu sein. Dies gilt nach meinen Beobachtungen
unabhängig davon, ob *strukturierte Analyse*, *Entity-Relationship-Modell*ierung oder *objektorientierte Analyse* eingesetzt wird. Eine Ursache hierfür kann
sein, dass der Unterschied zwischen dem Konzept eines Akteurs und dem einer Klasse im System nicht hinreichend verstanden wurde. Er sei an dieser
Stelle deshalb nochmals erläutert: Ein Akteur so wie ein Kunde oder Mitarbeiter ist ein Objekt einer Klasse, das dem System in einer spezifischen Rolle
gegenübertritt. Bei der Analyse von Anwendungsfällen wird von den einzelnen Objekten abstrahiert, d. h. es wird die Klasse wie Kunde oder Mitarbeiter
betrachtet. Deshalb wird im Anwendungsfalldiagramm auch das Klassensymbol und nicht das Objektsymbol verwendet. Ein Akteur Objekt kann aktiv
Ereignisse herbeiführen, die Auswirkungen auf das System haben. So kann
ein Kunde einen Auftrag erteilen und ein (Vertriebs-)Mitarbeiter einen Auftrag buchen (und damit einen Provisionsanspruch erwerben). Ob eine Klasse
Kunde oder Mitarbeiter im betrachteten System benötigt wird, hängt von
der Aufgabenstellung ab. In jedem Fall handelt es sich dann aber um eine
Klasse, die keine Ereignisse aktiv herbeiführt, sondern um eine Klasse, die
den Zustand der entsprechenden Akteure speichert. Wie zeitnah der Zustand
der Objekte von Klassen im System mit dem der realen Objekte in der Systemumgebung synchronisiert wird, hängt von der Aufgabenstellung ab. Die

einzige Situation. in der diese Synchronisation immer schnellstmöglich erfolgt bilden einige Klassen in *Echtzeitsysteme*n und in *dynamischen Simulation*en. Insbesondere bei letzterem Anwendungstyp werden im System tatsächlich Klassen modelliert, die Objekte der realen Welt möglichst exakt nachbilden, eben simulieren, wie der Name schon suggeriert. ◄

Dies wird im folgenden Beispiel illustriert, das Beispiel 11.6.5 fortsetzt.

Beispiel 12.4.3 (Bibliothek)
Hier soll untersucht werden, welche Klassenkandidaten es in dieser Aufgabenstellung gibt und welche Attribute diese haben. Ferner sollen erste Schritte zur Identifikation von Operationen unternommen werden. Betrachtet werden zunächst die Substantive, die in der ersten Beschreibung und in den Anwendungsfällen vorkommen. Das gibt Anlass zu folgenden Klassenkandidaten (in alphabetischer Reihenfolge):

Ausleihe	Ausweis	Benutzer
Bibliothek	Bibliotheksausweis	Buch
Exemplar	Leihfrist	Mahnung
Präsenzexemplar	Vorbesteller	Vormerkung
Woche	Zeitschrift	

Diese müssen nun daraufhin untersucht werden, ob und welche Rolle sie im Anwendungsbereich spielen. Auf dieser Basis kann dann entschieden werden, ob sich Klassen aus ihnen ergeben. ◄

Um zu überprüfen, ob die gefundenen Klassen sinnvoll sind, sind verschiedene Überprüfungen nützlich. Die folgende Übersicht ist nicht als Checkliste zu verstehen. Sie soll vielmehr Anregungen zum Hinterfragen der entwickelten Vorstellung vom Anwendungsbereich geben. Eine Gewähr für sinnvolle Klassendefinitionen kann sie nicht geben.

1. Redundante Klassen: Durch *Synonyme* kann es vorkommen, dass man zwei Klassenkandidaten findet, die das gleiche Konzept repräsentieren. In solchen Fällen ist zu prüfen, ob es sich tatsächlich um ein und dieselbe Klasse handelt oder ob es sich um unterschiedliche Aspekte einer Klasse handelt. Im letzteren Fall muss faktorisiert werden.
2. Abgeleitete Klassen: Klassen, deren Objekte zu jedem Zeitpunkt aus anderen rekonstruiert werden können, werden als abgeleitete Klassen gekennzeichnet und es wird spezifiziert, wie die Rekonstruktion erfolgt. Die endgültige Entscheidung darüber, ob diese Klassen im System benötigt werden, fällt im Design.
3. Irrelevante Klassen: Dies sind Klassen, die zwar prinzipiell sinnvoll sind, aber für den Aufgabenbereich des Systems keine Bedeutung haben.
4. Vage Klassen: Klassen, deren Definition vage ist wie zum Beispiel „Schnittstelle", „Finanzbuchhaltung". So etwas könnte aus einer Formulierung

stammen wie: „Das System hat eine Schnittstelle zur Finanzbuchhaltung." Beides ist aber nicht präzise genug. „Schnittstelle" sagt nichts darüber aus, ob es sich um eine Batch-Schnittstelle handelt oder ob eine andere Übergabe erfolgen soll. Finanzbuchhaltung ist ebenfalls zu ungenau. Es muss spezifiziert werden, was importiert und exportiert wird; dies gibt dann Anlass zu sinnvollen Klassen.

5. Operationen: Der Name einer Operation kann ein Substantiv sein. Gibt dies Anlass zu einer Klasse? Dies hängt von der Aufgabenstellung ab: Ein Telefongespräch ist aus Sicht einer (digitalen) Vermittlungsanlage eine Folge von Aktionen und Aktivitäten. Aus Sicht der Telefongesellschaft, die das Netz betreibt, ist es eine Klasse, deren Eigenschaften und Assoziationen wie Anrufer, Angerufener, Datum, Uhrzeit und Dauer von entscheidender Bedeutung für die Rechnungsstellung sind.

6. Rollen: Diese sollten nicht mit Klassen verwechselt werden. Für ein Hochschulverwaltungssystem ist „Person" eine interessante Klasse. Manchmal sind die Rollen, die Personen spielen können, wie z. B. Akademischer Mitarbeiter, Professor, Student, ... besser über Rollen in Assoziationen zu modellieren, als über Klassen, die eine Klasse Person spezialisieren.

7. Implementierungskonstrukte: Sie haben in dem Modell zu diesem Zeitpunkt nichts zu suchen. Ein in ersten Objektmodellen oft zu sehendes Modell bei Anfängern sind Klassen, die den Bestand an Objekten modellieren. Das ist schlichtweg falsch: Nach Def. 2.3.17 ist eine Klasse insbesondere eine Zusammenfassung von Objekten mit gleichen Eigenschaften. Dies noch einmal auszudrücken, ist redundant und wenn dann noch die physische Struktur z. B. als *Liste* beschrieben wird, schlichtweg falsch: Dies kann zu diesem Zeitpunkt noch gar nicht kompetent entschieden werden, wäre also ein Zufallstreffer.

Diese Kriterien werden nun auf das Bibliotheksbeispiel angewendet:

Beispiel 12.4.4 (Klassen: Bibliotheksanwendung)
Ausleihe beschreibt den Vorgang, in dessen Abwicklung die Hauptaufgabe der Bibliothek liegt. Außerdem gibt es Attribute, die zur Ausleihe gehören, z. B. das Ausleihdatum. Ausweis und Bibliotheksausweis sind offenbar Synonyme. Bibliotheksausweis scheint als ausdrucksstärkere Variante und ist deshalb vorzuziehen. Benutzer sind Akteure, über die Informationen für Benachrichtigung und Mahnung gespeichert werden müssen. Bibliothek beschreibt zum einen einfach die Zusammenfassung aller hier zu betrachtenden Objekte. Es kann sich dabei also um ein Paket handeln. Andererseits gibt es bestimmte Attribute (z. B. Leihfrist), die für die Bibliothek gespeichert werden müssen. Außerdem mag es Operationen geben, die die Bibliothek ausführen soll, die anderen Klassen nicht sinnvoll zuzuordnen sind. Bibliothek wird als Klassenkandidat beibehalten, um diese Fragen später näher zu untersuchen. Buch und Exemplar sind zentrale Klassen des Bibliothekssystems. Leihfrist scheint auf den ersten Blick keine Klasse zu sein. Hier handelt es sich um einen Zeitraum, von dem zunächst wenig bekannt ist: Gibt es eine einheitliche Leihfrist

für alle Benutzer? Kann sie verlängert werden, ggf. sogar automatisch, falls keine Vormerkungen existieren? Hier wird zunächst eine einheitliche Leihfrist unterstellt. Dies ist dann ein Attribut von Bibliothek. Mahnung kann eine Klasse sein. Eine Alternative ist eine Operationen Mahnen, die hier gewählt wird. Präsenzexemplar kann eine Klasse sein, die z. B. von Exemplar abzuleiten wäre, oder ein Attribut, das den Zustand eines Exemplars näher beschreibt. Die Entscheidung wird vorerst zurückgestellt. Vorbesteller ist eine Rolle, die ein Benutzer spielen kann. Vormerkung erscheint wie Ausleihe als sinnvolle Klasse. Woche ist offenbar irrelevant. Wichtig ist die Information, wie lange eine Vormerkung bestehen bleibt. Man wird einen Wert wie Reservierungsdauer oder Vormerkungsgültigkeit benötigen. Zeitschrift kann eine sinnvolle Klasse sein. ◄

12.4.2 Spezifikation von Klassen

Die gefundenen Klassen müssen dokumentiert werden. Hierzu einige Hinweise:

Spezifikation von Klassen

Alle gefundenen Klassen werden in einem *Data Dictionary* beschrieben, ebenso die Attribute. Zu jeder Klasse enthält dieses:

1. Beschreibung der Klasse.
2. Rolle der Klasse im System.
3. Voraussetzungen für die Benutzung.
4. Kriterien für Objekte, die in diese Klasse fallen, (falls dies nicht aus obigem klar ist).

Ob das bereits früher empfohlene Glossar mit dem Data Dictionary integriert wird oder nicht, ist eine technische Frage. Die Antwort wird häufig durch die eingesetzten Werkzeuge nahegelegt.

Beispiel 12.4.5 (Bibliothek)

Für einige Klassen aus dem Bibliotheksbeispiel könnte eine Beschreibung so aussehen:

Benutzer: Eine natürliche Person, die zur Benutzung der Bibliothek berechtigt ist. Ein Benutzer hat einen Bibliotheksausweis. Seine Anschrift ist bekannt. Ist der Benutzer nicht gesperrt, so kann er ausleihbare Exemplare ausleihen oder Vormerkungen tätigen.

Buch: Eine bibliographische Einheit, von der Exemplare in der Bibliothek vorhanden sind. Buch enthält alle bibliographisch relevanten Informationen.

Exemplar: Ein in der Bibliothek einsehbares oder ausleihbares Exemplar eines Buches. Exemplare können eingesehen werden (Präsenzexemplare) oder ausgeliehen werden. Exemplare sind durch eine Exemplarsignatur

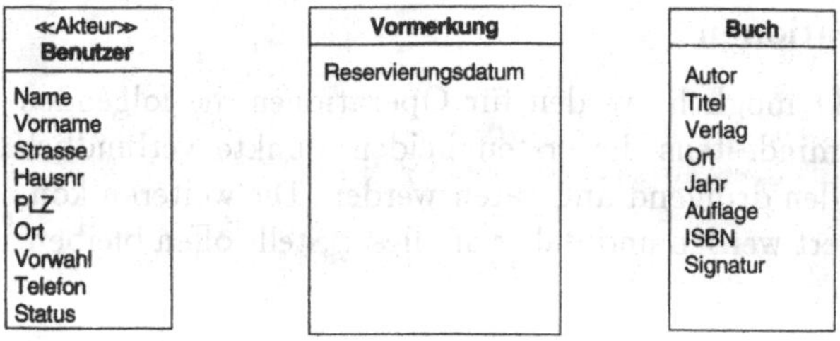

«Akteur» **Benutzer**	**Vormerkung**	**Buch**
Name Vorname Strasse Hausnr PLZ Ort Vorwahl Telefon Status	Reservierungsdatum	Autor Titel Verlag Ort Jahr Auflage ISBN Signatur

Abb. 12.5. Bibliothek: Einige Klassen

eindeutig gekennzeichnet, die sich aus der Buchsignatur und einem Suffix zusammensetzt.

◀

Spezifikation von Attributen

Soweit zu diesem Zeitpunkt möglich, werden für Attribute die folgenden Dinge spezifiziert, wobei mindestens die ersten beiden Punkte verbindlich sind und die weiteren erst später spezifiziert zu werden brauchen, zum Teil auch erst später kompetent spezifiziert werden können:

1. Name des Attributs.
2. Beschreibung des Attributs.
3. Sichtbarkeit.
4. Klasse des Attributs (das kann auch ein elementarer Typ wie **integer** sein).

Bis auf die Beschreibung können diese Informationen auch im *Klassensymbol* dargestellt werden. Bei der Beschreibung ist darauf zu achten, dass:

• Begriffe aus dem Problemraum benutzt werden,
• alle benutzten Begriffe erklärt werden.

Werkzeuge bieten oft die Möglichkeit, weitere – auch sprachspezifische – Dokumentation zu einem Element anzugeben.

Beispiel 12.4.6 (Bibliothek)
Die Abb. 12.5 zeigt die Spezifikation einiger Klassen und Attribute aus dem Bibliotheksbeispiel. Die Sichtbarkeit ist nicht gezeigt. Sie wird bei Attributen in aller Regel privat sein. ◀

Die Festlegung der Klassen der Attribute kann in vielen Fällen bei diesem Entwicklungsstand noch nicht erfolgen.

Spezifikation von Operationen

Soweit zu diesem Zeitpunkt möglich, werden für Operationen die folgenden Dinge spezifiziert, wobei mindestens die ersten beiden Punkte verbindlich sind und die folgenden beiden dringend angeraten werden. Die weiteren können oft erst später spezifiziert werden und daher an dieser Stelle offen bleiben:

1. Name der Operation,
2. Beschreibung der Operation,
3. Vorbedingungen,
4. Nachbedingungen,
5. Sichtbarkeit,
6. Parameter, Standardwerte und Rückgabeklasse,
7. Vollständige Spezifikation der Operation.

Beispiel 12.4.7 (Bibliothek: Spezifikation von Operationen)
Zur vollständigen Spezifikation von Operationen benötigt man Beziehungen. Deshalb hier nur die Spezifikation der Operation der Klasse Exemplar in einem CASE-Tool. ◄

Eine ganze Reihe von Operationen kann hier schon sehr weitgehend spezifiziert werden. Darüber, wieweit elementare *RUDI*-Operationen zur Pflege von Objekte jetzt spezifiziert werden müssen, kann man unterschiedliche Ansichten vertreten:

1. Da noch nicht alle Attribute bekannt sind, lohnt es sich nicht, diese jetzt zu spezifizieren.
2. Da diese Operationen nur Werte liefern bzw. einfache Werte verändern, brauchen sie jetzt nicht spezifiziert zu werden. Dies ist erst sinnvoll, wenn die endgültige Klassenstruktur im Objekt-Design festgelegt wird.
3. Alle gewonnenen Informationen müssen festgehalten werden.
4. Diese Operationen haben Konsistenzbedingungen zu gewährleisten, deshalb müssen sie bereits jetzt untersucht und modelliert werden.

Nur der letzte Punkt spricht für eine Modellierung in der Analyse. Dagegen zu halten ist, dass diese Konsistenzbedingungen durch Assoziationen und deren Multiplizitäten im Klassenmodell und durch Bedingungen in Sequenz- und Zustandsdiagrammen spezifiziert werden.

Konsequenz für das Vorgehen in der Analyse: Die eben erwähnten Komponenten sind zu bevorzugen, *RUDI*-Operationen können im Analysemodell vernachlässigt werden, sie führen nur zu unnötiger Aufblähung. Als Faustregel ist festzuhalten: Wo sinnvolle Informationen über Operationen bekannt sind, werden sie auch an dieser Stelle festgehalten. Man treibe dies aber nicht zu weit: Hier geht es nur darum „was" die Operation tut, nicht „wie" es implementiert werden soll.

12.4.3 Identifizieren von Beziehungen

In der Praxis wird man parallel zu den Klassen bereits Beziehungen identifizieren, die nun behandelt werden. Dabei geht es um jede Art von Beziehung zwischen Klassen des Anwendungsbereiches, also Assoziationen, Aggregationen und Verallgemeinerungen bzw. Spezialisierungen. Die Szenarios liefern nicht nur die Klassenkandidaten, sondern auch Kandidaten für Beziehungen. Ohne Anspruch auf Vollständigkeit seien hier einige Kriterien für das Finden von Beziehungen genannt:

1. Standort: Assoziationen können damit zu tun haben, wo sich ein Objekt befindet:
   - Es ist Bestandteil eines anderen Objekts, also einer Stücklistenstruktur.
   - Es ist hinter einem anderen Objekt, was Anlass zu einer geordneten Assoziation geben kann.
   - Es ist (mit anderen) Element eines anderen, einer Containerklasse.
2. Aktivitäten: Ein Objekt kann ein Objekt einer (anderen) Klasse benutzen. Dazu muss es eine Beziehung geben, über die das oder die zu benutzenden Objekte gefunden werden können. Oft ist dies eine Assoziation.
3. Bedingungen: Eine Operation einer Klasse kann von Bedingungen abhängig sein. Diese können durch temporäre Assoziationen, z.B. Parameterübergabe, bekannt werden, oder es kann eine statische Assoziation vorliegen, die zum Klassenmodell gehört. Bedingungen an Attribute von Objekten werden nicht als Assoziationen modelliert. Beispiele hierfür sind Bedingungen wie „jünger/älter als", „verdient mehr/weniger als", ...
4. Kommunikation: Informationen zwischen Objekten können über Parameter übergeben werden; in diesem Fall besteht keine Assoziation zwischen der Klasse des übergebenen Objektes und der des Objektes, das die Nachricht erhält. Zu den Klassen der Objekte, an die Nachrichten geschickt werden, gibt es aber Assoziationen, die im Klassenmodell dargestellt werden müssen.
5. Verantwortlichkeiten: Ein Objekt a kann einem anderen Objekt b in dem Sinne gehören, dass b die Verantwortung für a hat. Dazu gehört insbesondere die Zerstörung von a, wenn b zerstört wird.

Bemerkung 12.4.8 (Assoziation oder Aggregation)
In vielen Fällen ist es unmittelbar oder aufgrund der in Bem. 6.5.4 ausgeführten Eigenschaften schnell festzustellen, ob es sich in einem konkreten Fall um eine Aggregation oder eine Assoziation handelt. Hat man nach dieser Überprüfung noch Zweifel, ob es sich um eine Aggregation handelt, so modelliere man die Beziehung als Assoziation. Es ist nicht sinnvoll auf diese Entscheidung an diesem Punkt der Entwicklung viel Zeit zu verwenden. ◀

Die folgenden Hinweise helfen bei der Entscheidung, ob Kandidaten für Beziehungen auch tatsächlich in das Modell aufgenommen werden:

1. Beziehungen zwischen eliminierten Klassenkandidaten: Sind Klassenkandidaten im Laufe der Analyse wieder eliminiert worden, so entfallen auch die Beziehungen, die mit ihnen verbunden waren, oder werden als Beziehungen zwischen akzeptierten Klassen neu formuliert. Ein einfaches Beispiel sind redundante Klassenkandidaten, die durch unterschiedlichen Sprachgebrauch (Synonyme) entstanden sind.

2. Irrelevante Beziehungen: Beziehungen, die im Anwendungsbereich keine Bedeutung haben, werden nicht modelliert. Zwischen Personen kann es eine Assoziation „ist Kind von" geben. Dies ist für ein System, das der Zahlung von Kindergeld dient, sicher eine wichtige Assoziation, nicht aber für ein System, das die Arbeitsabläufe in einer Expeditions-Abteilung unterstützen soll. Für ein System zur Unterstützung von Finanzinvestitionen sind Beziehungen, die die Beteiligungsverhältnisse zwischen Unternehmen abbilden, wichtig. Für ein Auftragsabwicklungssystem in vielen Fällen aber nicht.

3. Implementierungsbedingte Beziehungen: In einem bestehenden System, das zur Analyse herangezogen wurde, kann eine Klasse durch Vererbung aus einer anderen konstruiert worden sein, ohne dass die eine aus Sicht des Anwendungsbereiches eine Spezialisierung der anderen ist. Eine solche Beziehung gibt keinen Anlass zu einer Spezialisierung im Analysemodell.

4. Temporäre Assoziationen: Die Eingabe von Werten durch einen Benutzer in das System stellt keine Beziehung zwischen einer Klasse Benutzer und der Systemkomponente dar.

5. Ternäre Assoziationen: Wie in Bemerkung 6.4.10 auf S. 137 ausgeführt, kann jede ternäre Assoziation in eine äquivalente Struktur mit binären Assoziationen überführt werden. Im Analysemodell werden die im Anwendungsbereich erkannten ternären Assoziationen auch als solche modelliert. Rein beschreibende Merkmale einer binären Assoziation geben Anlass zu einer Assoziationsklasse mit diesen Attributen, nicht aber zu einer ternären Assoziation.

6. Abgeleitete Assoziationen: Assoziationen, die durch andere Assoziationen ausgedrückt werden können, sind redundant und werden in der Analyse nicht modelliert.

7. Redundante Assoziationen: In der *Entity-Relationship-Modell*ierung hört man häufig die Empfehlung, dass Zyklen von Assoziationen zu vermeiden seien. Dies ist korrekt, wenn es sich um abgeleitete oder aus anderen Gründen redundante Assoziationen handelt. Zyklen können nicht vermieden werden, wenn es sich um voneinander unabhängige Assoziationen handelt.

Beispiel 12.4.9 (Bibliothek)
Für die Klassen im vorstehenden Bibliotheks-Beispiel ergeben sich die im Klassendiagramm in Abb. 12.6 dargestellten Beziehungen. ◄

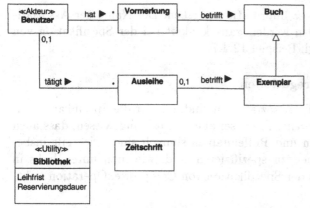

Abb. 12.6. Bibliothek: Klassendiagramm, Variante 1

12.4.4 Spezifikation von Beziehungen

Spezifikation von Assoziationen

Jede Assoziation wird durch die im Folgenden erläuterten Merkmale beschrieben. Einige davon sind in der Analyse optional und gewinnen erst später an Bedeutung.

1. Namen: Jede Assoziation hat einen Namen. Selbst bei Assoziationen, die sich aus dem Kontext eindeutig erschließen lassen, wird der Name der Assoziation bei der Spezifikation von Operationen benötigt. Dies wird auf jeden Fall im Design und in der Konstruktion der Fall sein.
2. Multiplizitäten: Jede Rolle einer Assoziation hat eine Multiplizität, die durch Zahlen, das *-Symbol, ggf. durch einen Buchstaben, der eine variable aber durch Bedingungen einschränkbare Anzahl angibt, spezifiziert wird. Fehlt eine solche Angabe, so wird die Multiplizität 1 unterstellt.
3. Rollennamen: Bei rekursiven Assoziationen sind Rollennamen obligatorisch. Bei anderen Assoziationen sollten sie eingesetzt werden, wenn sie die Verständlichkeit erhöhen.
4. Leserichtung: In Fällen, bei denen der Name der Assoziation die Leserichtung nicht eindeutig erkennen lässt, wird die Leserichtung durch ein schwarzes Dreieck spezifiziert, dessen Spitze in Leserichtung zeigt.
5. Benutzungsrichtung: Wenn bereits sicher ist, dass eine Assoziation nur in einer Richtung benutzt wird, kann dies durch einen offenen Pfeil in diese Richtung gekennzeichnet werden. Hierbei lege man enge Maßstäbe an und verwende die Standardform ohne Pfeile, wenn auch nur der leiseste Zweifel darüber besteht, in welcher Richtung die Assoziation benutzt werden soll.

Alle diese Informationen werden in einem oder mehreren Klassendiagrammen dargestellt. Ein CASE-Tool wird dem Benutzer Optionen zum wahlweisen

Ein- und Ausblenden dieser Informationen geben. Der Name der Assoziation und oft auch die Rollen werden ganz konkret bei der Spezifikation von Operationen benötigt (vgl. Beispiel 12.4.7).

Spezifikation von Aggregationen

Da Aggregationen spezielle Assoziationen sind, gilt für die Spezifikation zunächst alles dort Geschriebene. Extra sei aber darauf hingewiesen, dass auch für Aggregationen Namen und Rollennamen sinnvoll sind. Dies gilt insbesondere, wenn Operationen zu spezifizieren sind, wie man unten links in Abb. 12.17 auf S. 282 bei der Spezifikation von Composite::Operation sieht.

Spezifikation von Generalisierungen

In den meisten Fällen wird man GenSpec-Beziehungen in der Analyse nicht über das Symbol des Generalisierungs-Pfeils oder -Baumes hinaus spezifizieren müssen. In manchen Situationen sind aber zusätzliche Spezifikationen angebracht:

1. oder-Spezialisierung: Dies ist die häufigste Form der GenSpec-Beziehung. Hier ist es in manchen Fällen sinnvoll, durch einen Diskriminator zu dokumentieren, nach welchem Kriterium spezialisiert wird.
2. und-Spezialisierung: Bei dieser Form der GenSpec-Beziehung wird simultan nach mehreren Gesichtspunkten spezialisiert. Eine konkrete Klasse entsteht durch Mehrfachvererbung als kartesischen Produkt der verschiedenen Spezialisierungen. Die Spezifikation des ausschlaggebenden Kriteriums für die Spezialisierung kann ein erster Schritt sein, die abstrakten Klassen zu bilden, die dieses Charakteristikum als *Aspekt* darstellen. Dieses Kriterium wird als Diskriminator am Generalisierungssymbol notiert. Ein Beispiel zeigt Abb. 6.22 auf S. 149.
3. Erweiterung: Eine Unterklasse kann eine Erweiterung einer Oberklasse durch zusätzliche Attribute oder Operationen darstellen. Dies ist der häufigste Fall einer Spezialisierung.
4. Restriktion: Eine Unterklasse kann durch Restriktion spezialisiert werden, wie Kreis aus Ellipse oder Quadrat aus Rechteck. In diesem Fall müssen Operationen ggf. so überschrieben werden, dass diese Restriktion nicht verletzt werden kann. Die Restriktion kann am Generalisierungssymbol notiert werden.

Bemerkung 12.4.10 (Sichten auf ein Modell)

Wie alle anderen Diagramme der UML stellen auch Klassendiagramme lediglich eine Sicht auf das Modell dar. Sichten können sich überlappen. Es ist also sehr wohl möglich, dass Klassen in mehreren Klassendiagrammen auftreten. Man beachte bei der Zerlegung von Klassendiagrammen aber die allgemeinen Prinzipien der Kopplung und des Zusammenhalts. Die UML lässt es zu, dass ein Klassensymbol mehrfach in einem Diagramm vorkommt. Dies mag sinnvoll sein, wenn viele Beziehungen von dieser Klasse ausgehen. Ich rate aber davon ab dies zu tun. In solchen Fällen halte ich es für wirkungsvoller in einem CASE-Tool Beziehungen nur nach Bedarf einzublenden. ◀

12.5 Dynamisches Verhalten

Zum Erkennen des dynamischen Verhaltens des Systems gibt es aus den vorstehenden Abschnitten verschiedene Ansatzpunkte:

1. Klassen: Hat eine Klasse signifikantes dynamisches Verhalten? Durchlaufen die Objekte nicht triviale Lebenszyklen? Ein trivialer Lebenszyklus besteht nur aus dem Erzeugen und Zerstören eines Objekts, ohne dass es weitere Zustände durchläuft.
2. Szenarios: Wird in Szenarios auf unterschiedliche Zustände eines Objekts hingewiesen? Dies äußert sich oft darin, dass ein Name mit verschiedenen Attributen oder attributähnlichen Substantiven kombiniert verwendet wird: „Auftrag" z. B. auch in den Zusammensetzungen „gebuchter Auftrag", „abgerechneter Auftrag" oder „Kunde" und „Stammkunde".
3. Sequenzdiagramme: Wurde die Notwendigkeit gesehen, Interaktionsfolgen durch Sequenzdiagramme zu spezifizieren, so ist dies ein Indiz dafür, dass die beteiligten Objekte verschiedene Zustände haben können.

Die Szenarios und ggf. Sequenzdiagramme dienen auch zur Analyse und Spezifikation des dynamischen Verhaltens. Insbesondere eignen sich Sequenzdiagramme zur Präzisierung des zeitlichen Ablaufes. Sie schaffen darüber hinaus Klarheit über den grundsätzlichen Ablauf der Kommunikation zwischen Objekten und helfen bei der Identifikation von Operationen.

Für die Spezifikation von Klassen mit signifikantem dynamischen Verhalten werden Zustandsdiagramme eingesetzt. Der Einsatz von Sequenzdiagrammen kann in diesem Zusammenhang nützlich sein, um komplexere Zustandsdiagramme herzuleiten. Dies ist das systematische Verfahren, um aus den Szenarios die Spezifikation des dynamischen Verhaltens abzuleiten. Dabei wird man mit einem Szenario beginnen, das einen normalen Ablauf ohne Ausnahmen beschreibt, und daraus ein erstes Zustandsdiagramm entwickeln. Entsprechend den anderen Szenarios, an denen Objekte der betrachteten Klasse beteiligt sind, wird dieses Diagramm dann weiterentwickelt. Die einzelnen Strategien werden in den folgenden Abschnitten näher erläutert. In der Praxis werden sie immer in Kombination eingesetzt.

12.5.1 Lebenszyklen von Objekten

Sind bei Klassen Attribute erkannt worden, deren Werte Zustände charakterisieren, so können diese direkt in ein Zustandsdiagramm übertragen werden. Dies kann sich z. B. durch eine Reihe von Nachrichten in einem Sequenzdiagramm zeigen, die von anderen Objekten an ein Objekt der betrachteten

Klasse geschickt werden. So noch nicht geschehen, wird man dabei auch als Zustandsvariable notwendige Attribute einführen.

Aufgabe 12.5.1 (Lebenszyklus Exemplar)

Ein Exemplar eines Buches in der hier betrachteten Bibliothek wird nach Rücksprache mit dem Bibliothekspersonal folgende Zustände durchlaufen können:

1. gekauft: Ein Exemplar wurde erworben und ist in der Bibliothek eingegangen.
2. Präsenzbestand: Ein katalogisiertes Exemplar wird eine gewisse Zeit zur Einsicht ausgelegt. Danach wird es zur Ausleihe freigegeben oder verbleibt im Präsenzbestand, dessen Exemplare nicht ausgeliehen werden können.
3. ausleihbar: Ein Exemplar, das ausgeliehen werden kann.
4. ausgeliehen: Das Exemplar ist von einem berechtigten Benutzer ausgeliehen.
5. reserviert: Ein Exemplar wird reserviert, wenn es zum Rückgabezeitpunkt vorbestellt war.
6. verloren: Ein Benutzer hat ein Buch nicht zurückgegeben und wird dies auch nicht mehr tun oder es wurde gestohlen.
7. nachbestellt: Ein verlorenes Exemplar kann nachbestellt werden.
8. ausgemustert: Exemplare, die erhebliche Schäden aufweisen oder seit langer Zeit (wielange?) nicht mehr ausgeliehen wurden, werden ausgemustert.

Ein Hinweis: Diese Begriffe sind wohl weitestgehend umgangssprachlich unmittelbar verständlich. Trotzdem achte man auf eine genaue Definition, um Missverständnisse so weit irgend möglich auszuschließen. Das weitgehend vollständige Zustandsdiagramm zeigt Abb. 12.7. Einige Dinge seien hier vorsorglich angemerkt: Die Bezeichnung „Präsenzbestand" entspricht nicht genau den Empfehlungen zur Namensgebung, wohl aber dem bibliothekarischen Sprachgebrauch, was hier den Ausschlag gab. Ein Zustand „vorgemerkt" wurde auch genannt. Hier wurde entschieden, dies über die Vormerkung zu modellieren und das Exemplar als reserviert zu kennzeichnen. Die als Auslöser für Zustandsänderungen auftretenden Ereignisse entsprechen Operationen auf der Klasse Exemplar, die in das Klassendiagramm aufgenommen werden müssen. Hier sind nun aber einige Operationen aufgetaucht, die in der ursprünglichen Problemformulierung nicht auftauchten. Im Folgenden werden daher nur die betrachtet, die mit Ausleihe, Vormerkung und Mahnung zu tun haben. Der Zustand „ausgeliehen" kann weiter differenziert werden. Sinnvoll ist es zu erfassen, ob die Ausleihfrist bereits verlängert wurde, ob sie überschritten und gemahnt wurde etc. ◄

Bemerkung 12.5.1 (Präzision von Begriffen)

Das Bibliothekssystem eines bekannten deutschen Herstellers, das an der FH-Hamburg lange im Einsatz war, liefert ein Beispiel, wie sich unpräzise oder für

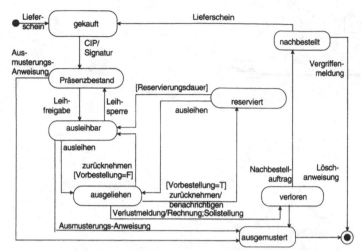

Abb. 12.7. Lebenszyklus Exemplar

den Benutzer missverständliche Begriffe auswirken können. Dieses System unterstützt sowohl den Ausleihbetrieb als auch die administrativen Arbeiten des Bibliothekspersonals. Die Anwendung sieht eine Funktionstaste für „Bestellung" vor, eine andere für „Vormerkung". An den Arbeitsplätzen für Benutzer (in der hier gewählten Bezeichnungsweise) wurde die Taste für „Bestellung" durch einen an der Tastatur zusätzlich angebrachten Metallbügel gesperrt. Der Grund: „Bestellung" ist eine Funktion, mit der das Bibliothekspersonal Bücher bestellt, die für die Bibliothek angeschafft werden sollen. Dies wurde laufend von Benutzern aufgerufen, die dafür nicht autorisiert sind. Sie dachten, mit dieser Funktion würden sie ausgeliehene Bücher „vormerken". ◀

12.5.2 Analyse von Szenarios und Sequenzdiagrammen

Beginnend mit dem Szenario, das den „normalen" Ablauf eines Anwendungsfalls beschreibt, kann man ein erstes Zustandsdiagramm entwerfen. Dieses wird dann um die Zustandsübergänge und Aktionen ergänzt, die sich aus den anderen Szenarios ergeben, die besondere Fälle beschreiben. Dabei können sich auch weitere Zustände ergeben und es ist zu überprüfen, ob diese auch in den bisherigen Szenarios eine vielleicht bisher übersehene Rolle spielen. Bei komplexen Szenarios ist zur Präzisierung über Sequenzdiagramme zu raten (s.u.). In den bisher betrachteten Szenarios für das Bibliothekssystem wurde bereits nach Klassenkandidaten gesucht. Nun werden die zugehörigen Sequenzdiagramme besprochen.

Die in Sequenzdiagrammen auftretenden Nachrichten, die an ein Objekt gehen, müssen daraufhin untersucht werden, ob sie einen Zustandsübergang auslösen. Auf diese Weise entsteht ein Zustandsdiagramm, das dann Szenario für Szenario vervollständigt wird. Dies ist eine weitere Strategie, um Zustandsdiagramme herzuleiten.

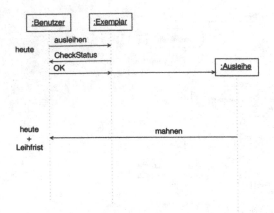

Abb. 12.8. Exemplar ausleihen

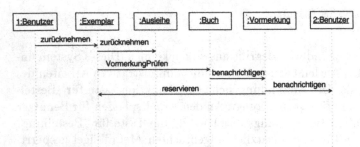

Abb. 12.9. Exemplar mit Vormerkung zurücknehmen

Es ist dabei sinnvoll, die Nachrichten von links oben nach rechts unten zu bearbeiten: Die zeitlich erste Nachricht an das erste Objekt, dann die zeitlich nächste, sei es an das nächste Objekt oder an das gleiche usw. Das Prinzip wird an folgendem Beispiel erläutert:

Beispiel 12.5.2 (Bibliothek)
Die Anwendungsfälle und die zugehörigen Szenarios aus Beispiel 11.6.5 geben u.a. Anlass zu den Sequenzdiagrammen in Abb. 12.8 und 12.9, die im Folgenden diskutiert werden.   In Abb. 12.8 bekommt ein Exemplar die Nachricht „ausleihen". Darauf erhält der Benutzer die Nachricht „CheckStatus", auf die er mit seinem Status antworten muss, und ein neues Ausleihobjekt wird angelegt. Im betrachteten Szenario wird das Exemplar nicht während der Leihfrist zurückgegeben, was nach Ablauf der Leihfrist dem Benutzer die Nachricht „mahnen" einträgt.

Abbildung 12.9 ist wie folgt zu lesen: Der Benutzer 1 bringt ein Exemplar zurück. Ob er es persönlich tut, das Exemplar per Post schickt oder es jemandem mitgibt, ist dabei unerheblich. In jedem Fall erhält das Exemplar die Nachricht „zurücknehmen", was eine Nachricht gleichen Namens an das zu-

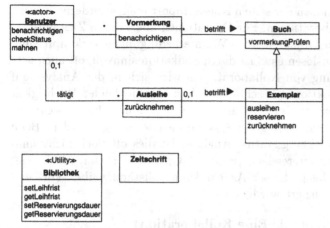

Abb. 12.10. Bibliothek: Erste Operationen

gehörige Ausleihe-Objekt nach sich zieht. Anschließend prüft das Exemplar, ob eine Vormerkung vorliegt. Dazu erhält das zugehörige Buch eine Nachricht „Vormerkung prüfen". Dies Szenario unterstellt eine Vormerkung, also erhält dies Objekt die Nachricht „benachrichtigen" und schickt eine Nachricht gleichen Namens an den Vorbesteller, Benutzer 2. Außerdem wird das zurückgenommene Exemplar reserviert.

Diese Sequenzdiagramme geben Anlass zu Operationen auf den eingeführten Klassen. Ferner sei darauf hingewiesen, dass in einem Sequenzdiagramm mehrere Objekte einer Klasse eine Rolle spielen können. Dies ist z. B. bei den Benutzern 1 und 2 in Abb. 12.9 der Fall. Die Spezifikationen dieser Operationen werden im nächsten Abschnitt besprochen. Abbildung 12.10 zeigt das Klassendiagramm mit den bisher identifizierten Operationen. Dabei stellt man gleich eine erste Inkonsistenz fest: Ein Exemplar ist ein Buch, hat also insbesondere die Operation Vormerkung prüfen. Die Nachricht könnte also an das Exemplar selber gehen. Ferner gibt dies Anlass, nochmals zu prüfen, ob ein Exemplar tatsächlich eine Spezialisierung eines Buches ist, oder ob dies besser über eine Assoziation darzustellen wäre. ◄

12.6 Kollaborationen

Aus der Analyse der statischen Struktur des Anwendungsbereiches und des dynamischen Verhaltens ergeben sich bereits wesentliche Aspekte der Verantwortung der Klassen. Die zu diesem Zeitpunkt vorliegenden Informationen erlauben aber nicht unbedingt eine endgültige Zuordnung der Operationen zu Klassen. Weitere Anhaltspunkte erhält man durch die genauere Analyse des Zusammenwirkens der Operationen. Im statischen Modell bereits hinreichend spezifizierte Operationen erfordern keine nähere Analyse und Darstellung des Zusammenwirkens mit Operationen anderer Klassen. Auch Operationen, die nur Operationen der selben Klasse importieren, erfordern oft keine Darstellung der Kollaborationen. Für Operationen aber, die in Zustandsdiagrammen mit anderen Objekten über Wächterbedingungen verknüpft sind, andere Operationen auslösen usw. ist die Spezifikation sinnvoll, oft auch notwendig. Die Darstellung von Kollaborationen wird sich in der Analyse auf wesentliche Systemfunktionen beschränken. Von entscheidender Wichtigkeit wird ihre Spezifikation erst im Entwurf und in der Konstruktion, wenn die Einzelheiten für die Realisierung der Operationen festgelegt werden. Beim augenblicklichen Entwicklungsstatus (Analyse) ist dies oft noch nicht sinnvoll, da hier vorrangig interessiert, „was" die Operationen tun, nicht „wie" sie ihre Aufgabe erledigen. Dieser Aspekt kann vollständig über Vor- und Nachbedingungen spezifiziert werden.

Beispiel 12.6.1 (Bibliothek: Eine Kollaboration)
Ein elementares Beispiel einer Kollaboration zwischen Objekten zeigt die Operation Exemplar::zurücknehmen. Diese ruft die entsprechende Operation des über „betrifft" verbundenen Ausleihe-Objekts auf. ◄

12.7 Faktorisieren

Das in Def. 4.8.1 auf S. 96 eingeführte Prinzip der Faktorisierung kann bereits in der Analyse sinnvoll eingesetzt werden. Dies betrifft die Elemente:

1. Anwendungsfälle: Über *benutzt*- und *erweitert*-Beziehungen können die Anwendungsfälle strukturiert werden. Hier geht es aber ausschließlich um Transaktionen des Systems, die „von außen" benutzt werden können. Eine Strukturierung des internen Ablaufes und dessen Spezifikation wird mit Anwendungsfällen nicht angestrebt.
2. Klassen: Klassen können auf ihren Zusammenhalt überprüft werden und die Kopplung zwischen ihnen kann überprüft und gegebenfalls reduziert werden.
3. Pakete von Klassen: Auch Pakete von Klassen können nach diesem Mechanismus weiter strukturiert werden.
4. Zustände: Zustandsdiagramme können daraufhin überprüft werden, ob die Zustände sinnvoll abgegrenzt wurden, Teilzustände identifiziert und in geschachtelten Zustandsdiagrammen besser strukturiert werden können.

Bei der Bildung von Klassen und zum Abschluss von Analyseschritten sollte man Klassen und Pakete auch unter diesem Gesichtspunkt beurteilen. Dazu gehört zunächst einmal der Zusammenhalt innerhalb der Klasse. Die Attribute einer Klasse erlauben meist keine formale Beurteilung des Zusammenhalts. Man muss sich hier auf die mehr informellen Beschreibungen aus dem Problemraum stützen. Attribute beschreiben statische Eigenschaften eines Objekts. Manche Attribute sollen den Zustand von Objekten der Klasse

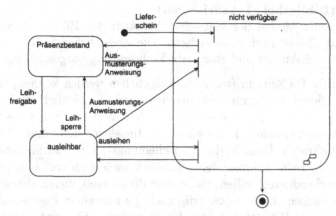

Abb. 12.11. Kapselung von Zuständen

beschreiben. Gesichtspunkte der funktionalen Abhängigkeit können zur Identifikation von Klassen wie in der *Entity-Relationship-Modell*ierung eingesetzt werden. Das Klassenmodell ist eine Erweiterung des Entity-Relationship-Modells: Klassen entsprechen Entitytypen, Assoziationen entsprechen Relationships. Funktionale Abhängigkeiten geben Anlass zu Assoziationen. Aus diesem Grund wird in der objektorientierten Analyse nicht in dem Sinne normalisiert, wie in der Entity-Relationship-Modellierung. Wiederholgruppen sind als Attribute zulässig. Die im Anwendungsbereich wichtigen funktionalen Abhängigkeiten werden von vorneherein als Assoziationen modelliert.

Bemerkung 12.7.1 (Metrik)
Sind die Klassen in einem CASE-Tool modelliert, so kann man versuchen, zur Bewertung des Modells Metriken einzusetzen. Dies ist insbesondere dann sinnvoll, wenn die Metrik automatisch errechnet werden kann. Man sollte davon aber keine Wunder erwarten, sondern dies lediglich als einen zusätzlichen Hinweis auf Überprüfungsbedarf ansehen. ◄

Beispiel 12.7.2 (Bibliothek: Faktorisieren)
Bei den einfachen Anwendungsfällen, die hier betrachten werden (vgl. Beispiel 11.6.5) erscheint eine weitere Strukturierung unnötig. Im Zustandsdiagramm aus Abb. 12.7 kann es Sinn machen, eine Reihe Zustände zusammenzufassen und in verschachtelten Zuständen darzustellen. Eine Möglichkeit hierzu zeigt Abb. 12.11. Die Zustände mehr administrativer Natur sind hier in einem Zustand „nicht verfügbar" gekapselt. ◄

Als Nächstes wird an einem Beispiel die Faktorisierung bei Modellierung der statischen Struktur des Systems illustriert.

Beispiel 12.7.3 (Bibliothek: Faktorisieren)
Das bisher entwickelte Modell der statischen Struktur der Bibliothek aus
den Abb. 12.6 und 12.5 ist noch unzureichend. Die wesentlichen Schwächen
werden im folgenden diskutiert und eine erste Verbesserung vorgeschlagen.

Buch und Zeitschrift: Da Zeitschriften nicht ausgeliehen werden können, erscheinen sie in diesem Klassendiagramm sehr isoliert. Tatsächlich ergeben
sich aus den genannten Anwendungsfällen auch keinerlei Anhaltspunkte
für weitere Zusammenhänge. Beim näheren „Hinsehen" stellt man aber
fest, dass Zeitschriften Titel, Verlag, (Erscheinungs-) Ort und Signatur
haben. Ferner wird ein Benutzer der Bibliothek auch nach vorhandenen
Zeitschriften recherchieren wollen. Es ist deshalb sinnvoll, diesen Bereich
näher zu untersuchen. Es ist notwendig nach gemeinsamen Eigenschaften der Objekte des Bibliotheksbestandes zu suchen. Dies wird erleichtert, wenn man zunächst die Klasse Buch näher analysiert. Die Attribute
„Titel", „Jahr", „Auflage" und „Signatur" erscheinen unproblematisch: Sie
sind eindeutig pro Buch und haben unabhängig von einem Buch keine Aussagekraft. „Autor" müsste aber als Menge von Personen definiert
werden. Außerdem wurde bisher nicht beachtet, dass ein Buch einen Autor oder einen Herausgeber (oder auch mehrere) haben kann. Folgende
Spezialfälle werden nun per „Management-Entscheidung" vereinfacht:
Ein Buch aus mehreren Verlagen: Ein Beispiel hierfür ist [PJS92c], das
    gemeinsam in den Verlagen Springer und Klett-Cotta erschienen ist.
    Damit verbunden sind sowohl eine größere Anzahl Orte als auch zwei
    ISBN n. Hier wird entschieden, in solchen Fällen nur den erstgenann-
    ten Verlag mitzuführen.
Mehrere ISBNn für ein Buch: Das kann nur in der vorstehend beschrie-
    benen Situation vorkommen.
Diese Entscheidung ist in Abb. 12.12 umgesetzt. Die Alternative, die alle
tatsächlich vorkommenden Möglichkeiten erfasst, zeigt Abb. 12.13. Von
einer Zeitschrift sind in der Bibliothek in der Regel alle Hefte (die genau-
en Begriffe werden im Folgenden geklärt) ab einer bestimmten Nummer
vorhanden. Man erkennt hier eine Struktur, wie sie in Abb. 12.12 dargestellt ist.
Band: Hefte von Zeitschriften werden zunächst lose ausgelegt. Immer ein
    Jahrgang wird zu einem Band (englisch: volume) zusammengefasst
    und gebunden.
Nummer: Eine Heft einer Zeitschrift, z. B. Nr. 1, 1997 einer Zeitschrift.
Oberklasse: Damit ergibt sich eine Oberklasse mit dem Arbeitstitel „Medi-
    um", von der Buch und Zeitschrift spezialisiert werden. „Zeitschrift" setzt
    sich dabei aus „Bänden" zusammen, die wiederum aus „Nummern" beste-
    hen. Ob ein Medium ausgeliehen werden kann oder nicht, wird über eine
    Zustandsvariable Status festgehalten.

Weitere Verbesserungen sind sicher möglich. ◄

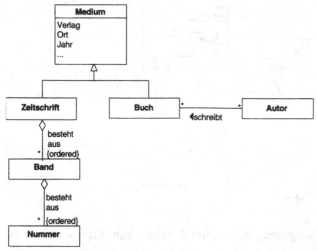

Abb. 12.12. Zeitschriften - Struktur

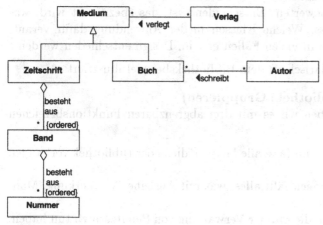

Abb. 12.13. Bestand: Variante

12.8 Strukturieren

Gegen Ende der Analyse, aber auch nach Bearbeitung wichtiger Systemteile, muss die Struktur des Modells verifiziert und überarbeitet werden. Dazu gehören

1. Pakete: Gruppieren der Klassen und Beziehungen zu geeigneten Paketen von Klassen. Dabei stehen logische Gesichtspunkte - unter Beachtung von Kopplung und Zusammenhalt - im Vordergrund.
2. Generalisierung/Spezialisierung: Überprüfung der Generalisierungs- und Spezialisierungsbeziehungen. Dabei sind eventuell aus gemeinsamen Eigenschaften Oberklassen zu bilden oder aus sehr allgemeinen sind Klas-

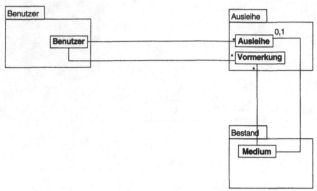

Abb. 12.14. Bibliothek: Pakete

sen speziellere mit ausgeprägteren, charakteristischen Eigenschaften zu bilden.

3. Operationen: Die Zuordnung von Operationen zu Klassen ist in der Analyse nicht überzubewerten: Entscheidend ist, das spezifiziert wird, was getan werden muss. Welche Klassen in der Anwendung dafür verantwortlich sind, kann in vielen Fällen erst im Design entschieden werden.

Dies wird jetzt exemplarisch an dem Bibliotheksbeispiel illustriert.

Beispiel 12.8.1 (Bibliothek: Gruppieren)
Bei der Bibliothek haben wir es mit drei abgrenzbaren Funktionsbereichen zu tun:

Bestand: Dieser Bereich umfasst alle Medien, die in der Bibliothek vorhanden sind.

Ausleihe: In diesen Bereich fällt alles, was mit Ausleihe, Vormerkung, Mahnen etc. zu tun hat.

Benutzer: Alle Klassen, die mit der Verwaltung von Benutzern zu tun haben.

Das Diagramm nimmt mit dieser Strukturierung folgende Form an: Abbildung 12.14 zeigt die gebildeten Pakete mit den Klassen und Assoziationen, die Paket-übergreifend sind. Jedes einzelne Paket kann nun weiter und im Wesentlichen unabhängig von den anderen genauer untersucht werden. Dies ist insbesondere für das Paket „Bestand" noch notwendig. ◄

Beispiel 12.8.2 (Bibliothek: GenSpec-Struktur überarbeiten)
Wie bereits angemerkt, ist die Struktur des Bestandes noch überarbeitungsbedürftig. Eine der Verbesserungsmöglichkeiten zeigt Abb. 12.18 auf 284. ◄

12.9 Bewährte Muster in der Analyse

Erfahrene System-Entwickler zeichnen sich vor allem dadurch aus, dass sie für eine große Zahl typischer Probleme bewährte Lösungen kennen und früh-

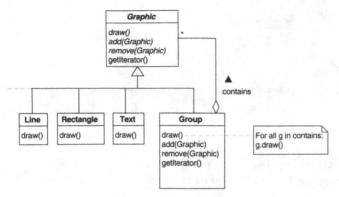

Abb. 12.15. Composite pattern bei Zeichenobjekten

zeitig beurteilen können, welche in einem bestimmten Kontext zum Einsatz kommen kann. Außerdem kennen sie explizit oder aus Erfahrung die Grenzen von Lösungsansätzen. Beginnend in diesem Kapitel wird eine Reihe bewährter Lösungen für häufig vorkommende Probleme vorgestellt. Die Darstellung dieser Entwurfsmuster oder „design pattern" folgt soweit wie möglich der in [GHJV94], insbesondere wird das dort eingeführte Schema benutzt. Die Reihenfolge orientiert sich daran, zu welchem Zeitpunkt diese meines Erachtens sinnvoll eingesetzt werden können. Auch das in Abschn. 12.4 eingeführte Leitbild von Material und Werkzeug könnte man in dieses Schema zwängen, angesichts seiner Funktion im Kommunikationsprozess erscheint dies aber wenig sinnvoll.

12.9.1 Composite pattern

Ziel

Das Ziel des Composite pattern ist die Anordnung von Klassen in einer Baumstruktur zur Darstellung von Stücklistenstrukturen, die eine einheitliche Behandlung von einzelnen und von zusammengesetzten Objekten ermöglicht.

Motivation

In Anwendungen wie Zeichenprogrammen, CAD-Programmen etc. hat man es oft mit einer Hierarchie von Objekten zu tun, die es dem Benutzer ermöglichen, aus einfachen Objekten zunehmend komplexere zu konstruieren. Ein Klassendiagramm, das diese Situation beschreibt, zeigt Abb. 12.15. Viele Aktivitäten, die der Benutzer mit diesen Objekten ausführt wie Verschieben, Färben, Dehnen und Strecken sind für viele dieser Objekte gleichartig. Wenn die Anwendung zwischen den verschiedenen Klassen von Objekten unterscheiden muss, wird sie unnötig kompliziert. Das Composite pattern ermöglicht in dieser Situation eine rekursive Zusammensetzungsstruktur, so dass die benutzenden Klassen die Unterscheidung nicht zu machen brauchen.

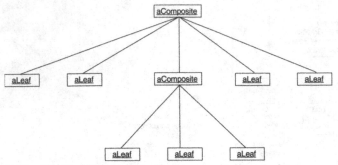

Abb. 12.16. Eine typische Zusammensetzungsstruktur

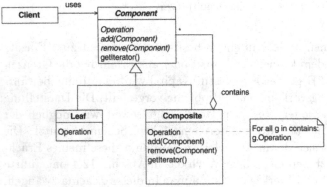

Abb. 12.17. Das Composite pattern

Struktur

Eine typische Situation, auf die das Composite pattern anwendbar ist, zeigt das Objektdiagramm in Abb. 12.16. Die allgemeine Struktur des Composite patterns zeigt Abb. 12.17. Die kursiv gesetzten Klassen und Operationen sind abstrakt. Die Operation ist nicht näher spezifiziert und steht stellvertretend für sinnvolle Operationen in dieser Struktur. Für Einzelheiten zum Iterator pattern sei auf das Kapitel 13 über Design verwiesen. Die Entscheidung darüber, wie Container implementiert und durchlaufen werden sollen, gehört in das Design.

Komponenten

Beteiligt beim Composite pattern sind die folgenden Klassen:

1. Component: Die Aufgaben dieser Klasse sind:
   - Sie stellt die Schnittstelle dar, über die alle Objekte der Struktur angesprochen werden können.
   - Wo dies sinnvoll ist, implementiert sie das Standardverhalten, das allen Klassen gemeinsam ist.

- Sie stellt eine Schnittstelle für den Zugriff auf Teile und für deren Manipulation zur Verfügung.
- Sie stellt bei Bedarf eine Schnittstelle für den Zugriff auf die „Eltern" eines Components zur Verfügung und implementiert diese gegebenenfalls.

2. Leaf: Für die Leaf-Klassen gilt:
- Sie repräsentieren die elementaren Objekte in der Struktur. Leaf-Objekte haben keine Bestandteile.
- Sie definieren das Verhalten der elementaren Objekte.

3. Composite: Die Composite Klasse ist folgendermaßen charakterisiert:
- Sie definiert das Verhalten von Components, die Bestandteile haben.
- Sie speichert die Bestandteile.
- Sie implementiert die auf Bestandteile bezogenen Operationen der Component Schnittstelle.

4. Client: Client Objekte benutzen die Objekte der Zusammensetzungsstruktur über die Component Schnittstelle.

Einsatzmöglichkeiten

Das Composite pattern kann und sollte immer dann zum Einsatz kommen, wenn folgende Bedingungen erfüllt sind:

- Ganzes/Teil Strukturen (Stücklistenbeziehungen) sind zu modellieren.
- Benutzer der Strukturen müssen in der Lage sein, die Unterschiede zwischen Ganzem und Teil zu ignorieren.

Da das Composite pattern in der Regel die Strukturen im Klassendiagramm vereinfacht, sollte dieses Entwurfsmuster möglichst frühzeitig, d. h. bereits in der Analyse zum Einsatz kommen, wenn diese Bedingungen gegeben sind..

Konsequenzen

Der Einsatz des Composite pattern hat im Wesentlichen drei positive Konsequenzen und eine potenziell negative:

+ Es entkoppelt die benutzenden Klassen von den Einzelheiten der Struktur: Diese kann beliebig tief rekursiv geschachtelt sein. Benutzende Klassen sind unabhängig davon, ob sie ein elementares oder ein zusammengesetztes Objekt bearbeiten.
+ Der Zusammenhalt der nutzenden Klassen wird erhöht. Diese werden einfacher, da sie nicht zwischen elementaren und zusammengesetzten Objekten unterscheiden müssen. Dies ist komplementär zum vorstehenden Punkt.
+ Die Wartbarkeit wird verbessert, da neue Klassen von Komponenten leicht hinzugefügt werden können ohne die nutzenden Klassen ändern zu müssen.
− Das Modell kann zu allgemein werden. Ohne zusätzliche Maßnahmen ist es nicht möglich, die möglichen Bestandteile eines Composites einzuschränken.

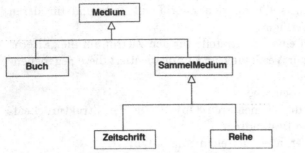

Abb. 12.18. Bibliotheksbestand mit Composite pattern

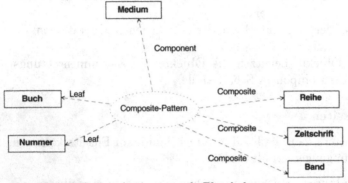

Abb. 12.19. Composite pattern als Platzhalter

Beispiel 12.9.1 (Composite pattern im Bibliotheksbeispiel)
Durch Einsatz des Composite patterns lässt sich das Modell des Bibliotheks-
bestands weiter verbessern. Abbildung 12.18 zeigt die überarbeitete Klassenstruktur komplett, Abb. 12.19 zeigt die Rollen der Klassen im Composite
pattern. ◄

12.9.2 Singleton pattern

Ziel

Ziel des Singleton pattern ist es, sicherzustellen, dass eine Klasse höchstens
ein Objekt hat, und eine globale Schnittstelle für den Zugriff auf dieses Objekt
bereitzustellen.

Motivation

In manchen Fällen muss sichergestellt werden, dass eine Klasse genau ein Objekt hat. In einem System gibt es viele Drucker, aber nur einen *SPOOL*. Eine
Anwendung arbeitet mit einer Datenbank oder einem Dateisystem, aber nicht
gleichzeitig mit mehreren usw. Eine globale Variable stellt den Zugriff sicher,

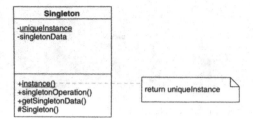

Abb. 12.20. Das Singleton pattern

führt aber zu globaler Kopplung und stellt die Eindeutigkeit nicht sicher. Eine bessere Lösung ist es, die Verantwortung einer Klasse zu übertragen. Dies geschieht im Singleton pattern.

Struktur

Abbildung 12.20 zeigt die einfache Struktur eines Singletons.

Komponenten

Das Singleton pattern hat nur eine einfache Komponente:

Singleton: Diese Klasse leistet Folgendes:
- Sie definiert eine Operation instance(), die Nutzern den Zugriff auf das einzige Objekt ermöglicht.
- Sie hat die Verantwortung für die Erzeugung und Zerstörung des einzigen Objekt.

Bemerkung 12.9.2
Bei Einsatz von C++ bietet das Singleton pattern ein Beispiel für die sinnvolle Verwendung eines protected constructors. ◀

Einsatzmöglichkeiten

Das Singleton pattern kann immer dann eingesetzt werden, wenn Folgendes erreicht werden soll:

- Es wird genau ein Objekt einer Klasse benötigt.
- Für alle Benutzer soll eine wohldefinierte Schnittstelle zur Verfügung gestellt werden.
- Das einzige Objekt soll durch Spezialisierung erweiterungsfähig sein. Dies soll für die Benutzer transparent sein.

Konsequenzen

Der Einsatz des Singleton pattern bringt nur Vorteile:

Abb. 12.21. Platzhaltersymbol für Entwurfsmuster

+ Die Singleton-Klasse kapselt den Zugriff auf das Objekt, so dass der Zugriff nur kontrolliert erfolgt.
+ Der globale Namensraum (namespace) wird nicht unnötig durch globale Variablen „verschmutzt".
+ Da Singletons leicht spezialisiert werden können, kann man nutzende Anwendungen leicht, bei Bedarf auch zur Laufzeit, an veränderte Anforderungen angepassen.
+ Bei Bedarf kann das Singleton pattern leicht erweitert werden, um eine endliche Anzahl von Objekten zur Verfügung zu stellen und die Anzahl dieser Objekte, die eine Anwendung nutzen kann, zu steuern.
+ Das Singleton pattern ist flexibler als z. B. der Einsatz von Klassenoperationen.

In Kap. 6 wurde in Def. 6.8.2 auf S. 155 der Stereotyp «utility» (Versorger) für eine Klasse eingeführt, die globale Funktionen und Attribute zusammenfasst. Ein *utility* ist ein *data hiding module* oder *information cluster* im Sinne von Def. 4.8.6 und kann oft am besten gemäß dem Singleton pattern implementiert werden.

Beispiel 12.9.3 (Singleton in Bibliotheksbeispiel)
Die Klasse Bibliothek aus Abb. 12.6 wird nach dem gegenwärtigen Kenntnisstand am besten nach dem Singleton pattern modelliert. Will man hier nicht alle Details darstellen, die zum Teil implementierungsspezifisch sind, so kann man das Symbol für einen Platzhalter für ein Entwurfsmuster verwenden, wie es in Abb. 12.21 geschehen ist. ◀

12.9.3 Strategy pattern

Ziel

Das Ziel des Strategy pattern ist Kapselung einer Reihe von Algorithmen, so dass diese ausgetauscht werden können. Das Strategy pattern ermöglicht den Einsatz verschiedener Algorithmen unabhängig von den nutzenden Klassen.

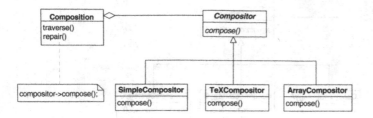

Abb. 12.22. Strategien - Zeilenumbruch

Motivation

Es gibt viele Algorithmen, um einen Text in Zeilen umzubrechen. Aus verschiedenen Gründen wird man nicht allen Klassen, die dies benötigen, die Verantwortung dafür übertragen:

- Nutzende Klassen, die einen Zeilenumbruch benötigen, werden komplexer, wenn sie auch noch diese Funktionalität enthalten. Sie werden dadurch größer und schwerer zu warten. Ihr Zusammenhalt wird geschwächt.
- Je nach Aufgabenstellung werden verschiedene Algorithmen benötigt. Man wird mehrere Algorithmen zum Zeilenumbruch nicht pflegen wollen, wenn nicht alle benutzt werden.
- Es ist schwierig, neue Algorithmen hinzuzufügen oder bestehende zu verändern, wenn diese in der Verantwortung der nutzenden Klassen liegen.
- Liegt diese Verantwortung bei den nutzenden Klassen, so ist die Konsistenz nach außen nicht gewährleistet.

Diese Probleme vermeidet man, wenn man die verschiedenen Algorithmen in Klassen mit einer gemeinsamen Schnittstelle kapselt, wie in Abb. 12.22 gezeigt wird. Die Klasse Composition ist für die Zeilenumbrüche von Text verantwortlich, der in einer Anwendung angezeigt wird. Statt dies in der Klasse Compositor zu implementieren, geschieht dies in Unterklassen der abstrakten Klasse Compositor, die verschiedene Verfahren zum Zeilenumbruch realisieren:

1. SimpleCompositor implementiert eine einfache Strategie, die Text Zeile für Zeile umbricht, sobald das Ende einer Zeile erreicht ist.
2. TeXCompositor implementiert den TeX-Algorithmus für den Zeilenumbruch (vgl. z. B. [Knu86]). Dabei werden die Zeilenumbrüche über einen ganzen Absatz optimiert. (Es ist immer wieder erstaunlich, wieviel besser mit LaTeX gesetzte Texte aussehen als die in verbreiteten Textverarbeitungsprogrammen.)
3. ArrayCompositor bricht die Zeilen so um, dass jede die gleiche Anzahl Einträge hat.

Ein Composition Objekt enthält eine Referenz auf ein Compositor Objekt. Benutzende Klassen bestimmen, welcher Compositor benutzt werden soll.

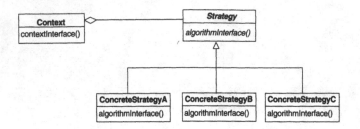

Abb. 12.23. Strategy pattern

Struktur

Die allgemeine Struktur des Strategy patterns zeigt Abb. 12.23.

Komponenten

Beim Strategy pattern sind die folgenden Komponenten beteiligt:

1. Strategy: Diese Klasse ist das Kernstück dieses Musters:
   - Sie definiert eine gemeinsame Schnittstelle für alle benutzten Concrete-Strategies. Die Context Klassen benutzen diese Schnittstelle zum Aufruf der Operationen der ConcreteStrategiess.
2. ConcreteStrategy: Diese Komponente erledigt die eigentliche Arbeit: Sie implementiert einen Algorithmus unter Verwendung der Strategy-Schnittstelle.
3. Context: Hiermit wird die Verbindung zu den Nutzern hergestellt:
   - Ein Context wird mit einem ConcreteStrategy Objekt konfiguriert.
   - Er enthält eine Referenz auf ein Strategy Objekt.
   - Er kann eine Schnittstelle definieren, die Strategy den Zugriff auf ihre Daten ermöglicht.

Einsatzmöglichkeiten

Das Strategy pattern sollte eingesetzt werden, wenn folgende Bedingungen vorliegen:

- Viele verwandte Klassen unterscheiden sich ausschließlich durch ihr Verhalten, nicht aber durch ihre Schnittstelle für Nutzer. Das Strategy pattern ermöglicht es, eine Klasse mit vielen Verhaltensweisen zu konfigurieren, statt hierfür viele Klassen definieren zu müssen.
- Es werden verschiedene Varianten eines Algorithmus benötigt.
- Ein Algorithmus verwendet Datenstrukturen, die Nutzern nicht offengelegt werden sollen.
- Eine Klasse definiert viele verschiedene Verhaltensweisen, die in ihren Operationen über Bedingungen gesteuert werden. Die Delegation der verschie-

denen Zweige in ihre jeweils eigene ConcreteStrategy Klasse beseitigt diese Bedingungen.

Konsequenzen

Der Einsatz des Strategy patterns hat Vor- und Nachteile:

+ Eine Hierarchie von Strategien definiert eine Familie verwandter Algorithmen oder Verhaltensweisen, die von verschiedenen Kontexten verwandt werden können. Gemeinsame Funktionalität kann durch Faktorisieren isoliert werden.
+ Das Strategy pattern bildet eine Alternative zur Spezialisierung der Kontext-Klassen. Diese Alternative bindet das Verhalten in die nutzenden Klassen.
+ Das Strategy pattern stellt eine Alternative zu Bedingungen (if oder switch) zur Auswahl des gewünschten Verhaltens dar.
+ Es kann zwischen verschiedenen Implementierungen gewählt werden. Die Nutzer können diese Wahl auf Grund ihrer Anforderungen treffen.
− Nutzer müssen die verschiedenen Strategien kennen, um sie sachgerecht einsetzen zu können.
− Die Strategy Schnittstelle ist allen ConcreteStrategies gemeinsam, unabhängig davon, ob die ganze Schnittstelle von der jeweiligen Strategy genutzt wird. Dies kann zu unnötigem Kommunikationsaufwand führen. Insbesondere kann so gegen das Prinzip der minimalen Schnittstellen verstoßen werden.
− Zur Realisierung einer Aufgabe ist eine größere Zahl von Objekten notwendig.

Beispiel 12.9.4 (Suchstrategien in der Bibliothek)
Das Strategy pattern kann eingesetzt werden, um Suchvorgänge im Bibliotheksbestand zu unterstützen. Der Benutzer wird im Bibliotheksbestand nach unterschiedlichen Kriterien suchen wollen. Diese können auf (mindestens) zwei Arten nach Strategien gegliedert werden:

1. Benutzerspezifisch: Einfache, erweiterte, Komfort-Suche.
2. Suchspezifisch: Nach Autor, Titel, Schlagwort.

Dazu kann man eine Klasse „Browser" definieren, die dem Kontext aus dem Strategy pattern entspricht, und eine Klasse Suchstrategie. Abbildung 12.24 zeigt die davon abgeleiteten Strategien, die über überlagertes Composite pattern kombiniert werden können. ◄

Welche Entwurfsmuster in der Analyse sinnvoll eingesetzt werden können, ist nicht abschließend diskutiert. Ich halte es aber für notwendig, bereits in dieser Phase zu einem höheren Maß als bisher von dieser Form der Wiederverwendung Gebrauch zu machen. Eine Reihe von Entwurfsmustern, die hierfür geeignet sein sollen, findet man in [FSM97]. Dort wird die Notation

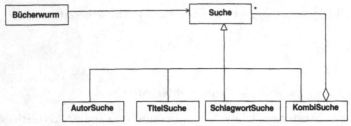

Abb. 12.24. Kombination von Strategy und Composite

von Martin Odell verwandt, die nach meinem Eindruck weniger verbreitet ist als OMT oder UML. Aktuelle Diskussionen findet man in den Berichten der Konferenzen „Pattern Languages of Program Design", von der bisher drei Bände erschienen sind: [CS95], [VCK96],[MRB98].

12.10 Qualitätssicherung des Analysemodells

12.10.1 Syntax-Regeln

Elementare Prüfungen beziehen sich auf die Vollständigkeit des Modells, zunächst der einzelnen Komponenten:

1. Gibt es Klassen ohne Attribute?
2. Gibt es Klassen ohne Operationen?
3. Gibt es Klassen, die mit keiner anderen in Beziehung stehen (Assoziation, Aggregation, Generalisierung oder Spezialisierung)?
4. Gibt es Klassen mit gemeinsamen Attributen? Können diese in einer Oberklasse zusammengefasst werden?
5. Gibt es Klassen mit gleichen Operationen? Sind diese Operationen gleich, oder benutzen sie sich gegenseitig, wie z.B. im Composite pattern (vgl. Abschnitt 12.9.1)? In beiden Fällen ist eine Überprüfung notwendig: Im einen Fall, ob die Operationen in eine Oberklasse gehören, im anderen ob eine solche Struktur bewusst entworfen wurde oder noch verbessert werden kann.
6. Ist für alle Attribute die Sichtbarkeit festgelegt? Wenn nicht: Existiert ein sinnvoller Standardwert (default), z.B. privat?
7. Ist jeder Zustand erreichbar?
8. Wird jeder Zustand wieder verlassen?
9. Gibt es aus jedem Zustand höchstens einen unbeschrifteten Zustandsübergang?
10. Gibt es Operationen, zu denen es keine Spezifikation gibt?

Eine Reihe von syntaktischen Prüfungen kann man unter dem Schlagwort „Kirchhoffsche Gesetze" zusammenfassen[2]:

---

[2] Die Bezeichnung leitet sich aus dem 1. Kirchhoffschen Gesetz ab, das besagt, dass die einzelnen Stromstärken sich bei Parallelschaltung addieren.

1. Jedes Attribut einer Klasse wird von einer Operation angelegt (bzw. verändert) und von einer Operation gelesen. Aufgrund der eventuell noch fehlenden RUDI-Operationen kann es vorkommen, dass diese Regel in frühen Analysemodellen verletzt ist.
2. Jede Operation benutzt alle übergebenen Parameter.
3. Jede Assoziation wird von einer Operation benutzt.
4. Jede Operation erhält die benutzten Werte über Parameter oder als Attribute des Objekts.

Weitere syntaktische Prüfungen betreffen mehrere Modellkomponenten gemeinsam:

1. Kommen alle Aktionen und Aktivitäten in Zustandsdiagrammen als Operationen in einem Klassendiagramm vor?
2. Sind alle Attribute, die in Bedingungen eines Zustandsdiagramms vorkommen, Attribute der Klasse?
3. Existieren alle Operationen, die in Sequenzdiagrammen vorkommen, in der jeweiligen Zielklasse?
4. Existiert zu jeder Nachricht, die in einem Zustand eingeht, eine Operation der Klasse, die sie verarbeitet?
5. Existiert zu jeder Aktivität, die als Reaktion in einem Zustandsdiagramm auftritt, eine Operation in der Klasse, die sie ausführt?
6. Existiert zu jedem Anwendungsfall mindestens ein Szenario?
7. Lassen sich alle Szenarios aus den Zustandsdiagrammen ableiten?
8. Existieren alle Operationen in Kollaborationsdiagrammen auch im Klassendiagramm und in den zugehörigen Zustandsdiagrammen?

12.10.2 Semantische Regeln

Für die meisten Modellelemente gibt es sinnvolle Empfehlungen zur Namensgebung. Für gewisse Einschränkungen sei auf Bem. 12.10.1 verwiesen.

1. Anwendungsfälle: Oft Kann man aus dem Namen der zentralen Klasse oder des initiierenden Akteurs und einem Verb einen guter Name für einen Anwendungsfall bilden.
2. Szenarios: Oft ist es möglich, aus dem Namen der zentralen Klasse oder des initiierenden Akteurs, einem Verb und einem qualifizierendes Adjektiv einen guten Name für ein Szenario zu bilden.
3. Akteure: Ein Substantiv im Singular mit Bedeutung im Anwendungsbereich.
4. Klassen: Ein Substantiv im Singular mit Bedeutung im Anwendungsbereich.
5. Assoziationen: Je nach Art der Assoziation bieten sich hierfür an:
   - Verb im Präsenz, 3. Person Singular: erteilt, hat, besitzt, benutzt, liefert ...
   - Substantiv im Singular, insbesondere bei Assoziationsklassen.

Man vermeide Namen, die den Prozess der Herstellung einer Assoziation bezeichnen. Eine Assoziation ist das konservierte Ergebnis eines solchen Prozesses. Der dynamische Aspekt wird in Zustands- und Sequenzdiagrammen modelliert. Meistens (d. h. außer in Echtzeit-Anwendungen) interessiert nur, dass es eine zeitliche Reihefolge gibt, nicht die genaue Dauer.

6. Aggregationen: Ähnlich wie bei Assoziation:
   - Verb im Präsens, 3. Person Singular: enthält, besteht aus, ...
   - Substantiv: Bauteil, Komponente, Bestandteil, wenn diese Namen noch nicht durch Klassen belegt sind.
   - Die Rolle des „Ganzen" ist bereits durch die Raute gekennzeichnet. Deshalb ist oft die Angabe von Rollen bei den „Teilen" hinreichend.

7. Attribute: Ein Substantiv im Singular mit Bedeutung im Anwendungsbereich.

8. Operationen: Ein Verb oder eine Substantiv-Verb Zusammensetzung.

9. Qualifier: Meist ein Attributname.

10. Zustände: Zwei sinnvolle Strategien bieten sich hier an: Da der Name der Klasse durch das Zustandsdiagramm bekannt ist, kann der Zustand oft durch ein charakterisierendes Adjektiv gut charakterisiert werden. Bei abstrakten Zuständen kann dies auch durch eine Bedingung an die Zustandsvariable ersetzt werden. Manchmal ist der Name der Klasse, versehen mit einem qualifizierenden Adjektiv, suggestiver. In jedem Fall ist dringend dazu zu raten, sich mindestens in einem Zustandsdiagramm, möglichst im ganzen Projekt (zumindest pro Teilsystem) für eine einheitliche Strategie zu entscheiden.

11. Ereignisse: Oft ein kurzer, syntaktisch korrekter Satz in der Form Subjekt Prädikat Objekt, wie z. B. „Kunde erteilt Auftrag". Eine solche Benennung ist oft günstiger als die auch anzutreffende einer substantivierten Form wie „Auftragseingang". Zum einen ist dort der Akteur nicht zu erkennen. Außerdem hängt die Formulierung stark von der Sichtweise ab. Was für das System der „Auftragseingang" ist, ist für den Kunden die „Auftragserteilung", die man im Projekt vielleicht auch findet, aber dann als das Ereignis „Lieferant erhält Auftrag".

12. Pakete: Ein Substantiv, das das Paket möglichst gut beschreibt, z. B. Kundenstammdatenverwaltung, Auftragsabwicklung.

13. Parameter: Meist auch der Name eines Attributes. Durch Schwierigkeiten, bei der Spezifikation von Operationen oder Bedingungen zwischen Parametern einer Nachricht (Operation) und Attributen eines Objekts zu unterscheiden, mag man versucht sein, hier andere Namen zu wählen. Strategien dazu könnte eine Art ungarische Notation sein, wie man sie oft in C Programmen findet: etwa einen Präfix ein (oder englisch a, an) oder ein p für Parameter. Ich rate dazu, dieses erst zu tun, wenn die Namenskonventionen zweifelsfrei feststehen.

14. Rollen: Rollennamen in binären Assoziationen können als abgeleitete Attribute der Klasse am gegenüberliegenden Ende der Assoziation interpretiert werden, von daher sind Substantive als Namen am naheliegendsten; andere Benennungen sind aber möglich:
   - Substantiv im Singular: Mitarbeiter - Chef.
   - Verb in 3. Person Präsenz: arbeitet - leitet.

Bemerkung 12.10.1 (Zur Benennung von Modellelementen)
Die Faustregel zur Benennung von Modellelementen in der Analyse ist die Verständlichkeit für den Anwender. Dabei gibt es aber verschiedene Zielkonflikte, die in jedem Projekt aufgelöst werden müssen:

1. Sprache: In multinationalen Projekten muss man sich auf eine Sprache verständigen. Ergänzt werden sollte dies bei Bedarf durch Alias-Namen in den nationalen Sprachen.
2. Zeitliche Konsistenz: Bei Namen mit nationalen Sonderzeichen, wie es sie z. B. im Dänischen, Deutschen, Französischen oder Spanischen gibt, kann ein Bruch in der Entwicklung dadurch entstehen, dass mit zunehmender Nähe zur Implementierung die Namen an die Möglichkeiten der Entwicklungsumgebung angepasst werden müssen. Entsprechende Werkzeugunterstützung vorausgesetzt können auch hier Alias-Namen helfen.
3. Schreibweisen: Aus Smalltalk kommend hat sich in vielen Programmiersprachen folgendes System durchgesetzt: Namen werden so gebildet, dass bei zusammengesetzten Namen an Wortgrenzen Großbuchstaben verwendet werden, wie z. B. in lieferAnschrift. Derartige Namen für Attribute können von Anwendern oft nicht nachvollzogen werden oder geben Anlass zu unnötigen Diskussionen über Formalien. Über die Verwendung solcher Konventionen in der Analyse muss daher im konkreten Projekt entschieden werden.

◄

12.10.3 Kopplung und Zusammenhalt

Der Standardmechanismus zur Verbesserung des Zusammenhalts und der Verringerung der Kopplung in einem Modell ist die Faktorisierung (s. Def. 4.8.1). Dieser Abschnitt komplementiert also die Bemerkungen zum Faktorisieren. Es gibt eine Reihe von Metriken, mit denen versucht wird, diese Kriterien zu systematisieren oder zu objektivieren. Diese kommen sinnvoll erst im System- oder Objekt-Design zum Einsatz.

Stellt man z. B. fest, dass die Attribute und Operationen einer Klasse in je zwei *disjunkte* Mengen zerfallen, von denen die Operationen einer Menge nur auf jeweils eine Teilmenge der Attribute zugreifen, so muss man prüfen, ob es sich um eine Klasse oder ob es sich nicht in Wirklichkeit um zwei Klassen handelt.

12.10.4 Zugriffspfadanalyse

Basis der Zugriffspfadanalyse sind die Anwendungsfälle und Szenarios. Es geht in der Zugriffspfadanalyse darum, Folgendes festzustellen:

1. Werden alle Szenarios, in denen Beziehungen benötigt werden, auch durch das Analysemodell unterstützt?
2. Kann (aller Voraussicht nach) die Anzahl Nutzungen in einer akzeptablen Zeit abgewickelt werden?
3. Gibt es Assoziationen, bei denen die Richtung der Benutzung explizit gemacht werden muss?

Der erste Punkt ist direkt aus den Szenarios am Klassenmodell zu verifizieren. Für den zweiten Punkt ist ein Mengengerüst zwingend erforderlich. Dies sollte zu diesem Zeitpunkt aber zumindest grob ermittelt werden können. Wesentlich ist es vor allem die Anzahl Zugriffe auf Klassen und der Nutzung von Assoziationen zu ermitteln. Es geht nicht darum, die Zugriffszeiten zu ermitteln. Nichts desto trotz wird der erfahrene System-Entwickler hier zumindest erste Warnsignale erkennen können, die dann im System-Design berücksichtigt werden können.

Bemerkung 12.10.2
Manchmal stellt sich erst sehr spät heraus, dass die Performance einer Anwendung nicht den Anforderungen entspricht. Oft liegt so etwas daran, dass die Anzahl Zugriffe auf Objekte so hoch ist, dass die notwendigen Transaktionen nicht abgewickelt werden können. Ich behaupte, dass man viele solcher Situationen mit elementaren Mitteln und minimalem Aufwand bereits zu diesem Zeitpunkt in der Analyse erkennen bzw. voraussehen kann. Es reicht hier eine Genauigkeit von einer Zehnerpotenz in aller Regel aus, d. h. ob man es mit 10.000 oder 100.000 Zugriffen etc. zu tun hat. ◀

Beispiel 12.10.3
In einem großen Adressbestand wird man z. B. folgende Klassen finden:

Stadt: Die Klasse aller Städte, die im Städteverzeichnis der Post AG enthalten sind, ca. 14.000.
Straße: Die Klasse aller Straßen aus den Straßenverzeichnis der Post AG, ca. 120.000.
Partner: Die Klasse der Geschäftspartner, die natürliche oder juristische Personen sein können, ca. 500.000. Auf die Verfeinerung über Spezialisierung wird hier zur Vereinfachung verzichtet.
Anschrift: Klasse der Anschriften, ca. 600.000, da einige Partner mehrere, z. B. Lieferanschrift und Rechnungsanschrift haben.

Diese Klassen mit einigen wichtigen Attributen und den Assoziationen zeigt Abb. 12.25. In der betrachteten Anwendung ist es eine häufige Situation, Schriftstücke einem Partner zuordnen zu müssen, bei denen der Partner oder

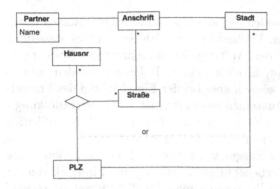

Abb. 12.25. Ein Anschriftenmodell

die Anschrift nur unvollständig bekannt sind. Dies kann zu einer großen Anzahl von Nutzungen der Beziehungen führen. Ist etwa nur der Name und die Stadt bekannt, und der Name ein häufiger, wie Müller, Maier oder Schmidt, vielleicht noch handschriftlich, so dass nicht völlig klar ist, ob es sich um Maier, Meyer etc. handelt, so sind zwei Suchwege denkbar: Aus den ca. 120.000 Städten die Stadt nach Name identifizieren (ein bis ca. 20 logische Zugriffe). Sodann die Assoziation von Stadt zu Anschrift verfolgen, um alle Anschriften zu finden. Hier kann es keinen bis zu ca. 10.000en von Treffern und entsprechend viele logische Zugriffe geben. Dazu dann alle Anschriften finden und den Namen prüfen, was nochmals zu logischen Zugriffen in der gleichen Größenordnung führt. Dieser Weg kann schlimmstenfalls also zu einer Anzahl logischer Zugriffe in der Größenordnung einiger 10.000 führen. Der andere denkbare Weg des Einstiegs über die Namen kann zu ähnlich vielen Zugriffen führen. Hier ist sofort klar, dass im Design weitere Maßnahmen ergriffen werden müssen, wenn dies eine wichtige Funktion des Systems ist. ◄

Bemerkung 12.10.4 (Heuristiken)
Es gibt eine Fülle von heuristischen Prinzipien, deren Beachtung in der Analyse sinnvoll ist. Oft handelt es sich um eine „Übersetzung" guter Erfahrungen aus der langjährigen Geschichte der Anwendungsentwicklung in die Terminologie der Objektorientierung. Sie repräsentieren „gesunden EDV-Menschenverstand", der bei der Euphorie über neue Methoden und Technologien gerne vergessen wird. ◄

12.10.5 Projektstatus

Nach meiner Erfahrung fällt es in vielen Projekten schwer, die richtige Balance zwischen zu detaillierter und zu oberflächlicher Analyse zu finden. Wird überanalysiert, so kommt das Projekt weder subjektiv noch objektiv voran. Im Ergebnis wird dann oft unter großem Zeitdruck an die Realisierung von Teilsystemen gegangen. Wird ohne hinreichende Analyse der Anforderungen und des Anwendungsbereiches bereits mit dem Design oder gar der

Implementierung von Systemteilen begonnen, so können hohe Kosten durch spätere Korrekturen entstehen. Vielleicht noch gefährlicher ist es, dass dann ein zwar lauffähiges, aber für den Auftraggeber unbrauchbares System entwickelt wird. Ein Patentrezept, hier die richtige Balance zu finden, gibt es nicht. Die folgenden Hinweise können aber bei der Einschätzung des Projektzustandes helfen. Auf viele Situationen anwendbar ist die Fehlerentdeckungsrate (defect detection rate). Ein Fehler sei hier definiert als jede Spezifikation eines Modellelements, die als änderungsbedürftig erkannt wird. Gleichmäßig intensive Arbeit am Projekt vorausgesetzt, geben die Fehlerentdeckungsrate und die analog definierte Fehlerbehebungsrate einen guten Eindruck von der Stabilisierung des Analysemodells. Wendet man die 80:20 Regel an, so wird man die Analyse als hinreichend abgeschlossen ansehen, wenn die Fehlerentdeckungsrate für ca. 80% der wesentlichen Anwendungsfälle (und mit ihnen verbundene Modellelemente) niedrig ist. Dieses Maß gibt einen Eindruck von der Stabilität des erreichten Zwischenergebnisses. Für welche Intervalle es sinnvoll ist, dies zu ermitteln, hängt von der Größe des Projekts ab.

Weitere wichtige Gesichtspunkte bei der Beurteilung der Analyseergebnisse sind Vollständigkeit und Verständlichkeit bzw. Einfachheit. Die Vollständigkeit kann hier nur überprüft werden, indem das Modell darauf überprüft wird, ob es die identifizierten Anwendungsfälle unterstützt. Einfachheit und Verständlichkeit kann einmal durch Überprüfung des Modells durch Dritte beurteilt werden. Die Kopplungs- und Zusammenhalts-Kriterien aus den Abschn. 4.6 und 4.7 dienen ebenfalls dazu, die Verständlichkeit und Einfachheit eines Modells zu verbessern bzw. zu überprüfen.

12.11 Analysedokumente

Die Dokumentation der Analyse besteht aus folgenden Teilen, die im Laufe des Entwicklungsprozesses fortgeschrieben werden. Es empfiehlt sich, nach Abschluss von Analyseteilen eine Kopie zu konservieren, um gegebenenfalls darauf zurückgreifen zu können. Hier eine Liste sinnvoller Analyse-Dokumente, die bei Bedarf ergänzt werden kann.

1. Die Anforderungsformulierung (initial requirements statement).
2. Eine mit dem Anwender bzw. Auftraggeber abgestimmte Spezifikation des Funktionsumfangs des Systems in Form von Anwendungsfällen und Szenarios.
3. Data Dictionary. Dies wird in der Praxis Bestandteil eines CASE-Tools und kein separates Dokument sein.
4. Alle Anwendungsfälle.
5. Alle ausformulierten Szenarios.
6. Klassendiagramm(e).
7. Sequenzdiagramme.
8. Zustands- und Aktivitätsdiagramme.

9. Kollaborationsdiagramme.
10. Glossar (der Begriffe aus dem Anwendungsbereich).

12.12 Historische Anmerkungen

Die objektorientierte Modellierung kann als Weiterentwicklung der Entity-Relationship-Modellierung angesehen werden. Im Unterschied zur strukturierten Analyse, in der ereignisorientiert (und dann weiter funktional) zerlegt wird und eine Integration mit der Datenmodellierung nur indirekt über *Kapselprozesse* erfolgt (s. [Raa93]), werden bei der objektorientierten Zerlegung sowohl die Daten als auch das Verhalten zur Zerlegung und damit Modularisierung des Systems herangezogen. Das Zusammenwirken der Operationen, das hier über Kollaborationsdiagramme modelliert wird, wurde z. B. in OMT in Datenflussdiagrammen dargestellt. Dort wurden Analyse, System-Design, Objekt-Design und Implementierung unterschieden [RBP+91], [RBP+93]. OMT wurde in verschiedenen Artikeln von Jim Rumbaugh Journal of Object-Oriented Programming zu OMT94 weiterentwickelt (s. [Rum96]). Die hier vorgestellte Gliederung folgt dem Unified Process, wie er z. B. in [JBR99] beschrieben und in zunehmend mehr Organisationen eingesetzt wird. Die Betrachtung von Lebenszyklen von Entities wurde bereits in den strukturierten Methoden eingesetzt, unter anderem um von einem *Entity-Relationship-Modell* möglichst einfach zu einem SA-Modell zu kommen.

12.13 Fragen zur Analyse

1. Erklären Sie den Begriff Analyse!
2. Nennen Sie die Hauptaufgaben der Analyse!
3. Warum ist Systemanalyse erforderlich?
4. Welche Fähigkeiten sollte ein Systemanalytiker aufweisen? Wie kann er diese Fähigkeiten erwerben?
5. Weshalb ist es vernünftig, zu Beginn eines Projektes Statik und Dynamik der benutzten Begriffe in Glossar und Szenarios zu erheben? Was macht man mit diesen Informationen?
6. Welche Zusammenhänge werden über Assoziationen modelliert, welche nicht?
7. Wann sind Rollennamen zwingend erforderlich?
8. Welche Strategien zum Identifizieren von Anwendungsfällen kennen Sie?
9. Nennen Sie sinnvolle Regeln zur Namensgebung der verschiedenen Modellelemente!
10. Nennen Sie Syntaxregeln für Klassendiagramme!
11. Nennen Sie Syntaxregeln für Zustandsdiagramme!
12. Nennen Sie Syntaxregeln, die verschiedene Modellkomponenten betreffen!

13. Was wäre ein Beispiel für einen Eigennamen als Objektname?
14. Wann besitzt eine Klasse ein signifikantes, dynamisches Verhalten?
15. Was versteht man unter „heuristischen Prinzipien"?
16. Welche Attribute gehören schon ins Analysemodell, welche nicht?
17. Weshalb werden Szenarios gemacht?
18. Wie erkennt man Klassen und Objekte?
19. Inwieweit ist es in der Praxis möglich, alle notwendigen Informationen über ein System zu bekommen, die für die Entwicklung von Anwendungsfällen und Szenarios notwendig sind?
20. Um einen Auftrag ordnungsgemäß abzuwickeln, ist es notwendig, mit dem Kunden die Spezifikationen abzustimmen. Gibt es Methoden oder Diagrammklassen, die speziell für die Kommunikation mit den Kunden gedacht sind?
21. Das Erstellen von z. B. Klassenbeziehungen ist ein kreativer Analyse-Prozess. In der Praxis (auch schon im Praktikum) erlebt man häufig, dass eine Aufgabenstellung verschiedene Lösungen zulässt. Wie kann man systematisch das eigene Modell prüfen und ggf. modifizieren?
22. Wann braucht man ein Zustandsdiagramm?
23. Wann sollte ein Zustandsdiagramm verwendet werden?
24. Wann braucht man ein Sequenzdiagramm?
25. Ist Mehrfachvererbung in der Analyse überhaupt sinnvoll, bevor man weiß, welche Implementierungssprache man wählt?
26. Warum ist die Identifikation von Klassen ein iterativer Prozess?
27. Wie viele Stunden hat ein Tag? Sie können sich bei Ihrer Anwort auf die Europäische Gemeinschaft beschränken.

13 Design

13.1 Übersicht

Ziel der Analyse ist eine möglichst korrekte Erfassung der Anforderungen an das System. Dies umfasst:

- Die Erfassung, Präzisierung und Dokumentation der Anforderungen.
- Analyse, Modellierung und Dokumentation der statischen Struktur und des Verhaltens der Objekte im Anwendungsgebiet.

Das Ergebnis von Analyse-Aktivitäten ist eine präzise Beschreibung der Leistungen, die ein System erbringen soll. Sind keine technischen Randbedingungen vorgegeben, so wird hier noch von Implementierungsgesichtspunkten abstrahiert.

Aufgabe des Designs ist es nun das Analysemodell in ein Designmodell zu transformieren, das die nicht-funktionalen Anforderungen berücksichtigt.

Die Aktivitäten, die hier unter dem Begriff *Design* zusammengefasst werden, bilden die ersten Schritte der Umsetzung dieses Modells in eine IT-Anwendung. Wichtige Teile dieser Aktivitäten sind:

- Festlegung einer Systemarchitektur,
- Zerlegung in Teilsysteme,
- Identifikation nebenläufiger Prozesse,
- Zuordnung von Teilsystemen, Tasks und Prozessoren,
- Festlegung der Form der Datenhaltung,
- Verwaltung globaler Ressourcen,
- Behandlung von Ausnahmesituationen und Randbedingungen,
- Festlegung von Konfliktlösungsstrategien und Optimierungskriterien.

Wie bereits in früheren Kapiteln folgt der tatsächliche Ablauf dieser Aktivitäten nicht dem sequentiellen Verlauf der Darstellung. Ziel der Designarbeitsschritte ist der Entwurf der grundlegenden Architektur des zu entwickelnden Systems. Die Architekturreferenzlinie ist das wichtigste Ergebnis dieser Arbeitsschritte.

Dies ist der erste Schritt zur Überführung des problembezogenen Analysemodells in ein Modell einer IT-Anwendung. Ein System, auf dem eine Anwendung zum Einsatz kommt, besteht zum einen aus einer Rechnerkomponente. Diese besteht aus einem oder mehreren Prozessoren. Hauptspeicher ist über die Prozessoren verteilt oder wird von ihnen gemeinsam genutzt. Es gibt Kommunikationskanäle in der Form von Bussen oder Netzwerken sowie diverse periphere Geräte wie Platten, Halbleiterspeicher, Terminals, Drucker oder PCs, um nur die häufigsten zu nennen.

Zum anderen besteht ein System aus den Benutzern. Im Design wird die grobe Struktur dieses Systems festgelegt. Dabei ergeben sich zum Teil neue Klassen oder eine andere Verantwortung für bestehende Klassen. Die überarbeiteten Klassen müssen den verfügbaren Prozessoren zugeordnet werden. Dabei ist zu beachten, dass bei der Verteilung der Aufgaben die menschlichen „Prozessoren" eine ganz wesentliche Rolle spielen; es sei auf die sogenannte „spontane Hülle" verwiesen, die man in jedem System findet. Im Design werden die Grundsatzentscheidungen über die Hardware- und Software-Architektur des Systems getroffen. Dies ist der erste Schritt in der Entwicklung, bei dem DV-spezifische Aspekte eine Rolle spielen. Während in der Analyse das „was" geklärt wurde, geht es nun um das „wie", d.h. die ersten Festlegungen, wie das System realisiert werden soll, nachdem die Anforderung weitgehend geklärt sind. Wesentliche Aspekte, die dabei eine Rolle spielen, sind:

1. Machbarkeit: Sind die Anforderungen technisch und wirtschaftlich realisierbar? Dies ist eines der wichtigsten Ergebnisse der Etablierungsphase (vgl. Kap. 10).
2. Auslegung: Welche Typen von Prozessoren und Einheiten werden benötigt?
3. Kapazität: Wieviele Prozessoren und Einheiten werden benötigt?
4. Kosten: Während in der Analyse die inhaltlichen Anforderungen im Vordergrund stehen, kommen spätestens im Design Kostenerwägungen zum Tragen: Welche Plattform und Entwicklungsumgebung ist am günstigsten, welche Funktionen des Systems bringen den größten Effekt und sollten deshalb zuerst realisiert werden usw.?
5. Qualität: Die Qualitätskriterien aus Entwicklersicht beeinflussen das Design.

Dabei wird im Wesentlichen die schon in der Analyse verwendete Notation eingesetzt, hinzu kommen Einsatz- und Komponentendiagramme. Im Design werden die Klassen und Beziehungen entsprechend der im entworfenen Anwendungsstruktur präzise ausformuliert. Dabei werden die festgelegten Strategien konkret umgesetzt. Die bisher identifizierten und spezifizierten Klassen und Beziehungen, Attribute und Operationen bilden dabei einen Rahmen oder ein Gerüst:

- Sie spiegeln die verabschiedeten Anforderungen an das System wieder.
- Sie müssen im Hinblick auf die Implementierung präzisiert werden; insbesondere ist zwischen verschiedenen Implementierungsmöglichkeiten zu entscheiden.

Dabei entstehen weitere Modellelemente. Dies sind jetzt DV-spezifische Elemente: Hilfsklassen, um Zwischenergebnisse zu speichern, Operationen, die bisher nur grob spezifizierte Algorithmen in konkrete Ausführungsschritte zerlegen, Attribute oder Assoziationen, um den Zugriff zu vereinfachen oder zu beschleunigen, Attribute, die Assoziationen abbilden usw. Die früher eingeführten Qualitätskriterien aus Anwender- und aus Entwicklersicht sind weiterhin zu konkretisieren und konkret umzusetzen. Je nach Projekt sind die folgenden Aktivitäten (ggf. weitere, z. B. bei Echtzeitanwendungen) notwendig.

- Die Operationen der Klassen müssen aus allen Modellsichten zusammengestellt werden (so noch nicht geschehen).
- Die Algorithmen für die Implementierung der Operationen müssen festgelegt und präzise spezifiziert werden.
- Die Zugriffspfade müssen optimiert werden.
- Die Steuerungstechniken für den Umgang mit externen Interaktionen müssen festgelegt werden.
- Die Klassenstruktur muss unter den Gesichtspunkten von Kopplung und Zusammenhalt weiter überarbeitet werden. Bei Bedarf ist weiter zu faktorisieren.
- Die Art der Implementierung der Assoziationen muss spezifiziert werden.
- Die Implementierung der Klassen und ihrer Attribute muss festgelegt werden.
- Die Klassen müssen den im Design identifizierten Knoten zugeordnet werden.
- Die Klassen müssen zu physischen Paketen gruppiert werden.

Bereits verschiedentlich wurde auf die iterative Charakteristik des Entwicklungsprozesses hingewiesen. Auch die Designaktivitäten können sich auf ein Teilsystem konzentrieren oder dort auf ausgewählte Klassen oder Beziehungen. Dies gilt insbesondere, wenn ein Architekturprototyp entwickelt werden muss. Umgekehrt werden auch Designarbeitsschritte zur Erkenntnis führen, dass weitere Bereiche noch genauer analysiert werden müssen. Dabei kann es sich sowohl um eine Ausdehnung der Untersuchungen als auch um eine genauere, lokale Untersuchung handeln.

13.2 Lernziele

- Voraussetzungen und Ziele des Designs kennen.
- Grundprinzipien von (Hardware- und Software-) Architekturen kennen.
- Entwurfsmuster (design pattern) nennen können, die im Design zum Einsatz kommen können.
- Grundsätze für das Abgrenzen von Teilsystemen nennen und anwenden können.
- Kriterien für das Design persistenter Klassen kennen.

- Qualitätskriterien im Design kennen und überprüfen können.
- Klassendefinitionen im Hinblick auf die Implementierung präzisieren können.
- Assoziationen entwerfen können.
- Zwischen der Nutzung von Vererbung und Delegation entscheiden können.

13.3 Aufgaben der Designarbeitsschritte

Die wesentlichen Ziele der Design-Arbeitsschritte sind es,

- ein detailliertes Verständnis der nicht-funktionalen Anforderungen und deren Beziehung zu Programmiersprachen, Komponenten, Betriebssystemen, Verteilungs- und Nebenläufigkeitsfragen, Datenbanken, Benutzungsschnittstellen, Transaktionsmanagement etc. zu entwickeln.
- die Voraussetzungen für die folgenden Implementierungsaktivitäten der einzelnen Teilsysteme zu schaffen.
- Implementierungsaufgaben so weitgehend zu zerlegen, dass sie ggf. von verschiedenen Teams parallel erledigt werden können.
- Schnittstellen zwischen Teilsystemen frühzeitig festzulegen.
- den Entwurf durch eine einheitliche Notation darzustellen und dadurch zum gemeinsamen Diskursgegenstand zu machen.
- eine Verbindung zwischen einer Abstraktion der Implementierung und dem Analysemodell herzustellen.

Die Aktivitäten und Artefakte der Design-Arbeitschritte sind in der folgenden Tabelle zusammengestellt.

Aktivität	Artefakt
Klassen und Beziehungen entwerfen	Designmodell Design-Klassen
Anwendungsfälle entwerfen	Anwendungsfallrealisierung
Teilsysteme und Schnittstellen identifizieren	Design-Teilsystem Service-Teilsystem Schnittstellen
Architekturentwurf	Architekturbeschreibung (Designsicht) Einsatzmodell

Die folgende Tabelle zeigt die Unterschiede zwischen gleichartigen Artefakten in Analyse und Design.

Merkmal	Analysemodell	Designmodell
Art	konzeptionelles Modell, Design-unabhängig	physisches Modell, spezifisch für eine Implementierung
Stereotypen	wenige, ca. drei Stereotypen für Klassen	Stereotypen für Klassen implementierungsabhängig
Formalität	weniger formal wenig detailliert	formaler detailliert
Aufwand	wenig Aufwand zur Entwicklung	höherer Aufwand zur Entwicklung
Schichten	wenige Schichten	viele Schichten
Dynamik	ohne große Bedeutung der Reihenfolge	große Bedeutung der Reihenfolge
Details	Skizze des Systems und seiner Architektur	Ausarbeitung des System-designs und der Architektur
Lebensdauer	Wird nicht in jedem Fall über den gesamten Lebenszyklus gepflegt	sollte über den gesamten Lebenszyklus gepflegt werden
Struktur	Definiert Strukturen, die wesentlich in den Entwurf des Systems eingehen	formt die Struktur des Systems und bemüht sich Strukturen des Analyse-modells zu erhalten

Die Verantwortlichkeiten im Design wurden bereits in Abb. 10.9 auf S. 217 skizziert.

13.4 Architektur und Anwendungsklasse

Oft kennt man sehr frühzeitig den Typ der zu entwickelnden Anwendung. Für einige Typen von Anwendungen („Anwendungsklasse") gibt es einfache Standardarchitekturen. Einige von diesen werden in diesem Abschnitt vorgestellt. Weitere Rahmenbedingungen, die hier nicht behandelt werden, stammen aus firmenspezifischen Vorgaben. Dazu gehören Steuerungsprogramme oder Oberflächen, in die neue Anwendungen integriert werden müssen.

13.4.1 Batchartige Verarbeitung

Unter einer batchartigen Verarbeitung versteht man einen Teil einer Anwendung, in dem eine (ggf. umfangreiche) Menge von Eingaben ohne weitere Steuerung durch Benutzereingaben etc. in eine Ausgabe transformiert. Solche Anwendungen treten häufig als Teile größerer Anwendungen auf. Typische Beispiele sind:

- Compiler,
- Batch-Jobs.

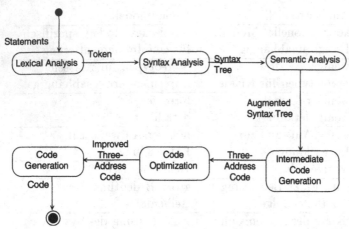

Abb. 13.1. Compiler: Aktivitätsdiagramm

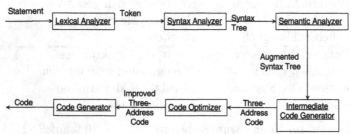

Abb. 13.2. Compiler: Kollaborationsdiagramm

In einem solchen System fehlen die dynamischen Aspekte oder sie sind trivial. Die Komplexität des Klassenmodells hängt von der Problemstellung ab. Wesentlich ist Spezifikation der Operationen und deren Zusammenwirken, wie es in Kollaborationsdiagrammen dargestellt wird. Zur Darstellung der Arbeitsweise des Systems sind zwei Arten von Diagrammen angemessen:

1. Ein Aktivitätsdiagramm zeigt hier den Ablauf der übergeordneten Operation, die den Ablauf steuert.
2. Ein Kollaborationsdiagramm zeigt die Nachrichten zwischen Objekten, die für die einzelnen Verarbeitungsschritte verantwortlich sind.

Diese beiden Darstellungsmöglichkeiten sind in den Abb. 13.1 und 13.2 am Beispiel eines typischen Compilers exemplarisch dargestellt. Sie sind aus der Darstellung in [ASU86] abgeleitet. Für das Design einer batchartigen Transformation sind hier die folgenden Schritte erfolgversprechend:

• Zerlegung der Gesamt-Transformation in Einzelschritte. Bei langen Transformationen können die Einzelschritte wieder Transformationen sein. die Gesamt-Transformation hat oft sequentiellen Zusammenhalt.

- Definition von Klassen für die Zwischenergebnisse. So entsteht eine Reihe lose gekoppelter Pakete von Klassen. Hierbei können sich die Pakete aus dem Analysemodell ändern oder durch neue überlagert werden.
- In einem Jo-Jo-artigen Prozess werden die Operationen in den Implementierungsaktivitäten ausformuliert.
- Der Ablauf wird entsprechend den im Design festgelegten Kriterien optimiert.

Es ist ein verbreiteter Irrtum, dass eine solche Verarbeitung im Zeitalter des Dialogbetriebes nicht mehr stattfindet. Dies ist nur insofern richtig, als der Anteil lange laufender, isolierter Batchjobs reduziert wurde. Die hier beschriebene Verarbeitungscharakteristik findet man aber auch in vielen Dialogsystemen als Teilfunktionalität:

- Die Verarbeitung einer Gruppe von Eingabesätzen wie Auftragspositionen oder Änderungen an allen Sätzen einer Artikelgruppe.
- Seitenumbruch in Textverarbeitungssystemen, Rechtschreibprüfung, Erstellen von Inhalts-, Literatur-, Tabellenverzeichnis oder Index.

13.4.2 Kontinuierliche Transformation

Im Unterschied zu batchartiger Verarbeitung handelt es sich bei kontinuierlichen Transformationen um Anwendungen, bei denen die Ausgabe von veränderlichen Eingabewerten abhängt und laufend oder zumindest regelmäßig angepasst werden muss. Beispiele hierfür sind:

- Signalverarbeitung: Systeme, bei denen ein Messwert statisch anliegt und das System sich in Abhängigkeit von dessen Niveau unterschiedlich verhält.
- Inkrementelle Compiler.
- Fenster-Systeme, in denen der Benutzer verschiedene Ebenen hat, auf denen er mit dem System kommunizieren kann. Außer den anwendungsspezifischen Eingaben kann er Fenster verschieben, anordnen, zoomen, Farben ändern etc.
- Prozess-Monitore.

In vielen solchen Anwendungen ist es notwendig, Werte inkrementell und oft neu zu berechnen oder zu ermitteln. Ursachen hierfür können Anforderungen an die Performance oder an die Benutzerschnittstelle sein. Typischerweise sind in solchen Systemen das Klassenmodell und die Kooperation der Operationen von Bedeutung, während das dynamische Modell meist einfach ist, da keine (diskrete) Interaktion, sondern eine laufende Verarbeitung erfolgt. Folgende Schritte sind zur Weiterentwicklung des Analysemodells sinnvoll:

- Entwicklung des Aktivitätsdiagramms für das System (bzw. von Systemteilen). Die Akteure in den zugehörigen Anwendungsfällen entsprechen Klassen, von denen ständig neue Objekte erzeugt oder bestehende verändert werden. Ein Beispiel zeigt Abb. 13.3 mit einem einfachen Kooperations-

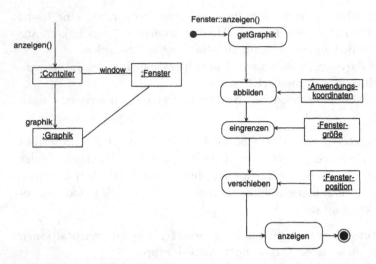

Abb. 13.3. Kollaborationsdiagramm und Aktivitätsdiagramm

und einem Aktivitätsdiagramm. Wie oft die Anzeige aktualisiert wird, ist entscheidend für den Eindruck, den der Benutzer erhält: Erscheinen die Bewegungen ruckartig oder gleichmäßig, entsteht ein Flimmern ....

- Wie in batchartigen Verarbeitungen werden Klassen für Zwischenergebnisse benötigt.
- Die einzelnen Operationen werden im Design im Detail spezifiziert, wobei etwaige spätere Rückkopplungen bei der Implementierung zu beachten sind.
- Entsprechend den festgelegten Optimierungskriterien werden eventuell weitere Klassen für die Speicherung von Zwischenergebnissen benötigt.

13.4.3 Reaktive Systeme

Reaktive Systeme (interactive interface) sind durch folgende Eigenschaften gekennzeichnet:

- Sie interagieren mit externen Akteuren (Menschen, Geräten, anderen Hard- oder Software-Systemen).
- Die Akteure sind unabhängig vom System. Die Nachrichten, die von ihnen ausgehen, sind nicht vorhersehbar.

Beispiel 13.4.1 (Reaktives System)
In einer GUI Anwendung gibt es einen geplanten Teil, der z. B. die Eingabefelder und Buttons umfasst, bei denen der Benutzer nur grundsätzlich bekannte Eingabemöglichkeiten hat, auf die die Anwendungslogik entsprechend der Spezifikation zu reagieren hat. Mausbewegungen, das Verschieben von Fenstern, sind aber ein davon unabhängiger nicht planbarer Teil der Anwendung. ◄

Weitere Beispiele sind *QBE* basierte Abfragesysteme, Kommandosprachen von Betriebssystemen oder Oberflächen von Simulationssystemen. Entscheidend bei derartigen Anwendungen ist das dynamische Modell. Objekte repräsentieren Interaktionselemente wie Eingabe-, Ausgabe-Elemente oder Darstellungsformate. Die Spezifikation der Operationen aus dem Analysemodell ist meist unabhängig vom Verhalten der Interfaces. Sinnvolle Schritte im Design reaktiver System sind:

- Entkopplung der Interface-Objekte von den Anwendungs-Objekten.
- Verwendung bestehender Klassen für die Interaktion mit den realen Akteuren, wie sie in vielen Klassenbibliotheken für GUI-System zur Verfügung stehen (MFC, OWL, XWindows ...).
- Entwicklung der interaktionsbezogenen Programmteile aus den Zustandsdiagrammen. Die entsprechenden Umgebungen stellen dafür üblicherweise einen call-back Mechanismus zur Verfügung. Prozedurale Steuerung ist für solche Aufgaben schlecht geeignet.
- Entkopplung logischer Ereignisse von physischen. Operationen werden von logischen Ereignissen (genauer: den entsprechenden Nachrichten) ausgelöst. Dabei interessiert nicht mehr das physische Ereignis, das z. B. eine Menüauswahl, ein Tastaturbefehl, ein Button in einem Fenster etc. sein kann, das das logische Ereignis auslöst.
- Im Design werden die Operationen detailliert spezifiziert.

13.4.4 Dynamische Simulation

An dieser Stelle sei auf einen wichtigen Unterschied von Simulationsanwendungen im Vergleich zu den anderen Arten hingewiesen: In einer solchen Anwendung werden die Objekte möglichst wirklichkeitsnah in der Anwendung modelliert - eben simuliert. In anderen Anwendungen unterscheiden sich die Objekte in der realen Welt dadurch von denen im Modell, dass erstere Ereignisse auslösen, während letztere nur durch die Anwendung verändert werden. Objekte in einer Simulation agieren aber selbst. Bei diesem Typ von Anwendung ist der objektorientierte Ansatz besonders stromlinienförmig: Die Objekte aus der Analyse finden sich weitestgehend direkt in der Anwendung. Daher hat das Klassenmodell eine entsprechend hohe Bedeutung. Eine große Bedeutung hat auch das dynamische Modell. Erfolgversprechende Schritte zum Design einer Simulation sind:

- Identifizieren der Akteure in der Realwelt (RL: Real Life). Diese haben Attribute, die periodisch aktualisiert werden müssen.
- Identifizieren möglichst granulärer Ereignisse. Für jedes Ereignis wird eine Operation spezifiziert, die für die Verarbeitung der entsprechenden Nachricht verantwortlich ist.
- Identifizieren der stetigen Abhängigkeiten von anderen Attributen, Zeit, oder Messwerten wie Geschwindigkeit. Diese Abhängigkeiten müssen approximiert werden, häufig durch Diskretisierung.

• Identifizieren der geeigneten Schleife, die die Simulation steuert.

Das Hauptproblem bei Simulationsanwendungen ist oft die Performance des Systems. Dazu müssen der Einsatz der vorhandenen Prozessoren und die verwendeten Algorithmen optimiert werden. Es sei darauf hingewiesen, dass in den letzten Jahrzehnten die Leistungssteigerung der Algorithmen höher als die der Hardware war (die sich ca. alle 18 Monate verdoppelt hat). Ein Beispiel für eine Modellierung einer anspruchsvollen Simulationsanwendung wird in [Frö00] beschrieben.

Bemerkung 13.4.2 (Simulationen)

Simulationen bilden die Basis vieler Anwendungen. Ob es sich um ein einfaches Spiel wie Tetris, ein Autorennen, Tricks in Filmen wie Jurassic Park oder eine Software zum Üben von Operationen für Mediziner handelt, es werden dort physikalische Grundgesetze näherungsweise implementiert, um der virtuellen Welt ein möglichst realistisches Erscheinungsbild zu geben. ◄

13.4.5 Echtzeitsystem

Ein Echtzeitsystem ist ein reaktives System mit besonderen Anforderungen an das zeitliche Verhalten. Insbesondere spricht man von einem „harten" Echtzeitsystem, wenn maximale Reaktionszeiten zu garantieren sind. Im Unterschied zu den hier vorrangig behandelten Problemen sind Echtzeitsysteme häufig durch folgende Eigenschaften gekennzeichnet:

• Die Basis-Software, die Dinge wie die Aktivierung von Tasks oder Sperrprotokolle für den Zugriff auf gemeinsame Ressourcen zur Verfügung stellt, muss im Rahmen des Projekts (zumindest teilweise) ebenfalls entwickelt werden.
• Echtzeitsysteme haben oft einen expliziten Hardware-Bezug: Hardware Eigenschaften müssen gezielt ausgenutzt werden, eventuell ist spezielle Hardware zu entwickeln.
• Das System muss nicht nur auf Nachrichten reagieren, sondern auch Dinge wie das Überschreiten bzw. Unterschreiten von Grenzwerten erkennen und geeignete Maßnahmen ergreifen.

13.4.6 Transaktions- und Informations-Systeme

Hauptaufgabe solcher Systeme ist es, Informationen zu speichern und dem Benutzer in unterschiedlichen Formen zur Verfügung zu stellen. Es handelt sich fast immer um Mehrbenutzer-Systeme. Typische Beispiele hierfür sind:

• Buchungssysteme, z. B. für Fluggesellschaften,
• Logistik-Systeme für Lagerhaltung usw.,
• dialoggestützte Auftragsbearbeitung,
• generell: Fast alle Systeme zur interaktiven Sachbearbeitung.

Dreh- und Angelpunkt für solche Systeme ist das Klassenmodell. Die Spezifikation der Operationen ist meist einfach, da sie vorrangig für die Aktualisierung und Abfrage von Informationen verantwortlich sind. Konsistenzregeln werden meist im Klassenmodell formuliert und können oft direkt im DBMS sichergestellt werden. Das dynamische Modell kann für die Planung des Durchsatzes herangezogen werden. Meist werden derartige Anwendungen mit einem DBMS realisiert, so dass die Hauptaufgabe in der Entwicklung des Klassenmodells und dem Design der Transaktionen liegt. Sinnvolle Schritte zum Design einer solchen Anwendung sind:

- Abbildung des Klassenmodells auf das DBMS. Für Strategien hierfür bei einem relationalen DBMS sei auf Kap. 16 verwiesen.
- Identifizieren der parallelen Aktivitäten und ihres Ressourcenbedarfs. Hierfür sind ggf. weitere Klassen einzuführen.
- Identifizieren der Transaktionen, d.h. der Folgen von Aktivitäten, die komplett oder gar nicht abgewickelt werden müssen.
- Design der parallelen Transaktionen. Der größte Teil dieser Aufgabe der Parallelisierung wird transparent für die Anwendung vom DBMS übernommen. Einzelheiten wie das Verhalten bei Abbruch einer Transaktion, Vermeiden von exklusiven Kontrollkonflikten (*catch-22* Situationen) etc. müssen aber explizit entworfen werden, siehe auch Kap. 16.

Bemerkung 13.4.3 (Web-Anwendungen)
In diese Klasse von Anwendungen fallen auch viele Web-Anwendungen. Diese habe sehr abstrakt oft eine Struktur wie sie Abb. 5.2 illustriert. Die Komplexität der Integration von Web- und Datenbankdiensten wird oft von proprietären Lösungen gegkapselt. Die Darstellung des physischen Designs, mit dem hohe Durchsatzraten bei Shop-Systemen oder Suchmaschinen gewährleistet werden, würde den Rahmen dieses Buches sprengen. Die hier vorgestellten Methoden sind aber direkt für den Entwurf von Web-Anwendungen einsetzbar. Einen Beweis dafür liefert [Con99a], eine Übersicht über den Inhalt gibt [Con99b]. ◄

Bemerkung 13.4.4 (Iteration)
In diesem Abschnitt sieht man deutlich, wie das Vorgehen im Projekt von der Darstellung abweicht: Was hier sequentiell als Folge Anforderungen, Analyse, Design, Implementierung und Testen in Wasserfall-Manier dargestellt wird, ist in Wirklichkeit ein iterativer, inkrementeller Prozess. Dies zeigt sich bei allen diskutierten Architekturen. ◄

13.5 Teilsysteme

In der Analyse erfolgte die Gruppierung der Klassen zu Paketen nach logischen Gesichtspunkten, unterstützt durch die qualitätsfördernde Berücksichtigung einer möglichst weitgehenden Entkoppelung und starken Zusammenhalts. Im Design wird eine Zerlegung des Systems in wenige Komponenten betrieben. Diese Komponenten repräsentieren Teile der Implementierung. Es sind keine logischen Pakete, sondern sie repräsentieren Implementierungen von Klassen und die Knoten, an denen diese eingesetzt werden. Ein solches Paket wird als *Teilsystem* bezeichnet und durch ein Gabelsymbol gekennzeichnet (s. Def. 9.5.1. Dies entspricht genau dem üblichen Sprachgebrauch. Die Zerlegungskriterien berücksichtigen jetzt aber weitere Aspekte:

1. Funktionalität: Welche der Leistungen, die das System für den Anwender erbringt, haben einen hohen Zusammenhalt, wenn man sie gemeinsam betrachtet, welche sind unabhängig voneinander, d.h. in geringem Maße oder gar nicht gekoppelt?
2. Räumliche Struktur: Werden die Leistungen an einem oder mehreren Orten nachgefragt? Wenn sie an mehreren benötigt werden, wie sind diese zu verbinden?
3. Betriebsart: Werden die Leistungen auf unterschiedliche Art- und Weise erbracht: Im Dialog- oder im Batch-Betrieb? Gibt es Echtzeit-Anteile? Sind Simulationen erforderlich? Handelt es sich um ein Ein- oder Mehrbenutzersystem, ...?
4. Verantwortung: Wie sind die Verantwortlichkeiten verteilt? Handelt es sich um *Client-Server* oder *Peer-to-Peer* Beziehungen? Erfolgt die Kommunikation zwischen Komponenten synchron oder asynchron?

13.5.1 Zerlegung der Funktionalität

Die gröbste Zerlegung (high-level) kann in fast allen Fällen sinnvoll in Blöcken geschehen, die sich aus der Aufteilung in horizontale oder vertikale Schichten ergeben (vgl. Abschn. 4.4). Durch vertikale Schichtung (layering) erhält man eine Reihe „virtueller Welten", die die Grundlage für die jeweils darüber liegende Implementierung bilden. Hier handelt es sich um eine typische Client-Server Beziehung: Die unteren Schichten stellen auf Anforderung der oberen ihre Dienste zur Verfügung. Die vertikalen Schichten werden weiter in unabhängige oder schwach gekoppelte Komponenten (partitions) zerlegt, die jeweils wohldefinierte Leistungen erbringen. Bereits in den Beispielen in Abschn. 4.4 ergaben sich unterschiedliche „Schichtungen" in verschiedenen Teilen der Anwendung.

Die oberste Schicht ist meist durch die Anforderungen der Anwender bestimmt, die unterste durch Rahmenbedingungen wie einen vorhandenen Hard- und Software-Kontext, in den die neue Anwendung eingefügt werden soll. Die dazwischen liegenden Schichten leisten die Vermittlung zwischen diesen. Ihr Entwurf ist Teil der Design-Aktivitäten.

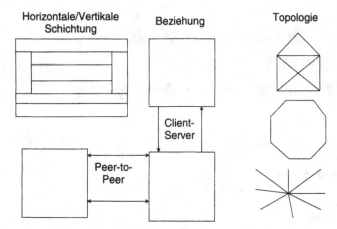

Abb. 13.4. Systemstrukturen

13.5.2 Räumliche Struktur des Systems

Nachdem die Schichtenarchitektur des Systems festgelegt ist, ist die Topologie des Systems zu klären. Unter Berücksichtigung der Nutzung von Daten- und Programmen, von Kosten-, Verfügbarkeits- und Performance-Gesichtspunkten ist darüber zu entscheiden, wo die einzelnen Teilsysteme zum Einsatz kommen sollen. Jede denkbare Topologie, sei es sternförmig, ringförmig oder wie auch immer kombiniert, kann dabei sowohl Replikation als auch Partitionierung von Paketen mit sich bringen. Diese Fragen sind eng mit denen der Verantwortung gekoppelt, die in Abschn. 13.5.4 behandelt wird.

13.5.3 Betriebsart

Für die bisher identifizierten Systemteile ist die Betriebsart zu klären. In den meisten Fällen wird die Betriebsart für das gesamte System einheitlich sein oder es werden sich sehr schnell Teilsysteme mit einer abweichenden Charakteristik herauskristallisieren. Aber in vielen Anwendungen wird man Teilsysteme mit unterschiedlicher Betriebsart finden. So werden sowohl die Verarbeitung periodisch anfallender Massendaten als auch die Kommunikation mit anderen Systemen in vielen kommerziellen Anwendungen im Batch-Betrieb erfolgen. Die zwischen diesen Teilsystemen bestehenden Abhängigkeiten sind zu identifizieren. So werden Teilsysteme mit Batch-Betrieb oft mit solchen mit interaktiver Verarbeitung konkurrieren bzw. mit ihnen koexistieren (vgl. Abschn. 13.6).

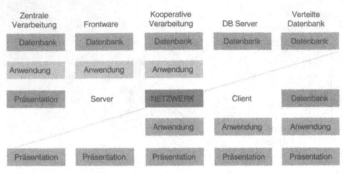

Abb. 13.5. Anwendungs-Aufteilung

13.5.4 Verantwortung

Bereits bei der Entwicklung einer Schichtenarchitektur werden Verantwortlichkeiten identifiziert. Die Zuordnung von Verantwortung zu Teilsystemen ist
systemweit unter Berücksichtigung der räumlichen Struktur weiter zu entwickeln. Gerade im Sinne von Systemen, die *daten-integriert* oder darüber
hinaus *funktional-integriert* sein sollen, ist zu klären, für welche Daten oder
Funktionen ein Teilsystem verantwortlich sein soll. Sowohl aus der Definition von Verantwortung als auch aus der Definition von Integration und den
Prinzipien der minimalen Kopplung ergibt sich, dass alle Daten und Funktionen eines Teilsystems unter dessen Kontrolle stehen und nur über öffentliche
Schnittstellen genutzt werden können. Im Design ist zu entscheiden, welche
Daten und Funktionen von welchem Teilsystem verantwortet werden. Abbil-
dung 13.5 zeigt verschiedene mögliche Aufteilungen von Verantwortung auf
Teilsysteme:

1. Zentrale Verarbeitung: In diesem Modell erfolgt die gesamte Verarbeitung
   an einer Stelle. Lediglich Eingabe- oder Ausgabeinheiten wie Terminals
   oder Drucker befinden sich möglicherweise an anderen Orten. Diese nehmen dort Eingaben entgegen, die an den zentralen Knoten weitergeleitet
   und dort verarbeitet werden. Das Ergebnis wird vollständig einschließlich
   der Aufbereitung zur Präsentation dort erstellt und komplett an Ausgabeinheiten übertragen. Dies ist das klassische Großrechnermodell.
2. Frontware: Die Verarbeitung erfolgt zentral. Die Präsentation wird auf
   „intelligenten" Ein- und Ausgabe-Geräten aus Netto-Daten aufbereitet.
   In diesem Modell ist die gesamte Verarbeitungslogik zentral, lediglich die
   Aufbereitung von Ein- und Ausgaben erfolgt auf dezentralen Knoten.
3. Kooperative Verarbeitung: Die Verarbeitungslogik wird auf zentrale und
   dezentrale Knoten verteilt. Die Datenhaltung erfolgt zentral.
4. DB-Server: Die Verarbeitung erfolgt auf dezentralen Knoten. Die Speicherung von Daten, die mehrere Clients benötigen, erfolgt auf einem zentralen Knoten, auf dem typischerweise ein DBMS zum Einsatz kommt.

5. Verteilte DB: Sowohl Verarbeitung als auch Datenhaltung erfolgen dezentral. „Zentral" ist nur noch das Netzwerk, das die Knoten verteilt.

Client-Server Strukturen sind dabei unter Kopplungsgesichtspunkten positiv zu beurteilen: Server benötigen keine Kenntnisse der Clients und deren Schnittstelle, lediglich die Clients müssen die Server-Schnittstelle kennen. In Peer-to-Peer Strukturen müssen die Schnittstellen jeweils gegenseitig bekannt sein. Die Kopplung ist hier enger.

Bemerkung 13.5.1 (Kooperative Verarbeitung)
Die aktuelle Diskussion konzentriert sich auf die Entwicklung von Anwendungen, die besonders stark modularisiert sind und bei denen die einzelnen Module verteilt zum Einsatz kommen. Im Vordergrund stehen dabei Java und die in dieser Sprache realisierbaren *Applets*. Diese Strukturen können mit der hier verwendeten Notation leicht mittels Assoziationen und Abhängigkeiten in Komponenten- und Einsatzdiagrammen dargestellt werden. ◄

13.6 Nebenläufigkeit

Im Analysemodell werden die Objekte als Bestandteile einer perfekten Welt betrachtet und es wird unterstellt, dass diese bei Bedarf immer und sofort agieren bzw. reagieren können. In der Implementierung steht aber nur eine begrenzte Anzahl von Prozessoren zur Verfügung. Es muss daher entschieden werden, welche Objekte auf einem Prozessor realisiert werden können und für welche Objekte verschiedene Prozessoren zum Einsatz kommen müssen, damit mehrere Objekte gleichzeitig aktiv sein können. In vielen Fällen reicht es aus, wenn für den Benutzer des Systems die Aktivitäten gleichzeitig erscheinen, obwohl sie intern serialisiert werden. Diese Situation findet man häufig in DBMSen oder in TP-Monitoren. Aber auch jedes Mehrbenutzerbetriebssystem auf einem Einprozessor-Rechner verhält sich so. In vielen kaufmännischen Systemen kann man Nebenläufigkeitsfragen an derartige Komponenten delegieren. Müssen sie behandelt werden, so kann aus den Zustandsdiagrammen abgeleitet werden, welche Objekte unabhängig voneinander agieren, nämlich dann, wenn die Objekte gleichzeitig Nachrichten erhalten können, ohne miteinander kommunizieren zu müssen. Sind die Ereignisse, die die Nachrichten auslösen, unabhängig voneinander, so müssen die Steuerungen dieser Objekte ebenfalls unabhängig voneinander laufen können. Das heißt nicht zwingend, dass hierfür verschiedene Prozessoren benötigt werden; in vielen Fällen reicht es aus, wenn die logische Nebenläufigkeit vom Betriebssystem simuliert wird. Die Analyse der Zustandsdiagramme zeigt die Abhängigkeiten zwischen Objekten. Diese haben die Form von

1. Bedingungen: Ein Zustandsübergang oder eine mit ihm verbundene Aktion ist von Bedingungen an andere Objekte abhängig.

2. Nachrichten: Ein Zustandsübergang wird durch eine Nachricht von einem anderen Objekt ausgelöst.

3. Aktionen: Ein Zustandsübergang ist mit dem Senden einer Nachricht an ein anderes Objekt verbunden.

Definition 13.6.1 (Thread of control)
Ein *Thread of control* ist ein Pfad durch eine Menge von Zustandsdiagrammen, entlang dem jeweils nur ein Objekt zur Zeit aktiv ist. ◄

Ein solcher Pfad verläuft solange innerhalb eines Zustandsdiagrammes, bis ein Objekt eine Nachricht an ein anderes schickt und anschließend auf eine weitere Nachricht wartet. Der Threads of control verläuft weiter mit dem Empfängerobjekt, bis er letztendlich zum ursprünglichen Objekt zurückkehrt. Bleibt das sendende Objekt nach dem Senden der Nachricht aktiv, so wird der Thread aufgeteilt („forked" in Unix Terminologie). Threads of control werden in Rechnersystemen als Tasks oder Threads (lightweight process) implementiert.

Außer der Verfügbarkeit von Prozessor-Ressourcen sind logische Serialisierungen zu identifizieren, wie sie häufig zwischen Teilsystemen mit unterschiedlichen Betriebsarten vorkommen. Diese geben dann Anlass zu einer geeigneten Organisation des Arbeitsablaufes und zur Einführung weiterer Klassen, um Konflikte zu vermeiden.

Beispiel 13.6.2 (Verklemmungsgefahr)
Häufig koexistieren Anwendungen mit unterschiedlichen Verarbeitungscharakteristiken, wie Dialog- und Batch-Anwendungen. Batch-Anwendungen, die nur lesend zugreifen, verursachen meist keine Probleme. Anwendungen, die im Batch-Betrieb Änderungen parallel zum Dialog-Betrieb durchführen, können Anlass zu Verklemmungen („deadlock", *catch-22* Situation) geben. Eine der Ursachen kann sein, dass beim typischen wahlfreien Zugriff auf Ressourcen eine andere Reihenfolge vorkommt als bei typischer Batchverarbeitung. ◄

13.7 Prozessoren und Tasks

Jedes Teilsystem, das parallel zu anderen aktiv ist, muss einem Prozessor zugeordnet werden. Dies kann ein Rechner oder eine spezielle Einheit wie ein Kartenleser etc. sein. Entsprechend den eingangs genannten Aspekten sind folgende Punkte zu klären, um eine Entscheidung über geeignete Prozessoren treffen zu können:

1. Ressourcenbedarf: Welche Performance-Anforderungen werden an das System gestellt und welche Ressourcen werden zu deren Erfüllung benötigt?

2. Hardware/Software: Soll das Teilsystem in Hardware oder Software realisiert werden? Hardware-Realisierung hat immer auch Software-Komponenten und kommt vor allem in Echtzeit-Systemen und in Systemen mit mehr als DV-Services zum Einsatz, wie Bankautomaten, intelligenten Gebäudesystemen usw.

3. Prozessorzuordnung: Verteilung der Teilsysteme entsprechend der Performance-, Sicherheits- oder Verfügbarkeits-Anforderungen auf die Prozessoren.

4. Kommunikation: Bestimmung der Kommunikationsanforderungen zwischen den Teilsystemen und deren physischen Realisierungsmöglichkeiten.

13.7.1 Ressourcenbedarf

Die Entscheidungen über die Anzahl und Art der einzusetzenden Prozessoren werden durch verschiedene Faktoren beeinflusst. Die erforderliche Prozessorleistung muss bereitgestellt werden. Dies kann auf einem oder auf mehreren Prozessoren geschehen. Einzelprozessor-Systeme sind einfach, aber nicht beliebig skalierbar. Mehrprozessor-Systeme sind u. U. besser skalierbar. Die Prozessorkapazität kann zentral, dezentral oder kombiniert zur Verfügung gestellt werden. Bei Einsatz verteilter Prozessorkapazität muss die Verwaltung der Prozessoren und der darauf zum Einsatz kommenden Software geplant werden. Sicherheitsfragen müssen berücksichtigt werden. So muss ggf. der autorisierte Zugang zu den Rechnersystemen geregelt werden. Sicherheit als Ausfallsicherheit kann durch redundante Auslegung erhöht werden. Das Volumen und die Art der zu speichernden Daten muss abgeschätzt werden. Sicherungsverfahren müssen organisiert, geschult und getestet werden. Es ist abzuschätzen, ob Daten redundant gehalten werden müssen und wenn ja, in welcher Form. Genügt es Sicherungen zu haben, die im Fehlerfall wieder eingespielt werden können, oder müssen Daten gespiegelt werden?

13.7.2 Hardware/Software

Unter dem Gesichtspunkt des Designs kann Hardware als optimierte Form von Software betrachtet werden. Die objektorientierte Denkweise macht den Übergang von der Analyse zum Design auch in diesem Punkt einfach: Ein Gerät ist ein Objekt, das mit anderen Objekten (Hardware oder Software) kooperiert. Der Entwickler muss entscheiden, welche Teilsysteme durch Hardware und welche durch Software realisiert werden sollen. Typische Gründe für den Einsatz von Hardware-Bausteinen sind:

- Es existiert Hardware, die den gestellten Anforderungen genügt.
- Die verlangte Performance erfordert spezialisierte Hardware, z. B. spezialisierte Chips oder *FPLs*, Prozessoren, deren Arbeitsweise durch Rekonfigurationscode verändert oder angepasst werden kann.

Die größte Schwierigkeit beim Design ist es oft, vorgegebene Randbedingungen einzuhalten:

- Ist eine Hardware (bzw. ein Betriebssystem) vorgegeben, auf der das System eingesetzt werden soll?
- Steht die Software fest, mit der das System eingesetzt werden soll wie z. B. *DBMS* oder *TP-Monitor*?
- Welche anderen Systeme gibt es, mit denen das System integriert werden muss?

Oft kann ein objektorientiertes Vorgehen dabei helfen, indem die existierenden Komponenten als Objekte gekapselt werden. Hierbei muss aber gerade in Echtzeitsystemen der zusätzliche Laufzeitaufwand gegen die so zu erreichende Flexibilität abgewogen werden.

Beispiel 13.7.1 (Kryptoprozessoren)
Bei Ver- und Entschlüsselung sensibler Daten, wie z. B. beim Online-Banking kommen auf Server- und manchmal auch auf Client-Seite Kryptoprozessoren zum Einsatz, um eine bessere Performance als bei der Verarbeitung durch Software zu erreichen. Kryptoprozessoren sind auf Ver- und Entschlüsselung spezialisierte Prozessoren. ◀

13.7.3 Prozessorzuordnung

Die identifizierten Tasks müssen konkreten Prozessoren zugeordnet werden. Dies ist insbesondere notwendig, wenn folgende nicht erschöpfend aufgezählten Situationen vorliegen:

- Tasks können an einem Knoten benötigt werden, um lokale Hardware zu steuern oder die Unabhängigkeit des Knotens zu gewährleisten.
- Die geforderten Antwortzeiten sind so kurz oder das Volumen der Informationsströme ist so hoch, dass die Bandbreite des Netzes nicht ausreicht und eine lokale Task für deren Realisierung bzw. Verarbeitung notwendig ist.
- Die erforderliche Rechnerleistung kann nicht von einem Prozessor geliefert werden und muss deshalb auf mehrere Prozessoren verteilt werden.
- Voneinander unabhängige Teilsysteme sollten verschiedenen Prozessoren zugeordnet werden. Dies gilt insbesondere, wenn diese sehr unterschiedliche Verarbeitungscharakteristika aufweisen.

13.7.4 Kommunikation

Die identifizierten physischen Einheiten (Knoten) müssen zu einem Gesamtsystem integriert werden. Dazu sind Art und Anordnung der Verbindungen zu entwerfen. Typische Entscheidungen, die hier zu treffen sind, umfassen:

- Festlegung der Topologie des Systems, z. B. Stern- oder Ring-Topologie.

- Festlegung der Verantwortung: Client-Server oder Peer-to-Peer Beziehungen. Beides tritt oft in Kombination auf.
- Bei Replikation von Daten ist deren Struktur entsprechend den Anforderungen zu gestalten: synchrone oder asynchrone Aktualisierung, räumliche Anordnung usw.
- Die Art und Bandbreite der Verbindungen und die zu verwendenden Protokolle sind festzulegen.
- Über Art und Umfang von Pufferungsmechanismen muss entschieden werden.

Bemerkung 13.7.2 (Performance)
Es scheint mir, dass beim Einsatz (noch) neuer Techniken oft elementare Grundsätze der Datenverarbeitung in den Hintergrund treten. Die wesentlichen Dinge, die die Performance eines Systems bestimmen, sind:

- verbrauchte CPU-Zeit (oder CPU-Zyklen),
- I/Os,
- Hauptspeicherbedarf,
- Datenübertragungskapazitäten,
- Wartezeiten wegen Serialisierungen.

Mit leistungsfähigeren Techniken ist es möglich diese Ressourcen schneller zu verbrauchen. Sinnvoll umgehen sollte man mit ihnen trotzdem. Die oft vorgetragene Ansicht, objektorientierte Systeme hätten eine schlechte Performance, ist oft durch dieses Phänomen zu erklären. ◄

13.8 Datenverwaltung (Persistenz)

Der Übergang von einem Klassenmodell zu einer relationalen Datenbank wird in Kap. 16 besprochen. Hier geht es um die strategischen Entscheidungen, wie interne und externe Speicher des Systems zu realisieren sind. Datenstrukturen können im Hauptspeicher oder auf Platten, in Dateien oder in Datenbanken abgelegt werden. Für Daten, die das System erinnern muss, sind die Vor- und Nachteile von Dateien und Datenbanken gegeneinander abzuwägen. Es sind hier die Prinzipien festzulegen, nach denen Persistenz realisiert werden soll.

Definition 13.8.1 (Persistenz)
Unter *Persistenz* versteht man die Eigenschaft eines *Objekt*s über längere Zeiträume zu existieren. Auf englisch eleganter: „The property of an object to transcend space and time". ◄

Dateien und Datenbankmanagementsysteme sind die Alternativen, um Objekte persistent zu machen. Beide haben Vor- und Nachteile, über die allerdings in den meisten Fällen schnell entschieden werden kann.

1. Dateien sind eine einfache, unter Kosten- und Performance-Gesichtspunkten billige Möglichkeit der permanenten Speicherung von Daten.
   Da Dateisysteme sich von System zu System stark unterscheiden können, sind Anwendungen, die Dateien verwenden, nur eingeschränkt und
   mit einem zusätzlichen Aufwand portabel. Daten werden typischerweise
   in Dateien (und nicht in Datenbanken) gespeichert, wenn sie folgende
   Eigenschaften haben:

   • Es handelt sich um ein großes Volumen wenig strukturierter Daten wie
     z. B. Bitmaps.

   • Es handelt sich um ein großes Volumen, aber mit geringer Informati-
     onsdichte, wie Archive, Dumps, Sicherungen, archivierte Bewegungs-
     daten.

   • Es handelt sich um Rohdaten, die in einer Datenbank verdichtet wer-
     den.

   • Es handelt sich um Bewegungsdaten, die nur kurze Zeit existieren und
     danach in andere Bestände überführt werden.

2. Datenbankmanagementsysteme bieten auf Kosten der Performance Konsistenzsicherung und Mehrbenutzerzugriff. Anwendungen mit Datenbanken sind in aller Regel leichter zu portieren als solche mit Dateien. Daten
   mit folgenden Charakteristiken wird man typischerweise in Datenbanken
   speichern:

   • Daten, die gleichzeitig von verschiedenen Benutzern oder Anwendungs-
     programmen benötigt werden.

   • Strukturierte Daten, auf die von verschiedenen Benutzern selektiv zu-
     gegriffen werden muss.

   • Daten, die mit den Kommandos des DBMS effektiv verarbeitet werden
     können. Dies gilt oft nicht für Daten, die nur sequentiell verarbeitet
     werden (Betonung liegt auf „nur").

   • Daten, die über verschiedene Hard- oder Betriebssystemplattformen
     portiert werden müssen.

Trotz des Komforts, den ein DBMS bietet, hat sein Einsatz außer Vorteilen
(+) auch Nachteile (−)

+ Ein DBMS bietet eine komfortable Infrastruktur, die Mechanismen für Recovery, Rollback, Multi-User-Betrieb, Datenintegrität, Transaktionsunter-
  stützung, ggf. sogar Verteilungsfunktionen, zur Verfügung stellt.

+ Eine einheitliche Schnittstelle für alle Anwendungen (das ist für manche
  Dateisysteme nicht der Fall).

+ Standard Zugriffssprache, wie SQL oder in Zukunft vielleicht eine Standardsprache für den Zugriff auf objektorientierte Datenbanken.

− Datenbanken benötigen mehr Ressourcen als Dateisysteme, um die genannten Vorteile zu realisieren.

− Insbesondere relationale DBMSe genügen neuen Anforderungen z. B. für
  Multimedia-Anwendungen oder Virtuelle Realität (VRML) nicht oder noch
  nicht in hinreichendem Maße.

– Die Verbindung der mengenorientierten Zugriffsweise von SQL und der satzorientierten Logik der meisten Programmiersprachen ist mühselig, wenn hierfür keine gute Werkzeugunterstützung zur Verfügung steht.

Beispiel 13.8.2 (Nichtprozedurale Sprachelemente)
In der *4GL* CA-IDEAL wird der Zugriff auf Datenbanken (CA-DATACOM, DB2) über Dataviews realisiert, die man für dieses Beispiel als Views in SQL verstehen kann (Syntaxelemente in Großbuchstaben):

```
FOR EACH patient
        WHERE patient.name = 'Meyer'
        .......
ENDFOR
```

Die Verarbeitung erfolgt also mengenorientiert. Der Gesamtumfang des prozeduralen (Sprach-) Teils des Systems entspricht von der Leistungsfähigkeit ungefähr dem von COBOL. Im Unterschied zu COBOL existiert aber eine integrierte Entwicklungsumgebung mit Werkzeugen für Bildschirm-Masken, Berichte etc. und einem aktiven *Data Dictionary*. ◄

Entsprechende Abwägungen wird man auch in Zukunft vornehmen müssen, wenn z. B. objektorientierte Datenbanken für Produktionszwecke einsetzbar werden.

13.9 Globale Ressourcen

Globale Ressourcen sind solche, die von mehreren Objekten im System genutzt werden. Beispiel hierfür sind:

1. Physische Geräte: Prozessoren, Plattenlaufwerke, Drucker werden von verschiedenen Anwendungen benutzt.
2. Platz: Hauptspeicher, Plattenplatz werden gleichzeitig von verschiedenen Anwendungen benötigt.
3. Bildschirm: Fenster von mehreren Anwendungen können gleichzeitig auf einem Bildschirm geöffnet sein.
4. Mouse-Buttons: Ein Mouse-Button kann in jedem offenen Fenster betätigt werden.
5. Namen: Objekt-Identifier, Datei- und Klassennamen sind globale Ressourcen, sofern sie nicht durch geeignete Gültigkeitsbereiche (namespaces) lokalisiert werden können.
6. Datenbanken: Mehrere Anwendungen greifen auf diese globale Ressource zu.

Handelt es sich bei der Ressource um ein physisches Objekt, so muss der Zugriff über ein geeignetes Protokoll gesteuert werden. Der Zugriff auf lokale Objekte, auf die gemeinsam zugegriffen wird, muss über Wächterobjekte kanalisiert werden. Ein Wächterobjekt kann dabei für verschiedene Ressourcen verantwortlich sein. Wenn der Zugriff über Wächterobjekte zu aufwendig ist, so kann ein direkter Zugriff ermöglicht werden, nachdem der Nutzer eine Sperre (Lock) auf die Ressource erhalten hat. Es ist dann zwar weiter ein Wächterobjekt zur Verwaltung der Sperren erforderlich. Hat ein Benutzer aber eine Sperre erhalten, so kann er dann ohne weiteren unnötigen Aufwand auf die Ressource zugreifen. Oft werden Teilmengen von Ressourcen auf diese Weise geschützt. Eine Ressource kann logisch partitioniert werden. Ein Beispiel ist die Vergabe von Nummernkreisen pro Prozessor oder Abteilung für die Erzeugung von Objekt-Ids oder Primärschlüsseln in einer relationalen Datenbank.

13.10 Auswahl von Steuerungsstrategien

Das Analysemodell zeigt bereits alle Interaktionen zwischen Objekten, die im Anwendungsbereich identifiziert wurden. Wenn es dabei darum geht Hardware, wie Sensoren oder Steuerungselemente anzusteuern, so wird es oft eine naheliegende Implementierung geben. Anders sieht es bei den Steuerungsmöglichkeiten innerhalb von Software aus. Man könnte nun in verschiedenen Teilsystemen unterschiedliche Verfahren dafür verwenden, meist wird man sich innerhalb eines Systems für einen konsistenten Stil entscheiden. Dabei ist zwischen zwei Arten von Steuerungen zu unterscheiden:

1. Externe Steuerung der extern sichtbaren Ereignisse zwischen Objekten des Systems. Hierfür gibt es drei Möglichkeiten:
   1.1. Sequentiell prozedural: Auch heute noch werden prozedurale Programmiersprachen benutzt, um den weit überwiegenden Teil aller Programme zu entwickeln. Die Steuerung erfolgt dabei im Programm-Code. Der Vorteil der prozeduralen Programmierung ist ihre Einfachheit. Ein Nachteil ist, dass Parallelität in der Aufgabenstellung in einen sequentiellen Ablauf transformiert werden muss. Auch (fast) alle objektorientierten Programmiersprachen, wie z. B. C++ oder Smalltalk sind prozedural.
   1.2. Sequentiell ereignisgesteuert: Innerhalb des System gibt es einen sog. „event handler", der auf Ereignisse reagiert. Nach Aufruf der verantwortlichen Systemkomponente geht die Kontrolle an diesen handler zurück. Diese Technik findet man in den meisten Klassenbibliotheken für Windows-Systeme.
   1.3. Nebenläufig: In nebenläufigen (concurrent) Systemen obliegt die Steuerung einzelnen Objekten, jedes in einer separaten Task.
2. Interne Steuerung der Abläufe innerhalb eines Prozesses. Die wesentlichen Mechanismen hierfür sind:
   2.1. Prozedur- oder Programmaufrufe: Dies ist die Vorgehensweise in den meisten verbreiteten Programmiersprachen.

2.2. Quasi-nebenläufige Aufrufe: Koroutinen, wie es sie in SIMULA oder MODULA-2 gibt, oder Tasks wie in Ada.

2.3. Nebenläufige Aufrufe: Direkte Implementierung nebenläufiger Programmteile.

Für die beiden letztgenannten Varianten benötigt man Programmiersprachen, die entsprechende Möglichkeiten bieten.

13.11 Berücksichtigung von Ausnahmesituationen

In der Analyse wurde das Verhalten des Systems im laufenden Betrieb modelliert. Nun muss auch die Arbeitweise des Systems in anderen Situationen entworfen werden. Zumindest die Grundprinzipien für die im Folgenden—ohne Anspruch auf Vollständigkeit—genannten Situationen müssen festgelegt werden:

1. Installation: Das System muss an den Knoten, auf denen es zum Einsatz kommt, installiert werden. Je nach Einsatzart, Einsatzhäufigkeit und Art der Kommunikation etwaiger verteilter Teilsysteme müssen hierfür mehr oder weniger umfangreiche Vorkehrungen getroffen werden. Dabei muss ggf. berücksichtigt werden, dass der Nutzer das System selbst installiert ohne besondere DV-Kenntnisse zu haben, dass Upgrades auf neue Versionen möglich sein müssen, eine Installation und Wartung von anderen Standorten aus möglich sein soll usw.

2. Initialisierung: Das System muss hochgefahren werden. Dabei müssen globale Variable, Tasks und Kontrollobjekte initialisiert werden. Hier müssen Abhängigkeiten berücksichtigt werden, insbesondere wenn parallele Tasks initialisiert werden, zwischen denen während der Initialisierung andere Abhängigkeiten bestehen können als im laufenden Betrieb.

3. Terminierung: Das System muss kontrolliert beendet werden. Etwaige noch laufende Tasks müssen korrekt beendet werden und alle benutzten Ressourcen müssen freigegeben werden. Gelingt das Beenden nicht in kontrollierter Weise (z. B. wegen eines Systemfehlers, s. u.), so sind ggf. Informationen zu speichern, um trotzdem einen erneuten Start des Systems zu ermöglichen.

4. Benutzerfehler: Bei Fehlbedienungen muss das System trotzdem in einem stabilen Zustand bleiben. Verständliche Fehlermeldungen mit Hinweisen zur Korrektur müssen gegeben werden und Fernwirkungen vermieden werden (s. Def. 3.4.28 auf S. 56 und die Bemerkungen zur Fehlerverarbeitung auf S. 98). Hierzu muss ein systemweit einheitliches Verfahren festgelegt werden.

5. Systemfehler: Auch wenn die aktuellen Methoden sich um konstruktive Qualitätssicherung bemühen, muss mit Fehlern im System gerechnet werden. Hierfür ist ein konsistentes Verfahren zum Identifizieren und Protokollierung von Fehlersituationen sowie zur Reaktion darauf zu entwerfen.

Diese Aktivitäten sind konzeptionell von denen der Analyse zu unterscheiden. Sie sind aber ebenso wichtig und erfordern nicht weniger analytisches Denkvermögen. Auch insofern ist es konsequent, dass sich Analysearbeitsschritte durch alle Phasen ziehen. Die Zerlegung hilft dabei, sich auf die jeweils relevanten Aspekte zu konzentrieren. Für viele Systeme gibt es mehr oder weniger standardisierte spezielle Verfahren für die Installation von Software. Diese sind z. B. von Microsoft für die Windows-Familie vorgegeben oder von der IBM für MVS durch SMP/E. Eine allgemeine Behandlung erscheint daher wenig sinnvoll. Das Hochfahren eines Systems ist entweder aus Sicht des Software-Engineerings trivial (ein Programm wird geladen, der program counter initialisiert etc.) oder erfordert sehr spezielle Überlegungen. Bei der Terminierung muss für die Freigabe aller benutzten Ressourcen gesorgt werden. Auf Strategien zur Vermeidung von Ressourcen-Verlusten (resource leaks) wird in Kap. 14 eingegangen. Der Fall der Beendigung in einer Notfallsituation wird im Zusammenhang mit Fehlerbehandlung besprochen.

Beispiel 13.11.1 (Initialisierung)
In Aufgabe A.5.10 auf S. 413 soll das Spiel „Die Türme von Hanoi" modelliert werden. Das Analysemodell enthält dazu wenige Operationen und Attribute. Die Klassen können so aber nicht direkt umgesetzt werden, weil die Operationen fehlen, um das Spiel erst einmal aufzubauen. Programmiert man dies tatsächlich nach dem Analysemodell, so wird ungefähr 90% des Codes für das Aufbauen der Scheiben auf dem Anfangsstab benötigt und nur ca. 10% für das Durchführen der Züge. ◀

Im Folgenden werden einige Grundprinzipien der Fehlerbehandlung besprochen, aus denen sich Grundzüge einer Architektur zur Fehlerverarbeitung ableiten. Nach den Definitionen von Robustheit und Zuverlässigkeit (s. Def. 3.4.18 auf S. 53, Def. 3.4.15 auf S. 51) muss vermieden werden, dass ein System in einer Fehlersituation in gefährliche, undefinierte oder unerwünschte Zustände gerät. Völlig unabhängig von irgendeiner Implementierungstechnik sind zur Reaktion auf Benutzer- oder Systemfehler folgende Grundsätze zu beachten:

- Die Meldung eines Fehlers muss zum frühest möglichen Zeitpunkt erfolgen. Erkennt ein Modul einen Fehler, so hat es unverzüglich eine Fehlermeldung auszugeben.
- Fehlermeldungen müssen in konsistenter Weise ausgegeben werden. Dies kann nur durch ein einheitliches Fehlermodul gewährleistet werden. Bei mehreren zu unterstützenden Ausgabemöglichkeiten (Dialogfenster, Protokolldatei, Konsole, ...) müssen alle in angemessener Weise unterstützt werden, z. B. durch Spezialisierung eines allgemeinen Fehlermoduls.
- Fehlermeldungen müssen einheitlich platziert werden, bei Bildschirmausgabe stets entweder in einem Fehlerfenster oder in einer Fehlerzeile (Statuszeile), nicht mal so und mal so. Auch bei Ausdrucken oder Dateiausgabe

ist dies zu gewährleisten. Bei Fehlerausgaben innerhalb einer größeren Ausgabe (z. B. Papierliste, Protokolldatei) ist an prominenter Stelle auf diese Meldungen hinzuweisen.

- Es muss einheitlich und nachvollziehbar festgelegt werden, wann eine Fehlermeldung ausgegeben und wann ein Returncode zurückgeliefert wird.
- Auch im Falle eines Fehlers muss die Bedienbarkeit des Systems gewährleistet bleiben.
- Daten dürfen nur gespeichert werden, wenn alle Prüfungen erfolgreich waren.

Für die Unterbringung der Fehlermeldungen im System, um sie bei Bedarf abzurufen und auszugeben, gibt es drei grundsätzliche Möglichkeiten mit unterschiedlichen Vor- und Nachteilen.

- Im erkennenden Modul:
  + Die Fehlermeldung ist unmittelbar erreichbar. Die Wahrscheinlichkeit, dass zwischen dem Erkennen eines Fehlers und der Zuordnung der Meldung ein weiterer Fehler eintritt, ist klein.
  + Die Meldungen dienen auch als „Quasi-Kommentare", die das Programm lesbarer machen.
  − Die Übersichtlichkeit der Fehlermeldungen ist nicht gegeben.
  − Mehrsprachigkeit ist kaum zu realisieren.
  − Die Fehlermeldungen werden immer mit den jeweiligen Programmteilen geladen, unabhängig davon, ob ein Fehler aufgetreten ist oder nicht.
- Im (zentralen) Fehlermodul:
  + Die Meldungen befinden sich noch „in der Nähe" des Auftretens des Fehlers. Die Wahrscheinlichkeit, dass zwischen der Entdeckung eines Fehlers und der Zuordnung zur Meldung ein weiterer auftritt, ist größer als bei der vorstehenden Variante, aber immer noch klein.
  + Die Fehlermeldungen sind übersichtlich zusammengefasst.
  + Doubletten oder Widersprüche können durch administrative Maßnahmen relativ sicher vermieden werden.
  + Die Meldungen sind einfach zu übersetzen.
  − Mit dem Fehlermodul müssen alle Fehlermeldungen geladen werden.
- In einer Datei mit Fehlermeldungen:
  + Alle Vorteile wie bei der Platzierung im Fehlermodul.
  + Leicht zu übersetzen und mehrere Sprachen simultan zu unterstützen.
  + Leicht änderbar.
  + Es werden immer nur die benötigten Fehlermeldungen geladen.
  − Handelt es sich um einen Fehler im Dateisystem oder der Datenbank, in der die Datei gespeichert ist, kann keine Fehlermeldung mehr ausgegeben werden.
  − Ist das Fehlermodul resident, so stehen die Meldungen ohne Ladezeit zur Verfügung, während die aus einer Datei erst eingelesen werden müssen.

Zum gegenwärtigen Stand der Diskussion (Design) wird man sich noch nicht sicher auf eine genaue Platzierung der Meldungen festlegen können. Es wird hier daher offen gehalten, ob diese in einer Datei, einer Datenbanktabelle oder einem ladbaren Modul platziert werden.

13.12 Optimierungskriterien

Zu diesem Zeitpunkt ist es verfrüht, sich um die konkrete Optimierung des Systems Gedanken zu machen. Da jetzt aber die Anforderungen an das System klar sind, können die Prioritäten der Systemziele festgelegt und Verfahren zur Auflösung von Konflikten konkurrierender Ziele vereinbart werden. Auf einer sehr abstrakten Ebene liegen solche Konflikte z.B. zwischen Qualität, Kosten und Zeit vor. Nun können die Ziele und ihre Prioritäten genauer bestimmt werden. Beispiele hierfür können sein:

- 90 % der Antwortzeiten sollen unter 2 s liegen.
- Wenn sich dies als teurer als erwartet herausstellt, so ist es wichtiger konsistente Antwortzeiten zu produzieren, als diese Vorgabe zu erreichen.

Weitere Entscheidungen, für die hier Kriterien erarbeitet werden sollten, betreffen Dinge wie:

- Nach welchen Kriterien soll zwischen Hauptspeicherbedarf und Geschwindigkeit abgewogen werden?
- Konkurrenz zwischen Dialog- und Batch-Betrieb: Wie soll bei Konflikten vorgegangen werden?

13.13 Zugriffspfade optimieren

Sofern man keine konkreten Anhaltspunkte für die tatsächliche Nutzung einer Anwendung hat, ist man am besten beraten, das Analysemodell so direkt und einfach wie möglich umzusetzen. Es gibt aber kaum eine Anwendung, in der die Anforderungen keine Hinweise auf die Nutzung von Klassen und Assoziationen geben. Bereits in Kap. 12 wurden erste Hinweise zur Berücksichtigung solcher Anforderungen gegeben. Diese werden in diesem Abschnitt spezialisiert und konkretisiert.

13.13.1 Redundante Assoziationen

Die in der Analyse modellierten Assoziationen dienen zur präzisen Beschreibung von Geschäftsregeln. Für die Realisierung werden Assoziationen benötigt, die die hier entworfenen Verfahren optimal unterstützen. Das folgende leicht modifizierte Beispiel aus [RBP+91] ist mir auch in der Praxis begegnet.

Abb. 13.6. Einführung redundanter Assoziation

Beispiel 13.13.1 (Redundante Assoziationen)
Eine international tätige Firma will die Fähigkeiten ihrer Mitarbeiter in einer
Datenbank verwalten, um für anstehende Aufgaben geeignete Mitarbeiter
finden zu können. Typische Anfragen sind:

- Es wird ein Mitarbeiter für einen Vortrag auf einer Konferenz gesucht. Der
  Vortrag soll ein Produkt präsentieren und in Italien auf englisch gehalten
  werden.
- Für eine Schulung in der Programmierung einer *4GL* in Deutschland, die
  auf englisch gehalten werden soll, wird ein Mitarbeiter gesucht.

Das zugehörige Klassendiagramm aus der Analyse zeigt der linke Teil von
Abb. 13.6.   Die Klasse Firma hat als Objekte die Tochtergesellschaften
in den einzelnen Ländern. Fähigkeiten hat Objekte wie „Englisch" „4GL-
Programmierkurs", „Vertriebspräsentation" etc. Um Anfragen wie die oben
aufgeführten zu beantworten, muss auf viele Objekte über die Assoziationen
zugegriffen werden. Zeigt sich, dass die Sprache ein Merkmal ist, das stark
separierend ist und häufig benutzt wird, so liegt es nahe, einen entsprechenden Matchcode (Suchbegriff) auf Person zu legen. Eine Möglichkeit, dies im
Klassendiagramm noch weitgehend neutral abzubilden, zeigt die rechte Seite
der Abbildung. Sprache wird als spezielle Fähigkeit zusätzlich redundant gespeichert. Die qualifizierte Assoziation wird über einen Index implementiert.
Auf welcher Seite der Assoziation dieser Qualifier am sinnvollsten ist, hängt
davon ab, wo er die andere Seite am wirkungsvollsten separiert. ◄

Wann immer man abgleitete Assoziationen einführt, muss man spezifizieren,
wie diese aktualisiert werden sollen. Strategien hierfür sind die gleichen wie
bei abgeleiteten Attributen (s.u.). Die Zugriffspfade im System müssen systematisch überprüft werden. Den Leitfaden hierfür bieten die Szenarios in
den Anwendungsfällen und die Kollaborationsdiagramme. Diese Überprüfung
geht Hand in Hand mit der Spezifikation von Beziehungen, die in Abschn.
14.6 besprochen werden wird. Dabei ist besonders auf folgende Punkte zu
achten:

- Welche Assoziationen werden von einer Operation benutzt?

- Welche Assoziationen werden in beiden Richtungen benutzt?
- Welche werden ausschließlich in einer Richtung benutzt, sind also „Einbahnstraßen"?

Pro Operation sind folgende Punkte zu untersuchen:

- Wie oft wird eine Operation aufgerufen?
- Wie hoch ist der Aufwand zur Ausführung einer elementaren Operation?
- Wie groß ist der *Fan-Out* einer Operation? Wie hoch ist der *Fan-Out* über die Assoziationen? Verfolgt man beides bis zum Ende, d.h. bis zu elementaren Operationen und Klassen, von denen aus keine weitere Assoziation benutzt wird, so erhält man den Aufwand zur Ausführung einer komplexen Operation.
- Wie hoch ist die Trefferrate bei der Auswahl von Objekten über Assoziationen? Ist sie niedrig, wird man ggf. redundante Assoziationen oder Attribute zur Optimierung des Zugriffs benötigen. Werden viele oder alle benötigt, ist die Trefferrate also hoch, so wird man ggf. eine effiziente Puffertechnik verwenden, Dateien hochgeblockt einlesen usw.

13.13.2 Abgeleitete Attribute

In der Analyse gilt die Faustregel, ein *abgeleitetes Attribut* nicht zu modellieren, sondern die Operation zu spezifizieren, die es berechnet. Dies liefert aber nicht für alle Anwendungen eine akzeptable Performance. Die Einführung eines abgeleiteten Attributs in das Modell ist zunächst einmal trivial: Seine Spezifikation ergibt sich aus dem Rückgabewert der bereits spezifizierten Operation, die es berechnet. Ein abgeleitetes Attribut gehört in die Klasse, zu der die berechnende Operation gehört. Aktiv entworfen werden muss die Aktualisierung des Attributs. Hierfür gibt es folgende Möglichkeiten:

1. Direkte Aktualisierung: Bei jeder Änderung eines der Basis-Attribute wird das abgeleitetete Attribut aktualisiert. Der Aufwand hierfür kann in manchen Fällen reduziert werden. Handelt es sich bei dem abgeleiteteten Attribut z. B. um einen Auftragswert, der sich aus der Summe der Werte von Auftragspositionen errechnet, so kann er durch maximal eine Addition und eine Subtraktion aktualisiert werden und braucht nicht komplett neu berechnet zu werden.
2. Zeitversetzte Aktualisierung: Das abgeleitete Attribut wird nur zu bestimmten Zeitpunkten aktualisiert. Dies wendet man häufig bei der Speicherung aggregierter Daten an.
3. Beobachter Muster: Gemäß dem in Abschn. 13.17.2 auf S. 334 beschriebenen Observer pattern (Beobachter Muster) werden die Basis-Attribute beobachtet (oder die verändernden Funktionskomponenten) und das abgeleitete Attribut wird bei Bedarf aktualisiert. Gegenüber der direkten Aktualisierung hat dieses Verfahren den Vorteil der geringeren Kopplung.

13.14 Klassen vervollständigen

Aus den verschiedenen Modellkomponenten muss das Klassenmodell vervollständigt werden, das die zentrale Komponente der Modellierung bildet. Besondere „Kandidaten" für noch hinzuzufügende Elemente sind

1. Zustandvariable aus den Zustandsdiagrammen, die im Klassenmodell noch nicht berücksichtigt wurden,
2. Operationen, die Aktivitäten in Zuständen implementieren,
3. Operationen, die Reaktionen in Zustandsdiagrammen oder Sequenzdiagrammen implementieren,
4. Operationen, die auf externe Ereignisse mit oder ohne Zustandsübergang reagieren,
5. Operationen, die sich aus Kooperations- oder Aktivitätsdiagrammen ergeben,
6. *RUDI*-Operationen,
7. Operationen, die Assoziationen verfolgen,
8. Operationen, die Assoziationen pflegen,
9. Objekt-Identifier.

Die Klassen von Attributen müssen nun präzisiert werden. So noch nicht geschehen, muss über die Sichtbarkeit von Attributen und Operationen entschieden werden. Sehr häufig wird man bei Operationen feststellen, dass die öffentlichen in der Analyse identifiziert werden, der größte Teil der geschützten oder privaten aber im Objekt-Design gefunden (bzw. festgelegt) und spezifiziert wird.

13.14.1 Verantwortung von Klassen festlegen

Innerhalb des Problemraumes wird man viele Klassen mit klar abgegrenzter Verantwortung vorfinden:

- Ein Kunde hat das Recht Aufträge zu erteilen, er hat eine Abnahmeverpflichtung für einwandfreie Produkte, eine Zahlungsverpflichtung, vertragliche Rechte aus dem BGB, ein Kreditlimit, das sein Auftragsvolumenen einschränkt.
- Ein Sachbearbeiter in einer Versicherung wird Entscheidungen bis zu einer vorgegebenen finanziellen Höhe treffen können, z. B. wird er über Schadensmeldungen bis zu dieser Höhe entscheiden können.

Aber welche Verantwortung hat eine Klasse Kunde in einer IT-Anwendung? Ein Kunde ist für die meisten kaufmänsichen Systeme ein *Akteur*. Über ihn werden die Daten gespeichert, die für das System relevant sind. Die Aktualisierung dieser Daten erfolgt durch Werkzeuge. Je nach der Bedeutung, die die Daten für das System haben, erfolgt die Aktualisierung mit mehr oder weniger Zeitverzug. Die Änderung einer Rechnungsanschrift mag unkritisch sein, da in den ersten Wochen sicher ein Nachsendeauftrag bei der Post vorliegt. Eine Vergleichs- oder Konkursanmeldung muss sicher unverzüglich berücksichtigt werden. Aber während der Gang zum Amtgericht Pflicht des Kunden (bzw. seiner Geschäftsführung) ist, ist die Erfassung dieser Tatsache kaum im Verantwortungsbereich der Klasse Kunde in einem IT-System.

Die Festlegung der Verantwortung der Klassen ist daher eine Designfrage, die entschieden werden muss.

13.15 Algorithmen spezifizieren

Jede Operation muss implementiert werden. Die Spezifikation der Operation kann über Vor- und Nachbedingungen oder Kollaborationsdiagramme erfolgen sein. Während in der Analyse spezifiziert wurde „was" eine Operation leisten soll, muss nun im Rahmen der Systemarchitektur entworfen werden „wie" dies geschehen soll. Typische Aktivitäten, die dabei anfallen, sind:

- Auswahl von Algorithmen oder Verfahren unter Berücksichtigung der Implementierungs- und Laufzeitkosten,
- Auswahl bzw. Definition von geeigneten Datenstrukturen zur Unterstützung des ausgewählten Verfahrens,
- Definition von weiteren Klassen oder Operationen, um den Algorithmus zu implementieren. Dies sind in aller Regel interne Modellelemente, die nach außen nicht sichtbar sind,
- Zuordnung der Verantwortung für die Operationen zu geeigneten Klassen.

Obwohl diese Schritte hier in einer sinnvollen Reihenfolge behandelt werden, werden sie in der Praxis parallel erfolgen.

13.15.1 Verfahrensauswahl

Viele Operationen, die im Analysemodell spezifiziert oder inzwischen hinzugefügt wurden, sind unter dem Gesichtspunkt des Objekt-Designs trivial:

1. Lesen eines Objekts über den Objekt-Identifier. Hier ist kaum etwas zusätzlich zu spezifizieren. Allerdings muss man in den Klassen der Interaktionskomponente für eine angemessene Aufbereitung auftretender Fehler sorgen.
2. Löschen eines Objekts über den Objekt-Identifier. Auch hier ist oft keine weitere Spezifikation erforderlich.
3. Verfolgen von Assoziationsketten, um Objekte zu finden. Hier ist allerdings die Implementierung der Assoziationen zu berücksichtigen. Bei Bedarf müssen weitere Assoziationen zur Optimierung eingeführt werden.

Eine weitere große Klasse von Verfahren ist durch einfache mathematische oder prozedurale Spezifikationen charakterisiert, die direkt so implementiert werden können. Auch diese werden im Design meistens unverändert bleiben.

Anders sieht es bei Operationen aus, die zwar einfach zu spezifizieren sind, aber unterschiedliche Implementierungen zulassen. Hierfür einige einfache Beispiele:

- Das Suchen eines Objekts in einer Menge von n Elemente erfordert bei sequentieller Suche im Durchschnitt $\frac{n}{2}$ Zugriffe. Ein Suchen über eine Hash-Tabelle erfordert 2 Zugriffe, unabhängig von der Anzahl Elemente n.
- Beim Durchsuchen einer komplexen Klassenstruktur kann die Reihenfolge starken Einfluss auf die Performance haben und muss ggf. dynamisch in Abhängigkeit von den Suchparametern festgelegt werden. Dies ist ein typischer Fall, in dem ein detailliertes Design erforderlich ist.
- Beim Verfolgen von Assoziationen kann die Reihenfolge Einfluss auf die Performance haben.

Die folgenden Kriterien sind bei der Entscheidung für einen Algorithmus zu berücksichtigen:

- Komplexität,
- Implementierungsaufwand,
- Verständlichkeit,
- Flexibilität,
- Einfluss auf das Klassenmodell.

Oft wird man Algorithmen bevorzugen, die im Rahmen der bis jetzt entwickelten Klassenstruktur realisiert werden können. Einfachen, verständlichen Algorithmen wird man den Vorzug geben, wenn sie hinreichend leistungsfähig sind. Bei durchgängiger Kapselung kann man diese bei Bedarf durch komplexere aber leistungsfähigere ersetzen, die einen größeren Implementierungsaufwand mit sich bringen. Ein wichtiger Vorteil objektorientierter Systeme besteht darin, dass man hierzu auf geeignete Klassenbibliotheken zurückgreifen kann.

13.15.2 Auswahl von Datenstrukturen

Entscheidungskriterien für die Auswahl von Datenstrukturen stammen aus dem Klassenmodell und aus Entscheidungen über Algorithmen. Geordnete Assoziationen müssen z.B. so implementiert werden, dass dies umgesetzt wird. Dies kann durch entsprechende Container oder Schlüsseldefinitionen geschehen. Algorithmen benötigen Strukturen, die ihre effiziente Umsetzung ermöglichen. Elementare Strukturen dieser Art sind Container-Klassen, die in Klassenbibliotheken für objektorientierte Sprachen zur Verfügung stehen wie in der *STL, MFC, BWCC* oder den Java-Containerklassen. Diese Strukturen bringen keine grundsätzlich neue Information in das Modell ein. Sie organisieren es lediglich optimal für das eine oder andere Verfahren. Erweisen sich die einmal gewählten Verfahren als unzureichend, so kann man von dem unveränderten Analysemodell ausgehend besser geeignete entwerfen.

13.15.3 Entwurf interner Klassen und Operationen

Zur Realisierung der Operationen wird man weitere Klassen benötigen. Diese haben meist keine Entsprechung im Anwendungsbereich. Sie sind ausschließlich implementierungsspezifisch. Beispiele hierfür sind Template-Klassen, die zur Implementierung interner Listen etc. verwendet werden. Die meisten Klassen, die zur Implementierung von Benutzeroberflächen benutzt werden, sind ebenfalls von dieser Art. Auch Klassen in anderen Teilsystemen, wie der Zugriffsschicht für ein DBMS, sind interne Klassen.

13.15.4 Verantwortung für Operationen zuordnen

Wie bereits einleitend in diesem Abschnitt bemerkt, gibt es für Klassen in einem IT-System viele Freiheitsgrade bei der Zuordnung von Operationen zu Klassen. Dies gilt insbesondere (aber nicht nur) für interne Klassen, die typischerweise keine Entsprechung in der realen Welt haben. Hier ist für jedes konkrete Projekt Design-Arbeit zu leisten. Die folgenden Faustregeln können dabei hilfreich sein:

- Wenn an der Operation nur ein Objekt beteiligt ist, so wird dies eine Operation der Klasse des Objekts.
- Wenn mehrere Objekte einer Klasse an einer Operation beteiligt sind, ist zu prüfen, wie diese ausgelöst wird. Oft wird diese Operation zu einer Werkzeugklasse oder zu einer Klasse gehören, die Objekte traversiert.
- Ein Objekt wird verändert, mehrere andere werden abgefragt. Dann ist es in der Regel sinnvoll, die Operation der Klasse zuzuordnen, aus der das veränderte Objekt stammt.
- Sind Objekte aus mehreren Klassen an der Operation beteiligt, so untersuche man, welche Assoziationen zwischen diesen Klassen bestehen. Ist eine zentrale Klasse dabei, die über 1:*-Assoziationen mit den anderen verbunden ist, so wird die Operation in der Regel dieser Klasse zugeordnet.
- Wenn die Operation in der realen Welt von Akteuren ausgelöst wird, so wird man die Operation oft einer Werkzeugklasse zuordnen.

13.16 Faktorisieren

Die im Design getroffenen Entscheidungen können dazu führen, dass die bisherige Struktur weiter angepasst werden muss. Auch hier wird man häufig faktorisieren. Dazu gehört sowohl die Zerlegung von Klassen via Delegation als auch die Einführung oder Auflösung von GenSpec-Beziehungen. Die Hauptfunktion solcher Maßnahmen liegt während des Designs auf einer möglichst strikten Entkopplung von Teilsystemen.

Abb. 13.7. Ein Iterator für eine Liste

13.17 Bewährte Muster für das Design

13.17.1 Iteratoren

Der Einsatz von Iteratoren zum Durchlaufen (Traversieren) von Aggregaten ist eine Grundsatzentscheidung für ein Modularisierungskonzept, die im Interesse der semantischen Konsistenz im Design getroffen werden sollte. Einige untergeordnete Entscheidungen können ins Objekt-Design delegiert werden.

Ziel

Ziel des Einsatzes von Iteratoren ist es, eine Möglichkeit für den Zugriff auf die Elemente eines zusammengesetzten Objektes zu schaffen, die dessen interne Darstellung nicht offenlegt.

Motivation

Ein zusammengesetztes Objekt wie z.B. eine Liste soll eine Möglichkeit bieten, auf seine Elemente zugreifen zu können, ohne dass Nutzer seine interne Struktur kennen zu müssen. Außerdem benötigt man in vielen Fällen verschiedene Zugriffsfolgen. Andererseits möchte man die Schnittstelle einer Liste möglichst schmal halten (vgl. Def. 4.5.22 auf S. 82) und sie nicht mit anwendungsspezifischen Anforderungen belasten, die auch kaum vollständig antizipiert werden können. Dieses zu ermöglichen, ist genau die Leistung des Iterator pattern. Die Grundidee besteht darin, die Verantwortung für den Zugriff und die Navigation durch die Elemente aus dem Listen-Objekt herauszufaktorisieren und in einem Iterator Objekt zu konzentrieren. Abbildung 13.7 zeigt dies an einem Beispiel: Eine *Skip List* ist eine Liste, in der jeder Knoten eine zufällige Anzahl von pointern auf die ihm folgenden Elemente enthält [Wil95]. Um ein ListIterator Objekt zu erzeugen, benötigt man zunächst einmal ein List Objekt. Die Operationen im einzelnen:

1. first(): Setzt das aktuelle Element auf das erste Element der Liste,
2. next(): Setzt das aktuelle Element auf das nächste Element,
3. currentItem(): Liefert das aktuelle Element,
4. isDone(): Testet, ob das Ende erreicht ist.

Bemerkung 13.17.1
In der C++ Praxis wird statt der Funktion next() oft der pre und der post increment Operator ++ überladen. ◄

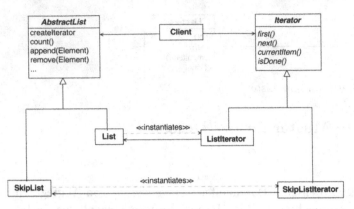

Abb. 13.8. Ein Iterator für eine Liste

Die Trennung des Traversierungsmechanismus vom „List"-Objekt ermöglicht die Definition von Iteratoren für verschiedene Traversierungsstrategien, ohne die Schnittstelle der Klasse List aufzublähen. So kann zum Beispiel eine Klasse „FilterIterator" definiert werden, der nur Zugriff auf Elemente liefert, die den definierten Filterbedingungen genügen.

Bei diesem Stand der Überlegungen sind der Container (hier eine Liste) und der Iterator eng gekoppelt: Nutzer müssen wissen, dass es sich um eine Liste und nicht um einen anderen Typ von Container handelt. Eine weitere Entkoppelung, die es ermöglicht, den Aggregat Typ zu ändern ohne die nutzenden Klassen anpassen zu müssen, erreicht man, wenn man das Iterator Konzept so erweitert, dass es polymorphe Iteration unterstützt. Abbildung 13.8 zeigt das Grundprinzip. Betrachtet wird hier eine sogenannte *Skip List* und eine übliche verkettete Liste. Ziel sind Klassen, die mit beiden Strukturen arbeiten können.

Dazu wird eine abstrakte Klasse AbstractList definiert, die eine allgemeine Schnittstelle für die Manipulation von Listen zur Verfügung stellt. Ganz analog definieren wir eine abstrakte Klasse Iterator, die eine allgemeine Schnittstelle für die Iteration deklariert. Die benötigten konkreten Klassen werden als Unterklassen dieser abstrakten Klassen definiert. Bleibt das Problem zu lösen, wie der Iterator erzeugt wird. Die Lösung hierfür ist die Einführung einer Fabrikmethode (Factory Method) createIterator, die die beiden parallelen Vererbungshierarchien von Listen und Iteratoren verbindet. Die Operation createIterator gibt jeweils den passenden Iterator zu einem Listentyp zurück.

Struktur

Die allgemeine Struktur des Iterator patterns zeigt Abb. 13.9.

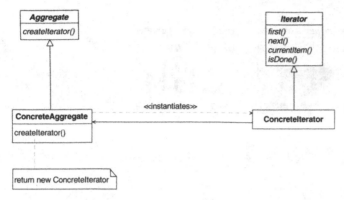

Abb. 13.9. Iterator pattern - Struktur

Komponenten

1. Iterator: Deklariert eine Schnittstelle für das Traversieren des Aggregats und den für Zugriff auf Elemente.
2. ConcreteIterator: Diese Klasse hat zwei Aufgaben:
   - Sie implementiert die in Iterator deklarierte Schnittstelle.
   - Sie verfolgt die aktuelle Position bei der Traversierung des Aggregats.
3. Aggregate: Definiert die Schnittstelle, um ein Iterator Objekt zu erzeugen.
4. ConcreteAggregate: Implementiert die in Aggregate deklarierte Schnittstelle und gibt einen geeigneten ConcreteIterator zurück.

Einsatzmöglichkeiten

Das Iterator pattern sollte in folgenden Situationen eingesetzt werden:

- Auf ein Aggregat soll ohne Kenntnis seiner internen Struktur zugegriffen werden können.
- Mehrere Traversierungen eines Aggregats sollen möglich sein.
- Eine gemeinsame Schnittstelle für die Traversierung verschiedener Aggregations-Strukturen wird benötigt.

Konsequenzen

Der Einsatz des Iterator patterns hat folgende Vorteile:

- Verschieden Arten der Traversierung sind möglich.
- Die Schnittstelle des Aggregats wird einfacher, da alle iterationsbezogenen Teile herausfaktorisiert werden.
- Da der Iterator für das Erinnern der aktuellen Position verantwortlich ist, können zur gleichen Zeit mehrere Traversierungen an unterschiedlichen Stellen des Aggregats stehen.

Weitere Gesichtspunkte werden in [GHJV94] diskutiert.

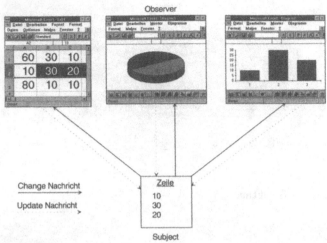

Abb. 13.10. Schema des Observer pattern

13.17.2 Observer pattern

Ziel

Ziel des Observer pattern (Beobachter Muster) ist es eine 1:* Beziehung zwischen Klassen zu schaffen, die es ermöglicht, die abhängigen Objekte von Zustandsänderungen zu informieren und automatisch zu aktualisieren.

Motivation

Eine häufige Nebenwirkung der Partitionierung eines Systems in eine Menge kooperierender Objekte ist die Notwendigkeit der Konsistenzsicherung. Dies möchte man aber erreichen, ohne die gerade entkoppelten Objekte wieder unnötig eng zu koppeln. In Anwendungen mit graphischer Benutzerschnittstelle trennt man die Darstellung üblicherweise von der eigentlichen Anwendungslogik. Auf diese Weise können Anwendungs- und Darstellungsklassen unabhängig voneinander wiederverwandt werden. Die Kooperation der Klassen zeigt sich z. B. darin, dass die Informationen in einer Tabelle als Arbeitsblatt in einer Tabellenkalkulation oder in verschiedenen Graphiken dargestellt werden können, wie Abb. 13.10 exemplarisch zeigt. Wünschenswert ist es nun, dass sich die verschiedenen Darstellungen simultan ändern, wenn z. B. die Zahlen in der Spreadsheet Darstellung vom Benutzer geändert werden. Analog sollen sich die Darstellungen ändern, wenn z. B. die Balkenhöhe in der Graphik durch Ziehen mit der Maus verändert werden kann. Hieraus folgt, dass die verschiedenen Darstellungen von den Daten abhängig sind und über dessen Zustandsänderungen informiert werden müssen. Diesen Informationsmechanismus stellt das Observer pattern über einen benachrichtigten Beobachter zur Verfügung. Die wesentlichen Objekte dabei sind Subject und Observer.

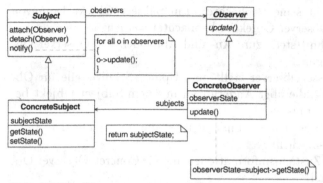

Abb. 13.11. Observer pattern - Struktur

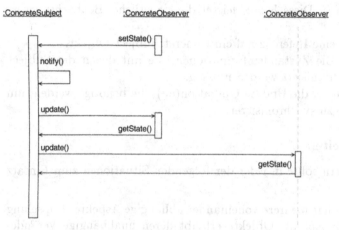

Abb. 13.12. Sequenzdiagramm Observer

Ein Subject Objekt kann beliebig viele Observer Objekte haben. Bei einer Zustandsänderung des Subject Objekts werden alle Observer Objekte benachrichtigt und fragen den neuen Zustand des Subject Objekts ab, um sich zu aktualisieren.

Struktur

Abbildung 13.11 zeigt die allgemeine Struktur des Observer pattern. Abbildung 13.12 zeigt ein typisches Szenario als Sequenzdiagramm mit Kontroll-Fokus.

Komponenten

Die beteiligten Klassen des Observer patterns haben die im Folgenden beschriebenen Verantwortlichkeiten:

1. Subject: Dies ist die Schnittstelle zur „beobachteten" Klasse:

- Ein Subject kennt seine Beobachter. Ein Subject Objekt kann von beliebig vielen Observer Objekten beobachtet werden.
- Es stellt eine Schnittstelle zum An- und Abmelden von Observer Objekten zur Verfügung.

2. Observer: Die Klasse Observer stellt eine Update-Schnittstelle für Objekte zur Verfügung, die über Änderungen in einem Subject Objekt benachrichtigt werden müssen.

3. ConcreteSubject: Diese Klasse implementiert die noch fehlenden Teile, die ein Subject ausmachen:
   - Sie speichert die Zustandsinformationen, die für ConcreteObserver Objekte relevant sind.
   - Sie informiert Observer Objekte, wenn sich sein Zustand ändert.

4. ConcreteObserver: Diese Klasse leistet die eigentliche „Beobachtungsarbeit":
   - Es verwaltet eine Referenz auf ein ConcreteSubject Objekt.
   - Es speichert die Zustandsinformationen, die mit denen des Subject Objekts synchronisiert werden müssen.
   - Es implementiert die Update Operation(en), die benötigt werden, um die Zustände zu synchronisieren.

Einsatzmöglichkeiten

Das Observer pattern sollte in jeder der folgenden Situationen zum Einsatz kommen:

- Eine Abstraktion hat mehrere voneinander abhängige Aspekte. Kapselung dieser Aspekte in separate Objekte erlaubt deren unabhängige Veränderung und Wiederverwendung.
- Änderungen an einem Objekt erfordern die Änderung anderer, deren Anzahl nicht feststeht.
- Ein Objekt muss in der Lage sein, andere zu informieren ohne diese zu kennen. Die Objekte sollen also schwach gekoppelt sein.

Konsequenzen

Der Einsatz des Observer patterns hat Vor- und Nachteile.

+ Die Kopplung zwischen Subject und Observer Objekten ist abstrakt und minimal. Sie sollten auch in unterschiedlichen Ebenen (horizontale Schichtung) untergebracht werden, wobei die Observer Objekte einer höheren und die Subject Objekte einer unteren Schicht zugeordnet werden sollten.
+ Das Observer pattern unterstützt ein broadcast Prinzip: Die Subject Objekte benachrichtigen ihre Umgebung. Die Nachricht geht automatisch an alle registrierten Beobachter.
− Da Beobachter sich gegenseitig nicht kennen, können sie die Kosten eines Updates nicht berücksichtigen. Eine auf den ersten Blick harmlose Änderung an einem Subject Objekt kann eine Kettenreaktion auslösen.

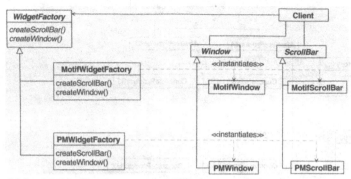

Abb. 13.13. Factory pattern: Windowsysteme

13.17.3 Fabrik

In der Präzisierung des Klassenbegriffs in Def. 2.3.17 auf S. 26 ist bereits festgehalten, dass ein Aspekt des Klassenbegriffs der der Objektfabrik ist. Nun unterstützen eine Reihe von objektorientierten Programmiersprachen wie z. B. *C++* und *Java* keine Erzeugung von Objekten, deren Klasse zum Zeitpunkt der Umwandlung nicht feststeht (haben also keine „virtuellen" Konstruktoren). Um z. B. eine solche Funktionalität zu erreichen, kann das Factory pattern benutzt werde, das hier in der durch Gamma u.a. (vgl. [GHJV94]) eingeführten Form beschrieben wird.

Ziel

Ziel des Factory pattern ist es, eine Schnittstelle zur Verfügung zu stellen, über die verschiedene, verwandte oder voneinander abhängige Objekte erzeugt werden können, ohne ihre konkreten Klassen zu spezifizieren.

Motivation

Eine typische Situation für das Factory pattern ist ein Werkzeug zum Erstellen von Oberflächen mit unterschiedlichem „look-and-feel" Standard, wie Motif, Presentation Manager, X Windows oder MS-Windows. Damit eine Anwendung über verschiedene dieser Oberflächen portabel ist, sollte sie nicht die speziellen Widgets der einzelnen Plattformen implementieren. Dazu kann man eine abstrakte Klasse WidgetFactory einsetzen, die eine Schnittstelle für die Erzeugung jeder Art von *Widget* zur Verfügung stellt. Ein Beispiel hierfür zeigt Abb. 13.13.

Struktur

Die allgemeine Struktur des Factory patterns zeigt Abb. 13.14.

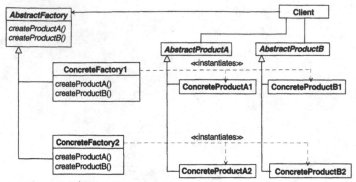

Abb. 13.14. Factory pattern: Struktur

Komponenten

Beim Factory pattern sind die folgenden Klassen beteiligt:

1. AbstractFactory definiert eine Schnittstelle zum Erzeugen abstrakter Objekte. Abstrakte Objekte können per definitionem nicht erzeugt werden. Hier wird lediglich die Schnittstelle zum Erzeugen von Produkten definiert.
2. ConcreteFactory implementiert die Operationen zum Erzeugen von Produkten.
3. AbstractProduct definiert die Schnittstelle zum Erzeugen von Produkten einer ConcreteProduct Klasse.
4. ConcreteProduct spezifiziert die eigentliche Erzeugung eines Objekts:
   - Sie deklariert ein Produkt, das mit der zugehörigen ConcreteFactory erzeugt wird.
   - Sie implementiert die Schnittstelle, die in einem AbstractProduct deklariert wird.
5. Client nutzt ausschließlich die in AbstractFactory und AbstractProduct deklarierten Schnittstellen.

Einsatzmöglichkeiten

Das Factory pattern kann sinnvoll eingesetzt werden, wenn eine oder mehrere der folgenden Anforderungen zu erfüllen sind:

- Das System soll unabhängig davon sein, wie seine Produkte erzeugt, zusammengesetzt und dargestellt werden.
- Es gibt verschiedene Familien von Produkten. Das System soll mit einer von diesen konfiguriert werden.
- Eine Familie von Produkten soll zusammen benutzt werden und dies muss vom System garantiert werden.
- Die Produkte sollen so in einer Klassenbibliothek zur Verfügung gestellt werden, dass nur die Schnittstelle, nicht aber die Implementierung offengelegt wird.

Konsequenzen

Der Einsatz des Factory pattern hat die folgenden Vor- und Nachteile:

+ Es isoliert konkrete Klassen. AbstractFactory kapselt sowohl die Verantwortung für die Erzeugung von Objekten als auch den Prozess der Erzeugung. Dadurch werden die Nutzer (Clients) von der Implementierung der Klassen isoliert. Nutzer manipulieren Objekte über ihre abstrakte Schnittstelle. Die Klassennamen der Produkte sind in der Implementierung der ConcreteFactory gekapselt.

+ Es macht den Austausch von Produktfamilien einfach. Die Klasse einer ConcreteFactory erscheint genau einmal in einer Anwendung, nämlich dort, wo das Objekt erzeugt wird. Die Anwendung kann so durch Austausch der ConcreteFactory vollständig auf eine andere Produktfamilie umgestellt werden.

+ Es fördert die Konsistenz unter den Produkten. Es gewährleistet, dass zu einem Zeitpunkt nur Produkte einer zusammengehörigen Familie zum Einsatz kommen.

− Es ist aufwendig, weitere Arten von Produkten hinzuzufügen: Die öffentliche Schnittstelle von AbstractFactory legt die erzeugbaren Produkte fest. Wird ein weiteres hinzugefügt, so muss diese Schnittstelle erweitert werden, was die Änderung aller abgeleiteten Klassen zur Folge hat.

13.17.4 Factory Method

Factory Methods stellen eine Art virtuellen Konstruktor zur Verfügung. Dieses Entwurfsmuster wird also nur benötigt, wenn die Implementierungsumgebung so etwas nicht kennt wie z. B. C++.

Ziel

Factory Methods stellen eine Schnittstelle zum Erzeugen von Objekten zur Verfügung. Über die zu erzeugende Klasse wird in Unterklassen entschieden.

Motivation

Frameworks benutzen abstrakte Klassen, um Beziehungen zwischen Objekten zu definieren und zu pflegen. Oft sind Frameworks auch für die Erzeugung von Objekten verantwortlich. Ein Framework zur Darstellung verschiedener Dokumente in einer Anwendung kann z. B. auf den Abstraktionen Document und Application aufbauen. Nutzer leiten ihre spezifischen Klassen von diesen abstrakten Klassen ab. Das Problem hierbei ist, dass das Framework nur abstrakte Klassen kennt, die nicht instanziiert werden können. Dieses müsste jeweils in der speziellen Anwendung neu implementiert werden.

Eine Lösung hierfür stellen Factory Methods dar. Sie kapseln das Wissen über die zu erzeugende Klasse und isolieren es vom Rest des Frameworks.

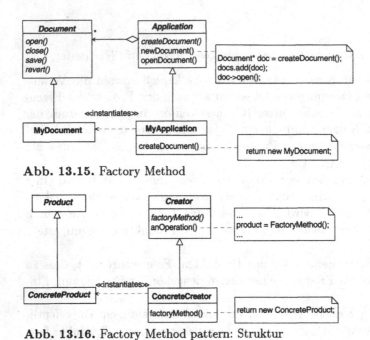

Abb. 13.15. Factory Method

Abb. 13.16. Factory Method pattern: Struktur

Das Grundschema im angeführten Beispiel zeigt Abb. 13.15. Unterklassen von Application überschreiben eine abstrakte Operation createDocument, so dass sie ein Dokument der gewünschten Unterklasse von Document zurück gibt, in diesem Fall also MyDocument. Sobald ein Objekt von MyApplication existiert, kann sie anwendungsspezifische Dokumente erzeugen ohne deren Klasse zu kennen. Die Operation createDocument heißt Factory Method, weil sie für die „Herstellung" eines Objektes verantwortlich ist.

Struktur

Die allgemeine Struktur des Factory Method patterns ist in Abb. 13.16 dargestellt.

Komponenten

An diesem Entwurfsmuster sind die folgenden Klassen beteiligt:

1. Product definiert die Schnittstelle der Objekte, die die Factory Method erzeugen soll.
2. ConcreteProduct implementiert die in der Klasse Product deklarierten Operationen.
3. Creator: Diese Klasse hat zwei Aufgaben:
   - Sie deklariert die Factory Method, die ein Objekt der Klasse Product liefert. Creator kann auch eine Standard Implementierung bieten.

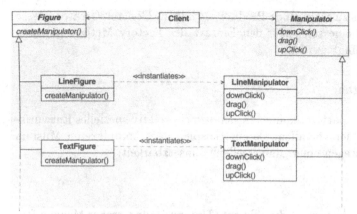

Abb. 13.17. Factory Method - Struktur

- Sie ruft die Factory Method auf, um ein neues Product Objekt zu erzeugen (genauer: eines einer Unterklasse von Product, aber dies geschieht dynamisch zur Laufzeit).
4. ConcreteCreator überschreibt die Factory Method der Oberklasse Creator und gibt ein Objekt der Klasse ConcreteProduct zurück.

Einsatzmöglichkeiten

Factory Methods können wirkungsvoll in folgenden Situationen eingesetzt werden:

- Die Klasse eines zu erzeugenden Objekts ist nicht im Detail vorhersehbar.
- Eine Klasse will es ihren Unterklassen überlassen, über die Klasse zu erzeugender Objekte zu entscheiden.
- Klassen delegieren Verantwortung an verschiedene Unterklassen und das Wissen über die jeweils verantwortlichen Unterklassen soll lokalisiert werden.

Konsequenzen

Der Einsatz des Factory Method patterns hat die folgenden Vor- und Nachteile:

+ Factory Methods entbinden von der Notwendigkeit, anwendungsspezifische Klassen in Systeme aufzunehmen, die als solche wiederverwandt werden können oder sollen.
+ Objekte mittels einer Factory Method zu erzeugen ist flexibler als die direkte Erzeugung. Sie ermöglichen Unterklassen die Erzeugung erweiterter Versionen von Objekten.
+ Es verbindet parallele Klassenhierarchien, wie in Abb. 13.17 gezeigt.

— Falls es für das zu erzeugende Product noch keine ConcreteCreator Klasse
gibt, so muss eine solche für den Einsatz des Factory Method patterns
extra hinzugefügt werden.

13.17.5 Flyweight

Bei dem Flyweight pattern handelt es sich um ein relativ spezielles Entwurfsmuster. Es wird hier vor allem als ein Beispiel eines komplexeren Musters
behandelt, nicht wegen einer „universellen" Einsetzbarkeit.

Ziel

Ziel des Flyweight pattern ist die effiziente Unterstützung großer Mengen fein
strukturierter Objekte.

Motivation

Einige Anwendungen könnten vom Einsatz objektorientierter Prinzipien pro-
fitieren, aber eine einfache Implementierung würde prohibitive Kosten verursachen. In den meisten Editoren z. B. sind die Implementierungen von Text-
Formatier- und Editiermöglichkeiten zumindest in einem gewissen Maße modularisiert. Objektorientierte Editoren benutzen typischerweise Objekte, um
eingebettete Objekte wie Tabellen und Graphiken darzustellen. Sie gehen
aber nicht so weit, jedes Zeichen in einem Dokument als Objekt darzustellen, obwohl dies die Flexibilität auf den untersten Ebenen der Anwendung
erhöhen würde. Würde man dies tun, so hätte dies einige Vorteile:

- Textzeichen und eingebettete Elemente könnten für Darstellung und For-
  matierung einheitlich behandelt werden.
- Unterstützung für weitere Zeichensätze könnte ohne Konflikte mit anderer
  Funktionalität eingeführt werden.
- Die Struktur des Anwendungsobjekts könnte sich stärker an der physischen
  Struktur der Dokumente orientieren.

Ein Editor könnte also unter dem Gesichtspunkt der Anwendungsstruktur
gewinnen, wenn er mit Objekten wie Zeilen, Spalten und Zeichen (Charac-
ter) arbeiten würde. Der Nachteil dieses Ansatzes sind die damit verbundenen Kosten. Ein Dokument mit typischem Satzspiegel hat ca. 3000 Zeichen
pro DIN-A4-Seite. Man erreicht also ziemlich schnell hunderttausende von
Zeichen, die viel Speicher belegen und zu nicht mehr akzeptablem Laufzeit-
Aufwand führen können. Das Flyweight pattern beschreibt eine Möglichkeit
für die mehrfache Nutzung eines Objekts, ohne dass durch die vielen Objekte
prohibitive Kosten entstehen. Ein Flyweight (Fliegengewicht) ist ein gemeinsam genutztes Objekt, das gleichzeitig in mehreren Kontexten auftreten kann.
In jedem Kontext fungiert ein Flyweight als unabhängiges Objekt: Es ist von

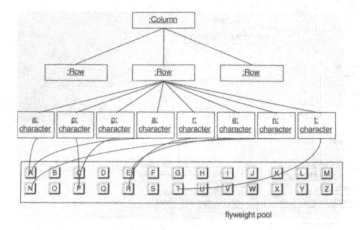

Abb. 13.18. Flyweight: Schema

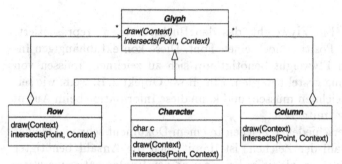

Abb. 13.19. Flyweight - Struktur

einem Objekt, das nicht gemeinsam genutzt wird, nicht unterscheidbar. Flyweights können keinerlei Annahmen über den Kontext machen, in dem sie genutzt werden. Das wesentliche Konzept, das dies ermöglicht, ist die Unterscheidung zwischen zwei verschiedenen Zustandsbegriffen:

1. *intrinsisch*: Dieser Zustand wird im Flyweight gespeichert. Diese Informationen (Zustandsvariablen) sind unabhängig vom Kontext, in dem das Flyweight auftritt.
2. *extrinsisch*: Dieser Zustand hängt vom Kontext ab und kann nicht gemeinsam von mehreren Objekten benutzt werden. Die Nutzer sind verantwortlich für die Information über extrinsische Zustände.

Wie in Abb. 13.18 gezeigt wird, gibt es logisch zu jedem Zeichen im Dokument ein Objekt. Physisch gibt es aber nur ein gemeinsam genutztes Flyweight Objekt pro Zeichen, das in verschiedenen Kontexten innerhalb der Struktur des Dokuments vorkommt. Eine Klassenstruktur hierfür zeigt Abb. 13.19. Dabei ist „Glyph" eine abstrakte Klasse für graphische Objekte, von denen einige Flyweights sein können. Operationen (hier „draw" und „intersects"), die vom extrinsischen Zustand abhängen, bekommen diesen als Pa-

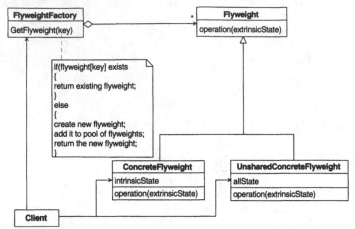

Abb. 13.20. Flyweight: Klassenstruktur

rameter übergeben. Ein Flyweight, das den Buchstaben „a" repräsentiert, speichert weder eine Position noch einen Font. Diese kontextabhängigen Informationen, die ein Flyweight benötigt um sich zu zeichnen, müssen von Nutzern zur Verfügung gestellt werden. Ein „Row" Objekt z. B. weiß, wie seine Teilobjekte sich zeichnen müssen, und kann diese Information beim Aufruf der Operation „draw" mitgeben.

Da die Anzahl verschiedener Zeichen in einem Dokument sehr viel kleiner ist als die Gesamtzahl der Zeichen, ist damit auch die Anzahl benötigter Objekte wesentlich kleiner, als sie es bei einer naiven Implementierung wäre. Ein Dokument, in dem alle Zeichen in gleichem Font (Schriftart und -type) und gleicher Farbe erscheinen, wird in der Größenordnung von 100 Objekten für Zeichen benötigen, unabhängig von seiner Länge. Die meisten Dokumente benutzen weniger als 10 Font-Farbe Kombinationen, so dass die Zahl der Objekte in der Praxis nicht nennenswert ansteigen wird. Die Nutzung einer Klassenabstraktion für einzelne Zeichen wird damit möglich.

Struktur

Die allgemeine Struktur des Flyweight patterns zeigt Abb. 13.20. Ein Objektmodell, das zeigt, wie Objekte gemeinsam genutzt werden können, zeigt Abb. 13.21.

Komponenten

Die einzelnen Komponenten des Flyweight pattern sind wie folgt charakterisiert:

1. Flyweight deklariert eine Schnittstelle, über die Flyweights extrinsische Zustandsinformationen erhalten und auf Änderungen reagieren können.

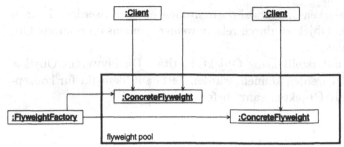

Abb. 13.21. Flyweight: Objektdiagramm

2. ConcreteFlyweight implementiert die in Flyweight deklarierten Operationen und fügt ggf. intrinsische Zustandsvariable hinzu. Ein Concrete-Flyweight Objekt muss gemeinsam nutzbar sein. Es enthält nur intrinsische Zustandsinformationen. Sein Zustand ist unabhängig vom Kontext. ConcreteFlyweight Objekte werden nie direkt, sondern ausschließlich durch die FlyweightFactory erzeugt.
3. UnsharedConcreteFlyweight enthält die nicht gemeinsam nutzbaren Flyweight Objekte. Nicht alle Unterklassen von Flyweight müssen gemeinsam nutzbar sein. Die Flyweight Schnittstelle ermöglicht gemeinsame Nutzung. Sie wird aber nicht erzwungen. Häufig haben UnsharedConcreteFlyweight Objekte als Bestandteile ConcreteFlyweight Objekte, wie „Row" oder „Column" in obigem Beispiel.
4. FlyweightFactory: Die FlyweightFactory ist eine Factory mit folgenden Aufgaben:
   • Sie erzeugt und verwaltet Flyweight Objekte.
   • Sie stellt die korrekte gemeinsame Nutzung von Flyweight Objekten sicher. Benötigen Nutzer ein Flyweight Objekt, so liefert die Flyweight-Factory ein existierendes Objekt oder erzeugt bei Bedarf ein neues.
5. Client hat im Kontext des Flyweight pattern folgende Aufgaben:
   • Sie pflegt Referenzen auf Flyweight Objekte.
   • Sie berechnet oder speichert den extrinsischen Zustand der Flyweight Objekte.

Einsatzmöglichkeiten

Der Einsatz des Flyweight patterns sollte sehr sorgfältig abgewogen werden. Seine Effizienz hängt stark von den Einsatzbedingungen ab. Für einen Einsatz sollten alle im Folgenden genannten Bedingungen vorliegen:

• Die Anwendung benutzt eine große Anzahl von Objekten.
• Aufgrund der großen Anzahl von Objekten entstehen hohe Speicherkosten.
• Der überwiegende Anteil des Zustandes von Objekten kann extrinsisch gemacht werden.

- Wenn die extrinsischen Zustandsinformaitonen entfernt werden, können viele Gruppen von Objekten durch relativ wenige gemeinsam genutzte Objekte ersetzt werden.
- Die Anwendung unterstellt keine Objektidentität. Da Flyweight Objekte gemeinsam genutzt werden können, würden Tests auf Identität für konzeptionell verschiedene Objekte „wahr" liefern.

Konsequenzen

Beim Einsatz des Flyweight patterns sind Laufzeitkosten für das Management des extrinsischen Zustandes gegen Speicherplatzeinsparungen abzuwägen. Dabei spielen verschiedene Faktoren eine Rolle:

- In welchem Maße kann die Anzahl der Objekte durch gemeinsame Nutzung reduziert werden?
- Wie viel intrinsische Zustandsinformationen müssen pro Objekt gespeichert werden?
- Wird der extrinsische Zustand berechnet oder gespeichert?

Das Flyweight pattern wird oft mit dem Composite pattern kombiniert. Dabei ist zu beachten, dass Flyweight Leaf Objekte keinen pointer auf ihre Composites speichern können; diese müssen als Teil des extrinsischen Zustands übergeben werden.

13.18 Qualitätssicherung des Designs

Alle syntaktischen und semantischen Regeln für Analysemodelle gelten hier weiter. Allerdings gewinnen andere Aspekte an Bedeutung bzw. kommen neu hinzu.

13.18.1 Syntaktische Prüfungen

Zusätzlich zu den Prüfungen in Kap. 12 müssen etwa folgende Regeln erfüllt sein:

- Kommen alle Klassen, die in Einsatzdiagrammen auftreten, auch in einem Klassendiagramm vor?
- Sind alle Klassen einem Teilsystem zugeordnet worden?
- Sind für jedes Teilsystem Knoten (Prozessoren und Einheiten) zugeordnet worden?
- Existieren alle notwendigen Assoziationen zwischen Knoten, um die Kommunikation zwischen Objekten zu ermöglichen?
- Sind Ergänzungen oder Änderungen an Beziehungen notwendig geworden?
- Sind durch Änderungen syntaktische Regen verletzt worden?
- Sind die Schnittstellen für alle Pakete klar definiert?

- Ist das Design der Fehlerbehandlung in allen Komponenten konsistent?
- Sind die Komponenten zum Installieren und Initialisierung aller System-komponenten spezifiziert?

13.18.2 Semantische Prüfungen

Die Benennung der Modellelemente wird im Design zunehmend DV-technisch. Die Bezeichnungen sollten aber so gewählt werden, dass der Bezug zu den Gegenstücken in der realen Welt nachvollziehbar bleibt oder mit Hilfe des Datenkatalogs schnell möglich ist. Zum Teil wird sie bereits durch Restriktionen der Implementierungsumgebung bestimmt. Da im Design die Architektur des Systems festgelegt wird, kommen alle klassischen Kriterien der Modularisierung zum Tragen. Prüfungen, die zur Qualitätssicherung im Zusammenhang mit dem Design sinnvoll sind, umfassen die folgende Punkte:

- Sind in Teilsystemen wiederverwendbare Komponenten entstanden?
- Können durch Faktorisieren weitere wiederverwendbare Komponenten geschaffen werden?
- Wie ist der Zusammenhalt der Komponenten zu beurteilen? Kann er noch verbessert werden?
- Ist die Kopplung zwischen den Komponenten hinreichend klein?
- Sind die Schnittstellen der Komponenten minimal?
- Ist die Dokumentation der Komponenten ausreichend?
- Sind die Komponenten so spezifiziert, dass die Spezifikation überprüfbar ist?
- Können bereits Testfälle für die Komponenten entworfen werden?
- Kann die Implementierung auf Basis der vorliegenden Ergebnisse geplant werden?

Die in diesem Abschnitt vorgestellten Entwurfsmuster sind spezieller als die in den Kap. 12 und 13. Für ein umfangreiches Repertoire von Mustern sei auf das Standardwerk [GHJV94] und die Konferenz-Reihe „Pattern Languages of Programming Design", kurz „PLoP", hingewiesen. Berichte dieser Konferenz sind in [CS95], [VCK96] und [MRB98] erschienen.

Diese Punkte sollen Anregungen zur Überprüfung des Zustandes des Designs geben. Sie sind nicht als Checkliste gedacht, sondern sollen dabei helfen, für ein konkretes Projekt Kriterien zu entwickeln.

13.18.3 Zugriffspfadanalyse

Im Design werden die ersten Entscheidungen über die Verteilung von Objekten getroffen. Zusätzlich zu der Betrachtung der logischen Zugriffe können nun die möglichen Folgen dieser Entscheidungen abgeschätzt werden. Die Überlegungen aus Abschn. 12.10.4 können nun durch die Berücksichtigung von Leitungsgeschwindigkeiten für verteilte Verarbeitung ergänzt werden. Die Leistung der in Frage kommenden Prozessoren kann abgeschätzt werden. Die Anforderungen der Verfahren können versuchsweise damit verglichen werden.

13.18.4 Kopplung und Zusammenhalt

Die in Kap. 4 eingeführten Kriterien, insbesondere Kopplung und Zusammenhalt, sind wichtige Leitlinien für die Strukturierung im Design. Diese Kriterien werden um so wichtiger, je weniger die Klassen einen direkten Bezug zum Anwendungsbereich haben. Um diese zu überprüfen, sind verschiedene Metriken vorgeschlagen worden. Diese können z. T. durch Werkzeuge ermittelt werden. So kann die ursprünglich für prozedurale Programme entwickelte McCabe-Metrik auf eine detaillierte Spezifikation oder Implementierung von Operationen angewandt werden. Sie misst hier die Anzahl möglicher Pfade durch eine Methode. Die Empfehlung ist, für Methoden keinen Wert dieser Metrik größer als drei zuzulassen. Eine andere Metrik, die hier zum Einsatz kommen kann, ist der „fehlende Zusammenhalt der Methoden" aus der Sammlung von Chidamber und Kemerer (s. z. B. [CK91]).

13.19 Design-Dokumentation

Im Design werden die in den vorstehenden Kapiteln genannten Dokumente überarbeitet und detailliert. Die Dokumente sind nun vollständig. Ist dies nicht der Fall, so ist es gesondert zu begründen. Folgende Angaben, die in den Analysearbeitsschritten nicht immer vollständig gemacht werden können, müssen nun zuverlässig gemacht werden.

- Alle Attribute von Klassen sind mit Spezifikation des Typs und ggf. des Initial-Wertes angegeben.
- Alle Operationen sind spezifiziert, auch die Typen der Parameter und der Rückgabetyp sind angegeben.
- Alle benötigten Assoziationen, die Attribute, die sie implementieren, und die Operationen, die sie pflegen, sind spezifiziert.

Die Dokumente aus der Analyse werden im Design weiterentwickelt. Insbesondere werden die Klassen nun auch zu Teilsystemen gruppiert, die auch die Knoten enthalten, auf denen die Objekte zum Einsatz kommen. Die Knoten werden in Einsatzdiagrammen dokumentiert.

Beispiel 13.19.1 (Bibliothekssystem)
Für das Bibliotheksbeispiel aus Kap. 12 ist beim heutigen Stand der Technik eine Systemarchitektur mit folgenden Komponenten naheliegend: Die Daten werden auf einem DB-Server gespeichert. Der Zugriff erfolgt von Endgeräten, auf denen www-Browser laufen. Der Zugriff auf die Anwendung erfolgt über einen www-Server. Eine solche Architektur ist in Abb. 13.22 grob skizziert.
◄

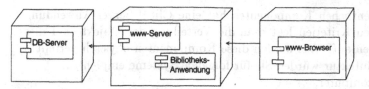

Abb. 13.22. Systemarchitektur: Bibliotheksanwendung

13.20 Historische Anmerkungen

Die erste Formalisierung erfuhr das Design durch Edward Yourdon und Larry Constantine in [YC79] als Structured Design, kurz SD. Hier wurde eine strikte Trennung zwischen (strukturierter) Analyse und (strukturiertem) Design eingeführt. Für die Überführung des Analysemodells in das Designmodell wurden Strategien wie Transaktions- und Transformationsanalyse angegeben; einen streng formalisierten Übergang gibt es nicht. Darüber hinaus wurden grundsätzlich verschiedene Notationen in diesen beiden Modellen verwendet, um die Charakteristiken der Modelle hervorzuheben.

Die hier (und im Unified Process) unter dem Begriff des Designs zusammengefassten Arbeitsschritte wurden in *OMT* (siehe [RBP+91]) in Systemdesign und Objektdesign unterschieden. Sie wurden dort aber als zwei Phasen betrachtet. Diese wurden zwar nicht als strikt sequentiell angesehen, aber auch nicht so konsequent wie heute als durchgängige Schritte während eines ganzen Entwicklungsprojekts betrachtet.

Das Observer pattern wurde ursprünglich durch das Model-View-Controller (MVC) Prinzip aus Smalltalk bekannt.

Viele der im Design einzusetzenden Techniken gehören zum Kernbereich der Informatik. Es erübrigt sich daher, diese in einem Buch über Software-Engineering detailliert darzustellen. Eine Fülle von Material findet man in Knuths Klassikern [Knu73a], [Knu73b] und [Knu73c]. Eine moderne Darstellung von Algorithmen bietet [CLR94].

13.21 Fragen zum Design

1. Welche wesentlichen Aufgaben hat das Design?
2. Was gehört alles zu einem guten Design?
3. Welche Überlegungen sind beim Übergang von der Analyse zum Design anzustellen?
4. Was ist der Zusammenhang zwischen Analyse und Design?
5. Wie unterteilt man Systeme in Teilsysteme?
6. Was versteht man unter interaktiver Verarbeitung?
7. Erklären Sie das MVC-Modell!

8. Welche wesentlichen Komponenten hat eine Client-Server-Anwendung? Nach welchen Kriterien legt man die Verteilung der Objekte auf diese Komponenten auf? Wie werden diese Komponenten physisch verteilt?

9. Welche Architektur würden Sie für folgende Systeme empfehlen:
   9.1. Schachcomputer,
   9.2. Flugsimulator für Videospielgerät,
   9.3. Diskettencontroller,
   9.4. Sonar-System?

10. Was sind die Hauptkomponenten eines computergestützten Informationssystems?

11. Wie hat die Dezentralisierung die Arbeitsweise von Systemen geändert?

12. Warum ist Sicherheit und Vertraulichkeit bei dezentralen Systemen wichtig?

13. Wie weit soll man beim Design schon an die Implementierung in einer bestimmten Programmiersprache denken?

14. Wie entscheidet man bei einem Klassenmodell, ob für eine Operation ein Algorithmus geschrieben werden soll oder ob eine ausführliche Dokumentation ausreichend ist?

15. Wann nimmt man Delegation statt Spezialisierung?

16. Ist Delegation Vererbung vorzuziehen? Erläutern Sie Vor- und Nachteile.

17. Nennen Sie Beispiele für Steuerungsstrategien!

18. Wie werden Zugriffspfade optimiert?

19. Welche Methoden gibt es, um Zugriffspfade im Design zu optimieren?

20. Wie sieht konkret die Design-Dokumentation aus?

21. Wie grob/fein sollte die Spezifikation der Algorithmen sein?

22. Was versteht man unter „RUDI"-Operationen?

23. Welchen Unterschied gibt es zwischen Klassen im Analysemodell und im Designmodell? Welche Klassen werden fallengelassen (zusammengefasst, durch Attribute dargestellt), welche entstehen neu? Nennen Sie typische Fälle!

24. Welche Vorsichtsmaßnahmen sollte man treffen, um evtl. Änderungen am Design von Anfang an zu erleichtern?

25. Wie setzt man ein konkretes Problem mit Hilfe eines patterns um?

26. Wie erkennt man, ob ein Entwurfsmuster richtig umgesetzt wurde? Wie stellt man fest, ob ein anderes besser passt?

27. Erläutern Sie die Idee und Funktionsweise des Composite patterns!

28. Erläutern Sie die Idee und Funktionsweise des Iterator patterns!

29. Erläutern Sie die Idee und Funktionsweise des Singleton patterns!

30. Was wären die Nachteile des Singleton pattern?

31. Erläutern Sie die Idee und Funktionsweise des Strategy patterns!

32. Erläutern Sie die Idee und Funktionsweise des Factory patterns!

33. Das Factory pattern ermöglicht den Austausch von Produktfamilien. Lohnt dieser Aufwand wirklich? Hat nicht ein neues Produkt einer Fa-

milie häufig eine veränderte Struktur (vergleiche z. B. Borlands OWL1.0 und OWL2.X)?

34. Was versteht man unter dem Factory-Method pattern?

35. Erläutern Sie die Idee und Funktionsweise des Flyweight patterns!

36. In [GHJV94] wird das Flyweight pattern anhand eines Editor-Beispiels eingeführt. Wo liegt die Platzersparnis, wenn man statt eines Zeichens einen Pointer auf ein Flyweight-Objekt hat?

37. Erläutern Sie die Idee und Funktionsweise des Bridge patterns (Hierfür müssen Sie recherchieren)!

38. Erläutern Sie die Idee und Funktionsweise des Observer patterns!

39. Wie findet man bei der Vielzahl der Entwurfsmuster, die zum Teil sehr ähnliche Probleme lösen, das richtige für die eigene Aufgabenstellung?

40. Werden diese patterns in der Praxis unverändert verwandt, oder müssen sie für jedes Projekt neu angepasst werden?

41. Was besagt das Liskov'sche Ersetzungsprinzip?

42. Wie kann Polymorphismus im Design eines Systems genutzt werden?

43. In welchen Situationen ist Polymorphismus besonders nützlich?

44. Wie sehen Sie die Beziehung zwischen Analyse und Design in der objektorientierten System-Entwicklung?

45. Objektorientierte Methoden sollten unabhängig von der Implementierungssprache sein. Welche Teile einer Ihnen bekannten Methode sind für eine Ihnen bekannte objektorientierte Programmiersprache notwendig bzw. besonders nützlich?

14 Implementierung

14.1 Übersicht

In diesem Kapitel geht es um die Implementierung mit objektorientierten Systemen, vor allem objektorientierten Programmiersprachen. Darüberhinaus wird die Speicherung von Objekten im Zusammenhang mit Dateisystemen und objektorientierten Datenbanken diskutiert. Die meisten Beispiele basieren auf einem konsequent objektorientierten Einsatz von C++. Sie lassen sich aber mit den entsprechenden Modifikationen auf Smalltalk und Java übertragen. Im Vordergrund stehen hier folgende Punkte:

- Programmierstil,
- Umsetzung der Qualitätsmerkmale aus Entwicklersicht in Code,
- Sicherheit zur Laufzeit,
- Anwendung der Modularisierungsprinzipien aus Kap. 4,
- Performance.

14.2 Lernziele

- Klassen und Assoziationen implementieren können.
- Einige wichtige Programmierstile kennen.
- Elementare persistente Klassen implementieren können.
- Grundprinzipien des Einsatzes objektorientierter Datenbanken kennen.
- Eine Implementierung nach Qualitätsgesichtspunkten beurteilen können.

14.3 Aufgaben der Implementierungsarbeitsschritte

Ergebnisse der Implementierungsaktivitäten sind Komponenten wie Sourcecode, Skripte, ausführbare Programme, DLLs, usw. Aufgaben der Implementierung sind

- Planung der in der jeweiligen Iteration notwendigen Systemintegration,
- Zuordnung der Komponenten zu Knoten des Einsatzmodells,
- Implementierung der Designklassen und Teilsysteme,

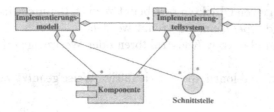

Abb. 14.1. Grundzüge des Implementierungsmodells

- Testen der implementierten Komponenten,
- Integration für den Integrationstest.

Die folgende Tabelle zeigt die wichtigsten Aktivitäten und daraus hervorgehende Artefakte der Implementierungsschritte.

Aktivität	Artefakt
Teilsystem implementieren	Implementierungsteilsystem
	Komponenten
Teilsysteme integrieren	Implementierungsmodell
Komponenten testen	Testergebnis
Architektur implementieren	Schnittstellen
	Architekturbeschreibung
	(Implementierungssicht)
Builds planen	Integrationsplan

14.4 Qualitätsmerkmale und Implementierung

In Kap. 3 wurden Qualitätsmerkmale von Software aus Benutzer- und aus Entwicklersicht betrachtet. Diese können für objektorientierte Entwicklungsumgebungen weiter präzisiert werden. Eine Familie von Prinzipien wird unter dem Oberbegriff *Law of Demeter* zusammengefasst. Eine Form dieser Regeln wurde bereits in Def. 4.8.11 auf S. 100 angegeben. Das Grundkonzept hinter diesen Regeln besteht darin, Software in zwei Teile zu zerlegen, in

- Objekte und
- Operationen.

Diese beiden Teile sollen nur so lose wie möglich gekoppelt sein, um sie unabhängig voneinander ändern zu können. Das Ziel ist es anpassungsfähige Software zu entwickeln, die durch Diagramme beschrieben werden kann, die lokal vollständig sind und die Evolution von Software einfacher gestalten. Dies tritt in vielen der betrachteten Situationen auf. Hier einige Punkte, an denen hier angesetzt werden kann:

- Kollaborationsdiagramme zeigen Klassen, die zum Erreichen eines spezifischen Ziels kooperieren.

- Wenn eine definierte Menge von Objekten bearbeitet wird, z. B. durch einen Iterator, sind Klassen und Operationen getrennt worden.
- Kopieroperationen können über copy Konstruktoren oder Werkzeuge erfolgen.
- Template-Klassen liefern Schablonen, die auf vielfältige Weise genutzt werden können.
- ...

Neben der obligatorischen Qualitätssicherung zum Erreichen der akzeptierten Qualitätskriterien aus Entwicklersicht und der Modularisierung kommen in der Implementierung einige weitere Kriterien hinzu, die mehr oder weniger eng mit der jeweiligen Programmiersprache verbunden sind und die man als Programmierstil bezeichnen kann. Der Begriff ist hier eng gefasst und bezieht sich ausschließlich auf stilistische Konventionen, wie sie in vielen Programmiersprachen (C++, Java, Smalltalk, u.a.) verbreitet sind. Dazu gehören Regeln zur Namensgebung und zu Form und Umfang von Kommentaren. In den Beispielen diesen Kapitels werden vorwiegend C++ bzw. Java benutzt, um zu illustrieren, nach welchen Grundsätzen auf Analyse und Design eine Implementierung aufgebaut werden kann. Die Anpassung auf andere objektorientierte Programmiersprachen halte ich für einfach.

14.5 Klassen

Der erste Schritt zur Implementierung von Klassen ist die Deklaration. Bei abstrakten Klassen ist man damit auch schon fertig, wenn sie keine default Implementierung bieten sollen. Die in Kap. 3 eingeführten Qualitätskriterien können mehr oder weniger leicht auf die jeweilige Implementierungsumgebung angepasst werden. Allerdings gibt es hier einen großen Ermessensspielraum, welchen Stil man bevorzugt. Über die Grundzüge der hier vorgestellten Strategien scheint es aber eine weitgehende Einigkeit zu geben. Bei der Deklaration müssen alle Attribute und Operationen aus dem Objektmodell übernommen werden. Soweit es die Programmiersprache zulässt, werden die Namen unverändert übernommen. Je nach Programmiersprache gibt es aber darüber hinausgehende Anforderungen an die Programmierung, die jeder erfahrene Programmierer einhält. Für C++ ist hier als wichtigste Konvention die sogenannte orthodoxe kanonische Form zu nennen.

Definition 14.5.1 (Orthodoxe kanonische Form)
Die *orthodoxe kanonische Form*, abgekürzt *OCF* (Orthodox Canonical Form) ist ein Stil in der *C++* Programmierung, nach dem jede nicht-triviale *C++-Klasse* folgende *member functions* haben soll [Cop93]:

1. default constructor: Ein solcher constructor wird benutzt, wenn kein anderer verfügbar ist.

2. copy constructor: Dieser constructor stellt sicher, dass Objekte im Bedarfsfall korrekt „geklont" werden.

3. destructor: Ein destructor stellt sicher, dass dynamisch belegter Speicher beim Zerstören eines Objekts wieder freigegeben wird. Er muss als virtuell deklariert werden.

4. Zuweisungs-Operator: Dieser Operator löscht allen Speicherplatz, der vom Objekt belegt wird, und weißt dem Speicher neue Werte zu.

Die OCF sollte für alle nicht-trivialen *C++ Klassen* verwendet werden. In den folgenden Fällen muss sie verwendet werden:

• Wenn Objekte der Klasse zugewiesen werden können sollen.
• Wenn Objekte der Klasse by-value als Parameter an Funktionen übergeben werden können sollen.
• Wenn Objekte der Klasse Pointer auf Objekte enthalten, bei denen die Anzahl Referenzen verwaltet wird („reference counting").
• Wenn der destructor Werte (data member) eines Objekts zerstört.

◀

Die OCF erscheint auf den ersten Blick Klassen unnötig zu vergrößern. Der Rat, sie (fast) immer zu verwenden, wird aber sicher durch die folgenden Beispiele verständlich. Durch Einsatz der OCF wird sichergestellt, dass die Objekte einer Klasse vollständig so benutzt werden können, wie die in C++ definierten Datentypen. Damit ist aber noch keineswegs sichergestellt, dass die Klasse von jedem Nutzer einfach und sicher benutzt werden kann.

Bemerkung 14.5.2 (default constructor)
Die Notwendigkeit, einen default constructor zu definieren, kommt aus der Definition von C++. An einigen Stellen werden vom Compiler temporäre Objekte erzeugt. Dies ist etwa der Fall, wenn ein Array von Objekten einer Klasse X benutzt wird, also etwa folgendes Statement vorkommt:

```
X EinArray[10];
```

Ist kein default constructor in der Klasse X definiert, so versucht der Compiler einen zu erzeugen. Dieser ruft für jedes data member den (default) constructor auf, ggf. wird vom Compiler ein solcher erzeugt. Dieser Prozess wird fortgesetzt, bis er auf elementare C++-Datentypen zurückgeführt ist. Der default constructor, der vom Compiler erzeugt wird, initialisiert bitweise, insbesondere wird die Initialisierung von pointern oft nicht wie gewünscht erfolgen. Dabei ist dann aber nicht sichergestellt, dass das Objekt korrekt initialisiert wird. Unter logischen Gesichtspunkten ist ein default constructor von geringem Wert: Es wird ein Objekt aus dem „Nichts" geschaffen, ein Verstoß gegen den Energieerhaltungssatz. Ein solches Objekt kann nicht mit sehr sinnvollen Attributwerten versehen werden. Will man verhindern, dass der default constructor von anderen Objekten aufgerufen wird, so kann man dessen Sichtbarkeit auf privat oder geschützt begrenzen. ◀

Bemerkung 14.5.3 (default destructor)
Der default destructor stellt sicher, dass dynamischer belegter Speicher bei
Zerstörung des Objekts wieder freigegeben wird. Wird die OCF verwandt, so
ist sichergestellt, dass alle Attribute eines Objekts durch einen Konstruktor
initialisiert worden sind. Dafür zu sorgen, dass dies immer gegeben ist, ist ja
gerade Aufgabe des default Konstruktors, der in Bemerkung 14.5.2 erläutert
wurde. Für jedes Attribut, das mit **new** oder **new** [] angelegt wurde, kann
also davon ausgegangen werden, dass dies bei der Erzeugung des Objekts
auch ausgeführt wurde. Diese Attribute müssen im destructor durch **delete**
bzw. **delete** [] zerstört werden und man kann darauf vertrauen, dass dies
auch sicher ist. Im Zusammenhang mit der Fehlerbehandlung ist auf einige
weitere Punkte hinzuweisen, die der destructor nicht leisten kann. ◀

Die OCF ist ein wichtiger Schritt dazu, dass Klassen semantisch konsistent
sind. Zur semantischen Konsistenz in C++ gehört ferner, dass mit einem
+-Operator auch ein + =-Operator zur Verfügung gestellt wird etc.

Bemerkung 14.5.4 (Utilities, Singletons und Namespace)
Bereits in Kap. 12 wurde darauf hingewiesen, dass sich utility Klassen meist
gut als Singleton in C++ implementieren lassen. Hat man einen aktuellen
C++ Compiler zur Verfügung, so können Utilities auch als namespace implementiert werden. ◀

14.5.1 Operationen

Bei dem Design von Operationen ist als Erstes auf die Deklaration der Parameter und der Rückgabewerte zu achten.

Beispiel 14.5.5 (Operationen C++)
Ein constructor hat keinen Rückgabewert. Will man das Ergebnis eines Konstruktors auswerten, so muss man einen der folgenden Wege einschlagen:

1. Im Konstruktor eine exception werfen.
2. Einen pointer als Parameter übergeben, der bei Verlassen des Konstruktors auf ein Ergebnis zeigt.
3. Eine Referenz auf das Ergebnis als Parameter übergeben.

Eine exception zu werfen ist immer möglich, sollte aber vermieden werden,
wenn die Situation lokal behandelt werden kann. Erhält der constructor einen
pointer übergeben, etwa:

```
X::X(someParameter, somePointer);
```

kann dieser für die Rückgabe eines pointers auf das Ergebnis verwandt werden. Eine Übergabe als Referenz ist nicht möglich, wenn der Parameter nicht
zwingend gefüllt wird, da es keine sinnvolle Möglichkeit gibt, das Fehlen anzuzeigen: Eine Referenz kann z. B. nicht von einem null pointer aus initialisiert
werden [Car92]. ◀

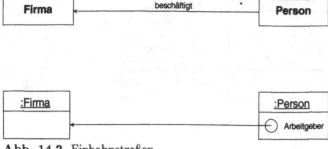

Abb. 14.2. Einbahnstraßen

14.6 Assoziationen und Aggregationen

Für die Implementierung von Assoziationen und Aggregationen gibt es zwei wesentliche Strategien:

- Attribute, die auf die verbundenen Objekte verweisen (pointer),
- Assoziationsklassen, die wiederum auf die verbundenen Objekte verweisen.

Dies ist in C++ unmittelbar mit pointern und Container-Klassen umsetzbar. Handelt es sich um eine Komposition, so wird man Objekte als Attributwerte des „Ganzen" realisieren. Insofern können die Überlegungen aus Abschn. 14.6 direkt umgesetzt werden. Assoziationen vermitteln den Zusammenhalt zwischen eng zusammengehörigen Klassen bzw. die Kopplung zwischen Klassen. Eine Entscheidung über die Art und Weise ihrer Implementierung ist nur möglich, wenn die Benutzungscharakteristik bekannt ist. Im einfachsten Fall wird eine Assoziation nur in einer Richtung benutzt, es handelt sich um eine „Einbahnstraße". Dieser Fall wird in aller Regel durch eine Art pointer realisiert. In relationalen Datenbanken entsprechen dieser Situation Fremdschlüssel-Definitionen. Ein einfaches Schema zeigt Abb. 14.2. 1:1 Assoziationen können ebenfalls so realisiert werden, unabhängig von der Benutzungsrichtung. Es werden jetzt Attribute von Klassen spezifiziert, die Assoziationen implementieren. Bei 1:* oder *:* Assoziationen gibt es mehrere Möglichkeiten:

- Ein Objekt speichert eine Menge von pointern auf die verbundenen Objekte.
- Die Assoziation wird über eine „Verbindungsklasse" realisiert.

Beide Möglichkeiten sind in den Abb. 14.3 und 14.4 schematisch dargestellt. Durch die Abbildung von Assoziationen auf eine dieser Arten wird der Weg der Umsetzung der Struktur beschrieben. Es ist nun zu entscheiden, welche Klasse die Verantwortung für die Pflege der Assoziation übernimmt. Für diese Klasse (oder Klassen) müssen Operationen spezifiziert werden, die die Objektbeziehungen anlegen, bei Bedarf ändern oder löschen. Hierbei ist auf die Einhaltung von Bedingungen zu achten. Einige Bedingungen ergeben sich bereits aus den Multiplizitäten der Assoziation. Andere stammen

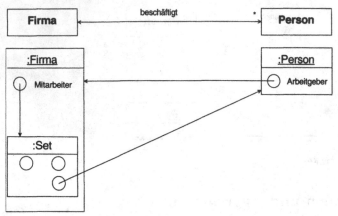

Abb. 14.3. Beidseitig genutzte Assoziation

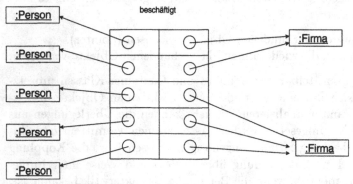

Abb. 14.4. Beidseitig genutzte Assoziation

aus der Definition der Assoziation. So definiert eine Komposition explizit den Zusammenhang zwischen Erzeugung und Zerstörung des Ganzen und der Teile. Weitere Bedingungen, wie sie in Abb. 6.24 auf S. 151 illustriert sind, müssen ebenfalls eingehalten werden. Bei beidseitig genutzten Assoziationen kann dies zu weiteren Attributen Anlass geben (s. Aufgabe A.7.15 auf S. 418).

14.6.1 Spezifikation von Generalisierungen

GenSpec-Beziehungen werden nun im Hinblick auf die Implementierung konkretisiert. Auch eine Restrukturierung kann sinnvoll sein. So macht es Sinn, ähnliche Klassen daraufhin zu überprüfen, ob durch Änderungen an der Signatur von Operationen eine Vereinheitlichung von Schnittstellen möglich ist. Auch eine Verlagerung von Operationen von einer Klasse in eine andere kann sich als sinnvoll erweisen. Auf diese Weise können sich Gemeinsamkeiten ergeben, die zu neuen Klassen herausfaktorisiert werden können. Ein Übermaß an Allgemeinheit muss aber vermieden werden. Bei der Bildung von GenSpec (Generalisierungs-Spezialisierungs)-Hierarchien ist das von Barbara Liskov formulierte Ersetzungsprinzip zu beachten:

Definition 14.6.1 (Liskov'sches Ersetzungsprinzip)
Eine Klasse B spezialisiert eine Klasse A, wenn es zu jedem Objekt b aus B
ein Objekt a aus A gibt, so dass kein Modell M, das mit Ausdrücken aus A
definiert ist, sein Verhalten ändert, wenn b an Stelle von a eingesetzt wird
[Cop93]. ◄

Bemerkung 14.6.2 (Ziel des Ersetzungsprinzips)
Das Liskov'sche Ersetzungsprinzip lässt sich vielfältig motivieren:

- Es hilft die semantische Konsistenz zu gewährleisten.
- Es fördert die Verständlichkeit, da GenSpec-Hierarchien nur dort benutzt
  werden, wo auch GenSpec Beziehungen vorliegen. Eine Nutzung ausschließlich zur Implementierung genügt diesem Prinzip nicht.
- Es vermeidet unerwünschte Fernwirkungen wie „Krankheiten, die man von
  seinen Kindern erbt" innerhalb von GenSpec-Hierarchien.

◄

Das Ziel der Überprüfung der GenSpec-Struktur ist es Inkonsistenzen aufzu-
decken, die Kopplung weiter zu verringern und den Zusammenhalt zu stärken.
In vielen Fällen wird es an diesem Punkt der Entwicklung möglich, kompetent die Wiederverwendbarkeit existierender Klassen zu beurteilen. Es ist
aber explizit davon abzuraten, eine Wiederverwendung über Spezialisierung
zu erzwingen.

Beispiel 14.6.3 (Agent)
In einem Labyrinth-Spiel (dungeon) kommt häufig eine Figur wie ein „Agent"
vor, der sich durch die „Abenteuerlandschaft" bewegt und Gegenstände sammelt. Die Gegenstände sammelt er in einem Rucksack. Jeder Gegenstand
hat einen Wert und der Agent bemüht sich möglichst wertvolle Gegenstände
einzusammeln. Für die Realisierung des Rucksackes ist die Verwendung einer Template-Klasse Bag (Sack) naheliegend. Da die Klasse Agent in einem
einfachen Spiel nicht viel mehr Verhalten zeigt, als den Rucksack zu füllen
oder zu leeren, kann man auf die Idee kommen, die Klasse Agent von der
Klasse Bag zu spezialisieren. Nun mögen manche zwar der Ansicht sein: „jeder Agent ist eine Sack", eine präzise gesicherte Aussage ist dies aber nicht.
Es erscheint sinnvoller, den im Folgenden beschriebenen Mechanismus der
Delegation einzusetzen. ◄

Definition 14.6.4 (Delegation)
Unter *Delegation* versteht man die Auslagerung der Realisierung von Auf-
gaben einer Klasse A in eine andere Klasse B, die mit A über eine binäre
Assoziation verbunden ist. Dabei handelt es sich oft um eine 1:1 Assoziation,
Aggregation oder Zusammensetzung. ◄

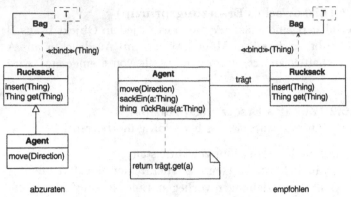

Abb. 14.5. Spezialisierung und Delegation

Beispiel 14.6.5 (Agent)
In Beispiel 14.6.3 wurde bereits darauf hingewiesen, dass es nicht zweckmäßig ist, Agent von einer Klasse Bag<Thing> zu spezialisieren. Die Klasse Agent erhält z.B. dann noch eine Operation move(Direction) um ein Agenten Objekt durch das Spiel zu bewegen. Diesen Ansatz zeigt die linke Seite in Abb. 14.5. Besser ist es, eine Assoziation zwischen Agent und Bag zu implementieren, wie es auf der rechten Seite von Abb. 14.5 dargestellt ist. Die Schnittstelle von Agent ist nun der Aufgabenstellung angemessen: Diese Klasse verfügt nicht mehr über die insert(thing) und get(thing) Operationen des Bag sondern über die Operationen sackEin(thing) und rückRaus(thing), die die Operationen von Bag aufrufen. ◄

14.7 Klassen-Implementierung spezifizieren

Spezifikation von Klassen

Bereits in der Analyse wurden die gefundenen Klassen in einem Data Dictionary beschrieben, ebenso ihre Attribute. Diese Beschreibungen müssen nun detailliert und gegebenenfalls überarbeitet werden. In Kap. 13 wurden Kriterien beschrieben, die bei der Zerlegung in Teilsysteme zu beachten sind. Wurden Teilsysteme identifiziert, deren Objekte gespeichert werden sollen, so muss dies nun präzisiert werden. Es müssen nun Klassen entworfen werden, die für die Speicherung persistenter Objekte verantwortlich sind. Dies kann über Operationen der jeweiligen Klassen, eine unabhängige „Persistenz-Schicht" oder Aspekte geschehen.

Spezifikation von Attributen

Beim Design von Attributen ist vor allem folgende Entscheidung zu treffen: Wird ein Attribut über einen elementaren Datentyp implementiert, oder benötigt man hierfür eine weitere Klasse? Entscheidet man sich für die erste

Möglichkeit, so benötigt man zur Konsistenzsicherung weitere Operationen. Unter dem Gesichtspunkt des Zusammenhalts ist dann oft eine weitere Klasse empfehlenswert.

Beispiel 14.7.1 (Klasse oder Datentyp)
Hat man es mit einem Attribut zu tun, das mit einer Prüfziffer abgesichert ist (s. Beispiel 16.3.4 auf 388), so wird man sich für eine Klasse entscheiden. Ein typischer Fall ist eine *ISBN* in einer Anwendung, die mit Büchern zu tun hat. Eine Klasse ISBN kapselt die Berechnung der Prüfziffer modulo 11, die in einer Klasse Buch kaum zu rechtfertigen wäre.

Man wird sich auch dann für eine Klasse entscheiden, wenn es um Größen geht, die eine Einheit haben, wie Geldbeträge, Temperaturen, Kräfte usw. ◀

14.8 Realisierung von Zustandsdiagrammen

Zustandsdiagramme beschreiben den bzw. die endlichen Automaten eines Programmsystems. Die allgemeine Strategie zu ihrer Realisierung wird im Design festgelegt. Nun muss dies für alle Klassen mit wesentlichem dynamischem Verhalten umgesetzt werden.

14.8.1 Zustand als Programm-Modus

In traditionellen, prozeduralen Programmiersprachen wird der Zustand eines Programmes durch die aktuelle Position zur Ausführungszeit beschrieben. Zustandsänderungen werden durch Eingaben ausgelöst. In komplexen Situationen entsteht so der berüchtigte „Spaghetti-Code", in dem Eingaben von einem Programmteil entgegengenommen werden und über viele Aufruf-Stufen oder gar „GOTO"s zum verarbeitenden Programmteil befördert werden. Aus den Überlegungen zur Modularisierung in Kap. 4 kann man folgende Strategie zum Entwurf eines akzeptablen Codes in dieser Situation ableiten:

- Man identifiziere den Hauptpfad durch ein Zustandsdiagramm. Dies ist (meist) der, der sich aus den „normalen" Verläufen von Anwendungsfällen ergibt. Die Zustände entlang dieses Pfades entsprechen den Statements, die dem „normalen" Ablauf des Programmes entsprechen.
- Bedingte Verzweigungen ergeben sich aus Abweichungen von diesem Pfad, die ihn nach einigen Zwischenzuständen wieder erreichen.
- Rückkopplungen zu früheren Zuständen führen auf *loops* im Programm.
- Die verbleibenden Zustände und Zustands-Übergänge entsprechen Ausnahme-Situationen. Diese können über
  - Fehlerroutinen,
  - Exceptions oder
  - Kontrollparameter

behandelt werden. Die letzte Variante ist nur akzeptabel, wenn die Kontrollparameter lokal ausgewertet werden können und nicht über mehr als eine Hierarchieebene weitergereicht werden.

14.8.2 Endliche Automaten

Ein Zustandsdiagramm stellt einen endlichen Automaten dar. Eine Klasse Zustandsautomat (oder FSM für Finite State Machine) kann Zustands-Übergänge und Aktionen tabellengesteuert für eine Anwendung ausführen. Objekte benötigen dann nur noch die lokalen Zustandsviarablen, um ihren eigenen Zustand erinnern zu können. Um den nächsten Zustand zu bestimmen, wird die Klasse Zustandsautomat verwendet. Dieser Ansatz erlaubt es auf einfache Weise ein Gerüst zusammenzustellen, das den generellen Ablauf des Systems zeigt und Zug um Zug durch ausformulierte Operationen mit Leben gefüllt wird. Die Klasse Zustandsautomat hat keine Entsprechung in der realen Welt oder in den Anwendungsfällen. Hier handelt es sich um ein Design-Konstrukt, eine Art Treiber für die Anwendung.

14.9 Vererbung

In der Analyse geht es darum, wirkliche GenSpec-Beziehungen zu identifizieren und darzustellen. Im Verlauf der weiteren Entwicklung hängt es aber von den Anforderungen an das System und den Möglichkeiten der Implementierungsumgebung ab, wie weit dieser Grundsatz beibehalten wird. Die in Abschn. 2.3 eingeführte Unterscheidung von Typen und Klassen spielt hier eine wichtige Rolle. Eine GenSpec-Beziehung ist dadurch gekennzeichnet, dass ein Objekt der spezielleren Klasse jederzeit an Stelle eines Objekts der allgemeineren treten kann. Das Liskov'sche Ersetzungsprinzip aus Def. 14.6.1 auf S. 359 ist dabei zu beachten. C++ bietet dafür so ziemlich alle denkbaren sinnvollen Varianten.

Beispiel 14.9.1 (public inheritance)
Öffentliche Vererbung (public inheritance) wird in C++ wie folgt deklariert:

```
class D : public B
{
....
}
```

Das Schlüsselwort `public` charakterisiert die Sichtbarkeit der Elemente von Objekten aus Y für Objekte aus X. Bei der Gestaltung der Klasse B (B wie base class) wird festgelegt, wie die Operationen von Y in abgeleiteten Klassen wie D (D wie derived) behandelt werden. Um zu verstehen, wie dies in C++ funktioniert, muss man noch zwei Dinge wissen:

- Eine *member function*, die von Unterklassen überschrieben werden soll, muss mit dem vor die Signatur gestellten Schlüsselwort `virtual` gekennzeichnet werden. Fehlt dieses, so sind spezialisierte Klassen auf die Implementierung in der Oberklasse festgelegt. Diese kann nicht mehr verändert werden.
- Durch den Suffix = 0 wird eine sog. *pure virtual function* deklariert. Eine Klasse, die mindestens eine pure virtual member function hat, ist die C++ Implementierung einer abstrakten Klasse.

Die wichtigsten Möglichkeiten sind im folgenden Deklarationsausschnitt gezeigt:

```
class B
{
public:
    virtual void musthave()=0;
    virtual void mustdo();
    void mustDoItThisWay();
};
```

Die Operation musthave() ist eine „pure virtual member function". Dies ist der C++ Begriff für „abstrakte Operation" aus der UML. Wie der Name schon andeutet, ist dies eine Operation, die jede von B abgeleitete Klasse besitzen muss. B stellt selbst aber keine Implementierung zur Verfügung. Die Operation mustdo() muss in jeder abgeleiteten Klasse verfügbar sein. B stellt eine Implementierung zur Verfügung, die aber von abgeleiteten Klassen überschrieben werden kann. Das ist die Bedeutung des Schlüsselworts `virtual`. Die Deklaration der Operation mustDoItThisWay() besagt, dass abgeleitete Klassen diese Operation nicht überschreiben können. Betrachtet man die Extremfälle dieser Deklarationsmöglichkeiten, so ergeben sich folgende Zuordnungen zu den Modellierungskonstrukten der UML. Eine Klasse B, die nur pure virtual member functions hat, deklariert eine Schnittstelle. Über das Verhalten bei eintreffenden Nachrichten ist nichts ausgesagt, das ist die Verantwortung der Klassen, die diese Schnittstelle implementieren. Eine Klasse B, die nur einfache virtuelle Operationen (simple virtual member functions) hat, definiert eine Schnittstelle und eine default Implementierung. Hier besteht die Gefahr, gegen das Liskov'sche Ersetzungsprinzip zu verstoßen: Objekte abgeleiteter Klassen „verstehen" zwar alle Nachrichten, die in der Oberklasse (hier B) deklariert sind, das Verhalten kann aber beliebig anders sein. Die semantische Konsistenz ist nicht notwendig gewährleistet. Eine Klasse, die keine virtual member functions besitzt, kann durch Ableitung nur erweitert werden: Es können weitere member functions hinzugefügt werden, die vorhandenen aber nicht überschrieben werden. ◄

Beispiel 14.9.2 (private inheritance)
C++ kennt auch das Konstrukt der privaten Vererbung (private inheritance). Hierbei wird nicht die Schnittstelle einer Klasse geerbt, sondern die Imple-

mentierung. Wann immer möglich, sollte in solchen Situationen der Mechanismus der Delegation verwendet werden, aber es gibt Fälle, in denen private inheritance das Mittel der Wahl ist. Eine ausführliche Erläuterung hierzu findet man in [Mey92]. ◄

14.10 Persistente Objekte

Persistenz ist eine Eigenschaft, die jedem, der sich mit Datenbanken beschäftigt hat, selbstverständlich erscheint. Die Objektorientierung setzte sich zuerst in der Programmierung durch. Die in Programmen erzeugten Objekte existieren aber nur solange das Programm läuft. Schreibt man ein „Taschenrechner"-Programm für MS-Windows oder XWindows, so gibt es auch wenig Veranlassung für persistente Objekte. Von derartigen Programmen abgesehen wird man doch fast immer den Bedarf haben, Objekte zu speichern. Bereits in Abschn. 13.8 wurden Vor- und Nachteile des Einsatzes von Datenbanken diskutiert. Trotz der eindeutigen Vorteile von *DBMS*en gibt es viele Anwendungen, die man typischerweise nicht mit einem DBMS realisiert.

Um die Implementierungsmöglichkeiten kompetent abschätzen zu können, ist es nützlich, verschiedene Abstufungen von Persistenz zu betrachten:

1. Temporäre Objekte: Solche werden z. B. bei der Übergabe von Objekten per Parameter angelegt und der Compiler erzeugt allen notwendigen Code. Ist die *OCF* eingehalten worden, so ist dies kein Problem.
2. Lokale Objekte: Diese werden innerhalb eines Codeteils erzeugt und am Ende zerstört. Betriebssystemmechanismen, die Prozesse bei Bedarf auslagern, übernehmen für solche Objekte die Persistenzsicherung.
3. Dialogschrittübergreifende Objekte: In verschiedenen Umgebungen, insbesondere unter einigen TP-Monitoren, ist ein Programmierstil üblich, der als „pseudo conversational" bezeichnet wird. Nach der Ausgabe eines Bildschirmmaske wird das laufende Programm suspendiert. Der Status und damit die spezifischen Objekte einer Task werden temporär gespeichert. Diese Informationen werden wieder aktiviert, wenn der Benutzer eine Eingabe tätigt. Diese Verantwortung wird typischerweise von Systemkomponenten (hier vom TP-Monitor) übernommen. Soll Ähnliches direkt in einer C++ Anwendung implementiert werden, so bietet sich die I/O-Stream Library an. Eine umfassende Darstellung der Möglichkeiten dieser Standard-Klassenbibliothek gibt z. B. [Egg95], [KS99].
4. Objekte, die die Ausführungszeit des Programms „überleben". Mit „Programm" ist hier die Anwendung und nicht ein separat compilierbares Modul zu verstehen. Hierfür steht ebenfalls die I/O-Stream Klassenbibliothek zur Verfügung. Relationale Datenbanken werden in Kap. 16 diskutiert, objektorientierte DBMSe weiter unten in diesem Abschnitt.

Ein wesentlicher Punkt, der die Integration von universeller Persistenz in C++ schwierig macht, ist die Typsicherheit dieser Sprache. Über die I/O-Stream Library kann Persistenz ohne weiteres semantisch konsistent implementiert werden. Dies ist dann aber nicht transparent für die Nutzer. Um aber Objekte verschiedener Klassen in entsprechende Datenbanken zu speichern, muss man die Klasse eines Objekts zur Laufzeit kennen. Diese Möglichkeit ist erst mit *RTTI* in den C++ Standard Sprachumfang aufgenommen worden. Es gibt gute Gründe (s. [Str94a]) dieses Feature nur kontrolliert einzusetzen. Es sollte deshalb auf interne Klassen beschränkt werden. Die Frage, wie die Funktionalität dann in einer Anwendung konkret genutzt wird, ist vor allem eine Frage des Programmierstils.

Objektorientierte Datenbanken bieten einen Persistenzmechanismus meist auch für die Nutzung in C++ Programmen an. Ein verbreiteter Ansatz hierfür ist die Bereitstellung einer Persistenzbibliothek. Eine Klasse wird dadurch persistent, dass sie zusätzlich von einer entsprechenden Aspektklasse abgeleitet wird. In manchen Implementierungen wird dieser Service automatisch auf alle assoziierten Klassen ausgedehnt („transitive Persistenz"). Einschränkend ist allerdings anzumerken, dass mit der Entscheidung für ein solches System die Implementierungsmöglichkeiten für Assoziationen eingeschränkt werden können.

14.11 Erzeugen und Zerstören von Objekten

Im Kap. 12 wurde ein Systeme im laufenden Betrieb modelliert. In dieser Situation existieren viele der interessierenden Objekte. Die Situationen, in denen neue erzeugt oder bestehende gelöscht werden sollen, sind soweit spezifiziert worden, wie es für den Anwender interessant ist. Jetzt muss gestaltet werden, wie dies konkret ablaufen soll. Ferner werden in objektorientierten Systemen während der Kooperation der Objekte aus den verschiedensten Gründen mehr oder weniger langlebige Objekte erzeugt und wieder zerstört. Auch darüber, wie dies geschieht, sollte der Entwickler Kontrolle haben.

Beispiel 14.11.1 (Temporäre Objekte in C++)

Nach [Mey96] entstehen temporäre Objekte in C++ in folgenden Situationen:

- Wenn implizite Typ-Konvertierungen vorgenommmen werden, um Funktionsaufrufe aufzulösen.
- Wenn Funktionen Objekte zurückgeben.
- Wenn exceptions geworfen werden.

◄

Die Objekte, die in C++ dynamisch erzeugt werden, belegen Speicher auf dem „heap". Dieser Speicher wird nicht automatisch wieder freigegeben. Es liegt in der Verantwortung des Entwicklers, sicherzustellen, dass dieser Speicher wieder freigegeben wird, wenn er nicht mehr benötigt wird. Geschieht dies nicht, bleiben Speicherbereiche belegt, die nicht mehr benötigt werden. Es entsteht sog. „garbage". In aller Regel kann man sich einen solchen Verlust von Ressourcen (hier Hauptspeicher) nicht leisten. Ich sehe dies als einen Fehler in einem Programm an.

Bemerkung 14.11.2
Programmiersprachen, die sicherstellen, dass derartige Ressourcen Verluste nicht eintreten können, lösen nur einen Teil des Problems. Java ist eine solche Sprache, die „automatic garbage collection" beinhaltet. Je nach Art der Anwendung ist es aber auch hier mehr oder weniger wichtig, den dadurch entstehenden Aufwand zu begrenzen. ◄

In C++ kann der **new**-Operator überladen werden. Damit hat der Entwickler umfassende Steuerungsmöglichkeiten für die Verwaltung dynamischen Speichers.

14.12 Pro und Contra Polymorphismus

Am Thema Polymorphismus, insbesondere in Verbindung mit Mehrfachvererbung, entzünden sich auch heute noch heftige Diskussionen. Vereinfacht halten die Vertreter der einen Position Mehrfachvererbung für unverzichtbar. Auf C++ bezogen wird die Einführung von Mehrfachvererbung als eine der wichtigsten Erweiterungen in der Entwicklung der Sprache angesehen. Die Vertreter der anderen Position halten Mehrfachvererbung für gefährlich und überflüssig. Dabei wird auf Smalltalk verwiesen, das als durchgängig und konsequent objektorientierte Sprache keine Mehrfachvererbung unterstützt oder auch auf Java. Grady Booch vergleicht in [Boo94a] Mehrfachvererbung mit einem Fallschirm: Man benötigt ihn selten, aber wenn man ihn braucht ist man sehr froh, ihn zur Verfügung zu haben. Ist man im Zweifel, ob Mehrfachvererbung eingesetzt werden sollte, so können folgende Überlegungen bei der Entscheidung helfen.

Wurde in der Analyse eine mehrfache Generalisierung im Anwendungsbereich erkannt und hat sich dies auch bei Überprüfung als korrekte oder als die sinnvollste Modellierung erwiesen, so wird es in der Regel sinnvoll sein, dies auch so zu implementieren. Mit großer Sicherheit unschädlich ist dies, wenn die durch die Oberklassen repräsentierten Konzepte orthogonal sind. Kritisch ist dies, wenn es eine gemeinsame Oberklasse gibt. In diesem Fall muss in C++ virtuelle Vererbung (virtual inheritance) benutzt werden. Werden Operationen der gemeinsamen Oberklasse in den Klassen, von denen hier geerbt wird, unterschiedlich überschreiben, so sollte man eine Entscheidung für den Einsatz von Mehrfachvererbung nochmals überprüfen.

Fast immer sinnvoll ist der Einsatz von Mehrfachvererbung, wenn sich eine einfache Vererbungshierarchie (im Sinne von Einfachvererbung) zwischen Klassen mit Bedeutung im Anwendungsbereich ergeben hat und weitere Aspekte existieren, die bei Bedarf herangezogen werden sollen. Liegt also eine Situation vor, in der zu einer konkreten Klasse Aspekte „beigemischt" werden sollen, die durch abstrakte Klassen repräsentiert werden, so ist Mehrfachvererbung sinnvoll zu nutzen. Sie ist dann eine Technik, die verständlich ist, da sie sich an den Verhältnissen im Problemraum oder an orthogonalen Strukturen im Lösungsraum orientiert. In der Regel ist die Implementierung auch zur Laufzeit ebenso effizient wie andere Lösungen. Ist man aufgrund dieser oder anderer Überlegungen der Ansicht, Mehrfachvererbung nicht nutzen zu wollen oder zu können, so kann man zum Mechanismus der Delegation (s. Def. 14.6.4 auf S. 359) greifen. Dies ist auch die wichtigste Technik, wenn Mehrfachvererbung in der Implementierungsumgebung nicht zur Verfügung steht. In einer Sprache wie *Java*, die das Konstrukt des *Interface* kennt, kann man mehrere Interfaces durch eine Klasse oder ein Interface durch mehrere Klassen implementieren. Dadurch erreicht man die gleichen Ziele bzgl. der Struktur des Systems wie mit Mehrfachvererbung.

14.13 Bewährte Muster in der Implementierung

In den Kap. 12 und 13 wurden bereits einige Entwurfsmuster präsentiert, die bei dem jeweils erreichten Detaillierungsgrad sinnvoll eingesetzt werden können. Je nach gewählter Entwicklungsumgebung sind aber weiter Entscheidungen zu treffen.

14.13.1 Iteratoren

Das in Abschn. 13.17.1 vorgestellte Iterator pattern erfordert bei der Implementierung einige weitere Entscheidungen (soweit diese nicht bereits im Objekt-Design getroffen wurden). Ist der Nutzer für die Steuerung der Iteration verantwortlich oder der Iterator? in letzterem Fall erhält der Iterator eine Operation, die auf alle Objekte des Aggregats angewendet wird.

Beispiel 14.13.1 (Interner Iterator)
Sei Aggregat<T> eine Aggregat-Klasse von Objekten der Klasse T. Dann könnte ein interner Iterator so aussehen:

```
template<class T>
class AggregatInnerIterator
{
public:
  AggregatInnerIterator(const Aggregat<T>&);
  ~AggregatInnerIterator();
```

```
    int apply(int (*)(const T&));
  protected:
    const Aggregat<T>& aggregat_;
};
```

Die apply Operation (member function) erhält eine Funktion als Parameter, die auf alle Objekte des Aggregats angewandt wird. Interne Iteratoren können z. B. im Zusammenhang mit dem Composite pattern eingesetzt werden, um die Stufen zu durchlaufen. Der Iterator ruft sich dabei rekursiv auf. ◀

Häufiger eingesetzt werden externe Iteratoren. Hierfür kommen Templates und abstrakte Basisklassen in Frage.

Beispiel 14.13.2 (Externer Iterator)
Ist wieder Aggregat<T> ein Aggregat von Objekten der Klasse T, so sieht die Deklaration eines typischen externen Iterators wie folgt aus:

```
template<class T>
class AggregatExternerIterator
{
public:
  AggregatExternerIterator(const Aggregat<T>&);
  ~AggregatExternerIterator();
  void first();
  void next();
  bool isDone();
  const T getCurrent() const;
protected:
  const Aggregat<T>& aggregat_;
};
```

Die Operation first() positioniert den Iterator wieder am Anfang des Aggregats. next() setzt den Iterator auf das nächste Objekt, getCurrent() liefert das aktuelle Objekt. Als abstrakte Basisklasse kann die Deklaration so aussehen:

```
template<class T>
class ExternerIterator
{
public:
  virtual ~ExternerIterator();
  virtual void first()=0;
  virtual void next()=0;
  virtual bool isDone()=0;
  virtual const T getCurrent() const=0;
protected:
  ExternerIterator(const Aggregat<T>&);

};
```

Eine Klasse AggregatExternerIterator<T>, z. B. für eine Liste, wird dann von ExternerIterator abgeleitet werden. Auf diese Weise wird für eine ganze Familie von Aggregaten die Schnittstelle für Iteratoren festgelegt. ◄

In [GHJV94] wird die Möglichkeit erwähnt, die Operationen next(), getCurrent() und isDone() zu einer Operation, etwa getNext() zusammenzufassen. Diese würde einen Spezialwert wie NULL zurückgeben, wenn die Iteration am Ende angelangt ist. Hier handelte es sich dann aber um Hybridkopplung, die in Kap. 4 als kritisch erkannt wurde. Eine Alternative ohne Hybridkopplung ist das Werfen einer exception. Der Zusammenhalt der hier vorgestellten Variante mit mehr Operationen ist unter diesem Gesichtspunkt vorzuziehen, auch wenn die Schnittstelle dadurch breiter wird.

Die next() Operation kann auch durch Überladen des prefix und postfix increment Operators operator++ ersetzt werden. Je nach Art des Aggregats kann ein Iterator auch rückwärts durch ein Aggregat traversieren. Dies geschieht dann durch eine previous() Operation oder Überladen des dekrement Operators.

Ist das Aggregat für den Traversierungs-Algorithmus verantwortlich, so speichert der Iterator nur den Zustand der Iteration. Ist der Iterator für den Traversierungs-Algorithmus verantwortlich, so kann man verschiedene Iteratoren definieren oder den Iterator parametrisieren, also eine Art Filter-Iterator entwerfen.

Ohne weitere Vorkehrungen ist ein Iterator nicht robust (allerdings muss man die Def. 3.4.18 etwas weit auslegen, um diese übliche Bezeichnung darunter unterzubringen). Wenn das Aggregat während der Benutzung eines Iterators verändert wird, so kann das Ergebnis unkalkulierbar sein: Objekte werden eventuell gar nicht oder doppelt bearbeitet.

14.13.2 Weitere Entwurfmuster

Das inzwischen bewährte Schema der Darstellung von Entwurfsmustern aus [GHJV94] bietet eine grobe Klassifikation. Alle dort aufgeführten Entwurfsmuster sind bei der Implementierung in C++ einsetzbar, viele auch in anderen Sprachen. Auch die Klassifikation in drei große Gruppen hat sich bewährt:

1. Erzeugungsmuster (creational patterns) wie das in Abschn. 13.17.3 vorgestellte Factory pattern verbessern die Struktur der Objekterzeugung gemäß den in Kap. 3 und 4 eingeführten Qualitätskriterien.
2. Strukturmuster (structural patterns) wie das Composite pattern aus Abschn. 12.9.1 zeigen bewährte Strukturen um Anwendungsbereiche zu modellieren oder Anwendungen zu organisieren.
3. Verhaltenmuster (behavioral patterns) zeigen Möglichkeiten auf, wie Anwendungskomponenten wirkungsvoll entkoppelt werden können. Viele dieser Entwurfsmuster erhöhen die Flexibilität in einer Anwendung.

Weitere Aspekte, die über den Erfolg einer Implementierung entscheiden können, werden z. Zt. im Zusammenhang mit Entwurfsmustern intensiv diskutiert. Zu nennen sind aus meiner Sicht vor allem:

- Architektur,
- Speichermanagement,
- Persistenz,
- Taskmanagement.

Aktuelle Beiträge zu diesen Themen findet man in den schon mehrfach erwähnten Konferenzbänden [CS95], [VCK96] und [MRB98].

14.14 Qualitätssicherung der Implementierung

Hier können nur Grundsätze dargestellt werden, „was" zur Qualitätssicherung getan werden muss oder kann. Eine vollständige Darstellung „wie" dies zu erreichen ist, würde den Rahmen sprengen. Die Formulierung von Richtlinien, wie Programme geschrieben werden sollen, adressiert mehrere Bereiche, auch wenn oft die Verständlichkeit im Vordergrund steht. Man strebe aber stets an, die Richtlinien so kurz wie möglich zu halten und beschränke sich auf wirklich wichtige Dinge. Umfangreiche Richtlinien liest niemand, beachtet niemand und niemand hat Zeit sie aktualisieren.

Bemerkung 14.14.1 (Überreglementierung)
In einer Entwicklungsabteilung wurden Programmierrichtlinien für Release 1.0 einer *4GL* erstellt. Ein Punkt unter vielen regelte, wie man eine Aufgabe zu lösen hatte. Es war eine (nicht die beste) Möglichkeit um einem Fehler in diesem Release herumzuprogrammieren. Auch fünf Jahre später, als der Fehler längst behoben war, stand dieser Punkt weiterhin unverändert in den Richtlinien. Erstaunlicherweise wurde zumindest dieser Punkt auch immer noch beachtet. ◀

Das entscheidende ist, dass ein übersichtlicher, verständlicher Rahmen gesetzt wird. Für die C++ Entwicklung könnte man sich darauf einigen, die in den Büchern von Meyers [Mey92], [Mey96] genannten Regeln zu empfehlen. Für Smalltalk sind Empfehlungen, wie sie in [SKT96] formuliert werden, geeignet. Alle in den vorstehenden Kapiteln genannten Qualitätssicherungsgesichtpunkte bleiben auch in der Implementierung gültig. Ein Kriterium, wie die Fehlerentdeckungsrate ist jetzt aber präziser zu ermitteln. Sie kann wichtige Hinweise für den Stand eines Projekts geben.

14.15 Implementierungs-Dokumentation

Für mich ist der wichtigste Punkt, der dokumentiert werden muss, folgender: Die Abhängigkeiten zwischen Analyse- oder Design-Konstrukten und Implementierung müssen klar erkennbar sein. Die UML bietet hierfür hinreichende Ausdrucksmöglichkeiten, allerdings ist die Toolunterstützung hierfür noch verbesserungsfähig.

Die größte Schwierigkeit bei der Dokumentation von Sourcecode ist die Balance zwischen den Ansprüchen der unterschiedlichen Zielgruppen. Für den Anfänger in einer Programmiersprache kann man kaum zuviele Kommentare in ein Programm einfügen. Der erfahrene Programmierer wird durch viele Kommentare eher belastet. Kritisch ist ferner die Redundanz, die durch Kommentare entsteht. Damit ist immer die Gefahr verbunden, dass Code und Kommentar nicht synchron sind. Bei „Verzicht" auf „Tricks" wie in Beispiel 3.4.48 kann man in den meisten Programmiersprachen verständlichen Sourcecode schreiben. Minimalanforderungen an die Dokumentation über die Analyse- und Design-Dokumente hinaus sind folgende:

- Der oder die Autoren sind erkennbar.
- Die Änderungshistorie ist nachvollziehbar.
- Die Erläuterungen pro Modul (aus Analyse bzw. Design) sind vom jeweiligen Codestück aus zugänglich.
- Vor- und Nachbedingungen pro aufgerufenem Modul sind vom Code aus zugänglich.
- Jeder „Programmiertrick" wird erläutert, sei es dass er z. B. zur Steigerung der Effizienz dient oder eine schwierige Aufgabe löst.

Bemerkung 14.15.1 (Kommentare in Sourcecode)
Einen radikalen Standpunkt zum Thema Kommentare im Sourcecode nimmt Martin Fowler in [Fow00] ein: Erfordert ein Stück Code einen Kommentar, so muss es soweit verbessert und verständlicher gestaltet werden, dass der Kommentar überflüssig wird und entfallen kann. Kommentare sind seiner Ansicht nach nur sinnvoll, um auf Situationen hinzuweisen, in denen dies noch nicht gelungen ist. ◄

14.16 Historische Anmerkungen

Unter dem Gesichtspunkt des Software-Engineerings sind die Paradigmen von Bedeutung, die in der Implementierung zur Anwendung kamen. Strukturierte Programmierung ist das erste Paradigma, das explizit Qualitätsansprüche formulierte. Die Grundidee der strukturierten Programmierung ist, dass es nur Blockstrukturen gibt, die vollständig oder gar nicht abgearbeitet werden. Blöcke können in Schleifen (*loops*) durchlaufen werden. Außerdem gibt es Konstrukte für Verzweigungen, wie „if ... then ... else ... endif" etc. Einige Sprachen setzten diese Prinzipien relativ konsequent um. Die Ziele einer leichteren Verständlichkeit und besseren Wartbarkeit wurden aus meiner Sicht durchaus erreicht. Probleme habe ich in den Bereichen gesehen, in denen „Schlupflöcher" existierten, um strukturierte Prinzipien zu umgehen. Die

4GLs, die viele dieser Elemente aufnahmen, wurden nie standardisiert. Vielleicht ist dies einer der Gründe für die weiterhin hohe Verbreitung von CO-BOL in der kommerziellen Anwendungsentwicklung. Die Bezeichnung component (Komponente) wird auch von Bjarne Stroustrup im Zusammenhang mit C++ benutzt (z. B. [Str91]). Booch benutzt in [Boo94a] die Bezeichnung class category und führt diesen auf Smalltalk zurück. Der Mechanismus, der diesem in C++ am nächsten kommt, ist der der namespaces (vgl. [Boo94a], p181f).

Heute spielen Schnittstellen eine wesentliche Rolle. Dies gilt insbesondere in Verbindung mit verteilter Verarbeitung, z. B. mittels CORBA (s. exemplarisch [HV99]). Ein prominentes Beispiel dafür, dass die Bedeutung von sauberen Schnittstellen akzeptiert ist, liefert Java.

14.17 Fragen zur Implementierung

1. Nach welchen Kriterien entscheidet man, ob man spezielle Operationen für Kopieren, Zuweisung oder Identität vorsieht?
2. Was sind die Vor- und Nachteile von automatischer garbage collection und manueller durch den Programmierer?
3. Beschreiben Sie verschiedene Implementierungsstrategien für Beziehungen in objektorientierten Systemen. Charakterisieren Sie den Unterschied zur Implementierung in relationalen DBMSen!
4. Welche Trends gab es in der Entwicklung von Programmiersprachen?
5. Wann nennt man eine Programmiersprache objektorientiert, wann objektbasiert?
6. Welche Probleme der Software-Entwicklung wurden durch verschiedene Arten von Programmiersprachen versucht zu lösen?
7. Welchen Anforderungen genügen Programmiersprachen heute noch nicht?

15 Testen

15.1 Übersicht

Testen wird heute als integrale Aktivität im Entwicklungsprozess angesehen, die frühest möglich beginnt und nicht erst — mehr oder weniger widerwillig — am Ende der Entwicklung durchgeführt wird. Testen als letzte Phase oder letzter Abschnitt im Entwicklungsprozess gerät fast immer unter Druck: Wenn es Terminüberschreitungen gibt, so werden diese oft erst in der Implementierung offensichtlich. Durch Verkürzung der Testzeit scheint man wieder etwas aufholen zu können.

Die hier beschriebenen Aktivitäten setzen unmittelbar mit dem Formulieren der Anforderungen ein und ziehen sich durch den ganzen Entwicklungsprozess. Dabei werden Ergebnisse der klassischen Testtheorie eingesetzt, die hier allerdings nicht im Detail beschrieben werden.

In der Praxis werden Tests durch Werkzeuge unterstützt. Dies ist bei Komponententests, die Entwickler selber durchführen, auch zur Motivation erforderlich. Solche Tests werden nur dann systematisch durchgeführt, wenn dies ohne großen Zusatzaufwand im Rahmen der Entwicklungsumgebung möglich ist.

15.2 Lernziele

- Den Begriff des Testens erläutern können.
- Die Rolle des Testens im Entwicklungsprozess beschreiben können.
- Systematisch Testfälle aus Anwendungsfällen konstruieren können.
- Testfälle für Komponenten entwerfen können.
- Sinnvolle Vorgehensweisen bei System- und Integrationstests beschreiben können.

15.3 Aufgaben der Testarbeitsschritte

Bei dem hier verfolgten Vorgehensmodell wird auf konstruktive Qualitätssicherung gesetzt. Das heißt aber nicht, dass Testen nun plötzlich überflüssig sei. Testen überprüft jedes Ergebnis der Entwicklung, sowohl externe als auch interne und das Gesamtsystem. Zunächst sei aber präzisiert, was hier unter Testen verstanden wird.

Definition 15.3.1 (Test)
Ein *Test* ist das tatsächliche oder simulierte Ausführen von Software mit definierten Eingabewerten und bekannten Ergebnissen mit dem Ziel, eine Abweichung von tatsächlichem und gefordertem Ergebnis zu erreichen. ◀

Aus Def. 15.3.1 ergeben sich verschiedene wichtige Eigenschaften von Tests:

- Ein Test, der keine Abweichung feststellt, ist nicht erfolgreich. Ein solcher Test hat kein Ergebnis gebracht, sondern nur Zeit und Geld gekostet.
- Software, für die es keine Spezifikation gibt, ist nicht testbar (s. Def. 3.4.53 auf S. 64).
- Die Formulierung „...Abweichung von tatsächlichem und geforderten Ergebnis..." soll auch ungewollte bzw. nicht spezifizierte Nebenwirkungen erfassen.

Bemerkung 15.3.2 (Testen)
Das Ziel, mit einem Test Fehler zu finden, ist psychologisch motiviert, und es ist wichtig! Trotz der „Rückendeckung" durch anerkannte Autoren wie Glenford Myers (z. B. in [Mye89]) wurde dieser Definition von Teilnehmern an Schulungen und Vorlesungen oft widersprochen. Sie ist aber richtig: Wer bei einem Test das Ziel hat, keine Fehler zu finden, wird sie auch eher nicht finden. ◀

Mit der hier gewählten Definition gehören auch bewährte Techniken der Programmanalyse zum Testen.

Definition 15.3.3 (Inspektion)
Eine *Inspektion* ist eine Bewertungstechnik für Software-Anforderungen, Analyse-, Design-Dokumente oder Code. Diese werden von einer Person oder Gruppe (nicht nur dem Autor) detailliert auf Fehler, Verletzungen von Entwicklungsrichtlinien und andere Probleme untersucht. Ziele der Inspektion sind:

1. festzustellen, ob das Objekt der Spezifikation entspricht,
2. festzustellen, ob die anwendbaren Standards eingehalten werden,
3. Abweichungen von Spezifikation oder Standard zu identifizieren,
4. Software-Engineering Daten zu erheben (Metriken).

Es ist nicht Ziel einer Inspektion, Alternativen aufzuzeigen oder Stilfragen zu beurteilen. ◀

Ein Team für eine Inspektion besteht nach [Mye89] aus drei bis fünf Personen mit unterschiedlichen Aufgaben:

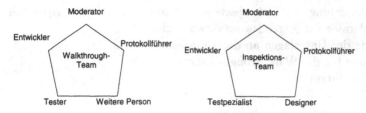

Abb. 15.1. Inspektions- und Walkthroughteam

Moderator Dieser ist ein erfahrener Entwickler, der nicht der Entwickler des Test-Objektes ist und für Folgendes die Verantwortung hat:
- Verteilung der Unterlagen an die Teilnehmer,
- Zeitplanung für die Inspektionssitzung,
- Leitung der Sitzung,
- Protokollierung aller gefundenen Fehler,
- Sicherstellung der Fehlerbehebung.

Entwickler des Test-Objekts Dieser erläutert das Test-Objekt in der Inspektionssitzung im Detail, z. B. ein Programm Zeile für Zeile bzw. Befehl für Befehl.

Designer Wenn Analyse, Design und Programmierung von verschiedenen Personen durchgeführt werden, so wird an einer Inspektion eines Programms auch der Systemanalytiker oder Designer teilnehmen.

Testspezialist Diese Person hat umfangreiche Erfahrungen mit Tests von Programmen.

Protokollführer Ob ein Protokollführer benötigt wird, hängt vom Umfang der Sitzung ab. Ich bin allerdings der Ansicht, dass sich ein Moderator nicht gleichzeitig mit der Protokollierung beschäftigen sollte.

In der Inspektionssitzung erläutert der Entwickler das Test-Objekt. Erfahrungsgemäß werden vom Entwickler selbst eine ganze Reihe Fehler während dieses Vortrags entdeckt. Während des Vortrags sind Fragen zulässig, so dass sich Diskussionen entwickeln können. Außerdem wird das Objekt nach Checklisten bekannter Fehler überprüft. Beispiele hierfür findet man z. B. in [Mye89].

Definition 15.3.4 (Walkthrough)
Bei einem *Walkthrough* werden Testfälle von einer Gruppe an Hand der Dokumentation eines Objekts durchgeführt. ◀

Bemerkung 15.3.5 (Abweichende Definitionen)
Die hier benutzten Definitionen von Inspektion und Walkthrough stammen aus [Mye89]. In der Literatur findet man auch andere Definitionen, z. B. [Bal98]. ◀

Auch ein Walkthrough Team besteht aus 3-5 Personen:

Moderator Dies wird in der Regel ein erfahrener Entwickler sein, der nichts mit der Entwicklung des Testobjekts zu tun hat. Wie bei der Inspektion ist der Moderator für folgendes verantwortlich:

- Verteilung der Unterlagen an die Teilnehmer,
- Zeitplanung für die Walkthrough-Sitzung,
- Leitung der Sitzung,
- Protokollierung aller gefundenen Fehler,
- Sicherstellung der Fehlerbehebung.

Entwickler des Test-Objekts Dieser wird alle auftretenden Fragen bzgl. des Testobjekts zu beantworten haben.

Tester Ein Testexperte, der kompetent Testfälle konstruieren kann.

Protokollführer Hält fest, was durchgeführt und was dabei festgestellt wurde (in weitestem Sinne).

Einer weiteren Person, z. B. :

- Ein erfahrener Entwickler.
- Ein Experte für Programmiersprachen, Datenbankdesign etc, je nach Art des Testobjekts.
- Ein neuer Mitarbeiter, der noch nicht „betriebsblind" ist.
- Ein Mitarbeiter, der das Test-Objekt in der Wartung betreuen soll.
- Ein Mitarbeiter aus einem anderen Projekt.
- Ein Mitarbeiter aus dem Projekt, aus dem das Testobjekt stammt.

Die Teilnehmer einer Walkthrough-Sitzung erhalten rechtzeitig vor der Sitzung die Unterlagen und bereiten Testfälle vor. Zusätzlich zu dem skizzierten Vorgehen wird bei Inspektionen und Walkthroughs auf Situationen geachtet, in denen Fehler besonders häufig auftreten.

Inspektionen und Walkthroughs haben gegenüber dem dynamischen Test einen wesentlichen Vorteil: Sie finden nicht nur Fehler, sondern deren Ursache und sind damit direkt in der Lage zur Fehlerbehebung beizutragen. Die Aufgaben der Testarbeitsschritte bestehen in Folgendem:

- Planung der Tests für jede Iteration, einschließlich Integrations- und Systemtests.
- Entwurf und Einrichtung der Testfälle, Erstellen von Testprozeduren und ausführbaren Testkomponenten, um die Tests so weit wie möglich zu automatisieren.
- Durchführen der Tests, Bewertung der Ergebnisse und Veranlassen der notwendigen Maßnahmen zur Fehlerbehebung.

Die folgende Tabelle zeigt die wichtigsten Testaktivitäten und die durch sie erzeugten Artefakte.

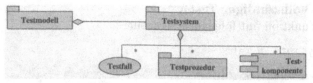

Abb. 15.2. Grundzüge des Testmodells

Aktivität	Artefakt
Tests entwerfen	Testmodell
	Testfall
Tests implementieren	Testverfahren
	Testkomponente
Test planen	Testplan
Tests durchführen	Fehler
Test auswerten	Testauswertung

15.4 Grundprinzipien des Testens

15.4.1 Whitebox und Blackbox Tests

Ein wichtige Klassifikation unterscheidet Testverfahren danach, ob das Innere des Testobjekts bekannt ist und zur Konstruktion von Testfällen und deren Durchführung herangezogen wird oder nicht.

Definition 15.4.1 (Blackbox Test)
Ein *Blackbox Test* betrachtet das zu testende Programm als Blackbox. Die Testfälle werden ausschießlich aus der Spezifikation abgeleitet. *Synonyme* sind datengetriebener Test oder Ein-/Ausgabe-Test. ◄

Es gibt Teile der Spezifikationen, aus denen üblicherweise Blackbox Testfälle abgeleitet werden, von denen hier die wichtigsten genannt werden.

Anwendungsfälle In Abschnitt 15.5.1 wird gezeigt, wie man z. B. aus den Szenarios von Anwendungsfällen systematisch Testfälle konstruiert. Die Konstruktion von Testfällen aus Anwendungsfällen zielt auf den Teilsystem- und Systemtest.

Schnittstellenbeschreibung Die Schnittstellenspezifikationen für Klassen und Komponenten geben Anlass zu Testfällen.

Architekturbeschreibung Hieraus können Testfälle für Teilsysteme und (größere) Komponenten entwickelt werden.

Bei einem Blackbox Test ist ein vollständiger Eingabetest notwendig, um zu zeigen, dass ein Programm fehlerfrei ist. Dies ist höchstens in Ausnahmefällen möglich. Selbst bei Programmen mit einfachen Ein- und Ausgaben wären für einen vollständigen Eingabetest sehr große Anzahlen von Testfällen erforderlich, die unmöglich alle durchgeführt werden können.

Beispiel 15.4.2 (Vollständiger Test)
Gegeben sie eine Funktion mit folgender Signatur:

    f(x:int, y:int) : int;

Ist int mit 32 Bit definiert, so gibt es

$$2^{32} \cdot 2^{32} = 2^{64} \approx 10^{19}$$

Eingaben. Wenn für einen Aufruf $10^{-9}s$ zur Verfügung stehen, ergibt sich für den Test eine Laufzeit von ca. 317 Jahren.

$$10^{-9}s \cdot 10^{19} = 10^{10}s \approx 317a.$$

◄

Um wieviele Testfälle es geht, wird an einem Beispiel wie einem C++-Compiler deutlich. Ein vollständiger Eingabetest müsste nicht nur alle gültigen C++-Programme umfassen, sondern auch alle ungültigen oder fehlerhaften. Damit ergeben sich zwei Konsequenzen:

1. Man kann ein Programm nicht so testen, dass seine Fehlerfreiheit garantiert ist.
2. Testen muss gemäß dem ökonomischen Prinzip erfolgen: Eine Menge von Testfällen muss so konstruiert werden, dass sie geeignet ist, möglichst viele Fehler zu finden. Die andere Formulierung des ökonomischen Prinzips läuft darauf hinaus, eine gegebene Anzahl von Fehlern mit möglichst wenig Testfällen zu finden.

Die ersten Blackbox Testfälle kann man aus den Anwendungsfällen des Systems ableiten.

Definition 15.4.3 (Whitebox Test)
Ein *Whitebox Test* oder logikorientierter Test leitet die Testfälle aus der internen Struktur eines Programms ab. ◄

Während beim Blackbox Test die Testfälle so gewählt werden, dass möglichst „kritische" Eingabewerte getestet werden, werden beim Whitebox Test die Testfälle so gewählt, dass Befehle und Befehlsfolgen systematisch durchlaufen werden. Die Analogie zum vollständigen Eingabetest ist aber nicht die Ausführung aller Befehle, sondern das Durchlaufen aller möglichen Pfade durch das Programm. Ein vollständiger Pfadtest wirft aber verschiedene Probleme auf. Ebenso wie ein vollständiger Eingabetest ist ein vollständiger Pfadtest in den meisten Fällen nicht durchführbar. Ein weiteres Problem des Pfadtests besteht darin, dass auch nach einem vollständig ausgeführten Pfadtest, der keinen Fehler aufgedeckt hat, das Programm noch voller Fehler stecken kann. Dafür gibt es mindestens die folgenden Ursachen:

1. Ein Pfadtest garantiert nicht, dass ein Programm mit der Spezifikation übereinstimmt.

2. Ein Programm kann wegen fehlender Pfade inkorrekt sein. Ein ganz einfaches Beispiel liefert eine C++ `switch`-Anweisung ohne `default`-Ausgang. Ein vollständiger Pfadtest würde keinen Testfall umfassen, der auf den `default`-Ausgang führen müsste.

3. Fehler die durch bestimmte Datenwerte hervorgerufen werden, sind durch Pfadtests nicht systematisch zu entdecken.

Testfälle für Whitebox Tests gewinnt man aus den Kollaborationen, die Anwendungsfälle realisieren.

15.5 Anwendungsfälle und Testfälle

Anwendungsfälle formulieren funktionale Anforderungen in Szenarios. Testfälle konkretisieren Szenarios. Dazu ist es notwendig die in 8.4 empfohlenen Beschreibungsbestandteile so durch konkrete Werte zu füllen, dass ein Test nach Def. 15.3.1 möglich ist.

Definition 15.5.1 (Testfall)
Ein *Testfall* besteht aus

1. der Spezifikation einer Umgebung (Datenbestand ...),
2. Eingabewerten,
3. Spezifikation des Ergebnisses,
4. Kriterien für den Ist/Soll-Vergleich.

◄

Die Spezifikation der Umgebung geht deutlich über das hinaus, was in Vorbedingungen für Anwendungsfälle formuliert wird. Über diese hinaus muss ein Testdatenbestand spezifiziert werden. Je nach Art des Tests sind weitere Dinge erforderlich.

15.5.1 Testfälle für Anwendungsfälle

Zunächst einmal gibt jedes Szenario eines Anwendungsfalls Anlass zu einem Testfall: Für ganz konkrete dabei vorkommende Objekte sind die Werte aller relevanten Attribute festzuhalten und die erwarteten Ergebnisse zu ermitteln. Dies wird man dann versuchen, so festzuhalten, dass der Test mit wenig Aufwand — möglichst ganz automatisch — durchgeführt werden kann.

Es erscheint selbstverständlich, den Normalablauf eines Anwendungsfalls zu testen. Nicht selbstverständlich ist es aber, dies systematisch zu tun, die Testfälle zu archivieren, die Ausführung zu automatisieren, die Testfälle für neue Versionen und nach Fehlerbehebung konsequent wieder auszuführen.

	John Mayall	0 422-823305-2 9		
	The Turning Point			
Track	The Music	Composer	Key	Time
1	The Laws Must Change	Mayall	C	7:22
2	Saw Mill Gulch Road	Mayall	E	4:30
3	I'm Gonna Fight For You J. B.	Mayall	B	5:28
4	So Hard to Share	Mayall	G	7:02
5	California	Thompson/Mayall	D	9:32
6	Thoughts About Roxanne	Thompson/Mayall	C	8:16
7	Toom To Move	Mayall	D	5:06

The Musicians	Instruments
John Mayall	vocals, harmonica, slide guitar, telecaster, 6 string guitar, tambourine, mouth percussion
Jon Mark	accoustic finger-style guitar
Steve Thompson	bass guitar
Johnny Almond	tenor and alto saxophons, flutes, mouth percussion

Abb. 15.3. Der Text auf der CD „Turning Point"

Beispiel 15.5.2 (Erwartungsgemäße Testfälle für Szenarios)
Wir betrachten einen vereinfachten Anwendungsfall aus einem System zur Verwaltung von Tonträgern: Erfassen einer CD mit bereits erfasstem Interpreten:

1. Die Daten der CD werden eingegeben.
2. Der Interpret wird herausgesucht und mit der CD verknüpft.
3. Die Aufnahmen („Tracks") der CD werden erfasst.

Als Testfall nehmen wir: John Mayall: The Turning Point. Die Daten dieser CD zeigt Abb. 15.3 weitgehend so, wie si sich darauf befinden. Die Vorbedingung ist: John Mayall ist als Interpret im Bestand vorhanden. Die Nachbedingung ist: CD und die Titel sind korrekt erfasst (und mit eindeutigen IDs versehen). ◄

Mit dieser Strategie erhält man Testfälle für erwartete Eingaben, auf die das System spezifikationsgemäß reagieren muss. Um dem in Abschn. 15.4 dargestellten Prinzip zu folgen, muss man aber auch mit ungültigen, unerwarteten Eingaben testen. Hierzu kann man zunächst einmal Eingabewerte wählen, die außerhalb dessen liegen, was beim Schreiben des Anwendungsfalls angenommen wurde.

Beispiel 15.5.3 (Unerwartete Testfälle für Szenarios)
Für den Anwendungsfall aus Beispiel 15.5.2 erfasse man eine CD mit einem Interpreten, der bereits existiert, erfasse ihn aber als neuen Interpreten. Hier stellt man vielleicht fest, dass für dieses Verhalten keine eindeutige Spezifikation existiert. ◄

Weitere Testfälle erhält man durch das Verwenden von Extremwerten. Diese können sich z. B. aus der Definition der Attribute der beteiligten Klassen oder Maximalwerten des jeweiligen Systems ergeben.

Beispiel 15.5.4 (Testfälle für Extremwerte bei Szenarios)
Ein elementares Beispiel für Extremwerte liefern lange Titel in einem Bibliothekssystem:

- Der satanarchäolügenialkohöllische Wunschpunsch,
- Das bonbonfarbene tanginerinrot-gespritzte Stromlinienbaby oder gar
- Umständlicher Bericht des Arthur Gordon Pym aus Nantucket ...
  Der vollständige Titel geht noch mehr als 12 Zeilen weiter.

Derartige Testfälle geben gelegentlich Anlass Entscheidungen darüber zu treffen, was ein System wirklich können soll. ◄

Systematisch werden Grenzwerttests durch Bildung von Äquivalenzklassen durchgeführt. Diese Aufteilung unterstützt die Entwicklung wirkungsvoller Testfälle und vermeidet zu viele Testfälle, die sich nicht wesentlich unterscheiden.

15.6 Komponententests

Für den Komponententest kommen in diesem Kontext vor allem folgende Testobjekte in Frage:

- Operationen,
- Klassen,
- Ausführbare Komponenten.

Nicht ausführbare Komponenten (.ini-Dateien u. a) können inspiziert oder im Kontext anderer, ausführbarer, Komponenten getestet werden.

Beispiel 15.6.1 (Test von Operationen)
Konstruktion von Testtreibern, die ein genau spezifiziertes Objekt einer Klasse erzeugen und die jeweiligen Operation spezifikationsgemäß aufrufen. Das Ergebnis muss dann manuell oder durch ein Programm auf Korrektheit überprüft und nach Nebenwirkungen gesucht werden. ◄

Beispiel 15.6.2 (Test einer Klasse)
Der Test einer Klasse setzt sich aus dem Test der Operationen und der zulässigen Folgen von Operationen zusammen. Auch hier können nicht alle Möglichkeiten getestet werden, sondern man muss sich auf repräsentative Exemplare aus geeigneten Äquivalenzklassen beschränken. Auch ein vollständiger Pfadtest (s. Def. 15.4.3) wird i. Allg. nicht durchführbar sein. ◄

Beispiel 15.6.3 (Test einer ausführbaren Komponente)
Hier kann vorgegangen werden wie beim Test eines Anwendungsfalls. ◄

15.7 Testplanung und Testaufwand

In der Literatur wird über verschiedene Erfahrungswerte berichtet, die für den Anteil des Testens am Entwicklungsaufwand typisch seien. Danach liegt dieser Aufwand in der Größenordnung von 50% des gesamtes Entwicklungsaufwandes. Nach einer Studie, die 1998 am Lehrstuhl für Wirtschaftsinformatik und Systementwicklung der Universität Köln durchgeführt wurde, beträgt der tatsächliche Anteil aller Qualitätssicherungsmaßnahmen am Gesamtaufwand aber nur 25,5%. Allerdings sei dabei zu berücksichtigen, dass im Durchschnitt nur 72,5% aller Tests durchgeführt werden. Zunächst sei hier festgehalten: Es gibt viel zu wenige empirische Studien in diesen Bereichen. Bob Binder präsentiert in [Bin97] die folgende Matrix, die Testaufwände in Prozent des Gesamtaufwandes in Abhängigkeit von Größe und Kritikalität des Projekts zeigt.

	Kritikalität	
Umfang	Niedrig	Hoch
Klein	15-20%	30-50%
Groß	15-30%	40-60%

Unter „Kritikalität" wird hier verstanden, ob das Projekt für den Erfolg des Unternehmens mehr oder weniger kritisch ist.

15.8 Qualitätssicherung von Tests

Auch Testen ist eine Aktivität, deren Qualität sichergestellt werden muss. Ein einfaches Verfahren, um die Güte einer Menge von Testfällen zu beurteilen, ist der Mutationentest.

Im Unterschied zu allen anderen hier dargestellten dynamischen Testverfahren handelt es sich beim Mutationentest nicht um ein Verfahren, bei dem das in Frage stehende Programm getestet wird. Beim Mutationentest werden die Testfälle, mit denen man das Programm testet, einer Prüfung auf Wirksamkeit unterzogen. Es handelt sich also um den Test eines Tests. Die verschiedenen Varianten des Mutationentests basieren alle auf dem gleichen Grundprinzip: Das zu testende Programm wird modifziert. Das modifizierte Programm wird mit den Testfällen ausgeführt. Die Frage ist: Fällt die Veränderung (Mutation) auf oder nicht? Diesen Ansatz kann man natürlich auch zur Konstruktion von Testfällen verwenden: Man modifiziere das Programm und suche nach Testfällen, die die Mutation entdecken.

Definition 15.8.1 (Mutationentest)
Ein *Mutationentest* ist ein Test, bei dem ein Programm modifiziert wird, um zu untersuchen, dass die Testfälle hinreichend sind, diese Mutation zu entdecken. ◄

Beim starken Mutationentest wird erwartet, dass die Testfälle ein verändertes Programm erkennen, bei dem nur eine einzige Veränderung stattgefunden hat. Beim schwachen Mutationentest wird diese Forderung dahingehend abgeschwächt, dass nur noch das Erkennen von mutierten einfachen Komponenten des Programms gefordert wird. Einfache Komponenten sind dabei elementare Programmkonstrukte, wie Variablenzugriffe und boolesche oder arithmetische Operationen. Der Mutationentest basiert auf verschiedenen Annahmen:

- Erfahrene Programmierer schreiben fast korrekte Programme. Abweichungen vom Soll-Verhalten sind im Wesentlichen die Folge einfacher Fehler wie Definition oder Referenz einer falschen Variablen, falsche boolesche Operationen etc.
- Zwischen einfachen und komplexen Fehlern besteht ein Kopplungseffekt: Einfache Fehler verbinden sich zu komplexen Fehler. Es sollte also möglich sein, mit Testdaten, die einfache Fehler entdecken können, auch komplexe Fehler zu identifizieren.

Ziel der Mutationentests ist es, eine Reihe von Testfällen zu erzeugen, die in der Lage sind, Mutanten des Ausgangsprogramms als fehlerhaft zu identifizieren.

15.9 Testartefakte und ihre Dokumentation

Testfälle, deren Ergebnisse und die Infrastruktur um Tests durchzuführen und bei Bedarf zu wiederholen, bilden wichtige Ergebnisse des Entwicklungsprozesses. Die in Abschn. 15.7 angegebenen Kosten für die Testarbeitsschritte sind ein wichtiger Aspekt, der darauf hinweist, dass diese Ergebnisse nicht einfach „verloren gehen" dürfen.

Für jeden Testfall sind die Eingabedaten, die nach Spezifikation zu erwartenden Ergebnisse und das tatsächlich erzielte Ergebnis zu archivieren.

Wichtige Entwicklungsartefakte sind auch Testprozeduren (Treiber) und Testkomponenten. Beide können anders als die eigentlich zu entwickelnde Software spezifiziert sein. So können sie einen geringeren oder praktisch keinen Funktionsumfang haben („Stub") oder zusätzliche Möglichkeiten zur Fehlersuche bieten (Trace, Debug, ...).

Der Testplan und die Daten seiner Durchführung liefern Informationen, die bei der Planung weiterer Tests und Entwicklungszyklen helfen.

Die in den Testarbeitsschritten gefundenen Fehler sind das wichtigste Ergebnis des Testens. Sie bilden den wichtigsten Leistungsnachweis für das Testteam. Im weiteren Verlauf der Entwicklung ist ihre Behebung und Vermeidung in zukünftigen Versionen ein Kriterium, um die erreichte Qualität zu beurteilen.

Jeder erfolgreiche Test erweitert das Repertoire für zukünftige Tests.

Bemerkung 15.9.1 (Alterung von Testfällen)
Archivieren von Testfällen zwecks Wiederholung oder Regressionstests stößt
allerdings an Grenzen. Veränderungen an der Präsentation einer Anwendung
führen meistens dazu, dass auch die Testskripten angepasst werden müssen.
Änderungen in den Anforderungen, etwa durch den Gesetzgeber, machen in
manchen Fällen sowohl die Eingabedaten als auch das spezifizierte Ergebnis
für eine Wiederverwendung wertlos. ◄

15.10 Historische Anmerkungen

Die Entstehung der Testtheorie geht auf die Zeit der Stapelverarbeitung und
strukturierten Analyse zurück. Auswirkungen davon findet man bis in moderne Lehrbücher der objektorientierten Software-Entwicklung hinein. Die
aktuelle Entwicklung konzentriert sich auf Komponententests und die systematische Integration des Testens in den Entwicklungsprozess. Die in der Vergangenheit stark strapazierten Überdeckungsgrade scheinen dabei zu Recht
in den Hintergrund zu treten. Die erste Methode, die meines Wissens ein
eigenes Testmodell vorsah, war OOSE von Ivar Jacobson [JCJØ92]

15.11 Fragen zum Testen

1. Was versteht man unter einem Blackbox Test?
2. Was versteht man unter einem Whitebox Test?
3. Charakterisieren Sie einige Überdeckungstests!
4. Gibt es einen Zusammenhang zwischen Fehlerentdeckungsgrad und Über-
   deckungsgrad? Wenn ja, welchen?
5. Geben Sie eine Übersicht über die wesentlichen Arten von Testverfahren!
6. Charakterisieren Sie den Mutationentest!

16 Relationale Datenbanken

16.1 Übersicht

Objektorientierte Analyse, Design und Programmierung haben in vielen Bereichen gegenüber strukturierten Methoden an Boden gewonnen. Bei Datenbanken kann ich eine solche Entwicklung noch nicht zu erkennen. Den größten Anteil unter den eingesetzten Systemen haben wohl relationale Datenbanken und dies gilt auch, wenn man den Desktop-Markt mit seinen großen Stückzahlen von Produkten wie MS-Access oder herausrechnet. Es ist daher notwendig, sich zu überlegen, wie objektorientierte Programmiersprachen mit relationalen Datenbanken sinnvoll verbunden werden können. Wenn man objektorientierte Analyse und Design als sinnvoll erachtet, so braucht man darüber hinaus eine Strategie zur Umsetzung eines Klassenmodells in ein logisches Datenbank-Design für ein relationales DBMS. Beides wird in diesem Kapitel dargestellt, wobei die Grundprinzipien relationaler Datenbanken als bekannt vorausgesetzt werden.

16.2 Lernziele

- Ein Klassenmodell in ein logisches Datenbank-Design für ein relationales DBMS überführen können.
- Vor- und Nachteile verschiedener Abbildungen von Assoziationen kennen.
- Vor- und Nachteile verschiedener Umsetzungen von GenSpec-Strukturen kennen.
- Strategien zur Verbindung objektorientierter Programmiersprachen und relationaler Datenbankmanagementsysteme nennen können.

16.3 Abbildung von Klassen

16.3.1 Klassen

Eine Klasse wird auf eine oder mehrere Tabellen abgebildet. Im einfachsten Fall wird die Klasse auf eine Tabelle abgebildet, deren Spalten die Attribute

der Klasse und der generische Primärschlüssel sind. Gegenüber dem Klassenmodell sind folgende Ergänzungen möglich bzw. notwendig:

- Abbildung der Datentypen auf die in SQL unterstützten.
- Entscheidungen, ob die Attribute einen Null-Wert annehmen können.
- Kennzeichnung von Attributkombinationen, die sich in der Zugriffspfad-
  Analyse als Kandidaten für Indizes herausgestellt haben, um darauf bei
  Bedarf einen Index zu legen.
- In manchen Fällen wird man eine Tabelle, die sich so ergibt, noch parti-
  tionieren:
  1. horizontal: Wenn die Tabelle so groß wird, dass dies notwendig erscheint,
     um Ausfallzeiten zu reduzieren, oder wenn Teile der Tabelle an unter-
     schiedlichen Standorten benötigt werden.
  2. vertikal: Wenn einzelne Attribute völlig anders als andere benutzt wer-
     den, kann es sinnvoll sein, dieses auf zwei Tabellen mit dem gleichen
     Primärschlüssel aufzuteilen. Es sei allerdings darauf hingewiesen, dass
     solche Situationen meist bereits in der Analyse erkennbar sind: Der Zu-
     sammenhalt der Klasse ist dann meist schwach.

Die Anforderungen bzgl. referentieller Integrität werden aus den Assoziationen und den Multiplizitäten abgeleitet.

Die Spezifikation von Attributen einer Klasse ist nach Def. 6.3.9 auf S.
128 sprachabhängig. Hat man die Entscheidung getroffen, eine Klasse in einer
relationalen Datenbank zu implementieren, so kann man diese Spezifikation
SQL-konform vornehmen. Trotzdem muss man die verfügbaren Typen in Datenbanken und in Programmiersprachen aufeinander abbilden und bei Bedarf
konvertieren, wenn man in Programmen auf Datenbanken zugreifen möchte.

Beispiel 16.3.1 (Konvertierung von Datentypen)
Schon bei der Umsetzung von Datenbankfeldern in Typen, die objektorientierten Programmiersprachen bekannt sind, fällt Arbeit an. So erzeugt Mi-
crosofts Visual C++ 6.0 aus Feldern von Tabellen mit dem Typ `char[n]` Attribute der Klasse **CString**. Diese Entscheidung hat gute Gründe! Versucht
man aber etwa dem Inhaltsteil eines TreeViews eine CString zuzuweisen, so
weist der Compiler dies aus ebensoguten Gründen ab. Man erhält zwar sehr
leicht die Datenbankfelder in ein C++ Programm, muss diese dann aber in
einen darstellungskonformen C++-Typ konvertieren. Dazu benötigt man zunächst einen **TCHAR**, auf den man dann den ursprünglichen **CString** kopiert
um ihn dann endlich der Zeile im TreeView zuzuweisen.

```
CString  str = m_pCDSet->m_CD_TITEL;
LPTSTR lpsz = new TCHAR[str.GetLength()+1];
_tcscpy(lpsza, stra);
tvinsert.item.pszText = lpsz;
```

◄

Dieses Beispiel zeigt, dass eine Tabelle der sinnvollen Abbildungen von Datentypen sehr wünschenswert wäre. Da sie aber einem sehr schnellen Alterungsprozess unterliegen würde, werden hier nur Grundprinzipien erläutert. Die Abbildung auf die jeweils aktuellen Versionen von Entwicklungsumgebungen muss dem Leser oder besser den Herstellern überlassen werden.

16.3.2 Primärschlüssel

In der Analyse wurde Objekt-Identität als gegeben unterstellt. Im Design muss bei Bedarf entschieden werden, wie diese Identität realisiert werden soll. Ein solcher Fall liegt beim Design für relationale Datenbanken vor: Für jede Tabelle wird ein Primärschlüssel benötigt.

Definition 16.3.2 (Primärschlüssel)
Ein *Primärschlüssel* ist eine minimale identifizierende Attributkombination eines *Entity*, die als Schlüssel ausgewählt wird. ◄

Bei der Konstruktion von *Primärschlüssel*n sind folgende Kriterien zu beachten:

1. Konstanz über die Lebensdauer des Objekts (Satzes),
2. Eindeutigkeit über die Lebensdauer der Anwendung (keine Wiederverwendung),
3. ausreichender Wertebereich für die Lebensdauer der Anwendung,
4. vollständige Nutzung des Wertebereiches,
5. Minimalität,
6. maschinell generierbar,
7. Absicherung durch Prüfziffer (transparent für den Anwender).

Die ersten beiden Kriterien schließen für die meisten Klassen aus dem Anwendungsbereich eine Kombination „natürlicher" Attribute als Primärschlüssel aus. Man versuche etwa in einer hinreichend großen Gruppe von Personen eine eindeutig identifizierende Attribut-Kombination zu finden. Selbst Vorname, Nachname, Geburtsdatum, Anschrift reicht nicht notwendig zur eindeutigen Identifikation aus, wie Beispiele zeigen. Da sich Anschrift und sogar der Name ändern kann, wäre mit einem solchen Primärschlüssel auch das Kriterium 1 verletzt. Die Wiederverwendung von Primärschlüsseln ist in der Praxis häufig anzutreffen. In einem Auftragsbestand, dessen Größe abschätzbar ist, und in dem die Zeit zur Abwicklung sicher nach oben abgeschätzt werden kann, wird man oft bei Erreichen der höchsten möglichen (z. B. sechsstelligen) Auftragsnummer wieder bei Eins beginnen. So ein Verfahren kann tolerierbar sein, wenn sichergestellt ist, dass keine noch aktive Auftragsnummer wieder verwendet wird. Es stellt sich trotzdem die Frage, was passiert, wenn es eine längerlebige Referenz auf einen Auftrag gibt: Bezieht sich diese dann auf den „alten" Auftrag, kann sie auf Null gesetzt werden? Ein in der

Praxis vorgekommenes Beispiel, das die Gefahr illustriert, die in der Wiederverwendung von Primärschlüsseln steckt, stammt aus einem Krankenhaus (und wenn es nicht stimmt, ist es zumindest gut erfunden): Hier wurden Patientennummern wiederverwendet, da die Alternative der Vergrößerung des Feldes als zu aufwendig erschien. Es stellten sich dann schnell erstaunliche Wiederbelebungserfolge bei Verstorbenen heraus: Es gab noch Informationen zum Verlauf unter der alten Patientennummer. Damit ist auch gleich gezeigt, dass der Punkt 3 wichtig ist. Der Wertebereich sollte aber auch nicht zu großen Teilen ungenutzt bleiben. Ein einfaches Beispiel hierfür ist eine mandantenfähige Buchhaltung, in der sich Primärschlüssel für viele Tabellen aus einem wie oben konstruierten Primärschlüssel und einer Mandantennummer zusammensetzen. Wenn es nur einen Mandanten gibt, so wird nur ein kleiner Teil des Wertebereiches ausgenutzt.

Beispiel 16.3.3 (Primärschlüssel)
Ein gutes Beispiel für die Punkte 3-6 bilden die schwedischen Autonummern [Raa93]: Diese setzen sich aus drei Großbuchstaben und drei Ziffern in der Form XXX nnn zusammen. Hier gibt es bei 26 Buchstaben A-Z und 10 Ziffern 0-9 genau $26^3 * 10^3 = 17.576.000$ mögliche Kombinationen. Dies ist eine Zahl, die 2-3 Mal so groß ist, wie die Einwohnerzahl Schwedens. Derartige Schlüssel können leicht maschinell generiert werden: Dazu schaffe man eine Tabelle, in der der letzte Primärschlüssel pro Tabelle verzeichnet ist. Transaktionen, die Primärschlüssel vergeben, erhalten dies hieraus. Gibt es Probleme, weil viele Schlüssel für eine Tabelle gleichzeitig benötigt werden, so kann dieses Problem durch Nummernkreise entschärft werden. Dieser Schlüssel genügt noch nicht dem Kriterium, dass der mögliche Wertebereich vollständig ausgeschöpft wird. Lässt man an jeder Stelle Buchstaben oder Ziffern zu, so hat man $36^6 = 2.176.782.336$ Schlüsselwerte. ◄

Prüfziffern dienen der Absicherung von Eingaben vor Fehlern. Dies ist sinnvoll, sowohl wenn die Eingabe durch einen Menschen erfolgt, als auch wenn die Werte durch ein Gerät, z. B. Scanner, eingelesen werden. Würde ohne Prüfziffer an einer Supermarktkasse durch einen Zahlenverdreher ein anderer Artikel registriert, so können viele solche Fehler durch Prüfziffern erkannt werden.

Beispiel 16.3.4 (Prüfziffer modulo 11)
Für eine ganze Zahl ist die Prüfziffer modulo 11 wie folgt definiert:

1. Man multipliziere die Ziffern beginnend von rechts mit 2, 3, 4, usw.
2. Die Ergebnisse werden addiert.
3. Diese Summe wird durch 11 geteilt, wobei sich ein Rest r ergibt.
4. Man bilde p = 11-r
5. Die Prüfziffer ist dann
   p: wenn $p \neq 10$ und $r \neq 0$,
   X: wenn $p = 10$,

0: wenn r = 0 ist.

Diese Art von Prüfziffer wird z. B. bei den ISBN verwandt. Wir betrachten ein Beispiel: Die ISBN in üblicher Schreibweise sei 3-540-57281-?. Gesucht ist die Prüfziffer, die hier durch ein Fragezeichen ersetzt wurde.

Stelle (s)	9	8	7	6	5	4	3	2	1	Summe
Ziffer	3	5	4	0	5	7	2	8	1	-/-
Ziffer*(s+1)	30	45	32	0	30	35	8	24	2	206

$206:11 = 18$ Rest 8. Also ist $r = 8$ und die Prüfziffer $p = 3$. Will man ein solches Attribut mit einer Prüfziffer absichern, so gibt es dafür mehrere Strategien:

- Definition einer Klasse, die sicherstellt, dass die Prüfziffern-Bedingung erfüllt ist bzw. bei der Schlüsselvergabe korrekt berechnet wird.
- Verwendung einer *stored procedure*, die sicherstellt, dass nur korrekte Werte in die Datenbank eingestellt werden können.

In jedem Fall wird eine solche Funktion zentral verfügbar gemacht und nicht an einzelne Module delegiert. ◄

Über die Definition von Primärschlüsseln hinaus benötigt man in vielen Situationen Objekt-Identifier. Ein solcher lässt sich prinzipiell aus dem Tabellennamen und dem Primärschlüssel konstruieren. Oft ist es aber praktisch Objekt-Ids einfach wie Primärschlüssel zu erzeugen.

16.4 Abbildung von Assoziationen

Da das Klassenmodell im Wesentlichen eine Erweiterung des Entity-Relationship-Modells ist, können Assoziationen auf die bekannte Weise abgebildet werden: 1:* Assoziationen werden auf Fremdschlüssel-Beziehungen abgebildet. Die Multiplizitäten der Rollen geben Anlass zu Integritätsregeln. Zu beachten ist allerdings noch die Benutzungsrichtung der Assoziation: Das eben beschriebene Standardverfahren ist bei Assoziationen immer sinnvoll, die in der *:1 Richtung benutzt werden. Wird die Assoziation auch in der anderen Richtung genutzt, so ist zu prüfen, ob diese Richtung durch einen Index auf dem Fremdschlüssel hinreichend unterstützt wird. Ist dies nicht der Fall, so wird man die Assoziation wie bei den im Folgenden behandelten *.*-Assoziationen auf eine Tabelle abbilden.

.-Assoziationen werden auf Tabellen abgebildet, deren Attribute die Primärschlüssel der Tabellen sind, die sich aus den beteiligten Klassen ergeben. Dabei ist der Fall unterstellt, dass eine Klasse auch auf eine Tabelle und nicht auf mehrere abgebildet wird. Weitere Tabellen können aus Gründen der Performance notwendig werden.

Die Abbildung einer Assoziation auf eine Tabelle ist unabhängig von der Multiplizität möglich. Wenn beide Verfahren möglich sind, muss entsprechend deren im folgenden beschriebenen Vor- und Nachteile entschieden werden. Die Standard-Lösung über Fremdschlüssel hat folgende Vor- (+) und Nachteile (−):

+ Weniger Tabellen, durch die zu navigieren ist.

+ Bessere Performance.

− Die Abweichung vom Analysemodell ist größer: Statt eine Assoziation durch etwas entsprechendes zu ersetzen, werden Objekte mit der Kenntnis anderer „belastet".

− Wurden die Multiplizitäten falsch identifiziert, was in frühen Analyse-Stadien leicht passieren kann, so ist eine Änderung aufwendig. Dies gilt auch, wenn sich die Multiplizitäten während der Lebensdauer des Systems ändern.

− Die Komplexität des Modells ist höher, da die Asymmetrie der Implementierung unterschiedliche Such- und Änderungs-Strategien nach sich zieht.

Aggregationen werden bei der Abbildung in ein logisches Datenbankmodell wie Assoziationen behandelt. Der Unterschied in der Semantik geht verloren.

Ternäre (und generell n-äre, $n \geq 3$) Assoziationen werden auf Tabellen abgebildet, deren Primärschlüssel sich aus den Primärschlüsseln der beteiligten Tabellen zusammensetzt, die die beteiligten Klassen im Datenbankmodell repräsentieren.

16.5 Abbildung von Generalisierung

In [RBP+91] werden vier Ansätze genannt, um GenSpec-Beziehungen (Einfach-Generalisierung) auf ein logisches Datenbankmodell für eine relationale Datenbank abzubilden. Diese sind:

- Eine Tabelle für die Oberklasse, je eine Tabelle für die direkten Unterklassen, alle mit gemeinsamem Primärschlüssel.
- Eine Tabelle pro Unterklasse, die die Spalten, die sich aus der Oberklasse ergeben, gemeinsam haben.
- Eine Tabelle mit einem Attribut, das die Klasse kennzeichnet. Attribute, die für das jeweilige Objekt nicht zutreffen werden als „nullable" definiert.
- Eine Tabelle pro beteiligter Klasse, und eine Tabelle um die GenSpec-Beziehung als Assoziation abzubilden.

Diese werden hier im Zusammenhang mit einigen weiteren Überlegungen referiert und diskutiert. Als Beispiel dient die GenSpec-Struktur in Abb. 16.1. Sie zeigt eine Klasse „Tonträger", die nur ein Attribut „Titel" hat. Die Klasse CD hat eine CD-NR, die die CD eines Musikverlags kennzeichnet. Bei der Klasse „MC" handelt es sich um Musikkassetten, die auch selbst bespielt sein können. Es interessiert daher nicht nur die Bandart, sondern auch ob die Dolby Rauschunterdrückung aktiviert wurde.

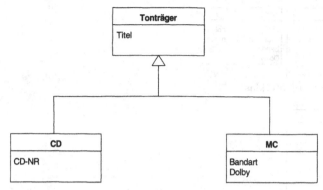

Abb. 16.1. Klassenmodell mit einer GenSpec Beziehung

Tontraeger	
Id	int
Titel	varchar(60)

CD	
Id	int references Tontraeger.Id
CD_NR	char(15)

MC	
Id	int references Tontraeger.Id
Bandart	char(5)
Dolby	char

Abb. 16.2. Eine Tabelle pro Klasse

16.5.1 Eine Tabelle pro Klasse

Dieser Ansatz ist in Abb. 16.2 gezeigt. Die Oberklasse und alle Unterklassen werden auf je eine Tabelle mit den Attributen der jeweiligen Klasse als Spalten abgebildet. Der Primärschlüssel (hier Id) wird für die Oberklassen-Tabelle entworfen. Die Primärschlüssel in den Unterklassen-Tabellen referenzieren diesen, sind also auch Fremdschlüssel. Der Benutzer (auch ein Entwickler) muss die Zusammenhänge zwischen diesen Tabellen kennen, wenn es nicht gelingt, dieses in einer Zugriffsschicht zu verstecken. Man kann nun auf verschiedene Weisen versuchen, die Anzahl Tabellen zu reduzieren.

16.5.2 Eine Tabelle pro Unterklasse

Bei diesem Vorgehen, dessen Ergebnis in Abb. 16.3 gezeigt ist, wird pro Unterklasse eine Tabelle gebildet. Diese Tabelle enthält auch Spalten mit den Attributen, die von der Oberklasse ererbt werden. Auf diese Weise kann

CD	
Id	not null
Titel	not null
CD_NR	

MC	
Id	not null
Titel	not null
Bandart	
Dolby	

Abb. 16.3. Eine Tabelle pro Unterklasse

Tontraeger	
Id	not null
Typ	not null
Titel	not null
CD_NR	nullable
Bandart	nullable
Dolby	nullable

Abb. 16.4. Eine Tabelle für die Oberklasse

allerdings nicht ohne weiteres sichergestellt werden, dass die Ids für die verschiedenen Tonträger-Arten eindeutig sind. Views können für Lesezugriffe eingesetzt werden, um die semantische Lücke zu überbrücken, erlauben dann aber leicht keine Änderungen.

16.5.3 Eine Oberklassen-Tabelle

Eine andere Möglichkeit der Reduktion der Anzahl Klassen besteht darin, eine Tabelle für die Oberklasse zu bilden. Diese enthält dann für jedes Attribut einer Unterklasse eine Spalte, die den Wert Null annehmen kann. Zusätzlich enthält sie ein Typenfeld, das die Sätze unterscheidet (Abb. 16.4, hier Typ). Dieses Vorgehen hat unter Anderem den Nachteil, dass viele Spalten den Wert Null haben können. Dies kann Anwender, die mit Abfragesystemen selber Queries erstellen, irritieren, da nur wenigen die Behandlung solcher Werte bei der Durchschnittsbildung geläufig sein dürfte. Außerdem müssen Nutzer den Typ eines Tonträgers explizit behandeln.

Dieser Ansatz verstößt zwar gegen bewährte Prinzipien der Entity-Relationship-Modellierung, lässt sich aber oft gut implementieren und durch geeignete Views besser handhabbar machen, z. B. :

```
CREATE VIEW CD AS SELECT Id CD_NR, Titel FROM Tontraeger
    WHERE Typ = "CD";
```

Derartige Views sind veränderbar und können somit universell in Anwendungen verwendet werden. Die Zusammenfassung zu einer Tabelle Tontraeger erscheint so nur noch als eine Entscheidung über das physische Datenbankdesign.

16.5.4 Generalisierung als Assoziation

Als letzte Möglichkeit sei erwähnt, dass man Generalisierung auch als Assoziation modellieren kann. Eine Möglichkeit hierzu ist in Abb. 16.5 dargestellt.

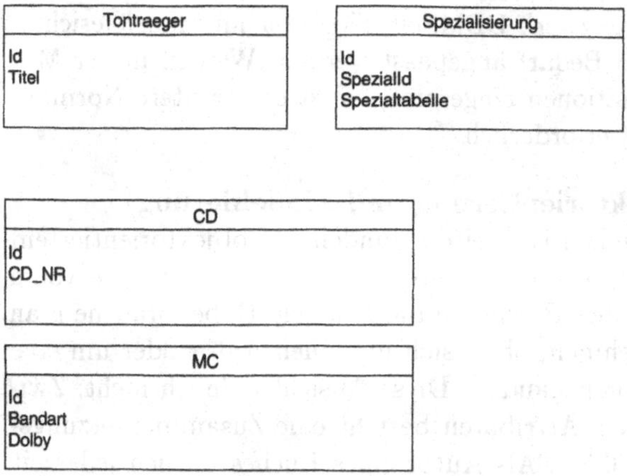

```
┌─────────────────────────┐   ┌─────────────────────────┐
│        Tontraeger       │   │      Spezialisierung    │
├─────────────────────────┤   ├─────────────────────────┤
│ Id                      │   │ Id                      │
│ Titel                   │   │ SpezialId               │
│                         │   │ Spezialtabelle          │
└─────────────────────────┘   └─────────────────────────┘


┌─────────────────────────────────┐
│               CD                │
├─────────────────────────────────┤
│ Id                              │
│ CD_NR                           │
│                                 │
└─────────────────────────────────┘

┌─────────────────────────────────┐
│               MC                │
├─────────────────────────────────┤
│ Id                              │
│ Bandart                         │
│ Dolby                           │
└─────────────────────────────────┘
```

Abb. 16.5. Generalisierung als Assoziation

Hier wird also in einer Verbindungs-Tabelle festgehalten, welche Tabelle die
Spezialisierung enthält. Dieser Ansatz kann zur Übersetzung von Mehrfachvererbung erweitert werden.

16.5.5 Atomares Datenbankmodell

Ein rein theoretischer Ansatz zur Abbildung von Klassenmodellen auf ein
(relationales) DBMS besteht in der Verwendung eines atomaren Datenbank-
modells. Dieser Ansatz besteht im Kern darin, Tupel von

KlassenName	ObjektId	AttributName	AttributWert

zu speichern. Dies kann dann in unterschiedlicher Weise auf Tabellen abgebildet werden. Der eine Extremfall ist dabei alles in einer Tabelle zu halten, der
andere für jedes Attribut eine Tabelle zu bilden. Dieser Ansatz ist zwar sehr
flexibel, erscheint aber rein theoretisch und in praktischen Anwendungen aufgrund der aufwendigen Navigation nicht einsetzbar. In [RBP+93] wird darauf
hingewiesen, dass eine Reihe von Konvertern diesen Ansatz verwenden. Aus
meiner Sicht ist er ausschließlich für die Erzeugung von Daten (bedingt) sinnvoll, die aus einem System exportiert und in ein anderes importiert werden
sollen. Den semantischen Gehalt von verschiedenen Datenbankmodellen und
die historische Entwicklung illustriert Abb. 16.9.

16.5.6 Diskussion der Ansätze

Bei allen der hier aufgeführten Ansätze geht Information aus dem Klassenmodell verloren. Dies ist nicht überraschend, da relationale Datenbanken gar
nicht mit dem Anspruch auftreten, Generalisierung zu modellieren. Die Abbildung von Assoziationen folgte dem bewährten Schema. Der Übergang von
*Entity-Relationship-Modell*en zu logischen Datenbankmodellen ist für verschiedene Datenbankmodelle automatisiert worden, so für das relationale und

das *CODASYL*-Modell von Netzwerk-DBMSen. Sie muss nur unter Gesichtspunkten der Performance bei Bedarf angepasst werden. Werden in der Modellierung konsequent Assoziationen eingesetzt, so ist eine weitere Normalisierung in vielen Fällen nicht erforderlich.

Bemerkung 16.5.1 (Objektorientierung und Modellierung)
Ich habe an verschiedenen Stellen Hinweise gefunden, bei objektorientiertem Vorgehen brauche man nicht zu normalisieren. Es sei in der Analyse völlig korrekt, ein Attribut Autor eines Buches zu modellieren. Dabei brauche man keine Rücksicht darauf zu nehmen, ob es sich um einen Autor oder um eine (geordnete) Menge von Autoren handelt. Diese Ansicht teile ich nicht: Zwischen einem Objekt und seinen Attributen besteht eine Zusammensetzungsbeziehung im Sinn von Def. 6.5.5. Als Autor eines Buches bin ich jederzeit bereit die Verantwortung dafür zu übernehmen, aber als Bestandteil des Buches sehe ich mich nicht. Diese Zusammenhänge können aus meiner Sicht nur als Assoziation modelliert werden. ◄

16.6 Anwendungslogik und Speicherung

Die Entscheidung, die Daten persistenter Objekte in einer relationalen Datenbank zu speichern, zwingt zur Überarbeitung der Verantwortung der Klassen: Relationale Datenbanken enthalten zwar die Möglichkeit, *trigger* oder *stored procedures* einzusetzen, bieten in diesen aber nicht alles Wünschenswerte. In jedem Fall ist mit dieser Abbildung ein Informationsverlust verbunden, der wieder ausgeglichen werden muss. In diesem Abschnitt werden einige Möglichkeiten hierzu vorgestellt, die als Bausteine für eine Anwendungsarchitektur dienen können.

Die auf den ersten Blick einfachste Realisierung von Operationen in diesem Kontext besteht darin, die Programm-Objekte auf die Datenbank zugreifen zu lassen. Programm-Objekte seien hier die, die in einer (nicht notwendig objektorientierten) Sprache implementiert werden, unabhängig davon, ob es sich um Objekte handelt, die für die Interaktion mit dem Benutzer verantwortlich sind oder die Regeln des Anwendungsbereiches implementieren. An einem solchen Ansatz sind die folgenden Punkte zu kritisieren:

- Die Kopplung zwischen den Teilen der Anwendung, die die Logik des Anwendungsbereichs abbilden, und denen, die für die Speicherung verantwortlich sind, ist viel zu hoch. Alle diese Klassen müssen die Struktur der Tabellen kennen.
- Der Zusammenhalt der Klassen, die auf Tabellen zugreifen, ist verbesserungsfähig. Jede dieser Klassen enthält zwei Arten von Operationen:
  - Operationen für den Datenbankzugriff,
  - Operationen für die Interaktion mit dem Benutzer bzw. Realisierung von Verarbeitungsschritten.

- Als Folge der vorstehenden Punkte wird der Datenbank-Code auf viele Klassen verteilt. Hiermit wächst zumindest die Gefahr von Redundanz.
- Eine weitere Konsequenz ist, dass eine Anwendung mit einer solchen Struktur kaum portabel ist und Änderungen in der Datenbankstruktur erhebliche Fernwirkungen haben können.
- Aufgrund der erweiterten Verantwortung werden die Klassen sehr umfangreich und sind nur von Entwicklern zu pflegen, die sowohl die Anwendungslogik als auch die Datenbankstrukturen kennen und DBMS-Programmierung beherrschen.

Ein leicht modifizierter Ansatz läßt sich aber sinnvoll realisieren. Der Übersichtlichkeit halber sei dies an einer einfachen Klasse illustriert. Dazu diene ein Teil der Klasse Patient aus Beispiel 2.3.15: Als Attribute und Operationen werden nur folgende berücksichtigt:

- Name : string,
- Vorname : string,
- Geburtsdatum : Date,
+ Alter() : Date

Man schreibe eine Klasse, z. B. in C++, die genau die Spezifikation des Modells implementiert. Dies führt auf eine C++ Klasse folgender Art (auf die Angabe der notwendigen includes wurde verzichtet):

```
class Patient
{
public:
   Date Alter() const;
friend ostream& operator<<(ostream&, const Patient&);
private:
   string Name;
   string Vorname;
   Date GeburtsDatum;
}
```

Die Entscheidung, Objekte dieser Klasse in einem relationalen DBMS zu speichern, gibt Anlass zu einem Primärschlüssel PatientId. Die Tabelle hat damit folgendes Aussehen:

PatientId int	Name char	Vorname char	Geburtsdatum date
1	Pig	Bloodwyn	01.04.1955
2	O'Tulie	Beate	
...	...	...	...

Die PatientId wird als weiteres Attribut in die Klasse Patient aufgenommen. Regeln des Klassen-Designs in C++, hier die sogenannte *OCF*, die *orthodoxe kanonische Form*, gibt Anlass zu weiteren *member functions*, dem C++

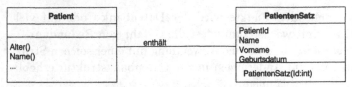

Abb. 16.6. Anwendungs- und DB-Klasse

Ausdruck für Operation (vgl. hierzu Kap. 14). Für die Klasse Patient wird man mindestens einen default constructor definieren. Außerdem wird man in vielen Fällen über PatientId zugreifen. Dies gibt Anlass zu einem constructor, der als Parameter eine PatientId erhält. Der constructor

```
Patienten(int aPatientId);
```

greift mittels eingebetteter SQL auf die Datenbanktabelle zu und legt ein Objekt mit den von dort gelesenen Werten an. Um neue Patienten zu erfassen, ist ein constructor sinnvoll, der alle Attribute als Parameter erhält. Dies führt auf den Konstruktor

```
Patient(string aName="",
        string aVorname="",
        Date aGeburtsDatum=0);
```

Dieser constructor legt ein Objekt mit den übergebenen Parametern an. Die PatientId ist noch 0.

Bemerkung 16.6.1 (handle/body Idiom)
Auf den ersten Blick liegt es nahe, hier das handle/body Idiom einzusetzen. Die Tabelle wird Programme in einer Klasse „PatientenSatz" gekapselt, die die Attribute der Tabelle als private Attribute enthält. Die Klasse Patient bekäme einen pointer auf ein PatientenSatz-Objekt. Das Verhältnis dieser beiden Klassen ist in Abb. 16.6 illustriert. Ob man die Attribute in der Klasse Patient belässt oder in die Klasse PatientenSatz delegiert, ist eine Detailentscheidung, die das Grundprinzip nicht berührt. Dieses Muster führt allerdings auf Probleme: Im Laufe des Lebenszyklus eine Patienten-Objekts müsste die Klasse PatientenSatz ein Objekt der Klasse Patient erzeugen, eine Verletzung des Prinzips, das hinter diesem Schema steht [CK96]. ◀

Um einen Patienten in die Datenbank einfügen zu können, wird eine PatientId benötigt. Es gibt Systeme, die dies automatisch erledigen, allerdings ist dies nicht Bestandteil des SQL-Standards. Oft habe ich folgenden Vorschlag zur Vergabe solcher Ids gesehen: Man suche in der Tabelle den Satz mit der höchsten Id, addiere eins hinzu und füge den neuen Satz ein. Also etwa so:

```
EXEC SQL
  SELECT PatientId FROM Patient
      ORDER By PatientId DESC
```

Gegen diesen Ansatz sprechen folgende Punkte:

- Es ist nicht sichergestellt, dass dies nicht gleichzeitig mehrfach passiert. Nur der Erste kann dann einfügen, die Anderen erhalten einen Fehler und müssen es erneut versuchen. Dies ist kein sinnvolles Design.
- Ich habe erlebt, dass DBMSe für einen solchen Select-Befehl einen temporären Index aufbauen. Unter Performance Gesichtspunkten ist dies bei größeren Tabellen weder gegenüber dem Benutzer vertretbar, der einfügen will, noch gegenüber anderen Benutzern, denen dadurch Ressourcen vorenthalten werden.

Eine korrekte Lösung besteht darin, solche Ids aus einer Tabelle zu vergeben, die etwa folgenden Aufbau haben könnte:

Tabellenname	Nächster Schlüssel

Beim Einfügen von Sätzen wird auf diese „Kontroll-Tabelle" zugegriffen, der nächste Schlüssel ausgelesen, um eins erhöht und der Satz wieder zurückgeschrieben. Die Vergabe des Schlüssels erfolgt zum spätest möglichen Zeitpunkt. Voraussetzung hierfür ist, dass alle Prüfungen der Daten erfolgreich waren. Direkt nach Vergabe des Schlüssels erfolgt das Einfügen in die Datenbank-Tabelle und anschliessend das *commit* der Transaktion. Bei vielen Benutzern kann es zu Wartezeiten beim Zugriff auf einen Satz kommen, wenn viele gleichzeitig neue Sätze in eine Tabelle einfügen. Dies ist der einzige bekannte Nachteil dieser Lösung für die Vergabe von Primärschlüsseln. Man kann dieses Konzept aber leicht um Nummernkreise erweitern, die Benutzergruppen für die Vergabe ihrer Ids zugewiesen werden. Dadurch wird auch dieses Problem gelöst.

Bemerkung 16.6.2 (Wertebereich von Primärschlüsseln)
Dieses Beispiel ist bewusst einfach gehalten. Grundprinzipien der Vergabe von Primärschlüsseln besagen, dass man die Länge des Schlüssels möglichst effizient ausnutzen sollte. Deshalb wird man oft eine Zeichenkombination als Schlüssel wählen. ◄

Aus der einen Klasse Patient sind so inzwischen drei Klassen bzw. Objekte entstanden, die im Modell eine Rolle spielen:

- Die Klasse Patient, die noch erweitert werden wird.
- Eine Datenbank-Tabelle Patient.
- Die „Kontroll-Tabelle" zur Vergabe der eindeutigen Primärschlüssel.

Zwischen diese bestehen keine Beziehungen aus dem Anwendungsbereich, sondern nur implementierungsbedingte: So muss eine Klasse Patient wissen, aus welcher Tabelle neue Ids generiert werden sollen. Mit der so vervollständigten Klasse ist es möglich, neue Patienten im Programm zu erzeugen und vorhandene aus der Datenbank zu lesen. Für eine funktionsfähige Klasse müssen aber noch mindestens folgende Punkte geklärt werden:

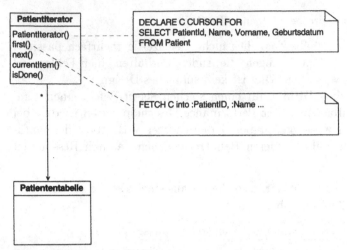

Abb. 16.7. Datenbank-Iterator

1. Wie sollen neue Sätze in die Datenbank eingefügt werden?
2. Wie sollen Sätze in der Datenbank geändert werden?
3. Ein destructor löscht zwar das Programm-Objekt Patient, es wird aber in der Regel nicht beabsichtigt sein, den entsprechenden Satz aus der Datenbank zu löschen.
4. Der Zugriff über PatientId reicht mit Sicherheit nicht aus, es werden flexible Suchmöglichkeiten benötigt.

Einfügen, Ändern und Löschen können prinzipiell über member functions **insert()**, **update()** und **delete()** bereitgestellt werden. Für Suchfunktionen verbietet sich dieser Weg: Es erscheint unsinnig, dass man erst ein Patienten-Objekt benötigt, dem man dann die Nachricht schicken kann „suche Patienten mit bestimmten Eigenschaften". Die Deklaration als Klassenoperation führt trotzdem dazu, dass die Suchoperationen anders als andere Operationen aufgerufen werden müssen. Wenn überhaupt als member function, kann so etwas nur über **static** member functions erreicht werden, der C++ Implementierung von Klassenoperationen. Sinnvoller erscheint es aber, Suchfunktionen in anderen Klassen auszulagern. Hierfür gibt es prinzipiell mindestens zwei Möglichkeiten, die im Folgenden diskutiert werden:

- Einsatz von Iteratoren gemäß dem Iterator pattern aus Abschn. 13.17.1.
- Eine Klasse Transaction, die beliebige Datenbank-Transaktionen kapselt.

Beispiel 16.6.3 (DB-Iterator)
Zu einer Klasse, die als Datenbanktabelle realisiert wird, wird eine entsprechende Iterator-Klasse implementiert. Dies kann mit statischen oder dynamischen Filterbedingungen erfolgen. Zu der Klasse Patient wird eine Klasse PatientIterator definiert mit den in Abb. 16.7 dargestellten Operationen. Objekte der PDC, die nach bestimmten Kriterien suchen, erzeugen einen neuen

Iterator. Insbesondere sind so mehrere Positionierungen in einer Tabelle zur gleichen Zeit leicht zu realisieren. Sollen gefundene Elemente verändert oder gelöscht werden, so wird die member function `insert()` bzw. `update()` des aktuellen Patient-Objekts aufgerufen. ◄

Operationen, die eine Menge von Sätzen lesen und ein Set zurückliefern, könnten auch implementiert werden. Dies ist aber nur vertretbar, wenn eine entsprechende Infrastruktur bereitgestellt wird. Dazu gehört mindestens die Möglichkeit, die Größe des Sets zu begrenzen. Man wird in einer Dialoganwendung nicht alle Sätze lesen wollen, die einer Abfrage genügen, sondern nur soviele, wie auf den Bildschirm passen. Blättert der Benutzer weiter, so wird man erst dann den nächsten Satz lesen wollen. Innerhalb eines Iterator kann dies einfach realisiert werden. Der folgende Ansatz findet sich z. B. auch in [Boo94a].

Beispiel 16.6.4 (Transaktion)
Die Grundidee dieses Ansatzes besteht darin, eine Klasse zu schaffen, die für die Kommunikation mit dem DBMS verantwortlich ist. Die Deklaration einer solchen Klasse könnte so aussehen:

```
typedef string SQLStmnt;
class Transaktion
{
public:
  Transaktion();
  virtual ~Transaktion();
  virtual void setOperation(const Collection<SQLStmnt>&);
  virtual int dispatch();
  virtual void commit();
  virtual void rollback();
  virtual int status();
}
```

◄

Ein weiterer Punkt, der in diesem Zusammenhang diskutiert werden muss, ist der der Synchronisation. Gerade in komplexen Anwendungen kann es vorkommen, dass ein Anwender ein Objekt mit mehreren Werkzeugen gleichzeitig bearbeitet. Sobald ein *commit* erfolgt, wird die Synchronisation vom DBMS geleistet. Konflikte mit anderen Anwendern werden auf dieser Ebene gelöst. In der Anwendung aufgelöst werden müssen verschiedene Änderungen, die ein Anwender an einem Objekt vornimmt. Hierzu gibt es verschiedene Ansätze:

- Booch schlägt in [Boo94a], S. 402 vor, den Zustand von Datenbankobjekten so zu definieren, dass nur Änderungen des Primärschlüssels von Bedeutung sind. Dieser Ansatz verhindert nicht, dass ein Anwender in verschiedenen Werkzeugen Änderungen vornimmt und die Objekte dann in irgendeiner

Reihenfolge in die Datenbank schreiben lässt. „Gewonnen" hat dann die letzte Änderung.

- In [HTW95] wird vorgeschlagen, eine Objekt-Tabelle im Hauptspeicher zu pflegen, in die alle geladenen Objekte eingetragen werden. Durch eine solche Tabelle wird das doppelte Laden von Sätzen verhindert. Dies unterstellt ein einheitliches Protokoll für alle Komponenten einer Anwendung.
- Das Beobachter Muster (siehe Abschn. 13.17.2 auf S. 334) ist in dieser Situation einfach anzuwenden. Die dort beschriebenen potenziellen Nachteile werden hier kaum ins Gewicht fallen. Dies gilt zumindest, wenn es sich um Clients, die auf die Datenbank zugreifen, mit jeweils einem Benutzer handelt. Hier werden nicht sehr viele zu beobachtende Komponenten vorkommen.

Die bisherigen Überlegungen zeigen, dass man zwei Arten von Klassen benötigt:

- Klassen, deren Objekte in der Anwendung benötigt werden.
- Klassen, deren Verantwortung die Speicherung und das Verwalten von Informationen in der Datenbank ist.

Diese Eigenschaften können durch Vererbung oder Delegation kombiniert werden.

In jeder DB-Anwendung wird man sich bemühen, die Dauer zu minimieren, für die ein Satz unter exklusiver Kontrolle gehalten wird. Eine Strategie hierfür ist die Implementierung einer „optimistischen" Zugriffslogik, wie sie z. B. in [HTW95] skizziert wird. Die Grundidee einer solchen Strategie ist einfach: Sätze werden aus der Datenbanktabelle gelesen, ohne dass sie gesperrt werden. In der Anwendung wird der Satz (hier ein Objekt der Klasse Patient) geändert. Die update Operation überprüft, ob der Satz in der Datenbanktabelle zwischenzeitlich geändert wurde. Ist er unverändert, so wird der update durchgeführt. Andernfalls wird eine Warnung ausgegeben und in der Anwendung eine Auswahl zum Durchführen oder Unterlassen der Änderung angeboten.

Als letzter Baustein für eine Architektur des Datenbank-Teilsystems sei auf folgenden Punkt hingewiesen: Eine Klasse kann auf mehrere Tabellen abgebildet worden sein. Dies kann u. a. bei der Abbildung von GenSpec-Beziehungen, durch Normalisierung oder durch Abbildung einer *Zusammensetzung* auftreten. Will man den Anwendungskern von dieser Zerlegung isolieren, so kann man eine „Join-Schicht einziehen". Diese stellt für die Anwendung die Objekte, die aus dem Anwendungsbereich stammen, aus den DV-spezifischen Implementierungsklassen zusammen. Nach diesen Überlegungen stellt sich eine Architektur einer DB-Anwendung schematisch wie in Abb. 16.8 dar.

Abb. 16.8. Architektur DBMS-Anwendung

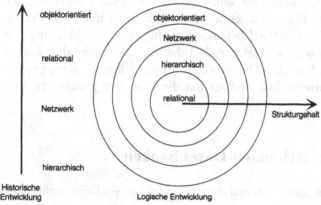

Abb. 16.9. Semantischer Gehalt von Datenbankmodellen

16.7 Historische Anmerkungen

Die zeitliche Entwicklung der DBMSe verlief anders als deren semantische oder syntaktische. Zeitlich verlief die Entwicklung in der Folge:

1. *hierarchisches DBMS* wie *DL/I* bzw. *IMS*,
2. *Netzwerk DBMS*, vor allem die *CODASYL*-System wie *IDMS*,
3. *relationales DBMS*, das heute dominante Datenbankmodell,
4. *objektorientiertes DBMS*.

Abbildung 16.9 zeigt im rechten Teil den semantischen Gehalt der einzelnen Systeme von innen nach außen. Die konzeptionelle Eleganz (oder Einfachheit) der relationalen Systeme wird mit einem Verlust an Informationsgehalt erkauft. Sinnvoll erscheint eine Trennung in verschiedene Ebenen, wie sie im *ANSI/SPARC-Modell* vorgenommen wird. Danach wären hierarchische und Netzwerk-DBMSe auf der physischen Ebene anzusiedeln. Relationale und objektorientierte DBMSe sind auf der konzeptionellen Ebene einzuordnen. Häufig werden aber die Modelle, die dem Benutzer an der „Oberfläche" angeboten werden, mit der eigentlichen Funktionsweise des DBMS verwechselt. So findet man z. B. in [FSM97] die durchaus korrekte Beobachtung: „Relational tables are relatively easy to dissect if something goes wrong. Object databases, with rampant disk pointers, are much more difficult." Dies illustriert die eingangs gemachte Bemerkung: Hierarchische und erst recht Netzwerk-DBMSe arbeiten mit Pointern. Bei Problemen heißt es dann in Anlehnung an einen Titel von Pete Seeger „Where have all the Pointers gone?". Der häufig vorkommende Irrtum ist aber, dass dies an dem Datenbankmodell liegt: Dies ist ausschließlich ein Implementierungsproblem! Es ist auf der physischen Ebene des *ANSI/SPARC-Modell* anzusiedeln. Und das ist unabhängig davon, ob es sich um ein relationales, objektorientiertes oder sonst ein DBMS handelt. Für die Kombination objektorientierter Programmiersprachen und relationaler Datenbanken kenne ich keine Quelle, die dieses Thema wirklich vollständig kompentent behandelt: Gute Ideen finden sich u.a. in [HTW95], [Boo94a] und [FSM97]. [RBP⁺91] behandelt ausführlich die Abbildung von Klassen und Beziehungen auf Datenbank-Tabellen, aber nicht den Zugriff aus objektorientierten Sprachen. Meine eigenen beruflichen Erfahrungen haben zweifellos einen erheblichen Einfluss auf die Lösungen gehabt, die hier skizziert wurden.

16.8 Fragen zu relationalen Datenbanken

1. Was versteht man unter Normalisierung? Welches sind die wichtigsten Normalformen?
2. Was versteht man unter Integritätsregeln?
3. Wozu dienen Integritätsregeln im relationalen DB-Modell?
4. Braucht man Integritätsregeln in hierarchischen oder Netzwerk-DBMSen?
5. Was sind die Grundfunktionen eines DBMSs?
6. Was sind „nullable" Attribute?
7. Beschreiben Sie das ANSI/SPARC-Modell (Skizze und Erläuterung der Ebenen)!
8. Nennen Sie Organisationsmöglichkeiten für Indexe einer Datenbank!
9. Welchen Arten von Schlüsseln kennen Sie (logisch, physisch)?
10. Was versteht man unter Primärschlüssel und Fremdschlüssel?
11. Welche Datenbankmodelle kennen Sie? Ordnen Sie diese nach dem Umfang der Informationen, die sie darstellen können!
12. Was sind die charakteristischen Merkmale eines relationalen DBMSs nach Codd?
13. Welche Aktivitäten fallen im System-Design an, wenn ein (relationales) DBMS eingesetzt werden soll?
14. Zu welchen „Problemen" führt exklusive Kontrolle?
15. Was versteht man unter „exklusivem Kontrollkonflikt"?
16. Welche Sperrstrategien kennen Sie bei DBMSen?

17. Nennen Sie die (drei) SQL-Sprachebenen!
18. Stellen Sie das SQL Security-Modell dar!
19. Was versteht man unter einem offenen und was unter einem geschlossenen Security-Konzept? Worin bestehen die Vor- und Nachteile?
20. Wie leitet man aus einem Klassenmodell das logische Datenmodell ab (relationales DBMS)?
21. Welchen Forderungen hat (nach Date) ein verteiltes DBMS zu genügen?
22. Was versteht man unter Verteilungstransparenz, Fragmentierungstransparenz, Replikationstransparenz?
23. Was versteht man unter Replikation? Wozu ist sie notwendig und welche Probleme bringt sie mit sich?
24. Nach welchen Kriterien könnte ein Optimizer für SQL (o.ä.) Anfragen vorgehen?
25. Was versteht man unter Transaktion im Sinne von Datenbank und im Sinne eines TP-Monitors? Vergleichen Sie!
26. Vergleichen Sie das Objektmodell aus OMT bzw. das statische oder Klassenmodell aus UML mit dem Entity-Relationship-Modell.
27. Erstellen Sie ein ERD, das die Besetzung von Stellen durch Mitarbeiter in einem Unternehmen darstellt.
28. Welche formalen Kriterien sind bei einem logischen Datenmodell für ein relationales DBMS zu berücksichtigen?
29. Geben Sie einige typische Beispiele für 1:1, 1:n, n:m, und ternäre Assoziation!
30. Welche Vorteile ergeben sich aus dem Einsatz eines OO-DBMS gegenüber eines relationalen DBMS?
31. Werden hierarchische Datenbanksysteme heute noch verwandt ?
32. Wie würde man ein ERM in ein Modell für eine objektorientierte Datenbank umwandeln?
33. Erläutern Sie einige Vor- und Nachteile eines ihnen bekannten objektorientierten Datenbank-Systems!
34. Ist es heute noch lohnenswert, sich intensiv mit relationalen Datenbanken zu befassen, oder werden sie in Kürze von objektorientierten abgelöst ?
35. Wie formuliert man Zugriffsrestriktionen in einem Datenbankmodell ?
36. Wie bildet man ein Objektmodell auf ein relationales DBMS ab?

A Übungsaufgaben

Dieser Teil des Anhangs enthält eine Reihe von Übungsaufgaben, deren Umfang über die Fragen am Ende der Kapitel hinausgeht. Für die Kapitel des Teils I gibt es jeweils einen kleinen Satz Aufgaben, bei denen die entsprechenden Themen im Vordergrund stehen. Die Aufgaben zum Teil II und III sind in einem Abschnitt „Fallstudien" zusammengefasst.

A.1 Aufgaben und Probleme der Software-Entwicklung

Aufgabe A.1.1 (Komplexe Systeme)
Charakterisieren Sie je ein System, das aus Ihrer Sicht einfach, komplex bzw. sehr komplex ist! In welcher Form erkennen Sie in diesen Systemen die in Abschn. 1.5 dargestellten Eigenschaften? ◄

Aufgabe A.1.2 (Ingenieurtätigkeiten)
Betrachten Sie die Aufgaben eines Architekten (oder Bauingenieurs, Maschinenbauingenieurs ...) und die eines Software-Entwicklers („software engineer"). Arbeiten Sie die Unterschiede und die Gemeinsamkeiten heraus! ◄

Aufgabe A.1.3 (Kritik eines Systems)
Kritisieren Sie aus Benutzersicht ein Hardware- oder Softwaresystem, das eine Schwäche hat, die Sie besonders ärgert. Beschreiben Sie das System und die Schwäche! Wie könnte dies entstanden sein? Was hätte man tun können, um dies zu vermeiden? ◄

Aufgabe A.1.4 (Berufsbild)
Welche Fähigkeiten sollte ein Systemanalytiker (Software Engineer) aufweisen? Wie kann er diese Fähigkeiten erwerben? ◄

Aufgabe A.1.5 (Arbeitsmarkt)
Finden Sie heraus, wieviele Menschen in Deutschland in der EDV arbeiten und welche Ausbildung diese haben. Was fällt Ihnen bei Ihrer Recherche auf? ◄

A.2 Objektorientierung und UML

Aufgabe A.2.1 (Klassen und Operationen)

Sie erhalten eine Liste von Klassen implementierter Objekten und möglichen Operationen aus [RBP+91]:

Nr.	Objekt	Beschreibung
1	Variables Array	Eine geordnete Sammlung von Objekten, indiziert mit natürlicher Zahl, Größe zur Laufzeit variabel.
2	Symbol Table	Eine Tabelle, die Keywords Beschreibungen zuordnet.
3	Menge	Ungeordnete Ansammlung von Objekten ohne Duplikate.

Nr.	Operation	Beschreibung
1	append	Fügt ein Objekt am Ende einer Sammlung ein
2	copy	Kopiert eine Sammlung von Objekten
3	count	Gibt die Anzahl der Objekte in einen Sammlung zurück.
4	delete	Löscht ein Objekt aus einer Sammlung.
5	index	Liefert ein Objekt, das sich an einer gegebenen Position befindet.
6	intersect	Liefert die gemeinsamen Objekte zweier Ansammlungen.
7	insert	Fügt ein Objekt an einer angegebenen Stelle ein
8	update	Überschreibt ein Objekt in einer Ansammlung von Objekten.

1. Welche Operationen machen auf welcher Klasse Sinn?
2. Beschreiben Sie wie die Operationen sich auf Objekten der jeweiligen Klasse verhalten!
3. Prüfen Sie, ob es eine sinnvolle Vererbungsstruktur zwischen diesen Klassen gibt und stellen Sie diese gegebenenfalls dar!

◄

Aufgabe A.2.2

Jedes Objekt hat eine Identität und ist unabhängig von seinem jeweiligen Zustand von jedem anderen Objekt unterscheidbar. Für Klassen mit vielen Objekten ist es aber nicht trivial sie zu unterscheiden. Geben Sie für die folgenden Klassen an, wie man ihre Objekte eindeutig charaktisieren könnte:

1. Alle Menschen der Welt zum Zwecke des Postversands.
2. Alle Menschen der Welt für kriminalpolizeiliche Untersuchungen.
3. Alle Kunden mit Schließfächern in einer Bankfiliale.
4. Alle Telefone der Welt um sie anrufen zu können.
5. Alle Kunden einer Telefongesellschaft um die Telefonrechnung erstellen zu können.

6. Alle electronic mail Adressen der Welt.
7. Alle Mitarbeiter einer Firma um Ihren Zugang zu Firmen-Ressourcen zu steuern.

Aufgabe A.2.3

Hier folgen einige Listen von Objekten. Untersuchen Sie, was diese Objekte jeweils gemeinsam haben, und bilden Sie geeignete Klassen.

1. Elektronenmikroskop, Brille, Fernrohr, Laserzielgerät, Fernglas.
2. Fahrrad, Segelboot, PKW, LKW, Flugzeug, Segelflugzeug, Motorrad, Pferd.
3. Nagel, Schraube, Bolzen, Niete.
4. Zelt, Höhle, Hütte, Garage, Scheune, Haus, Wolkenkratzer.
5. Quadratwurzel, Sinus, Cosinus, Exponentialfunktion.

Stellen Sie die Beziehungen in einem Klassendiagramm dar. Bilden Sie bei Bedarf geeignete, zusätzliche Klassen. ◄

Aufgabe A.2.4

Hier ist eine Reihe von Klassen: Fachhochschule, Parkplatz, Fachbereichssprecher, Präsident, Hörsaal, Buch, Student, Professor, Mensa, Computer, Tisch, Stuhl, Lineal, Tür, Tafel, Anschlag (Tür).

Erstellen Sie Klassendiagramm(e) für diese Klassen.

Zeichnen Sie Assoziationen, Aggregationsziehungen und Vererbungsstrukturen.

Attribute und Operationen brauchen Sie nicht mit einzuzeichnen. Benennen Sie aber die Beziehungen, für die dies sinnvoll ist, und tragen Sie Multiplizitäten ein. Bei Bedarf können und sollen Sie neue Klassen einführen. ◄

Aufgabe A.2.5

Stellen Sie die folgenden Zusammenhänge als Beziehung, Aggregation bzw. Vererbung dar! Begründen Sie jeweils Ihre Entscheidung:

1. Eine Land hat eine Hauptstadt.
2. Ein essender Philosoph benutzt zwei Stäbchen.
3. Eine Datei ist eine gewöhnliche Datei oder ein Verzeichnis.
4. Eine Datei enthält Sätze.
5. Ein Polygon wird durch eine geordnete Menge von Punkten beschrieben.
6. Ein Objekt einer Zeichnung ist Text, ein geometrisches Objekt oder eine Gruppe.
7. Eine Person benutzt eine Programmiersprache in einem Projekt.
8. Modem und Tastatur sind I/O Einheiten.
9. Klassen können mehrere Attribute haben.
10. Eine Person spielt in einem Jahr in einem bestimmten Team.
11. Eine Strecke verbindet zwei Städte.

12. Ein Studierender hört eine Vorlesung bei einem Professor.

◀

Aufgabe A.2.6

Entwickeln Sie Klassendiagramme, in denen die folgenden Strukturen durch Beziehungen abgebildet werden. Bemühen Sie sich um eine möglichst einfache Darstellung

1. Array,
2. Liste,
3. Stack,
4. Queue,
5. binärer Baum.

Mit dieser Aufgabe soll verdeutlicht werden, wie bekannte Konstrukte in Klassendiagrammen erscheinen. ◀

Aufgabe A.2.7

Erstellen Sie ein Metamodell für die BNF Darstellung von Programmiersprachen! ◀

A.3 Qualität von Software-Produkten

Aufgabe A.3.1 (Konkretisierung des Qualitätsbegriffs)
Erarbeiten Sie Kriterien, um die Qualität einer konkreten Software zu beurteilen! Nehmen Sie dazu die allgemeinen Qualitätskriterien als Ausgangspunkt und spezialisieren Sie diese in geeigneter Weise. Entwickeln Sie eine Strategie, um diese Kriterien zu überprüfen. Erarbeiten je einen Satz von Kriterien für die folgenden Arten von Software-Produkten:

1. Finanzbuchhaltung,
2. Anwendungsentwicklungsumgebung,
3. Büro-System (wie man sie von verschiedenen Herstellern erhält: Textverarbeitung, Tabellenkalkulation, Präsentationsgrphik, ...),
4. Bibliotheksrecherche-System (*OPAC*),
5. Multiuser Spiel.

◀

Aufgabe A.3.2 (Effizienz)
Welche Möglichkeiten haben Sie als Entwickler, die Effizienz von Software zu beeinflussen? Welche Interessenkonflickte erkennen Sie dabei? ◀

Aufgabe A.3.3 (Zusammenhänge zwischen Qualitätsmerkmalen)
Welche der in Abschn. 3.4 genannten Qualitätskriterien beeinflussen sich gegenseitig positiv, welche negativ? Begründen Sie Ihre Einschätzung! ◀

Aufgabe A.3.4 (Software-Ergonomie)
Erarbeiten Sie die wichtigsten Kriterien um Software wie die aus Aufgabe
A.3.1 nach ergonomischen Gesichtspunkten zu beurteilen! ◀

Aufgabe A.3.5 (Menschliches Aufnahmevermögen)
Was kann getan werden, um das menschliche Aufnahmevermögen (für Informationen) zu steigern? ◀

A.4 Architektur und Modulbegriff

Aufgabe A.4.1 (Integration)
Suchen und beschreiben Sie Beispiele für daten-integrierte bzw. funktional-integrierte Anwendungen. Bechreiben Sie, welchen Nutzen die Integration in diesen Fällen bringt. ◀

Aufgabe A.4.2 (Integration)
Welche kritischen Punkte sehen Sie beim Einsatz integrierter Systeme? ◀

Aufgabe A.4.3 (Kopplung, Zusammenhalt)
Untersuchen Sie an einer Anwendung, deren Sourcecode ihnen zugänglich ist, welche Kopplungs- und Zusammenhaltscharakterisitk Sie finden! ◀

Aufgabe A.4.4
Ermitteln Sie realistische Kosten für den Besitz eines PKWs über fünf Jahre (Total Cost of Ownership)! Sie sind in der Wahl des Fahrzeugs frei, müssen Ihre Zahlenangaben aber durch aktuelle Angebote, Untersuchungen etc. nachweisen. ◀

Aufgabe A.4.5
Ermitteln Sie realistische Kosten für den Besitz eines kommerziellen C++ Compilers! ◀

A.5 Fallstudien

Aufgabe A.5.1
Im Folgenden werden einige Geschäftsvorfälle in einer kleinen Autovermietung beschrieben. Die Wagen werden von Deutschland aus gebucht und zu dem vom Kunden gewünschten Termin an einem Flughafen in Spanien bereitgestellt. Um selbst soviel Zeit wie möglich im Süden verbringen zu können, möchte der Chef die wesentlichen Abläufe durch EDV unterstützen. Der Schriftverkehr mit Kunden wird bereits mit einem PC abgewickelt. Bisher liegen Kundeninformationen in Karteiform mit PLZ, Ort, Straße, Hausnummer, Name, Vorname und Telefonnummer vor. Das aktuelle Mietwagenangebot, die Konditionen und die Vertragsformulare sind als Muster abgebildet.

Ort	Klasse	Typ	Preis/Tag in DM	Sonderwünsche (auf Anfrage)
Alicante	A	Fiesta/R5	49,-	Seat Marbella 38,-
	B	Escort/Ibiza	62,-	Kleinbusse,
	C	Orion/R19	75,-	Renault Espace
Cádiz	A	Fiesta/R5	51,-	Jerez und Sevilla
	B	Escort 1.3/Clio	68,-	wie Cádiz
	C	R19 Chamade	98,-	
Sta Cruz de Tenerife	A	Fiesta/R5	49,-	Golf Cabriolet 99.-
	B	Escort/Ibiza	61,-	Panda Sunroof 55,-
	C	Orion/Jeep Suzuki	79,-	
Ibiza	A	Fiesta/R5	59,-	Strandautos,
	B	Uno	69,-	Cabrios auf
	C	Uno 4 Türen	78,-	Anfrage
Málaga	A	Fiesta/R5/Polo	49,-	
	B	Escort/Ibiza	62,-	
	C	R19 Chamade	89,-	R19 Klimaanlage
Palma de Mallorca	A	Fiesta/R5	49,-	Cabriolets, Mini
	B	Escort/Ibiza	62,-	Mokes, Rolls Royce
	C	Orion/R19	75,-	Silver Spirit 1600.-
Valencia	A	Fiesta/Corsa/R5	46,-	Seat Marbella 38,-
	B	Uno/Corsa 4 Türig	66,-	Renault Espace
	C	Orion/Peugot 309	88,-	189,-

Die Preise schließen ein: unbegrenzte Kilometer, Haftpflicht-Versicherung, Vollkasko ohne Selbstbeteiligung, inländische MwSt., Flughafen-Service von 9:00 - 20:00. Berechnet wird jeder angefangene Tag ab 0:00 (z. B. Samstag - Samstag = 8 Tage).
Abb. A.1. Preisliste

Anfagen nach Mietwagen gehen telefonisch oder schriftlich ein. Üblicherweise werden dann eine Preisliste und ein Formular „Anmeldung und Vermittlungsauftrag" (s. Abb. A.2) zugeschickt. Um auf Währungskursschwankungen flexibel reagieren zu können, soll die Preisliste, die bei einer Anfrage mit verschickt wird, jeweils aktuell ausgedruckt werden. Kommt eine Buchung zustande, so gilt der vereinbarte Preis auch bei zwischenzeitlichen Preisänderungen. In Gesprächen mit dem Chef gelingt es Ihnen weiter, folgendes herauszufinden:

- Die Firma verfügt über Fahrzeuge unterschiedlicher Typen (s. Preisliste).
- Bei Anfragen von Kunden spielen neben dem Preis vor allem die Fragen nach der Anzahl Sitzplätze und der Größe des Kofferraumes eine Rolle. Im Augenblick gibt es für jeden Wagen eine Karteikarte, die diese Daten enthält.
- Die Karteikarten sind nach Orten und innerhalb eines Ortes nach Autokennzeichen sortiert.
- Neben wichtigen Informationen über das Fahrzeug enthält die Karteikarte 52 Kästchen (eines pro Kalenderwoche), in denen jeweils grob gekennzeichnet wird, wenn ein Fahrzeug in der Woche belegt ist.

```
┌─────────────────────────────────────────────────────────────────┐
│       ANMELDUNG UND VERMITTLUNGSAUFTRAG                          │
│  Ich bitte um Reservierung eines Leihwagens der Klasse ___ ab    │
│  Flughafen _____ für die Zeit vom __.__.__ bis __.__.__.      │
│  Bitte halten Sie einen Kindersitz ja/nein                      │
│  Dachgepäckträger ja/nein bereit.                               │
│  Ich versichere, dass ich im Besitz eines gültigen Führerscheins der │
│  Klasse 3 bin.                                                   │
│  Name, Vorname _____              │
│  Straße _____                     │
│  PLZ,Wohnort _____                │
│  Tel.: _____                      │
│  _____                            │
│  Ort, Datum                          Unterschrift               │
│                                                                 │
│  Als Rechnungsbetrag habe ich folgende Summe errechnet:         │
│  __ (Anzahl) Tage x ____ DM Tagespreis = ____ DM                │
│  (Der errechnete Rechnungsbetrag gilt als akzeptiert, wenn nicht │
│  innerhalb von 10 Tagen Widerspruch erfolgt.)                   │
│  Den Rechnungsbetrag sowie die notwendigen Flugdaten werde ich bis │
│  14 Tage vor Ablauf Ihnen zukommen lassen.                      │
│                                                                 │
│                                                                 │
│  _____                            │
│  (Ort, Datum)                        (Unterschrift)             │
│  Raum für Grüße, Bemerkungen, eventuell vorhandene Flug-Daten etc. │
└─────────────────────────────────────────────────────────────────┘
```

Abb. A.2. Anmeldungs- und Vermittlungsauftrag

- Die genauen Daten der Vermietung (von - bis, Kunde, Konditionen) werden in einem Ordner nach Datum und Autokennzeichen abgelegt.
- Porbleme gibt es immer dann, wenn zwei MitarbeiterInnen gleichzeitig an die Kartei oder einen Ordner müssen.
- Wichtig ist dem Chef ferner, dass man jederzeit über das System feststellen kann, welche Fahrzeuge an welchem Ort verfügbar sind.
- Geht dann eine Buchung ein, so muss diese im System verzeichnet werden und eine Buchungsbestätigung für den Kunden ausgegeben werden.
- Nach Zahlungseingang erhält der Kunde einen sogenannten Voucher, der ihn am Leihort als Mieter ausweißt. Die Niederlassung am jeweiligen Ort erhält einen Bereitstellungsauftrag, in dem der Name des Mieters, Wagentyp, Bestellungen wie Anzahl Kindersitze und Dachgepäckträger aufgeführt sind. Ferner enthält er Datum und Uhrzeit der Bereitstellung und der geplanten Abgabe des Fahrzeuges.
- Nach Rückgabe des Fahrzeugs schickt die Niederlassung einen kurzen Abgabebericht, der das genaue Datum der Rückgabe, den nächsten Verfügbarkeitstermin und die nachgetankte Benzinmenge enthält.
- Auf Ihre Frage, wie die Sonderwünsche (Siehe Preisliste, letzte Spalte) erfüllt werden, bekommen Sie die Antwort, das werde individuell gehandhabt

und brauche im ersten Schritt nicht über das System abgewickelt werden. Sie sollten es aber später einbauen, sofern er mit der ersten Version zufrieden sei.

◀

Aufgabe A.5.2

Sie sollen Ordnung in eine Sammlung von CDs, LPs oder MCs bringen. Die Informationen dazu entnehmen Sie Ihrem eigenen Tonträgerbestand. Ziel dieser Aufgabe ist eine Anwendung, die Sie bitte in einem Ihnen zur Verfügung stehenden System implementieren.

1. Erstellen Sie ein Analysemodell für dieses System! Welche Modellkomponenten sind hier besonders wichtig? Begründen Sie Ihre Einschätzung!
2. Entwerfen Sie ein System-Design für dieses Anwendung!
3. Entwerfen Sie ein Design für alle Objekte, die für diese Anwendung relevant sind!
4. Suchen Sie sich aus den Ihnen zur Verfügung stehenden Entwicklungssystemen eines aus, das Ihrer Ansicht nach für die Implementierung besonders geeignet ist. Vergleichen Sie mehrere Systeme und begründen Sie Ihre Auswahl!
5. Implementieren Sie das von Ihnen entworfene System in Ihrer ausgewählten Zielumgebung!

◀

Aufgabe A.5.3

Entwickeln Sie ein System, das aus Klassendefinitionen einen einfachen Editor für Objekte dieser Klasse erzeugt! (Dies könnte ein Baustein in einem ein animierten CASE-Tool sein.) ◀

Aufgabe A.5.4

Entwickeln Sie ein Programm, das es ermöglicht, den Zeitaufwand für Entwiclungsprojekte zu erfassen! Berücksichtigen Sie dabei die Überlegungen in [Spi96]. ◀

Aufgabe A.5.5

Entwickeln Sie ein System, mit dem Sie Ihre Aktivitäten planen können! Es soll Aktivitäten mit einer Beschreibung, einer Priorität und einer geschätzten Zeitdauer verwalten können. Nach Abschluss einer Aktivität kann der tatsächliche Zeitbedarf erfasst werden. ◀

Aufgabe A.5.6

Erweitern Sie das System aus Aufgabe A.5.5 um die Möglichkeit, einer Aktivität Resourcen zuzuordnen, die zu ihrer Durchführung benötigt werden!

◀

Aufgabe A.5.7 (Spuzzle)

In [Bar93] wird das Lernspiel SPUZZLE, A Spelling PUZZLE, beschrieben. Es ist dort mit Borland OWL 1.0 realisiert. Die Spezifikation ist: SPUZZLE besteht aus einem Fenster, das in der Standardeinstellung den ganzen Bildschirm füllt. Dieses Fenster enthält

- ein großes Fenster, in dem ein Bild zu sehen ist,
- einen Toolbar, der die Buttons für die Aktionen Spielen, Musik ein/aus, nächstes Bild, Beenden enthält,
- ein Fenster oberhalb des Bildes, in dem der Begriff steht, der auf dem Bild dargestellt ist,
- ein Statusfenster, auf dem die Zeit seit Start und die erreichte Punktzahl erscheinen.

Bei Start des Spiels wird das Bild in so viele senkrechte Streifen zerlegt, wie der zugehörige Begriff Worte hat, und diese werden ebenso wie die Buchstaben in dem anderen Fenster zufällig gemischt. Die Streifen müssen dann wieder in die richtige Reihenfolge gebracht werden. Wird ein Streifen auf den richtigen Platz bewegt, so wird auch der zugehörige Buchstaben an die richtige Stelle bewegt. Für jeden Streifen, der auf dem richtigen Platz liegt, gibt es einen Punkt. Das Bewegen der Streifen erfolgt durch Anklicken und Ziehen mit dem linken Mausknopf. Der Mausknopf bleibt dabei gedrückt. Das erste Bild und alle folgenden werden zufällig ausgewählt. Die Bilder und Begriffe sollen vom Benutzer erweitert werden können, ebenso soll die Musik wählbar sein. Es sind Geräte mit und ohne Soundkarte zu unterstützen. Weitere Benutzeroptionen, wie z. B. das gezielte Aufrufen von Bildern aus der „Datenbank", Speichern der Ergebnisse eines Benutzers, Belohnungen, Hitlisten, etc. sollen vorgesehen werden, so dass sie später hinzugefügt werden können.
◄

Aufgabe A.5.8 (Kalahari)

Entwicklen Sie ein Programm für das Spiel Kalahari! Das Spiel soll wahlweise von einem Spieler gegen den Computer oder von zwei Spielern gespielt werden können. Das Programm akzepziert bzw. führt nur gültige Züge aus. Die Regeln von Kalahari (auch als Kalaha oder Cleverbank bekannt) ohne Rechner sind im Folgenden beschrieben. Es gibt verschiedene Varianten. Das Spiel wird auf einem länglichen Holzbrett mit 14 Vertiefungen gespielt (vgl. Abbildung A.3). Die länglichen Vertiefungen an den Enden heißen Bank. Jeder der beiden Spieler hat eine Bank. Dazwischen befinden sich zwölf in sechs Paaren angeordnete Vertiefungen, die Teiche genannt werden. In jedem Teich befinden sich bei Spielbeginn 3-6 Spielsteine (z. B. Pfefferkörner, getrocknete Sojabohnen, Bohnen, Erbsen, je nach Verfügbarkeit und Größe des Spielfeldes). Jeweils die rechts eines Spielers befindliche Reihe von sechs Teichen und die Vertiefung auf seiner Seite des Brettes gehören ihm. Das Spiel beginnt, indem ein Spieler einen beliebigen Teich seiner Seiter leert und die darin befindlichen Spielsteine ein bei ein auf die (im Uhrzeigersinn) folgenden Teiche

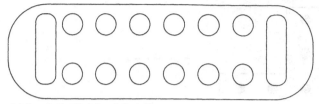

Abb. A.3. Kalahari Spielbrett

verteilt. Fällt dabei ein Spielstein in einen eigenen leeren Teich, so dürfen die
Steine aus dem gegenüberliegenden Teich des Gegners in die eigene Bank gelegt werden. Die gegnerische Bank wird bei diesem Umverteilen ausgelassen.
Befinden sich in den Teichen eines Spielers keine Steine mehr, so ist das Spiel
zu Ende. Die restlichen Steine auf der anderen Seite kommen in die Bank
des Spielers, der das Spiel beendet hat. Gewonnen hat der Spieler, in dessen
Bank bei Spielende die meisten Steine liegen. ◀

Aufgabe A.5.9 (Memory Spiel)
Entwicklen Sie ein Memory Spiel! Das Spiel soll von zwei und mehr Spielern
an einem Computer gespielt werden können. Die Kartensätze sollen wählbar sein, ebenso die Anzahl Paare. Macht es Sinn, einen Spieler gegen den
Computer spielen zu lassen? ◀

Aufgabe A.5.10 (Die Türme von Hanoi)
Die Idee zu dieser Aufgabe stammt aus [RBP+91]. Die „Türme von Hanoi"
kennen Sie vielleicht aus Übungen zu rekursivem Programmieren. Die Geschichte, die dahinter steckt, berichtet von Mönchen in einem Kloster, die
diese Aufgabe für viele Scheiben zu lösen haben. Die Sage will wissen, dass
die Welt untergeht, wenn sie dies vollbracht haben. Die Aufgabe besteht darin, einen Stapel von (gelochten) Scheiben von einem Stab auf einen anderen
zu bewegen, wobei ein dritter Stab als Zwischenablage benutzt wird. Jede
Scheibe hat eine andere Größe. Eine Scheibe darf von einem Stab auf einen
anderen bewegt werden, wenn Sie dabei auf eine größere Scheibe gelegt wird.
Dieses Spiel wird im Folgenden auf unterschiedliche Weisen beschrieben:

1. Ein Turm besteht aus mehreren (3) Stäben. Auf einem Stab liegen einige
   (eventuell 0) Scheiben in einer bestimmten Reihenfolge.
2. Ein Turm besteht aus mehreren (3) Stäben. Die Scheiben auf den Stäben
   sind zu Teilmengen zusammengefasst, die Stapel heißen. Ein Stapel ist
   eine geordnete Menge von Scheiben. Eine Scheibe befindet sich jeweils in
   genau einem Stapel. Auf einem Stab können verschiedene Stapel in einer
   bestimmten Reihenfolge liegen.
3. Ein Turm besteht aus mehreren (3) Stäben. Wie in vorstehender Beschreibung gibt es Stapel. Diese sind jetzt aber rekursiv definiert: Ein
   Stapel besteht aus einer Scheibe (der untersten) und einem oder keinem
   Stapel, der darüber liegt.

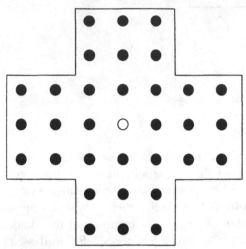

Abb. A.4. Einsiedlerspiel: Anfangsstellung

4. Wie vorstehende Beschreibung, aber mit folgenden Änderungen: Zu einem Stab gehört höchstens ein Stapel. Die anderen Stapel sind durch eine verkettete Liste mit diesem Stapel verbunden.

Der Rekursionsalgorithmus zum Bewegen von N>1 Scheiben von einem Stab auf einen anderen (unter Verwendung des dritten) besteht darin, läßt sich einfach mit dem Konzept des Stapels beschreiben: Die Scheiben auf den Stäben werden zu geordneten Mengen zusammengefaßt, die als Stapel bezeichnet werden. Die Struktur der Stapel ist rekursiv: Ein Stapel besteht aus einer Scheibe (der untersten) und höchstens einem Stapel, je nach Höhe. Um einen Stapel mit N Scheiben vom „Start-Stab" über den „Freien Stab" auf den „Ziel-Stab" zu bewegen, gehe man wie folgt vor:

- Bewege den Stapel der Höhe N-1 auf den „Freien-Stab" (die „Ablage").
- Lege die verbliebene Scheibe auf den „Ziel-Stab".
- Bewege den verbleibenden Stapel der Höhe N-1 auf den „Ziel-Stab".

Die Rekursion bricht ab, wenn nur noch eine Scheibe übrig ist.

1. Entwickeln Sie Klassendiagramme, die diese Beschreibungen jeweils möglichst genau umsetzen!
2. Welches Modell erschient Ihnen am sinnvollsten? Warum?
3. Vervollständigen Sie das Ihnen am sinnvollsten erscheinende Modell um Attribute und Operationen!

◀

Aufgabe A.5.11 (Einsiedler Spiel)
Das Einsiedler Spiel gibt es in verschiedenen Varianten. Die verbreitetste Variante benutzt ein Spielfeld wie in Abbildung A.4 gezeigt. Das Spiel beginnt, indem ein Spielstein entfernt wird. Es gilt dann Steine, hinter denen ein Feld

frei ist, in horizontaler oder vertikaler Richtung zu überspringen. Übersprungene Steine werden entfernt. Die Aufgabe ist gelöst, wenn sich zum Schluss nur noch ein Stein auf dem Brett befindet. Als besonders erstrebenswert gelten Lösungen, bei denen der letzte Stein auf dem zuerst frei gemachten Feld steht. ◀

Aufgabe A.5.12
Um endlich Übersicht in Ihr Disketten- oder Streamer-Archiv zu bringen, soll ein Utility geschrieben werden, das bei der Archivierung von Dateien protokolliert, auf welchen Datenträger diese archiviert wurden. Gehen Sie bei der Bearbeitung dieser Aufgabe wie folgt vor:

1. Präzisieren Sie die Anforderungen an dieses Utility!
2. Entwickeln Sie ein Anlysemodell!
3. Entscheiden Sie sich für eine Systemarchitektur!
4. Entwickeln Sie das Programm!

◀

Aufgabe A.5.13
Entwickeln Sie ein Programm, das von einer handelsüblichen Audio CD alle Daten ausliest, die über die CD und die darauf befindlichen Titel zu erhalten sind! ◀

Aufgabe A.5.14
Nehmen Sie sich den Source-Code von C++ Bibliotheken für komplexe Zahlen vor und versuchen Sie diesen zu verbessern! Mindestens eine Idee finden Sie in [PJS92a], p. 364. ◀

A.6 Datenbanken

Aufgabe A.6.1
Was sind die Hauptfunktionen eines relationalen DBMSs? Welche Vor- und Nachteile bringt die Nutzung eines DBMSs? ◀

Aufgabe A.6.2
Beschreiben Sie das ANSI/SPARC-Modell für Datenbanken! Welchen Zweck erfüllt dieses Modell? Erläutern Sie an einem Ihnen bekannten DBMS, wie dieses das ANSI/SPARC-Modell unterstützt (oder auch nicht)! ◀

Aufgabe A.6.3
Beschreiben Sie die wichtigsten Normalformen und Intergritätsregeln für ein relationales DBMS! Welche Arten von Schlüsseln gibt es in einem relationalen DBMS und in welchem Zusammenhang stehen diese mit Normalformen und Integritätsregeln? ◀

A.7 Programmierung

Aufgabe A.7.1
Welche Bestandteile hat eine nicht-triviale C++ Klasse? Wann sind welche Bestandteile notwendig? Schreiben Sie eine C++ Klasse Kunde, die Datenelemente für Kundennummer (integer) und Name (string) hat. Es kommt darauf an, alle wesentlichen member functions korrekt zu implementieren, nicht um den Sinn der Klasse. Gehen Sie davon aus, dass die Objekte dieser Klasse auch in Containern benutzt werden sollen. ◄

Aufgabe A.7.2
Verwenden Sie die Borland Klassenbibliothek (ab BC++ 4) um einen geordneten Container von Strings zu implementieren. Schreiben Sie ein Testprogramm, das Ihren Container mit zehn Elementen füllt und diese über einen Iterator ausgibt! ◄

Aufgabe A.7.3
Verwenden Sie die *MFC* (Microsoft Foundation Classes) um einen geordneten Container von Strings zu implementieren. Schreiben Sie ein Testprogramm, das Ihren Container mit zehn Elementen füllt und diese über einen Iterator ausgibt! ◄

Aufgabe A.7.4
Verwenden Sie die *STL* (Standard Template Library) um einen geordneten Container von Strings zu implementieren. Schreiben Sie ein Testprogramm, das Ihren Container mit zehn Elementen füllt und diese über einen Iterator ausgibt! ◄

Aufgabe A.7.5 (next oder increment)
In einigen C++ Klassenbibliotheken werden der post und pre increment Operator überladen, um das Durchlaufen einer Liste zu ermöglichen. Dagegen wird folgendes Argument vorgebracht: Dies widerspricht der allgemeinen Praxis in C++, Funktionen so zu überladen, dass ihr eigentlicher Sinn nicht verloren geht: Der increment Operator führt ja eigentlich eine mathematische Operation aus (Addition), so dass der Anwender davon ausgehen kann, dass das Objekt selber vergrößert wird. Dies würde aber im Fall von listIterator++ keinen Sinn machen, denn hier wird intern ein Attribut (der aktuelle Zeiger) weiterbewegt und nicht durch eine Addition verändert. Eine Implementierung von listIterator.prev() bzw. listIterator.next() würde dem eigentlichen Sinn der Funktion näher kommen und den Source lesbarer und übersichtlicher machen.
Was meinen Sie dazu? Begründen Sie Ihre Einschätzung! ◄

Aufgabe A.7.6
Schreiben Sie eine C++ Klasse, von der es höchstens ein Objekt gibt, und ein Testprogramm für diese Klasse! ◄

Aufgabe A.7.7
Stellen Sie sinnvolle Namenskonventionen für C++ Code zusammen. Begründen Sie Ihre Vorschläge. ◀

Aufgabe A.7.8
(Dies ist eine Umformulierung der vorstehenden Aufgabe.) Sie sollen für ein Team von Entwicklern sinnvolle Standards für die C++ Programmierung festlegen.

1. Was halten Sie für regelungsbedürftig?
2. Für welche Bereiche schlagen Sie Konventionen vor?
3. Welche?
4. Wie begründen Sie diese?

◀

Aufgabe A.7.9
In http://users.informatik.fh-hamburg.de/~khb/exercise/parts01.cpp finden Sie C++-Source-Code. Identifizieren Sie die Schwachstellen in diesem Code und verbessern Sie ihn! ◀

Aufgabe A.7.10
Worin besteht der Unterschied zwischen C++ **class** und **struct**? Wie bewerten Sie diese Konstrukte unter den Gesichtspunkten der Software Qualität und der Modularisierung? ◀

Aufgabe A.7.11
In http://users.informatik.fh-hamburg.de/~khb/exercise/string01.cpp finden Sie eine C++ Klasse. Finden Sie die Schwachstellen bzw. Fehler dieser Klasse und verbessern Sie sie! ◀

Aufgabe A.7.12
Beschreiben Sie möglichst viele (sinnvolle, unterschiedliche) Möglichkeiten, Source-Dateien (insbesondere Header-Dateien) in C++ möglichst wirkungsvoll zu entkoppeln! ◀

Aufgabe A.7.13
Beschreiben Sie möglichst vollständig, was ein C++-Compiler an member functions erzeugt, wenn Sie sie in Ihrer Klassendeklaration nicht angeben (wie ist die Sichtbarkeit dieser member functions?) und wann temporäre Objekte erzeugt werden. ◀

Aufgabe A.7.14
C++ kennt keine virtuellen Konstruktoren. Wozu wären virtuelle Konstruktoren nützlich? Wie kann man in C++ den Effekt eines virtuellen Konstruktors erreichen? ◀

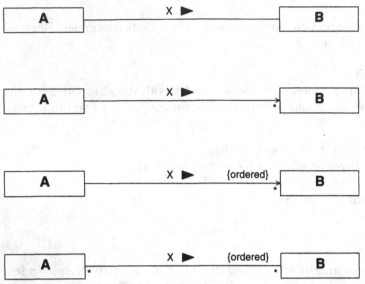

Abb. A.5. Vier binäre Assoziationen

Aufgabe A.7.15

Gegeben seien die vier Assoziationen in Abbildung A.5. Implementieren Sie diese Klassen und Assoziationen in C++ und schreiben Sie ein Testprogramm, das die Nutzung der Assoziationen zeigt! ◄

B   Standard-Elemente der UML

Dieser Teil des Anhangs beschreibt die Standard-Elemente, die in der UML definiert sind. Basis ist die Version 1.4, die in [OMG00b] beschrieben wird. Die Übersicht ist nach Rubriken (Stereotypen, Eigenschaftswerten, Bedingungen und weiteren Schlüsselworte) und innerhalb einer Rubrik alphabetisch geordnet. Elemente, die mit einem * gekennzeichnet sind, werden wie Schlüsselworte verwendet, haben aber (inzwischen) eine andere Bedeutung oder sind in speziellen Profilen definiert. So ist Actor inzwischen eine von Classifer spezialisierte Klasse. Die Begriffe sind englisch in alphabetischer Reihenfolge aufgeführt. Eine deutsche Übersetzung ist in Klammern darunter angegeben, wenn sie an anderer Stelle verwendet wird.

B.1 Stereotypen

Die folgenden Stereotypen sind in der UML vordefiniert. Jeder Stereotyp, der auf eine Klasse des Metamodells anwendbar ist, ist auch auf alle Unterklassen dieser Klasse anwendbar:

Name	Klasse	Beschreibung
«access» («Zugang»)	Permission (Berechtigung)	Die öffentlichen Elemente des Quellnamensraums sind für die Elemente des Zielnamensraums zugänglich.
*«actor» («Akteur»)	Class (Klasse)	Eine Rolle, die Objekte außerhalb des Systems in Interaktionen mit Anwendungsfällen spielen.
«appliedProfile»	Dependency zwischen Packages	Die Elemente des Zielpakets genügen dem im Quellpaket definierten Profil.
«association» («Assoziation»)	Association-End	Spezifiziert, dass eine echte Assoziation vorliegt und ist insofern redundant.
«association»	LinkEnd	Dieses Linkende ist über eine Assoziation sichtbar.
«auxiliary»	Class	Eine Hilfsklasse.

Name	Klasse	Beschreibung
«become» («wird»)	Flow (Fluss)	Eine Beziehung in einem Ablauf, bei dem Quell- und Zielelement die gleiche Instanz zu unterschiedlichen Zeitpunkten bezeichnen.
*«Boundary»	Class (Klasse)	Eine Klasse, deren Objekte sich auf der Systemgrenze befinden und für die Kommunikation mit der Systemumgebung verantwortlich sind.
«call» («Aufruf»)	Usage (Verwendung)	Call bezeichnet eine Verwendung, deren Quelle und Ziel Operationen sind. Eine solche Abhängigkeit gibt an, dass die Quelle die Ziel-Operation aufruft. Eine solche Abhängigkeit kann eine Quelle mit jeder Operation innerhalb des Gültigkeitsbereiches verbinden, z. B. mit Operationen des umfassenden Elements oder Operationen anderer sichtbarer Elemente.
*«constraint» («Bedingung»)	Note (Notiz)	Eine Notiz, die eine Bedingung enthält.
*«Control»	Class	Eine Klasse, die Interaktionen zwischen Objekten steuert.
«copy»	Flow (Fluss)	Eine Beziehung in einem Ablauf, in dem Objekte A und B gleiche Werte, Zustände und Rollen, aber verschiedene Identität haben. Sie gibt an, dass A eine exakte Kopie von B ist und zukünftige Änderungen an A nicht notwendig auch an B erfolgen.
«create»	Behavioral-Feature	Eine Verhaltenseigenschaft, die angibt, dass das Behavioral-Feature ein Objekt der Klasse erzeugt, mit dem es verbunden ist.
«create»	CallEvent (Ereignis)	Ein Aufrufereignis, bei dem das empfangende Objekt gerade erzeugt wurde. Bei Automaten löst es die Eingangstransition auf der obersten Ebene aus. Dies ist

Name	Klasse	Beschreibung
		der einzige Auslöser, der für die Eingangstransition zulässig ist.
«create»	Usage (Verwendung)	Der Client erzeugt Instanzen des Lieferanten.
«definition» (flqq Definition»)	Constraint (Bedingung)	Die Bedingung definiert eine OCL-Variable.
«derive» (ableiten)	Abstraction	Der Client kann jederzeit aus dem bzw. den Lieferanten berechnet werden.
«destroy»	Behavioral-Feature	Eine Verhaltenseigenschaft, die angibt, dass das BehavioralFeature ein Objekt der Klasse zerstört, mit dem es verbunden ist.
«destroy»	CallEvent (Ereignis)	Ein Ereignis, das angibt, dass die Instanz, die das Ereignis empfängt, zerstört wird.
«document» («Dokument»)	Artifact (Artefakt)	Ein Artefakt, der ein Dokument repräsentiert.
*«Entity»	Class	Eine Klasse, deren Objekte passiv an Anwendungsfällen beteiligt sind.
«executable»	Artifact (Artefakt)	Ein Artefakt, der auf einem Knoten ausgeführt werden kann.
«facade» («Fassade»)	Package (Paket)	Ein Paket, das nur Referenzen auf andere Modellelemente enthält, die einem anderen Paket gehören. Es wird benutzt, um eine „öffentliche Sicht" auf einige Elemente eines Pakets zur Verfügung zu stellen. Eine Fassade enthält keine eigenen Elemente.
«file» («Datei»)	Artifact (Artefact)	Ein file ist eine Komponente, die Sourcecode oder Daten enthält.
«focus»	Class (Klasse)	Eine wesentliche Klasse, die sich weiterer Hilfsklassen bedient.
«framework» («Gerüst»)	Package (Paket)	Ein Framework ist ein Paket, das vor allem aus Entwurfs-

Name	Klasse	Beschreibung
		mustern besteht.
«friend»	Permission (Berechtigung)	Eine Abhängigkeit, deren Quelle ein Modellelement wie Operation, Klasse oder Paket ist, und deren Ziel ein anderes Modellelement wie Klasse, Operation oder Paket ist. Sie gibt der Quelle Zugriff auf alle Elemente des Ziels, unahbhängig von deren Sichtbarkeit. Sie erweitert die Sichtbarkeit der Quelle, so dass das Ziel deren Inneres, auch die für andere geschützten oder privaten Teile sehen kann.
«global»	Association-End	Spezifiziert, dass das Ziel ein globaler Wert ist, der allen Elementen bekannt ist und keine tatsächliche Assoziation.
«implementation»	Generalization	Das spezialisierte Element erbt die Implementierung des allgemeineren Elements, nicht aber dessen öffentliche Schnittstelle.
«implementation»	Class (Klasse)	Eine Klasse, die eine Implementierung in einer Programmiersprache darstellt. Eine Klasse kann eine oder keine Implementierungsklasse haben.
«implicit»	Association	Die Assoziation ist nicht realisiert, sondern besteht nur konzeptionell.
«import»	Permission (Berechtigung)	Die Elemente des Zielnamensraumes werden dem Quellnamensraum hinzugefügt.
«instantiate» («instanziieren»)	Usage (Verwendung)	Ein Stereotyp von Verwendungen zwischen Klassifizierungen, der angibt, dass Operationen auf dem Client Instanzen des Lieferanten erzeugen.
«invariant» (Zusicherung)	Constraint (Bedingung)	Eine Bedingung, die zu einer Menge von Classifiers oder

Name	Klasse	Beschreibung
		Beziehungen gehört. Eine Invariante gibt an, dass diese Bedingung für die Instanzen dieser Elemente wahr ist.
«library» («Bibliothek»)	Artifact (Artefakt)	Ein Artefakt, der eine statische oder dynamische Library repräsentiert.
«local» («lokal»)	Association-End	Spezifiziert, dass eine Beziehung eine lokale Variable darstellt und keine tatsächliche Assoziation.
«metaclass»	Classifier	Die Instanzen der Klassifizierung sind Klassen.
«metamodel»	Model	Das Modell ist das Modell eines Modells, also ein Metamodell.
«modelLibrary»	Dependency zwischen Packages	Das Quellpaket ist eine „Standard"-Bibliothek, die im Profil des Zielpakets verwendet wird.
«parameter»	Association-End	Spezifiziert, dass eine Beziehung einen Parameter und keine tatsächliche Assoziation darstellt.
«postcondition» («Nachbedingung»)	Constraint	Eine Bedingung an eine Operation, die angibt, welche Bedingungen erfüllt sind, wenn die Operation abgeschlossen ist.
«powertype»	Classifier	Ein Powertype ist ein Classifier, der eine Metaklasse darstellt, deren Objekte Unterklassen einer anderen Klasse sind.
«precondition» («Vorbedingung»)	Constraint	Eine Bedingung an eine Operation, die angibt, unter welchen Bedingungen eine Operation aufgerufen werden kann.
«process»	Classifier	Eine Klassifizierung, die einen Prozess repräsentiert. Ein Prozess ist ein heavyweight Kontrollfluss.
«profile» («Profil»)	Package	Ein Paket, das Modellelemente zusammenfasst, die die UML erweitern.

Name	Klasse	Beschreibung
«realize»	Abstraction	Spezifiziert, dass ein oder mehrere Elemente andere realisieren.
«refine»	Abstraction	Ein Element beschreibt das Gleiche wie ein anderes, aber auf einer anderen Abstraktionsebene wie bei Analyse und Design.
«requirement»	Comment	Eine Notiz, die eine erwünschte Eigenschaft des Systems formuliert
«responsibility»	Comment	Eine Notiz, die eine Verantwortung oder Verpflichtung eines Elements in Verbindung mit anderen Elementen formuliert.
«self»	Association-End	Spezifiziert, dass eine Beziehung einen Bezug auf das jeweilige Objekt darstellt und keine tatsächliche Assoziation.
«send»	Usage (Verwendung)	Eine Abhängigkeit zwischen einer Operation und einem Signal, die angibt, dass die Operation das Signal sendet.
«signalflow»	ObjectFlow-State	Ein Objektflusszustand, dessen Typ ein Signal ist.
«source» («Quellcode»)	Artifact (Artefact)	Eine Datei, die in eine ausführbare Datei übersetzt werden kann.
«stub» («Rumpf»)	Package (Paket)	Ein stub repräsentiert ein Paket, das unvollständig übertragen wird; insbesondere stellt ein stub ausschließlich die öffentlichen Teile eines Pakets zur Verfügung.
«system-Model»	Model	Ein Modell, das alle Modelle eines physischen Systems enthält.
«table»	Artifact (Artefakt)	Ein Artefakt, der eine Datenbanktabelle darstellt.
«thread»	Classifier	Ein Thread ist ein Classifier, der auch eine aktive Klasse ist, und repräsentiert einen „light-weight" Kontrollfluss.

Name	Klasse	Beschreibung
«topLevel»	Package	topLevel ist ein Paket, das alle Elemente des Modells umfasst, die nicht zur Systemumgebung gehören.
«trace»	Abstraction	Spezifiziert eine Verbindung zwischen Elementen, die das gleiche Konzept in verschiedenen Modellen repräsentieren.
«type» («Typ»)	Class	Eine Klasse, die zur Spezifikation von Attributen und Operationen benutzt wird, aber keine Methoden enthält, die die Operationen implementieren.
«utility»	Classifier	Eine Sammlung von Attributen und Operationen, die zu keiner (anderen) Klasse gehören. Alle Attribute und Operationen eines utilities sind Klassen-Attribute bzw. -Operationen.

B.2 Eigenschaftswerte

Die folgenden Eigenschaftswerte (tagged values, tags) sind in der UML vordefiniert; jeder Eigenschaftswert, der auf ein Modellelement des Metamodells anwendbar ist, ist auch auf alle Spezialisierungen dieses Elements anwendbar:

Name	Klasse	Beschreibung
derived (abgeleitet)	ModelElement	Spezifiziert, dass das Modellelement vollständig aus anderen berechnet werden kann und insofern logisch redundant ist.
documentation	Element	Documentation ist ein Kommentar, Beschreibung oder Erklärung zu dem Element, auf das sie sich bezieht.
persistence (Persistenz)	Association	Der Zustand der Assoziation bleibt beim Löschen eines beteiligten Elements erhalten.
persistence	Attribute	Persistenz bezeichnet die Dauer eines Zustands eines Attributs. Dieser kann vorübergehend sein (der Zustand wird mit dem Objekt zerstört) oder persistent (der Zustand bleibt erhalten, wenn das Objekt zerstört wird).
persistence	Classifier	Persistenz bezeichnet die Dauer eines

Name	Klasse	Beschreibung
		Zustands eines Classifiers. Dieser kann vorübergehend sein (der Zustand wird mit dem Objekt zerstört) oder persistent (der Zustand bleibt bei Zerstörung des Objekts erhalten). Persistenz eines Objekts bezeichnet die Dauer eines Zustands des Objekts. Dieser kann vorübergehend sein (der Zustand wird mit dem Objekt zerstört) oder persistent (der Zustand bleibt bei Zerstörung des Objekts erhalten).
persistent	Association (Assoziation)	Der Zustand der Assoziation bleibt beim Löschen eines beteiligten Elements erhalten.
persistent	Instance	Der Zustand der Instanz ist persistent und nicht transient.
semantics (Semantik)	Classifier	Semantik gibt eine nähere Beschreibung der Bedeutung des Classifiers.
semantics	Operation	Semantics spezifiziert die Bedeutung der Operation.
usage (Verwendung)	Transition (Übergang)	Der Übergang in einen oder aus einem Object Flow State diesen nicht verändert.

B.3 Bedingungen

Die folgenden Bedingungen (Constraints) sind in der UML vordefiniert:

Name	Klasse	Beschreibung
association (Assoziation)	Assoziation	Eine Assoziation ist eine Bedingung an das Ende eines Links, die angibt, dass das zugehörige Objekt über diese Assoziation sichtbar ist.
complete (vollständig)	Generalization	complete ist eine Bedingung an eine Menge von Spezialisierungen, die angibt, dass alle Spezialisierungen spezifiziert wurden (obwohl einige nicht gezeigt werden) und weitere nicht zulässig sind.
destroyed	Instance	Spezifiziert, dass die Instanz während

Name	Klasse	Beschreibung
		der Ausführung zerstört wird.
destroyed	Link (Objektbeziehung)	Spezifiziert, dass der Link während der Ausführung zerstört wird.
disjoint (disjunkt)	Generalization	Disjunkt ist eine Bedingung an eine Menge Spezialisierungen, die angibt, dass ein Objekt nur zu einer dieser Spezialisierungen zur Zeit gehören kann. Dies ist der default bei Generalisierungen.
global	LinkEnd	global spezifiziert, dass das Objekt an diesem Ende des Links sichtbar ist, weil es relativ zu dem Link global ist.
incomplete	Generalization	Incomplete ist eine Bedingung an eine Menge von Spezialisierungen, die angibt, dass es einige bereits gibt und weitere zulässig sind. Dies ist der default für Spezialisierungen, wenn nichts anderes angegeben ist.
local (lokal)	LinkEnd	local spezifiziert, dass das Objekt an diesem Ende des Links sichtbar ist, weil es relativ zu dem Link lokal ist.
new	Instance	Spezifiziert, dass die Instanz während der Ausführung erzeugt wird.
new	Link	Spezifiziert, das der Link während der Ausführung erzeugt wird.
overlapping (überlappend)	Generalization	overlapping ist eine Bedingung an eine Menge von Spezialisierungen, die angibt, das ein Objekt zu mehreren Spezialisierungen gehören kann.
parameter	LinkEnd	parameter ist eine Bedingung an ein Ende eines Links, die angibt, dass das Objekt an diesem Ende sichtbar ist, weil es ein Parameter ist.
self	LinkEnd	Self ist ein Bedingung, die angibt, dass das Objekt sichtbar ist, weil es der Auslöser der Nachricht ist.
transient	Instance	Spezifiziert, dass die Instanz während

Name	Klasse	Beschreibung
		der Ausführung erzeugt und zerstört wird.
transient	Link	Spezifiziert, dass der Link während der Ausführung erzeugt und zerstört wird.
xor	Association	Eine Bedingung an eine Menge von Assoziationen, die angibt, dass für ein Objekt nur jeweils eine der Assoziationen bestehen kann. Die entspricht dem logischen ausschließlichen oder (XOR).

B.4 Weitere Schlüsselworte

Die folgenden Schlüsselworte sind über die Stereotypen, Eigenschaftswerte und Bedingungen hinaus in der UML vordefiniert. Die Aufzählung ist im Unterschied zu den vorstehenden nicht vollständig.

Name	Klasse	Beschreibung
active	Object	Kennzeichnet ein aktives Objekt.
addOnly	AssociationEnd	Am Assoziationsende können nur weitere hinzugefügt werden.
aggregate	AssociationEnd	Das Ganze in einer Aggregation.
*«bind»	Dependency (Abhängigkeit)	Das Zuordnen konkreter Werte zu Template-Parametern.
changable	AssociationEnd	Das Assoziationsende kann verändert werden.
*«control»		Eine Klasse, deren Objekte Interaktionen initiieren oder steuern.
composite	AssociationEnd	Das Ganze in einer Komposition.
«enumeration»	DataType (Datentyp)	Eine Enumeration ist ein Datentyp, dessen Definitionsbereich aus einer Menge von Werten eines Datentyps besteht.
«extend» («erweitert»)	Dependency	Eine Beziehung zwischen Anwendungsfällen, die anzeigt, dass der Inhalt des erweiternden Anwendungsfalls dem anderen hinzugefügt werden kann. Sie spezifiziert die Stelle (Erweiterungspunkt) und die

Name	Klasse	Beschreibung
		Bedingungen, unter denen das Verhalten hinzugefügt wird. Erreicht ein Szenario den Erweiterungspunkt und ist die Bedingung erfüllt, so geht das Szenario mit dem anderen Anwendungsfall weiter und nimmt danach den ursprünglichen Verlauf wieder auf.
frozen	AssociationEnd	Nach Erzeugen des Quellobjekts können keine weiteren Objekte an diesem Ende hinzugeügt werden.
*«interface» («Schnittstelle»)	Classifier	Eine Sammlung von Operationen, die von einer oder mehreren Klassen implementiert werden kann.
instanceOf	Dependency	Das Objekt ist eine Objekt der Klasse, auf die der Pfeil zeigt.
ordered	AssociationEnd	Die Objekte an diesem Ende der Assoziation sind geordnet.
private (privat)	Visibility	Das Element ist von außen i. A. nicht sichtbar.
protected (geschützt)	Visibility	Das Element ist für Objekte spezialisierter Klassen sichtbar.
public (öffentlich)	Visibility	Das Element ist für alle sichtbar.
unordered	AssociationEnd	Die Objekte an diesem Ende der Assoziation sind ungeordnet.
use	Usage	Ein Element verwendet ein anderes.

B.5 OCL Elemente

Die folgenden Typen und Operationen sind in der OCL vordefiniert:

Name	Operation
Boolean	$and, or, xor, not,$ $implies, if-then-else$
Integer	$*, +, -, /, abs$
Real	$*, +, -, /, floor$
String	$toUpper, concat$

Operationen von Collection		
context c: Collection(T)		
Operation	Rückgabe-wert	Beschreibung
size	Integer	Die Anzahl der Elemente.
isEmpty	Boolean	Wahr, wenn s leer ist.
notEmpty	Boolean	Wahr, wenn s nicht leer ist.
count (o:oclAny)	Integer	Die Anzahl der Male, die o in der Collection vorkommt.
includes (o:oclAny)	Boolean	Wahr, wenn o ein Element von s ist.
excludes (o:oclAny)	Boolean	Wahr, wenn o kein Element von s ist.
exists (expr:Ocl-Expression)	Boolean	Wahr, wenn expr für mindestens ein Element aus c wahr ist.
forAll (expr:Ocl-Expression)	Boolean	Wahr, wenn expr für alle Elemente aus c wahr ist.
includesAll (c:Collection(T))	Boolean	Wahr, wenn die Collection alle Elemente von c enthält.
excludesAll (c:Collection(T))	Boolean	Wahr, wenn die Collection kein Element von c enthält.
sum	T	Die Summe der Elemente von s. Die Elemente müssen Addition unter-stützen (wie Integer, Real).
isUnique (expr:ocl-Expression)	Boolean	Wahr, wenn expr für jedes Element von c einen verschiedenen Wert liefert.
sortedBy (expr:Ocl Expression)	Boolean	Wahr, wenn die Elemente von s sich in der Reihen-folge expr(e) befinden.
iterate (expr:Ocl-Expression)	expr.evaluationType	Iteriert über die Collection.

Operationen von Set		
context s: Set(T)		
Operation	Rückgabe-wert	Beschreibung
= (s2:Set(T))	Boolean	Wahr, wenn s1 und s2 genau die gleichen Elemente enthalten.
union (t:Set(T))	Set(T)	Die Vereinigung von s und t.
union (t:Bag(T))	Bag(T)	Die Vereinigung von s.oclAsType(Bag) und t.
intersection (t:Set(T))	Set(T)	Der Durchschnitt von s und t.
intersection (t:Bag(T))	Set(T)	Der Durchschnitt von s und t.
− t:	Set(T)	Die Elemente von s, die nicht in t sind.
including (o:T)	Set(T)	Das Set aller Elemente von s zzgl. o.
excluding (o:T)	Set(T)	Das Set aus allen Elementen von s außer o.
symmetric Difference (t: Set(T))	Set(T)	Die Collection aller Elemente, die in s oder in t, nicht aber in beiden enthalten sind.
select (expr:Ocl Expression)	Set(T)	Die Teilmenge von s, für die expr wahr ist.
reject (expr:Ocl Expression)	Set (expr.type)	Die Teilmenge von s, für die expr falsch ist.
asSequence	Sequence(T)	Eine Sequence mit allen Elementen von s, ohne Ordnung.
asBag	Bag(T)	Ein Bag mit allen Elementen aus s.

Operationen von Bag		
context b: Bag(T)		
Operation	Rückgabe-wert	Beschreibung
= (b2:Bag(T)	Boolean	Wahr, wenn b und b2 die gleichen Elemente gleich häufig enthalten.
union (b2:Bag(T))	Bag(T)	Vereinigung von b und b2.
union (set:Set(T))	Bag(T)	Die Vereingung von Bag und Set.
intersection (b2:Bag(T))	Bag(T)	Der Durchschnitt b und b2.
intersection (set:Set(T))	Set(T)	Der Durchschnitt eines Bags und eines Sets.
including (o:T)	Bag(T)	Der Bag bestehend aus b und o.
excluding (o:T)	Bag(T)	Der Bag b, aus dem o entfernt wurde.
select (expr:Ocl Expression)	Bag(T)	Der Teil-Bag von b, für den expr wahr ist.
reject (expr:Ocl Expression)	Bag(T)	Der Teil-Bag von b, für den expr falsch ist.
collect (expr:Ocl Expression)	Bag (expr.evaluation Type)	Der Bag der Elemente von b, die durch Anwendung von expr auf jedes Element in b ensteht.
count (object:T)	Integer	Die Anzahl, in der o in b vorkommt.
asSequence	Sequence(T)	Die Sequence aller Elemente von b, ohne definierte Ordnung.
asSet	Set(T)	Das Set mit allen Elementen aus b, wobei Duplikate entfernt werden.

Operationen von Sequence		
context s: Sequence(T)		
Operation	Rückgabe-wert	Beschreibung
= (s2:Sequence(T)	Boolean	Wahr, wenn s und s2 die gleichen Elemente in gleicher Folge enthalten.
union (s2:Sequence(T))	Sequence(T)	Die Folge der Elemente von s, gefolgt von denen von s2.
append (o:T)	Sequence(T)	Die Folge s, ergänzt um o als letztes Element.
prepend (o:T)	Sequence(T)	Die Folge s ergänzt um o als erstes Element.
including (o:T)	Sequence(T)	s ergänzt um o als letztes Element.
excluding (o:T)	Sequence(T)	s, nachdem alle Vorkommen von o entfernt wurden.
subSequence (start:Integer, end:Integer)	Sequence(T)	Die Teilfolge vom Element start bis zum Element end.
select (expr:Ocl Expression)	Sequence(T)	Die Teil-Folge von s, für die expr wahr ist.
reject (expr:Ocl Expression)	Sequence(T)	Die Teil-Folge von s, für die expr falsch ist.
collect (expr:Ocl Expression)	Sequence (expr.evaluation Type)	Die Folge der Elemente von s, die durch Anwendung von expr auf jedes Element in s ensteht.
count (object:T)	Integer	Die Anzahl, in der o in s vorkommt.
asBag	Bag(T)	Der Bag aller Elemente von s, ohne definierte Ordnung.
asSet	Set(T)	Das Set mit allen Elementen aus s, wobei Duplikate entfernt werden.
iterate (expr:Ocl Expression	expr.evalutation Type	Iteriert von Anfang bis Ende über s.
at (i:Integer)	T	Das i-te Element der Folge.
first()	T	Das erste Element der Folge.
last()	T	Das letzte Element der Folge.

C   Glossar

Dieses Glossar enthält Begriffe, die im Text vorkommen. Kursiv gesetzte Begriffe verweisen auf eine Erklärung, die sich hier oder im vollständigen Glossar findet, das über www.kahlbrandt.de erreichbar ist.

4GL (fourth generation language): Sprache der vierten Generation. Hierbei handelt es sich um Weiterentwicklungen klassischer Programmiersprachen, wie *COBOL, PL/I* etc. Eine präzise Definition oder gar einen Standard hierfür gibt es nicht: Eine 4GL ist, was als solches verkauft wird. 4GLs enthalten neben (strukturierten) Sprachkonstrukten meist zusätzliche Funktionen wie Entwurf von Bildschirmmasken, Listen u.ä. und sind meistens mit einer Verbindung zu einem *Data Dictionary* ausgestattet. 4GLs wurden mit dem Ziel entwickelt, die Produktivität der Programmierer zu erhöhen. Dies erschien Ende der 70er Jahre sinnvoll, da damals die Programmierung ca. 45% des Entwicklungsaufwandes ausmachte. Publikumswirksam wurden 4GLs durch folgende Punkte charakterisiert: Funktionsumfang mindestens wie COBOL, Produktivitätssteigerung um Faktor 10 gegenüber COBOL, in einer Woche zu erlernen (James Martin). Als 4GL vermarktet werden oder wurden Produkte wie *ADS, CSP, IDEAL, Natural, Powerhouse, Sapiens, PL/SQL, Centura,* u.v.a.m. [Bol87], [Marff]

7±2-Regel (7±2 rule): Von G. A. Miller 1956 festgestellte Eigenschaft des menschlichen Aufnahmevermögens: Menschen können in der Regel nur 7±2 Objekte auf einen Blick aufnehmen. Die Aufnahmefähigkeit kann durch Gruppierung erhöht werden. Optimal scheint eine Anordnung in Gruppen von drei mal drei Objekten zu sein. [Mil56], [Mil75]

abgeleitete Klasse (derived class): Dieser Begriff kommt in zwei ganz verschiedenen Bedeutungen vor:

1. In *OMT* und in der *UML* eine *Klasse*, deren *Objekte* jederzeit aus *Objekt*en anderer *Klasse*n konstruiert werden können. Abgeleitete *Klasse*n treten in der Regel im Design und nicht in der Analyse auf. [RBP+91], [OMG00b]

2. In *C++* übliche Bezeichnung für *Unterklasse* oder Subclass. [Str91]

abgeleitetes Attribut (derived attribute): In *OMT* und *UML* ein *Attribut*, das jederzeit aus anderen Attributen berechnet werden kann. Ein abgeleitetes Attribut wird im *Analysemodell* meist nicht dargestellt sondern nur die *Operation*, die es berechnet. [RBP⁺91]

abgeleitetes Element (derived element): Zusammenfassende Bezeichnung für *abgeleitete Klasse*, *abgeleitetes Attribut* und *abgeleitete Assoziation*.

Abhängigkeit (dependency): In der *UML* sind Abhängigkeiten Beziehungen zwischen Modellelementen, die sich direkt auf die Elemente beziehen und im Unterschied zu *Assoziationen* keine *Objekte* benötigen um eine Bedeutung zu haben. Sie zeigen eine Situation, in der eine Änderung des Ziel-Elements eine Änderung der Quelle erforderlich machen kann. Abhängigkeiten werden durch einen gestrichelten Pfeil dargestellt. Der Pfeil kann mit einem *Stereotyp*, wie z. B. «friend» oder «import»oder mit einem Namen beschriftet werden.

Abhängigkeitssymbol (dependency symbol): Das Symbol für eine *Abhängigkeit* ist ein gestrichelter Pfeil vom abhängigen Element zum unabhängigen Element. Er kann mit einem *Stereotyp* wie «import» oder «access» beschriftet werden. [OMG00b]

abstrakte Klasse (abstract class): Eine *Klasse*, von der *Objekte* nicht direkt erzeugt werden können. Von den *Operationen* einer abstrakten Klasse besitzt meistens eine (oder mehrere) keine Implementierung, also keine *Methode*. Die *Methode* wird von spezialisierten Klassen bereitgestellt. Sie dienen als *Schnittstellen*definition und ermöglichen eine konsequente Realisierung des *Geheimnisprinzips*. Eine *mixin class* oder *Aspektklasse* ist z. B. in aller Regel eine abstrakte Klasse. In der *UML* wird eine abstrakte Klasse durch die Eigenschaft {abstract} nach dem Klassennamen oder einen kursiv gesetzten Klassennamen gekennzeichnet. [BRJ98, Str91]

Abstraktion (abstraction): Eine geistige Fähigkeit des Menschen, Probleme oder Dinge der realen Welt mehr oder weniger detailliert zu betrachten, je nach dem aktuellen Kontext, in dem diese vorkommen. Eine Abstraktion beschränkt die Sicht eines Betrachters des jeweiligen *Elements*. In der *UML* ist Abstraktion eine *Spezialisierung* von *Abhängigkeit*. [RBP⁺91], [Boo94a], [OMG00b]

activity diagram : Siehe *Aktivitätsdiagramm*.

Ada : Imperative Programmiersprache, die im Auftrage des amerikanischen Verteidigungsministeriums entwickelt wurde. Ziel der Entwicklung war eine einheitliche Programmiersprache für alle militärischen Projekte. Der Name der Sprache ist der zweite Vorname von Augusta Ada Byron, Countess of Lovelace. [I⁺79]

Aggregation (aggregation, part-of relation): Eine *Aggregation* ist eine Form der binären Assoziation, die durch folgende Eigenschaften gekennzeichnet ist:

1. Ganzes-Teil Beziehung: Die Objekte an einem Ende werden als „Ganzes" betrachtet, die am anderen als „Teile".
2. Antisymmetrie: Die Assoziation ist antisymmetrisch, d.h. die Umkehrung der Assoziation ist falsch.

3. Transitivität: Steht A in einer Aggregations-Beziehung zu B und B in einer Aggregations-Beziehung zu C, so steht auch A in einer Aggregations-Beziehung zu C.

4. Übertragung von Operationen: Wird eine Nachricht an das „Ganze" geschickt, so bewirkt dies auch die Ausführung der entsprechenden Operationen der „Teile".

Für eine spezielle Form siehe *Komposition*.

Aggregationssymbol (aggregation symbol):

1. In der *UML* eine Raute an der *Klasse*, die in einer *Aggregation* das Ganze bildet, die mit Linien oder in einer Baumstruktur mit den Teilen verbunden ist. [OMG00b]

2. In der *OOA*-Notation von Coad und Yourdon eine Linie mit einem Dreieck in der Mitte. Die Spitze zeigt auf das Ganze, die Basis zu den Teilen. [CY94]

Akteur (actor):

1. In der Terminologie von *OOSE* und *UML* eine kohärente Menge von Rollen, die Benutzer dem System gegenüber in einem Anwendungs-fall spielen. Akteur in diesem Sinne ist im *Metamodell* der *UML* eine Unterklasse von Classifier und wird als *Stereotyp* von Klasse dar-gestellt. Die realen Objekte sind nicht Bestandteil des Systems und interagieren mit diesem in *Anwendungsfällen*. Diese Definition ist ein Analogon zum *Terminator* in der *strukturierten Analyse*. Ein Akteur in diesem Sinne ist eine Abstraktion von einem Typ, der sich außer-halb der Grenzen des Systems befindet. [JCJØ92], [OMG00b]

2. Ein *aktives Objekt*, das auf *Datenflüssen* bzw. anderen *Objekt*en ope-rieren kann [RBP+91]. Ein Akteur in diesem Sinn ist ein spezieller *Terminator*.

3. *Prozess* in einem *DFD*, der *Datenflüsse* erzeugt (und verarbeitet). [Raa93]

4. Ein Terminator in der *SA*, der nicht nur abgefragt wird, sondern Datenflüsse produziert und konsumiert.

Aktion (action):

1. In der dynamischen Modellierung (siehe *dynamisches Modell*) eine *Operation* ohne Dauer, d.h. eine, die ohne Zeitverzögerung wirksam wird. Eine Aktion ist atomar und nicht unterbrechbar. [RBP+91, BRJ98]

2. Menge von Wertzuweisungen an Zustandsvariable. Die Anwendung einer Aktion auf einen Zustand liefert einen neuen Zustand. Speziell: Der Output eines *endlichen Automaten*.

aktives Objekt (active object): Ein *Objekt*, das einen eigenen *Thread* be-sitzt und in die Steuerung des Systems aktiv eingreifen kann. [OMG00b]

Aktivität (activity):

1. In der dynamischen Modellierung eine Operation, die Zeit erfordert [RBP+91, BRJ98]. Eine Aktivität ist in der Regel unterbrechbar. Siehe auch *Aktion*.

2. Eine Aufgabe, die innerhalb eines *Projekts* durchgeführt wird.

Aktivitätsdiagramm (activity diagram): In der *UML* Spezialfall eines *Zustands-Diagramms*, in dem die meisten Zustände durch die Ausführung von *Aktivitäten* gekennzeichnet sind und die meisten Zustandsübergänge durch deren Abschluss ausgelöst werden. Insbesondere zeigen Aktivitätsdiagramme typischerweise Zustände von Objekten mehrerer Klassen, während ein Zustandsdiagramm Zustände von Objekten einer Klasse zeigt. [OMG00a], [OMG00b]

Alpha-Version (alpha version): Eine *Version* einer Software, die bereit für einen *Alpha-Test* ist.

Analyse (analysis):

1. Phase im Entwicklungsprozess, in der der Problembereich untersucht wird, um die Anforderungen zu verstehen und zu präzisieren, ohne Implementierungsentscheidungen zu treffen. Hier steht die Frage nach dem „was" im Vordergrund, während im *Design* über das „wie" entschieden wird. [RBP+91], [Raa93]

2. Kernarbeitsschritt (Workflow) im *Unified Process* und im *Rational Unified Process*, dessen Ziel ein genaues Verständnis der *Anforderungen* ist. In diesem Arbeitsschritt werden die Informationen beschafft, die notwendig und hinreichend sind, um eine robuste (siehe *Robustheit*) *Architektur* zu entwerfen.

analytische Qualitätssicherung (analytic quality assurance): Form der Qualitätssicherung, bei der nach abgeschlossener Konstruktion die Qualität geprüft wird. Zu den verbreitetsten Maßnahmen der analytischen Qualitätssicherung zählt das *Testen*. [Raa93], [Tra93]

Änderbarkeit (changehility): Ein Software-System ist änderbar, wenn es einfach zu ändern ist. Einfach heißt dabei, dass Änderungen durch eng lokalisierte Maßnahmen und ohne ungewollte Fernwirkungen möglich sind.

Anforderungen (requirements): Ein Kernarbeitsschritt im *Unified Process* und im *Rational Unified Process*, in dem während des Entwicklungsprozesses die Anforderungen an eine Software ermittelt, festgelegt und dokumentiert werden. [JBR99, Kru98]

ANSI/SPARC-Modell (ANSI/SPARC model): Mit vollem Namen ANSI/ X3/SPARC-Modell. Ein Modell für die Architektur von Datenbanken: Es fordert die strikte Trennung von physischer, konzeptioneller und externer Ebene in EDV Systemen/Modellen, insbesondere bei einem *DBMS*. [Dat90], [TK78]

Antinomie (antinomy): Widerspruch eines Satzes in sich oder zweier Sätze, von denen jeder Gültigkeit beanspruchen kann. Eine Aussage und ihre Negation bilden eine Antinomie. Ein bekanntes Beispiel ist auch das des Barbiers: Dieser wird als der Mann im Dorf definiert, der alle Männer rasiert, die sich nicht selbst rasieren. Die Frage, wer den Barbier rasiert, führt auf eine Antinomie.

Anwendungsfall (use case): In der Terminologie von *OOSE* und *UML* eine zusammenhängende Folge von Interaktionen, die *Akteure* mit einem System ausführen. Ein Anwendungsfall ist eine allgemeine Beschreibung einer *Transaktion*, die ein oder mehrere Objekte betrifft. [JCJØ92], [OMG00b]

Anwendungsfallsymbol (use case symbol): Das Symbol für einen *Anwendungsfall* ist eine Ellipse.

1. *UML*: Der Name des *Anwendungsfalls* wird in oder unter die Ellipse geschrieben. [OMG00b]

2. *OOSE*: Der Name des *Anwendungsfalls* wird unter die Ellipse geschrieben. [JCJØ92]

Applet : Meist kleines *Java*-Programm zur Ausführung in einem *Browser*. Siehe auch *Aglet, Bladelet, Framelet, Gruselett, Servlet, Scriptlet*. [Eck98]

Architektur (architecture): Unter der *Architektur* eines Systems versteht man seine logische und physische Struktur, wie sie durch die strategischen und taktischen Entscheidungen in Analyse, Design und Implementierung geformt wird. Sie beschreibt die wesentlichen strukturellen Elemente, deren Schnittstellen und Zusammenarbeit. Dazu gehören seine Unterteilung in Teilsysteme und deren Zuordnung zu *Task*s und *Prozessor*en. Eine Softwarearchitektur beschreibt nicht nur Struktur und Verhalten eines Systems, sondern umfasst auch Aspekte seiner Nutzung, Funktionalität, Performance, Robustheit, Wiederverwendbarkeit, Verständlichkeit. Sie berücksichtigt wirtschaftliche und technische Randbedingungen, hilft beim Finden von Kompromissen und berücksichtigt ästhetische Gesichtspunkte. Eine formalere Definition ist: Eine Architektur ist eine Menge von *Architektur-Muster*n mit einer Menge von *Architektur-Operation*en, die die Instanziierung von *Architektur-Exemplar*en aus *Architektur-Muster*n ermöglichen [RBP+91], [Raa93], [HP88], [HS93]

Artefakt (artifact): Im *Unified Process* die Bezeichnung für jede Information, die

1. in Aktivitäten erzeugt, verwendet oder geändert wird,

2. einen Verantwortungsbereich repräsentiert,

3. häufig einem Versionsmanagement unterliegt.

[JBR99]

artifact : Siehe *Artefakt*.

Aspekt (aspect, mixin): Spezielle Eigenschaften eines Objekts, die oft sinnvoll in eine *Aspektklasse* herausfaktorisiert werden können. [Boo94a], [KGZ93]

association : Siehe *Assoziation*.

Assoziation (association): Ein Menge von *Link*s zwischen *Objekt*en von zwei oder mehr *Klasse*n. Eine Assoziation beschreibt eine Menge von Verbindungen mit gemeinsamer Struktur und Semantik. Assoziation ist in objektorientierter Terminologie die Verallgemeinerung von *Relation-ship* aus der *Entity-Relationship-Modell*ierung. [RBP+91], [OMG00b]

Assoziationsklasse (association class): Eine *Assoziation*, die auch eine *Klasse* ist. D.h. jeder *Link* der *Assoziation* ist auch *Objekt* einer *Klasse*. Assoziationsklassen werden benutzt, wenn eine Assoziation nicht nur *Assoziations-Attribute* hat, sondern diese darüber hinaus eine Bedeutung oder Verhalten hat. Eine Assoziationsklasse kann auch als eine Assoziation, die Eigenschaften hat, oder als eine Klasse mit Assoziations-Eigenschaften angesehen werden. In Diagrammen der *UML* wird eine Assoziationsklasse durch ein *Assoziationssymbol* und ein *Klassensymbol*, die durch eine gestrichelte Linie verbunden sind, dargestellt. [RBP+91], [OMG00b]

Attribut (attribute): Eine beschreibende Eigenschaft von *Entity-Typ*en oder *Klassen*. Sie werden durch eine Menge von zulässigen Attributwerten definiert, die ein Objekt enthalten kann. [Dat90], [OMG00b]

balanciertes System (balanced system): Ein System heißt balanciert, wenn es folgende Eigenschaften hat:

- Die oberen Module behandeln logische Daten (implementierungsunabhängig), die unteren physische (implementierungsabhängig).
- Die physischen Eigenschaften von Daten, Dateien, Geräten werden auf die unteren Designschichten konzentriert.
- Konzentration von wiederverwendbaren Modulen auf untere, von anwendungsspezifischen auf obere Schichten. [Raa93]

Siehe *balanciertes Design*.

Baldrich Award : Amerikanischer Preis für Unternehmen, die qualitativ besonders hochwertige Produkte oder Dienstleistungen produzieren bzw. erbringen und dies durch einen Prozess gewährleisten, der den *ISO 9000* Normen ähnliche Eigenschaften aufweist.

baseline : Siehe *Referenzlinie*

Bedingung (condition, constraint): Im *dynamischen Modell* in *OMT* eine boolesche Funktion, die zu jedem Zeitpunkt entweder wahr oder falsch ist [RBP+91]. In der *UML* ist eine Bedingung (Zusicherung, Integritätsregel) eine Beziehung zwischen Modellelementen, die erfüllt sein muss. Bedingungen werden in geschweiften Klammern ({ }) notiert. Die Zuordnung einer Bedingung zu den betroffenen Elementen hängt von der Art des Elements ab:

1. Text: Bedingungen für Elemente wie Attribute oder Operationen, die als Text notiert werden, schreibt man unmittelbar hinter den Text.
2. Liste von Text-Elementen: Eine Bedingung ist ein Bestandteil der Liste und gilt für alle folgenden Elemente, bis zur nächsten Bedingung oder dem Ende der Liste.
3. Einzelnes, graphisches Symbol: Bedingungen werden am Symbol, am Besten in der Nähe des Namens, notiert.

4. Zwei graphische Symbole: Bedingungen werden an einen gestrichelten Pfeil zwischen den Symbolen geschrieben.

5. Drei und mehr graphische Symbole: Die Bedingung wird als *Notiz* notiert und durch gestrichelte Linien mit den beteiligten Elementen verbunden.

behavior diagram : Siehe *Verhaltensdiagramm*.

Benchmark (benchmark): Ermittlung von Leistungswerten für ein Testobjekt, die den Vergleich mit anderen Objekten ermöglichen. Beispiele für Benchmarks sind z. B. der *TPC-D*-Benchmark.

Benutzbarkeit (usability): Alle Software-Eigenschaften, die dem Anwender oder Bediener ein einfaches, angenehmes, effizientes und fehlerarmes Arbeiten gestatten. Dazu gehören die *Ergonomie*, *Fehlertoleranz* und *Robustheit*. [Raa93]

Benutzersicht (user view): Unter Benutzersicht versteht man die Sichtweise, die ein Anwender auf ein System hat. Die Betrachtung eines Systems aus Benutzersicht stellt die Aspekte in den Vordergrund, die für den Anwender sichtbar oder wichtig sind. [Raa93]

benutzt (uses): In der *UML* bis Version 1.1 und in *OOSE* ein *Stereotyp* von *Abhängigkeit*, wobei sowohl Quelle und als auch Ziel ein *Anwendungsfall* sind. Ein Anwendungsfall A benutzt einen Anwendungsfall B, wenn A das Verhalten von B beinhaltet. Das Symbol ist gestricheltes *Generalisierungssymbol* mit der Beschriftung «uses». Seit UML 1.3 ist «use» durch «include» als Stereotyp von Abhängigkeit ersetzt. [Rat97b]

Beta-Test (beta test): Art des Systemtests, bei dem das Software Produkt von ausgewählten Kunden unter realistischen Einsatzbedingungen getestet wird. Siehe auch *Alpha-Test*. [Lap93a], [JBR99]

Beta-Version (beta version): *Version* einer Software, die bereit für den *Beta-Test* ist oder sich bereits im *Beta-Test* befindet.

Blackbox Test (black box test): Auch datengetriebener (data driven) Test, Eingabe/Ausgabe-Test genannt. Teststrategie, bei dem das Testobjekt als black box betrachtet wird. Die Testdaten werden aus der Spezifikation des Testobjekts abgeleitet und die erzeugten Ausgaben mit denen der Spezifikation verglichen. [Mye89]

Blattklasse (leaf class): *Klasse* ohne *Unterklasse*n. Eine Blattklasse ist in jedem Fall eine *konkrete Klasse*. [RBP$^+$91]

Booch Methode (Booch method): Von *Grady Booch* entwickelte Methode zur objektorientierten Analyse und Design. [Boo94a]

Booch, Grady : ∗ 1955 in Texas. Die folgende Lobeshymne wurde aus der *URL*

http://www.rational.com/world/booch_bio.html

frei übersetzt. Grady Booch's Arbeiten haben weltweit wesentliche Beiträge zur Verbesserung der Effektivität von Software-Entwicklern geleistet. Nur kurze Zeit nach der Gründung von der Rational Software Corporation 1980 wurde er deren „chief scientist". Seine frühe Beschäftigung mit der Sprache *Ada* und deren Möglichkeiten zur Datenabstraktion und Kapselung führte zu eigenen Ideen über die Anwendung von Objektorientierung. Er war entscheidend an der Entwicklung der Konzepte iterativer Modelle für die Software-Entwicklung und der Herausarbeitung der Bedeutung von Software-Architekturen beteiligt. Er entwickelte wiederverwendbare Ada Komponenten und die Booch Components, eine C++ Klassenbibliothek, die wesentlich dazu beitrugen, den Gedanken der Wiederverwendung zu popularisieren und ökonomisch sinnvoll umzusetzen. Seine Methoden und Ideen wurden und werden benutzt, um einige der komplexesten und anspruchsvollsten Software-Systeme zu entwickeln von Luftfahrt-Kontroll-Systemen über kommerzielle Flugzeug-Systeme bis zu Finanz-Handels-Systemen, Telefonvermittlungs-Netzen bis zu Verteidigungs-Systemen. Grady Booch hat als Berater in Architekturfragen bei einer großen Zahl großer Software Projekte mitgewirkt und war einer der ursprünglichen Entwickler von Rational Environment, Rationals erster Software-Engineering Umgebung und deren Compiler Technologie. Er war Berater bei dem sehr erfolgreichen FS 2000 Schiffs-Führungs- und Steuerungs-System von CelsiusTech, einem von Schwedens führenden Entwicklern solcher Systeme. In diesem Projekt arbeitete er mit dem Chef-Architekten und schulte viele der Entwickler in objektorientierter Technologie. Aus diesem Projekt entwickelte sich eine profitable Produktlinie von CelsiusTech. Durch die Anwendung von Boochs Methoden und Rationals Produkten gelang es von Projekt zu Projekt bis zu 70% des Codes wiederzuverwenden. Grady Booch war auch der ursprüngliche Architekt des objektorientierten Analyse- und Design-Tools Rational Rose. Er hat mit verschiedensten objektorientierten und objektbasierten Sprachen, u.a. Ada, C++ und Smalltalk gearbeitet. Er hat weltweit in vielen Projekten beraten, insbesondere bei der Entwicklung von Client-Server-Systemen, und vielen Organisationen geholfen, ihre eigenen objektorientierten Methoden weiterzuentwickeln. Zu den Kunden gehören die US Regierung, Alcatel, Andersen Consulting, AT&T, IBM, MCI, Microsoft, Price Waterhouse und UBS (eine Schweizer Großbank). Außerdem war Grady Booch Projektleiter für das Range Safety Display System von einer 500.000 Zeilen (*LoC*) Anwendung bei Vandenberg AFB. Bei der gleichen Firma war er Projekt-Ingenieur für ein 1.5 Mio. *LoC Echtzeitsystem* zur Verarbeitung von Telemetrie-Daten. Seine Fähigkeiten als innovativer Software-Entwickler werden durch seine Fähigkeit zur Synthese, als Autor und Ausbilder in Bereichen der Objektorientierung ergänzt. Er ist Autor von fünf Büchern [Boo86b], [Boo86a], [Boo94a], [Boo96b] und [Boo96a], die wesentlich zur Verbreitung und Popularisierung der Objektorientierung beigetragen haben und von manchen als „Bibeln" zur Software-Entwicklung angesehen werden. Als Koautor war er an den drei Büchern der „Amigos" [BRJ99], [JBR99] und [RJB99] beteiligt, beim erstgenannten als Hauptauthor. Grady Booch hat außerdem mehr als 100 technische Artikel über Objektorientierung und *Software-Engineering* veröffentlicht. In diesem Bereich war er weltweit beratend tätig und hat viele Vorträge gehalten. Grady Booch ist ein „Distinguished Graduate of the United States Air Force Academy", an der er seinen B.S. in Computer Science 1977 erwarb. An der University of California in Santa Barbara erwarb er 1979 einen M.S.E.E. in Computer Engineering. Er ist Mitglied der American Association for the Advancement of Science, der Association for Computing Machinery, des Institute of Electrical and Electronic Engineers, der Computer Professionals for Social Responsibility, der Association for Software Design und des Airlie Software Council. Darüber hinaus ist er ACM Fellow.

Botschaft (message): *Synonym* für *Nachricht.*

Build : Erstellung aller ausführbaren *Komponenten* eines Softwaresystems aus dem Sourcecode *Komponenten.*

Bündelung (bundling):
1. Zusammenfassung logisch nicht zusammengehöriger Datenelemente zur Reduzierung der Anzahl Schnittstellenparameter o. ä. [Raa93]
2. Die Verknüpfung des Verkaufes von Software mit dem von Hardware. Insbesondere auf die frühere Praxis der *IBM* gemünzt. Neuerdings auch auf die Zusammenfassung verschiedener Software Produkte zu einem Paket wie bei Office Software oder Entwicklungsumgebungen angewendet.

BWCC : Die Borland Windows Custom Controls. Elemente der C++ *Klassenbibliothek* für Borlands C++ Compiler unter *MS-Windows.*

Byte : 8 *Bit.*

C++ : Eine sehr verbreitete *objektorientierte Programmiersprache.* C++ ist eine Obermenge von C mit strenger Typisierung und (Mehrfach-) *Vererbung.* Das ANSI *X3J16* Komitee arbeitet an einem C++ Standard, der 1999 im Draft vorlag. [Str97], [Str91], [Str94a]

candidate key : Siehe *Schlüsselkandidat.*

CASE-Tool : Ein Computer-Programm, das die computergestützte Software-Entwicklung (*CASE*) unterstützt. Ein CASE-Tool bietet üblicherweise Komponenten zur graphischen Modellierung, Konsistenzprüfung sowie Im- und Export-Möglichkeiten.

catch-22 : Nach dem 1961 erschienen Roman Catch-22 von Joseph Heller: Eine paradoxe Situation, Zwickmühle, Notwendigkeit der Wahl zwischen zwei gleichermaßen unerfreulichen Alternativen. [Hel94]

class diagram : Siehe *Klassendiagramm.*

Classifier : Im Metamodell der UML ist *Classifier* die Generalisierung von *Klasse, Typ, Schnittstelle, Komponente,* und *Teilsystem.* [OMG00b]

Client-Server (client/server): *Architektur* eines Software *Systems,* bei dem sich eine Komponente (der *Client*) der Services einer anderen (des *Servers* bedient, um ihre Dienste zu erbringen. Typischerweise mehrere *Clients* und ein *Server.* [RBP+91]

COBOL : COmon Business Oriented Language, im kommerziellen Bereich immer noch sehr verbreitete Programmiersprache. Die aktuelle Version des COBOL Standards ist COBOL85, ein objektorientierter COBOL Standard soll nach dem Stand vom Januar 2001 bis Ende 2002 verfügbar sein.

CODASYL (COnference on DAta SYstem Languages): Ein Gremium, von dem u. a. der CODASYL Standard für Netzwerk-DBMSe stammt. Bekannteste Systeme dieses Typs sind *IDMS* und *DMS*. [Dat90]

cohesion : Siehe *Zusammenhalt*.

collaboration : Siehe *Kooperation*.

collaboration diagram : Siehe *Kollaborationsdiagramm*.

collection : Siehe *Kollektion*.

commit : Ein commit kennzeichnet den erfolgreichen Abschluss einer *Transaktion*. In *SQL* heißt dieser Befehl auch COMMIT. [Dat90]

complete : Siehe *vollständig*.

completion transition : Siehe *lambda-Transition*.

component : Siehe *Komponente*.

component diagram : Siehe *Komponentendiagramm*.

composition : Siehe *Zusammensetzung*.

concurrent : siehe *nebenläufig*.

constraint : Siehe *Einschränkung*.

construction : Siehe *Konstruktion*.

control : *Stereotyp* in der Objectory Erweiterung der *UML* und in *OOSE* für *Klassen* von Objekten, die Interaktionen initiieren oder steuern. [OMG00b]

CORBA : Common Object Request Broker Architecture der *OMG*. Ein Standard, der es ermöglichen soll, auf Objekte aus unterschiedlichen Systemen zugreifen zu können. [OMG93]

data administration : Siehe *Datenadministration*.

Data Dictionary (data dictionary): Abgekürzt DD.

1. System zur Speicherung von Metadaten über EDV-Systeme. Ein DD enthält mindestens die Felder der Dateien mit Beschreibung und Typ. Üblich ist darüber hinaus die Beschreibbarkeit von Anwendungen durch Eintragungstypen wie Programm oder Bildschirmmaske, sowie deren Zusammenhänge. Es gibt sogenannte integrierte DDs, die fest mit einem *DBMS* verknüpft sind (und meist nur Daten dieses Typs beschreiben wie *Predict*, *CA-DATACOM/DD*) und „standalone" DDs, die nicht an ein *DBMS* geknüpft sind wie *Datamanager* oder *Rochade*. Ferner spricht man von aktiven DD's, die automatisch aus einer Entwicklungsumgebung gefüllt werden, und passiven, die separat gepflegt werden müssen. Im Zusammenhang mit Objektorientierung wird auch ein Verzeichnis der *Klassen* mit Beschreibung ihrer *Beziehungen*, *Attribute* und *Operationen* als Data Dictionary bezeichnet.

2. *assoziatives Array*.

data hiding module (Datenkapsel): Ein *Modul*, dessen Aufgabe es ist, die Zugriffe auf eine Datenstruktur ausschließlich über öffentliche Funktionen zu ermöglichen. [Raa93]

daten-integriert (data integrated): Seien S1, S2 EDV-Systeme zur Unterstützung von Ausschnitten der Realitätsbereiche R1, R2. S1 und S2 heißen daten-integriert, wenn gilt:

- Zwischen S1 und S2 ist eine *Kommunikation* technisch implementiert, die einen Datenaustausch in beide Richtungen ermöglicht.

- Alle Daten, die beide Systeme benötigen, werden nur in jeweils einem der Systeme gespeichert und dem jeweils anderen System über die *Kommunikation* bei Bedarf zur Verfügung gestellt. [Raa93]

Datenbank (database):

1. *DBMS*.

2. Datenbestand, der in einem *DBMS* gespeichert ist. [Dat90].

Datenflussdiagramm (data flow diagram): Abgekürzt *DFD*. Ein wesentliches Darstellungsmittel in der *strukturierten Analyse* und im *funktionalen Modell* der *OMT* in der Version von 1991. Es gibt eine graphische Darstellung der logischen *Prozesse*, *Datenflüsse*, *Speicher* eines Systems. Die Prozesse werden als Kreise, Datenflüsse als Pfeile und Speicher als zwei parallele Striche gezeichnet. Die Beschreibung des Gesamtsystems besteht aus einer Hierarchie von DFDs vom *Kontext-Diagramm* bis zu *Prozessspezifikation*en. [Raa93], [RBP+91]

Datenkopplung (data coupling): Normal gekoppelte *Module* heißen datengekoppelt, wenn alle Übergabeparameter nur elementare *Datenelemente* sind. [Raa93]

Datenstrukturkopplung (structure coupling): Zwischen zwei normal gekoppelten *Modul*en liegt Datenstrukturkopplung vor, wenn eines dem anderen eine zusammengesetzte Datenstruktur übergibt. Beide Module benutzen die gleiche nicht globale Datenstruktur, die aber als Argument explizit übergeben wird. [Raa93]

DBMS (database management system): Ein System zur Beschreibung, Speicherung und Verwaltung von Daten, das den konkurrierenden Zugriff mehrerer Anwendungsprogramme ermöglicht. Typischerweise stellt ein DBMS Mechanismen zur Integritätssicherung wie Rollback, Restart und Recovery zur Verfügung. [Dat90]

DCOM : Distributed Component Object Model. *Microsoft*s Architektur zur Unterstützung verteilter Objekte.

Decision-Split : Trennung der Erkennung einer Entscheidung von der Ausführung der Konsequenzen in unterschiedliche Teile eines Softwaresystems. [Raa93]

deep history indicator : In der *UML* ein *history indicator* in einem geschachtelten *Zustandsdiagramm*, der angibt, dass die Teilzustände auf jeder Hierarchieebene wieder eingenommen werden.

Delegation (delegation): Eine Struktur, in der ein *Objekt* die Ausführung (von Teilen) seiner *Operationen* an andere *Objekte* überträgt. In einer objektorientierten Programmmiersprache hat dies die Konsequenz, dass Ketten von Pointern o. ä. durchsucht werden. Wird stattdessen Vererbung benutzt, so wird eine Klassenhierarchie durchsucht. [RBP+91]

dependency : Siehe *Abhängigkeit*.

deployment diagram : Siehe *Einsatzdiagramm*.

Design (design):

  1. Im *Unified Process* und im *Rational Unified Process* der Kernarbeitsschritt (Workflow), in dem

     - ein detailliertes Verständnis der nicht-funktionalen Anforderungen und deren Beziehung zu Programmiersprachen, Komponenten, Betriebssystemen, Verteilungs- und Nebenläufigkeitsfragen, Datenbanken, Benutzungsschnittstellen, Transaktionsmanagement etc. erarbeitet wird.
     - die Voraussetzungen für die folgenden Implementierungsaktivitäten der einzelnen Teilsysteme geschaffen werden.
     - Implementierungsaufgaben so weitgehend zerlegt werden, dass sie ggf. von verschiedenen Teams und parallel erledigt werden können.
     - Schnittstellen zwischen Teilsystemen festgelegt werden.
     - der Entwurf durch eine einheitliche Notation dargestellt und dadurch zum gemeinsamen Diskursgegenstand gemacht wird.
     - eine Verbindung zwischen einer Abstraktion der Implementierung und dem Analysemodell hergestellt wird.

     [JBR99, Kru98]

  2. Phase in der Entwicklung von Software, in der nach der *Analyse* entworfen wird, wie die Software implementiert werden soll.

design pattern : Siehe *Entwurfsmuster*.

Diagramm (diagram): Eine graphische Darstellung eines Aspektes eines Modells. Ein Diagramm enthält oft einen Graphen aus Modellelementen und Beziehungen zwischen ihnen. Die *UML* unterstützt die folgenden Diagrammarten: *Klassendiagramm*, *Objektdiagramm*, *Anwendungsfalldiagramm*, *Sequenzdiagramm*, *Kollaborationsdiagramm*, *Zustandsdiagramm*, *Aktivitätsdiagramm*, *Komponentendiagramm* und *Komponentendiagramm*. [OMG00b]

Dichotomie (dichotomy): Zweiteilung in Begriffspaare wie Typ - Instanz, Klasse - Objekt, Ganzes - Teil.

discriminator : Siehe *Diskriminator*.

disjoint : Siehe *disjunkt*.

disjunkt (disjoint):

  1. Getrennt, geschieden, gesondert. Insbesondere mathematisch: Zwei Mengen A und B sind disjunkt, wenn $A \cap B = \emptyset$ gilt.
  2. In der Logik: Durch *Disjunktion* verbunden.

3. In der *UML* eine Bedingung an Spezialisierungen einer *Klasse*, die angibt, dass die verschiedenen Spezialisierungen sich gegenseitg ausschliessen, d. h. ein Objekt der Oberklasse ist Objekt höchstens einer der Spezialisierungen. [Rat97b]

Diskriminator (discriminator): Ein *Attribut*, das angibt, welche Eigenschaft einer *Klasse* verallgemeinert bzw. spezialisiert wird. [RBP⁺91]

DL/I : Data Language I. Hierarchisches *DBMS* der *IBM* auf *VSE* und *VM* Rechnern.

DLL : Dynamic Link Library. Eine ausführbare Code-Komponente in *MS-Windows*, die nicht fest zu einer Anwendung („.exe-Datei") gelinkt, sondern erst bei Bedarf geladen wird.

DMC : Data Management Component. Die *Klassen* in einem System, die für das Datenmanagement verantwortlich sind. [CY94]

DV-Organisation (EDP-Organization): Der Bereich, der sich mit der Organisation des DV-Betriebes beschäftigt. Dazu gehören Fragen der Aufbauorganisation, der Personalstruktur, der Organisation der DV-Dienstleistungen etc.

dynamische Bindung (dynamic binding): Siehe *Bindung*

dynamische Simulation (dynamic simulation): Ein System, das real existierende Objekte modelliert oder ihre Entwicklung verfolgt. [RBP⁺91]

Echtzeitsystem (real time system): Ein Hard- und Software-System ist genau dann ein Echtzeitsystem, wenn es expliziten Bedingungen an seine Antwortzeiten genügen muss, um seine Funktion korrekt zu erfüllen. Man unterscheidet verschiedene Arten von Echtzeitsystemen entsprechend der Wichtigkeit dieser Restriktionen:

1. Weich: Bei einem weichen (soft) Echtzeitsystem leidet die *Performance*, wenn die Antwortzeiten den Bedingungen nicht genügen, das System bleibt aber ansonsten funktionsfähig.

2. Strikt: Bei einem strikten (firm) Echtzeitsystem ist es ausreichend, wenn die Wahrscheinlichkeit einer Verletzung der Bedingungen an die Antwortzeiten hinreichend klein ist.

3. Hart: Bei einem harten (hard) Echtzeitsystem ist eine Verletzung der spezifizierten Antwortzeiten unzulässig.

In Deutschland werden Echtzeitsysteme durch die DIN-Norm 44 300 definiert. [Raa93], [Lap93a]

Effizienz (efficiency): Effizienz ist das Ausmaß der Inanspruchnahme von Betriebsmitteln (Hardware) durch ein Software-Produkt bei gegebenem Funktionsumfang. Manchmal wird dieser Begriff als *Hardware-Effizienz* bezeichnet und zusätzlich von *Software-Effizienz* oder *Performance* gesprochen, wenn die Antwortzeiten oder Laufzeiten gemeint sind. [Raa93], [Tra93]

Eigenschaft (property): In der *UML* ein Wert, der eine Eigenschaft eines Element bezeichnet. Es gibt vordefinierte und benutzerdefinierte Eigenschaften. [OMG00b]

Einsatz (deployment): Kernarbeitsschritt im *Rational Unified Process*, der einen reibungslosen *Übergang* des entwickelten Systems in die Anwenderorganisation gewährleisten soll.

Einsatzdiagramm (deployment diagram): In der *UML* ein *Diagramm*, dass die *Knoten* eines *Systems* mit ihren *Kommunikation*sbeziehungen zeigt. Eine Kommunikationsbeziehungen wird durch eine durchgezogene Linie dargestellt. [OMG00b]

Einschränkung (constraint):

1. In der *UML* ist eine Einschränkung (Zusicherung, Integritätsregel, Bedingung) eine Beziehung zwischen Modellelementen, die erfüllt sein muss. Constraints werden in geschweiften Klammern ({ }) notiert. Die Zuordnung eines Constraints zu den betroffenen Elementen, hängt von der Art des Elements ab:

    1.1. Text: Constraints für Elemente, die als Text notiert werden, wie Attribute oder Operationen, werden unmittelbar hinter den Text geschrieben.

    1.2. Liste von Text-Elementen: Ein Constraint ist ein Bestandteil der Liste und gilt für alle folgenden Elemente, bis zum nächsten Constraint oder dem Ende der Liste.

    1.3. Einzelnes, graphisches Symbol: Constraints werden am Symbol, am Besten in der Nähe des Namens, notiert.

    1.4. Zwei graphische Symbole: Constraints werden an einen gestrichelten Pfeil zwischen den Symbolen geschrieben.

    1.5. Drei und mehr graphische Symbole: Der Constraint wird als *Anmerkung* notiert und durch gestrichelte Linien mit den beteiligten Elementen verbunden.

2. *Restriktion*

Siehe auch *Zusicherung* und *Invariante*, die andere Einschränkungen bezeichnen. [OMG00b], [RBP+91, BRJ98, BRJ99]

EJB : *Enterprise Java Beans*. Komponentenmodell für *Java* Server Komponenten.

enthält (include): Ein *Stereotyp* von *Abhängigkeiten* zwischen Anwendungsfällen. Ein *Anwendungsfall* B (der Basisanwendungsfall) enthält einen *Anwendungsfall* I, wenn er an einer entsprechend gekennzeichneten Stelle in den Ablauf des *Anwendungsfalls* B eingefügt wird.

Entity (entity): (Vollständig Entity-Occurence oder Entity-Instanz):

1. Ein real oder begrifflich existierender Gegenstand mit fester, bekannter Menge von *Attributen* (Eigenschaften). Ein „Objekt" eines *Entity-Typs*.

2. *Stereotyp* in der Objectory Erweiterung der *UML* und in *OOSE* für *Klassen* passiver *Objekte*, die meist länger existieren als die Interaktionen, an denen sie beteiligt sind.

Entity-Relationship-Modell (entity/relationship model): Eine Modell der statischen Struktur eines Problembereiches, das die *Entity-Typen* und ihre Beziehungen in einem *Entity-Relationship-Diagramm* zeigt und alle Attribute in einem *Datenkatalog* beschreibt. [Raa93]

Entwicklersicht (developer view): Unter Entwicklersicht versteht man die Sichtweise, die ein Entwickler auf ein *System* hat. Die Betrachtung eines *Systems* aus Entwicklersicht stellt die Aspekte in den Vordergrund, die für die Entwicklung, die Pflege und den Einsatz des *Systems* wichtig sind.

Entwicklungszyklus (development cycle): Ein Durchlauf durch alle Phasen eines Entwicklungsprozesses (z. B. des Unified Process) bis zu einer (neuen) ausgelieferten Version eines Softwareprodukts.

Entwurf (elaboration): Im *Unified Process* und im *Rational Unified Process* die zweite Phase im Software-Entwicklungslebenszyklus, in der die Vision eines Produkts und seine Architektur definiert werden. [BRJ98, BRJ99]

Entwurfsmuster (design pattern): Ein Entwurfsmuster gibt die Struktur einer Lösung für wiederkehrende Gestaltungsprobleme an. Aus [GHJV94] stammt ein inzwischen weitgehend akzeptierte Beschreibungsschema. Die wesentlichen Punkte sind:

1. Name: Eine kurze, prägnante Bezeichnuung des Musters, z. B. Composite pattern.

2. Problembeschreibung: Eine Beschreibung des Problems, auf das dieses Muster anwendbar ist. Dazu gehört eine Erläuterung des Problems und typischer Kontexte, in denen es auftritt.

3. Lösung: Beschreibung des Musters, seiner Komponenten und wie diese das Problem lösen.

4. Konsequenzen: Beschreibung der Ergebnisse, die bei Anwendung dieses Musters erzielt werden können. Dazu gehört eine Darstellung der Vor- und Nachteile, die damit verbunden sind.

Ereignis (event):

1. Ein Geschehen, das im betrachteten Kontext eine Bedeutung hat. Ein Ereignis ist zeitlich und räumlich lokalisiert und kann Parameter haben.

2. In der strukturierten Analyse ein Vorgang in der Systemumgebung, auf den das *System* reagiert. Siehe auch *Ereignistabelle*. [Raa93]

Ergonomie (ergonomics): Die Wissenschaft von den Leistungsmöglichkeiten und -grenzen des arbeitenden Menschen sowie von der optimalen wechselseitigen Anpassung zwischen dem Menschen und seinen Arbeitsbedingungen. Im Zusammenhang mit Dialogsystemen unterscheidet man: *Hardware-Ergonomie*, die sich mit der Gestaltung der Arbeitsgeräte (Tisch- und Stuhlgestaltung, Arbeitsbeleuchtung, Monitoreigenschaften, ...) und *Software-Ergonomie*, die sich mit der Gestaltung von Dialogsystemen befasst. [Raa93]

Erlernbarkeit (learnability): Alle Eigenschaften eines Softwaresystems, die das Erlernen durch die Benutzer (neue oder gelegentliche) unterstützen. [Her94]

Erweiterbarkeit (extensibility, augmentability): Eigenschaft eines Software-systems, die es erlaubt, neue *Objekte* oder Funktionalität einzufügen ohne es in seinen wesentlichen Eigenschaften verändern zu müssen, insbesondere ohne größere Codeänderungen. [Raa93]

erweitert (extend): Ein *Stereotyp* von *Abhängigkeiten* zwischen Anwendungsfällen. Ein *Anwendungsfall* E erweitert einen Basisanwendungsfall B, wenn er unter bestimmten Bedingungen an einem *Erweiterungspunkt* zusätzliches Verhalten einfügt.

Erweiterungspunkt (extension point): Ein Punkt in einem *Anwendungsfall* an dem *Interaktion*sfolgen aus anderen Anwendungfällen eingefügt werden können. [OMG00b]

essentielle Zerlegung (essential decomposition): Strategie zur Zerlegung komplexer *Systeme*, bei der die *Ereignisse*, auf die das System reagieren muss, und die *Objekte*, über die das *System* Informationen bereithalten muss, im Zusammenhang analysiert werden. Die essentielle Zerlegung ist als ereignisorientierte Zerlegung der Funktionalität und *objektbasierte* Zerlegung des *Speichers* charakterisiert worden. [Raa93]

Etablierung (inception):

1. Im *Unified Process* und im *Rational Unified Process* die erste Phase der Entwicklung, in der die Grundidee für die Entwicklung bis zu dem Punkt vorangetrieben wird, an dem sie hinreichend fundiert ist, um in die Phase des *Entwurfs* einzutreten. Insbesondere wird hier die wirschaftliche und technische Machbarkeit untersucht.

2. In *STEPS* die erste Phase eines Projekts bzw. einer Versionsentwicklung. Entsprechend werden Projektetablierung und Versionsetablierung unterschieden.

event trace : Siehe *Sequenzdiagramm*.

extension point : Siehe *Erweiterungspunkt*.

extrinsisch (extrinsic): Von außen bestimmt, angeregt, gesteuert.

Faktorisieren (factorize): Unter Faktorisieren versteht man das Entfernen einer Funktion aus einem *Modul* und Bildung eines neuen, eigenständigen *Moduls*. Ziel des Faktorisierens ist die Verringerung der *Kopplung* und Erhöhung des *Zusammenhalts*. [Raa93]

Fan-In (Exportzahl, Verwendungszahl): Der Fan-In gibt die Anzahl der *Module* an, die ein gegebenes *Modul* direkt aufrufen. Er soll möglichst hoch sein (*Wiederverwendbarkeit*). [Raa93], [PB93]

Fan-Out (Importzahl): Der Fan-Out gibt die Anzahl der *Module* an, die ein gegebenes *Modul* direkt aufruft. Von Verteilerprogrammen (Menüs) abgesehen, ist diese klein zu halten, d.h. auf 7±2 begrenzen. [Raa93], [PB93]

Fehlertoleranz (fault tolerance): Eigenschaft eines *Systems*, auch dann noch korrekt zu arbeiten, wenn einige seiner *Komponenten* fehlerhaft sind oder der Benutzer sich fehlerhaft oder unvorhergesehen verhält. Dazu gehört es, dass das System in solchen Situationen mit verständlichen Fehlermeldungen und sinnvollen Hinweisen reagiert. [Tra93]

FIFO : First In First Out. Prinzip, nach denen die Abgänge von einem Lager etc. in der gleichen Reihenfolge wie die Eingänge erfolgen.

flops (flops): Floating Point Instructions Per Second.

FORTRAN : FORmular TRANslator. Eine prozedurale Programmiersprache, die vor allem in technischen oder wissenschaftlichen Anwendungen zum Einsatz kommt. [Rab95]

FPL : *field programmable logic.*

Framework (Gerüst, Rahmenwerk): Eine Menge wiederverwendbarer *Klassen*, zusammen mit einer Systemarchitektur zur Erstellung von Anwendungen für ein Gebiet. Man unterscheidet Whitebox Frameworks, auf deutsch manchmal *Gerüst* genannt, und Blackbox Frameworks, auf deutsch manchmal *Baukasten* genannt. Ein Whitebox Framework implementiert einen abstrakten Entwurf. Zur Erstellung einer Anwendung ist es mit „Fleisch" zu füllen; dazu sind Kenntnisse seines Codes erforderlich, daher der Name. Ein Blackbox framework enthält eine Sammlung zueinander passender *Module* (Software-Bausteine), die einen Anwendungsteilbereich unterstützen und auch die Anwendungslogik enthalten. Eine Anwendung lässt sich ohne Kenntnis seines Codes durch Auswahl, Parametrisierung und Konfigurierung erstellen. [PB93]

funktional-integriert (functional integrated): Zwei EDV *Systeme* S1 und S2 heißen funktional-integriert, wenn gilt:

- S1 und S2 sind *daten-integriert,*
- S1 und S2 sind in eine Softwarearchitektur eingebunden,
- es gibt keine Coderedundanz im Gesamtsystem S1, S2,
- für beide *Systeme* gibt es einheitliche Benutzerschnittstellen,
- zentrale Systemfunktionen stehen beiden Systemen einheitlich zur Verfügung,
- S1 und S2 übergreifende Verfahren werden als integrierte Teilverfahren implementiert.

[Raa93]

funktionale Anforderung (functional requirement): Durch *funktionale Anforderungen* wird beschrieben, welche Funktionen ein System ausführen können soll und welche Leistungen es dadurch erbringt. Funktionale Anforderungen werden in Anwendungsfällen beschrieben. [OMG00b]

funktionaler Zusammenhalt (functional cohesion): Ein normal zusammenhaltendes *Modul* (*normaler Zusammenhalt*) heißt funktional zusammenhaltend, wenn es nur Elemente enthält, die zusammen eine einzige Funktion ausführen, d.h. die Elemente zusammen sind notwendig und hinreichend, um die Funktion zu realisieren. [Raa93]

Funktionserfüllung (fullfillment of functions): Funktionserfüllung bezeichnet den Grad der Übereinstimmung zwischen geplantem und tatsächlich realisiertem Funktionsumfangs eines *Systems* . [Raa93]

Geheimnisprinzip (information hiding): Grundprinzip zum Design von (nicht nur) Software *Modul*en: Jedes *Modul* darf nur die Informationen erhalten, die für seine Aufgabe tatsächlich benötigt werden. Wie das *Modul* die Aufgabe erledigt, ist nach außen nicht sichtbar. Diese Definition steht in Übereinstimmung mit dem entsprechenden Prinzip in objektorientierten Modellen: Die interne *Implementierung* eines *Objekt*s ist gekapselt. Sichtbar sind nur die zulässigen *Operation*en auf dem *Objekt*. [Raa93], [RBP+91]

Generalisierungssymbol (generalization symbol): Ein grafisches Symbol, um eine Generalisierungs/Spezialisierungs-Beziehung zwischen Modellelementen in einem Diagramm darzustellen:

1. *UML*: Eine Pfeil mit einem leeren Dreieck, der auf das allgemeinere Element zeigt. [BRJ99], [OMG00b]
2. *OOA*: In der Notation von Coad und Yourdon eine Linie mit einem offenen Halbkreis in der Mitte, dessen Kreisteil auf das allgemeinere Element zeigt. [CY94]
3. *OMT*: Eine Linie mit einem leeren Dreieck in der Mitte. [RBP+91]
4. Booch: Ein Pfeil mit geschlossener Spitze in Richtung auf die allgemeinere Klasse. [Boo94a]

GenSpec-Beziehung (is-a relation): Griffiges Kürzel für die *Generalisierung/Spezialisierungs*-Beziehung zwischen Ober- und Unterklassen.

GenSpecsymbol (is-a, genspec symbol): Siehe *Generalisierungssymbol*.

geordnet (ordered): Eine binäre *Assoziation* ist geordnet, wenn die *Objekt*e an dem einen Ende der Assoziation eine spezifizierte Reihenfolge haben. In der *UML* und in der Notation von *OMT* wird dies durch die *Bedingung* {ordered} an diesem Ende zum Ausdruck gebracht. [RBP+91], [OMG00b]

geordnete Assoziation : Eine *binäre Assoziation* oder genauer ein *Assoziationsende* einer *Assoziation* heißt geordnet, wenn die Objekte an diesem *Assoziationsende* eine definierte Reihenfolge haben, in der sie beim Verfolgen der *Assoziation* traversiert werden. Dies wird durch das Schlüsselwort *ordered* an diesem *Assoziationsende* spezifiziert. [OMG00b]

geschlossen (closed): Dieser Begriff wird in verschiedenen Zusammenhängen benutzt:

1. Ein *Modul* heißt geschlossen, wenn es von anderen benutzt werden kann.
2. Eine vertikale Schichtenarchitektur (siehe *Schichtung*) heißt gschlossen, wenn eine Schicht nur Dienste der direkt unter ihr liegenden verwenden kann.
3. Ein Anwendungssystem heißt geschlossen, wenn Änderungen und Anpassungen nur durch den Hersteller möglich sind.

globale Kopplung (global coupling): Zwei *Modul*e heißen global gekoppelt, wenn sie den gleichen externen, global definierten Speicherbereich benutzen. [Raa93]

großer Meilenstein (major milestone): Im *Unified Process* ein *Meilenstein* am Ende einer *Phase*, an dem über den weiteren Fortgang, Budgets etc. entschieden wird.

Guillemets : Französische Anführungszeichen «». Diese werden in LaTeX durch \flqq und \frqq erzeugt. Sie dienen in der *UML* zur Kennzeichnung von *Stereotyp*en.

Hardware-Ergonomie (hardware ergonomy): Der Teilbereich der *Ergonomie*, der sich mit den ergonomischen Eigenschaften von Bildschirmen, Tastaturen, Möbeln, Arbeitsbeleuchtung etc. beschäftigt. [Her94], [ZZ94]

HBCI : Home Banking Communication Interface.

HIC : Human Interaction Component. Die *Klassen* eines *Systems*, die für die Interaktion mit dem Benutzer verantwortlich sind. [CY94]

hierarchisches DBMS (hierarchical DBMS): *DBMS*, in dem die Daten in Form eines Baumes mit physischen Verweisen von einem Rootsegment abwärts verknüpft sind. Wichtigste Vertreter diesen Typs sind *IMS*/DB und *DL/I*. [Dat90]

history indicator : In der *UML* ein „H" in einem Kreis in einem *Zustandsdiagramm*. Ein *Zustandsübergang* in einen history indicator bedeutet, dass der Zustand, der beim letzten Verlassen der Region aktiv war, wieder eingenommen wird. [OMG00b]

Homonym (homonym): Zwei gleichlautende Worte, die unterschiedliches bezeichnen („Teekessel").

horizontale Schichtung (partitioning): Unter horizontaler Schichtung versteht man eine Zerlegung der Funktionalität eines *Systems* in *Komponenten*, die unabhängige Aufgaben innerhalb einer Schicht der *vertikalen Schichtung* wahrnehmen. [Raa93]

Hybridkopplung (hybrid coupling): Zwei *normal gekoppelte Module* sind hybrid gekoppelt, wenn zwischen ihnen Parameter übergeben werden, die Daten oder Kontrollinformationen enthalten können. Das heißt der Parameter muss jeweils daraufhin überprüft werden, was er enthält. Hybridkopplung sollte vermieden werden. [Raa93]

IBM : International Business Machines Corporation. Weltgrößter DV Hersteller. Böse Zungen erklären die Abkürzung allerding anders: Immer Besser Manuell, die drei Buchstaben im deutschen Wort SchreIBMaschine, I've Been Moved u.v.a.m.

IDEAL :

    1. Mit vollem Namen CA-IDEAL. *4GL* der Firma *CA* für *DATACOM/DB* und *DB2*. Bis 1988 ein Produkt der Firma *ADR*. IDEAL wurde als *Akronym* für Interactive Development Environment for an Applications Lifecycle interpretiert.

    2. Interaction DEvice Abstraction Layer. Vom Fraunhofer Institut für graphische Datenverarbeitung entwickelte Softwareschicht zur Interaktion in virutellen Welten.

IDMS/DB,DC : Mit vollem Namen CA-IDMS, Datenbankmanagement System nach *CODASYL* und *ANSI SQL* Standard (DB) und TP-Monitor (DC) der Firma *CA* Computer Associates. Bis 1989 waren dies Produkte der Firma Cullinet.

implementation diagram : Siehe *Implementierungsdiagramm.*

Implementierung (implementation):

1. Im *Unified Process* und im *Rational Unified Process* der Kernarbeitsschritt (Workflow), in dem die ausführbaren *Komponenten* entwickelt werden. Dabei kann es sich um die *Realisierung* von Anwendungsfällen handeln aber auch um *Prototypen*. [JBR99, Kru98]

2. Phase im Entwicklungszyklus, in der ein Entwurf (*Design*) in ausführbare Form (Hardware oder Software) umgesetzt wird.

3. *Stereotype* von *Generalisierung*, der angibt, dass das spezialisierte Element die Implementierung des allgemeineren erbt, nicht aber dessen öffentliche *Schnittstelle*. [OMG00b]

Implementierungsdiagramm (implementation diagram): Zusammenfassende Bezeichnung für *Einsatzdiagramm* und *Komponentendiagramm* ind der *UML*. [OMG00b]

IMS/DB DC : Hierarchisches *DBMS*(/DB) mit *TP-Monitor* der Firma *IBM*. Die DC Komponente heißt jetzt offiziell IMS/TM (Transaction Manager). [Dat90]

inception : Siehe *Etablierung.*

include : Siehe *enthält.*

incomplete : Siehe *unvollständig.*

information cluster : Siehe *data hiding module.*

Ingenieurdisziplin (engineering science): Die aus der systematischen Bearbeitung technischer Probleme hervorgegangenen wissenschaftlichen Disziplinen wie Maschinenbau, Fahrzeugbau, etc., die in Deutschland an Universitäten, Technischen Hochschulen und Fachhochschulen gelehrt werden.

Inhaltskopplung (content coupling): Zwischen zwei *Modul*en A und B liegt Inhaltskopplung vor, wenn A das Innere von B adressieren (und damit ggfs. auch den Inhalt verändern) kann. Inhaltskopplung ist zu vermeiden. [Raa93]

Inspektion (inspection): Eine Inspektion ist eine Bewertungstechnik für Software-Anforderungen, Analyse-, Design-Dokumente oder Code. Diese werden von einer Person oder Gruppe (nicht nur dem Autor) detailliert auf Fehler, Verletzungen von Entwicklungsrichtlinien und andere Probleme untersucht. Ziele der Inspektion sind:

1. feststellen, ob das Objekt der Spezifikation entspricht,
2. feststellen, ob die anwendbaren Standards eingehalten wurden,
3. Abweichungen von Spezifikation oder Standard zu identifizieren,
4. Software-Engineering Daten zu erheben (Metriken).

Es ist nicht Ziel einer Inspektion, Alternativen aufzuzeigen oder Stilfragen zu beurteilen. Ein Team für eine Inspektion besteht nach [Mye89] aus drei bis fünf Personen mit unterschiedlichen Aufgaben:

Moderator Dies ist ein erfahrener Entwickler, der nicht der Entwickler des Test-Objektes ist und folgende Verantwortlichkeiten hat:

- Verteilung der Unterlagen an die Teilnehmer,
- Zeitplanung für die Inspektionssitzung,
- Leitung der Sitzung,
- Protokollierung aller gefundenen Fehler,
- Sicherstellung der Fehlerbehebung.

Entwickler des Test-Objekts Dieser erläutert das Test-Objekt in der Inspektionssitzung im Detail, z. B. ein Programm Zeile für Zeile bzw. Befehl für Befehl.

Designer Wenn Analyse, Design und Programmierung von verschiedenen Personen durchgeführt werden, so wird an einer Inspektion eines Programms auch der Systemanalytiker oder Designer teilnehmen.

Testspezialist Diese Person hat umfangreiche Erfahrungen im Testen von Programmen.

Protokollführer Ob ein Protokollführer benötigt wird, hängt vom Umfang der Sitzung ab. Ich bin allerdings der Ansicht, dass sich ein Moderator nicht gleichzeitig mit der Protokollierung beschäftigen sollte.

Instanz (instance): Ein konkretes Objekt, d.h. ein Element einer *Klasse*. Das deutsche Wort „Instanz" ist ein völlig missglückter Übersetzungsversuch. Gemeint ist so etwas wie Exemplar; dieser Begriff ist aber auch schon im gleichen Zusammenhang anderweitig verbraucht. Meistens werden Instanz und *Objekt* synonym verwendet. Wenn zwischen Instanz und *Objekt* untersschieden wird, so ist Instanz eine Instanz eines *Typs*, hat also keine Identität.

Instanziierung (instantiation): Erzeugung eines Objektes. Instantiierung umfasst die Erzeugung und Initialisierung eines Objektes. Booch verwendet den Begriff auch für die Erzeugung einer *Klasse* aus einer *Template-Klasse*. [RBP+91], [Boo94a], [Str91]

interaction : Siehe *Interaktion*.

interaction diagram : Siehe *Interaktionsdiagramm*.

Interaktion (interaction): In der *UML* ein Austausch von *Nachrichten* zwischen *Objekten* zum Erreichen eines bestimmten Ziels. [OMG00b]

Interaktionsdiagramm (interaction diagramm): In der *UML* zusammenfassende Bezeichnung für *Sequenzdiagramm*, *Kollaborationsdiagramm* und *Anwendungsfalldiagramm*.

Interface (interface):

1. Allgemeine Bezeichnung für eine *Schnittstelle*, die z. B. zu übergebene Aufrufparameter und Rückgabewerte spezifiziert, wie z. B. in *Exportschnittstelle* und in der *UML* (siehe gloSchnittstelle). [Raa93, PB93]

2. In *Java* ein Sprachelement, das Namen, Rückgabewert und Argumente von *Operationen* definiert. Ein Interface kann von verschiedenen *Klassen* implementiert werden. Interfaces sollen den Vererbungsmechanismus in *Java* komplementieren, da er nur Einfachvererbung unterstützt [NS96].

3. In *OOSE* der Begriff für den *Stereotyp boundary* aus der *UML*. [OMG00b]

Internet : Weltweites Rechnernetzwerk kommerzieller und nichtkommerzieller Anbieter, das heute wichtiger Bestandteil der privaten und kommerziellen Kommunikation ist.

Intranet : (Firmen-)Internes Netzwerk auf Basis der *Internet*-Technik, wie *WWW-Browser* und -Server.

intrinsisch (intrinsic): Von innen her, durch eigenen Antrieb.

ISBN : International Standard Book Number. Ein Schlüssel, mit dem Bücher eindeutig gekenzeichnet werden, der den Aufbau ISBN = C+P+N+D hat. Dabei ist C eine Zahl, die das Land kennzeichnet (z. B. 0: USA, 3: Deutschland), P kennzeichnet den Verlag, N ist eine Nummer, die von manchen Verlagen auch als interne Bestellnummer verwendet wird. D ist die aus den vorstehenden Ziffern berechnete *Prüfziffer modulo 11*.

ISO 9000 : Internationale Norm, die Verfahren zur Qualitätssicherung regelt.

Iteration (iteration): Im *Unified Process* ein mehr oder weniger vollständiger Durchlauf durch alle *Arbeitsschritte* innerhalb einer *Phase*, der mit einem kleinen *Meilenstein* abgeschlossen wird und eine (meist interne) *Version* des Produkts liefert. [JBR99]

Jacobson, Ivar : * 1939 in Ystad, Schweden. Diese Informationen stammen vor allem aus URL http://www.rational.com/world/jacobson_bio.html und wurden frei übersetzt. Dr. Ivar Jacobson ist der Erfinder der *OOSE* Methode und Gründer der Objectory AB in Schweden, die vor Kurzem mit der Rational Software Corporation fusionierte. Dr. Jacobson ist der Hauptautor der einflussreichen Bestseller [JCJØ92], [JEJ94] und [JGJ97]. Außerdem hat er einige vielzitierte Artikel über Objektorientierung verfasst. Einer seiner bekanntesten ist sein erster OOPSLA '87 Vortrag [Jac87]. Dr. Jacobson ist bei der *Rational* Software Corp. Vice President of Business Engineering. In dieser Funktion ist er mitverantwortlich für die Festlegung von Rationals Geschäftsstrategien und leitet Rationals Expansion in Geschäftsprozess- und System-Engineering durch die Integration von Objectory und Rationals Produktlinien. Ivar Jacobson arbeitet mit wichtigen Kunden und strategischen Partnern in der ganzen Welt, mit Grady Booch und James Rumbaugh bei der Entwicklung der *UML* als standardisierter Notation für objektorientierte Entwicklung. Ivar Jacobson's Anwendungsfall-orientierter Ansatz hat auf die gesamte OOAD Industrie starken Einfluss ausgeübt und ihn selbst prominent gemacht. Dementsprechend wird er häufig als Hauptredner bei Konferenzen und zu Podiumsdiskussionen über Objektorientierung eingeladen. Er ist für seine Pionierarbeit und mehr als zwanzigjährige Erfahrung mit objektorientierten Methoden für das Design großer *Echtzeitsysteme* bekannt. Seine frühe objektbasierte Technik hat sich zu dem internationalen Standard *ITU*/SDL entwickelt. Dr. Jacobson arbeitet regelmäßig in OOPSLA, ECOOP, und TOOLS Programm-Komitees. Er ist Mitglied des advisory boards des Journal of Object-Oriented Programming. 1994 erhielt Ivar Jacobson den ersten Kjell Hultman Preis der Swedish Computer Association (SCA) für „herausragende Leistungen bei der Förderung der Effektivität und Produktivität in der Entwicklung und im Einsatz der Informationstechnologie".

Java : Objektorientierte Programmiersprache von SunSoft, deren Struktur auf der von C++ aufbaut, eine einfachere Struktur hat (z. B. keine Mehrfachvererbung) und auf hochgradig modularisierte Programme insbesondere (aber nicht nur) in Zusammenhang mit *Internet*-Anwendungen ausgerichtet ist. [Cor96], [CH96], [Fla96], [NS96]

Kapselprozess (data hiding process): Ein *SA-Prozess* heißt Kapselprozess (oder Datenkapsel), wenn
- er nicht elementar ist,
- sein verfeinerndes *DFD* einen *Speicher* enthält,
- er in seinem *DFD* nicht auf *Speicher* zugreift.

Kapselprozesse sind ein Versuch im Rahmen der *SA* Daten und Funktionen zusammenzuführen. [Raa93]

Kapselung (encapsulation): Identisch mit *Geheimnisprinzip*.

Kardinalität (cardinality): Anzahl Sätze in einer *Tabelle*, mögliche Anzahl Instanzen einer *Klasse*; Anzahl *Objekte*, die in einer Beziehung (*Relationship*, *Assoziation*) teilhaben können. Generell die Anzahl von Elementen einer Menge. [Raa93], [RBP+91]

Klasse (class): Eine Zusammenfassung von *Objekt*en mit gemeinsamen Eigenschaften, Verhalten, Beziehungen und Bedeutung. Der Begriff der *Klasse* hat drei Aspekte:

1. Eine *Klasse* ist eine Zusammenfassung von gleichartigen *Objekt*en. In diesem Sinn ist eine *Klasse* ein Aggregat aller dieser *Objekte*.

2. Eine *Klasse* beschreibt die Eigenschaften aller ihrer *Objekte*. In diesem Sinne ist eine *Klasse* ein Metaobjekt, wie etwa die Informationen über *Tabelle*n im catalog eines *relationalen DBMS*s.

3. Eine *Klasse* erlaubt das Erzeugen von *Objekt*en („Objektfabrik"). Dieser Aspekt kommt insbesondere in der objektorientierten Programmierung zum Tragen.

[RBP+91], [KGZ93]

Klassenattribut (class attribute): Ein *Attribut*, dessen Wert für eine ganze *Klasse* von *Objekt*en gilt, im Gegensatz zu einem für jedes *Objekt* individuellen Wert. Je nach *Methode* werden *Klassenoperation*en unterschiedlich gekennzeichnet:

1. In der *UML* durch Unterstreichung. [BRJ99]
2. In OMT durch ein vorgestelltes $ Zeichen. [RBP+91]
3. In *C++* und *Java* durch das Schlüsselwort `static`. [Str97], [Eck98]
4. In *Smalltalk* durch Beginn mit einem Großbuchstaben.

Klassendiagramm (class diagram):
1. In *OMT* ein *Objektdiagramm*, das *Klassen*, ihre *Attribute*, *Operationen* und Beziehungen zu anderen Klassen zeigt. Im Unterschied zum *Instanzdiagramm* beschreibt das Klassendiagramm Dinge, die für alle Instanzen der Klassen gültig sind. [RBP+91]
2. In *UML* die Bezeichnung für *Diagramme*, die *Klassen*, *Objekte* und deren statischen *Beziehungen* (*Assoziationen*, *Aggregationen*, *Generalisierungen* und *Spezialisierungen*), *Abhängigkeiten* und *Realisierungen* zeigen.

Klassenkarte (CRC Card, class card): Class, Responsibilities, Collaborations. Technik zum Erfassen der Eigenschaften und der Verantwortung von *Klassen* auf Karteikarten. Eine Klassenkarte enthält folgende Informationen:
1. den Namen der Klasse,
2. Ober- und Unterklassen,
3. Attribute und Operationen,
4. Verantwortlichkeiten der Klasse.

Entwickelt wurden Klassen-Karten ursprünglich in [BC89]. Klassenkarten gelten als ein gutes Mittel um Brainstorming über Klassen und erste Entwürfe zu unterstützen.

Klassenoperation (class operation): Eine *Operation* einer *Klasse*, die auf der *Klasse*, nicht auf einzelnen *Objekten* operiert. Je nach *Methode* werden *Klassenoperationen* unterschiedlich gekennzeichnet:
1. In der *UML* durch Unterstreichung. [BRJ99]
2. In OMT durch ein vorgestelltes $ Zeichen. [RBP+91]
3. In *C++* durch das Schlüsselwort `static`. [Str97], [Eck98]
4. In *Smalltalk* durch Beginn mit einem Großbuchstaben.

[RBP+91], [OMG00b]

Klassensymbol (class symbol, class box): Graphische Notation für *Klassen*. Typische Beispiele sind:
1. *UML* und *OMT*: Ein Rechteck mit einem Namen in Fettdruck. Weitere Teile sind ein Abschnitt mit den *Attributen* und einer mit den *Operationen*. [OMG00b], [RBP+91]
2. *Booch Methode*: Eine Wolke.
3. Notation von Coad und Yourdon: Für konkrete Klassen (Class & Object) ein Rechteck mit abgerundeten Ecken und einem Doppelrahmen. Für *abstrakte Klassen* mit einem einfachen Rahmen.

kleiner Meilenstein (minor milestone): Im *Unified Process* ein *Meilenstein* zwischen zwei großen Meilensteinen, z. B. am Ende einer *Iteration*. Ein kleiner Meilenstein wird auch als *Zentimeterkiesel* bezeichnet. [JBR99]

Knoten (node):
1. In der *UML* eine physische Ressource mit Speicher und oft auch Verarbeitungskapazität. Das *Knotensymbol* ist ein Würfel. Knoten können als *Typ*en oder *Objekte* dargestellt werden. [OMG00b]
2. Bestandteile von Graphen.
3. Eine festgezogene Verschlingung von Fäden, Bändern, Tauen etc., wie Kreuzknoten, Slipstek.
4. Geschwindigkeitseinheit für Wasserfahrzeuge.

Knotensymbol (node symbol): In der *UML* ein Würfel.

Kollaboration (collaboration): Eine Menge von *Objekt*en und deren *Beziehung*en, die zum Erreichen eines bestimmtes Ziels zusammenwirken. Ein *Kontext*, der eine Menge von *Interaktion*en unterstützt. Kollaborationen realisieren z. B. Anwendungsfälle.

Kollaborationsdiagramm (collaboration diagram): In der *UML* ein *Diagramm*, das die Folge der Nachrichten zeigt, die eine *Operation* oder Transaktion implementieren sowie die *Link*s zwischen den beteiligten Objekten. Auch Zusammenarbeitsdiagramm oder Kooperationsdiagramm genannt. [OMG00b]

kommunizierender Zusammenhalt (communicating coherence): Ein normal zusammenhaltendes *Modul* besitzt kommunizierenden Zusammenhalt, wenn es verschiedene Aktivitäten ausführt, die alle dieselben Eingabe- oder Ausgabedaten verwenden. [Raa93]

Komplexität (complexity):
1. Eigenschaft eines Sachverhalts oder einer Sache, zusammengefasst, umfassend, vielfältig verflochten zu sein.
2. Für eine *berechenbare Funktion* ist deren Komplexität der zu ihrer Berechnung erforderliche Aufwand an Betriebsmitteln wie Speicherplatz, Rechenzeit, benötigte Geräte usw. [Dud93]

Komponente (component):
1. In der *UML* eine Software-Komponente wie Source-Code, Binär-Code, ausführbare Datei, *DLL* etc. mit klar definierter Funktion und Schnittstelle, die in eine *Architektur* integriert werden kann. [Kru98]
2. Ein ausführbares Software *Modul* mit Identität und wohldefinierter Schnittstelle.

Komponentendiagramm (component diagram): In der *UML* ein *Diagramm*, das die physischen Komponenten eines Systems, ihre Organisation und Abhängigkeiten zeigt.

Komposition (composition): In der *UML* eine Spezialform der *Aggregation*, die einen besonders hohen *Zusammenhalt* und identische Lebenszeiten zwischen dem Ganzen und seinen Teilen impliziert. Teile, die in variabler Anzahl enthalten sind, können während der Lebenszeit des Ganzen hinzugefügt und entfernt werden. Teile werden zerstört, wenn das Ganze zerstört wird. Teile, die in fester Anzahl in dem Ganzen enthalten sind, werden mit ihm erzeugt. [RJB99], [BRJ99], [OMG00b]

Kompositionssymbol (composition symbol): In der *UML* ein *Aggregationssymbol* mit ausgefüllter (schwarzer) Raute. [BRJ99], [OMG00b]

Konfigurationsmanagement (configuration management): Dieser Begriff fasst alles zusammen, was mit dem Zusammenspielen von Komponenten in verschiedenen Versionen zu tun hat. Dazu gehört die Dokumentation der jeweils gültigen Kombinationen genauso wie das Verfolgen der einzelnen Versionen und deren Zusammenhänge.

konkrete Klasse (concrete class): *Klasse*, die *Objekte* hat bzw. haben kann, im Unterschied zu einer *abstrakten Klasse*. [RBP+91]

Konstruktion (construction): Im *Unified Process* und im *Rational Unified Process* die dritte Phase im Software-Entwicklungslebenszyklus, in der die Software von der grundlegenden Architektur aus bis zu dem Punkt entwickelt wird, an dem sie bereit zur Übergabe an die Benutzer ist. [BRJ98, BRJ99]

konstruktive Qualitätssicherung (constructive quality assurance): Verfahren zur Qualitätssicherung, bei dem bereits während des Herstellungsprozesses versucht wird, die Einhaltung von Qualitätsstandards zu gewährleisten. Die Ziele der konstruktiven Qualitätssicherung bestehen in der Vermeidung von Fehlern und der frühzeitigen Entdeckung trotzdem aufgetretener Fehler. Gegensatz: *analytische Qualitätssicherung*. [Raa93], [Tra93]

Kontextdeklaration : Der Kontext eines OCL Konstrukts erfolgt durch den Ausdruck:

> context[k:] Kontext Stereotyp: [KontextName]

context ist dabei ein Schlüsselwort und Stereotyp ist inv, pre oder post für die Stereotypen «invariant», «precondition»bzw. «postcondition». Kontext ist entweder eine Klassifizierung (meist eine Klasse) oder eine Operation. Das Objekt bzw. die Instanz des Kontexts wird durch das Schlüsselwort self bezeichnet. k ist eine optionale Bezeichnung für das Kontextobjekt und KontextName ein optionaler Name für einen Constraint (Stereotyp inv), der durch diese Deklaration eingeleitet wird. [OMG00b]

Kontrollkopplung (control coupling): Zwischen zwei *normal gekoppelten Modul*en liegt Kontrollkopplung vor, wenn einer dem anderen ein Datenelement übergibt, das die interne Logik des anderen *Moduls* beeinflusst. [Raa93]

Kopplung (coupling): Grad der Abhängigkeit zwischen *Modul*en. Die wichtigsten akzeptablen Kopplungstypen sind *Datenkopplung* und *Datenstrukturkopplung*. Kritisch zu beurteilen sind *globale Kopplung, Hybridkopplung, Inhaltskopplung*, auch *Kontrollkopplung*. [Raa93], [PB93]

Korrektheit (correctness): Übereinstimmung der Realisierung eines Softwareprodukts mit der Spezifikation. [Tra93]

Lastenheft : Ein Lastenheft ist ein Dokument, dass die geforderten Leistungen eines System in der Sprache des Anwenders so präzise formuliert, dass es als Basis einer Auftragsvergabe dienen kann. Das Lastenheft beschreibt das Wünschenswerte, während das *Pflichtenheft* das Machbare beschreibt. In Deutschland ist das Lastenheft in der VDI/VDE-Richtlinie Nr. 3694 vorgeschrieben, bevor ein *Pflichtenheft* erstellt wird. [SH99]

Law of Demeter :

1. Eine Sammlung von Design-Regeln für objektorientierte Entwicklung. Informationen findet man im *Internet* unter http://www.ccs .neu.edu/research/demeter.

2. Regeln für den Ackerbau, die *Demeter* der griechischen Sage nach den Menschen in Attika durch Triptolemos gelehrt wurden.

Lebenslinie (lifeline): In *Sequenzdiagrammen* der *UML* eine senkrecht verlaufende, gestrichelte Linie, die beim *Objektsymbol* beginnt. Sie verläuft bis zum Rand des Diagrammes oder bis zum ×symbol, das die Zerstörung des *Objekts* anzeigt.

Lexem (lexeme): Eine Folge von Zeichen, die ein einzelnes *Token* bildet, heisst Lexem. [ASU86]

lifeline : Siehe *Lebenslinie*.

Link (link): Siehe *Objektbeziehung*. [OMG00b], [RBP+91].

Liste (list): Eine verkettete Folge von Elementen eines Datentyps.

loop (loop): *loop*.

MDI : Multiple Document Interface. Architekturkomponente in *MS-Windows*, die es ermöglicht innerhalb einer Anwendung mehrere Dokumente gleichzeitg zu öffnen und zu bearbeiten im Gegensatz zu *SDI*.

Meilenstein (milestone): Ein Meilenstein bezeichnet einen Zeitpunkt, an dem überprüft wird, ob vorher festgelegte Kriterien erreicht wurden. Zum Meilenstein gehören auch die Verfahren zur Überprüfung der Kriterien. Man unterscheidet manchmal Meilensteine und „Zentimeterkiesel". Im *Unified Process* werden zwei Arten von Meilensteinen unterschieden: *großer Meilenstein* und *kleiner Meilenstein*. [JBR99]

member function : *Elementfunktion*. [Str91]

Methode (method):

1. Implementierung einer *Operation*. Dies scheint inzwischen der übliche Sprachgebrauch zu sein. [BRJ99]

2. Synonym für *Operation*, z. B. in *Smalltalk*.

3. Im Software-Engineering: Ein Prozess für die organisierte Produktion von Software unter Verwendung verschiedener vordefinierter Techniken, Notationen und Vorgehensweisen. [RBP+91]

MFC : *Microsoft* Foundation Classes. *Klassenbibliothek* für *Microsoft*s *C++*-Compiler Visual C++.

Microsoft : Weltweit größter Anbieter von System- und Anwendungssoftware für PCs.

MIT : Massachussetts Institute of Technology.

Modell (model): Ein Modell ist ein *Objekt*, das auf der Grundlage einer Struktur-, Funktions- oder Verhaltensanalogie zu einem entsprechenden Original von einem Subjekt eingesetzt und genutzt wird, um eine bestimmte Aufgabe lösen zu können, deren Durchführung mittels direkter Operationen am Original zunächst oder überhaupt nicht möglich bzw. unter gegeben Bedingungen zu aufwendig ist [PB93]. In der UML stellt ein Modell ausgewählte Aspekte des physischen Systems dar und wird durch ein Paketsymbol mit einem kleinen Dreieck △ in der rechten oberen Ecke gekennzeichnet. [OMG00b]

Modul (module): Ein Modul ist eine logische oder physische Einheit mit klar umgrenzter Aufgabe in einem Gesamtzusammenhang, die folgende Bestandteile hat:

1. Eine Exportschnittstelle, die die Ressourcen angibt, die andere Module benutzen können.
2. Einen Rumpf, der die Realisierung der Aufgabe des Moduls enthält.
3. Eine Importschnittstelle, die die Dienste spezifiziert, die das Modul von anderen Modulen importiert.

Der Rumpf ist in der Regel gekapselt, so dass die Interna vor der Umwelt verborgen sind. Dies wird in dieser Definition aber nicht gefordert, damit auch abstrakte Datentypen, die in vielen Programmiersprachen ihre interne Struktur offenbaren, unter diese Definition fallen.

modulare Geschütztheit (modular protection): Eine *Methode* genügt dem Kriterium der modularen Geschütztheit, wenn sie zu *Architektur*en führt, in denen die Auswirkungen einer zur Laufzeit in einem *Modul* auftretenden Ausnahmesituation auf dieses *Modul* beschränkt bleiben oder sich höchstens auf wenige benachbarte *Module* auswirken. [Mey88b]

modulare Kombinierbarkeit (modular composability): Eine *Methode* genügt dem Kriterium der modularen Kombinierbarkeit, wenn sie die Herstellung von Software-Elementen, die frei miteinander zur Herstellung neuer *System*e kombiniert werden können, unterstützt. [Mey88b]

modulare Stetigkeit (modular continuity): Eine *Methode* genügt dem Kriterium der modularen Stetigkeit, wenn eine kleine Änderung in der Problemspezifikation sich als Änderung in nur einem *Modul* oder höchstens wenigen *Modul*en auswirkt, die mit Hilfe der Spezifikationsmethode gefunden werden können. [Mey88b]

modulare Verständlichkeit (modular understandibility): Eine *Methode* genügt dem Kriterium der modularen Verständlichkeit, wenn sie die Herstellung von *Modul*en, die für den menschlichen Leser verständlich sind, unterstützt. [Mey88b]

modulare Zerlegbarkeit (modular decomposibility): Eine *Methode* genügt dem Prinzip der modularen Zerlegbarkeit, wenn sie die Zerlegung des Problems in Teilprobleme unterstützt. [Mey88b]

Moduldiagramm (module diagram): In der *Booch-Methode* ein Diagramm, das die Zuordnung von *Klassen* und *Objekten* zu *Modulen* darstellt. [Boo94a]

MS-Windows : Familie von Betriebssystemen der Firma Microsoft: Windows 3.x, Windows95, WindowsNT, WindowsCE.

MTBF : Mean Time Between Failure, ein Maß für die (Un-)*Zuverlässigkeit* eines Systems. [Tra93]

MTTR : Mean Time To Repair, durchschnittliche Zeit bis zur Behebung eines Systemausfalles [Tra93].

Multiobjektsymbol (multiobject symbol): In der UML ein Stapel von *Objektsymbolen*, der eine Menge von *Objekten* repräsentiert. [OMG00b]

Multiplizität (multiplicity): Die Spezifikation einer zulässigen Menge von *Kardinalitäten*, die eine Menge annehmen kann. Multiplizitäten können für *Assoziationsenden*, Teile innerhalb von *Kompositionen*, Wiederholungen u.a. angegeben werden. [OMG00b]

Mutationentest (mutation test): Ein Mutationentest ist ein Test, bei dem ein Programm modifiziert wird, um zu untersuchen, ob die Testfälle hinreichend sind, diese Mutation zu entdecken. [Lig90]

Nachbedingung (postcondition): Eine Bedingung, deren Erfüllung eine *Operation* nach ihrer Ausführung garantiert. [Raa93], [RBP$^+$91]

Nachricht (message): Verständigungsmechanismus zwischen *Objekten*. Eine Nachricht, die an ein Objekt geschickt wird, löst eine *Operation* aus. Eine Nachricht ist keine unverbindliche Mitteilung, sondern eine Aufforderung an das Objekt, eine *Operation* auszuführen, der das Objekt nachkommen muss.

Namensraum (namespace): Ein Teil eines *Modells*, in dem *Namen* definiert und verwendet werden können. gloNamen sind in einem Namensraum eindeutig. [OMG00b]

NATO : North Atlantic Treaty Organization. Auf einer NATO-Konferenz wurde 1968 in Garmisch der Begriff *Software-Engineering* geprägt.

Netzplan (network): Ein Graph, bei dem jede Kante mit einer Bewertung versehen ist, heißt Netzwerk, wenn er keine isolierten *Knoten* besitzt. Einzelheiten siehe Graphentheorie. [NM93]

Netzwerk DBMS (network DBMS): *DBMS*, in dem die Verknüpfungen zwischen Daten nicht nur von oben nach unten wie in hierarchischen Systemen (*hierarchisches DBMS*), sondern in beliebigen Richtungen bestehen können. Miteinander verknüpfte Sätze bilden ein sogenanntes Set. Wichtigste Vertreter sind die *CODASYL* Systeme (*IDMS*, *DMS*) und *TOTAL*. [Dat90]

nicht-funktionale Anforderung (non functional requirement): Hierdurch werden Rahmenbedingungen beschrieben, unter denen die Funktionen erbracht werden müssen und Anforderungen, die unabhängig von einem speziellen Anwendungsfall sind, oder die aus anderen Gründen nicht als Funktionen beschrieben werden können. Nicht-funktionale Anforderungen werden als Eigenschaften von Anwendungsfällen oder Teilsystemen beschrieben. [OMG00b]

NIH :

1. National Institut of Health. Amerikanische Behörde. Unter Informatik-Gesichtspunkten durch die dort entwickelte NIH *Klassenbibliothek* bekannt geworden.

2. Not Invented Here. Als NIH-Syndrom wird eine Haltung bezeichnet, die das Aufnehmen von Einflüssen und Lösungen von außen ablehnt und unter oft fadenscheinigen Vorwänden ablehnt.

nm : Nanometer. Ein $1nm = 10^{-9}m$.

node : Siehe *Knoten.*

normale Kopplung (regular coupling): Zwei *Modul*e A und B sind normal gekoppelt, wenn A das *Modul* B aufruft, B anschließend die Kontrolle an A zurückgibt und wenn alle Informationen zwischen A und B durch explizite Parameter im Aufruf übergeben werden. [Raa93]

normaler Zusammenhalt (regular cohesion): Ein *Modul* besitzt normalen Zusammenhalt, wenn es eine oder mehrere Funktionen umfasst, die inhaltlich eng zusammengehören und diese auf (mindestens) einer gemeinsamen Datenstruktur operieren, die lokal definiert ist oder explizit als Parameter übergeben wird. [Raa93]

note : Siehe *Notiz.*

Notiz (note): Ein Text zu einem *Modellelement*, der verschiedene Arten von Informationen enthalten kann wie *Kommentare*, *Einschränkungen*, Methoden oder *Eigenschaftswerte*. Auch *Anmerkung* genannt. [OMG00b]

Object Constraint Language : Spezifikationssprache in der *UML* zur Formulierung von *Bedingungen*. [OMG00b]

Objekt (object): Grundbegriff objektorientierter Verfahren in unterschiedlichstem Zusammenhang. Ein Objekt ist jeder real oder in der Vorstellung existierende Gegenstand. Es zeichnet sich dadurch aus, dass es eine von seinen Werten unabhängige Identität besitzt, definierte *Zustände* und *Operationen* hat und zu einer *Klasse* gehört. [RBP+91]

objektbasiert (object based): Ursprünglich für Programmiersprachen geprägter Begriff. Ein *System* heißt objektbasiert, wenn es abstrakte Datentypen und *Klassen* unterstützt.

Objektbeziehung (link): Eine Beziehung zwischen einem Tupel von Objekten. Eine Objektbeziehung ist eine *Instanz* einer *Assoziation*. [OMG00b]

Objektidentität (object identity): Die Eigenschaft eines *Objekts*, sich von allen anderen *Objekt*en der gleichen *Klasse* zu unterscheiden, unabhängig davon, welchen *Zustand* es gerade hat.

objektorientiert (object oriented): Vorgehensweise oder Analysemethode, die *Objekt*e und ihre Verhaltensregeln in den Mittelpunkt stellt. Ein System heißt in Verallgemeinerung der für Programmiersprachen geprägten Terminologie objektorientiert, wenn es *objektbasiert* ist und *Generalisierung* und *Spezialisierung* unterstützt.

objektorientierte Analyse (object oriented analysis): Methode der *System-Analyse*, die *Objekte*, *Klassen* und deren *Beziehungen* in den Vordergrund stellt und eine *objektorientierte Zerlegungs*strategie verwendet. Einige bekannte Methoden sind *OMT*, die *Booch Methode*, *OOSE*.

objektorientiertes DBMS (object oriented DBMS): Abgekürzt OODBMS. *DBMS*, das beliebige *Objekte* speichern und manipulieren kann.

Objektsymbol (object symbol): Graphisches Symbol, um ein Objekt darzustellen.

1. In der *UML* ein Rechteck, das mit „ObjektName:KlassenName" beschriftet ist. [OMG00b]
2. In *OMT* ein Rechteck mit abgerundeten Ecken, das mit „(Klassen-Name)" beschriftet ist. [RBP+91]
3. In der *Booch Methode* eine Wolke mit durchgezogenem Rand. [Boo94a]
4. In der Notation von Coad und Yourdon ist hierfür kein Symbol vorgesehen. [CY94]

Siehe auch *Klassensymbol*.

OCF : Orthodox Canonical Form. Siehe *orthodoxe kanonische Form*. [Cop93]

OCL : Siehe *Object Constraint Language*. [OMG00b]

OCL Container (OCL container): Die *OCL* der *UML* definiert einen Container *Collection*, von dem die Container *Set*, *Bag*, *Sequence* spezialisiert werden. [OMG00b]

offen (open): Der Begriff offen kommt in vielen Bedeutungen vor:

1. Ein *Modul* heißt offen, wenn es für Erweiterungen zur Verfügung steht.
2. Eine vertikale Schichtenarchitektur heißt offen, wenn jede *Schicht* nicht nur Dienste der direkt unter ihr liegenden verwenden kann, sondern auch die weiter darunter liegender Schichten.
3. Ein Anwendungssystem heißt offen, wenn es durch den Anwender über definierte Schnittstellen geändert bzw. seinen Anforderungen angepasst werden kann. [Raa93]

Offen-Geschlossen-Prinzip : Ein *Modul* heißt offen, wenn es für Erweiterungen zur Verfügung steht. Ein *Modul* heißt geschlossen, wenn es von anderen benutzt werden kann. Das Offen-Geschlossen-Prinzip fordert, dass ein *Modul* offen und geschlossen ist.

ökonomisches Prinzip (economic principle): Das ökonomisches Prinzip hat zwei Formulierungen:

1. Ein gegebenes Ziel ist mit dem minimalen Ressourceneinsatz zu erreichen.
2. Mit einem gegebenen Aufwand ist ein maximales Ergebnis zu erzielen.

[WD00]

OMG : Object Management Group. Herstellervereinigung zur Normierung von objektorientierten Systemen, insbesondere *OODBMS*.

OML : Open Modeling Language. Notation zur Darstellung objektorientierter Modelle, die vor allem von Brian Henderson-Sellers vorangetrieben wurde.

OMT : Object Modeling Technique, Objektorientierte Analyse- und Design-Methode. Sie wurde bei GE von James *Rumbaugh* u. a. entwickelt. Ein Modell umfasst in OMT *Objektmodell, dynamisches Modell* und *funktionales Modell*. Als Aktivitäten im Vorgehensmodell werden *Analyse, System-Design, Objekt-Design* und *Implementierung* unterschieden. Ein Vorgehensmodell wird nicht vorgegeben. Die ursprüngliche Version von *OMT* wird mit OMT-91 bezeichnet. Wesentliche Veränderungen wurden 1994 formuliert und sind als *OMT-94* bekannt. [RBP+91], [Rum96]

OOPSLA : Object-Oriented Programming Systems, Languages, and Applications. Jährlich von der *SIGPLAN* veranstaltete Fachkonferenz für objektorientierte Systeme.

OOSE : Object Oriented Software Engineering nach Jacobson. [JCJØ92], [JEJ94], [JGJ97].

OPAC : Online Public Access Catalog, Öffentlicher (DV-gestützter) Bibliothekskatalog.

Open Blueprint : *IBM* Software Architektur. Nachfolgerin von *SAA*.

Operation (operation): Operationen spezifizieren das Verhalten von *Objekt*en einer *Klasse*. Eine Operation wird ausgeführt, wenn ein *Objekt* die entsprechende *Nachricht* erhält. Bei *Klassenoperation*en geht die Nachricht an die *Klasse*. Oft werden *Operation* und *Methode* synonym benutzt. Wenn unterschieden wird, so bezeichnet *Operation* die Spezifikation oder Deklaration und *Methode* die *Implementierung*. [RBP+91], [PB93]

orthodoxe kanonische Form (orthodox canonical form): Oft kurz als OCF bezeichnet. Ein Idiom in der *C++* Programmierung, nach dem jede nicht-triviale *C++-Klasse* folgende *member functions* haben muss:

1. einen default constructor,
2. einen copy constructor,
3. einen virtuellen destructor,
4. einen Zuweisungs-Operator.

Das OCF Idiom sollte für alle nicht-trivialen *C++ Klassen* verwendet werden. Es muss verwendet werden, wenn:

- Objekte der Klasse zugewiesen werden können sollen, oder
- Objekte der Klasse by-value als Parameter an Funktionen übergeben werden können sollen, oder
- Objekte der Klasse Pointer auf Objekte enthält die „reference counted" werden, oder
- der Destruktor Werte (data member) eines Objekts zerstört.

[Cop93]

OSA : Open System Architecture for *CIM*. [Hor94]

overlapping : Siehe *überlappend*.

package : Siehe *Paket*.

Paket (package): In der *UML* ist ein Paket eine Zusammenfassung von Modellelementen. Da Pakete ebenfalls Modellelemente sind, können sie geschachtelt werden. Ein Paket kann sowohl untergeordnete Pakete als auch elementare Modellelemente enthalten. Das Gesamtsystem kann man sich als Paket vorstellen, das alle Elemente enthält. Das Konzept des Pakets ist auf alle *Diagramm*-Arten anwendbar. Das Symbol für ein Paket ist ein Rechteck mit einem kleinen Rechteck an der linken oberen Ecke. Dies ist das Symbol einer Karteikarte mit „Reiter" („tabbed folder"). [OMG00b]

passives Objekt (passive object): Ein *Objekt*, das nur einfache *Operation*en wie read, write, update hat und als reine Datenobjekte dient. Es erbringt selbst über die Speicherung der Daten hinaus keine Funktionalität. [RBP$^+$91]

path : Siehe *Pfad*.

PDC : Problem Domain Component. Die *Klasse*n etc. eines *System*s, die den Anwendungsbereich und die dort geltenden Regeln repräsentieren. [CY94]

Peer-to-Peer : Zwei oder mehr Systemkomponenten, die gegenseitig und gleichberechtigt auf ihre jeweiligen *Service*es zugreifen. Gegensatz zu *Client-Server*.

Persistenz (persistency): Die Eigenschaft eines *Objekt*s, über längere Zeiträume zu existieren. [Boo94a]

Peta : Aus dem griechischen $\pi\eta\nu\theta\eta$ (pente) gebildet Vorsilbe, die für 10^{15} steht.

Pfadname (path name): Name eines *Pfad*s (1) in der *UML*.

Pflichtenheft (requirements definition): Ein Pflichtenheft ist ein Dokument, das die Art und Weise, wie die Leistungen eines Systems erbracht werden sollen, so präzise beschreibt, dass es als Vorgabe für Entwickler dienen kann.

Phase (phase): In einem Entwicklungsprozess, wie z. B. dem *Unified Process* eine Gruppierung von Aktivitäten zu einer plan- und kontrollierbaren Einheit. Eine Phase wird mit einem *Meilenstein* abgeschlossen. [JBR99, NS99]

PL/I : Programming Language I. Programmiersprache, die mit dem Ziel entwickelte wurde, *FORTRAN* und *COBOL* abzulösen. Hat sich nicht im erwarteten Maße durchsetzen können.

Polymorphismus (polymorphism): Polymorphismus bedeutet, dass eine *Nachricht* unterschiedliche *Operation*en auslösen kann, je nachdem zu welcher *Klasse* die *Objekt*e gehören, an die sie sie geschickt wird. Bezogen auf Programmiersprachen heißt dies, dass die *Methode* nicht zur Compile-Zeit an ein *Objekt* gebunden werden kann. In *C++* werden Operationen, für die späte Bindung eingesetzt werden soll, durch das Schlüsselwort `virtual` gekennzeichnet. [HS92], [CY94], [Str91], [Str94a]

Portabilität (portability): Siehe *Übertragbarkeit.*

postcondition : Siehe *Nachbedingung.*

precondition : Siehe *Vorbedingung.*

Primärschlüssel (primary key): Ein Primärschlüssel ist eine minimale identifizierende Attributkombination eines *Entity*, die als Schlüssel ausgewählt wird. Ein Primärschlüssel identifiziert also insbesondere eindeutig. [Dat90]

problem domain : Siehe *Anwendungsbereich.*

problembezogener Zusammenhalt (procedural cohesion): Siehe *prozeduraler Zusammenhalt.*

Problemraum (problem domain): Die Umgebung, in der eine Lösung gefunden werden soll. Speziell der sachlich-fachliche, nicht DV-spezifische Bereich, der in der *Analyse* untersucht wird.

programmstruktureller Zusammenhalt (structural cohesion): Ein *Modul* heißt programmstrukturell zusammenhaltend, wenn eine oder mehrere Funktionen über Kontrollparameter gesteuert ausgeführt werden. [Raa93]

Projekt (project): Ein Projekt ist ein Vorgang mit folgenden Hauptmerkmalen:

- Einmaligkeit (nicht notwendig Erstmaligkeit) für das Unternehmen,
- Zusammensetzung aus Teilaufgaben,
- Beteiligung mehrerer Stellen unterschiedlicher Fachrichtungen („Interdisziplinarität"),
- Teamarbeit,
- Konkurrieren mit anderen Projekten um Betriebsmittel (Personal, Sachmittel, Gerätebenutzung u. a.),
- Mindestdauer bzw. Mindestaufwand,
- Höchstdauer bzw. Höchstaufwand,
- definierter Anfang und definiertes Ende.

[SH97]

Projektmanagement (project management): Der Bereich des Managements (sowohl der Praxis als auch der Managementwissenschaften), der sich mit dem Management von Projekten beschäftigt. Im Unterschied zu langfristigen Organisationsfragen steht hier die Abwicklung und Organisation mehr oder weniger kurzfristiger Aufgaben im Vordergrund. Projektmanagement umfasst alle Tätigkeiten, mit denen Projekte geplant, gesteuert und überwacht werden. [SH97], [Sta85]

property : Siehe *Eigenschaft.*

prozeduraler Zusammenhalt (procedural cohesion): Ein *Modul* besitzt prozeduralen oder problembezogenen *Zusammenhalt*, wenn in ihm verschiedene, möglicherweise voneinander unabhängige Funktionen zusammengefasst sind, bei denen die Kontrolle von einer Funktion an die andere übergeben wird. [Raa93]

Prozessdiagramm (process diagram): In der *Booch Methode* ein Diagramm, das die Zuordnung von Prozessoren im physischen Design eines Systems zeigt. Das *Prozessdiagramm* entspricht dem *Einsatzdiagramm* in der *UML*. [Boo94a], [OMG00b]

Prozesslenkung (process control): Der Bereich der Informatik, der sich mit der Steuerung von *Prozessen*, insbesondere der Steuerung technischer *Prozesse* beschäftigt.

Prozessor (processor): Funktionseinheit eines DV-Systems, in der mindestens eine *CPU* vorhanden ist.

pure virtual function : In *C++* eine *abstrakte Operation*. Eine pure virtual function wird durch eine Deklaration der Form

```
virtual returnType functionName(argumentList) = 0;
```

erklärt. Sie ist notwendigerweise *virtuell*, da sie von abgeleiteten Klassen implementiert wird.

QBE : Query By Example. Zusatzkomponenten zu *QMF*. Auch als allgemeiner Begriff für endbenutzergeeignete Abfragesysteme benutzt.

qualifizierte Assoziation (qualified association): Eine *Assoziation*, die zwei *Klassen* und eine *Qualifikationsangabe* verbindet; eine binäre Assoziation, deren erster Teil sich aus einer Klasse und einer Qualifikationsangabe zusammensetzt und deren zweiter Teil eine Klasse ist. [RBP$^+$91]

Qualität (quality): Die Gesamtheit von Eigenschaften und Merkmalen eines Produkts oder einer Dienstleistung, die sich auf deren Eignung zur Erfüllung festgelegter oder vorausgesetzter Erfordernisse beziehen. Geregelt in DIN 55 350 und ISO 8402. Für Software kann man den Qualitätsbegriff in Kriterien aus Benutzersicht, wie *Funktionserfüllung*, *Effizienz*, *Zuverlässigkeit*, *Benutzbarkeit* und *Sicherheit*, und Kriterien aus Entwicklersicht, wie *Erweiterbarkeit*, *Wartbarkeit*, *Übertragbarkeit*, und *Wiederverwendbarkeit*, zerlegen. [Raa93], [Tra93]

Qualitätsmanagement (quality management): Zusammenfassender Begriff für alle Managementaktivitäten und -funktionen, die auf das Erreichen von *Qualität* zählen.

Qualitätssicherung (quality assurance): Alle geplanten und systematischen Tätigkeiten, die notwendig sind, um hinreichendes Vertrauen zu schaffen, dass ein Produkt oder eine Dienstleistung die festgelegten Qualitätsanforderungen erfüllen wird (nach ISO 8402). Qualitätssicherung umfasst alle Aktivitäten der Qualitätsplanung, Qualitätslenkung und Qualitätsprüfung. [Tra93]

Queue (queue): Sei T ein *Typ*. Ein Typ QT heißt *Queue* von Elementen von T, wenn es zwei *Operationen* auf QT gibt:

- add(T): Fügt ein T am Ende von QT ein.
- remove(): Entfernt das T am Anfang von QT und liefert es als Rückgabewert.

Im Deutschen werden Queues auch als Schlangen bezeichnet. [Dud93], [CLR94]

Referenz-Semantik (by reference): Eine Art der Übergabe von Parametern an eine Funktion (oder Unterprogramm etc.), bei der eine Referenz auf die Variable übergeben wird. Änderungen, die in der Funktion vorgenommen werden, wirken dann auf den Wert dieser Variablen, also außerhalb der Funktion. Dies ist bei *Wert-Semantik* anders.

Referenzlinie (baseline): Eine *Referenzlinie* ist eine Zusammenstellung von geprüften und abgenommenen *Artefakten*, die eine abgestimmte Basis für weitere Aktivitäten darstellt und nur durch ein definiertes Vorgehen im Rahmen eines Konfigurations- und Änderungsmanagements verändert werden kann. Im Rahmen des *Unified Process* steht am Ende einer *Iteration* eine Referenzlinie. [JBR99]

Region : Im *MVS* übliche Bezeichnung für Adressraum. Oft auch als einheitliche Bezeichnung für Adressraum, Partition (im *VSE*) und virtuelle Maschine im *VM* benutzt.

relationales DBMS (relational DBMS): *DBMS*, das auf dem *Relationenmodell* basiert [Dat90]. Nach Codd ist ein relationales DBMS durch die folgenden Eigenschaften gekennzeichnet:

1. Informationsregel: Informationen werden auf der logischen Ebene in genau einer Art repräsentiert: als Werte in Tabellen.

2. Regel des garantierten Zugriffs: Jede elementare Information kann durch eine Kombination von Tabellenname, Primärschlüsselwert und Spaltenname eindeutig identifiziert werden.

3. Systematische Behandlung von Nullwerten: Im Unterschied zu leeren Zeichenketten oder dem Zahlenwert 0 gibt es einen Nullwert, der das Fehlen einer Information charakterisiert und der vom System systematisch behandelt wird.

4. Katalog: Die Datenbankbeschreibung wird auf der logischen Ebene in der gleichen Form wie die Daten repräsentiert.

5. Umfassende Daten-Untersprache: Es gibt mindestens eine Sprache zum Zugriff auf die Daten, deren Elemente durch Zeichenketten dargestellt werden können. Diese Sprache muss folgende Komponenten unterstützen: Datendefinition, Definition von Benutzersichten, Datenmanipulation, Integritätsbedingungen, Autorisierungen, Transaktionsgrenzen.

6. Update-Regel: Alle Sichten, die theoretisch aktualisierbar sind, sind auch durch das System zu aktualisieren.

7. Nichtprozedurales Ändern, Löschen, Einfügen: Mengen von Einträgen können durch Qualifikation ihrer Eigenschaften nicht nur selektiert sondern auch geändert oder gelöscht werden.

8. Physische Datenunabhängigkeit: Anwendungsprogramme bleiben unberührt, wenn lediglich die physische Speicherung der Daten verändert wird.

9. Logische Datenunabhängigkeit: Ein Anwendungsprogramm bleibt unberührt, wenn in den Tabellen Veränderungen vorgenommen werden, die logisch keinen Einfluss auf das Programm haben.

10. Integritätsregeln: Integritätsregeln können in der Datenbanksprache formuliert und im Katalog gespeichert werden.

11. Verteilungsunabhängigkeit: Das System ist unabhängig von der Lage der Daten.

12. „Keine Unterwanderungsmöglichkeit": Besitzt das System eine Zugriffsmöglichkeit auf einer unteren Ebene, so sind dadurch keine Verletzungen von Integritätsregeln möglich.

requirements engineering (Anforderungserhebung, Anforderungsanalyse): Siehe *System-Analyse*.

RFP : Request For Proposal. Angelsächsisches *Akronym* für Ausschreibung (wörtlich: Aufforderung zur Angebotsabgabe). Auch im Zusammenhang mit Standardisierungsprozessen gebräuchlich.

Robustheit (robustness):

1. Ein Softwaresystem ist robust, wenn die Folgen eines Fehlers in der Bedienung, der Eingabe oder der Hardware umgekehrt proportional zu der Wahrscheinlichkeit des Auftretens dieses Fehlers sind. [PB93]

2. Eine andere Definition ist: Eine System ist robust, wenn es auf alle Eingaben eine definierte Reaktion hat. [Raa93]

Diese Definitionen sind nicht äquivalent!

Ein Entwicklungsprozess heißt robust, wenn er auf Änderungen im Verlauf der Entwicklung reagieren kann, ohne das Entwicklungsergebnis zu gefährden.

Rolle (role): Ein Ende einer *Assoziation*. Die Angabe von Rollen an einem *Assoziationssymbol* ist bei rekursiven *Assoziation*en obligatorisch. [RBP$^+$91], [OMG00b]

RTTI : Run Time Type Information. Eine relativ neue Funktionalität von *C++*, die es ermöglicht, über den Operator **typeid** die *Klasse* eines *Objekt*s abzufragen. [Str91], [Str94a]

RUDI : Read, Update, Delete, Insert. Meist in der Zusammensetzung RUDI-*Prozess*, -*Operation*, etc. für einfache Elemente dieser Art verwandt, die einen *Speicher* oder ein *Objekt* pflegen. [Raa93]

Rumbaugh, James : * 1947 in Bethlehem, PA. Diese Informationen stammen aus der *URL* http://www.rational.com/world/rumbaugh_bio.html. Dr. James Rumbaugh ist einer der führenden objektorientierten Methodiker. Er ist leitender Entwickler der Object Management Technique (*OMT*) und Hauptautor des Bestsellers [RBP$^+$91]. Bevor er im Oktober 1994 zu Rational Software Corporation kam, arbeite er mehr als 25 Jahre am General Electric Research and Development Center in Schenectady, New York. Er arbeitet seit vielen Jahren an objektorientierter Methodik und Tools. Er entwickelte die *objektorientierte Programmiersprache* DSM, das state tree model der Steuerung, die objektorientierte *OMT* Notation und den graphischen Modell-Editor Object Modeling Tool (OM-Tool). Die Grundlagen für OMT wurden vor mehr als 10 Jahren gemeinsam mit Mary Loomis und Ashwin Shah von Calma Corporation entwickelt. Die *OMT* Methode wurde bei GE R&D Center mit seinen Koautoren Mike Blaha, Bill Premerlani, Fred Eddy und Bill Lorensen entwickelt. Dr. Rumbaugh erwarb seinen Ph.D. in Computer Science am *MIT*. Während der Arbeit an seiner Dissertation bei Professor Jack Dennis war James Rumbaugh einer der Erfinder der data flow Computer Architecture. Während seiner Karriere beschäftigte er sich mit der Semantik von Berechnungen, Werkzeugen für Programmierer-Produktivität und Anwendungen, die komplexe Algorithmen und Datenstrukturen benutzen. Über seine Arbeit hat er Zeitschriftenartikel veröffentlicht und auf den wichtigsten *objektorientierten* Konferenzen berichtet. Er schreibt eine regelmäßige Kolumne für das Journal of Object-Oriented Programming. Dr. Rumbaugh's neustes Buch [Rum96] erschien im Oktober 1996. Er hat einen B.S. in Physik von *MIT*, einen M.S. in Astronomy von Caltech. Während seiner Tätigkeit bei GE arbeitete er an verschiedensten Problemen, unter anderem dem Design eines der ersten Time-sharing Betriebssysteme. Frühe Arbeiten beschäftigten sich mit Interaktiver Graphik, Algorithmen für Computer-Tomographie, Einsatz paralleler Rechner für schnelle Bilderzeugung, *VLSI*-Chip-Entwurf und objektorientierter Technologie. Jim Rumbaugh war Manager des Software-Engineering Programmes bei GE, in dem er ein Team von acht bis zehn z.T. promovierten Akademikern leitete, das in den Bereichen Algorithmen-Entwurf Programmiersprachen, Programmbeweis und computergestütztem *VLSI*-Entwurf beschäftigte. Darüber hinaus betrieb er eigene Forschungen. Er entwickelte Chipwright, ein interaktives CAD-System für *VLSI*-Layout mit inkrementeller Überprüfung von Design Regeln und leitete ein Team, das dies Produkt implementierte. Rumbaugh entwickelte und implementierte die objektorientierte Programmiersprache DSM, in der er objektorientierte und Datenbank-Konzepte kombinierte. Die Sprache wurde bei GE für die Entwicklung von produktiven Anwendungen eingesetzt. Calma Corporation war ein intensiver Nutzer der Sprache und trug wesentlich zur Weiterentwicklung bei. Jim Rumbaugh entwickelte auch Vista, ein hierarchisches, interaktives Standard Graphik System (ähnlich wie PHIGS) in DSM. Auf Basis dieses Systems entwickelte er Anwendungen für Benutzerschnittstellen, unter anderem ein Werkzeug für Konfigurations-Management und einen Generator für Benutzer-Oberflächen. Jim Rumbaugh entwickelte das Konzept der state trees, einer strukturierten Erweiterung endlicher Automaten mit einem neuen Modell objektorientierter Steuerung, das er auf den Entwurf von Benutzerschnittstellen anwandte. Diese Technik kam wesentlich in CHIDE zum Tragen, einem Benutzerschnittstellen-System, das Kollegen bei GE-CRD entwickelten. Später kam es bei der Entwicklung von OMTool zum

Einsatz. Jim Rumbaugh entwickelte auch das Flow Graph System, ein generisches, interaktives graphisches System zur Steuerung eines Netzwerkes von ingenieurmäßigen Design-Aufgaben, die die Verwaltung mehrerer Versionen der Daten und eine Koordination des Informationsflusses zwischen verschiedenen Anwendungen erforderten. Für die zugrunde liegenden Konzepte erhielt er ein Patent. Ferner entwickelte er Algorithmen für die Rekonstruktion von Computer-Tomographie-Bildern, die weniger Input-Punkte benötigten und das Rauschen verringerten. Außerdem entwickelte er Algorithmen für die Darstellung bewegter, dreidimensionaler Bilder in Echtzeit und Parallax, eine Sprache zur Programmierung gepufferter Array-Prozessoren. Er arbeitete in verschiedenen Komitees mit, u.a. dem *OOPSLA* Programm Komitee und dem TOOLS Programm Komitee.

SAA : System Application Architecture, Architektur für Anwendungssysteme der IBM. Stellt Standards für Kommunikation, Benutzerschnittstelle (CUA, CUI) u.v.a.m. zur Verfügung. *SAA* ist ein Vorläufer von *Open Blueprint*.

Schichtung (layering, partitioning): Strukturierung eines Softwaresystems in horizontale oder vertikale *Schicht*en, vgl. *horizontale Schichtung, vertikale Schichtung*.

Schlüsselkandidat (candidate key):

   1. Eine minimale identifizierende *Attribut*kombination einer *Relation*. [Dat90], [Raa93]

   2. In *OMT* eingeführter Begriff zur genaueren Spezifikation von n-ären *Assoziation*en. Entspricht für diese dem Begriff aus 1. [RBP+91]

Schnittstelle (interface):

   1. In der *UML* verwenden Schnittstellen einen Typ um das extern sichtbare Verhalten einer *Klasse*, eines *Paket*s oder o. ä. zu spezifizieren. Ein Interface wird durch einen kleinen Kreis symbolisiert, der mit einer *Klasse*, einem *Paket* oder einer *Komponente* durch eine durchgezogene Linie verbunden wird. Dies bedeutet, dass die Klasse alle Operationen des Interface Typs implementiert.

   2. Ein *Stereotyp*, der Objekte charakterisiert, die eine Entsprechung in der Systemumgebung haben.

   3. *Interface* in *Java*. [OMG00b].

SEI : Das Software Engineering Institute der Carnegie Mellone University.

semantische Konsistenz (semantic consistency): Ein Prinzip des *Modul*-Designs, das besagt, dass ein *Modul* für den Nutzer in allen Aspekten verständlich sein muss. [Raa93]

sequence diagram : Siehe *Sequenzdiagramm*.

sequentieller Zusammenhalt (sequential cohesion): Ein normal zusammenhaltendes *Modul* ist sequentiell zusammenhaltend, wenn es aus einer Folge von Aktivitäten besteht, die nacheinander abgearbeitet werden, und die Ausgaben der einen die Eingaben der nächsten sind. [Raa93]

Sequenzdiagramm (sequence diagram, event trace): In der *UML* ein *Diagramm*, das die zeitliche Abfolge von *Nachricht*en zwischen verschiedenen *Objekt*en zeigt. In *OMT* heißt ein solches Diagramm *Ereignispfad*. [OMG00b], [RBP+91]

Sicherheit (safety): Ein System ist sicher, wenn unter vorgegeben Bedingungen in einem vorgegeben Zeitraum unzulässige Ereignisse nicht möglich sind. [Tra93]

Sichtbarkeit (visibility): Eigenschaft von Elementen (*Attribut*, *Operation*) einer *Klasse*, die angibt von welchen *Objekt*en diese benutzt werden können. Man unterscheidet oft folgende Sichtbarkeiten: *privat, geschützt, öffentlich*. In der *UML* wird die Sichtbarkeit durch ein vorgestelltes Symbol notiert: + (öffentlich), # (geschützt), − (privat).

Signatur (signature): Die Signatur eines *Moduls* (Prozedur, *Klasse*, *Operation* etc.) umfasst die Definition des Aufrufes und der Rückgabewerte. [PB93]

SIMULA : SIMUlation LAnguage. Imperative Programmiersprache mit *Klassen* und Referenzen. SIMULA verfügt über ein Vererbungs- und *Modul*-Konzept. Sie gilt als eine der Vorläuferinnen der objektorientierten Sprachen. [Str94a]

Skip List (skip list): Eine Form einer *Liste*, in der jeder *Knoten* eine zufällige Anzahl von Pointern auf folgende *Knoten* enthält. Einfügen, Suchen und Löschen in einer Skip List verhalten sich wie $\mathcal{O}(\log N)$, wenn N die Anzahl *Knoten* ist. [Wil95]

SNA : System Network Architecture, die Netzwerk Systemarchitektur der IBM. Enthält ein *OSI* ähnliches Schichtenmodell. *LU 6.2* ist z. B. das synchrone SNA/SDLC Protokoll, das der Verbindungsschicht im OSI Modell entspricht.

Software-Effizienz (performance): Die Inanspruchnahme von Betriebsmitteln durch eine Software, also der Verbrauch von CPU-, Hauptspeicher-, Plattenspeicher-Ressourcen etc. für den Betrieb einer Software. [Raa93]

Software-Engineering (software engineering): Software-Engineering ist
- die Entwicklung,
- die Pflege und
- der Einsatz

qualitativ hochwertiger Software unter Einsatz von
- wissenschaftlichen Methoden,
- wirtschaftlichen Prinzipien,
- geplanten Vorgehensmodellen,
- Werkzeugen und
- quantifizierbaren Zielen.

Mit dem gleichen Begriff wird der Teilbereich der Informatik bezeichnet, der sich mit diesen Themen beschäftigt. Der Begriff Software-Engineering wurde erstmals auf einer Konferenz 1968 in Garmisch gebraucht. Damals definierte Friedrich L. Bauer ihn als ein Vorgehen, das mit ingenieurmäßigen Mitteln und ökonomischem Vorgehen dem Software Entwickler hilft, qualitativ hochwertige Software zu erstellen. Diese Definition findet man auch in [PB93]: Software-Engineering ist die praktische Anwendung wissenschaftlicher Erkenntnisse für die wirtschaftliche Erstellung und den wirtschaftlichen Einsatz qualitativ hochwertiger Software. Es sei ausdrücklich darauf hingewiesen, dass über die Definition von Software-Engineering keine Einigkeit besteht, sondern dass es sehr viele verschiedene Nuancen dieses Begriffes gibt. Zitiert sei hier noch die Definition nach [AI90]: Software-Engineering ist die Anwendung systematischer, strukturierter (disciplined im amerikanischen Original), quantifizierbarer Ansätze für die Entwicklung, den Betrieb und die Wartung von Software; d.h. die Anwendung von Ingenieurwissenschaften auf Software.

Software-Ergonomie (software ergonomy): Teilbereich der *Ergonomie*, der sich mit der ergonomischen Gestaltung von Software beschäftigt.

Softwaregeneration (software generation): Das Ergebnis eines *Entwicklungszyklus* heißt *Softwaregeneration*. [JBR99]

SPOOL : Ursprünglich die Abkürzung für Simultaneous Peripheral Operations OnLine. Ein Verfahren, bei dem Ausgaben auf langsamen (im Vergleich zum Prozessor) Ausgabegeräten (vor allem Druckern) zunächst in eine temporäre Datei erfolgen und die eigentliche Ausgabe dann unabhängig vom Bediener im Hintergrund simultan mit anderen ablaufenden Prozessen erfolgt.

Springbrunnenmodell (fountain model): Ein Projektmodell für objektorientierte System-Entwicklung, das dadurch gekennzeichnet ist, dass es zwar eine gewisse notwendige Reihenfolge von Phasen wie Analyse, Design, Implementierung vorsieht, aber berücksichtigt, dass diese überlappen können und iterativ und inkrementell durchlaufen werden. Die Ergebnisse werden wie von Schalen eines mehrstufigen Springbrunnes auf unterschiedlichen Ebenen „aufgefangen" und weiter- bzw. wiederverwandt. [HS96]

SPU : Software Producing Unit: Software entwickelnde Organisationseinheit.

SQL : Standard oder Structured Query Language, Standardsprache zum Zugriff auf relationale DBMSe. Im Augenblick ist der SQL2 Standard von 1992 aktuell, SQL3 befindet sich in der Entwicklung. [Dat90]

statechart diagram : Siehe *Zustandsdiagramm*.

STEPS : Software-Technik für Evolutionäre Partizipative Systemgestaltung. Vorgehensmodell zur Gestaltung von Softwaresystemen, das die Beteiligung der Benutzer an der Einpassung der Software in den menschlichen Arbeits- und Problemlösungsprozess betont. Wird besonders von den Methodikern um Christiane Floyd propagiert. [FKRW97]

Stereotyp (stereotype): In der *UML* eingeführte Klassifikation von Elementen des Metamodells. Stereotypen erweitern die Bedeutung, aber nicht die Struktur eines Metamodellelements. Beispiele hierfür sind *actor* oder

utility als Stereotyp für *Klasse* oder *file* als Stereotyp von *Komponente*.
Wörtlich bedeutet stereotyp: In ähnlicher Form immer wiederkehrend.
[OMG00a]

stereotype : Siehe *Stereotyp*.

STL : Standard Template Library. *Klassenbibliothek* für *C++*, die die im
C++-Standard festgelegten *Template-Klassen* enthält. [Str94a]

stored procedure : Eine stored procedure ist eine Reihe von Befehlen (*SQL*
Statements, Bedingungen, etc.), die in einer Datenbank gespeichert wird
und von Anwendungen aufgerufen werden kann. Meistens werden stored procedures umgewandelt, um möglichst hohe Effizienz zu erreichen.
[Dat90]

strukturierte Analyse (structured analysis): *Methode* der *System-Analyse*,
die die Arbeitsweise des Systems in einer Hierarchie von *Datenflussdiagrammen* darstellt. Die strukturierte Analyse ist mit verschiedenen Zerlegungsstrategien einsetzbar, vgl. hierzu *funktionale Zerlegung*, *datenorien-
tierte Zerlegung* und *essentielle Zerlegung*. [Raa93]

stubbed transition : Siehe *Zustandsübergangsrumpf*.

symmetrisch (symmetric): Eine binäre Relation R auf einer Menge M heißt
symmetrisch, wenn gilt: $xRy \Leftrightarrow yRx \ \forall x, y \in M$.

Synonym (synonym): Synonyme sind verschiedene Worte, die Gleiches bezeichnen.

Szenario (scenario):
1. In der *UML* ein *Anwendungsfall*-Objekt, das im Sinne von 2. und 3.
   beschrieben wird. [OMG00b]
2. Im *dynamisches Modell* in *OMT* eine Folge von Ereignissen, die bei
   einer bestimmten Ausführung des Systems oder eines Systemteils auftreten. [RBP+91]
3. Beschreibung von typischen Arbeitsaufgaben und Situationen in der
   Fachsprache der Anwendung. Szenarios in diesem Sinne dienen (u. a.)
   der Überprüfung, ob die von Anwender oder Benutzer geschilderten
   Fakten korrekt verstanden wurden. Die angegebene Quelle führt diesen Begriff auf die italienische Commedia dell' Arte zurück, wo sie
   Beschreibungen typischer Szenenfolgen sind, die den Akteuren als
   Improvisationsvorlagen dienten. Bei zeitgenössischen Autoren findet
   man diese Technik z. B. bei Dario Fo und Franca Rame. Diese Ableitung legt den Begriff einer „Toscana Fraktion" nahe. Als Hamburger,
   der ein Haus südlich der Elbe, in Norditalien, Südfrankreich oder
   Spanien immer als angenehmen Aufenthaltsort ansah, kann mir diese Assoziation unmöglich negativ ausgelegt werden, oder? [KGZ93]

tablespace : In *DB2*, *Oracle* und anderen *DBMS*en ein Plattenbereich, der
eine oder mehrere *Tabellen* enthalten kann.

Task : Ein *Prozess*. Speziell wird diese Bezeichnung in folgenden Bedeutungen verwendet:
1. Teilaufgabe in einem *Projekt*.

2. Ein Vorgang in einem Betriebssystem, der durch ein Programm gesteuert wird, das zu seiner Ausführung einen Prozessor benötigt. [Dud93]

TCP/IP : Transmission Control Protocol/Internet Protocol. In den 70er Jahren im Auftrag des US Verteidigungsministeriums entworfenes und implementiertes Paket an Protokollen für WAN's, das inzwischen auch für lokale Netzwerke eingesetzt wird. TCP ist für den Auf- und Abbau der Verbindungen zu den einzelnen Arbeitsstationen im Netzwerk zuständig. Es steuert den Datenfluss und stellt die Vollständigkeit der Übertragung sicher. IP ist für die Organisation und Adressierung der Daten zuständig. Dazu werden die Daten für die Übertragung in Datenpakete aufgeteilt und beim Empfänger wieder zu Dateien zusammengefügt. TCP/IP wurde zwar bislang nicht durch ein Internationales Gremium wie der IEEE zur Norm erklärt, hat sich aber zu einem de-facto-Standard entwickelt. Wesentlichen Anteil daran hat der Umstand, dass es Bestandteil der *UNIX*-Variante BSD *UNIX* 4.2 ist und so im *UNIX*-Bereich als Standard zur Vernetzung heterogener Systeme (häufig zwischen *UNIX* und DOS) wurde.

Teilsystem (subsystem): Eine größere Komponente eines Systems, die nach einem kohärenten Kriterium zusammengefasst wird. Ein System kann z. B. vertikal oder horizontal in Teilsysteme zerlegt werden (siehe *Schicht*). [RBP+91], [Raa93]

Template-Klasse (template class): Konstrukt in C++, das die Definition parameterabhängiger Klassen ermöglicht. Syntax: template <class T> class X{...}. Templates werden auch generische *Klassen* genannt. Der analoge Begriff wird in der objektorientierter Analyse und Design benutzt und z. B. in der *UML* und der *Booch Methode* durch ein *Klassensymbol* dargestellt, das in der rechten oberen Ecke ein gestrichteltes Rechteck mit den Template Variablen zeigt. [Str91], [Str94a], [OMG00b]

Templatesymbol (template symbol): In der *UML* ein *Klassensymbol*, in dem in ein gestricheltes Rechteck in der rechten oberen Ecke die Template-Parameter eingetragen werden. [OMG00b]

Tera : Aus dem Griechischen $\theta\eta\rho\alpha$ gebildete Vorsilbe. Kennzeichnet das 10^{12}-fache einer Einheit.

Test (test): Ein Test ist das tatsächliche oder simulierte Ausführen von Software mit definierten Eingabewerten und bekannten Ergebnissen mit dem Ziel, eine Abweichung von tatsächlichem und gefordertem Ergebnis zu erreichen. Ein Test ist erfolgreich, wenn er einen Fehler aufdeckt. [Mye89]

Testbarkeit (testability): Ein Softwaresystem ist testbar, wenn:

- Seine Komponenten separat getestet werden können.
- Testfälle systematisch ermittelt und wiederholt werden können.
- Die Ergebnisse von Tests festgestellt werden können.

[PB93]

Testen (test): Einer der Kernarbeitsschritte im *Unified Process* und im *Rational Unified Process*. Dieser Workflow umfasst den Entwurf von Testfällen, das Entwickeln von Testkomponenten und Testtreibern, das Durchführen von *Tests* und das Verfolgen der Fehlerbehebung.

Testfall : Ein Testfall besteht aus

1. der Spezifikation einer Umgebung (Datenbestand ...),
2. Eingabewerten,
3. Spezifikation des Ergebnisses,
4. Kriterien für den Ist/Soll-Vergleich.

Thread of control : Ein thread of control ist ein Pfad durch eine Menge von *Zustandsdiagramm*en, entlang dem jeweils nur ein *Objekt* zur Zeit aktiv ist. [OMG00b]

TMC : Task Management Component. Die *Klassen* eines *Systems*, die für das Management von *Prozess*en und *Task*s verantwortlich sind. [CY94]

Total Cost of Ownership : Abgekürzt TCO. Gesamtkosten über die Lebenszeit eines Investitionsgutes.

Total Quality Management : Bezeichnung für eine Form der *konstruktiven Qualitätssicherung*, die sich um die Qualität eines Produktes durch den gesamten Entstehungsprozess hindurch vom ersten Entwurf bis zur Serienfertigung bemüht.

TP-Monitor (teleprocessing monitor): Ein TP-Monitor ist ein betriebssystemnahes Programmsystem, das Online Transaktionen steuert. Es ist typischerweise transaktionsorientiert, multitaskingfähig, verfügt über Möglichkeiten dynamischer Speicherverwaltung. Verbreitete Systeme sind *CICS*, *IMS*(/TM), *UTM*, *IDMS*/DC, *ENCINA* und *Tuxedo*.

Transition (transition): Siehe *Übergang* (im Zusammenhang mit dem *Rational Unified Process*, *Zustandsübergang* (im Zusammenhang mit *Zustandsdiagramm*. [BRJ98, BRJ99]

trigger (Auslöser):

1. Ein Programm (oder stored procedure etc.), das bei einem bestimmten Ereignis wie z. B. dem Einfügen eines neuen Satzes in eine *Tabelle* automatisch von einem *DBMS* ausgeführt wird. [Dat90]
2. Der Auslöser eines Triggers im Sinne von 1.
3. Der *Auslöser* eines *Zustandsübergang* in einem *Zustandsdiagramm*.

Typ (type): Zusammenfassung von Wertebereichen für eine Datenstruktur und den damit zulässigen bzw. möglichen Operationen. Dabei stehen die Eigenschaften der Wertebereiche und Operationen im Vordergrund. Zwischen abstrakten Datentypen gibt es im Unterschied zu Klassen nicht zwingend *Vererbung*. Manche Autoren, z. B. [Boo94a], verwenden allerdings abstrakten Datentyp und *Klasse* synonym [AL92]. Siehe auch *abstrakter Datentyp*.

type : Siehe *Typ*.

Übergang (transition): Im *Unified Process* und im *Rational Unified Process* die vierte Phase im Software-Entwicklungslebenszyklus, in der die Software an die Anwender ausgeliefert wird. [BRJ98, BRJ99]

Übertragbarkeit (portability): Eignung eines Software Produkts zum Einsatz in einer geänderten technischen Umgebung. [Raa93], [Tra93]

Umgebung (Environment): Unterstützender Arbeitsschritt im *Rational Unified Process*, dessen Aufgabe es ist, die Umgebungen zu definieren und zu verwalten, in der ein System entwickelt wird. [Kru98]

Umgebungsmodell (environmental model): Der Teil des *essentiellen Modells* der *strukturierten Analyse*, der aus *Kontext-Diagramm*, *Ereignistabelle* und einer Kurzbeschreibung der Aufgabe des *Systems* besteht. [Raa93]

UML : Notation für die Darstellung von Modellen im Software-Engineering, die von Grady Booch, Ivar Jacobson und Jim Rumbaugh bei *Rational* mit verschiedenen Partnern entwickelt wird. Die UML wurde am 16.01.1997 bei der *OMG* als Vorschlag zur Standardisierung eingereicht. Am 14.11.1997 wurde sie in der Version 1.1 von der *OMG* angenommen. Die jeweils aktuellsten Informationen zur *UML* findet man im *Internet* unter der *URL* http://www.rational.com. Zur Zeit (21. Januar 2001) ist Version 1.3 aktuell. [OMG00b]

Unified Modeling Language : Siehe *UML*.

Unified Process : Unter Federführung von Ivar *Jacobson*, Grady *Booch* und James *Rumbaugh* entwickelte Softwareentwicklungsprozess. Er ist anwendungfallgesteuert, architekturzentriert, iterativ und inkrementell. Es werden vier *Phasen* (*Etablierung*, *Entwurf*, *Konstruktion* und *Übergang*) unterschieden. Durch alle *Phasen* ziehen sich die fünf Kernarbeitsschritte *Anforderungen*, *Analyse*, *Design*, *Implementierung* und *Testen*. [JBR99]

UNIX : Ursprünglich in den Bell Laboratories entwickeltes Betriebssystem, dessen Name heute als Oberbegriff für die verschiedenen Derivate diese Betriebssystems benutzt wird, wie z. B. *AIX* von *IBM*, *HP-UX* von *Hewlett-Packard*, *Linux* (ursprünglich von Linus Torvalds entwickeltes *public domain* System), *Solaris* von *Sun*, früher auch *SINIX* von *SNI* u. v. a. m. [Bac86]

Unternehmensmodellierung (business modeling): Die Arbeitsschritte im *Rational Unified Process*, die dem Verständnis der Organisation dienen, die sicherstellen sollen, dass alle Beteiligten ein sachgerechtes Verständnis der Organisation entwickeln und in denen die Anforderungen an das System abgeleitet werden, die die Organisation unterstützen. [Kru98]

use case : Siehe *Anwendungsfall*.

use case diagram : Siehe *Anwendungsfalldiagramm*.

utility : In der *UML* eine *Klasse*, die globale *Attribute* und Funktionen bündelt. Ein utility wird durch den *Stereotyp* «utility» gekennzeichnet. [OMG00b]

VDM Vienna Development Method. [Jon86]

Verfügbarkeit (availability): Die Wahrscheinlichkeit, ein System zu einem gegebenen Zeitpunkt in einem funktionsfähigen Zustand anzutreffen. Andere Maße in diesem Zusammenhang sind *MTBF*, *MTTF*. Die Zeiten, die ein Softwaresystem verfügbar ist, werden durch notwendige Wartungsarbeiten (z. B. Datensicherung) u. ä. Aktivitäten und durch Ausfall wegen Fehler eingeschränkt. Typischerweise werden bei Messung der Verfügbarkeit die Prozentsätze der Zeit ermittelt, in denen das System innerhalb einer Hauptzeit und zu anderen Zeiten verfügbar ist. [Raa93]

Verhalten (behavior): Gesamtheit der beobachtbaren Reaktionen eines *Systems* auf externe oder interne Ereignisse oder *Operationen*.

Version : Bezeichnung für einen einsetzbaren und an Kunden auslieferbaren Zustand einer Software. Der Sprachgebrauch ist von Firma zu Firma unterschiedlich. Manche verwenden *Version* als Bezeichnung für größere Änderungen und *Release* für kleinere Änderungen innerhalb einer Version. Andere verwenden diese Begriffe genau umgekehrt. Siehe auch *Release*.

Verständlichkeit (understandability): Ein Softwaresystem ist verständlich, wenn ein fachkundiger Betrachter jede Komponente in kurzer Zeit verstehen kann. Zur Verständlichkeit gehört also, dass das ganze System von der Analysedokumentation bis zum implementierten Source-Code verständlich ist. [Raa93]

vertikale Schichtung (layering): Unter vertikaler Schichtung versteht man eine Zerlegung der Funktionalität eines Systems in übereinander liegende Komponenten, bei denen die jeweils „höhere" Schicht Funktionen der unteren Schicht nutzt. Eine vertikal geschichtete Zerlegung (oder Architektur) heißt offen, wenn eine Schicht die Dienste aller unter ihr liegenden Schichten nutzt, sie heißt geschlossen, wenn jede Schicht nur die Dienste der direkt darunter liegenden Schicht nutzt. [Raa93]

visibility : Siehe *Sichtbarkeit*.

Vorbedingung (precondition): Eine Bedingung, zu deren Erfüllung sich der Aufrufer einer *Operation* oder eines *Moduls* verpflichtet. Die Bedingungen können sich sowohl auf die aktuellen Parameter des Aufrufes als auch auf den Zustand des aufgerufenen *Objekts* beziehen. [Raa93], [RBP+91]

Wächterbedingung (guard condition): In der dynamischen Modellierung ein boolescher Ausdruck, der wahr sein muss, damit ein *Ereignis* einen *Zustandsübergang* auslösen kann. [RBP+91]

Walkthrough : Manuelles Durchführen eines Programmes mit Beispielwerten an Hand des Sourcecodes. [Dud93], [Mye89]

Wartbarkeit (maintainability): Eigenschaft eines Systems, Fehlerursachen mit geringem Aufwand erkennen und beheben zu lassen. [Raa93], [Tra93]

Wasserfallmodell (waterfall model): Ein Modell für die Projektabwicklung mit strikt sequentiellem Phasenverlauf. [Raa93]

Wert-Semantik (by value): Eine Art der Übergabe von Parametern an eine Funktion (oder Unterprogramm etc.), bei der der Wert einer Variablen übergeben wird. Änderungen dieses Wertes haben außerhalb der Funktion keine Wirkung. Dies ist bei *Referenz-Semantik* anders.

WHISCY-Syndrom : WHy Isn't Sam Coding Yet-Syndrom, das sich darin äußert, dass viel zu früh, insbesondere bevor das Problem richtig verstanden ist, mit der Programmierung begonnen wird.

Whitebox Test : Auch logikorientiertes Testen genannt. Teststrategie, bei der die interne Struktur eines Programmes untersucht wird. Die Testdaten werden in Kenntnis der Programmlogik definiert. [Mye89]

Widget : Auch *Gadget* genannt; ca. 1886 entstandener Begriff, der ein meist kleines mechanisches oder elektronisches Teil von praktischem Nutzen bezeichnet, das als Neuheit gilt. Oft als unbenannter Artikel in hypothetischen Beispielen verwendet [Web98]. In graphischen Benutzerschnittstellen wie *Motif, MS-Windows, X-Windows* ein Kontrollelement, wie Button, Scrollbar etc.

Wiederverwendbarkeit (reusability): Eignung eines Software-Produkts als Funktionsbaustein in verschiedenen Problemlösungen. Ein Software-System hat ein hohes Maß an Wiederverwendbarkeit, wenn ein hoher Prozentsatz seiner Bausteine wiederverwendbar ist. [Tra93]

WYSIWYG : What You See Is What You Get. Prinzip bei der Gestaltung von Editoren für Dokumente etc. Es besagt, dass das Erscheinungsbild auf dem Bildschirm dem auf anderen Medien entspricht, insbesondere auf Papier.

Z : Formale Spezifikationssprache zur Erstellung von Anwendungen, deren Korrektheit beweisbar ist.

zeitlicher Zusammenhalt (temporal cohesion): Ein *Modul* besitzt zeitlichen Zusammenhalt, wenn es verschiedene Aktivitäten umfasst, deren einzige Gemeinsamkeit darin besteht, dass sie zum gleichen Zeitpunkt hintereinander in einer festgelegten Reihenfolge ausgeführt werden müssen. [Raa93]

Zentimeterkiesel (inch pebble): Umgangsprachlicher Ausdruck für *kleiner Meilenstein*.

zufälliger Zusammenhalt (coincidental cohesion): Ein *Modul* heißt zufällig zusammenhaltend, wenn es mehrere Aktivitäten umfasst, zwischen denen kein Zusammenhang besteht. [Raa93]

Zusammenhalt (cohesion): Grad des funktionellen Zusammengehörigkeit der Elemente (Anweisungen oder Gruppen von Anweisungen, Funktionen) eines *Moduls*. [Raa93], [PB93]. Wesentliche Zusammenhaltstypen sind *normaler Zusammenhalt, funktionaler Zusammenhalt, programmstruktureller Zusammenhalt, prozeduraler Zusammenhalt, sequentieller Zusammenhalt, zufälliger Zusammenhalt*.

Zusammensetzung (composition): Siehe *Komposition*.

Zusicherung (assertion): Eine Aussage, die eine Bedingung oder Relation betrifft, die entweder wahr oder falsch sein kann. (Vgl. die Unterschiede zu *Einschränkung* und *Invariante*.) [RBP+91]

Zustand (state, mode):
1. (state): Ein Zustand eines *Objekts* oder einer *Interaktion* ist eine Ausprägung von Eigenschaften, die einer Bedingung genügen, die über einen gewissen Zeitraum gültig ist. [OMG00b]
2. (mode): Zustand, in dem sich ein Programm für den Benutzer befindet. Dieser ist dadurch gekennzeichnet, welche Eingaben jeweils möglich sind. [PB93]

Zustandsdiagramm (state diagram): Darstellung der *Zustände* der *Objekte* einer *Klasse* und der zwischen den *Zuständen* möglichen Zustandsübergänge. Die Pfeile werden mit dem *Auslöser* der Zustandsänderung und der Reaktion des Systems beschriftet. Ein *Zustandsdiagramm* ist ein gerichteter markierter Graph, der die Übergänge von einem *Zustand* eines *Systems* in einen anderen darstellt [Raa93]. In der Notation der *Harel-Zustandsdiagramme* wird auch eine Schachtelung der *Diagramme* unterstützt. Letztere Form und der Begriff statechart diagram von David Harel werden in der *UML* benutzt. [RBP+91], [OMG00b]

Zustandssymbol (state symbol): Symbol, das in *Diagrammen* einen *Zustand* darstellt. Beispiele für gebräuchliche Symbole:
1. In der *UML* ist das Zustandssymbol ein Rechteck mit abgerundeten Ecken. Oben wird der Name des *Zustands* eingetragen. Im Innern des Symbols werden die Zustandsvariablen, *Aktionen* oder *Aktivitäten* angegeben, die bei Eintritt in den *Zustand* (entry/), während des *Zustands* (do/) bzw. Verlassen des *Zustands* (exit/) ausgeführt werden. [OMG00b]
2. Ein Rechteck ist ein gebräuchliches Symbol für einen *Zustand*, z. B. [CY94].
3. In der Automaten-Theorie wird oft ein Kreis als Zustandssymbol verwendet.

Zustandsübergang (transition): Der Übergang eines *Objekts* von einem *Zustand* in einen anderen. Ein Zustandsübergang kann durch ein *Ereignis* ausgelöst werden oder automatisch nach Ausführung einer *Aktivität* (*lambda-Transition*) erfolgen.

Zustandsübergangsrumpf (stubbed transition): In der *UML* eine abkürzende Schreibweise für Zustandsübergänge in einen Teilzustand eines geschachtelten Zustands. [OMG00b]

Zuverlässigkeit (reliability): Ein Softwaresystem ist zuverlässig, wenn es die geforderten Leistungen erbringt ohne in gefährliche oder andere unerwünschte Zustände zu geraten. Wesentliche Charakteristika der Zuverlässigkeit sind *Korrektheit*, *Robustheit* und *Verfügbarkeit*. Eine andere Definition sieht Zuverlässigkeit als Oberbegriff von *Sicherheit* und *Verfügbarkeit*. In Deutschland wird die Zuverlässigkeit technischer Systeme in DIN 40 041 definiert. [Tra93]

Literaturverzeichnis

[A+79]   Christopher Alexander et al. The Timeless Way of Building. Oxford University Press, New York, NY, 1979

[Abb86]   Edwin A. Abbott. Flatland. A Romance of Many Dimensions by A. Square. Penguin Books, Harmondsworth, 1986. Ein Science Fiction Klassiker, in dem ein Quadrat berichtet, wie es seine zweidimensionale Welt (Flatland) nach einem Ausflug in die dritte Dimension erlebt.

[Ada81]   Douglas Adams. Per Anhalter durch die Galaxis. Roger & Bernhard, München, 1981. Ein Kultbuch der 80er Jahre. Der erste Band einer Trilogie, die inzwischen aus 5 Bänden besteht.

[AI90]   ANSI und IEEE, Hrsg. Standard Glossary of Software Engineering Terminology. IEEE, New York, NY, 1990

[AIS+77]   Christopher Alexander, Sara Ishikawa, Murray Silverstein, Max Jacobson, Ingrid Fiksdahl-King und Shlomo Angel. A Pattern Language. Oxford University Press, New York, NY, 1977

[AL92]   Hans-Jürgen Appelrath und Jochen Ludewig. Skriptum Informatik - eine konventionelle Einführung. Teubner, Verlag der Fachvereine, Stuttgart, Zürich, 1992. Einführung in die Informatik unter Programmiergesichtspunkten. Die vorrangig benutzte Programmiersprache in diesem Buch ist Modula-2.

[ASU86]   Alfred V. Aho, Ravi Sethi und Jeffrey D. Ullman. Compilers – Principles, Techniques and Tools. Addison-Wesley, Reading, MA, 1986. Das „Drachenbuch".

[Bac86]   Maurice J. Bach. The Design of the UNIX Operating System. Prentice-Hall, Englewood Cliffs, NJ, 1986

[Bai97]   David H. Bailey. Onward to Petaflops Computing. Communications of the ACM, 40(6):90–92, Juni 1997

[Bal96]   Helmut Balzert. Lehrbuch der Software-Technik Band 1. Software-Entwicklung. Lehrbücher der Informatik. Spektrum Akademischer Verlag, Heidelberg, Berlin, Oxford, 1. Auflage, 1996. Ein hochinteressantes Buch, das viele interessante didaktische Ideen und auch erste Multimedia-Ansätze (mitgelieferte CD) bringt. Der Stoff umfasst sowohl klassische Themen als auch modernere Ansätze. Bei den breit angelegten Zielen und Zielgruppen kann es nicht ausbleiben, dass der einzelne Leser Themen vermisst, die gerade ihn interessieren. Der Stoff ist auf eine einsemestrige Vorlesung mit 4 Semesterwochenstunden ausgelegt. Dafür erscheint er zumindest auf den ersten Blick umfangreich. Inzwischen gibt es eine zweite Auflage.

[Bal98]   Helmut Balzert. Lehrbuch der Software-Technik Band 2. Software-Management, Software-Qualitätssicherung, Unternehmensmodellierung. Lehrbücher der Informatik. Spektrum Akademischer Verlag, Heidelberg, Berlin, Oxford, 1. Auflage, 1998. Wie [Bal96] ein hochinteressantes Buch.

[Bar93]   Nabajyoti Barkakati. Programming Windows Games with Borland C++. SAMS, Indianapolis, IN, 1993. 1 Diskette

[Bau93]   Friedrich L. Bauer. Software Engineering - wie es begann. Informatik Spektrum, 16(5):259–260, 1993

[BBK81]   Barry W. Boehm, J. R. Brown und H. Kaspar. Software Engineering Economics. Prentice-Hall, Englewood Cliffs, NJ, 1981

[BC89]   Kent Beck und Ward Cunningham. A Laboratory for Teaching Object-Oriented Thinking. SIGPLAN Notices, 24(10), 1989

[Bin97]   Robert V. Binder. Developing a Test Budget. Object Magazine, 7(4), Juni 1997

[BMR⁺96]   Frank Buschmann, Regine Meunier, Hans Rohnert, Peter Sommerlad und Michael Stal. Pattern-Oriented Software Architecture: A System of Patterns. Wiley, New York, Chichester, Brisbane, Toronto, Singapore, 1996

[Boe86]   Barry W. Boehm. A Spiral Model of Software Development and Enhancement. Software Engineering Notes, 11:22–42, 1986

[Bol87]   Wilhelm Bolkart. Programmiersprachen der vierten und fünften Generation. Carl Hanser Verlag, München, Wien, 1987. Dieses Buch wurde mehrfach für die Vorbereitung von Seminarvorträgen genutzt. Mir hat es nicht gefallen, es ist aber das einzige deutschsprachige Buch, das ich über dieses Thema kenne. Ich sehe viele Dinge anders als der Autor. Dies gilt u. a. für die historische Entwicklung, die Einsatzmöglichkeiten der Systeme, die Entwicklungstendenzen. Die Auswahl der behandelten Systeme halte ich nicht für glücklich oder repräsentativ.

[Boo86a]   Grady Booch. Software Components with Ada: Structures, Tools, and Subsystems. Benjamin/Cummings, Menlo Park, CA, 1986

[Boo86b]   Grady Booch. Software Engineering with Ada. Benjamin/Cummings, 1986

[Boo91]   Grady Booch. Object-Oriented Design With Applications. Benjamin/Cummings, Menlo Park, CA, 1991

[Boo94a]   Grady Booch. Object-Oriented Analysis And Design With Applications. Benjamin/Cummings, Menlo Park, CA, 2. Auflage, 1994. Beschreibt die Vorgehensweise und Notation, wie sie von Booch bei Rational entwickelt wurde. Sehr gut abgerundete Darstellung mit komplett durchgeführten Beispielen aus verschiedenen Bereichen, die in der ersten Auflage [Boo91] mit verschiedenen Programmiersprachen (Ada, C++, CLOS, Object Pascal, Smalltalk) und in der zweiten alle mit C++ durchgeführt werden. In der zweiten Auflage wird auch die Notation von Rumbaugh (OMT) toleriert. Am Ende jedes Kapitels befinden sich Hinweise auf weitere Lektüre mit einer Einordnung der genannten Verweise. Das Literaturverzeichnis ist nach Bereichen geordnet und umfasst ca. 900 Titel. Es gibt eine deutsche Übersetzung [Boo94b].

[Boo94b]   Grady Booch. Objektorientierte Analyse und Design. Mit praktischen Anwendungsbeispielen. Addison-Wesley, Bonn, Paris, Reading, MA, 1994. Deutsche Übersetzung von [Boo94a]. Übersetzungsversuche, wie „Status" für „state" etc. irritieren doch stark.

[Boo96a]   Grady Booch. Best of Booch. Edited by Ed Eykholt, Band 7 von SIGS Reference Library. SIGS Publishing, New York, NY, London, Paris, München, Köln, 1996. Eine Sammlung von Artikeln, die nach [Boo94a] und, soweit es um Projektmanagement geht, nach [Boo96b] erschienen sind.

[Boo96b]   Grady Booch. Object Solutions: Managing the Object-Oriented Project. Addison-Wesley, Reading, MA, 1996. Ein hervorragendes Buch über das Management von Projekten, die objektorientierte Methoden und Tools einsetzen.

[BR96]   Grady Booch und James Rumbaugh. Unified Method for Object-Oriented Development. Documentation Set, Version 0.8. Rational Software Corporation, 2800 San Tomas Expressway, Santa Clara, CA 95051-0951, 1996. Diskussionentwurf der Unterlagen, die die fast abgeschlossene, Unified Method begleiten sollen. Diese wurde inzwischen in UML umbenannt.

[Bre68]   Bertolt Brecht. Kalendergeschichten. Rowohlt Taschenbuchverlag, Reinbek bei Hamburg, Oktober 1968. 221.-240. Tausend

[BRJ96a]   Grady Booch, James Rumbaugh und Ivar Jacobson. Unified Modeling Language for Object-Oriented Development. Documentation Set, Version 0.9 Addendum. Rational Software Corporation, 2800 San Tomas Expressway, Santa Clara, CA 95051-0951, 1996. Update zu [BR96].

[BRJ96b]   Grady Booch, James Rumbaugh und Ivar Jacobson. Unified Modeling Language for Object-Oriented Development. Documentation Set, Version 0.91 Addendum. Rational Software Corporation, 2800 San Tomas Expressway, Santa Clara, CA 95051-0951, 1996. Update zu [BR96], der [BRJ96a] ersetzt. Die Version 1.3 vom Juni 1999 ist in [OMG99] dokumentiert.

[BRJ98]   Grady Booch, James Rumbaugh und Ivar Jacobson. The Unified Modeling Language User Guide. Object Technology Series. Addison-Wesley, Reading, MA, 1. Auflage, 1998. Eine gut zu lesende Einführung in die UML und ihre Anwendung. Es gibt eine deutsche Übersetzung [BRJ99].

[BRJ99]   Grady Booch, James Rumbaugh und Ivar Jacobson. Das UML Benutzerhandbuch. Addison-Wesley, Bonn, Paris, Reading, MA, 1. Auflage, 1999. Deutsche Übersetzung von [BRJ98].

[Car92]   Tom Cargill. C++ Programming Style. Addison-Wesley, Reading, MA, 1992. Hier werden C++ Programme, die anderenorts als Beispiele publiziert wurden (fairerweise ohne Angabe der Quelle) systematisch demontiert und gezeigt, wie man es wesentlich besser machen kann.

[CF92]   Dennis de Champeaux und Penelope Faure. A Comparative Study of Object-Oriented Analysis Methods. Journal of Object Oriented Programming, 5(1):21–33, 1992

[CH96]   Gary Cornell und Cay S. Horstmann. Java bis ins Detail. Das Buch für Experten. Verlag für digitale Technologie GmbH, Heidelberg, 1996

[CK91]   S. Chidamber und C. Kemerer. Towards a Metrics Suite for Object-Oriented Design. In OOPSLA'91, Phoenix, AZ, 1991. SIGPLAN

[CK96]   Jens Coldewey und Wolfgang Keller. Multilayer Class. sd&m, Eingereicht für [MRB98], 1996. Verfügbar über http://www.sdm.de

[CLR94]   Thomas H. Cormen, Charles E. Leiserson und Ronald L. Rivest. Introduction to Algorithms. MIT Press, Cambridge, MA, 1. Auflage, 1994. Es gibt wohl wenige Informatik Bücher, die es in kaum 5 Jahren auf 14 Drucke bringen! Mein erster Eindruck ist hervorragend. Natürlich in LATEX gesetzt!

[Con99a]   Jim Conallen. Building Web Applications with UML. Object Technology Series. Addison-Wesley, Reading, MA, 1999

[Con99b]   Jim Conallen. Modeling Web Application Architectures with UML. Communications of the ACM, 42(10):63–70, Oktober 1999

[Cop93]   James O. Coplien. Advanced C++: Programming Styles and Idioms. Addison-Wesley, Reading, MA, 1993. Ein sehr gutes Buch! Über die dort präsentierten Ansichten, was guter Programmierstil sei, kann man natürlich streiten. Aber sie zu kennen, dürfte keinem Systementwickler schaden, der C++ als eine Zielumgebung betrachtet. Coplien war einer der ersten Benutzer des ersten C++ (pre) Compilers und begleitet die Entwicklung von C++ seit Beginn.

[Cor96]   Gary Cornell. Core Java. Prentice-Hall, Englewood Cliffs, NJ, 1996

[CS95]   James O. Coplien und D. Schmidt, Hrsg. Pattern Languages of Program Design. Addison-Wesley, Reading, MA, 1995

[CS97]   Michael A. Cusumano und Richard W. Selby. How Microsoft Builds Software. Communications of the ACM, 40(6):53–61, Juni 1997

[CW85]   L. Cardelli und P. Wegner. On Understanding Types, Data Abstraction, and Polymorhpism. ACM Computing Surveys, 17(4):481, Dezember 1985

[CY90a]   Peter Coad und Edward Yourdon. Object Oriented Analysis. Prentice-Hall, Englewood Cliffs, NJ, 1990

[CY90b]   Peter Coad und Edward Yourdon. Object Oriented Design. Prentice-Hall, Englewood Cliffs, NJ, 1990

[CY94]   Peter Coad und Edward Yourdon. Objektorientierte Analyse. Prentice-Hall, München, London, Mexico City, New York, 1994. Kompetente Übersetzung durch Martin Rösch der 2. Auflage von [CY90a]. Einige Dinge sind präzisiert und erweitert worden. Insbesondere gibt es jetzt erste Ansätze, dynamische Eigenschaften eines Systems zu modellieren. Mein Gesamteindruck ist besser geworden. Die Notation ist aber seit 1999 überholt.

[Dat90]   Chris J. Date. An Introduction to Database Systems, Band I. Addison-Wesley, Reading, MA, 5. Auflage, 1990. Eines der Standardwerke über Datenbankmanagementsysteme und Entity-Relationship Modellierung. Chris Date war an der Entwicklung der IBM Systeme DB2 und SQL/DS beteiligt. DB2 wird ausführlich beschrieben. Weitere Systeme, die genauer beschrieben werden, sind CA-INGRES, CA-DATACOM/DB, IMS, CA-IDMS. Damit kein falscher Eindruck entsteht, sei darauf hingewiesen, dass die drei CA-Systeme früher von verschiedenen Herstellern kamen (Ingres, ADR, Cullinet). Jeder Abschnitt enthält eine kommentierte Literaturauswahl, die die Einordnung und weitere Lektüre unterstützen. Die neueste Auflage ist die sechste [Dat95].

[Dat95]   Chris J. Date An Introduction to Database Systems, Band I. Addison-Wesley, Reading, MA, 6. Auflage, 1995

[Dij68]   Edsger W. Dijkstra. The Structure of the „THE" Multiprogramming System. Communications of the ACM, 15(5), 1968

[Dij72]   Edsger W. Dijkstra. The Humble Programmer. Communications of the ACM, 15(10), 1972

[Dud93]   Duden Informatik. Dudenverlag, Mannheim, Leipzig, Wien, Zürich, 2. überarbeitete Auflage, 1993. Ich habe dieses Buch gekauft, um Fachbegriffe nachschlagen zu können, ohne durch viele Werke suchen zu müssen. Nach dem Buch, das dies für die Informatik leistet, suche ich noch. Hier habe ich einiges gefunden, vieles vermisst und mich über manches gewundert.

[Dud96a] Duden Deutsches Universalwörterbuch. Dudenverlag, Mannheim, Leipzig, Wien, Zürich, 3., neu bearbeitete und erweiterte Auflage, 1996

[Dud96b] Dudenredaktion, Hrsg. Die Deutsche Rechtschreibung. Duden Verlag, Mannheim, Leipzig, Wien, Zürich, 1996

486   Literaturverzeichnis

[Eck98]   Bruce Eckel. Thinking in Java. Prentice Hall PTR, Upper Saddle River, NJ, 1998. Mein Eindruck bei erster Lektüre ist sehr gut. Das gesamte Werk ist mit Aktualisierungen etc. auch im Internet verfügbar: http://www.BruceEckel.com. In dieser Ausgabe kommt Swing zu kurz. Aber die Asgabe im Internet ist aktuell!

[Egg95]   Bernd Egging. Die C++ IOstreams-Library. Carl Hanser Verlag, München, Wien, 1995

[FIF90]   FIFF. Schlusspfiff - Software Engineering. FIFF Kommunikation, (4):24, 1990

[FKRW97]   Christiane Floyd, Anita Krabbel, Sabine Ratuski und Ingrid Wetzel. Zur Evolution der evolutionären Systementwicklung: Erfahrungen aus einem Krankenhausprojekt. Informatik Spektrum, 20(1):13–20, Februar 1997

[Fla96]   David Flanagan. Java in a Nutshell. O'Reilly, Sebastopol, CA, 1996

[Fow96]   Martin Fowler. Analysis Patterns: Reusable Object Models. Object Oriented Software Engineering Series. Addison-Wesley, Menlo Park, CA, Reading, MA, 1996. Ein interessantes und gutes Buch. Schade nur, dass die Diagramme die nicht mehr verbreitete Notation von James Odell verwenden.

[Fow99]   Martin Fowler. Refactoring. Improving the Design of Existing Code. Object Technology Series. Addison Wesley Longman, Reading, MA, 1. Auflage, 1999. Ein Katalog von Refaktorisierungen in Java. Bewährte Techniken zur Verbesserung von Code, die zum Teil auf die altbekannten Mechanismen des Modul- oder Komponentendesigns zurückgehen und hier im objektorientierten Gewandt präsentiert werden. Bei einigen der beschriebenen Refaktorisierungen sollte man meines Erachtens genauer auf die Vor- und Nachteile eingehen.

[Fow00]   Martin Fowler. Refactoring. Verbessern Sie den Entwurf Ihrer bestehenden Programme. Professionelle Softwareentwicklung. Addison-Wesley, Bonn, Paris, Reading, MA, 1. Auflage, 2000. Deutsche Übersetzung des 3. korrigierten Nachdrucks von [Fow99].

[Frö00]   Torsten Fröhlich. The Virtual Oceanarium. Communications of the ACM, 43(7):95–101, Juli 2000

[FSM97]   Martin Fowler und Kendall Scott (Mitarb.). UML Distilled. Applying the Standard Object Modeling Language. Addison-Wesley, Reading, MA, 1997. Ein knappe Übersicht der UML und ihrer Anwendung bei der Softwareentwicklung.

[Gar84]   D. A. Garvin. What does Product Quality Really Mean? Sloan Management Review, Fall 1984:25–43, 1984

[Gar88]   D. A. Garvin. Managing Quality: The Strategic and Competitive Edge. The Free Press, New York, NY, 1988

[GHJV94]   Erich Gamma, Richard Helm, Ralph Johnson und Vlissides, John M. Design Patterns - Elements of Reusable Object-Oriented Software. Addison-Wesley, 1994. Ein Katalog von Patterns, mit denen häufig vorkommenden Designaufgaben in C++ gelöst werden können. Vieles davon ist an anderer Stelle beschrieben, aber dies ist eine kompakte Zusammenfassung, die auch die Anwendung einiger dieser Patterns an einer Fallstudie zeigt. Die Lösungen sind praxiserprobt und helfen bei der guten Strukturierung auch (aber keineswegs nur) von C++ Software. Sicherlich eines der einflussreichsten Informatik Bücher der letzten Jahre. Ein großer Teil der Arbeit wurde bei der Firma Taligent durchgeführt. Es gibt eine deutsche Übersetzung [GHJV96].

[GHJV96] Erich Gamma, Richard Helm, Ralph Johnson und Vlissides, John
          M. Entwurfsmuster - Elemente wiederverwendbarer objektorientierter
          Software. Addison-Wesley, Bonn, Paris, Reading, MA, 1996. Deutsche
          Übersetzung von [GHJV94].

[GHP85]   Klaus Gewald, Gisela Haake und Werner Pfadler. Software Enginee-
          ring: Grundlagen und Technik rationeller Programmentwicklung. R.
          Oldenbourg, München, Wien, 4., verb. Auflage, 1985

[Gil95]   Robert Gilmore. Alice im Quantenland. Eine Allegorie der modernen
          Physik. Vieweg, Braunschweig/Wiesbaden, 1995. Eine auch für Laien
          verständliche Darstellung, die sich erfolgreich um eine Veranschauli-
          chung der Theorien der Elementarteilchenphysik bemüht.

[GJSB00] James Gosling, Bill Joy, Guy Steele und Gilad Brancha. The Java
          Language Specification. Addison-Wesley, Reading, MA, 2000

[Gla97]   Robert L. Glass. Revisiting the Industry/Academe Communication
          Chasm. Communications of the ACM, 40(6), Juni 1997

[Har87]   David Harel. Statecharts: A Visual Formalism for Complex Systems,
          Band 8 von Science of Computer Programming, Seiten 231–274. Else-
          vier Science Publishers (North Holland), 1987

[Hel94]   Joseph Heller. Catch 22. Fischer Taschenbuch Verlag, Frankfurt a. M.,
          1994

[Her94]   Michael Herczeg. Software-Ergonomie. Grundlagen der Mensch-Com-
          puter-Kommunikation. Addison-Wesley, Bonn, Paris, Reading, MA,
          1994

[HH94]   Ralf Guido Herrtwich und Günter Hommel. Nebenläufige Programme.
          Springer-Verlag, Berlin, Heidelberg, New York, NY, 1994

[Hor94]   Thomas Horn. Systemprogrammierung unter UNIX. Verlag Technik,
          Berlin, 1994. Eine lesenswerte Übersicht, die die Konzepte gut dar-
          stellt. Basis ist dabei XPG4. Über das, was fehlt oder überflüssig ist,
          kann man trefflich streiten (Editoren sind eben Geschmackssache) und
          einiges habe ich vermisst. Ein Buch dieser Art kann nur bestehen, wenn
          es sich gut verkauft und damit aktualisierte Auflagen rechtfertigt. Bei
          dem Wettbewerb auf diesem Markt, habe ich - trotz guter Ansätze -
          Zweifel, dass dieses Buch besteht.

[HP88]   Derek J. Hatley und Imtiaz A. Pirbhai. Strategies for Real-Time Sys-
          tem Specification. Dorset House, New York, NY, 1988. Ein Standard-
          werk zur strukturierten Real-Time Analyse.

[HS92]   Brian Henderson-Sellers. A Book of Object-Oriented Knowledge. Ob-
          ject Oriented Analysis, Design and Implementation: A New Approach
          to Software Engineering. Prentice-Hall, Englewood Cliffs, NJ, 1992.
          Eine kurze Einführung. Der Umfang trügt etwas, da auch Folien für
          einen Kurs enthalten sind. Die Entwicklung objektorientierte Analyse-
          und Design-Methoden ist inzwischen deutlich fortgeschritten, so dass
          eine überarbeitete Neuauflage nützlich wäre. Nichts desto trotz eine
          lesenswerte Einführung.

[HS93]   Erika Horn und Wolfgang Schubert. Objektorientierte Software-Kon-
          struktion. Carl Hanser Verlag, München, Wien, 1993

[HS96]   Brian Henderson-Sellers. Object-Oriented Metrics – Measures of Com-
          plexity. Prentice-Hall, Englewood Cliffs, NJ, 1996

[HTW95]   Wolfgang Hahn, Fridtjof Toenniessen und Andreas Wittkowski. Eine
          objektorientierte Zugriffsschicht zu relationalen Datenbanken. Infor-
          matik Spektrum, 18(3):143–151, 1995

[HV99]   Michi Henning und Steve Vinoski. Advanced CORBA Programming
            with C++. Professional Computing Series. Addison-Wesley, Reading,
            MA, 1999

[HYPS97]   Craig Hollenbach, Ralph Young, Al Pflugrad und Doug Smith. Combi-
            ning Quality and Software Improvement. Communications of the ACM,
            40(6):41–45, Juni 1997

[HZG⁺97]   James Herbsleb, David Zubrow, Dennis Goldenson, Will Hayes und
            Mark Paulk. Software Quality and the Capability Maturity Model.
            Communications of the ACM, 40(6):30–40, Juni 1997

[I⁺79]   Jean D. Ichbiah et al. Rationale for the Design of the ADA Program-
            ming language. SIGPLAN Notices, 14(6), Juni 1979

[Jac87]   Ivar Jacobson. Object-Oriented Development in an Industrial Environ-
            ment. SIGPLAN Notices, Oktober 1987

[Jan00]   Jaron Janier. Aus den Ruinen unserer Zeit wächst ein zweiter Kapita-
            lismus. Bill Joey fürchtet sich vor klugen Computern, ich fürchte mich
            vor dummer Software — Die neuen Technologien werden eine frühin-
            dustrielle Klassengesellschaft erzeugen. FAZ, Seite 51, 12.07.2000

[JBR99]   Ivar Jacobson, Grady Booch und James Rumbaugh. The Unified Soft-
            ware Development Process. Object Technology Series. Addison Wesley
            Longman, Reading, MA, 1. Auflage, 1999

[JCJØ92]   Ivar Jacobson, Magnus Christerson, Patrik Jonsson und Gunnar Øver-
            gaard. Object-Oriented Software Engineering - A Use Case Driven
            Approach. Addison-Wesley, Reading, MA, 1992. Die hier dargestellte
            Vorgehensweise kann man als Weiterentwicklung der essentiellen Zer-
            legung der SA verstehen: Eine Folge von Ereignissen (Stimuli) mit den
            Systemreaktionen bildet einen Anwendungsfall (use case). Aus der Ana-
            lyse der Anwendungsfälle werden dann systematisch Klassen, Beziehun-
            gen, System- und Objektdesign gewonnen. Dieser Teil der Methode hat
            in viele andere Methoden Eingang gefunden, insbesondere die „Unified
            Modeling Language", siehe [OMG99]. Der Abschnitt über die Imple-
            mentation persistenter Objekte erschien beim ersten Lesen als konzep-
            tionell interessant aber realitätsfern - es käme auf einen Versuch an.
            Gut hat mir gefallen, dass Testen im Rahmen der Methode behandelt
            wird (es gibt sogar ein Test-Modell). Der Vergleich mit anderen Metho-
            den ist bei der Darstellung der ausgewählten Fakten weitgehend o.k.,
            erscheint mir aber z. T. grob unfair, z. B. bei der Einschätzung der Me-
            thode von Booch, wo offenbar nichts gegenüber 1992 „revised" wurde.
            Die Einschätzung von OOA (Coad/Yourdon) kann ich dagegen nur un-
            terstreichen. Auch die Weiterenwicklung von OOA bis 1994 entkräftete
            diese Einwände nicht!

[JEJ94]   Ivar Jacobson, Maria Ericsson und Agneta Jacobsen.   The Object
            Advantage. Business Process Reengineering With Object Technology.
            Addison-Wesley, Reading, MA, 1994

[JGJ97]   Ivar Jacobson, Martin Griss und Patrik Jonsson.   Software Reuse.
            Addison-Wesley, Reading, MA, 1997

[Jon86]   Cliff. B. Jones.   Systematic Software Development Using VDM.
            Prentice-Hall, Englewood Cliffs, NJ, 1986

[Kay69]   Allan Kay. The Reactive Engine. Dissertation, The University of Utah,
            August 1969

[Kel55]   John L. Kelley. General Topology. Van Nostrand Reinhold, New York,
            Cincinnati, Toronto, London, Melbourne, 1955. Ein Klassiker der all-
            gemeinen Topologie.

[KG00]   Daryl Kulak und Eamonn Guiney. Use Cases: Requirements in Context. ACM Press, New York, NY, 2000

[KGZ93]   Klaus Kilberth, Guido Gryczan und Heinz Züllighoven. Objektorientierte Anwendungsentwicklung. Konzepte, Strategien, Erfahrungen. Vieweg, Braunschweig, Wiesbaden, 1993. Das Buch basiert auf einer Studie für die ARAG. Um das Verständnis der objektorientierten Anwendungsentwicklung zu erleichtern, wird das Leitbild von Material und Werkzeug verwandt. Zur weiteren Strukturierung werden u. a. Aspektklassen verwandt. Einige Ideen aus diesem Buch nutze ich gerne zur Darstellung von Softwarearchitekturen.

[KH96]   Rainer Kolisch und Kai Hempel. Auswahl von Standardsoftware, dargestellt am Beispiel von Programmen für das Projektmanagement. Wirtschaftsinformatik, 38(4):399–410, 1996

[Knu73a]   Donald E. Knuth. The Art of Computer Programming I: Fundamental Algorithms. Addison-Wesley, Reading, MA, 2. Auflage, 1973. Ein Klassiker, den jeder Informatiker gelesen haben sollte. Der Stil bis hin zu den Aufgaben ist legendär. Dieser Band ist im Gegensatz zu den weiteren auch als Paperback lieferbar.

[Knu73b]   Donald E. Knuth. The Art of Computer Programming II, Seminumerical Algorithms. Addison-Wesley, Reading, MA, 2. Auflage, 1973

[Knu73c]   Donald E. Knuth. The Art of Computer Programming III, Sorting. Addison-Wesley, Reading, MA, 1. Auflage, 1973

[Knu86]   Donald E. Knuth. The TEXbook. Addison-Wesley, Reading, MA, 1986. Die Beschreibung vom Autor.

[Kob99]   Cris Kobryn. UML 2001: A Standardization Odyssey. Communications of the ACM, 42(10):29–37, Oktober 1999

[Kru98]   Philippe Kruchten. The Rational Unified Process: An Introduction. Object Technology Series. Addison Wesley Longman, Addison Wesley Longman, 1. Auflage, 1998

[KS99]   Stefan Kuhlins und Martin Schader. Die C++-Standardbibliothek. Springer-Verlag, Berlin, Heidelberg, New York, NY, 1999

[Lap93a]   Phillip A. Laplante. Real-Time Systems Design And Analysis. IEEE Computer Society Press, New York, NY, 1993. Behandelt Real-Time System unter dem Implementationsgesichtspunkt mit vielen konkreten Beispielen. Die Beispiele sind meistens in Anlehnung an Pascal Syntax formuliert. Es sollte aber keine Schwierigkeiten bereiten, dies z. B. in C oder C++ umzusetzen. Es gibt inzwischen eine 2. Auflage [Lap93b].

[Lap93b]   Phillip A. Laplante. Real-Time Systems Design And Analysis. IEEE Computer Society Press, New York, NY, 2. Auflage, 1993. Eine überarbeitete und erweiterte Auflage von [Lap93a].

[LHR89]   Karl J. Lieberherr, I. Holland und Arthur J. Reil. Formulations and Benefits of the Law of Demeter. ACM SIGPLAN, 24(3), März 1989

[Lig90]   Peter Liggesmeyer. Modultest und Modulverifikation. State of the Art. Bibliographisches Institut, Mannheim, Wien, Zürich, 1990. Eine zusammenfassende Darstellung und Kategorisierung der Testverfahren für Systeme die mit den strukturierten Methoden entwickelt wurden.

[Lor97]   Klaus F. Lorenzen. Das Literaturverzeichnis in wissenschaftlichen Arbeiten. URL http://www.fh-hamburg.de/fh/pers/Lorenzen/tum/litverz.ps, Januar 1997. Eine sehr nützliche Quelle, wenn man Zweifel hat, wie man etwa zitieren soll, bzw. was zu einer bibliographisch vollständigen Quellenangabe gehört.

[Low97]   Jay Arthur Lowell. Quantum Improvements in Software System Quality. Communications of the ACM, 40(6):46–52, Juni 1997

[Marff]   James Martin. Fourth Generation Languages, Band 1-3. Prentice-Hall, Englewood Cliffs, NJ, 1985ff

[Mey88a]   Bertrand Meyer. Object-Oriented Software Construction. Prentice-Hall, Englewood Cliffs, NJ, 1988

[Mey88b]   Bertrand Meyer. Objektorientierte Software Entwicklung. Hanser, Prentice-Hall, München, Wien, London, 1988. Deutsche Übersetzung von [Mey88a]. Einer der Klassiker über objektorientierte Entwicklung. Stark mit Blick auf EIFFEL geschrieben.

[Mey92]   Scott Meyers. Effective C++. 50 Specific Ways to Improve Your Programs and Designs. Addison-Wesley, Reading, MA, 1992. Wer eine C++ Ausbildung durchlaufen hat, sollte eigentlich alles wissen, was in diesem Buch steht. Aber wer hat das alles ständig parat? Hier findet man auf wenig Platz die wirklich wichtigsten do's and don'ts mit Hintergrundinfos und plastisch illustriert. Es gibt eine deutsche Übersetzung [Mey95] und eine neue Auflage [Mey98a]

[Mey95]   Scott Meyers. Effektiv C++ programmieren. 50 Möglichkeiten zur Verbesserung Ihrer Programme. Addison-Wesley, Bonn, Paris, Reading, MA, 2., korrigierte Auflage, 1995. Deutsche Übersetzung von [Mey92]. Es gibt eine neuere Auflage [Mey98b]

[Mey96]   Scott Meyers. More Effective C++. 35 New Ways to Improve Your Programs and Designs. Addison-Wesley, Reading, MA, 1996. Die Fortsetzung von [Mey92] und genauso empfehlenswert.

[Mey98a]   Scott Meyers. Effective C++. 50 Specific Ways to Improve Your Programs and Designs. Addison-Wesley, Reading, MA, 2. Auflage, 1998. Unter Berücksichtigung der aktuellen C++ Entwicklungen überarbeitete Auflage von [Mey92]. Es gibt inzwischen eine CD Ausgabe beider Bände.

[Mey98b]   Scott Meyers. Mehr Effektiv C++ programmieren. 35 neue Möglichkeiten zur Verbesserung Ihrer Programme und Entwürfe. Addison-Wesley, Bonn, Paris, Reading, MA, 1. Auflage, 1998. Deutsche Übersetzung von [Mey95].

[Mil56]   G. A. Miller. The Magical Number Seven, Plus or Minus Two: Some Limits On Our Capacity for Processing Information. The Psychological Review, 63(2):81–97, 1956

[Mil75]   G. A. Miller. The magical number seven after Fifteen Years. In Studies in Long-Term Memory, herausgegeben von A. Kennedy. Wiley, New York, Chichester, Brisbane, Toronto, Singapore, 1975

[MM94]   Philip Morrison und Phylis Morrison. ZEHN^{HOCH}. Dimensionen zwischen Quarks und Galaxien. Frankfurt a. M., 2. Auflage, Dezember 1994

[MO92]   James Martin und James J. Odell. Object-Oriented Analysis & Design. Prentice-Hall, Englewood Cliffs, NJ, 1992. Eine lohnende Investition für jemanden, der für Software Entwicklungsprodukte (CASE etc.) vertriebsnahe Präsentationen hält. Locker geschrieben, leicht verständliche Beispiele, aber oft doch etwas "locker vom Hocker" (zumindest wenn man den Anspruch, die Werke von Platon, Aristoteles, des Heiligen Augustinus u.v.a. berühmter Philosophen mit dem heutigen Verständnis von Objektorientierung zu integrieren, ernst nimmt). Es werden alle Phasen der Software-Entwicklung angesprochen und der Leser findet eine Fülle von Material und Literaturhinweisen zu vielen Bereichen, auch des weiteren Umfeldes. Die Qualität der Literaturhinweise reicht von Video-Interviews bis zu Forschungsartikeln.

[MO95]   James Martin und James J. Odell. Object-Oriented Methods: A Foun-
            dation. Prentice-Hall, Englewood Cliffs, NJ, 1995
[MRB98]   Robert C. Martin, Dirk Riehle und Frank Buschmann, Hrsg. Pattern
            Languages Of Programming Design 3. Addison-Wesley, Reading, MA,
            1998
[Mye76]   Glenford J. Myers. Software Reliability – Principles and Practices.
            Wiley, New York, Chichester, Brisbane, Toronto, Singapore, 1976
[Mye89]   Glenford J. Myers. Methodisches Testen von Programmen. R. Olden-
            bourg, München, Wien, 5. unveränderter Nachdruck der 3. Auflage,
            1989. Auf diesen Klassiker zum Bereich Testen habe ich ursprünglich
            den Abschnitt über Testen in der SE II Vorlesung aufgebaut. Auch
            einige der Beispiele habe ich übernommen, allerdings auf die (objekt-
            orientierten) Vorkenntnisse der Zuhörer umgestellt. Mir hat das Buch
            gut gefallen, allerdings sind einige der behandelten Anwendungen alles
            andere als aktuell, die Originalausgabe stammt aus dem Jahre 1979.
            An einigen Stellen habe ich mir die amerikanische Ausgabe gewünscht,
            um den deutschen Text zu verstehen. Viele pragmatische Hinweise sind
            aber weiterhin sehr nützlich, auch wenn sie der Übersetzung in aktuel-
            len Jargon erfordern.
[Nag93]   Eric Nagler. Learning C++ - A Hands-On Approach. West Publishing
            Company, Minneapolis/St. Paul, MN, 1993. Eine gute Einführung in
            C++. Es beginnt mit den elementarsten Komponenten, behandelten
            Klassen, Streams, Templates und endet mit Exceptions. Wer alle (über
            500) Beispiele durchgearbeitet hat, sollte in Syntax und Semantik fit
            sein. Es ist aber kein Buch, um gutes Programmieren oder gar Software-
            Engineering zu lernen. Wer nach diesem Buch C++ lernen will, ist gut
            beraten zusätzlich z. B. das Buch von Coplien (s.o.) durchzuarbeiten.
[NM93]   Klaus Neumann und Martin Morlock. Operations Research. Carl Han-
            ser Verlag, München, Wien, 1993
[NS96]   Peter Norton und William Stanek. Peter Norton's Guide to Java Pro-
            gramming. SAMS, Indianapolis, IN, 1996
[NS99]   Jörg Noack und Bruno Schienmann. Objektorientierte Vorgehensmo-
            delle im Vergleich. Informatik Spektrum, 22(3):166–180, Juni 1999
[OMG93]   OMG. The Common Object Request Broker: Architecture and Speci-
            fication, 1.2. OMG, 1993
[OMG99]   OMG. OMG Unified Modeling Language Specification Version 1.3.
            OMG, http://www.omg.org, Juni 1999
[OMG00a]   OMG. OMG Unified Modeling Language Specification Version 1.3.
            OMG, http://www.omg.org, 1. Auflage, März 2000. Dokument 00-03-
            01.pdf
[OMG00b]   OMG. OMG Unified Modeling Language Specification, Version 1.4
            beta R1, November 2000
[Par79]   David L. Parnas. On the Criteria to be Used in Decomposing Systems
            into Modules. In E. Yourdon, Hrsg, Classics in Software Engineering.
            Yourdon Press, New York, NY, 1979
[PB93]   Gustav Pomberger und Günther Blaschek. Grundlagen des Software
            Engineering - Prototyping und objektorientierte Software-Entwicklung.
            Carl Hanser Verlag, München, Wien, 1993. Ein sehr empfehlenswertes
            Buch. Gute Beispiele, eines auch vollständig in allen Aspekten aus-
            geführt. Mehr technisch als kommerziell orientiert. Objektorientierung
            und Prototyping stehen im Vordergrund, die klassischen Methoden der
            Strukturierten Analyse und Design werden nicht besprochen. Der Ab-
            schnitt über Moduldesign hat mir ebenfalls gut gefallen.

[PC72]   David L. Parnas und Paul C. Clements. On the Criteria to Be Used
           in Decomposing Systems Into Modules. Communications of the ACM,
           15(12):1053–1058, Dezember 1972

[PJS92a]   Heinz-Otto Peitgen, Hartmut Jürgens und Dietmar Saupe. Fractals for
           the Classroom – Part Two: Complex Systems and the Mandelbrot Set,
           Band 2. Springer-Verlag, Berlin, Heidelberg, New York, NY, 1992. Wie
           [PJS92c] ein faszinierendes Buch.

[PJS92b]   Heinz-Otto Peitgen, Hartmut Jürgens und Dietmar Saupe. Fractals for
           the Classroom – Part One, Band 1. Springer-Verlag, Berlin, Heidelberg,
           New York, NY, 1992. Es gibt eine deutsche Übersetzung: [PJS92c].

[PJS92c]   Heinz-Otto Peitgen, Hartmut Jürgens und Dietmar Saupe. Bausteine
           des Chaos – Fraktale. Springer, Klett-Cotta, Berlin, Heidelberg, New
           York, Stuttgart, 1992. Faszinierend! Die Deutsche Übersetzung von
           [PJS92b]

[Raa93]   Jörg Raasch. Systementwicklung mit Strukturierten Methoden. Carl
           Hanser Verlag, München, Wien, 3., bearb. und erw. Auflage, 1993. Ein
           Standardwerk über den aktuellen Stand der Strukturierten Methoden,
           das inzwischen in der 3. Auflage vorliegt. Auch als Nachschlagewerk
           und zur Unterstützung beim Einsatz eines CASE-Tools geeignet. Praxi-
           serprobte Teile zum Projektmanagement und dem Übergang zu Objek-
           torientierten Verfahren. Bildete bis zum SS 94 den Grundstock für das
           erste Semester der Software-Engineering Vorlesung an der Fachhoch-
           schule Hamburg und ersetzt die Anschaffung einer kleinen Bibliothek
           über die strukturierten Methoden.

[Rab95]   Dietrich Rabenstein. Fortran 90. Carl Hanser Verlag, München, Wien,
           1995

[Rat97a]   Rational Software Corporation. Unified Modeling Language, Documen-
           tation Set, Version 1.0. Rational Software Corporation, 2800 San Tomas
           Expressway, Santa Clara, CA 95051-0951, http://www.rational.com,
           1997

[Rat97b]   Rational Software Corporation, Microsoft, Hewlett-Packard, Oracle,
           Sterling Software, MCI Systemhouse, Unisys, ICON Computing, Intel-
           liCorp, i Logix, IBM, ObjecTime, Platinum Technology, Ptech, Tas-
           kon, Reich Technologies und Softeam. Unified Modeling Langua-
           ge, Documentation Set, Version 1.1. Rational Software Corporation,
           2800 San Tomas Expressway, Santa Clara, CA 95051-0951, http://
           www.rational.com, 01.09.1997. Dieser Entwurf wurde von der OMG
           im November 1997 als Standard angenommen.

[Rat97c]   Rational Software Corporation, Microsoft, Hewlett-Packard, Oracle,
           Sterling Software, MCI Systemhouse, Unisys, ICON Computing, Intel-
           liCorp, i Logix, IBM, ObjecTime, Platinum Technology, Ptech, Taskon,
           Reich Technologies und Softeam. Unified Modeling Language, Docu-
           mentation Set, Version 1.1 alpha 6 (1.1 c). Rational Software Cor-
           poration, 2800 San Tomas Expressway, Santa Clara, CA 95051-0951,
           http://www.rational.com, 21.07.1997

[RBP$^+$91]   James Rumbaugh, Michael Blaha, William Premerlani, Frederick Ed-
           dy und William Lorensen. Object-Oriented Modeling and Design.
           Prentice-Hall, Englewood Cliffs, NJ, 1991. Die Autoren waren Mitar-
           beiter des Forschungs- und Entwicklungszentrums von General Electric.
           GE hält seit Jahren Spitzenplätze unter den „Most Admired Corpora-
           tions" und verschiedene Bereiche haben Baldrich Awards für heraus-
           ragende Qualität gewonnen. Seit November 1994 ist James Rumbaugh
           bei Rational. Mir gefällt der unter dem Kürzel OMT bekannte Ansatz

der Autoren recht gut. Das Buch diente einige Semester als Grundlage der Software-Engineering Vorlesung an der FH Hamburg. Es gibt eine deutsche Übersetzung [RBP+93]. Inzwischen sind auch Grady Booch und Ivar Jacobson bei Rational und eine vereinheitlichte Notation ist bei der OMG zur Standardisierung eingereicht und angenommen worden, siehe [OMG00b],[BRJ98],[RJB99],[JBR99].

[RBP+93]   James Rumbaugh, Michael Blaha, William Premerlani, Frederick Eddy und William Lorensen. Objektorientiertes Modellieren und Entwerfen. Carl Hanser Verlag, Prentice Hall, München, Englewood Cliffs, NJ, 1993. Deutsche Übersetzung von [RBP+91].

[RDS83]   Manuel Rodríguez Solórzano, Sergio Devesa Regueiro und Lidia Soutullo Garrido. Guía dos peixes de Galicia. Editorial Galaxia, Reconquista, 1 - Vigo, 1983

[RJB99]   James Rumbaugh, Ivar Jacobson und Grady Booch. The Unified Modeling Language Reference Manual. Object Technology Series. Addison-Wesley, Reading, MA, 1. Auflage, 1999. CD-ROM mit den Dokumenten zur UML 1.3 wird nachgeliefert, wenn man den Berechtigungsnachweis einschickt.

[Roy70]   Winston W. Royce. Managing the Development of Large Software Systems, Concepts and Techniques. Seiten 1–9. Proceedings of IEEE WESCON, August 1970. Der Artikel, in dem das Wasserfallmodell zum ersten Mal als Vorgehensmodell präsentiert wurde.

[Rum96]   James Rumbaugh. OMT Insights, Band 6 von SIGS Reference Library. SIGS Books, New York,NY, London, Paris, München, Köln, 1996. Eine Zusammenstellung von Artikeln aus dem Journal of Object-Oriented Programming. Es enthält insbesondere die zusammenhängende Darstellung von OMT-93.

[Sap90]   Bill Saporito. Who's Winning the Credit Card War. Fortune, 122(1):60–63, Juli 1990

[Sch90]   August-Wilhelm Scheer. EDV-orientierte Betriebswirtschaftslehre. Springer-Verlag, Berlin, Heidelberg, New York, NY, 4. Auflage, 1990

[SE94]   Harald Schaschinger und Andreas Erlach. Objektorientierte Analyse- und Modellierungstechniken im Vergleich. Johannes Kepler Universität Linz, Instituts für Informatik, Abteilung für allgemeine Informatik, Informatik Berichte ALLINF 5, 1994. Aus der Dissertation des ersten Autors entstandene Übersicht. Die Methoden werden in fünf Kategorien eingeteilt und im Hinblick auf ihre Unterstützung von Analyse, Modellierung, Design, Implementation und Test verglichen. Der Vergleich stellt nur das Ergebnis dar und wird hier nicht weiter erläutert.

[SH97]   Peter Stahlknecht und Ulrich Hasenkamp. Einführung in die Wirtschaftsinformatik. Springer-Verlag, Berlin, Heidelberg, New York, NY, 8. Auflage, 1997

[SH99]   Peter Stahlknecht und Ulrich Hasenkamp. Einführung in die Wirtschaftsinformatik. Springer-Verlag, Berlin, Heidelberg, New York, NY, 9. Auflage, 1999. Präsentierten klassischen Stoff (inzwischen bis zur objektorientierten Entwicklung), der durchaus dem entspricht, was in der Praxis verwendet wird.

[Shn98]   Ben Shneiderman. Designing the User Interface – Strategies for Effective Human-Computer Interaction. Addison-Wesley, Reading, MA, 3. Auflage, 1998

[SKT96]   Suzanne Skublics, Edward J. Klinas und David A. Thomas. Smalltalk with Style. Prentice-Hall, Englewood Cliffs, NJ, 1996

[Spi96]   Thorsten Spitta. Aufwandserfassung von IS-Dienstleistungen. Wirt-
            schaftsinformatik, 38(5):473–484, 1996

[Sta85]   Wolfgang H. Staehle. Management. Eine verhaltenswissenschaftliche
            Einführung. Franz Vahlen, München, 2. Auflage, 1985. Ein Standard-
            werk, das 1999 in der 8. Auflage vorlag.

[Sta95]   Ryan Stansifer. Theorie und Entwicklung von Programmiersprachen.
            Prentice-Hall, München, London, Mexico City, New York, 1995. Eine
            gut lesbare Einführung, die nur geringe Vorkenntnisse erwartet. Irri-
            tiert haben mich vielfältige kleine Ungenauigkeiten und m. E. verdrehte
            Aussagen: So wird auf S. 36 der Beginn der Entwicklung der Program-
            miersprache COBOL auf Mai 1995 (statt Mai 1959) datiert; der Beginn
            der Entwicklung von ADA auf 1960 datiert (gemeint ist APL); bei der
            Begründung der Bezeichnungen *l-Wert* und *r-Wert* sind m.E. die Sei-
            ten vertauscht. Ich neige dazu, dieses auf die Übersetzung zu schieben,
            habe aber keinen Vergleich mit dem Original.

[Ste93a]   Wolfgang Stein. Objektorientierte Analysemethoden - ein Vergleich.
            Informatik Spektrum, 16(6):317–332, 1993

[Ste93b]   Wolfgang Stein. Objektorientierte Analysemethoden - Vergleich, Be-
            wertung, Auswahl. BI Wissenschaftsverlag, Mannheim, Leipzig, Wien,
            Zürich, 1993. Die ausführliche Version des Artikels [Ste93a] mit Excel
            Anwendung um einen Auswahlprozess zu unterstützen.

[Str91]   Bjarne Stroustrup. The C++ Programming Language. Addison-
            Wesley, Reading, MA, 2. Auflage, 1991. Eine systematische Darstellung
            von C++ mit dem kompletten reference manual. Dieses Buch kann als
            Einführung in C++ dienen. Wer C++ im Eigenstudium und schnell
            lernen will, sollte zusätzlich ein Buch wie [Nag93] heranziehen und bald
            das Buch [Cop93] von Coplien lesen. Auch auf Design-Prinzipien und
            die Entwicklung von Klassenbibliotheken wird kurz eingegangen. Es
            gibt eine deutsche Übersetzung [Str94c]. Inzwischen ist die 3. Auflage
            erschienen [Str97].

[Str94a]   Bjarne Stroustrup. The Design and Evolution of C++. Addison-
            Wesley, Reading, MA, 1994. Das „Acorn book". Eine hervorragen-
            de Darstellung, warum was in C++ wie funktioniert und nicht an-
            ders. An vielen Stellen wird der Bezug zwischen Designprinzipien und
            Grundprinzipien der Programmiersprache hergestellt. Viele andekdoti-
            sche Details aus der Entstehungsgeschichte der Sprache. Es gibt eine
            deutsche Übersetzung [Str94b].

[Str94b]   Bjarne Stroustrup. Design und Entwicklung von C++. Addison-
            Wesley, Bonn, Paris, Reading, MA, 1994. Deutsche Übersetzung von
            [Str94a].

[Str94c]   Bjarne Stroustrup. Die C++ Programmiersprache. Addison-Wesley,
            Bonn, Paris, Reading, MA, 4., korrigierter und erweiterter Nachdruck
            der 2. Auflage, 1994. Deutsche Übersetzung von [Str91].

[Str97]   Bjarne Stroustrup. The C++ Programming Language. Addison-
            Wesley, Reading, MA, 3. Druck der 3. Auflage, 1997. Umfangreich
            gegenüber der 2. Auflage [Str91] überarbeitet. Behandelt die STL und
            andere Eigenschaften des kommenden C++ Standards.

[TK78]   Dionysios C. Tsichiritzis und Anthony Klug. The ANSI/X3/SPARC
            DBMS Framework: Report of the Study Group On Database Manage-
            ment Systems. Information Systems, (3), 1978

[Tra93]   Heinz Trauboth. Software-Qualitätssicherung, Band 5.2 von Handbuch
            der Informatik. R. Oldenbourg, München, Wien, 1993. Sehr trockene

Darstellung der Bereiche analytische und konstruktive Qualitätssicherung, ihrer Organisation sowie einiger juristischer Fragen. Glaubt man dem Vorwort, so dauerte das Schreiben dieses Buches fünf Jahre. Vielleicht erscheinen deshalb einige Punkte als veraltet. Andererseits kann man von einem Buch der Reihe Handbuch der Informatik auch nur wirklich gesicherten, konsensfähigen Inhalt erwarten. Bei einem Buch, das Qualitätssicherung im Namen führt, irritieren formale Fehler, wie fehlerhafte Seitenzahlen im Inhaltsverzeichnis und Fehler in den Literaturverweisen.

[VCK96]   John M. Vlissides, James O. Coplien und Norman L. Kerth, Hrsg. Pattern Languages of Program Design 2. Addison-Wesley, Reading, MA, 1996

[WBJ72]   Paul Watzlawick, Janet H. Beavin und Don D. Jackson. Menschliche Kommunikation. Huber, Bern, Stuttgart, Wien, 3. unveränderte Auflage, 1972. Eigentlich ist dieses Buch eine Studie über krankhaft veränderte Kommunikationsformen. Es ist aber interessant zu sehen, wie eine Kommunikation erfolgreich „kaputt" gemacht werden kann. Vielleicht gelingt es ja im nächsten Gespräch mit dem Anwender/Auftraggeber einige Fehler zu vermeiden. Mit Sicherheit kein Buch, das man gelesen haben muss. Ich finde aber, dass die behandelten Themen für System-Entwickler interessant sind.

[WBWW90] Rebecca Wirfs-Brock, Brian Wilkerson und Lauren Wiener. Designing Object-Oriented Software. Prentice-Hall, Englewood Cliffs, NJ, 1990. Das Buch über „Responsibility Driven Design"! Standalone zu lesen, es gibt nicht einmal ein Literaturverzeichnis. Eine deutsche Übersetzung [WBWW93] ist inzwischen im Carl Hanser Verlag erschienen. Die Methode als solche hat keine Bedeutung mehr. Sie hat aber alle anderen Methoden stark beeinflusst, die jetzt aktuell sind.

[WBWW93] Rebecca Wirfs-Brock, Brian Wilkerson und Lauren Wiener. Objektorientiertes Software-Design. Carl Hanser Verlag, München, Wien, 1993. Deutsche Übersetzung von [WBWW90].

[WD00]   Günther Wöhe und Ulrich Döring. Einführung in die Allgemeine Betriebswirtschaftslehre. Vahlen, München, 20. Auflage, 2000

[Web83]   Webster's New Universal Unabridged Dictionary. Dorset & Baber, New York, NY, 1983. Ein von der Größe her beeindruckendes Werk, das mich 1988 US$ 16,95 gekostet hat; bei einem Gewicht von ca. 4 kg also sehr günstiges Lesefutter. Es hat aber eine ganz andere Qualität als das Merriam-Webster [Web98] mit dem es nur den Namensteil gemeinsam hat. Beide Werke enthalten Begriffe, die das jeweils andere nicht definiert, bei meiner Nutzung muss ich zu diesem hier aber seltener greifen. Es ist allerdings mit mehr Illustrationen (schwarz/weiß) versehen. Es enthält keine Ausspracheangaben, aber Betonungshinweise.

[Web98]   Webster's New Collegiate Dictionary. Merriam-Webster, Springfield, MA, 10. Auflage, 1998. Nicht nur nach meiner Ansicht das beste Dictionary der amerikanischen (und auch der englischen) Sprache. Preis in den USA unter US$ 20. Einige Hinweise sind aber am Platz: Nicht mit anderen „Websters"'s verwechseln (z. B. [Web83]), die z.T noch dicker und noch billiger, aber nicht unbedingt besser sind. Die verwendete Lautschrift ist nicht die international übliche.

[Wes98]   Ivo Wessel.   GUI-Design. Richtlinien zur Gestaltung ergonomischer Windows-Applikationen. Carl Hanser Verlag, München, Wien, 1998

[Wil95]   Nicholas Wilt. Classical Algorithms in C++. Wiley, New York, Chichester, Brisbane, Toronto, Singapore, 1995. Eine praktische Darstellung bewährter Algorithmen und ihrer effizienten Umsetzung in C++. Wenig Theorie.

[YC79]   Edward Yourdon und Larry Constantine. Structured Design. Yourdon Press, New York, NY, 1979

[ZZ94]   Alfred Zeidler und Rudolf Zellner. Software-Ergonomie. Techniken der Dialoggestaltung. R. Oldenbourg, München, Wien, 2. Auflage, 1994

Index

Fettgedruckte Seitenzahlen verweisen auf die Definition des Begriffs. Normalgesetzte Seitenzahlen verweisen auf Erwähnungen an anderer Stelle.

Notation für Klassen und Assoziationen - 1 -

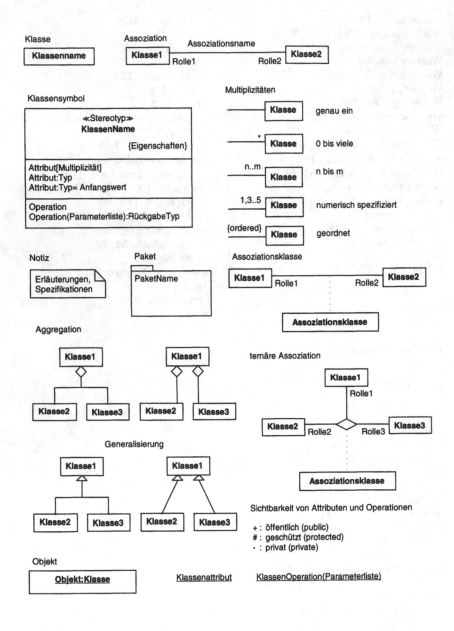

Klasse

Klassenname

Assoziation   Assoziationsname

Klasse1 Rolle1   Rolle2 **Klasse2**

Klassensymbol

«Stereotyp» **KlassenName** {Eigenschaften}
Attribut[Multiplizität] Attribut:Typ Attribut:Typ= Anfangswert
Operation Operation(Parameterliste):RückgabeTyp

Multiplizitäten

Klasse   genau ein

* **Klasse**   0 bis viele

n..m **Klasse**   n bis m

1,3..5 **Klasse**   numerisch spezifiziert

{ordered} **Klasse**   geordnet

Notiz

Erläuterungen, Spezifikationen

Paket

PaketName

Assoziationsklasse

Klasse1 Rolle1   Rolle2 **Klasse2**

Assoziationsklasse

Aggregation

Klasse1

Klasse2 **Klasse3**

Klasse1

Klasse2 **Klasse3**

ternäre Assoziation

Klasse1 Rolle1

Klasse2 Rolle2   Rolle3 **Klasse3**

Assoziationsklasse

Generalisierung

Klasse1

Klasse2 **Klasse3**

Klasse1

Klasse2 **Klasse3**

Sichtbarkeit von Attributen und Operationen

+ : öffentlich (public)
# : geschützt (protected)
- : privat (private)

Objekt

Objekt:Klasse   Klassenattribut   KlassenOperation(Parameterliste)

Notation für Klassen und Assoziationen - 2 -

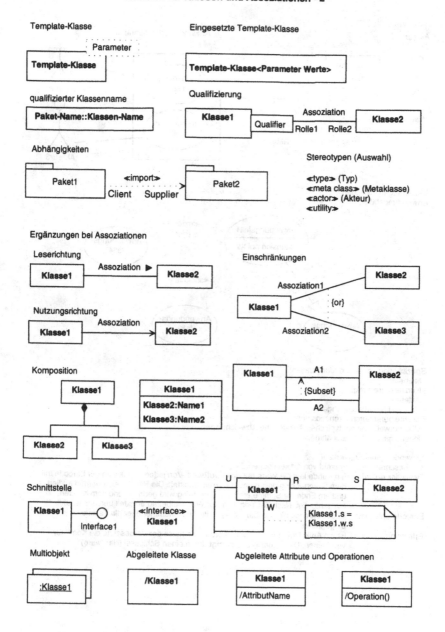

Template-Klasse

Parameter

Template-Klasse

Eingesetzte Template-Klasse

Template-Klasse<Parameter Werte>

qualifizierter Klassenname

Paket-Name::Klassen-Name

Qualifizierung

Klasse1 | Qualifier | Assoziation | **Klasse2**
Rolle1 Rolle2

Abhängigkeiten

Paket1 «import» Paket2
Client   Supplier

Stereotypen (Auswahl)

«type» (Typ)
«meta class» (Metaklasse)
«actor» (Akteur)
«utility»

Ergänzungen bei Assoziationen

Leserichtung

Klasse1 Assoziation ► **Klasse2**

Nutzungsrichtung

Klasse1 Assoziation → **Klasse2**

Einschränkungen

Klasse1 Assoziation1 **Klasse2**
{or}
Assoziation2 **Klasse3**

Komposition

Klasse1
◆
Klasse2 **Klasse3**

Klasse1
Klasse2:Name1
Klasse3:Name2

Klasse1 A1 **Klasse2**
∧
{Subset}
A2

Schnittstelle

Klasse1 ─○
Interface1

«Interface»
Klasse1

U **Klasse1** R S **Klasse2**
W
Klasse1.s =
Klasse1.w.s

Multiobjekt

:Klasse1

Abgeleitete Klasse

/Klasse1

Abgeleitete Attribute und Operationen

Klasse1
/AttributName

Klasse1
/Operation()

Anwendungsfälle

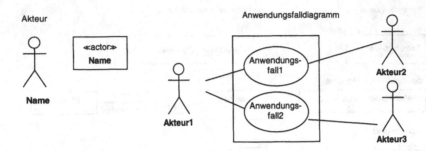

Akteur

Anwendungsfalldiagramm

Beziehungen zwischen
Anwendungsfällen

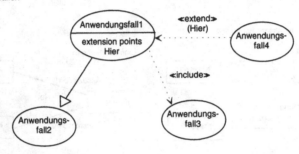

Spezifikation von Anwendungsfällen
- Name,
- Kurzbeschreibung,
- Akteure,
- Vor- und Nachbedingungen.
Beschreibung durch Szenarios von:
- Üblicherweise einem typischen Ablauf ohne Abweichungen,
- jeder signifikanten Ausnahme.

Anwendungsfall: Barverkauf

Kurzbeschreibung:	Verkauf von Artikeln gegen Bargeld
Typischer Ablauf:	Ein Kunde legt die Ware auf das Laufband. Von jedem Stück wird der Barcode mit dem Scanner eingelesen und der Preis ermittelt. Die Einzelpreise werden addiert und am Ende die Summe ermittelt. Der Beleg wird gedruckt und dem Kunden ausgehändigt. Nach Zahlung wird der Wechselbetrag ermittelt und ausgezahlt.
Barcode unlesbar:	Ist der Barcode nicht lesbar, so wird die Artikelnummer über die Tastatur eingegeben.
Erfassungsirrtum:	Ist ein Artikel irrtümlich gebucht worden, so muss der Vorgesetzte die Korrektur vornehmen. Die Autorisierung erfolgt durch einen Schlüssel (Hardware).

Verhaltens-Diagramme: Zustands- und Sequenzdiagramme

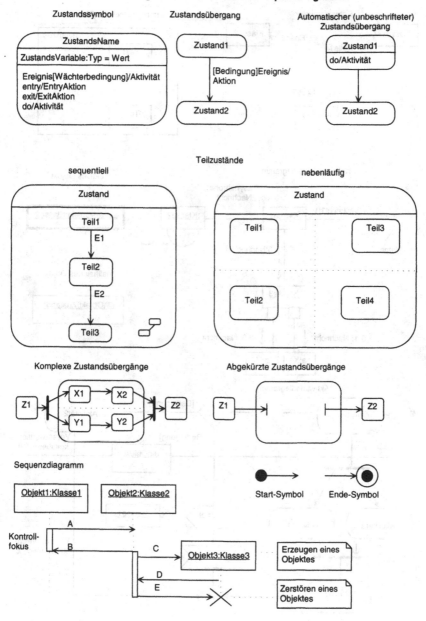

Zustandssymbol

ZustandsName
ZustandsVariable:Typ = Wert
Ereignis[Wächterbedingung]/Aktivität entry/EntryAktion exit/ExitAktion do/Aktivität

Zustandsübergang

Zustand1

[Bedingung]Ereignis/
Aktion

Zustand2

Automatischer (unbeschrifteter)
Zustandsübergang

Zustand1
do/Aktivität

Zustand2

Teilzustände

sequentiell

Zustand

Teil1

E1

Teil2

E2

Teil3

nebenläufig

Zustand

Teil1   Teil3

Teil2   Teil4

Komplexe Zustandsübergänge

Z1   X1 → X2   Z2
      Y1 → Y2

Abgekürzte Zustandsübergänge

Z1   Z2

Sequenzdiagramm

Objekt1:Klasse1   Objekt2:Klasse2

Start-Symbol   Ende-Symbol

Kontroll-
fokus

A

B   C   Objekt3:Klasse3

D

E

Erzeugen eines
Objektes

Zerstören eines
Objektes

Verhaltensdiagramme: Kollaborations- und Aktivitätsdiagramme

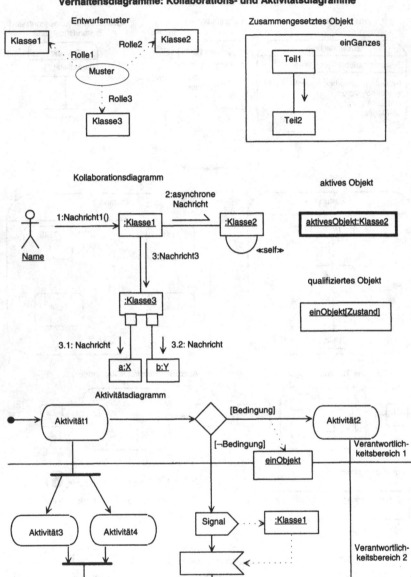

Implementierungsdiagramme

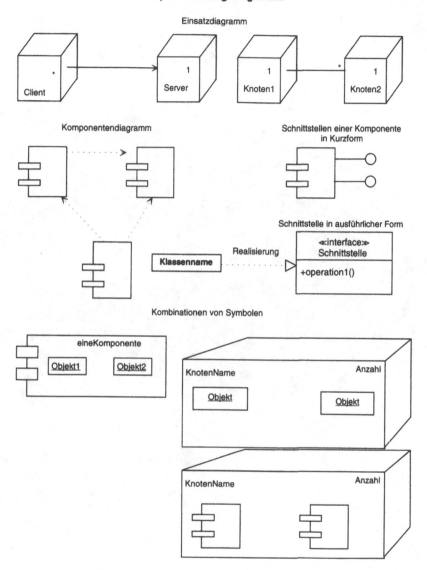

Einsatzdiagramm

Komponentendiagramm

Schnittstellen einer Komponente
in Kurzform

Schnittstelle in ausführlicher Form

Realisierung

Kombinationen von Symbolen

Druck: Mercedes-Druck, Berlin
Verarbeitung: Stürtz AG, Würzburg